수학교사를 위한

현대대수학

박종률 지음

저자 **박 종 률**

- 서울대학교 사범대학 수학교육과 (이학사)
- 전북대학교 대학원 수학과 (이학박사)
- 일본 나고야대학 수학과 Post Doc
- 미국 미시간 주립대학, 미주리 주립대학, 오래곤 주립 대학 연구교수
- 전남대학교 과학영재교육원장
- 전남대학교 사범대학 수학교육과 명예교수
- 저서로 [현대대수학], [갈루아방정식원론]

수학교사를 위한 현대대수학

초판인쇄 2021년 3월 1일
초판발행 2021년 3월 1일

저 자 박종률
펴 낸 곳 지오아카데미
주 소 서울 중구 퇴계로 213 일흥빌딩 408호
등 록 2016년 3월 7일 제395-2016-000014호
전 화 02)381-0706 | **팩스** 02)371-0706
이 메 일 emotion-books@naver.com
홈페이지 www.geobooks.co.kr

ISBN 979-11-91346-01-5
값 22,000원

수학교사를 위한

현대대수학

박종률 지음

서문 PREFACE

대수학이란 여러 가지 연산들에 대한 대수적 체계(Algebraic Systems)에서 불변인 성질들(Invariants)을 연역적으로 규명하는 학문이라 할 수 있다. 학생들이 현대대수학을 배울 때 어렵게 느끼는 것은 이 학문적 특성에 기인한바 크다고 생각한다.

오랜 기간 대학에서 현대대수학을 강의하면서 명료한 이론 전개와 적절한 예제와 풍부한 연습문제들을 제공하는 잘 정돈된 교재를 구상해 왔다.

최근 김남우 사장으로부터 출판 제의를 받고 기존 강의 해 온 현대대수학의 내용을 군, 환, 체, 3부로 대별하여, 새롭게 수학교사를 위한 현대대수학을 간행하게 되었다.

군 영역에서 중요한 내용은,

부분군의 판정법, 케일리 정리, 동형사상의 정리, 라그랑쥐 정리, 궤도-스테빌라이저 정리, 반직적 정리, 준동형사상에 의한 부분군의 대응규칙, 군 동형사상정리, 유한가환군의 기본정리, 류등식, 실로우정리 등이다.

환 영역에서 중요한 내용은,

부분환의 판정법, 상환의 존재성, 환준동형사상의 성질, 환의 동형정리, $F[x]$ 의 나눗셈 알고리즘, 아이센쉬타인 판정법, $Z[x]$ 에서의 유일인수분해 등이다.

체 영역에서 중요한 내용은,

체이론의 기본정리, 분해체의 존재성, 중복근에 대한 판정법, 유한확대이면 대수적확대이다, 원시근정리, 유한체의 구조, 유한체의 부분체, 작도가능한 수, 갈루아이론의 기본정리, 5차방정정식의 불가해성, 원분다항식의 기약성 등이다.

특별이 이 책에서는 군 영역에서 실로우정리(Sylow Theorems)와 군의 반직적(Semidirect product) 내용과 환 영역에서 유크리드 정역에 대한 보충과 체 영역에서는 작도가능한 수에 대한 필요충분조건과 체의 갈루아정리(Galois Theorem)의 증명과 사례에 대한 논의를 추가했다.

각 장의 연습문제들의 풀이를 알기 쉽게 자세히 정리했으며, 지난 수년간 출제된 중등교사 임용고사 현대대수학 분야의 문제와 그 풀이를 관련 단원의 연습문제에 수록했다.

이 책은 대학에서 두 학기에 걸처 학생들을 가르치면 적절하다고 생각하며, 각장의 연습문제들의 풀이는 다양한 풀이 방법을 논의하는 하나의 참고자료가 되기를 바란다. 또한, 대학원 진학이나 임용고사 준비하는 경우는 각 단원의 정리들과 예제를 중심으로 공부하고 연습문제풀이를 해보기 바란다. 다만 저자의 능력부족으로 미비한 점에 대해서는 독자 여러분들의 제언과 충고에 귀 기울려 더 좋은 책으로 만들어 가려고 한다.

끝으로 이 책의 출판을 위해 힘써 주신 출판사 여러분께 감사하며. 뒤에서 도움을 아끼지 않은 부인 김영희께 감사의 말을 전한다.

2020년 12월

방하동 충서헌에서 박종률교수

차 례 CONTENTS

1부. 군(Groups) / 7

2부. 환(Rings) / 185

3부. 체(Fields) / 273

1부

군 (Groups)

제 1 장

군
(Groups)

군의 정의와 예(Definition and Examples of Groups)

정의 이항연산(Binary Operation)

집합 G의 순서쌍의 모임 $G\times G$에서 집합G로의 함수를 집합 G에서 이항연산 이라 한다.

집합 G에서의 이항연산은 집합 G에서의 순서쌍을 집합 G의 원소로 결합하는 방법 또는 식이다. 이 조건을 "닫혀있다" 라고 한다. 이미 우리가 알고 있는 이항연산은 정수들의 덧셈, 뺄셈, 곱셈 등이 있다. 나눗셈은 그 계산 결과가 정수가 아닌 경우도 있으므로 정수 집합에서 이항연산이 아니다.

집합 $\mathbb{Z}_n = \{0, 1, 2, \cdots, n-1\}$에서 n을 법으로 하는 덧셈과 곱셈은 현대대수학에서 매우 중요한 이항연산이다. $\mathbb{Z}_n$에서 n을 법으로 하는 덧셈만을 사용하는 경우와 덧셈과 곱셈을 동시에 사용하는 경우가 있는데 이 두 경우의 구별은 문맥상 확실하게 나타난다. 예를 들어 $\mathbb{Z}_n$의 원소로 이루어진 행렬의 곱셈에서는 n을 법으로 하는 덧셈과 곱셈이 모두 필요하다.

정의 군(Group)

$G\times G$의 임의의 원소 (a, b)를 집합G의 원소 ab로 표시로 대응하는 이항연산(보통 곱셈으로 통칭)을 갖는 집합G가 다음 3가지 조건을 만족하면 이항연산과 더불어 집합G를 군이라 한다.

1. 결합법칙. 이항연산이 결합법칙이 성립해야한다;즉 집합G의 모든 원소 a, b, c에 대하여 $(ab)c = a(bc)$이다.

2. 항등원. 집합 G에는 항등원이라 하는 원소 e가 존재해서 집합 G의 모든 원소 a에 대하여 $ae = ea = a$이다.

3. 역원. 집합 G의 각각의 원소는 모두 역원이라 하는 원소를 가져야 한다. 집합 G의 원소 a에 대하여 $ab = ba = e$이 되는 집합 G의 원소 b가 존재한다.

따라서 군은 항등원이 있어야하고, 모든 원소는 역원이 있고, 두 원소의 곱이 다시 그 집합에 속하도록 하는 결합연산자를 가지고 있는 집합이다. 군이 되는 것을 보이기 위해서는 첫째 연산에 대해 닫혀있음을 반드시 확인해야 한다.

군의 모든 원소 a, b에 대하여 $ab = ba$가 성립하면 그 군을 가환군이라 한다. $ab \neq ba$이 되는 군의 원소 a, b가 존재하면 그 군을 비가환군이라 한다. 처음 나온 군에 대해서는 항상 가환군이 되는 가를 확인해 두어야 한다.

예 1 정수 전체집합 $\mathbb{Z}$ (독일어 Zahlen), 유리수 전체집합 $\mathbb{Q}$ (quotient), 실수 전체집합 $\mathbb{R}$은 모두 덧셈에 대해서 가환군이다. 이 경우에 항등원은 0이고 원소 a의 역원은 $-a$이다.

예 2 복소수의 집합 $\{1, -1, i, -i\}$은 복소수의 곱셈에 대해 군이다. -1의 역원은 자기 자신이고 $i, -i$의 역원은 각각 $-i, i$이다.

예 3 양의 유리수 전체집합 $\mathbb{Q}^+$는 곱셈에 대해 군이다. 모든 양의 유리수 a의 역원은 $1/a = a^{-1}$이다.

예 4 $\begin{pmatrix} a & b \\ c & d \end{pmatrix}$을 2×2 행렬이라 하는데, 실수를 원소로 하는 2×2 행렬 전체집합은 다음 덧셈에 의해 군이다.

$$\begin{pmatrix} a_1 & b_1 \\ c_1 & d_1 \end{pmatrix} + \begin{pmatrix} a_2 & b_2 \\ c_2 & d_2 \end{pmatrix} = \begin{pmatrix} a_1 + a_2 & b_1 + b_2 \\ c_1 + c_2 & d_1 + d_2 \end{pmatrix}$$

항등원은 $\begin{pmatrix} 0 & 0 \\ 0 & 0 \end{pmatrix}$이고 $\begin{pmatrix} a & b \\ c & d \end{pmatrix}$의 역원은 $\begin{pmatrix} -a & -b \\ -c & -d \end{pmatrix}$이다.

예 5 $n \geq 1$ 인 n 에 대해 집합 $\mathbb{Z}_n = \{0, 1, 2, \cdots, n-1\}$ 은 법을 n 으로 하는 덧셈에 대해 군이다. $\mathbb{Z}_n$ 의 임의의 원소 $j > 0$ 의 역원은 $n-j$ 이다. 이 군을 법을 n으로 하는 군이라 하자.

■

지금까지 살펴 본 것처럼 실수전체집합, 실수를 원소로 하는 2×2 행렬 전체집합, 법을 n으로 하는 정수 집합은 덧셈에 대하여 모두 군이다. 곱셈에 대해서는 어떨까? 이러한 집합들은 곱셈에 대해 역원을 갖지 않는 원소들이 있다. 역원을 갖지 않는 원소들을 모두 제거함으로써 이러한 집합들이 곱셈에 대한 군이 되게 할 수 있다.

예 6 0 이 아닌 실수전체집합 $\mathbb{R}^*$ 은 곱셈에 대해 군이다. 항등원은 1 이고 a 의 역원은 $1/a$ 이다.

■

예 7 $ad-bc$ 을 2×2 행렬 $A = \begin{pmatrix} a & b \\ c & d \end{pmatrix}$ 의 행렬식이라 하고 $\det A$ 로 표시한다. 실수를 원소로 하고 행렬식이 0 이 아닌 2×2 행렬 전체집합을 $GL(2, \mathbb{R})$라 하자.

$$GL(2, \mathbb{R}) = \left\{ \begin{pmatrix} a & b \\ c & d \end{pmatrix} \mid a, b, c, d \in \mathbb{R},\ ad-bc \neq 0 \right\}$$

$GL(2, \mathbb{R})$은 다음 행렬의 곱셈에 대해 비가환군이다.

$$\begin{pmatrix} a_1 & b_1 \\ c_1 & d_1 \end{pmatrix}\begin{pmatrix} a_2 & b_2 \\ c_2 & d_2 \end{pmatrix} = \begin{pmatrix} a_1a_2 + b_1c_2 & a_1b_2 + b_1d_2 \\ c_1a_2 + d_1c_2 & c_1b_2 + d_1d_2 \end{pmatrix}$$

$GL(2, \mathbb{R})$이 군임을 보이기 위해 첫 번째로 두 행렬의 곱의 행렬식이 0 이 아님을 증명해야 한다. 이는 임의의 행렬 A, B에 대하여 $\det(AB) = (\det A)(\det B)$ 이 성립하므로 증명 된다. 결합법칙은 단순히 계산에 의해서 증명할 수 있다. 항등원은 $\begin{pmatrix} 1 & 0 \\ 0 & 1 \end{pmatrix}$이고, $A = \begin{pmatrix} a & b \\ c & d \end{pmatrix}$ 의 역원은

$$A^{-1} = \begin{pmatrix} \dfrac{d}{ad-bc} & \dfrac{-b}{ad-bc} \\ \dfrac{-c}{ad-bc} & \dfrac{a}{ad-bc} \end{pmatrix}$$

이다($ad-bc \neq 0$ 조건이 여기에 쓰인다). 실수를 원소로 하는 2×2 행렬의 일반 선형군이라고 하는 이 군은 가환군의 매우 중요한 예이다.

■

예7에서는 2×2 행렬에 대해서만 했지만 이는 $n\times n$ 행렬로 일반화 할 수 있다.

위에서 우리는 곱셈에 대해 군이 되도록 하기 위해서 실수전체집합과 2×2 행렬 전체집합에서 각각 그 부분집합을 구성하는 방법을 보았다. 다음 예에서는 법을 n으로 하는 곱셈에 대해 군이 되도록 하는 부분집합을 살펴 볼 것이다.

예 8 (L. Euler, 1761) 정수 a가 법을 n으로 하는 곱셈에 대한 역원을 갖기 위한 필요충분조건은 a와 n이 서로소인 경우이다. 따라서 $n>1$에 대해 집합 $U(n)$을 0과 n사이에 있는 정수 중에서 n과 서로소인 정수의 집합이라고 하면 $U(n)$은 법을 n으로 하는 곱셈에 대해 군이 된다.

$n=10$에 대해 $U(10)=\{1, 3, 7, 9\}$이고 Cayley표는 다음과 같다.

mod 10	1	3	7	9
1	1	3	7	9
3	3	9	1	7
7	7	1	9	3
9	9	7	3	1

$ab=nq+r,\ 0\leq r<n$이면 $ab \bmod n = r$이다. 여기서 ab는 정수의 곱셈이고 ab은 $U(n)$에서 법을 n으로 하는 곱셈이다. n이 소수이면 $U(n)=\{1, 2, \cdots, n-1\}$이다.

예 9 집합 $\{0, 1, 2, 3\}$은 법을 4으로 하는 곱셈에 대해 군이 아니다. 1과 3은 역원이 있지만 0과 2의 역원은 존재하지 않는다.

예 10 임의의 정수 $n\geq 1$에 대하여 1의 n제곱근(즉 $x^n-1=0$의 근) 전체집합 U_n은 곱셈에 대해 군이다.(연습문제7의 드무아브르정리) 예3과 비교해 보시오.

$$U_n=\left\{\cos k\left(\frac{360^\circ}{n}\right)+i\sin k\left(\frac{360^\circ}{n}\right) \mid k=0,1,2,\cdots,n-1\right\}$$

x축이 실수축이고 y축이 허수축인 복소평면에서 복소수 $a+bi$는 점 (a, b)에 대응한다. 원점에서 점 $a+bi$까지 거리는 $|a+bi|=\sqrt{a^2+b^2}$이다. 또한 복소수 $\cos\theta+i\sin\theta$와 원점을 지나는 직선은

x 축과 이루는 각은 θ 이다. 따라서 $x^6-1=0$ 의 근은 아래 그림에서처럼 60° 간격으로 반지름 1인 원위에 있는 여섯 개의 점이다.

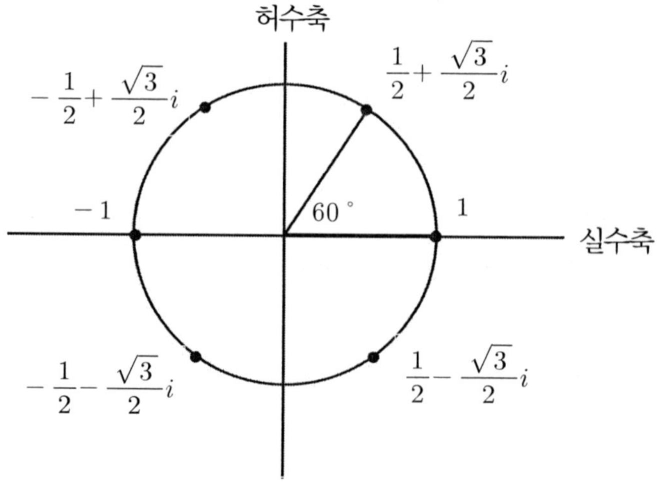

[그림 1.1]

예 11 집합 $\mathbb{R}^n=\{(a_1, a_2, \cdots, a_n) \mid a_1, a_2, \cdots, a_n \in \mathbb{R}\}$은 다음 좌표별 덧셈에 의해 군이다.

$$(a_1, a_2, \cdots, a_n)+(b_1, b_2, \cdots, b_n)=(a_1+b_1, a_2+b_2, \cdots, a_n+b_n)$$

예 12 $\mathbb{R}^2$ 의 원소 (a, b) 에 대해 함수 $T_{a,b} : \mathbb{R}^2 \to \mathbb{R}^2$ 을 $(x, y) \mapsto (x+a, y+b)$ 로 정의하면 집합 $G=\{T_{a,b} \mid (a, b) \in \mathbb{R}^2\}$은 합성함수연산에 의해 군이다. 합성함수 계산에 의하면 $T_{a,b}T_{c,d}=T_{a+c,b+d}$이다. 따라서 집합 G는 연산에 대해 닫혀있고 함수 $T_{0,0}$이 연산에 대한 항등원이다. 함수 $T_{a,b}$의 역원은 $T_{-a,-b}$이고 합성함수는 항상 결합법칙이 성립하므로 연산에 대한 결합법칙이 성립한다. 또한 G는 가환군이다. 보통 우리는 G의 원소를 평행이동이라 한다.

예 13 행렬식이 1이고 $\mathbb{Q}$ (유리수), $\mathbb{R}$ (실수), $\mathbb{C}$ (복소수), 또는 $\mathbb{Z}_p$(p : 소수)의 원소로 이루어진 2×2행렬 전체집합은 행렬의 곱셈에 대해 각각 비가환군이다. 이 군을 각각 $\mathbb{Q}$, $\mathbb{R}$, $\mathbb{C}$, 또는 $\mathbb{Z}_p$상에서 2×2행렬의 특수선형군이라 한다. $\mathbb{Q}$, $\mathbb{R}$, $\mathbb{C}$, 또는 $\mathbb{Z}_p$의

하나를 F 라고 할 때 위의 특수선형군은 $SL(2,\ F)$ 로 나타낸다. 예9의 공식에 의해 $\begin{pmatrix} a & b \\ c & d \end{pmatrix}$ 의 역원은 $\begin{pmatrix} d & -b \\ -c & a \end{pmatrix}$ 이다. $F = \mathbb{Z}_p$ 일 때 행렬식, 행렬의 곱셈, 역행렬을 계산할 때 법을 p 로 하는 연산 규칙을 따라야 한다. 예를 들어 $A = \begin{pmatrix} 3 & 4 \\ 4 & 4 \end{pmatrix}$ 의 원소 에 대해 $\det A = (3 \cdot 4 - 4 \cdot 4) \bmod 5 = -4 \bmod 5 = 1$ 이다. 그리고 A 의 역원은 $\begin{pmatrix} 4 & -4 \\ -4 & 3 \end{pmatrix} = \begin{pmatrix} 4 & 1 \\ 1 & 3 \end{pmatrix}$ 이다. 법을 5 로 하는 연산에 의하면 $\begin{pmatrix} 3 & 4 \\ 4 & 4 \end{pmatrix}\begin{pmatrix} 4 & 1 \\ 1 & 3 \end{pmatrix} = \begin{pmatrix} 1 & 0 \\ 0 & 1 \end{pmatrix}$ 이다.

■

예 14 F 를 $\mathbb{Q}$, $\mathbb{R}$, $\mathbb{C}$, 또는 $\mathbb{Z}_p$ 중 하나라고 하자. 행렬식이 0 이 아닌 F 상의 2×2 행렬 전체집합 $GL(2,\ F)$ 은 행렬의 곱셈에 대해 비가환군이다. $F = \mathbb{Z}_p$ 일 때 행렬식, 행렬의 곱셈, 역원의 계산은 법을 p 으로 하는 계산 규칙을 지켜야한다. 예9의 $\begin{pmatrix} a & b \\ c & d \end{pmatrix}$ 의 역원에 대한 공식에서 $ad - bc$ 로 나누어진 것은 $\mathbb{Z}_p$ 에서 $ad - bc$ 의 역원을 곱하는 것이 되므로 다시 증명을 해야 한다. 예를 들면 $GL(2,\ \mathbb{Z}_7)$ 의 원소 $\begin{pmatrix} 4 & 5 \\ 6 & 3 \end{pmatrix}$ 의 행렬식은 $(ad - bc) \bmod 7 = (12 - 30) \bmod 7 = -18 \bmod 7 = 3$ 이고 $(3 \cdot 5) \bmod 7 = 1$ 이므로 3 의 역원은 5 이다. 따라서 $\begin{pmatrix} 4 & 5 \\ 6 & 3 \end{pmatrix}$ 의 역원은 $\begin{pmatrix} 3 \cdot 5 & 2 \cdot 5 \\ 1 \cdot 5 & 4 \cdot 5 \end{pmatrix} = \begin{pmatrix} 1 & 3 \\ 5 & 6 \end{pmatrix}$ 이다.

■

예 15 집합 $\{1, 2, \cdots, n-1\}$ 이 법을 n 으로 하는 곱셈에 대해 군이기 위한 필요충분조건은 n 이 소수인 것이다.

■

예 16 직선 위에 일정한 간격으로 화살표가 그려져 있는 무한히 긴 장식문양의 대칭들의 집합은 합성함수 연산에 대해 가환군이다.

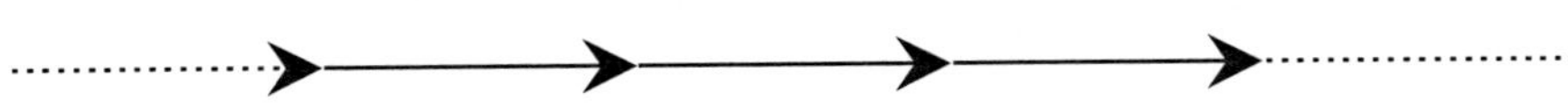

T 는 오른쪽으로 한 칸 이동을, T^{-1} 는 왼쪽으로 한 칸 이동한 이동대칭이고, H 는 그 문양의 수평직선에 대한 반사이동이라 하면 주어진 군의 모든 원소는 $x_i \in \{T,\ T^{-1},\ H\}$ 인 x_i 대해 $x_1 x_2 \cdots x_n$ 의 형태로 쓸 수 있다. 이 경우 "T, T^{-1}, H 는 그 군을 생성한다." 라고 한다.

■

〈표 1.1〉 군에 대한 예의 정리(F는 $\mathbb{Q}$, $\mathbb{R}$, $\mathbb{C}$, 또는 $\mathbb{Z}_p$중 하나이고 L은 반사이동이다.)

군	연산	항등원	원소의 형태	역원	가환군
$\mathbb{Z}$	덧셈	0	k	$-k$	○
$\mathbb{Q}^+$	곱셈	1	m/n	n/m	○
$\mathbb{Z}_n$	법n에 대한 덧셈	0	k	$n-k$	○
$\mathbb{R}^*$	곱셈	1	x	$1/x$	○
$GL(2,\ F)$	행렬의 곱셈	$\begin{pmatrix}1&0\\0&1\end{pmatrix}$	$\begin{pmatrix}a&b\\c&d\end{pmatrix}$ $ad-bc\neq 0$	$\begin{pmatrix}\frac{d}{ad-bc}&\frac{-b}{ad-bc}\\\frac{-c}{ad-bc}&\frac{a}{ad-bc}\end{pmatrix}$	×
$U(n)$	법n에 대한 곱셈	1	k $\gcd(k,\ n)=1$	$(kx)\bmod n=1$ 의 해	○
$\mathbb{R}^n$	좌표별 덧셈	$(0,\ 0,\ \cdots,\ 0)$	$(a_1,\ a_2,\ \cdots,a_n)$	$(-a_1,\ -a_2,\ \cdots,-a_n)$	○
$SL(2,\ F)$	행렬의 곱셈	$\begin{pmatrix}1&0\\0&1\end{pmatrix}$	$\begin{pmatrix}a&b\\c&d\end{pmatrix}$ $ad-bc=1$	$\begin{pmatrix}d&-b\\-c&a\end{pmatrix}$	×
D_n	함수의 합성	R_0	R_α, L	$R_{360-\alpha}$, L	×

현대대수학은 연산의 특정한 성질에 무관한 대수적 체계(즉 한 개 또는 그 이상의 이항연산을 갖는 집합)에 대한 진리를 구하는 것이다. 우리가 알고 있거나 또는 알고자 하는 것은 다름이 아닌 그것이 무엇이건 이러한 연산이 가지고 있는 확실한 성질이다. 그리고 이러한 성질의 결과를 추론하고자 한다. 이것이 이 분야를 수학자들이 현대대수학이라고 하는 이유이다. 여기서 잊지 말아야 할 것은 어떤 특정한 군을 논하고자 할 때는 반드시 최소한 직관적으로 라도 연산이 주어져야 한다.

●●● 군의 기본성질(Elementary Properties of Groups)

정리 1.1 항등원의 유일성(Uniqueness of Identity)

군 G의 항등원은 유일하다.

증명 e와 e'이 G의 항등원이라 하면

1. $\forall\ a\in G,\ ae=a$이고

2. $\forall\ a \in G,\ e'a = a$

1.에서 $a = e'$라면 $e'e = e'$이고 2.에서 $a = e$라면 $e'e = e$이다.

따라서 $e = e'$이다.

정리 1.2 소거법칙(Cancellation)

군 G에서는 좌우 소거법칙이 성립한다. 즉 $ba = ca \Rightarrow b = c$이고 $ab = ac \Rightarrow b = c$이다.

증명 $ba = ca$라하고 a의 역원 a'을 우변에 곱하면 $(ba)a' = (ca)a'$이다.
결합법칙에 의해서 $b(aa') = c(aa')$이다. $aa' = e$ 이므로 $be = ce$이다.
e가 항등원 이므로 $b = c$이다. 같은 방법으로 a'을 $ab = ac$의 좌변에 곱하여 $b = c$임을 알 수 있다.

정리 1.3 역원의 유일성(Uniqueness of Inverses)

군 G의 임의의 원소 a에 대하여 $ab = ba = e$이 되는 유일한 원소 b가 존재한다.

증명 b와 c를 a의 역원이라면 $ab = e$이고 $ac = e$이다. 따라서 소거법칙에 의해서 $b = c$이다.

항등원의 경우에 이미 언급한 것처럼 군의 원소 g에 대해서도 정리1.3에 의해 역원이 유일하고 따라서 그 역원을 g^{-1}로 표시해도 혼란이 발생하지 않는다. 이 기호는 실수의 곱셈에 대한 연산에서 역수를 표현하는 것과 같은 방법이다. 또한 결합법칙이 성립하므로 자연수 n에 대해 곱셈 $gg\cdots g$ (n개)을 g^n로 표현해도 된다. $g^0 = e$로 하고, 음의 정수 n에 대해 $g^n = (g^{-1})^{|n|}$ (예를 들면 $g^{-3} = (g^{-1})^3$)로 하자. 실수의 지수와 다른 점은 추상적인 군의 지수에서는 $g^{1/2}$와 같은 정수가 아닌 지수는 존재하지 않는다. 그러나 성립하는 지수법칙도 있다. 즉 임의의 정수 m과 n에 대해 $g^m g^n = g^{m+n}$이고 $(g^m)^n = g^{mn}$이다. 군에서 지수법칙 $g^m g^n$, $(g^m)^n$는 실수의 지수법칙과 똑 같이 성립하지만 두 개의 원소를 포함하는 지수법칙은 군에서는 일반적으로 성립하지 않는다. 즉 $(ab)^n \neq a^n b^n$ 또한 지금까지 살펴본 지수법칙에 대한 것을 이항연산이 $+$으로 표시된 덧셈인 군에서 적용할 때는 매우 주의를 기울여야 한다. 곱셈으로 표현했던 군에서의 지수에 대한 정의와 성질은 덧셈기호로 바꾸어야 한다. 예를 들어 g의 역원은 $-g$로, g^3은 $3g$으로 표현하는 $g+g+g$로, g^{-3} 은$-3g$로 표현하는 $(-g)+(-g)+(-g)$로 바꾸어야 한다. 또한 덧셈연산 군에서 ng라는 표현에서 정수는 군의 원소가 아닐 수 도 있으므로 n과 g의 곱셈으로 해석하면 안 된다. 곱셈연산군과 덧셈연산군에서 서로 대응하는

기호와 용어를 표1.2에 정리 하였다. 실수에서와 마찬가지로 $a+(-b)$ 보다는 $a-b$을 사용한다.

〈표 1.2〉

곱셈군		덧셈군	
$a \cdot b$ 또는 ab	곱셈	$a+b$	덧셈
e 또는 1	항등원 또는 1	0	0
a^{-1}	의 곱셈역원	$-a$	의 덧셈역원
a^n	의 멱승	na	의 멱승
ab^{-1}	분수	$a-b$	뺄셈

결합법칙 $(ab)c=a(bc)$ 에 의해서 $(ab)c$, $a(bc)$ 을 표현하는데 abc라고 해도 된다. 또한 수학적 귀납법과 결합법칙을 여러 번 적용하면 일반적인 결합법칙이 성립함을 알 수 있다. 즉 군의 원소의 곱셈에서 괄호를 임의로 추가하거나 없애고 연산을 해도 그 결과에 영향을 주지 않는다. 따라서 $a^2(bcdb^2)=a^2b(cd)b^2=(a^2b)(cd)b^2=a(abcdb)b$ 이다.

군에서 $(ab)^n \neq a^n b^n$ 이지만 $(ab)^{-1}$, a^{-1}, b^{-1} 들은 서로 간단한 관계가 있다.

정리 1.4 고무신의 짝(Socks-Shoes Property)

군의 원소 a, b 에 대해 $(ab)^{-1}=b^{-1}a^{-1}$ 이다.

증명 $(ab)(ab)^{-1}=e$ 이고 $(ab)(b^{-1}a^{-1})=a(bb^{-1})a^{-1}=aea^{-1}=aa^{-1}=e$ 이므로 정리 1.3에 의해서 $(ab)^{-1}=b^{-1}a^{-1}$ 이다.

연습문제

1. 홀수인 정수 전체집합이 덧셈에 대해 군이 되지 못하는 두 가지 이유를 말하여라.

2. 집합 $\{1, 2, 3\}$은 법을 4로 하는 곱셈에 대해 군이 아니고 집합 $\{1, 2, 3, 4\}$은 법을 5로 하는 곱셈에 대해 군임을 보여라.

3. $GL(2, \mathbb{Z}_{11})$ 에서 $\begin{pmatrix} 2 & 6 \\ 3 & 5 \end{pmatrix}$의 역원을 구하여라.

4. 다음 각각의 곱셈에 대한 표현을 덧셈에 대한 표현으로 바꾸어 보시오. 단 주어진 연산은 교환법칙이 성립한다.
   a. a^2b^3
   b. $a^{-2}(b^{-1}c)^2$
   c. $(ab^2)^{-3}c^2 = e$

5. 공집합이 아닌 집합 G에 이항연산 $*$ 가 결합법칙을 만족한다고 하자.
   a. 모든 원소 $a \in G$ 에 대하여 $a * e = a$ 이고
   b. 각 원소 $a \in G$ 에 대하여 $a * a_r = e$인 원소 $a_r \in G$가 존재한다고 하면 G 는 군임을 증명하여라.

6. 행렬식이 $+1$이고 실수원소를 갖는 2×2행렬 전체집합은 행렬의 곱셈에 대해 군임을 증명하여라.

7. 91 을 법으로 하는 곱셈에 대해 군이 되는 정수 9 개가 있다. 그러나 9 개 중에서 한 개가 빠진 8 개의 숫자 1, 9, 16, 22, 53, 74, 79, 81만 있었다. 그 부족한 한 개의 숫자를 구하여라.

8. (가환군에서 지수법칙) 가환군의 임의의 원소 a, b와 정수 n 에 대해서 $(ab)^n = a^nb^n$ 임을 보여라. 비가환군에서 이 식이 성립하는지를 결정하여라.

9. 군 G에 대해 G가 가환군이기 위한 필요충분조건은 G의 임의의 원소 a, b에 대하여 $(ab)^{-1} = a^{-1}b^{-1}$ 임을 증명하여라.

10. 군의 임의의 원소 a, b와 정수 n에 대해서 $(a^{-1}ba)^n = a^{-1}b^n a$ 임을 증명하여라.

11. 56을 법으로 하는 곱셈에 대해 군이 되는 12개 정수 중에서 두 개가 5, 15이다. 12개 정수를 모두 구하여라.

12. 모든 군의 Cayley표는 라틴방진임을 증명하여라. 즉 군의 원소는 각 행, 각 열에서 한번 씩만 나타난다.

13. 다음은 어떤 군의 Cayley표이다. 빈칸을 완성하여라.

	e	a	b	c	d
e	e	—	—	—	—
a	—	b	—	—	e
b	—	c	d	e	—
c	—	d	—	a	b
d	—	—	—	—	—

14. 군 G의 원소 a, b, c에 대해 x에 대한 방정식 $axb = c$와 $a^{-1}xa = c$의 해를 구하여라.

15. 유한군 G에 대해 $x^3 = e$인 G의 원소 x의 개수는 홀수이고 $x^2 \neq e$인 G의 원소 x의 개수는 짝수임을 증명하여라.

16. 이면체 군에서 R을 회전이동, F를 반사이동이라 하면 $RFR = F$임을 증명하여라.

17. G의 임의의 원소 a, b, c, d, x에 대해 $axb = cxd$이면 $ab = cd$이 성립할 때 G는 가환군임을 증명하여라.(중간소거법칙이 성립하면 가환군이다.)

18. 모든 원소의 제곱이 항등원이 되는 군은 가환군임을 증명하여라.

19. 실수원소를 갖는 아래와 같은 행렬집합은 군임을 증명하여라.

$$\begin{pmatrix} 1 & a & b \\ 0 & 1 & c \\ 0 & 0 & 1 \end{pmatrix}$$

곱셈연산은 다음과 같다.

$$\begin{pmatrix} 1 & a & b \\ 0 & 1 & c \\ 0 & 0 & 1 \end{pmatrix} \begin{pmatrix} 1 & a' & b' \\ 0 & 1 & c' \\ 0 & 0 & 1 \end{pmatrix} = \begin{pmatrix} 1 & a+a' & b'+ac'+b \\ 0 & 1 & c'+c \\ 0 & 0 & 1 \end{pmatrix}$$

20. 집합 $G=\left\{\begin{pmatrix} a & a \\ a & a \end{pmatrix} \mid a \in \mathbb{R},\ a \neq 0\right\}$는 행렬의 곱셈에 대해 군임을 증명하여라. G의 모든 원소는 행렬식이 0 이지만 역원을 갖는 이유를 말하여라.

제2장

유한군; 부분군
(Finite Groups; Subgroups)

● ● ● 용어와 기호(Terminology and Notation)

정의 군의 위수(Order of a Group)

군 G의 원소의 개수(유한개든 무한개에 상관없이)를 군 G의 위수라고 하고 $|G|$로 나타낸다.

덧셈에 대한 정수전체집합의 군 $\mathbb{Z}$ 의 위수는 무한개이고 법을 10 으로 하는 곱셈에 대한 군 $U(10)=\{1, 3, 7, 9\}$ 의 위수는 4 이다.

정의 원소의 위수(Order of an Element)

군 G의 원소 g 의 위수는 $g^n = e$ 이 되는 최소자연수이다.(연산이 덧셈인 경우에는 $ng = 0$) 만약 그런 정수가 없으면 g 는 무한위수를 갖는다고 한다. 원소 g 의 위수를 $|g|$ 로 나타낸다.

군 G의 원소 g 의 위수를 구하기 위해서는 처음으로 항등원이 나올 때 까지 곱셈 $g, g^2, g^3, \cdots$ 을 계산하면 된다. 그 때의 지수(덧셈일 때는 계수)가 g 의 위수이다. 만약 항등원이 나오지 않는 다면 g 는 무한위수를 갖는다.

예 1 법을 15 으로 하는 곱셈에 대한 군 $U(15)=\{1, 2, 3, 4, 7, 8, 11, 13, 14\}$ 의 위수는 8 이다. $7^1=7$, $7^2=4$, $7^3=13$, $7^4=1$ 이므로 원소 7 의 위수는 4 이고 $11^1=11$,

$11^2=1$ 이므로 원소 11 의 위수는 2 이다. 같은 방법으로 하면 $|1|=1$, $|2|=4$, $|4|=2$, $|8|=4$, $|13|=4$, $|14|=2$ 이다. (계산을 더 쉽게 하는 방법이 있는데 13^1, 13^2, 13^3, 13^4 을 직접 계산하지 않고 $13 \bmod 15=-2$ 를 이용하는 것이다. 즉 $13^2=(-2)^2=4$, $13^3=4\cdot(-2)=-8$, $13^4=(-8)(-2)=1$ 이다.)

예 2 법을 10 으로 하는 덧셈에 대한 군 $\mathbb{Z}_{10}$ 에서 $1\cdot 2=2$, $2\cdot 2=4$, $3\cdot 2=6$, $4\cdot 2=8$, $5\cdot 2=0$ 이므로 $|2|=5$ 이다. 같은 방법으로 $|0|=1$, $|7|=10$, $|5|=2$, $|6|=5$ 이다.(여기서 $2\cdot 2$ 는 $2+2$ 대신에, $3\cdot 2$ 는 $2+2+2$ 대신에 주로 사용한다.)

예 3 덧셈에 대한 군 $\mathbb{Z}$ 의 원소 $a\neq 0$ 에 대해서 a, $2a$, $3a$, $\cdots$ 는 모두 0 이 아니므로 $a\neq 0$ 인 원소는 모두 무한위수를 갖는다.

정의. 부분군(Subgroup)

군 G의 부분집합 H가 G의 이항연산에 대하여 군이 되면 H를 G의 부분군이라 한다.

H가 군 G의 부분군일 때 $H\leq G$로 표시한다. H가 군 G의 부분군이고 $H\neq G$이면 $H<G$로 표시하고 H는 군 G의 진부분군이라 한다. $\{e\}$은 G의 부분군이 되는데 이 부분군을 G의 자명한 부분군이라 하고 $\{e\}$이 아닌 부분군을 비자명한 부분군이라 한다.

법을 n 으로 하는 덧셈군 $\mathbb{Z}_n$ 의 연산과 $\mathbb{Z}$ 의 덧셈연산은 서로 다르므로 $\mathbb{Z}_n$ 은 $\mathbb{Z}$ 의 부분군이 아니다.

부분군의 판정법(Subgroup Tests)

정리 2.1 한 단계 부분군 판정법(One-Step Subgroup Test)

H를 군 G의 공집합이 아닌 부분집합 이라하자. H의 임의의 원소 a, b에 대해 $ab^{-1}\in H$이면 H는 군 G의 부분군이다. (G가 덧셈군인 경우에는 H의 임의의 원소 a, b에 대해 $a-b\in H$이면 H는 군 G의 부분군이다.)

증명 결합법칙의 증명: H의 연산이 군 G의 이항연산과 같으므로 성립한다.

항등원의 존재성: $H \neq \varnothing$ 이므로 $x \in H$인 원소 x가 존재한다.

조건에서 $a = x,\ b = x$로 하면 $e = xx^{-1} = ab^{-1}$은 H의 원소이다.

역원의 존재성: H의 임의의 원소 h에 대해 $a = e,\ b = h^{-1}$로 하면

$h^{-1} = eh^{-1} = ab^{-1}$은 H의 원소이다.

연산에 대해 닫혀있는가?: H의 임의의 원소 $h,\ k$에 대해 역원의 존재성에 의해 $k^{-1} \in H$이다. 따라서 $a = h,\ b = k^{-1}$로 하면 $hk = h(k^{-1})^{-1} = ab^{-1}$은 H의 원소이다.

위에서 정리2.1을 일 단계 부분군 판정법이라고 했지만 실제로 정리2.1을 이용해서 군임을 증명할 때에는 네 가지를 검토해야 한다.(부분군 판정에 대한 경험이 누적되면 처음 세 가지는 마지막 네 번째를 계산하는 과정이라는 것을 알게 될 것이다.) 마지막 세 단계는 수학적귀납법에서 세 단계와 비교해 보기 바란다.

1. H의 원소를 구분하는 성질 P, 즉 H의 원소를 결정하는 조건을 알아야한다.
2. 항등원이 성질 P를 만족함을 보인다.(따라서 $H \neq \varnothing$ 이다.)
3. 두 개의 원소 a, b가 성질 P를 만족한다고 가정한다.
4. 두 개의 원소 a, b가 성질 P를 만족한다는 가정을 이용해서 ab^{-1}가 성질 P를 갖는다는 것을 보인다.

예 4 항등원이 e 인 가환군 G의 부분집합 $H = \{ x \in G \mid x^2 = e \}$이 부분군임을 증명해보자.

여기에서 H의 원소를 구분하는 성질은 $x^2 = e$ 이다. 따라서 $e^2 = e$ 이므로 $H \neq \varnothing$ 이다.

이제 a, b가 H의 원소라 가정하면 $a^2 = e,\ b^2 = e$ 이다. 마지막으로 $(ab^{-1})^2 = e$임을 증명해야한다.

G가 가환군이므로 $(ab^{-1})^2 = ab^{-1}ab^{-1} = a^2(b^{-1})^2 = a^2(b^2)^{-1} = ee^{-1} = e$ 이다. 따라서 ab^{-1}는 H의 원소이고 일 단계 부분군 판정법에 의해 H는 G의 부분군이다.

많은 경우에 부분군의 원소는 특별한 형태를 이룬다. 따라서 부분군의 원소를 결정 하는 성질 P는 특별한 형태가 되는데 다음 예를 보면 알 수 있다.

예 5 곱셈연산에 대한 항등원이 e 인 가환군 G의 부분집합 $H=\{x^2|x\in G\}$이 부분군이다(다시 말해 H는 모든 완전제곱 전체집합이다). $e^2=e$ 이므로, 항등원은 올바른 형태이다. 다음에 H의 두 원소를 올바른 형태 a^2, b^2으로 나타내자. $a^2(b^2)^{-1}$ 또한 올바른 형태 즉 $a^2(b^2)^{-1}$이 어떤 원소의 제곱임을 증명해야 한다. G가 가환군이므로 $a^2(b^2)^{-1}$을 올바른 형태인 $(ab^{-1})^2$으로 나타낼 수 있다. 따라서 H는 G의 부분군이다.

정리 2.2 두 단계 부분군 판정법(Two-Step Subgroup Test)

H를 군 G의 공집합이 아닌 부분집합 이라 하자. H의 임의의 원소 a, b에 대해 $ab\in H$이고(즉 H는 연산에 대해 닫혀있고) H의 임의의 원소 a에 대해 $a^{-1}\in H$(즉 H의 원소는 모두 역원을 갖는다.)이면 H는 군 G의 부분군이다.

증명 H의 임의의 원소 a, b에 대해 역원의 존재성에 의해 $b^{-1}\in H$이다. H는 연산에 대해 닫혀있으므로 $ab^{-1}\in H$이다. 따라서 정리2.1에 의해 H는 G의 부분군이다.

정리2.2 이 단계 부분군 판정법을 적용하는 방법은 두 개의 원소 a, b가 성질 P를 만족한다는 가정을 ab와 a^{-1}가 성질 P를 만족한다는 것으로 대치시킴으로써 일 단계 부분군 판정법을 이용하는 것과 동일하다.

군의 부분집합이 부분군이 아님을 증명하는 것은 어떻게 하면 될까? 다음에 사용할 수 있는 세 가지 경우를 제시한다. 이 중 한 개만 성립해도 부분군이 아니다.

1. 부분집합에 항등원이 존재하지 않음을 보인다.
2. 역원을 갖지 않는 원소를 부분집합에서 구한다.
3. 곱이 그 부분집합의 원소가 아닌 두 개의 원소를 부분집합에서 구한다.

예 6 G를 곱셈에 대한 영이 아닌 실수전체집합의 군이라 하고 $K=\{x\in G\,|\,x\geq 1\}$, $H=\{x\in G\,|\,x=1 \text{ 또는 유리수}\}$라고 하자. $\sqrt{2}\in H$이지만 $\sqrt{2}\sqrt{2}=2\notin H$이므로 H는 G의 부분군이 아니다. $2\in K$이지만 $2^{-1}\notin K$이므로 K는 G의 부분군이 아니다.

유한군의 부분군을 확인할 때는 다음 군 판정법이 편리하다.

정리 2.3 유한 부분군 판정법(Finite Subgroup Test)

H를 군 G의 공집합이 아닌 유한부분집합 이라 하자. H가 G의 연산에 대해 닫혀있으면 H는 G의 부분군이다.

증명 임의의 $a \in H$에 대해 $a^{-1} \in H$임을 보이면 정리3.2에 의해서 H는 G의 부분군이다.

$a = e$ 이면 $a^{-1} = a$이므로 $a^{-1} \in H$이다.

$a \neq e$ 이면 H가 연산에 대해 닫혀있으므로 $a, a^2, \cdots$ 은 모두 H의 원소이다. H는 유한집합이므로 이들은 모두 서로서로 다를 수 없다. 따라서 $a^i = a^j,\ i > j$이 되는 자연수 i, j가 존재한다. 따라서 $a^{i-j} = e$ 이다. 그런데 $a \neq e$ 이므로 $i - j > 1$이다.

따라서 $aa^{i-j-1} = a^{i-j} = e$ 에서 $a^{-1} = a^{i-j-1}$이다. 그런데 $i - j - 1 \geqq 1$ 이므로 $a^{-1} = a^{i-j-1} \in H$이다.

부분군의 예(Examples of Subgroups)

다음 정리의 증명에서는 부분군 판정법을 이용하는 방법을 알 수 있다. 군의 임의의 원소a에 대해 집합 $\{a^n \mid n \in \mathbb{Z}\}$을 $< a >$ 라고 표시한다. 이 표현에서 특히 유념할 것은 a의 지수는 양의정수, 음의정수, 0 등을 모두 포함한다. 그리고 $a^0 = e$ 이다.

정리 2.4 $< a >$ 는 부분군이다.($< a >$ is a Subgroup)

군 G의 임의의 원소a에 대해 $< a >$ 은 G의 부분군이다.

증명 $a \in < a >$ 이므로 $< a > \neq \varnothing$ 이다.

임의의 $a^m, a^n \in < a >$ 에 대해 $a^m (a^n)^{-1} = a^{m-n} \in < a >$이다. 따라서 정리3.1에 의해 $< a >$ 은 G의 부분군이다.

G의 부분군 $< a >$ 을 원소a에 의해 생성된 G의 순환부분군이라 한다. 특히 $G = < a >$ 인 경우에는 군 G를 순환 군이라 하고 원소 a를 G의 생성원이라 한다. (순환군의 생성원은 여러 개 있을 수 있다.) 원소 $\cdots, a^{-2}, a^{-1}, a^0, a^1, a^2, \cdots$ 의 나열은 무한이지만 집합 $\{a^n \mid n \in \mathbb{Z}\}$은

유한집합일 수 있다. 또한 $a^i a^j = a^{i+j} = a^{j+i} = a^j a^i$이므로 모든 순환군은 가환군이다.

예 7 $U(10)$에서

$3^1 = 3,\ 3^2 = 9,\ 3^3 = 7,\ 3^4 = 1,\ 3^5 = 3^4 \cdot 3^1 = 1 \cdot 3^1 = 3^1,$

$3^6 = 3^4 3^2 = 1 \cdot 3^2 = 3^2,\ \cdots$

$3^{-1} = 7(3 \cdot 7 = 1),\ 3^{-2} = 9,\ 3^{-3} = 3,\ 3^{-4} = 1,$

$3^{-5} = 3^{-4}3^{-1} = 1 \cdot 3^{-1} = 3^{-1},$

$3^{-6} = 3^{-4}3^{-2} = 1 \cdot 3^{-2} = 3^{-2}, \cdots$이므로 $< a >= \{3, 9, 7, 1\}= U(10)$이다.

예 8 $\mathbb{Z}_{10}$에서 $< 2 >= \{2, 4, 6, 8, 0\}$이다. $\mathbb{Z}_{10}$의 연산은 법을 10으로 하는 덧셈이므로 a^n은 na로 대치된다.

예 9 덧셈군 $\mathbb{Z}$에서 $<-1>= \mathbb{Z}$이다. 이 경우 $\cdots,\ -2(-1),\ -1(-1),\ 0(-1),\ 1(-1),\ 2(-1),\ \cdots$의 각 항은 서로 다른 수이다.

예 10 위수가 $2n$인 이면체 군 D_n에서 $R = R_{360°/n}$($360/n$도 회전이동)라고 하면

$R^n = R_{360°} = e,\ \ R^{n+1} = R,\ \ R^{n+2} = R^2, \cdots$이다.

같은 방법으로 $R^{-1} = R^{n-1},\ \ R^{-2} = R^{n-2}, \cdots$이므로

$< R \geq \{e, R^1, R^2, \cdots, R^{n-1}\}$이다. 또한 R의 지수는 n을 주기로 해서 되풀이 된다는 것을 알 수 있다. 따라서 아래 그림에서와 같이 R의 지수를 $+1$만큼 늘리면 원위에서 반시계방향으로 한 칸을 이동하고 -1만큼 늘리면 원위에서 시계방향으로 한 칸을 이동한다.

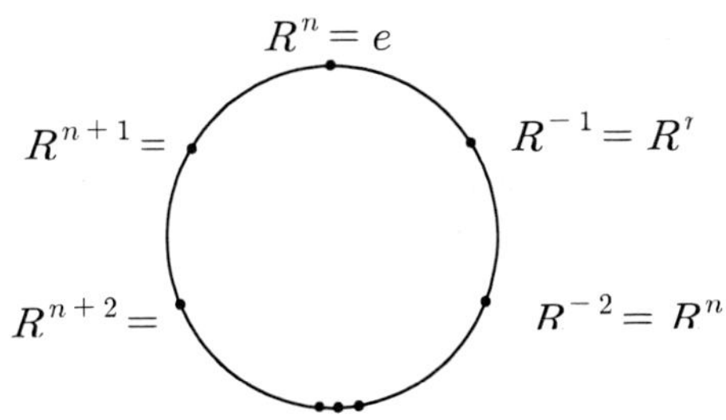

제3장에서 원소a 에 의해 생성되는 부분군의 위수 $|<a>|$ 와 원소a 의 위수 $|a|$ 가 같다는 것을 증명할 것이다. (실제로 원소a 의 위수 $|a|$ 는 $|<a>|=|a|$ 가 되도록 정의 된다.)

다음에서 가장 중요한 부분군 중에 하나를 보도록 하자.

정의 군의 중심(Center of a Group)

군 G의 중심 $Z(G)$은 G의 모든 원소와 교환법칙이 성립하는 G의 원소의 모임이다. 즉 $Z(G)=\{a\in G \mid \forall\ x\in G,\ ax=xa\}$.

정리 2.5 중심은 부분군이다.(Center is a Subgroup)

군 G의 중심은 G의 부분군이다.

증명 이번에는 정리2.2를 이용하여 증명한다.

$e\in Z(G)$ 이므로 $Z(G)\neq\varnothing$ 이다.

임의의 $Z(G)$ 의 원소 a, b 와 G 의 원소 x 에 대하여 $(ab)x=a(bx)=a(xb)=(ax)b=(xa)b=x(ab)$ 이므로 $ab\in Z(G)$ 이다. 따라서 $Z(G)$ 은 연산에 대해 닫혀있다.

$Z(G)$ 의 원소 a 와 G 의 임의의 원소 x 에 대하여 $ax=xa$ 이다. $a^{-1}x=xa^{-1}$ 임을 보이면 증명이 끝난다. 직관적으로 주어진 식에서 두 번째 식을 구하기 위해서는 등호의 양변에 있는 a 를 이동하면 된다. 즉

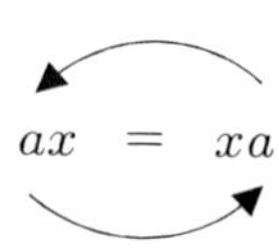

에서 $xa^{-1}=a^{-1}x$ 이다.(군에서는 교환법칙이 성립하지 않을 수 있으므로 x 의 왼쪽의 a 는 왼쪽의 a^{-1} 로 x 의 오른쪽의 a 는 오른쪽의 a^{-1} 로 등호를 중심으로 이동한다.)

실제로는 a^{-1} 를 주어진 식의 왼쪽과 오른쪽에 곱하면 된다. 즉

$$\begin{aligned} a^{-1}(ax)a^{-1}&=a^{-1}(xa)a^{-1} \\ (a^{-1}a)xa^{-1}&=a^{-1}x(aa^{-1}) \\ exa^{-1}&=a^{-1}xe \\ xa^{-1}&=a^{-1}x \end{aligned}$$

따라서 $a\in Z(G)$ 이면 $a^{-1}\in Z(G)$ 이다.

다음 예에서 이면체군의 중심을 구해보자.

예 11 $n \geq 3$ 에 대해

$$Z(D_n) = \begin{cases} \{ R_0, R_{180} \}, & n: \text{짝수} \\ \{ R_0 \}, & n: \text{홀수}. \end{cases}$$

증명 D_n 의 모든 회전이동은 $R_{360/n}$ 의 멱승이므로 회전이동끼리의 교환법칙은 성립한다. 이제 회전이동과 반사이동사이에 교환법칙이 성립함을 보이면 되겠다. D_n 의 임의의 회전이동을 R 이라 하고 반사이동을 F 라 하자. RF 가 반사이동이므로 $RF = (RF)^{-1} = F^{-1}R^{-1} = FR^{-1}$ 이다. 따라서 R 과 F 가 교환법칙이 성립하기 위한 필요충분조건은 $FR = RF = FR^{-1}$ 이다. 소거법칙에 의해서 $FR = FR^{-1}$ 이기위한 필요충분조건은 $R = R^{-1}$ 이고 이는 오직 $R = R_0$ 또는 $R = R_{180}$ 일 때만 성립한다. 그런데 R_{180} 은 n 이 짝수일 때에만 D_n 의 원소이므로, n 이 홀수이면 $Z(D_n) = \{ R_0 \}$ 이고 짝수이면 $Z(D_n) = \{ R_0, R_{180} \}$ 이다.

정의 G 에서 a 의 중심화(Centralizer of a in G) a 를 군 G 의 원소라 하자. G 에서 a 의 중심화 $C(a)$ 는 a 와 교환법칙이 성립하는 G 의 원소들의 집합이다. 즉 $C(a) = \{ g \in G \mid ga = ag \}$ 이다.

예 12 D_4 에서

$C(R_0) = D_4 = C(R_{180})$

$C(R_{90}) = \{ R_0, R_{90}, R_{180}, R_{270} \} = C(R_{270})$

$C(H) = \{ R_0, H, R_{180}, V \} = C(V)$

$C(D) = \{ R_0, D, R_{180}, D' \} = C(D')$.

정리 2.6 부분군 $C(a)$ ($C(a)$ is a Subgroup)

군 G의 원소 a에 대해서 a의 중심화는 G의 부분군이다.

증명 군 G의 원소 a에 대해서 $Z(G) \subseteq C(a)$이다. 또한 군 G가 가환군이기 위한 필요충분조건은 G의 모든 원소 a에 대해서 $C(a) = G$이다.

연습문제

1. 아래 각각의 군에 대해 그 군의 위수와 원소의 위수를 구하여라. 군의 원소의 위수와 군의 위수 사이에는 어떤 관계가 있는지 말하여라.

$$\mathbb{Z}_{12},\quad U(10),\quad U(12),\quad U(20),\quad D_4$$

2. 군 $\mathbb{Q}$ 의 임의의 원소와 군 $\mathbb{Q}^*$ 의 임의의 원소의 위수를 각각 구하여라.

3. 위수들을 실제로 계산하지 않고, Z_{30}에서 2와 28의 위수, 8과 22의 위수가 각각 같은 이유를 구하여라. 마찬가지로 $U(15)$ 의 원소의 쌍 $\{2, 28\}$, $\{7, 13\}$ 에 대해서도 그 위수가 각각 같은 이유를 구하여라.

4. 군의 원소 a 가 무한위수를 갖고 $m \neq n$ 이면 $a^m \neq a^n$ 임을 증명하여라.

5. 군 G 의 원소 a 에 대해 $|a| \leq |G|$ 임을 증명하여라.

6. $U(20)$ 의 임의의 원소 k 에 대해 $U(20) \neq \langle k \rangle$ 임을 증명하여라.(따라서 $U(20)$ 은 순환군이 아니다.)

7. $|a| = |b| = 2$ 인 두 원소 a, b 를 포함하는 군을 다음 각각의 경우에 구하여라.
   a. $|ab| = 3$ b. $|ab| = 4$ c. $|ab| = 5$
   세 개의 숫자 $|a|$, $|b|$, $|ab|$ 사이에 어떤 관계가 있다고 말 할 수 있겠는가?

8. 덧셈군 $\mathbb{Z}$ 의 진 부분군 가운데 12, 30, 54 를 포함하는 부분군을 모두 구하여라.

9. n 의 약수 k 에 대해 $U_k(n) = \{ x \in U(n) \mid x \bmod k = 1 \}$ 이다.
   예를 들면 $U_3(21) = \{ 1, 4, 10, 13, 16, 19 \}$이고 $U_7(21) = \{ 1, 8 \}$이다. $U_4(20)$, $U_5(20)$, $U_5(30)$, $U_{10}(30)$을 구하여라. $U_k(n)$은 $U(n)$의 부분군임을 증명하여라.
   $H = \{ x \in U(10) \mid x \bmod 3 = 1 \}$ 은 $U(10)$ 의 부분군이 되는가?

10. 임의의 군 G에 대해 $Z(G) = \bigcap_{a \in G} C(a)$ 임을 증명하여라.

11. 군 G의 Cayley표가 다음과 같다.

	1	2	3	4	5	6	7	8
1	1	2	3	4	5	6	7	8
2	2	1	8	7	6	5	4	3
3	3	4	5	6	7	8	1	2
4	4	3	2	1	8	7	6	5
5	5	6	7	8	1	2	3	4
6	6	5	4	3	2	1	8	7
7	7	8	1	2	3	4	5	6
8	8	7	6	5	4	3	2	1

a. G의 각 원소의 중심화를 구하여라.

b. $Z(G)$을 구하여라.

c. G의 각 원소의 위수를 구하여라. 이들 위수는 G의 위수와 어떤 관계인가?

12. G의 부분군 H의 중심화 $C(H)$은 $C(H) = \{x \in G \mid \forall\, h \in H,\ xh = hx\}$ 이다. $C(H)$가 G의 부분군임을 증명하여라.

13. 군의 원소의 중심화는 가환부분군인가?

14. 항등원이 e인 가환군 G와 한 개의 정수 n에 대하여 방정식 $x^n = e$을 만족하는 G의 모든 원소의 집합이 G의 부분군임을 증명하여라. 방정식 $x^2 = e$을 만족하는 비가환군 G의 모든 원소의 집합이 G의 부분군이 아닌 군 G의 예를 찾아라.

15. 군의 원소 a, b에 대하여 $|a| = 4$, $|b| = 2$, $a^3b = ba$이다. $|ab|$을 구하여라.

16. 위수가 n인 a는 군의 원소이고 d는 n의 양의약수이다. $|a^d| = n/d$ 임을 증명하여라.

17. $SL(2,\ \mathbb{R})$ 의 원소 $A=\begin{pmatrix}1&1\\0&1\end{pmatrix}$ 의 위수를 구하여라. $SL(2,\ \mathbb{Z}_p)$ (p는 소수) 의 원소 $A=\begin{pmatrix}1&1\\0&1\end{pmatrix}$ 의 위수를 구하여라.

18. 원의 대칭군 G는 유한위수를 갖는 원소들 뿐만아니라 무한위수를 갖는 원소들도 갖고있음을 보여라.

19. D_4 에는 위수가 4 인 순환부분군이 7 개가 있는데 이를 모두 구하여라. D_4 의 부분군 중에서 위수가 4 이고 순환부분군이 아닌 것을 구하여라.

20. 짝수 위수를 갖는 군에는 반드시 위수가 2 인 원소가 존재함을 증명하여라.

21. H는 유한군 G의 부분군이다. $g\in G$이고 n은 $g^n=e$가 되는 최소의 자연수라면 n은 $|g|$의 약수임을 증명하여라.

22. $\mathbb{R}^*$은 곱셈에 대한 0 이 아닌 실수전체집합의 군이고 $H=\{\,x\in\mathbb{R}^*\mid x^2$은 유리수$\,\}$이다. H가 $\mathbb{R}^*$의 부분군임을 증명하여라. H가 여전히 부분군 되도록 x의 지수를 2 와는 다른 양의 정수를 사용할 수 있는지 판정하여라.

23. $U(40)$ 에서 위수가 4 인 순환부분군을 구하여라.

24. $G=\left\{\begin{pmatrix}a&b\\c&d\end{pmatrix}\mid a,\ b,\ c,\ d\in\mathbb{Z}\right\}$는 덧셈에 대한 군이고

$H=\left\{\begin{pmatrix}a&b\\c&d\end{pmatrix}\in G\mid a+b+c+d=0\right\}$이다. H가 G의 부분군임을 증명하여라.

$a+b+c+d=1$ 인 경우에 H가 G의 부분군이 되는지를 판정하여라.

25. H가 덧셈에 대한 군 $\mathbb{R}$의 부분군일 때 $K=\{\,2^a\mid a\in H\,\}$는 곱셈에 대한 군 $\mathbb{R}^*$의 부분군임을 증명하여라.

26. $G = GL(2, \mathbb{R})$, $H = \left\{ \begin{pmatrix} a & 0 \\ 0 & b \end{pmatrix} \mid a, b는\ 영이아닌\ 정수 \right\}$라 하자. 행렬의 곱셈연산에 대해 H가 $GL(2, \mathbb{R})$의 부분군이면 증명을 하고 부분군이 아니면 그 이유를 말하여라.

27. $H = \{ a + bi \mid a, b \in \mathbb{R}, a^2 + b^2 = 1 \}$이 곱셈에 대한 군 $\mathbb{C}^*$의 부분군이면 증명을 하고 부분군이 아니면 그 이유를 말하여라. H의 원소를 기하학적으로 설명하여라.

28. $G = GL(2, \mathbb{R})$에 대해 다음을 구하여라.

a. $C\left(\begin{pmatrix} 1 & 1 \\ 1 & 0 \end{pmatrix}\right)$

b. $C\left(\begin{pmatrix} 0 & 1 \\ 1 & 0 \end{pmatrix}\right)$

29. $|a| = m$인 a는 군의 원소이다. n이 m과 서로소이면 a는 그 군의 어떤 원소의 n제곱과 같음을 증명하여라.

제 3 장

순환군
(Cyclic Groups)

순환군의 성질(Properties of Cyclic Groups)

앞에서 군 G에 $G=\{a^n \mid n\in\mathbb{Z}\}$이 되는 원소 a가 존재하면 G를 순환군, a를 순환군 G의 생성원이라 정의했다. 또한 원소 a에 의해서 생성되는 순환군 G를 $G=\langle a\rangle$로 표시한다.

이장에서는 순환군을 자세히 연구하고 순환군의 중요한 성질을 판정한다. 우선 예부터 시작하도록 하자.

예 1 덧셈에 대한 정수전체집합 $\mathbb{Z}$의 군은 순환군이다. 1과 -1은 모두 이군의 생성원이다. 연산이 덧셈인 경우에 1^n을 덧셈으로 바꾸면 다음과 같다.

$$\begin{cases} 1+1+\cdots+1\ (n-\text{번}) & n:\text{자연수} \\ (-1)+(-1)+\cdots+(-1)\ (|n|-\text{번}) & n:\text{음의 정수} \end{cases}$$

예 2 $n\geqq 1$인 n에 대해 집합 $\mathbb{Z}_n=\{0,1,2,\cdots,n-1\}$은 법은 n으로 하는 덧셈에 대해 군이다. 이 경우에도 1과 $-1=n-1$은 모두 이군의 생성원이다.

오직 두 개의 생성원만을 갖는 정수전체집합 $\mathbb{Z}$와는 다르게 $\mathbb{Z}_n$에서는 n값에 따라 두 개 이상의 생성원을 갖기도 한다.

예 3 $\mathbb{Z}_8 = \langle 1 \rangle = \langle 3 \rangle = \langle 5 \rangle = \langle 7 \rangle$ 이다. 여기서 $\mathbb{Z}_8 = \langle 3 \rangle$ 임을 증명하자.

$$\begin{aligned} \langle 3 \rangle &= \{3,\ 3+3,\ 3+3+3,\ \cdots\ \} \\ &= \{3,\ 6,\ 1,\ 4,\ 7,\ 2,\ 5,\ 0\ \} \\ &= \mathbb{Z}_8 . \end{aligned}$$

반면에 $\langle 2 \rangle = \{\ 0,\ 2,\ 4,\ 6\ \} \neq \mathbb{Z}_8$ 이므로 2는 $\mathbb{Z}_8$ 의 생성원이 아니다.

■

예 4 (제2장의 예11을 참고) 3, 7은 모두 $U(10)$ 의 생성원이다.

$$\begin{aligned} U(10) = \{\ 1,\ 3,\ 7,\ 9\ \} &= \{\ 3^0,\ 3^1,\ 3^3,\ 3^2\ \} = \langle 3 \rangle \\ &= \{\ 7^0,\ 7^3,\ 7^1,\ 7^2\ \} = \langle 7 \rangle . \end{aligned}$$

■

예가 없다는 것은 예로써 어떤 개념을 이해하는데 자주 도움을 준다. 즉 $U(8)$ 이 순환군이 아님을 증명하는 문제는 다음 계산을 보면 알 수 있다.

$$\begin{aligned} &U(8) = \{\ 1,\ 3,\ 5,\ 7\ \} \\ &\langle 1 \rangle = \{\ 1\ \} \\ &\langle 3 \rangle = \{\ 3,\ 1\ \} \\ &\langle 5 \rangle = \{\ 5,\ 1\ \} \\ &\langle 7 \rangle = \{\ 7,\ 1\ \} . \end{aligned}$$

따라서 $U(8)$ 의 모든 원소 a 에 대해 $U(8) \neq \langle a \rangle$ 이므로 $U(8)$ 은 순환군이 아니다.

정리 3.1 $a^i = a^j$ 의 판별식(Criterion for $a^i = a^j$)

G 는 군이고 a 는 G 의 원소이다. a 의 위수가 무한이면 $a^i = a^j$ 이기 위한 필요충분조건은 $i = j$ 이다. a 의 위수가 유한값 n 이면 $\langle a \rangle = \{\ e,\ a^1,\ a^2,\ \cdots,\ a^{n-1}\ \}$ 이고 $a^i = a^j$ 이기 위한 필요충분조건은 $n | i-j$ 이다.

증명 a 의 위수가 무한이면 0이 아닌 모든 정수 n 에 대해서 a^n 은 항등원이 될 수 없다. 그런데 $a^i = a^j$ 이므로 $a^{i-j} = e$ 이고 따라서 $i-j=0$ 이다. 이로써 첫 명제는 증명이 되었다. 이제 $|a| = n$ 이라하고 $\langle a \rangle = \{\ e,\ a^1,\ a^2,\ \cdots,\ a^{n-1}\ \}$ 임을 보이자.

$\langle a \rangle = \{\ e,\ a^1,\ a^2,\ \cdots\ \}$ 이므로 $\{\ e,\ a^1,\ a^2,\ \cdots,\ a^{n-1}\ \} \subseteq \langle a \rangle$ 이 성립한다.

a^k 를 $\langle a \rangle$ 의 임의의 원소라 하면 나눗셈 정리에 의해 다음을 만족하는 정수 $q,\ r$ 이 존재한다.

$$k = qn + r, \quad 0 \leq r < n .$$

따라서 $a^k = a^{qn+r} = a^{qn}a^r = (a^n)^q a^r = ea^r = a^r$ 이므로

$a^k \in \{e, a^1, a^2, \cdots, a^{n-1}\}$ 이다. 이로써 $\langle a \rangle \subseteq \{e, a^1, a^2, \cdots, a^{n-1}\}$ 이 성립한다. 다음으로 $a^i = a^j$ 라 하고 $n|i-j$ 임을 증명하자. 또 다시 나눗셈 정리에 의해 다음을 만족하는 정수 q, r 이 존재한다.

$$i-j = qn+r, \quad 0 \leqq r < n.$$

따라서 $e = a^{i-j} = a^{qn+r} = a^{qn}a^r = (a^n)^q a^r = ea^r = a^r$ 이다. $|a| = n$ 은 $a^n = e$ 가 되는 최소의 자연수이므로 $r = 0$ 이고 따라서 $n|i-j$ 이다.

역으로 $i-j = qn$ 이면 $a^{i-j} = a^{qn} = e^q = e$ 이므로 $a^i = a^j$ 이다.

위 정리3.1을 보면 원소의 위수와 군의 위수에 대한 용어와 기호를 따로따로 사용해야하는 이유를 알 수 있다.

따름 정리1. $|a| = |\langle a \rangle|$

군의 임의의 원소 a 에 대하여 $|a| = |\langle a \rangle|$ 이다.

따름 정리2. $a^k = e$ 이면 $|a| \mid k$ 이다.($a^k = e$ Implies That $|a|$ Divides k)

G 는 군이고 a 는 $|a| = n$ 인 G 의 원소이다. $a^k = e$ 이면 $n \mid k$ 이다.

증명 $a^k = e = a^0$ 이므로, 정리4.1에 의해서 $n \mid k-0$ 이다.

$|a| = 6$ 인 경우의 정리3.1과 그 따름정리를 그림3.1에서 설명하였다.

유한위수를 갖는 경우에 정리3.1에서 중요한 점은 $\langle a \rangle$ 에서 곱셈은 필연적으로 법을 n 으로 하는 덧셈에 의해서 수행 된다는 점이다. 즉 $(i+j) \bmod n = k$ 이면 $a^i a^j = a^k$ 이다. 따라서 군 G 와 원소 a 에 관계없이 $\langle a \rangle$ 에서 곱셈은 $|a| = n$ 일 때 $\mathbb{Z}_n$ 에서 덧셈과 같다. 같은 방법으로 a 의 위수가 무한인 경우에도 $\langle a \rangle$ 에서 곱셈은 $a^i a^j = a^{i+j}$ 이므로 법 n 에 대한 연산이 전혀 없이 $\mathbb{Z}$ 에서 덧셈으로 계산이 된다.

이러한 이유로 인해 두 개의 순환군 $\mathbb{Z}_n$ 과 $\mathbb{Z}$ 는 다른 모든 순환군에 대한 원형이고 대수학자들은 각 위수에 대한 순환군은 기본적으로 오직 하나만 존재한다고 한다. 이게 의미하는 것은

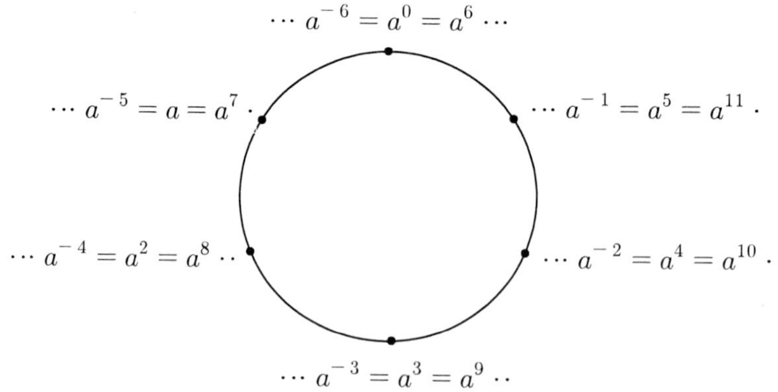

[그림3.1]

$\{ a^n \mid n \in \mathbb{Z} \}$와 같은 형태의 서로 다른 집합은 많이 있지만 이러한 집합의 이항연산은 본질적으로 한 가지 방법 뿐 이다. 대수학자들은 집합의 원소에는 관심이 없고 그 집합의 대수적인 성질 즉 그 집합의 원소들이 서로 결합하는 방법 등에 초점을 둔다. 우리는 이러한 것들을 제6장에서 다룰 것이다.

다음 정리는 $|a|$을 알고 있을 때 $|a^k|$을 계산하는 간단한 방법이다. 또한 따름정리에서는 $\langle a^i \rangle = \langle a^j \rangle$을 판별하는 방법을 알아본다.

정리 3.2 $\langle a^k \rangle = \langle a^{\gcd(n,\, k)} \rangle$

군의 원소 a는 위수가 n이고 k는 임의의 양의정수일 때 $\langle a^k \rangle = \langle a^{\gcd(n,\, k)} \rangle$이고 $|a^k| = n/\gcd(n,\, k)$이다.

증명 $d = \gcd(n,\, k)$이고 $k = dr$라면 $a^k = (a^d)^r$이므로 $\langle a^k \rangle \subseteq \langle a^d \rangle$이다.
또한 정리0.2에 의해서 $d = ns + kt$이 되는 정수 $s,\, t$가 존재하므로
$a^d = a^{ns+kt} = a^{ns}a^{kt} = (a^n)^s (a^k)^t = e(a^k)^t = (a^k)^t \in \langle a^k \rangle$이다.
따라서 $\langle a^k \rangle \subseteq \langle a^d \rangle$이다.
$|a^k| = n/\gcd(n,\, k)$을 증명하기 위하여 우선 n의 임의의 약수에 d 대해 $|a^d| = n/d$임을 증명하자. $(a^d)^{n/d} = a^n = e$이므로 $|a^d| \leq n/d$이다. 반면에 $i < n/d$인 i에 대해서는 $|a|$의 정의에 의해 $a^i \neq e$이다. 따라서 n의 임의의 약수에 d 대해 $|a^d| = n/d$이다.
여기서$d = \gcd(n,\, k)$를 적용하면 $|a^k| = |\langle a^k \rangle| = |\langle a^{\gcd(n,\, k)} \rangle| = |a^{\gcd(n,\, k)}| = n/\gcd(n,\, k)$이다.

정리3.2의 장점은 순환부분군의 생성원을 좀 더 계산하기 편리한 생성원으로 교환할 수 있다는 것이다. 예를 들면 $|a| = 30$ 일 때 $\langle a^{26} \rangle = \langle a^2 \rangle$, $\langle a^{23} \rangle = \langle a \rangle$, $\langle a^{22} \rangle = \langle a^2 \rangle$, $\langle a^{21} \rangle = \langle a^3 \rangle$ 이다. 따라서 $|a^{23}| = 30$, $|a^{22}| = 15$ 임을 쉽게 계산할 수 있다. 뿐만 아니라 $\langle a^{21} \rangle$의 원소를 모두 구해야 할 때 $\langle a^3 \rangle$을 사용하면 보다 쉽게 구할 수 있다.

정리3.2에서는 유한순환군에서 원소의 위수와 그 군의 위수사이의 중요한 관계를 알아보았다.

따름 정리1. 유한순환군의 원소의 위수(Orders of Elements in Finite Cyclic Group)

유한순환군의 원소의 위수는 그 군의 위수의 약수이다.

따름 정리2. $\langle a^i \rangle = \langle a^j \rangle$ 과 $|a^i| = |a^j|$ 의 판별식(Criterion for $a^i = a^j$ and $|a^i| = |a^j|$)

$|a| = n$ 일 때 $\langle a^i \rangle = \langle a^j \rangle$ 이기위한 필요충분조건은

$\gcd(n, i) = \gcd(n, j)$ 이고 $|a^i| = |a^j|$ 이기위한 필요충분조건은

$\gcd(n, i) = \gcd(n, j)$ 이다.

증명 정리3.2에 의해 $\langle a^i \rangle = \langle a^{\gcd(n, i)} \rangle$ 이고 $\langle a^j \rangle = \langle a^{\gcd(n, j)} \rangle$ 이므로 $\langle a^{\gcd(n, i)} \rangle = \langle a^{\gcd(n, j)} \rangle$ 이기위한 필요충분조건이 $\gcd(n, i) = \gcd(n, j)$ 임을 증명하면 된다. $\gcd(n, i) = \gcd(n, j)$ 이면 $\langle a^{\gcd(n, i)} \rangle = \langle a^{\gcd(n, j)} \rangle$ 은 당연히 성립한다. 역으로 $\langle a^{\gcd(n, i)} \rangle = \langle a^{\gcd(n, j)} \rangle$ 이면 $|a^{\gcd(n, i)}| = |a^{\gcd(n, j)}|$ 이므로 정리4.2의 두 번째 정리에 의해 $n/\gcd(n, i) = n/\gcd(n, j)$ 이다.
따라서 $\gcd(n, i) = \gcd(n, j)$ 이다.

따름정리의 두 번째 필요충분조건은 첫 번째 필요충분조건과 정리3.1의 따름정리에 의해서 성립한다.

다음 두 개의 따름정리는 위의 따름정리의 매우 중요한 특별한 경우이다.

따름 정리3. 유한순환군의 생성원(Generators of Finite Cyclic Groups)

$|a| = n$ 일 때 $\langle a \rangle = \langle a^j \rangle$ 이기위한 필요충분조건은 $\gcd(n, j) = 1$ 이고

$|a| = |\langle a^j \rangle|$ 이기위한 필요충분조건은 $\gcd(n, j) = 1$ 이다.

따름 정리4. $\mathbb{Z}_n$ 의 생성원(Generators of $\mathbb{Z}_n$)

$\mathbb{Z}_n$ 의 원소 k 가 $\mathbb{Z}_n$ 의 생성원이기 위한 필요충분조건은 $\gcd(n, k) = 1$ 이다.

따름정리3의 진가는 순환군의 생성원 한 개를 알면 그 순환군의 모든 생성원을 쉽게 계산할 수 있다는 것이다. 예를 들어 D_6 의 모든 회전이동으로 이루어진 부분군에서 R_{60} 은 $|R_{60}| = 6$ 이므로 생성원임을 알 수 있다. 따름정리3에 의해서 이 부분군의 생성원은 R_{60} 과 $(R_{60})^5 = R_{300}$ 외에는 존재하지 않음을 알 수 있다. 물론 우리는 이결과를 따름정리3을 이용하지 않고 직접 계산에 의해서도 쉽게 이끌어 낼 수 있다. 그래서 따름정리3의 막강한 힘을 알아보기 위해 순환군 $U(50)$ 의 모든 생성원을 계산해 보자. 우선 $|U(50)| = 20$ 이고 3 이 $U(50)$ 의 생성원의 하나임은 직접 계산에 의해 알 수 있다. 따름정리3에 의하면 $U(50)$ 의 모든 생성원은 다음과 같다.

$$\begin{array}{ll} 3 \bmod 50 = 3, & 3^{11} \bmod 50 = 47 \\ 3^3 \bmod 50 = 27, & 3^{13} \bmod 50 = 23 \\ 3^7 \bmod 50 = 37, & 3^{17} \bmod 50 = 13 \\ 3^9 \bmod 50 = 33, & 3^{19} \bmod 50 = 17 \end{array}$$

여기에서도 약간의 계산이 필요함을 인정한다. 그러나 $U(50)$ 의 원소의 위수를 하나씩 모두 계산하여 생성원을 모두 구하는 것보다는 확실히 간단한 계산이다.

순환군의 부분군의 분류 (Classification of Subgroups of Cyclic Groups)

다음 정리에서는 유한순환군의 부분군의 개수와 그 부분군을 구하는 방법을 제공한다.

정리 3.3 순환군의 기본정리(Fundamental Theorem of Cyclic Groups)

순환군의 모든 부분군은 순환군이다. 뿐만 아니라 $|\langle a \rangle| = n$ 이면 $\langle a \rangle$ 의 임의의 부분군의 위수는 n 의 약수이고 n 의 각각의 약수 k 에 대해 군 $\langle a \rangle$ 은 위수가 k 인 부분군을 오직 한 개 즉 $\langle a^{n/k} \rangle$ 을 갖는다.

증명에 앞서 정리의 내용을 알아보자. 정리의 내용을 이해한다는 것은 곧 정리의 증명을 이해하기위한 전제조건이다. $G = \langle a \rangle$ 이고 G 의 위수가 30 이라 하자. 정리의 처음 두개 정리에 의하면

G의 임의의 부분군 H에 대해 30의 약수 k가 존재해서 $H = \langle a^{30/k} \rangle$ 임을 알 수 있다. 위 정리의 세 번째 부분에 의해 위수가 각각 1, 2, 3, 5, 6, 10, 15, 30이 되는 부분군이 한 개씩 존재하고 그 외의 부분군은 존재하지 않음을 알 수 있다. 아래 증명에서 이러한 부분군을 구하는 방법이 제시될 것이다.

증명 $G = \langle a \rangle$ 이고 H를 G의 임의의 부분군이라 하자. 우선 H가 순환군 임을 증명하자. H가 항등원 한 개로만 이루어져 있으면 $H = \langle e \rangle$ 이므로 순환군이다.

이제 $H \neq \{e\}$ 라하고 H에 a^t (t : 자연수)인 형태의 원소가 존재함을 먼저 증명하자. $G = \langle a \rangle$ 이고 $H \neq \{e\}$ 이므로 a^t이 H의 원소가 되도록 정수 t가 존재한다. 정수 t가 음의 정수이면 a^{-t} 또한 H의 원소이고 $-t$는 양의 정수이다. 따라서 H에 a^t (t : 자연수)인 형태의 원소가 존재한다. 이제 m을 $a^m \in H$가 되는 양의 정수 중에서 최소인 양의 정수라 하면 $\langle a^m \rangle \subseteq H$이다. $\langle a^m \rangle = H$임을 증명하기 위해 b을 H의 임의의 원소라 하면 $b \in G = \langle a \rangle$ 이므로 $b = a^k$인 정수 k가 존재한다. 이제 정수 m과 k에 나눗셈 정리를 적용하면 $k = qm + r$, $0 \leqq r < m$ 을 만족하는 정수 q, r이 존재한다. $a^k = a^{qm+r} = a^{qm}a^r$ 이므로 $a^r = a^{-mq}a^k$ 이다. 그런데 $a^k = b \in H$이고 $a^{-mq} = (a^m)^{-q} \in H$이므로 $a^r \in H$이다. 그런데 m은 $a^m \in H$가 되는 양의 정수 중에서 최소인 양의 정수이고 $0 \leqq r < m$ 이므로 r은 0이 되어야 한다. 따라서 $b = a^k = a^{qm} = (a^m)^q \in \langle a^m \rangle$ 이고 정리에서 순환군의 모든 부분군은 순환군임이 증명되었다. 정리의 두 번째 주장을 증명하기 위해 $|\langle a \rangle| = n$ 이고 H는 $\langle a \rangle$ 의 임의의 부분군이라 하자. 위에서 m을 $a^m \in H$가 되는 양의 정수 중에서 최소인 양의 정수라 하면 $\langle a^m \rangle = H$ 임을 증명했다. 마찬가지로 $e = b = a^n$ 을 위의 증명과정에 사용하면 $n = mq$ 임을 알 수 있다. 마지막으로 k를 n의 임의의 양의 약수라 하자. 이제 $\langle a^{n/k} \rangle$ 은 $\langle a \rangle$ 의 부분군 중에서 위수가 k인 것으로는 유일한 부분군임을 증명하겠다. 정리4.2에 의해 $\langle a^{n/k} \rangle$ 의 위수는 $n/\gcd(n, n/k) = n/(n/k) = k$이다. H가 $|H| = k$인 $\langle a \rangle$ 의 임의의 부분군이라 하자.

위에서 $H = \langle a^m \rangle$ 이고 m은 n의 약수임을 증명했으므로 $m = \gcd(n, m)$ 이고 $k = |a^m| = |a^{\gcd(n, m)}| = n/\gcd(n, m) = n/m$이다.

따라서 $m = n/k$ 이고 $H = \langle a^{n/k} \rangle$ 이다.

$G = \langle a \rangle$ 이고 G 의 위수가 30 인 순환군의 경우로 되돌아가서 정리4.3을 적용하면 $\langle a \rangle$ 의 부분군은 30 의 약수 m 에 대해 $\langle a^m \rangle$ 의 형태로만 존재한다. 뿐만 아니라 k 가 30 의 임의의 양의 약수이면 위수가 k 인 부분군은 $\langle a^{30/k} \rangle$ 이다. 따라서 $\langle a \rangle$ 의 모든 부분군은 아래와 같다.

$$
\begin{array}{ll}
\langle a \rangle = \{ e, a, a^2, \cdots, a^{29} \} & \text{위수 : } 30 \\
\langle a^2 \rangle = \{ e, a^2, a^4, \cdots, a^{28} \} & \text{위수 : } 15 \\
\langle a^3 \rangle = \{ e, a^3, a^6, \cdots, a^{27} \} & \text{위수 : } 10 \\
\langle a^5 \rangle = \{ e, a^5, a^{10}, a^{15}, a^{20}, a^{25} \} & \text{위수 : } 6 \\
\langle a^6 \rangle = \{ e, a^6, a^{12}, a^{18}, a^{24} \} & \text{위수 : } 5 \\
\langle a^{10} \rangle = \{ e, a^{10}, a^{20} \} & \text{위수 : } 3 \\
\langle a^{15} \rangle = \{ e, a^{15} \} & \text{위수 : } 2 \\
\langle a^{30} \rangle = \{ e \} & \text{위수 : } 1
\end{array}
$$

일반적으로 k 가 n 의 약수이면 $\langle a^{n/k} \rangle$ 은 위수가 k 인 유일한 부분군이다.

정리3.3에서 G 를 $\mathbb{Z}_n$ 으로, a 를 1 로 두면 다음 중요한 정리를 얻는다.

따름 정리 $\mathbb{Z}_n$ 의 부분군(Subgroups of $\mathbb{Z}_n$)

n 의 각각의 양의 약수 k 에 대해 집합$\langle n/k \rangle$ 은 위수가 k 가 되는 $\mathbb{Z}_n$ 의 유일한 부분군이다. 뿐만 아니라 $\mathbb{Z}_n$ 의 부분군은 이런 형태의 것들만 있다.

예 5 $\mathbb{Z}_{30}$ 의 모든 부분군은 다음과 같다.

$$
\begin{array}{ll}
\langle 1 \rangle = \{ 0, 1, 2, \cdots, 29 \} & \text{위수 : } 30 \\
\langle 2 \rangle = \{ 0, 2, 4, \cdots, 28 \} & \text{위수 : } 15 \\
\langle 3 \rangle = \{ 0, 3, 6, \cdots, 27 \} & \text{위수 : } 10 \\
\langle 5 \rangle = \{ 0, 5, 10, 15, 20, 25 \} & \text{위수 : } 6 \\
\langle 6 \rangle = \{ 0, 6, 12, 18, 24 \} & \text{위수 : } 5 \\
\langle 10 \rangle = \{ 0, 10, 20 \} & \text{위수 : } 3 \\
\langle 15 \rangle = \{ 0, 15 \} & \text{위수 : } 2 \\
\langle 30 \rangle = \{ 0 \} & \text{위수 : } 1
\end{array}
$$

정리3.2와 정리3.3을 이용하면 유한순환군에서 각각의 위수에 대한 원소의 개수를 쉽게 계산할 수 있다. 계산의 편의를 위해 오일러 $\phi-$함수를 소개하면 $\phi(1) = 1$ 이고 $n > 1$ 인 정수에 n 대해 $\phi(n)$ 은 n 보다 적고 n 과 서로소인 양의 정수의 개수이다. 따라서 군 $U(n)$ 의 정의에 의해 $|U(n)| = \phi(n)$ 이다. 처음 12 개의 $\phi(n)$ 의 값은 다음 표와 같다.

표3.1 $\phi(n)$ 의 값

n	1	2	3	4	5	6	7	8	9	10	11	12
$\phi(n)$	1	1	2	2	4	2	6	4	6	4	10	4

정리 3.4 순환군에서 각 위수에 대한 원소의 개수 (Number of Elements of Each Order in a Cyclic Group)

n 의 양의 약수 d 에 대해 위수가 n 인 순환군에서 위수가 d 인 원소의 개수는 $\phi(d)$ 이다.

증명 정리3.3에 의해 주어진 군은 위수가 d 인 부분군을 오직 한개만 갖는다. 이 부분군을 $\langle a \rangle$ 라고 하면 위수가 d 인 원소는 모두 $\langle a \rangle$ 를 생성하고 정리3.2의 따름정리2에 의해서 a^k 이 $\langle a \rangle$ 을 생성하기위한 필요충분조건은 $\gcd(k, d) = 1$ 이다. 따라서 위수가 d 인 원소의 개수는 $\phi(d)$ 이다.

위수가 n 인 순환군에서 n 의 임의의 양의 약수 d 를 위수로 갖는 원소의 개수는 오직 d 에 의해서만 결정된다. 따라서 $\mathbb{Z}_8$, $\mathbb{Z}_{640}$, $\mathbb{Z}_{80000}$ 각각에는 위수가 8인 원소가 $\phi(8) = 4$개 존재 한다.

임의의 유한군에서는 각 위수를 갖는 원소의 개수를 구하는 일반적인 공식은 없지만 이것에 대해 우리는 매우 중요한 것을 말할 수 있다.

따름 정리 유한군에서 위수가 d 인 원소의 개수

(Number of Elements of Order d in a Finite Group)

유한군에서 위수가 d 인 원소의 개수는 $\phi(d)$ 의 배수이다.

증명 유한군에 위수가 d 인 원소가 없다면 0 이 $\phi(d)$ 의 배수이므로 성립한다. 이제 유한군 G 에 위수가 d 인 원소 a 가 존재한다고 하자. 정리4.4에 의해서 $\langle a \rangle$ 에는 위수가 d 인 원소가 $\phi(d)$ 개가 존재한다. G 에서 위수가 d 인 모든 원소가 또한 $\langle a \rangle$ 의 원소라면 G 에서 위수가 d 인 원소의 개수는 $\langle a \rangle$ 에서 위수가 d 인 원소의 개수 $\phi(d)$ 와 같게 되어 정리가 성립한다. 따라서 $\langle a \rangle$ 의 원소가 아니고 위수가 d 인 G 의 원소 b 가 존재한다고 가정하면 $\langle b \rangle$ 또한 위수가 d 인 원소를 $\phi(d)$ 개 갖는다. $\langle a \rangle$ 와 $\langle b \rangle$ 모두의 원소가 되고 위수가 d 인 원소가 존재하지 않는다면 우리는 G 에서 위수가 d 인 $\phi(d)$ 개의 원소를 구했다. 만약 $\langle a \rangle$ 와 $\langle b \rangle$ 모두의 원소가 되고 위수가 d 인 원소 c 가 존재한다면

$\langle a \rangle = \langle c \rangle = \langle b \rangle$ 이 되어 $b \in \langle a \rangle$ 이고 이는 모순이다. 이러한 과정을 계속하면 유한군에서 위수가 d 인 원소의 개수는 $\phi(d)$ 의 배수이다.

큰 양의정수 n 에 대해 n 이하의 양의 정수들을 하나씩 계산에 의해 n 과 서로소인 수를 구해야 하는 매우 따분한 계산을 해야 하므로 표면상으로 보아도 정리3.4와 그 따름정리는 별 가치가 없어 보인다. 그러나 $\phi-$함수의 다음 성질에 의해 $\phi(n)$ 의 계산이 좀 더 간단해진다. 임의의 소수 p 에 대해 $\phi(p^n) = p^n - p^{n-1}$ (문제34)이고 서로소인 정수 m, n 에 대해 $\phi(mn) = \phi(m)\,\phi(n)$ 이다. 따라서 $\phi(40) = \phi(8)\,\phi(5) = 4 \cdot 4 = 16$ 이고 $\phi(75) = \phi(5^2)\,\phi(3) = (25-5) \cdot 2 = 40$ 이다.

군의 다양한 부분군들 사이의 관계는 그 군의 부분군격자에 의해서 나타낼 수도 있다. 이것은 그 군의 모든 부분군을 포함하고 어떤 위치에 있는 부분군 H 와 그보다 더 높은 위치에 있는 부분군 K 가 선분들로 연결되기 위한 필요충분조건이 H 가 K 의 진부분군이 되는 도표이다. 보통 사람들은 그 도표를 보기 좋은 형태로 표현하려고 한다. 그림3.2는 $\mathbb{Z}_{30}$ 에 대한 격자도표이다. 여기서 $\langle 10 \rangle$ 은 $\langle 2 \rangle$ 와 $\langle 5 \rangle$ 의 부분군이지만 $\langle 6 \rangle$ 은 $\langle 10 \rangle$ 의 부분군이 아님을 눈여겨보아 두어야 한다.

$\mathbb{Z}_{30}$ 의 모든 부분군을 구할 수 있다는 편리성과 $U(30)$, D_{30} 등의 모든 부분군을 계산하는 것을 비교해보면 정리3.3의 진가를 알 수 있다. $U(30)$, D_{30} 은 비순환군 중에서는 그래도 상대적으로 단순한 구조를 가지고 있다.

제6장에서 정리3.3의 일부는 임의의 유한군으로 확장할 수 있다는 것을 증명할 것이다. 즉 부분군의 위수는 그 전체군의 위수의 약수임을 증명할 것이다. 그리고 동시에 유한군에서는

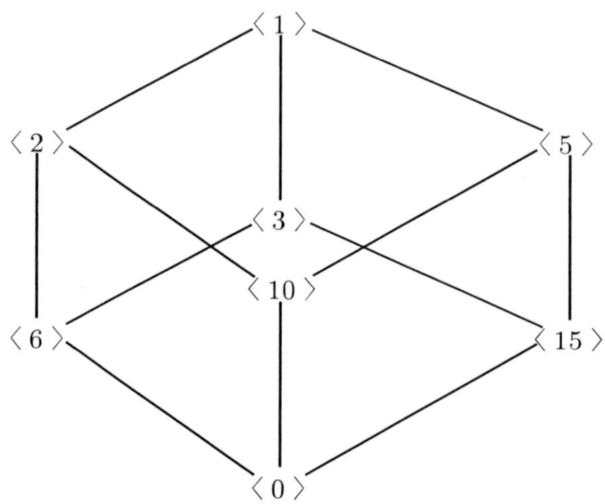

그림3.2 $\mathbb{Z}_{30}$ 의 부분군격자

주어진 군의 위수의 양의 약수를 위수로 하는 유일한 부분군이 반듯이 존재할 필요는 없다는 것도 증명할 것이다. 어떤 약수에 대해서는 그 약수를 위수로 하는 부분군이 하나도 없을 수 있고, 또 다른 약수에 대해서는 여러 개의 부분군이 있을 수 도 있다. 사실상 위수가 8 인 이면체군 D_4 에서 위수가 2 인 부분군은 5 개, 위수가 4 인 부분군은 3 개 있다.

마지막으로 순환군의 중요성을 한 가지만 언급하려고 한다. 순환군은 유한군의 아주 작은 부분이지만 소수가 정수를 만들고 화학 원소가 화합물을 구성하는 것처럼 우리는 뒤에 순환군은 모든 유한가환군을 구성하는 기본단위임을 증명할 것이다.

연습문제

1. $\mathbb{Z}_6$, $\mathbb{Z}_8$, $\mathbb{Z}_{20}$ 의 생성원들을 모두 구하여라.

2. $\mathbb{Z}_{30}$ 의 부분군 $\langle 20 \rangle$, $\langle 10 \rangle$ 의 원소를 모두 구하여라. a 는 위수 30 인 순환군의 원소이다. 부분군 $\langle a^{20} \rangle$, $\langle a^{10} \rangle$ 의 원소를 모두 구하여라.

3. $U(20)$ 의 부분군 $\langle 3 \rangle$, $\langle 7 \rangle$ 의 원소를 모두 구하여라.

4. 모든 진 부분군이 순환부분군이 되는 비순환군을 구하여라.

5. $\mathbb{Z}_{30}$ 의 부분군의 개수를 구하여라. 부분군 각각의 생성원을 구하여라. $G=\langle a \rangle$ 이고 $|a|=20$ 이다. G 의 부분군의 개수를 구하여라. 부분군 각각의 생성원을 구하여라.

6. G 의 임의의 원소 a 에 대해 $\langle a \rangle = \langle a^{-1} \rangle$ 임을 증명하여라.

7. $\mathbb{Z}_{24}$ 에서 $\langle 21 \rangle \cap \langle 10 \rangle$ 의 생성원을 구하여라. $|a|=24$ 일 때 $\langle a^{21} \rangle \cap \langle a^{10} \rangle$ 의 생성원을 구하여라. 일반적인 경우에 $\langle a^m \rangle \cap \langle a^n \rangle$ 의 생성원을 구하여라.

8. G 는 가환군이고 $H=\{ g \in G \mid |g| : 12$의 약수 $\}$라 하자. H가 G 의 부분군임을 증명하여라. 위의 증명에서 숫자 12 가 어떤 특별한 의미를 갖는지 판정하여라. 다른 양의 정수를 숫자 12 대신 사용할 때도 같은 방법으로 H가 부분군임을 증명할 수 있는가? 만약 그렇지 않다면 일반적인 공식을 만들고 증명하여라.

9. 다음 명제를 완성하여라.
   $|a|=|a^2|$ 이기위한 필요충분조건은 $|a|$ 는 $\cdots$ 이다.

10. $U(30)$ 의 순환부분군을 모두 구하여라.

11. G는 군이고 a는 G의 원소 이다.

a. $a^{12}=e$ 일 때 a의 위수를 구하여라.

b. $a^{m}=e$ 일 때 a의 위수를 구하여라.

c. G가 $|G|=24$ 인 순환군이다. $a^8 \neq e$, $a^{12} \neq e$ 이면 $\langle a \rangle = G$ 임을 증명하여라.

12. $\mathbb{Z}$ 은 덧셈에 대한 정수전체집합의 군이다. $\mathbb{Z}$ 의 모든 부분군이 순환부분군임을 증명하여라. $\mathbb{Z}$ 의 모든 부분군을 구하여라. 어떤 군의 원소 a 의 위수가 무한일 때 $\langle a \rangle$ 의 부분군을 모두 구하여라.

13. $d \neq 2$ 인 n 의 양의 약수 d 에 대해 D_n 의 원소 중에서 위수가 d 인 원소의 개수는 $\phi(d)$ 임을 증명하여라. D_n 의 원소 중에서 위수가 2 인 원소의 개수를 구하여라.

14. 0 이 아닌 복소수전체집합의 곱셈에 대한 군 $\mathbb{C}^*$ 에는 모든 양의정수 n 에 대해 위수가 n 이 되는 순환부분군이 존재함을 증명하여라.

15. $\mathbb{Z}_{8000000}$ 에서 위수가 8 인 부분군을 모두 구하여라. $\mathbb{Z}_{8000000}$ 에는 위에서 구한 부분군 이외의 부분군은 존재하지 않음을 증명하여라. a 는 어떤 군의 원소이고 $|a|=8000000$ 이다. $\langle a \rangle$ 에서 위수가 8 인 부분군을 모두 구하여라. $\langle a \rangle$ 에는 위에서 구한 부분군 이외의 부분군은 존재하지 않음을 증명하여라.

16. 유한군 G의 모든 원소 a 에 대해 $a^n=e$ 가 되는 한 개의 양의정수 n 이 존재함을 증명하여라. (양의정수 n 은 원소 a 의 선택에 독립적이다.)

17. p, q가 서로 다른 소수일 때 $\mathbb{Z}_{p^2q}$ 의 부분군격자표를 구하여라.

18. p가 소수이고 n 이 양의정수일 때 $\mathbb{Z}_{p^n}$ 의 부분군격자표를 구하여라.

19. 양의 유리수전체집합의 곱셈에 대한 군은 순환군이 아님을 증명하여라.

20. 자명한 부분군과 자기 자신을 포함하여 6 개의 부분군만을 갖는 군을 구하여라. 임의의 양의 정수 n 에 대해 이것을 일반화 하여라.

21. 군의 원소 a, b 는 교환법칙이 성립하고 위수가 각각 m, n 이다. $\langle a \rangle \cap \langle b \rangle = \{e\}$ 이면 그 군에는 위수가 m 과 n 의 최소공배수인 원소가 존재함을 증명하여라. a, b 가 교환법칙이 성립하지 않으면 위의 정리가 성립하지 않을 수 도 있음을 증명하여라.

22. $\mathbb{Z}_{40}$ 에서 위수가 10 인 원소를 모두 구하여라. $|x| = 40$ 일 때 $\langle x \rangle$ 에서 위수가 10 인 원소를 모두 구하여라.

23. 가환군 G 에 위수가 각각 4, 5 인 부분순환군이 있으면 G 에 반드시 포함되는 다른 위수를 갖는 부분순환군의 위수를 모두 구하여라. 이 내용을 일반화하고 증명하여라.

24. 어떤 군도 위수가 2 인 원소를 두 개만 가질 수 없음을 증명하여라.

25. a, b 는 군의 원소이고 $|a| = 10$, $|b| = 21$ 이다. $\langle a \rangle \cap \langle b \rangle = \{e\}$ 임을 증명하여라.

26. a, b 는 군의 원소이고 $|a| = 24$, $|b| = 10$ 이다. $|\langle a \rangle \cap \langle b \rangle|$ 을 구하여라.

27. 군 G 에는 방정식 $x^8 = e$ 을 만족하는 원소 x 가 최소한 9 개 있다. G 는 순환군이 아니라고 할 수 있는가? G 가 방정식 $x^4 = e$ 을 만족하는 원소 x 를 최소한 5 개 갖고 있다면 역시 순환군이 아니라고 말할 수 있는가? 이 내용을 일반화하고 증명하여라.

28. $|a^5| = 12$ 일 때 $|a|$ 이 될 수 있는 수를 모두 구하여라. $|a^4| = 12$ 일 때 $|a|$ 이 될 수 있는 수를 모두 구하여라.

29. 군 G 의 원소 a 가 $|a^{28}| = 10$ 이고 $|a^{22}| = 20$ 일 때 $|a|$ 을 구하여라.

30. p 는 소수이다. 위수가 $p^n - 1$ 인 순환군의 모든 원소는 어떤 원소의 p 제곱임을 증명하여라. (즉 모든 원소는 a^p 형태로 쓸 수 있는 원소 a 가 존재한다.)

31. 군의 원소 a, b 가 $|a| = 12$, $|b| = 22$, $\langle a \rangle \cap \langle b \rangle \neq \{e\}$ 이면 $a^6 = b^{11}$ 임을 증명하여라.

32. G는 계수가 $\{0, 1, 2\}$의 원소이고 $ax^2 + bx + c$ 형태의 다항식 전체집합이다. 계수의 연산만 법을 3 으로 하는 다항식의 덧셈에 대해 G는 군이 된다. 위의 연산에 대해 G는 위수가 27 인 군이고 순환군은 아님을 증명하여라.

33. a, b 는 군의 원소이고 $|a| = m$, $|b| = n$ 은 서로소 이다. $a^k = b^k$ 가 되는 정수 k 는 mn 의 배수임을 증명하여라.

34. 임의의 소수 p 와 양의정수 n 에 대해 $\phi(p^n) = p^n - p^{n-1}$ 임을 증명하여라.

종합 연습문제

1. 가환부분군 G의 부분군 H와 $x \in G$에 대해서 $xHx^{-1} = \{ xhx^{-1} \mid x \in H \}$일 때 다음을 증명하여라.
   a. xHx^{-1}은 G의 부분군이다.
   b. H가 순환부분군이면 xHx^{-1}도 순환부분군이다.
   c. H가 가환부분군이면 xHx^{-1}도 가환부분군이다.
   부분군 xHx^{-1}을 H의 켤레부분군이라 한다. 켤레부분군은 그 구조를 보존한다.

2. G를 임의의 군이라 하고 $a \in G$에 대해 $cl(a) = \{ xax^{-1} \mid x \in G \}$라 하자. 이러한 형태의 G의 부분집합 전체 모임은 G의 분할임을 증명하여라. 여기서 $cl(a)$를 공액류라고 한다.

3. 모든 군에서 $|xax^{-1}| = |a|$임을 증명하여라.

4. $|abc| = |cba|$은 성립하지 않을 수 도 있다. 성립하지 않는 군 G와 원소 a, b, c를 구하여라.

5. 군에서 위수가 2인 원소가 유일하게 a라면 a는 그 군의 중심의 원소임을 증명하여라.

6. D_{15}의 모든 원소의 위수를 구하고, 각 위수에 대한 원소의 개수를 구하여라.

7. 위수가 5인 군은 순환군임을 증명하여라.

8. 가환군 G와 양의정수 n에 대해 $G^n = \{ g^n \mid g \in G \}$이 G의 부분군임을 증명하여라. G가 비가환이면 G^n이 G의 부분군이 안 될 수 있는데 이 경우 비가환군 G를 구하여라.

9. 두 개의 진부분군의 합집합은 전체군이 될 수 없음을 증명하여라. 세 개의 진부분군의 합집합에 대해서도 위 내용이 성립하는지 판정하여라.

10. p는 소수이고 G는 가환군이다. 위수가 p의 멱승으로 표현되는 원소 전체집합이 G의 부분군임을 증명하여라.

11. 두 개의 원소 a, b 에 의해 생성된 유한군 즉 모든 원소가 a 와 b 만의 곱으로 표현되는 유한군에서 $a^3 = b^2 = e$, $ba^2 = ab$ 가 성립할 때 이 유한군의 Cayley표를 구하여라. 이전에 위의 세 조건을 만족하는 군을 공부했는데 이 군의 명칭은 무엇인가?

12. 군 G 의 원소 x, y 가 $xy \in Z(G)$ 이면 $xy = yx$ 임을 증명하여라.

13. G 의 부분군 H 와 G 의 원소 g 에 대해 $N(gHg^{-1}) = g\,N(H)\,g^{-1}$ 임을 증명하여라.

14. $|a| = 2$, $|b| = 11$, $|ab| = 2$ 인 두 원소 a, b 를 포함하는 군을 구하여라.

15. 공집합이 아닌 집합 S 에 결합법칙과 좌우소거법($xy = xz \Rightarrow y = z$ 이고 $yx = zx \Rightarrow y = z$ 이다.)이 성립하는 이항연산이 있다. S 의 모든 원소 a 에 대해 $\{ a^n \mid n = 1, 2, 3, \cdots \}$ 이 유한집합이면 S 가 군이 되는가를 판정하여라.

16. $H = \{ g \in \mathbb{R} \mid g^n$ 이 유리수가 되는 0아닌 정수 n 가 존재$\}$ 이 영이 아닌 실수전체집합의 곱셈에 대한 군 $\mathbb{R}^*$ 의 부분군임을 증명하여라.

17. $H = \{A \in GL(2, \mathbb{R}) \mid \det A :$ 유리수 $\}$ 이 $GL(2, \mathbb{R})$ 의 부분군이면 증명을 하고 그렇지 않으면 그 이유를 밝히시오. 유리수를 정수로 바꾸어서 위 물음에 답하여라.

18. 실수집합의 부분집합 S 는 곱셈에 대해 닫혀있고, S 의 부분집합 T, U 는 서로소이고 그 합집합이 S 이다. T 의 세 개의 원소의 곱이 T 의 원소이고 또한 마찬가지로 U 의 세 개의 원소의 곱이 U 의 원소이면 T 와 U 둘 중에 최소한 한 집합은 곱셈에 대해 닫혀있음을 증명하여라.

19. $H_1 \subset H_2 \subset H_3 \subset \cdots$ 을 만족하는 서로 다른 무한히 많은 부분군 $H_1, H_2, H_3, \cdots$ 을 갖는 군을 구하여라.

20. $a * b = a + b - 1$ 로 정의된 연산 $*$ 에 대해 정수전체집합은 순환군이 됨을 증명하여라.

제 4 장

치환군
(Permutation Groups)

정의와 기호(Definition and Notation)

정의 A 의 치환, A 의 치환군 (Permutation of A, Permutation Group of A)

집합 A 위에서 전단사함수를 집합 A 의 치환이라 한다. 합성함수 연산에 의해 군이 되는 치환들의 모임을 집합 A 의 치환군이라 한다.

공집합이 아닌 임의의 집합 A 의 치환들의 군들이 존재하지만 이 장에서는 집합 A 가 유한집합인 경우만 공부할 것이다. 뿐만 아니라 집합 A 가 유한집합인 경우에는 적당한 자연수 n 을 선택하여 $\{1, 2, 3, \cdots, n\}$로 대치할 수 있다. 대부분의 함수가 무한집합에서 정의되고 또한 식으로 주어지는 미적분학의 경우와는 다르게 대수학에서는 유한집합에서 정의되는 치환을 정의역의 각각의 원소에 대응하는 원소를 모두 나열하여 표시한다. 예를 들어 집합 $\{1, 2, 3, 4\}$의 치환 α 를 다음과 같이 정의하자.

$$\alpha(1) = 2, \quad \alpha(2) = 3, \quad \alpha(3) = 1, \quad \alpha(4) = 4.$$

이 치환 α를 다음과 같이 간단한 배열로 표시한다.

$$\alpha = \begin{bmatrix} 1 & 2 & 3 & 4 \\ 2 & 3 & 1 & 4 \end{bmatrix}$$

여기서 각각의 j에 대해 $\alpha(j)$의 값은 j의 아래에 있는 숫자이다. 같은 방법으로 다음과 같이 주어진 집합 $\{1, 2, 3, 4, 5, 6\}$의 치환 β는

$$\beta(1) = 5, \quad \beta(2) = 3, \quad \beta(3) = 1, \quad \beta(4) = 6, \quad \beta(5) = 2, \quad \beta(6) = 4$$

아래와 같이 숫자의 배열로 표시된다.

$$\beta = \begin{bmatrix} 1 & 2 & 3 & 4 & 5 & 6 \\ 5 & 3 & 1 & 6 & 2 & 4 \end{bmatrix}$$

배열로 표시된 치환의 합성은 왼쪽 치환의 위에서 아래로 대응한 다음에 오른쪽 치환의 위에서 아래로 대응되는 숫자를 구하면 된다. 예를 들면

$$\sigma = \begin{bmatrix} 1 & 2 & 3 & 4 & 5 \\ 2 & 4 & 3 & 5 & 1 \end{bmatrix}$$

이고

$$\gamma = \begin{bmatrix} 1 & 2 & 3 & 4 & 5 \\ 5 & 4 & 1 & 2 & 3 \end{bmatrix}$$

일 때

$$\gamma\sigma = \begin{bmatrix} 1 & 2 & 3 & 4 & 5 \\ 5 & 4 & 1 & 2 & 3 \end{bmatrix} \begin{bmatrix} 1 & 2 & 3 & 4 & 5 \\ 2 & 4 & 3 & 5 & 1 \end{bmatrix} = \begin{bmatrix} 1 & 2 & 3 & 4 & 5 \\ 4 & 2 & 1 & 3 & 5 \end{bmatrix}.$$

$(\gamma\alpha)(1) = \gamma(\alpha(1)) = \gamma(2) = 4$ 이므로 오른쪽의 배열에서 1 아래의 숫자는 4 이다. 같은 방법으로 하면 배열의 아래에 있는 숫자를 모두 구할 수 있다.

이제 다음 예들에서 치환군들을 살펴보자.

예 1 치환군 S_3 (Symmetric Group S_3)

S_3를 집합 $\{1, 2, 3\}$ 위에서 전단사함수 전체집합이라 하면 합성함수 연산에 의해 S_3는 6 개의 원소를 갖는 군이 되고 그 6 개의 원소는 다음과 같다.

$$\epsilon = \begin{bmatrix} 1 & 2 & 3 \\ 1 & 2 & 3 \end{bmatrix}, \qquad \alpha = \begin{bmatrix} 1 & 2 & 3 \\ 2 & 3 & 1 \end{bmatrix}, \qquad \alpha^2 = \begin{bmatrix} 1 & 2 & 3 \\ 3 & 1 & 2 \end{bmatrix}$$

$$\beta = \begin{bmatrix} 1 & 2 & 3 \\ 1 & 3 & 2 \end{bmatrix}, \qquad \alpha\beta = \begin{bmatrix} 1 & 2 & 3 \\ 2 & 1 & 3 \end{bmatrix}, \qquad \alpha^2\beta = \begin{bmatrix} 1 & 2 & 3 \\ 3 & 2 & 1 \end{bmatrix}$$

$\beta\alpha = \begin{bmatrix} 1 & 2 & 3 \\ 3 & 2 & 1 \end{bmatrix} = \alpha^2\beta \neq \alpha\beta$이므로 S_3는 비가환군이다.

식 $\beta\alpha = \alpha^2\beta$은 $\beta\alpha^2 = (\beta\alpha)\alpha = (\alpha^2\beta)\alpha = \alpha^2(\beta\alpha) = \alpha^2(\alpha^2\beta) = \alpha^4\beta = \alpha\beta$와 같이 숫자의 배열을 사용하지 않고 원소들의 곱셈을 할 때 사용되기도 한다.

예1은 다음 예와 같이 일반화 된다.

예 2 치환군 S_n (Symmetric Group S_n)

집합 $A = \{1, 2, 3, \cdots, n\}$의 모든 치환들의 전체집합을 n차 대칭군이라 하고 S_n로 표시한다. S_n의 원소는 다음과 같다.

$$\alpha = \begin{bmatrix} 1 & 2 & \cdots & n \\ \alpha(1) & \alpha(2) & \cdots & \alpha(n) \end{bmatrix}$$

이제 S_n의 위수를 구해보자. 우선 $\alpha(1)$이 될 수 있는 값은 $1, 2, 3, \cdots, n$ 중에 하나이므로 n가지이다. α가 전단사함수이므로 $\alpha(2) \neq \alpha(1)$이고 따라서 $\alpha(2)$의 값이 될 수 있는 숫자는 $\alpha(1)$을 제외하고 $n-1$가지이고 $\alpha(2)$의 값이 결정된 후 $\alpha(3)$의 값이 될 수 있는 숫자는$n-2$가지가 있다 같은 방법으로 계산하면 S_n의 원소의 개수는 $n(n-1)(n-2)\cdots 3 \cdot 2 \cdot 1 = n!$이다. $n \geqq 3$이면 S_n은 비가환군이 된다.

대칭군의 부분군은 많이 있는데 S_4에는 30개의 부분군이 있고 S_5에는 100개 이상의 부분군이 있다.

예 3 정사각형의 대칭(Symmetries of a Square)

D_4의 각각의 이동을 정사각형의 네 꼭짓점의 위치에 대한 치환으로 대응시키도록 하자. 예를 들면 네 꼭짓점에 아래 그림처럼 숫자를 쓰고 이 숫자를 꼭짓점에 고정 시킨다. 이때 반시계 방향으로 90° 회전이동에 대응하는 치환은 아래와 같다.

$$\rho = \begin{bmatrix} 1 & 2 & 3 & 4 \\ 2 & 3 & 4 & 1 \end{bmatrix}$$

또한 수평축에 대한 반사이동에 대응하는 치환은 다음 ϕ 이다.

$$\phi = \begin{bmatrix} 1 & 2 & 3 & 4 \\ 2 & 1 & 4 & 3 \end{bmatrix}$$

D_4 는 이 두 개의 치환 ρ, ϕ 에 의해서 생성된다. 즉 D_4 의 모든 원소는 두 치환 ρ, ϕ 의 유한개의 곱으로 표현된다.

순환치환 표기(Cycle Notation)

치환을 구체화하는데 흔히 사용하는 또 다른 기호가 있는데 프랑스의 유명한 수학자 코오시에 의해 1815년에 소개된 순환치환이다. 치환을 순환치환으로 표현하면 그 치환의 중요한 성질들을 즉각적으로 알 수 있다는 장점이 있다.

예를 들면 다음 치환 σ 를 보자.

$$\sigma = \begin{bmatrix} 1 & 2 & 3 & 4 & 5 & 6 \\ 2 & 1 & 4 & 6 & 5 & 3 \end{bmatrix}$$

이 치환의 대응 관계는 다음 그림처럼 표현할 수 있다.

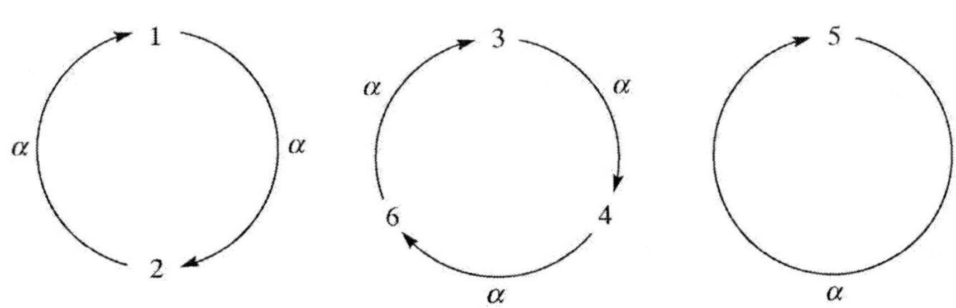

이런 다이어그램은 수학적으로는 만족할 수 있지만 번거로운 것은 사실이다. 그래서 $\alpha = (1,\ 2)(3,\ 4,\ 6)(5)$ 와 같이 간단하게 표현한다. 두 번째 예로써 다음 치환 β를 보자.

$$\beta = \begin{bmatrix} 1 & 2 & 3 & 4 & 5 & 6 \\ 5 & 3 & 1 & 6 & 2 & 4 \end{bmatrix}$$

이때 치환 β는 순환치환의 곱 $(2,\ 3,\ 1,\ 5)(6,\ 4)$ 또는 $(4,\ 6)(3,\ 1,\ 5,\ 2)$ 로 표현할 수 있는데 실제로 계산해 보면 두 경우 모두 β와 일치함을 알 수 있다. 순환치환 $(a_1,\ a_2,\ \cdots,\ a_m)$ 을 길이가 m 인 순환치환 또는 $m-$순환치환이라 한다.

순환치환의 곱셈은 그 순환치환에서 나타나지 않는 숫자는 자기 자신으로 대응하는 치환으로 바꾸어 생각하면 계산할 수 있다. 즉 순환치환 $(4,\ 6)$ 은 치환 $\begin{bmatrix} 1 & 2 & 3 & 4 & 5 & 6 \\ 1 & 2 & 3 & 6 & 5 & 4 \end{bmatrix}$ 을 나타낸다. 이런 방법으로 순환치환을 숫자의 배열로 주어진 치환으로 바꾸어 생각함으로써 순환치환의 곱셈을 할 수 있다. 예를 들어 S_8 의 두 원소 $\alpha = (13)(27)(456)(8)$, $\beta = (1237)(648)(5)$ 에서 $\alpha\beta$ 를 구해보자.(정의역의 모든 원소가 한 자리 숫자 일 때에는 순환치환의 표현에서 콤마를 생략해도 된다.) 물론 $\alpha\beta = (13)(27)(456)(8)(1237)(648)(5)$ 라고 해도 되지만 일반적으로 서로소인 순환치환들(공통으로 갖는 숫자가 없는 순환치환들)로 주어진 치환을 최대한 간단하게 표현하기를 요구한다. 이를 위해서 다시 한 번 강조하면 합성함수의 대응은 오른쪽에서 왼쪽으로 되며 순환치환에 나타나지 않는 숫자는 그 숫자로 대응됨을 상기해야한다. 따라서 순환치환 (5) 에 의해서 1 은 1 로 대응되고, 순환치환 (648) 에 의해서 1 은 1 로 대응되고, 순환치환 (1237) 에 의해서 1 은 2 로 대응되고, 순환치환 (8) 에 의해서 2 는 2 로 대응되고, 순환치환 (456) 에 의해서 2 는 2 로 대응되고, 순환치환 (27) 에 의해서 2 는 7 로 대응되고, 순환치환 (13) 에 의해서 7 은 7 로 대응되므로 $\alpha\beta = (17\cdots)$이다.

따라서 위의 과정을 7 로 시작해서 반복하면 $7 \to 7 \to 7 \to 1 \to 1 \to 1 \to 1 \to 3$ 이므로 $\alpha\beta = (173\cdots)$이 되고 최종적으로 $\alpha\beta = (1732)(48)(56)$이 된다. 이와 같이 순환치환의 곱셈에서 반드시 지켜야 할 규칙은 오른쪽의 순환치환에서 왼쪽의 순환치환으로 한 개씩 진행해야 한다는 점이다. (주의: 어떤 저자는 순환치환의 합성을 왼쪽에서 오른쪽으로 대응시키는 경우도 있다. 따라서 다른 교재를 공부할 때는 이 부분에 대한 저자의 정의를 명확히 해야 한다.)

순환치환과 숫자배열의 치환사이의 대응과 순환치환의 곱셈에 대한 이해를 돕기 위해 예를 하나 더 보도록 하자.

α, β에 대한 숫자배열이 각각 다음과 같다.

$$\alpha = \begin{bmatrix} 1 & 2 & 3 & 4 & 5 \\ 2 & 1 & 3 & 5 & 4 \end{bmatrix}, \qquad \beta = \begin{bmatrix} 1 & 2 & 3 & 4 & 5 \\ 5 & 4 & 1 & 2 & 3 \end{bmatrix}$$

이때 이들의 순환치환은 $\alpha = (12)(3)(45)$, $\beta = (153)(24)$이고 $\alpha\beta = (12)(3)(45)(153)(24)$이다. $\alpha\beta$를 서로소인 순환치환의 곱으로 표현해 보자. 순환치환 (24)는 1을 고정하고, (153)은 1을 5로 보내고, (45)는 5를 4로 보내고, (3)과 (12)는 모두 4를 고정한다. 따라서 $\alpha\beta$는 1을 4로 보낸다. 이 방법을 계속하면 $\alpha\beta = (14)(253)$이다.

$\alpha\beta$에서 (14)는 1을 4로, 4를 1로 대응하고 (254)는 $2 \to 5$, $5 \to 3$, $3 \to 2$ 임을 이용하면 $\alpha\beta$의 각각의 순환치환을 숫자배열형태의 치환으로 변환하지 않고 $\alpha\beta$를 직접 숫자배열형태의 치환으로 변환할 수 있다.

순환치환의 표현에서 마지막으로 하나 더 언급하면 수학자들은 한 개 숫자로만 이루어진 순환치환은 생략하는 것을 더 좋아 한다는 사실이다. 이 경우 순환치환의 곱에서 나타나지 않는 숫자는 그 숫자로 대응된다고 이해하면 된다. 이런 점을 고려하면 위의 치환 α는 $\alpha = (12)(45)$이다. 같은 방법으로 다음 치환 α는

$$\alpha = \begin{bmatrix} 1 & 2 & 3 & 4 & 5 \\ 3 & 2 & 4 & 1 & 5 \end{bmatrix}$$

$\alpha = (134)$이다. 물론 항등치환은 한 개 숫자로만 이루어진 순환치환들의 곱이므로 이들을 모두 생략할 수는 없고 그중 하나의 순환치환으로 나타낸다. 예를 들면

$$\epsilon = \begin{bmatrix} 1 & 2 & 3 & 4 & 5 \\ 1 & 2 & 3 & 4 & 5 \end{bmatrix}$$

는 $\epsilon = (5)$ 또는 $\epsilon = (1)$로 표현한다. 여기서 나타나지 않는 숫자는 그 숫자로 대응됨을 고려해야 한다.

치환의 성질(Properties of Permutations)

이제 치환과 순환치환에 대한 정리들을 공부할 준비가 되었다. 첫 번째 정리의 증명에서 치환을 순환치환으로 표현했던 방법을 포함한다.

정리 4.1 서로소인 순환치환의 곱(Products of Disjoint Cycles)

유한집합의 모든 치환은 순환치환 또는 서로소인 순환치환의 곱으로 표현할 수 있다.

증명 α를 집합 $A=\{1, 2, 3, \cdots, n\}$의 임의의 치환이라 하자. 집합 A의 임의의 원소 a_1에 대해

$$a_2=\alpha(a_1), \quad a_3=\alpha(a_2)=\alpha^2(a_1)$$

라 하면 $a_1=\alpha^m(a_1)$이 되는 자연수 m이 존재한다.

왜냐하면 $a_1, \alpha(a_1), \alpha^2(a_1), \cdots$이 유한개 이므로 $\alpha^i(a_1)=\alpha^j(a_1)$이 되는 자연수 $i<j$가 존재해야 한다.

따라서 $a_1=\alpha^m(a_1)$ $(m=j-i)$이다. $a_1, a_2, a_3, \cdots, a_m$의 선택에 의해 치환 α는 다음과 같다.

$$\alpha=(a_1, a_2, a_3, \cdots, a_m)\cdots$$

집합 A의 모든 원소가 순환치환 $(a_1, a_2, a_3, \cdots, a_m)$에 나타나면 $\alpha=(a_1, a_2, a_3, \cdots, a_m)$이므로 증명이 되었다. 순환치환 $(a_1, a_2, a_3, \cdots, a_m)$에 나타나지 않는 A의 원소가 존재한다면 그중하나를 b_1이라 하고 위에서 사용한 방법으로 순환치환을 구할 수 있다. 즉 $b_2=\alpha(b_1)$, $b_3=\alpha(b_2)=\alpha^2(b_1)$이고 $b_1=\alpha^k(b_1)$이 되는 자연수 k이 존재한다. 이렇게 만들어진 순환치환은 이미 만들어진 순환치환과는 서로소이다. 왜냐면 만약 $\alpha^i(a_1)=\alpha^j(b_1)$이 되는 자연수 i, j가 존재한다면 $b_1=\alpha^{i-j}(a_1)$이므로 $b_1=a_t$가 되는 t가 존재한다. 이는 b_1의 선택에 모순이다. 이 과정을 A의 모든 원소가 순환치환들에 나타나도록 계속하면 치환 α는 서로소인 순환치환들의 곱으로 아래와 같이 나타낼 수 있다.

$$\alpha=(a_1, a_2, a_3, \cdots, a_m)(b_1, b_2, b_3, \cdots, b_k)\cdots(c_1, c_2, c_3, \cdots, c_s)$$

정리 4.2 서로소인 순환치환의 교환법칙(Disjoint Cycles Commute)

두 개의 순환치환 $\alpha=(a_1,\ a_2,\ a_3,\ \cdots,a_m)$, $\beta=(b_1,\ b_2,\ b_3,\ \cdots,b_n)$에 공통으로 나타나는 숫자가 없다면 $\alpha\beta=\beta\alpha$ 이다.

증명 순환치한 $\alpha,\ \beta$를 다음 집합 S의 치환이라 하고, 순환치한 $\alpha,\ \beta$에 나타나지 않는 모든 숫자를 c_i 라 하자. c_i는 집합S에 나타나지 않을 수 도 있다.

$$S=\{a_1,\ a_2,\ a_3,\ \cdots,a_m,\ b_1,\ b_2,\ b_3,\ \cdots,b_n,\ c_1,\ c_2,\ c_3,\ \cdots,c_k\}$$

$\alpha\beta$와 $\beta\alpha$ 가 모두 함수이므로 $\alpha\beta=\beta\alpha$ 임을 보이려면 집합 S의 임의의 원소 x 에 대하여 $\alpha\beta(x)=\beta\alpha(x)$임을 보여야한다. $x=a_i$이면 β는 원소 a_j 모두를 고정하고 $a_{m+1}=a_1$ 이므로

$$\alpha\beta(a_i)=\alpha(\beta(a_i))=\alpha(a_i)=a_{i+1}$$

이다. 같은 방법으로

$$\beta\alpha(a_i)=\beta(\alpha(a_i))=\beta(a_{i+1})=a_{i+1}$$

이므로 모든 a_i에 대해 $\alpha\beta=\beta\alpha$ 이다. 같은 방법으로 하면 모든 b_i에 대해 $\alpha\beta=\beta\alpha$ 임을 알 수 있다. $x=c_i$이면 $\alpha,\ \beta$는 모든 c_j를 고정하므로 다음을 얻는다.

$$\alpha\beta(c_i)=\alpha(\beta(c_i))=\alpha(c_i)=c_i$$
$$\beta\alpha(c_i)=\beta(\alpha(c_i))=\beta(c_i)=c_i$$

따라서 $\alpha\beta=\beta\alpha$ 이다.

순환치환의 곱셈을 설명하기 위해 순환치환의 곱 $(13)(27)(456)(8)(1237)(648)(5)$이 서로소인 순환치환의 곱 $(1732)(48)(56)$으로 표현됨을 보였다. 그렇다면 치환을 서로소인 순환치환의 곱으로 표현하는 것은 이 예에서처럼 간단한 표현이라는 잇점만 있는 것일까? 다음 정리를 보면 치환을 서로소인 순환치환의 곱으로 나타내면 그치환의 위수를 구하는 핵심을 제공한다는 엄청난 잇점을 제공한다.

정리 4.3 치환의 위수(Order of a Permutation–Ruffini–1799)

서로소인 순환치환의 곱으로 나타내진 유한집합의 치환의 위수는 그 순환치환들의 길이의 최소공배수이다.

증명 먼저 길이가 n인 순환치환의 위수는 n이다. 다음으로 $\alpha,\ \beta$를 길이가 각각 $m,\ n$인 순환치환이라 하고 $m,\ n$의 최소공배수를 k라 하자.

정리4.1에 의해서 $\alpha^k = \epsilon$, $\beta^k = \epsilon$ 이고 정리5.2에 의해서 $(\alpha\beta)^k = \alpha^k\beta^k = \epsilon$ 이다. 따라서 정리4.1의 따름정리2($a^k = e$ 이면 $|a|$ 는 k 의 약수이다.)에 의해서 $\alpha\beta$ 의 위수 t 는 k 의 약수이다. $(\alpha\beta)^t = \alpha^t\beta^t = \epsilon$ 이므로 $\alpha^t = \beta^{-t}$ 이다. 순환치환의 멱승의 값을 증가함에 따라 새로운 숫자가 나타나는 것은 아니므로 α, β 가 서로소이면 α^t, β^{-t} 또한 공유하는 숫자가 존재하지 않는다. 따라서 $\alpha^t = \beta^{-t}$ 이고 이 둘은 공유하는 숫자가 없으므로 α^t 에 나타나는 모든 숫자는 β^{-t} 에 의해서 고정되고 또한 β^{-t} 에 나타나는 모든 숫자는 α^t 에 의해 고정되므로 이 둘은 모두 항등함수이어야 한다.(치환에 나타나지 않는 숫자는 그 치환에 의해 그 숫자로 대응됨을 상기하기 바란다.) 따라서 m, n 은 모두 t 의 약수이다. 그런데 k 는 m, n 의 최소공배수이므로 $k = t$ 이다.

이제 우리는 치환이 순환치환인 경우와 두 개의 서로소인 순환치환의 곱인 경우를 증명했다. 비슷한 방법으로 하면 두 개 이상의 서로소인 순환치환의 곱인 경우도 증명할 수 있다.

예 4 S_7 의 모든 원소 5040개의 위수를 구하는 문제에서 우리는 S_7 의 원소를 표현할 수 있는 가능한 서로소이 순환치환의 곱의 구조만 계산하면 된다. 이를 위해 $n-$순환치환을 $(\underline{n})$ 으로 표시하자. 길이가 더 긴 순환치환을 왼쪽에 배열하여 S_7 의 원소의 모든 가능한 서로소인 순환치환의 곱의 구조를 정리하면 다음과 같다.

$(\underline{7})$

$(\underline{6})(\underline{1})$

$(\underline{5})(\underline{2})$

$(\underline{5})(\underline{1})(\underline{1})$

$(\underline{4})(\underline{3})$

$(\underline{4})(\underline{2})(\underline{1})$

$(\underline{4})(\underline{1})(\underline{1})(\underline{1})$

$(\underline{3})(\underline{3})(\underline{1})$

$(\underline{3})(\underline{2})(\underline{2})$

$(\underline{3})(\underline{2})(\underline{1})(\underline{1})$

$(\underline{3})(\underline{1})(\underline{1})(\underline{1})(\underline{1})(\underline{1})$

$(\underline{2})(\underline{2})(\underline{2})(\underline{1})$

$(\underline{2})(\underline{2})(\underline{1})(\underline{1})(\underline{1})$

$(\underline{2})(\underline{1})(\underline{1})(\underline{1})(\underline{1})(\underline{1})$

$(\underline{1})(\underline{1})(\underline{1})(\underline{1})(\underline{1})(\underline{1})(\underline{1})$

정리4.3에 의해서 S_7의 원소의 위수는 7, 6, 10, 5, 12, 4, 3, 2, 1중에 하나이다. S_{10}의 $10! = 3,628,800$ 개의 원소에 대해서도 거의 간단하게 같은 방법으로 할 수 있다.

금방 알 수 있겠지만 치환의 특별히 중요한 형태는 길이가 2 인 순환치환 즉 $a \neq b$에 대해 (ab)인 형태의 치환이다. (ab)은 a를 b로, b를 a로 바꾸는 결과로 인해 대부분의 저자들은 이 치환을 전치라 한다.

정리 4.4 2 − 순환치환의 곱(Product of 2 − Cycles)

$n > 1$일 때 S_n의 모든 치환은 2 − 순환치환의 곱이다.

증명 우선 항등함수는 $(12)(21)$로 표현되므로 2 − 순환치환의 곱이다. 정리5.1에 의해서 모든 치환은 다음과 같이 순환치환의 곱으로 표현할 수 있다.

$$(a_1, a_2, a_3, \cdots, a_k)(b_1, b_2, b_3, \cdots, b_t) \cdots (c_1, c_2, c_3, \cdots, c_s)$$

직접 계산하면 다음과 같이 2 − 순환치환의 곱이다.

$$(a_1a_k)(a_1a_{k-1}) \cdots (a_1a_2)(b_1b_t)(b_1b_{k-1}) \cdots (b_1b_2) \cdots (c_1c_s)(c_1c_{s-1}) \cdots (c_1c_2)$$

다음 예에서 이 방법을 구체적으로 설명한다.

예 5 $(12345) = (15)(14)(13)(12)$

$(1632)(457) = (12)(13)(16)(47)(45)$

치환을 2 − 순환치환의 곱으로 표현하는 정리4.4의 방법이 치환을 2 − 순환치환의 곱으로 표현하는 유일한 방법은 아니다. 다음 예와 같이 치환이 서로 다른 개수의 2 − 순환치환의 곱으로 표현하는 방법은 여러 가지가 있지만 그 표현들에서 불변인 것이 있다는 것을 정리4.5(코오시에 의해 처음 증명됨)에서 증명한다.

예 6 $(12345) = (54)(53)(52)(51)$

$(12345) = (54)(52)(21)(25)(23)(13)$

■

정리5.5의 특별한 경우를 독립적으로 다음 보조정리에 정리한다.

보조 정리 2 − 순환치환 β_i에 대해 $\epsilon = \beta_1\beta_2 \cdots \beta_r$ 이면 r은 짝수이다.

증명 한 개의 2 − 순환치환은 항등함수가 아니므로 $r \neq 1$ 이다. 만약 $r = 2$ 이면 증명되었다. 따라서 $r > 2$ 이라 하고 수학적귀납법에 의해 증명하자. $(ij) = (ji)$ 이므로 $\beta_{r-1}\beta_r$ 은 다음 네 개 식의 우변 중에 하나이다.

$$\begin{aligned} \epsilon &= (ab)(ab) \\ (ab)(bc) &= (ac)(ab) \\ (ac)(cb) &= (bc)(ab) \\ (ab)(cd) &= (cd)(ab). \end{aligned}$$

첫 번째 경우에는 주어진 곱에서 $\beta_{r-1}\beta_r$ 을 생략할 수 있으므로 $\epsilon = \beta_1\beta_2 \cdots \beta_{r-2}$ 가 된다. 그 외 세 가지 경우는 오른쪽의 $\beta_{r-1}\beta_r$ 을 왼쪽의 곱으로 대신하여 새로운 r 개의 2 − 순환치환의 곱이 되는데 이것 역시 항등함수이다. 세 경우 모두 r 번째 2 − 순환치환에는 숫자 a가 나타나지 않고 $r-1$ 번째 2 − 순환치환에는 숫자 a가 왼쪽 끝에 나타나는 r 개의 2 − 순환치환의 새로운 곱을 얻는다. 같은 방법을 $\beta_{r-2}\beta_{r-1}$ 에 적용하면 2 − 순환치환 $r-2$ 개의 곱이 항등치환이거나 r 번째와 $r-1$ 번째의 2 − 순환치환에는 숫자 a가 나타나지 않고 $r-2$ 번째 2 − 순환치환에는 숫자 a가 왼쪽 끝에 나타나는 r 개의 2 − 순환치환의 새로운 곱을 얻는다. 이 과정을 계속하면 $r-2$ 개의 곱이 항등치환이 된다. 만약 그렇지 않다면 r 개의 2 − 순환치환의 곱이 항등치환이 되고 첫 번째 2 − 순환치환의 왼쪽 끝에만 숫자 a가 나타나고 다른 2 − 순환치환에는 숫자 a가 나타나지 않는다. 따라서 숫자 a가 고정되지 못하여 항등함수가 될 수 없다. 따라서 $r-2$ 개의 곱이 항등치환이 된다. 제2수학적귀납법에 의해서 $r-2$는 짝수이고 역시 r 또한 짝수이다.

정리 4.5 항상 짝수거나 항상 홀수이다(Always Even or Always Odd)

치환 α 의 2 − 순환치환의 곱으로의 표현은 모두 2 − 순환치환의 개수가 짝수이거나 홀수이다. 즉 2 − 순환치환 β_i, γ_j 에 대해 $\alpha = \beta_1\beta_2 \cdots \beta_r$ 이고 $\alpha = \gamma_1\gamma_2 \cdots \gamma_s$ 이면 r, s 는 모두 짝수이거나 홀수이다.

증명 $\beta_1\beta_2 \cdots \beta_r = \gamma_1\gamma_2 \cdots \gamma_s$ 이고 2 − 순환치환의 역원은 자신이므로

$$\begin{aligned}\epsilon &= \gamma_1\gamma_2\cdots\gamma_s\beta_r^{-1}\cdots\beta_2^{-1}\beta_1^{-1}\\ &= \gamma_1\gamma_2\cdots\gamma_s\beta_r\cdots\beta_2\beta_1.\end{aligned}$$

보조정리에 의해서 $r+s$ 가 짝수이므로 $r,\ s$ 는 모두 짝수이거나 홀수이다.

정의 우치환과 기치환(Even Permutation and Odd Permutation)

짝수개수의 2 - 순환치환의 곱으로의 표현되는 치환을 우치환이라 하고 홀수개수의 2 - 순환치환의 곱으로의 표현되는 치환을 기치환이라 한다.

정리5.4와 정리5.6에 의해서 모든 치환은 우치환이던가 또는 기치환이다. 우치환이면서 동시에 기치환이 되는 치환은 존재하지 않는다. 우치환과 기치환의 역할을 정리4.6에 정리한다.

정리 4.6 우치환 전체집합은 군이다.(Even Permutations Form a Group)

S_n 에서 우치환 전체집합은 S_n 의 부분군이다.

S_n 의 우치환 전체집합은 중요한 부분군이므로 다음과 같이 정의한다.

n 차원 교대군(Alternating Group of Degree n)

n 개 원소를 갖는 집합의 우치환 전체집합의 군을 A_n 으로 표시하고 n 차원 교대군이라 하자. 다음 정리에서 A_n 의 원소개수는 $S_n\,(n>1)$ 의 원소개수의 절반임을 증명한다.

정리 4.7 $n>1$에 대해 A_n 의 위수는 $n!/2$이다.

S_n 에서 우치환 전체집합은 S_n 의 부분군이다.

증명 각각의 기치환 α 에 대해 $(12)\alpha$ 은 우치환이고 $\alpha\neq\beta$ 인 두 치환 $\alpha,\ \beta$ 에 대해 $(12)\alpha\neq(12)\beta$ 이므로 기치환의 개수는 우치환의 개수보다 적거나 같다. 같은 방법으로 각각의 우치환 α 에 대해 $(12)\alpha$ 은 기치환이고 $\alpha\neq\beta$ 인 두 치환 $\alpha,\ \beta$ 에 대해 $(12)\alpha\neq(12)\beta$ 이므로 우치환의 개수는 기치환의 개수보다 적거나 같다. 따라서 S_n 의 기치환의 개수와 우치환의 개수는 같다. 그런데 $|S_n|=n!$ 이므로 $|A_n|=n!/2$ 이다.

차원이 n 인 대칭군과 교대군은 n 변수 다항식과 밀접한 관계가 있다. 임의의 두 변수의 전치에 대해 변화가 없는 다항식을 변수가 $x_1,\ x_2,\ \cdots,\ x_n$ 인 대칭다항식이라 한다. 반면에 두 변수의 전치에 대해 부호만 바뀌는 다항식을 교대다항식이라 한다. 예를 들어 세 변수 다항식 $x_1x_2x_3$ 은 임의의 두 변수의 전치에 대해 변화가 전혀 없는 반면 다항식 $(x_1-x_2)(x_1-x_3)(x_2-x_3)$ 은 모든 두 변수의 전치에 대해 부호가 바뀐다. 대칭군의 원소는 전치들의 곱이므로 대칭다항식은 대칭군의 원소에 의해 변화가 없는 다항식들이다. 마찬가지로 교대군의 원소는 짝수개의 전치들의 곱으로 표현되므로 교대다항식은 교대군의 원소에 대해서는 변화가 없고 교대군의 원소가 아닌 원소에 대해서는 부호가 바뀌는 다항식이다.

군의 영역에서 교대군은 매우 중요한 위치에 있다. 교대군 A_4 와 A_5 는 다음 장에서 여러 번 언급되는데 특히 A_5 는 역사적으로 중요하다.

예7은 A_4 의 기하학적의미를 설명하고 표4.1은 A_4 의 연산표이다.

〈표 4.1〉 집합 $\{1,\ 2,\ 3,\ 4\}$ 의 우순열들의 교대군 A_4

〈이 표에서는 A_4의 원소들을 $\alpha_1,\alpha_2,\cdots,\alpha_{12}$로 나타내고 표의 내부에 적힌 숫자 k는 α_k를 나타낸다. 예를 들어 $\alpha_3\alpha_8=\alpha_6$이다. 〉

	α_1	α_2	α_3	α_4	α_5	α_6	α_7	α_8	α_9	α_{10}	α_{11}	α_{12}
$(1)=\alpha_1$	1	2	3	4	5	6	7	8	9	10	11	12
$(12)(34)=\alpha_2$	2	1	4	3	6	5	8	7	10	9	12	11
$(13)(24)=\alpha_3$	3	4	1	2	7	8	5	6	11	12	9	10
$(14)(23)=\alpha_4$	4	3	2	1	8	7	6	5	12	11	10	9
$(123)=\alpha_5$	5	8	6	7	9	12	10	11	1	4	2	3
$(243)=\alpha_6$	6	7	5	8	10	11	9	12	2	3	1	4
$(142)=\alpha_7$	7	6	8	5	11	10	12	9	3	2	4	1
$(134)=\alpha_8$	8	5	7	6	12	9	11	10	4	1	3	2
$(132)=\alpha_9$	9	11	12	10	1	3	4	2	5	7	8	6
$(143)=\alpha_{10}$	10	12	11	9	2	4	3	1	6	8	7	5
$(234)=\alpha_{11}$	11	9	10	12	3	1	2	4	7	5	6	8
$(124)=\alpha_{12}$	12	10	9	11	4	2	1	3	8	6	5	7

예 7 사면체의 회전(Rotations of a Tetrahedron)

A_4 의 원소는 정사면체의 12개 회전이동으로 변환할 수 있다. 그림5.1의 첫 행에서는 항등원과 마주보는 두변의 중점을 지나는 직선에 대해 세 개의 180° 변-회전이동이 있다.

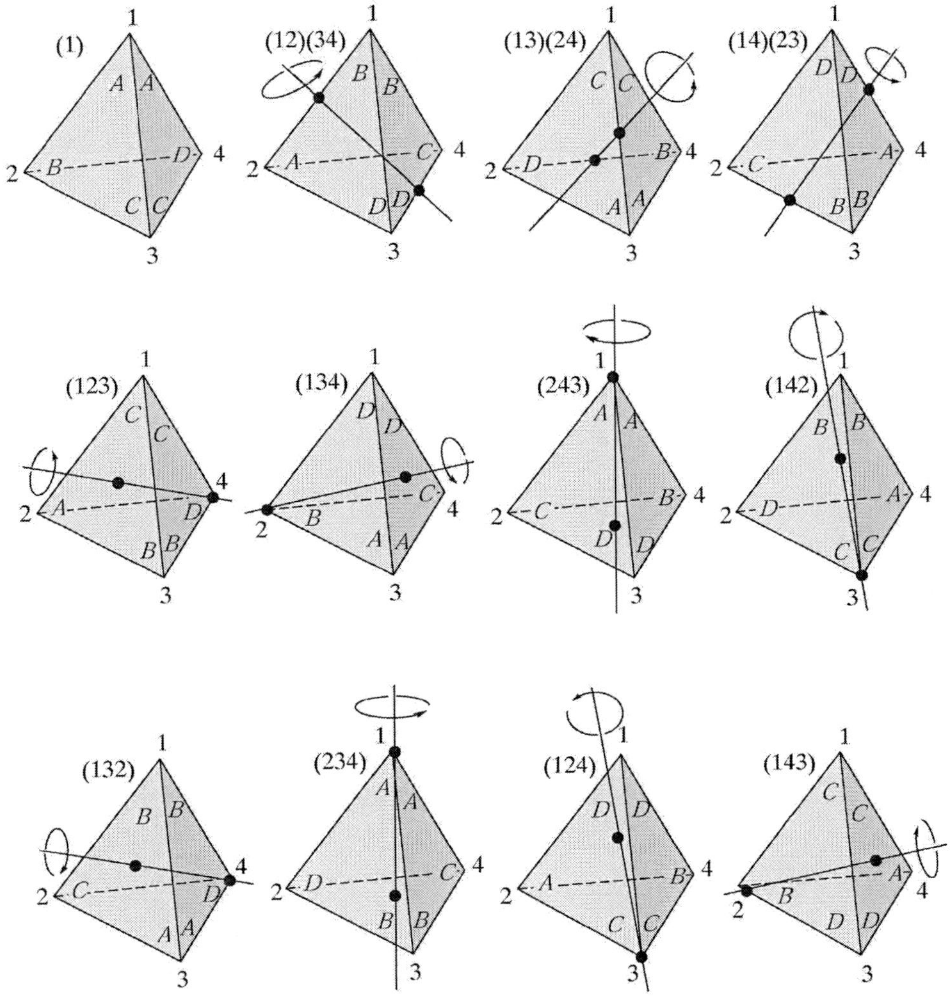

두 번째 행에서는 한 개의 꼭짓점과 마주보는 삼각형의 중심과 그 꼭짓점을 지나는 직선에 대해 120° 면-회전이동 네 개가 있다. 세 번째 행은 −120° (240°) 면-회전이동 네 개가 있다. 두 번째 행의 회전이동은 모두 첫 번째 회전이동의 왼쪽에 두 번째 행의 맨 처음에 있는 회전이동(123)을 곱하면 구해지고 세 번째 행의 회전이동은 모두 모두 첫 번째 회전이동의 왼쪽에 세 번째 행의 맨 처음에 있는 회전이동(132)을 곱하면 구해진다.

연습문제

1. 다음 치환의 위수를 구하여라.
   a. (14)
   b. (147)
   c. (14762)
   d. $(a_1 a_2 \cdots a_k)$

2. 다음 치환의 위수를 구하여라.
   a. (124)(357)
   b. (124)(3567)
   c. (124)(35)
   d. (124)(357869)
   e. (1235)(24567)
   f. (345)(245)

3. 길이가 4와 6인 서로소인 두 순환치환의 곱의 위수를 구하여라.

4. S_6과 A_6의 원소들의 위수가 될 수 있는 값을 구하여라. A_7의 원소에 대해서 구하여라.

5. 다음 치환이 우치환 또는 기치환을 구분하여라.
   a. (135)
   b. (1356)
   c. (13567)
   d. (12)(134)(152)
   e. (1243)(3521)

6. 자연수 n이 홀수일 때 $n-$순환치환이 우치환 또는 기치환이 되는지를 구분하여라. 자연수 n이 짝수일 때 $n-$순환치환이 우치환 또는 기치환이 되는지를 구분하여라.

7. 정리4.6을 증명하여라.

8. S_n의 원소 α, β에 대해 $\alpha\beta$가 우치환이기 위한 필요충분조건은 α, β가 모두 우치환이거나 기치환임을 증명하여라.

9. 두 치환 α, β에 대해 α, β, $\alpha\beta$를 다음과 같이 표현하여라.

$$\alpha = \begin{bmatrix} 1 & 2 & 3 & 4 & 5 & 6 & 7 & 8 \\ 2 & 3 & 4 & 5 & 1 & 7 & 8 & 6 \end{bmatrix}, \quad \beta = \begin{bmatrix} 1 & 2 & 3 & 4 & 5 & 6 & 7 & 8 \\ 1 & 3 & 8 & 7 & 6 & 5 & 2 & 4 \end{bmatrix}$$

a. 서로소인 순환치환의 곱으로

b. 2－순환치환의 곱으로

10. S_n의 임의의 부분군 H에 대해 H의 모든 원소가 우치환이거나 또는 H의 원소의 절반만이 우치환임을 증명하여라.

11. S_n의 기치환 전체집합이 부분군이 안 되는 이유를 두 가지 이상 구하여라.

12. 표4.1을 이용하여 다음을 구하여라.

a. $\alpha_3 = (13)(24)$의 중심

b. $\alpha_{12} = (124)$의 중심

13. S_6의 원소 중에서 위수가 4인 원소의 개수를 구하여라. S_6의 원소 중에서 위수가 2인 원소의 개수를 구하여라.

14. $\beta^4 = (2143567)$이 되는 S_7의 원소 β를 구하여라.

15. G를 집합 X위에서 치환들의 군이라 하자.

집합 X의 원소 a에 대하여 $stab(a) = \{\, \alpha \in G \mid \alpha(a) = a \,\}$를 군 G에서 a의 스태빌라이저(Stabilizer of a in G)라고 하는데(a의 함수값이 a인 G의 원소의 전체집합이다.) $stab(a)$가 G의 부분군임을 증명하여라.

16. $\alpha = (1,3,5,7,9)(2,4,6)(8,10)$일 때 α^n이 5－순환치환이 되는 자연수 n을 모두 구하여라.

17. A_6 의 원소 중에서 위수가 5인 원소의 개수를 구하여라.

18. β가 10－순환치환일 때 $i=2, 3, \cdots, 10$에 대해 β^i 이 10－순환치환이 되는 i 를 모두 구하여라.

19. $|\alpha|=3$, $|\beta|=3$, $|\alpha\beta|=5$ 이 되는 군의 원소 α, β 를 구하여라.

20. $n>2$ 이면 S_n 은 비가환군임을 증명하여라.

21. A_5 에는 위수가 5인 원소가 24개, 위수가 3인 원소가 20개, 위수가 2인 원소가 15개 존재함을 증명하여라.

22. A_8 의 부분군 중에서 위수가 4인 비순환부분군을 구하여라.

23. $n>2$ 이면 A_n 의 모든 원소는 3－순환치환이거나 3－순환치환의 곱임을 증명하여라.

24. $n>2$ 이면 S_n 의 모든 원소는 $(1k)$형태의 원소들의 곱으로 나타낼 수 있음을 증명하여라.

25. 위수가 홀수인 치환은 우치환임을 증명하여라.

26. $H=\{\alpha\in A_n \mid \alpha^2=\epsilon\}$ 이 A_n 의 부분군이 되는 n 을 모두 구하여라.

27. A_4 의 모든 원소의 위수가 1, 2, 3 중 하나임을 이용하여 $|Z(A_4)|=1$ 임을 증명하여라.

제5장

동형사상 (Isomorphisms)

정의와 예(Definitions and Examples)

정의 군동형사상(Group Isomorphism)

G에서 군 $\overline{G}$로의 동형사상 ϕ는 군의 연산을 보존하는 G에서 $\overline{G}$로의 전단사함수이다. 즉 임의의 G의 원소 a, b에 대해 $\phi(ab) = \phi(a)\phi(b)$.

G에서 $\overline{G}$로의 동형사상이 존재하면 G와 $\overline{G}$는 서로 동형이라 하고 $G \approx \overline{G}$로 표현한다.

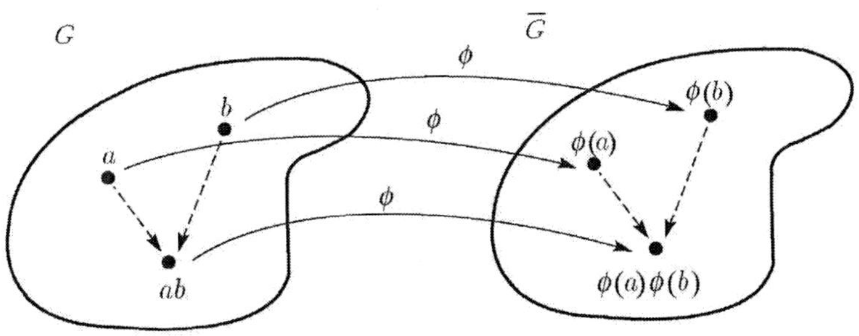

동형인 군의 위수가 같다는 것은 동형사상의 정의에서 곧 바로 알 수 있다. 또한 동형사상의 정의에서 등호의 왼편의 연산은 G에서 연산이고 반면에 오른쪽의 연산은 $\overline{G}$의 연산임을 알 수 있다.

G의 연산	$\overline{G}$의 연산	연산보존
$\cdot$	$\cdot$	$\phi(a \cdot b) = \phi(a) \cdot \phi(b)$
$\cdot$	$+$	$\phi(a \cdot b) = \phi(a) + \phi(b)$
$+$	$\cdot$	$\phi(a + b) = \phi(a) \cdot \phi(b)$
$+$	$+$	$\phi(a + b) = \phi(a) + \phi(b)$

군 G가 군 $\overline{G}$와 동형임을 증명하고자 하면 다음에 설명하는 네 단계를 거치는 것이 좋다.

단계1. 함수(Mappings) 동형사상이 될 수 있는 G에서 $\overline{G}$로의 함수 ϕ를 정의한다.

단계2. 단사함수(1 - 1) 함수 ϕ가 단사함수임을 증명한다. 즉 $\phi(a) = \phi(b)$라 가정하고 $a = b$임을 증명한다.

단계3. 전사함수(Onto) 함수 ϕ가 전사함수임을 증명한다. 즉 $\overline{G}$의 임의의 원소 $\overline{g}$에 대해 $\phi(g) = \overline{g}$를 만족하는 G의 원소 g를 구한다.

단계4. 연산의 보존(O.P.) 함수 ϕ가 연산을 보존함을 증명한다. 즉 G의 임의의 원소 a, b에 대해 $\phi(ab) = \phi(a)\phi(b)$임을 증명한다.

위의 네 단계 중 처음 세 단계는 익히 잘 알고 있는 것들이고 마지막 네 번째 단계 만 생소할 것이다. 마지막 단계는 두 원소를 연산을 먼저 실행한 다음에 함숫값을 구하는 것과 두 원소 각각의 함숫값을 먼저 구한 후 연산을 실행한 값이 일치함을 확인하는 것이다. 즉 연산과 함숫값을 구하는 이 두 개의 과정의 순서에 관계없이 그 결과가 동일해야 한다. 우리는 미적분학에서 이와 동일한 개념을 아래 공식처럼 이미 공부했다.

$$\lim_{x \to a}(f(x) \cdot g(x)) = \lim_{x \to a} f(x) \cdot \lim_{x \to a} g(x)$$

$$\int_a^b (f(x) + g(x))\,dx = \int_a^b f(x)\,dx + \int_a^b g(x)\,dx$$

이론을 더 진행하기 전에 예를 살펴보자.

예 1 G는 덧셈에 대한 실수전체집합의 군이고 $\overline{G}$ 는 곱셈에 대한 양의 실수전체집합의 군이라 하면 G와 $\overline{G}$ 는 사상 $\phi(x) = 2^x$ 에 의해 서로 동형이다. ϕ는 G에서 $\overline{G}$ 으로 지수함수이다. 단사함수를 증명하기 위해 $2^x = 2^y$라 가정하면 $\log_2 2^x = \log_2 2^y$이므로 $x = y$이다. 전사함수임을 증명하려면 임의의 양의 실수 y에 대해 $\phi(x) = y$ 즉 $2^x = y$를 만족하는 x를 구해야 한다. x에 대해 방정식의 해를 구하면 $x = \log_2 y$이다. 마지막으로 G의 임의의 원소 x, y에 대해

$$\phi(x+y) = 2^{x+y} = 2^x 2^y = \phi(x)\phi(y)$$

이므로 ϕ는 연산을 보존한다.

예 2 모든 무한순환군은 $\mathbb{Z}$ 와 동형이다. 실제로 a를 그 순환군의 생성원이라면 함수 $a^k \to k$가 동형사상이 된다. 위수가 n인 유한순환군 $\langle a \rangle$은 함수 $a^k \to k \bmod n$에 의해서 $\mathbb{Z}_n$과 동형이다. 이러한 두 대응은 모두 함수이고 정리3.1에 의해서 단사함수이다. 또한 전사함수도 된다. 유한순환군인 경우는 위 함수가 연산을 보존하고 무한순환군인 경우는 정의에 의해서 연산을 보존한다.

예 3 덧셈연산에 대해 $\phi(x) = x^3$으로 주어지는 $\mathbb{R}$ 에서 $\mathbb{R}$ 으로의 대응은 동형사상이 아니다. ϕ가 전단사함수이기는 하지만 모든 x, y 에 대해 $(x+y)^3 = x^3 + y^3$이 성립하지 않으므로 연산을 보존하지 않는다.

예 4 $U(10) \approx \mathbb{Z}_4$이고 $U(5) \approx \mathbb{Z}_4$이다. 이를 증명하기 위해서는 $U(10)$과 $U(5)$위수가 4인 순환군임을 보이면 예2에 의해서 성립한다.

예 5 $U(10) \not\approx U(12)$이다. 이를 증명하는 것은 약간 복잡하다. ϕ를 $U(10)$에서 $U(12)$로의 동형사상이라 하자. $U(12)$의 모든 원소x는 $x^2 = 1$을 만족하므로

$$\phi(9) = \phi(3 \cdot 3) = \phi(3)\phi(3) = 1$$

이고

$$\phi(1) = \phi(1 \cdot 1) = \phi(1)\phi(1) = 1.$$

따라서 $\phi(9) = \phi(1)$이다. 그러나 $9 \neq 1$이므로 ϕ가 단사함수라는 가정에 모순이다.

예 6 유리수 전체집합 $\mathbb{Q}$ 의 덧셈에 대한 군과 영이 아닌 유리수 전체집합 $\mathbb{Q}^*$의 곱셈에 대한 군 사이에는 동형사상이 존재하지 않는다. 만약 동형사상 ϕ가 존재한다면 $\phi(a)=-1$이 되는 유리수 a가 존재한다. 그러나

$$-1=\phi(a)=\phi(\frac{1}{2}a+\frac{1}{2}a)=\phi(\frac{1}{2}a)\phi(\frac{1}{2}a)=[\phi(\frac{1}{2}a)]^2.$$

제곱해서 -1이 되는 유리수는 존재하지 않는다.

예 7 행렬식이 1이고 실수를 원소로 하는 2×2행렬 전체집합의 곱셈에 대한 군을 $G=SL(2,\mathbb{R})$이라하고 M을 행렬식이 1이고 실수를 원소로 하는 2×2행렬이라 하자. G에서 G로의 대응 ϕ_M을 $\phi_M(A)=MAM^{-1}$로 정의하면 이 대응은 동형사상이다. 이를 네 단계 방법으로 증명하자.

단계1. 함수: ϕ_M이 G에서 G로의 함수이다. 임의의 G의 원소 A에 대하여 $\phi_M(A)$가 G의 원소임을 보이면 된다. 행렬식의 성질에 의해

$\det(MAM^{-1})=(\det M)(\det A)(\det M)^{-1}=1\cdot 1\cdot 1^{-1}=1.$

따라서 $\phi_M(A)=MAM^{-1}$는 G의 원소이다.

단계2. ϕ_M이 단사함수: $\phi_M(A)=\phi_M(B)$이면 $MAM^{-1}=MBM^{-1}$이다. 양변의 좌우에 M^{-1}와 M을 각각 곱하면 $A=B$이다.

단계3. ϕ_M이 전사함수: 임의의 G의 원소 B에 대하여 $\phi_M(A)=B$이 성립하는 G의 원소 A를 구해야한다. 행렬 A를 구하는 방법은 A가 식 $MAM^{-1}=B$를 만족하므로 이 식을 A에 대해서 풀면 된다.

따라서 A에 대해서 풀면 $A=M^{-1}BM$이고

$\phi_M(A)=MAM^{-1}=M(M^{-1}BM)M^{-1}=B$이므로 ϕ_M은 전사함수이다.

단계4. ϕ_M이 연산보존: 임의의 G의 원소 A, B에 대하여

$$\begin{aligned}\phi_M(AB)&=M(AB)M^{-1}=MA(M^{-1}M)BM^{-1}\\&=(MAM^{-1})(MBM^{-1})=\phi_M(A)\phi_M(B).\end{aligned}$$

이 동형사상 ϕ_M을 M에 의한 공액변환이라 한다.

케일리 정리(Cayley Thoerm)

첫 정리는 케일리의 고전적 정리이다.

정리 5.1 케일리 정리(Cayley Thoerm, 1854)

모든 군은 치환을 원소로 하는 군과 동형이다.

증명 정리를 증명하기 위해서 임의의 군 G에 대해 이군과 동형이라 할 수 있는 군 $\overline{G}$를 구해야 한다. 정리의 증명에서 주어진 조건이 G가 군이 라는 것 외에는 없으므로 이를 이용하여 군 $\overline{G}$를 구성해야한다. 따라서 G의 임의의 원소 g에 대하여 G에서 G로의 함수 T_g를 다음과 같이 정의하자.

G의 임의의 원소 x에 대하여 $T_g(x) = gx$.

(즉 T_g는 G의 원소 각각의 왼편에 g를 곱한 것이다.) T_g는 집합 G상에서 치환이다.(연습문제11) $\overline{G} = \{ T_g \mid g \in G \}$이 합성함수의 연산에 대해 군이 됨을 보이자.

우선 G의 임의의 원소 g, h에 대해

$T_g T_h(x) = T_g(T_h(x)) = T_g(hx) = g(hx) = (gh)x = T_{gh}(x)$이므로 $T_g T_h = T_{gh}$이다. T_e는 항등원이고 $(T_g)^{-1} = T_{g^{-1}}$이다(연습문제5). 합성함수에서는 결합법칙이 성립하므로 $\overline{G}$는 군이다.

G에서 $\overline{G}$로의 함수 ϕ를 임의의 G의 원소 g에 대해 $\phi(g) = T_g$로 정의하자.

$T_g = T_h$이면 $T_g(e) = T_h(e)$이므로 $ge = he$이다. 따라서 $g = h$이므로 ϕ는 단사함수이다. 한편 $\overline{G}$의 구성법에서 ϕ가 전사함수임을 알 수 있다. 이제 ϕ가 연산을 보존하는가를 확인하면 정리가 증명된다. 이를 위해 a, b를 G의 임의의 원소라 하면

$$\phi(ab) = T_{ab} = T_a T_b = \phi(a)\phi(b).$$

위 정리에서 구성한 군 $\overline{G}$를 군 G의 왼쪽정규표현이라 한다.

예 8 위의 정리의 이해를 돕기 위해 $U(12) = \{1, 5, 7, 11\}$의 왼쪽정규표현 $\overline{U(12)}$를 구해보자. $U(12)$ 위에서 구성했던 치환(T_g는 g를 곱한 것이다)을 배열의 방법으로 표현하면 다음과 같다.

$$T_1 = \begin{bmatrix} 1 & 5 & 7 & 11 \\ 1 & 5 & 7 & 11 \end{bmatrix}, \quad T_5 = \begin{bmatrix} 1 & 5 & 7 & 11 \\ 5 & 1 & 11 & 7 \end{bmatrix}$$
$$T_7 = \begin{bmatrix} 1 & 5 & 7 & 11 \\ 7 & 11 & 1 & 5 \end{bmatrix}, \quad T_{11} = \begin{bmatrix} 1 & 5 & 7 & 11 \\ 11 & 7 & 5 & 1 \end{bmatrix}$$

다음 $U(12)$ 의 케일리 연산표와 왼쪽정규표현 $\overline{U(12)}$ 의 케일리 연산표를 비교해보자.

$U(12)$	1	5	7	11
1	1	5	7	11
5	5	1	11	7
7	7	11	1	5
11	11	7	5	1

$\overline{U(12)}$	T_1	T_5	T_7	T_{11}
T_1	T_1	T_5	T_7	T_{11}
T_5	T_5	T_1	T_{11}	T_7
T_7	T_7	T_{11}	T_1	T_5
T_{11}	T_{11}	T_7	T_5	T_1

위의 두 표를 비교해 보면 기호의 차이만 있을 뿐 완벽하게 같다는 것을 알 수 있다.

케일리정리는 대립되는 두 가지 이유에서 중요하다. 그 중 하나는 추상적인 군을 확실한 방법으로 표현할 수 있게 하는 것이고 다른 하나는 군에 대한 현대적인 공리가 아주 오래전의 개념-치환들의 군을 올바른 방법으로 추상화했다는 것을 알려준다. 사실상 케일리 정리는 추상적인 군들이 치환들의 군들과 다르지 않음을 말해 준다. 차이점이라면 입장 차이이다. 이러한 입장차이로 인해 20세기의 군이론과 수학의 많은 분야에서 엄청난 발전이 있었다.

특정한 두 군이 동형인가 또는 동형이 아닌가를 증명하는 것은 매우 어려운 일이다. 예를 들면 덧셈에 대해 실수전체집합의 군과 덧셈에 대해 복소수전체집합의 군이 동형이라는 놀라운 사실을 증명하려면 세련된 어떤 기술이 필요하다. 마찬가지로 영이 아닌 복소수전체집합의 곱셈에 대한 군과 크기가 1 인 복소수전체집합의 곱셈에 대한 군이 동형이라는 것을 증명하는 것 또한 쉬운 일이 아니다. 이 정리는 기하학적으로 구멍이 하나있는 평면과 단위원은 군으로써 서로 동형이다.

동형사상의 성질(Properties of Isomorphisms)

다음 두 정리는 동형사상과 동형인 군들의 성질이다.

정리 5.2 원소와 관련된 동형사상의 성질(Properties of Isomorphisms Acting on Elements)

함수 ϕ를 군 G에서 군 $\overline{G}$ 로의 동형사상이라 하자.

1. G의 항등원의 ϕ에 의한 함숫값은 $\overline{G}$ 의 항등원이다.

2. 임의의 자연수 n과 G의 임의의 원소 a에 대하여 $\phi(a^n) = [\phi(a)]^n$이다.

3. G의 임의의 원소 a, b 에 대하여 a, b 사이에 교환법칙이 성립하기위한 필요충분조건은 $\phi(a), \phi(b)$ 사이에 교환법칙이 성립하는 것이다.

4. $G = \langle a \rangle$ 이기위한 필요충분조건은 $\overline{G} = \langle \phi(a) \rangle$ 이다.

5. G의 임의의 원소 a에 대하여 $|a| = |\phi(a)|$이다(동형사상은 위수를 보존한다).

6. 주어진 자연수 k와 주어진 G의 원소 b에 대하여 G에서 방정식 $x^n = b$의 해의 개수와 $\overline{G}$ 에서 방정식 $x^n = \phi(b)$의 해의 개수가 같다.

7. G가 유한군이면 모든 위수 각각에 대해 G와 $\overline{G}$ 는 정확히 같은 개수의 원소가 존재한다.

증명 1,2번을 이용하면 5번이, 2번을 이용하면 6번이, 5번을 이용하면 7번이 증명되므로 1,2,4번만 증명하면 되겠다. G의 항등원을 e라 하고 $\overline{G}$ 의 항등원을 $\overline{e}$라 하면 $e = ee$이므로 다음이 성립한다.

$\phi(e) = \phi(ee) = \phi(e)\phi(e)$.

또한 $\phi(e) \in \overline{G}$이므로 $\phi(e) = \overline{e}\phi(e)$이다. 소거법칙에 의해 $\overline{e} = \phi(e)$이므로 1번이 성립한다.

양의 정수에 대해서는 동형사상의 정의와 수학적귀납법에 의해서 2번이 성립한다. 음의 정수 n에 대해서 $-n$이 양의 정수임과 1번을 이용하면 다음이 성립한다.

$$\overline{e} = \phi(e) = \phi(g^n g^{-n}) = \phi(g^n)\phi(g^{-n}) = \phi(g^n)(\phi(g))^{-n}.$$

이 식의 양변의 오른쪽에 $(\phi(g))^n$을 곱하면 $(\phi(g))^n = \phi(g^n)$이다. $n = 0$인 경우가 1번이므로 2번이 성립한다.

이제 4번을 증명하자. $G = \langle a \rangle$라면 $\overline{G}$ 는 연산에 대해 닫혀있으므로 $\langle \phi(a) \rangle \subseteq \overline{G}$이다. 또한 ϕ가 전사함수이므로 $\overline{G}$ 의 임의의 원소 b에 대해 $b = \phi(a^k)$가 되는 G의 원소 a^k가 존재한다. 따라서 $b = (\phi(a))^k$이 되어 b는 $\langle \phi(a) \rangle$의 원소이다. 따라서 $\overline{G} = \langle \phi(a) \rangle$이다. 이것으로 $\overline{G} = \langle \phi(a) \rangle$라 가정하자. G의 임의의 원소 b에 대해 $\phi(b) \in \langle \phi(a) \rangle$이다. 따라서 $\phi(b) = (\phi(a))^k = \phi(a^k)$이 되는 정수 k가 존재한다. ϕ가 단사함수이므로 $b = a^k$이다. 따라서 $G \subseteq \langle a \rangle$이다. $\langle a \rangle$는 G의 부분군이므로 $G = \langle a \rangle$이다.

군이 덧셈연산을 갖는 경우에 정리6.2의 2번은 $\phi(na) = n\phi(a)$이 된다. 4번에서는 두 순환군의 동형사상은 생성원을 생성원으로 대응하는 것을 보장한다.

6번은 두 군이 동형이 아님을 보일 때 자주 사용된다. 예를 들어 방정식 $x^4=1$은 $\mathbb{C}^*$에서 네 개의 근을 갖고 $\mathbb{R}^*$에서는 두 개의 근을 갖는다. 따라서 $\mathbb{C}^*$에서 $\mathbb{R}^*$로의 동형사상은 모두 6번에 모순이므로 두 군은 동형이 아니다.

정리 5.3 군에 관련된 동형사상의 성질(Properties of Isomorphisms Acting on Groups)

함수 ϕ를 군 G에서 군 $\overline{G}$로의 동형사상이라 하자.

1. 함수 ϕ^{-1}은 군 $\overline{G}$에서 군 G로의 동형사상이다.
2. G가 가환군이기 위한 필요충분조건은 군 $\overline{G}$이 가환군이다.
3. G가 순환군이기 위한 필요충분조건은 군 $\overline{G}$이 순환군이다.
4. G의 임의의 부분군 K에 대해 $\phi(K)=\{\phi(k) \mid k \in K\}$은 $\overline{G}$의 부분군이다.

증명 2번은 정리5.2의 3번에 의해 성립하고 3번은 정리5.2의 4번과 정리5.3의 1번에 의해 성립한다.

정리5.2와 정리5.3에 의해서 동형인 두 군은 많은 성질을 공유한다는 사실을 알 수 있다. 실제로 동형사상의 정의는 동형인 두 군이 모든 군 이론을 공유하도록 되어 있다. 즉 두 군이 동형이면 군 이론으로 표현된 어떤 성질이 한 쪽 군에서 성립하기 위한 필요충분조건이 그 성질이 다른 군에서도 성립하는 것이다. 이런 이유로 동형인 군은 서로 같다 라고 한다.

자기동형사상

어떤 종류의 동형사상은 특별한 이름을 갖고 있어서 자주 인용된다.

정의 자기동형사상(Automorphism)

군 G에서 G로의 동형사상을 G의 자기동형사상이라 한다.

예7의 동형사상은 $SL(2,\mathbb{R})$의 자기동형사상이다. 다음에서 두 개의 예를 더 보자.

예 9 $\phi(a+bi)=a-bi$로 주어진 $\mathbb{C}$에서 $\mathbb{C}$로의 함수는 복소수 전체집합의 덧셈에 대한 군 $\mathbb{C}$의 자기동형사상이다. ϕ의 정의역과 공변역을 $\mathbb{C}^*$로 제한한 함수 역시 영이 아닌 복소수 전체집합의 곱셈에 대한 군 $\mathbb{C}^*$의 자기동형사상이다.

예 10 $\mathbb{R}^2 = \{ (a, b) \mid a, b \in \mathbb{R} \}$라 하면 $\phi(a, b) = (b, a)$는 좌표별 덧셈에 대한 군 $\mathbb{R}^2$의 자기동형사상이다. 기하학적으로 ϕ는 평면위의 모든 점을 $y = x$로 대칭시킨다. 뿐만 아니라 좀더 일반적으로 원점을 지나는 직선에 대한 대칭이동, 원점에 대한 모든 회전이동은 $\mathbb{R}^2$의 자기동형사상이다.

예7의 동형사상은 자신의 고유한 기호와 이름을 갖고 있을 정도로 자주 인용되는 자기동형사상의 특수한 예이다.

정의 a에 의해 유도되는 내적자기동형사상(Inner Automorphism Induced by a)

군 G의 원소 a에 대하여 $\phi_a(x) = axa^{-1}$, $x \in G$로 정의 된 함수 ϕ_a를 a에 의해 유도되는 G의 내적자기동형사상이라 한다.

예7에서와 같은 방법으로 함수 ϕ_a가 군동형사상임을 보이기 바란다.

예 11 다음 표에 R_{90}에 의해 유도되는 내적자기동형사상의 함숫값이 주어져 있다.

x	$\xrightarrow{\phi_{R_{90}}}$	$R_{90} x R_{90}^{-1}$
R_0	$\to$	$R_{90} R_0 R_{90}^{-1} = R_0$
R_{90}	$\to$	$R_{90} R_{90} R_{90}^{-1} = R_{90}$
R_{180}	$\to$	$R_{90} R_{180} R_{90}^{-1} = R_{180}$
R_{270}	$\to$	$R_{90} R_{270} R_{90}^{-1} = R_{270}$
H	$\to$	$R_{90} H R_{90}^{-1} = V$
V	$\to$	$R_{90} V R_{90}^{-1} = H$
D	$\to$	$R_{90} D R_{90}^{-1} = D'$
D'	$\to$	$R_{90} D' R_{90}^{-1} = D$

임의의 군 G에 대해 G의 모든 자기동형사상의 전체집합을 $Aut(G)$로 표시하고 G의 내적자기동형사상의 전체집합을 $Inn(G)$로 표시한다. 이들 집합은 다음 정리와 같은 성질을 갖는다.

정리 5.4 $Aut(G)$와 $Inn(G)$는 군이다.($Aut(G)$ and $Inn(G)$ Are Groups)

군의 모든 자기동형사상의 전체집합과 내적자기동형사상의 전체집합은 모두 합성함수연산에 대해 군이다.

이제 $Inn(G)$의 원소를 구해보자.

$G=\{e, a, b, \cdots\}$에 대해 $Inn(G)=\{\phi_e, \phi_a, \phi_b, \cdots\}$에는 같은 원소가 존재할 수 있다. 즉 $a\neq b$인 두 원소 a, b에 대해 $\phi_a=\phi_b$가 되는 a, b가 존재 하는 경우도 있다.(연습문제16) 따라서 $Inn(G)$의 원소를 구하는 것은 서로 다른 함수가 되도록 하는 G의 원소를 구하는 것이다. 반면에 $Aut(G)$의 원소를 구하는 것은 더 복잡하다.

예 12 $Inn(D_4)$

$Inn(D_4)$의 원소를 모두 구하기 위해

$Inn(D_4)=\{\phi_{R_0}, \phi_{R_{90}}, \phi_{R_{180}}, \phi_{R_{270}}, \phi_{R_H}, \phi_{R_V}, \phi_{R_D}, \phi_{R_{D'}}\}$에서 서로 같은 함수를 구별해야 한다. 우선 $R_{180}\in Z(D_4)$이므로 $\phi_{R_{180}}(x)=R_{180}\,x\,R_{180}^{-1}=x$이다.

따라서 $\phi_{R_{180}}=\phi_{R_0}$이다. 또한 아래 식에서 $\phi_{R_{270}}=\phi_{R_{90}}$이다.

$\phi_{R_{270}}(x)=R_{270}\,x\,R_{270}^{-1}=R_{90}\,R_{180}\,x\,R_{180}^{-1}\,R_{90}^{-1}=R_{90}\,x\,R_{90}^{-1}=\phi_{R_{90}}(x)$

$H=R_{180}V,\ D'=R_{180}D$이므로 같은 방법으로 하면 $\phi_H=\phi_V,\ \phi_D=\phi_{D'}$이다. 또한 $\phi_{R_0}, \phi_{R_{90}}, \phi_H, \phi_D$는 서로 다른 함수이므로 $Inn(D_4)=\{\phi_{R_0}, \phi_{R_{90}}, \phi_{R_H}, \phi_{R_D}\}$이다.

예 13 $Aut(\mathbb{Z}_{10})$

$Aut(\mathbb{Z}_{10})$의 서로 다른 원소를 모두 구하기 위해서는 우선 $\mathbb{Z}_{10}$위에서 동형사상이 되기 위한 조건부터 살펴보자. $\mathbb{Z}_{10}$은 순환군임으로 $Aut(\mathbb{Z}_{10})$의 임의의 원소 α의 함숫값은 $\alpha(1)$을 알면 이를 이용하여 다음과 같이 모두 구할 수 있다.

$$\begin{aligned}\alpha(k)&=\alpha(1+1+\cdots+1),\ k\text{번}\\&=\alpha(1)+\alpha(1)+\cdots+\alpha(1),\ k\text{번}=k\alpha(1)\end{aligned}$$

따라서 $\mathbb{Z}_{10}$의 자기동형사상은 $\alpha(1)$의 값에 의해서 결정이 된다. 정리6.2의 성질5에 의해서 $|\alpha(1)|=10$이므로 $\mathbb{Z}_{10}$의 자기동형사상이 될 수 있는 $\alpha(1)$의 값은 다음 네 경우뿐이다.

$$\alpha(1)=1;\quad \alpha(1)=3;\quad \alpha(1)=7;\quad \alpha(1)=9.$$

이 네 개의 대응을 각각 α_1, α_3, α_7, α_9로 표시 하면 $\alpha_1(1)=1$이므로 α_1은 항등함수가 되어 자기동형사상이다. $x \bmod 10 = y \bmod 10$이면 $3x \bmod 10 = 3y \bmod 10$이므로 α_3는 함수이다. 또한 $\alpha_3(1)=3$은 $\mathbb{Z}_{10}$의 생성원임으로 α_3는 전사함수이다(따라서 제5장 연습문제10에 의해서 단사함수이다).

그리고 $\alpha_3(a+b)=3(a+b)=3a+3b=\alpha_3(a)+\alpha_3(b)$이므로 α_3는 연산을 보존한다. 따라서 α_3는 자기동형사상이다. 같은 방법으로 α_7, α_9 또한 자기동형사상임을 보일 수 있다.

따라서 $Aut(\mathbb{Z}_{10})=\{\alpha_1, \alpha_3, \alpha_7, \alpha_9\}$이다.

이제 $Aut(\mathbb{Z}_{10})$의 군으로의 구조를 알아보자.

$(\alpha_3\alpha_3)(1)=\alpha_3(3)=3\cdot 3=9=\alpha_9(1)$이므로 $\alpha_3\alpha_3=\alpha_9$이다.

마찬가지로 $(\alpha_3)^3=\alpha_7$이고 $(\alpha_3)^4=\alpha_1$이므로 $|\alpha_3|=4$이다. 따라서 $Aut(\mathbb{Z}_{10})$은 α_3를 생성원으로 하는 순환군이다. 실제로 다음 케일리 표를 비교하면 $Aut(\mathbb{Z}_{10})$와 $U(10)$은 동형임을 알 수 있다.

$U(10)$	1	3	7	9
1	1	3	7	9
3	3	9	1	7
7	7	1	9	3
9	9	7	3	1

$Aut(\mathbb{Z}_{10})$	α_1	α_3	α_7	α_9
α_1	α_1	α_3	α_7	α_9
α_3	α_3	α_9	α_1	α_7
α_7	α_7	α_1	α_9	α_3
α_9	α_9	α_7	α_3	α_1

■

예13과 같은 방법을 이용하면 자주 인용 하게 될 순환군 $\mathbb{Z}_n$과 $U(n)$의 관계를 다음 정리와 같이 증명할 수 있다.

정리 5.5 $Aut(\mathbb{Z}_n) \approx U(n)$

임의의 자연수 n에 대해 $Aut(\mathbb{Z}_n)$과 $U(n)$은 동형이다.

증명 예13에서와 같이 $\mathbb{Z}_n$위에서 자기동형사상 α는 $\alpha(1)$의 값에 의해서 결정되고 $\alpha(1)$은 $U(n)$의 원소다. 따라서 $T(\alpha)=\alpha(1)$로 주어지는 대응 T는 $Aut(\mathbb{Z}_n)$에서 $U(n)$으로의 함수다.

또한 $\alpha(k)=k\alpha(1)$(예13)이므로 $Aut(\mathbb{Z}_n)$의 임의의 두 원소 α, β에 대해 $\alpha(1)=\beta(1)$이면 $\mathbb{Z}_n$의 임의의 원소 k에 대해 $\alpha(k)=k\alpha(1)=k\beta(1)=\beta(k)$이다. 따라서$\alpha=\beta$이므로 함수 T는 단사함수다. $U(n)$의 임의의 원소 r에 대해 $\mathbb{Z}_n$에서 $\mathbb{Z}_n$으로 함수 α를 $\alpha(s)=sr \bmod n$, $\forall s \in \mathbb{Z}_n$로 정의하면 α는 $\mathbb{Z}_n$ 위에서 자기동형사상이다. (연습문제9)

또한 $T(\alpha)=\alpha(1)=r$이므로 T는 전사함수이다. $Aut(\mathbb{Z}_n)$의 임의의 두 원소 α, β에 대해 다음 식이 성립하므로 T는 연산을 보존한다. 따라서 T는 동형사상이다.

$$
\begin{aligned}
T(\alpha\beta) &= (\alpha\beta)(1) = \alpha(\beta(1)) = \alpha(1+1+\cdots+1),\ \beta(1)\text{번} \\
&= \alpha(1)+\alpha(1)+\cdots\ \alpha(1),\ \beta(1)\text{번} \\
&= \alpha(1)\beta(1) = T(\alpha)\ T(\beta)
\end{aligned}
$$

연습문제

1. 정의역이 정수전체집합의 덧셈에 대한 군이 공변역이 짝수전체집합의 덧셈에 대한 군이 되는 동형사상을 구하여라.

2. 대응 $\phi(x) = \sqrt{x}$ 는 양의실수전체집합의 곱셈에 대한 군 $\mathbb{R}^+$ 의 자기동형사상임을 증명하여라.

3. $U(8)$은 $U(12)$와 동형임을 증명하여라.

4. S_4은 D_{12}과 동형이 아님을 증명하여라.

5. 정리5.1에서 T_e는 항등함수이고 $(T_g)^{-1} = T_{g^{-1}}$임을 증명하여라.

6. 내적동형사상 ϕ_g, ϕ_h, ϕ_{gh}에 대해 $\phi_g \phi_h = \phi_{gh}$을 증명하여라.

7. $Aut(\mathbb{Z}_6)$을 구하여라.

8. 임의의 군 G에 대해 $Aut(G)$와 $Inn(G)$가 군임을 증명하여라.

9. $U(n)$의 원소 r에 대해 $\alpha(s) = sr \bmod n$ $(s \in \mathbb{Z}_n)$로 주어진 대응 α가 $\mathbb{Z}_n$의 자기동형사상임을 증명하여라.

10. ϕ와 γ가 순환군 $\langle a \rangle$을 정의역으로 하는 동형사상이고 $\phi(a) = \gamma(a)$이면 $\phi = \gamma$임을 증명하여라.

11. 정리5.1에서 T_g가 집합 G위에서 치환임을 증명하여라.

12. $\phi(a+bi) = a-bi$로 주어진 대응 ϕ가 복소수전체집합의 덧셈에 대한 군의 자기동형사상임을 증명하여라. 또한 ϕ는 곱셈연산을 보존함을 증명하여라. 즉 임의의 복소수 x, y에 대해 $\phi(xy) = \phi(x)\,\phi(y)$임을 증명하여라.

13. 덧셈에 대한 $\mathbb{Z}$ 와 덧셈에 대한 $\mathbb{Q}$ 는 동형이 아님을 증명하여라.

14. $\mathbb{C}$ 는 복소수 전체집합이고 집합 M은 다음과 같다.

$$M = \left\{ \begin{pmatrix} a & -b \\ b & a \end{pmatrix} \mid a, b \in \mathbb{R} \right\}$$

$\mathbb{C}$ 와 M은 덧셈에 대해 동형임을 증명하여라. $\mathbb{C}^*$와 M의 영 아닌 모든 원소의 집합 M^*는 곱셈에 대해 동형임을 증명하여라.

15. 유한치환군의 경우에 "부분군의 위수는 그 군의 위수의 약수이다"는 명제가 성립한다면 임의의 유한군에서도 이 명제가 성립함을 증명하여라.

16. 군 G의 원소 g와 $Z(G)$의 원소 z에 대해 원소 g에 의해 유도되는 내적자기동형사상과 원소 zg에 의해 유도되는 내적자기동형사상이 같음을 증명하여라. 즉 $\phi_g = \phi_{zg}$을 증명하여라.

17. 군 G의 동일한 내적자기동형사상을 유도하는 원소 g, h에 대해 $h^{-1}g \in Z(G)$을 증명하여라.

18. 군 G의 원소 a는 위수가 유한이고 ϕ_a는 $\phi_a(x) = axa^{-1}$로 주어진 G의 자기동형사상이다. $|\phi_a|$는 $|a|$의 약수임을 증명하여라. $1 < |\phi_a| < |a|$이 되는 원소 a를 구하여라.

19. ϕ가 $\phi(R_{90}) = R_{270}$, $\phi(V) = V$인 D_4의 자기동형사상일 때 $\phi(D)$, $\phi(H)$을 구하여라.

20. D_4의 왼쪽정규표현에서 R_{90}에 대응하는 치환 $T_{R_{90}}$을 순환치환의 형태로 나타내시오.

21. 양의 유리수전체집합의 곱셈에 대한 군 $\mathbb{Q}^+$는 한 진부분군과 동형임을 증명하여라.

22. 영이 아닌 실수전체집합의 곱셈에 대한 군 $\mathbb{R}^*$의 모든 자기동형사상은 양수를 양수로 음수를 음수로 대응함을 증명하여라.

23. 덧셈에 대한 군 $\mathbb{Q}$ 는 곱셈에 대한 군 $\mathbb{R}^*$와 동형이 아님을 군의 이론으로 증명하여라.

제6장

잉여류와 라그랑쥐 정리 (Cosets and Lagrange's theorem)

잉여류의 성질(Properties of cosets)

이제 유한군에서 매우 중요한 라그랑쥐 정리를 증명할 것이다. 이를 위하여 잉여류라고 하는 집합을 알아야 한다. 이 표현은 1830년 Galois가 처음 소개했고 1910년에 G.A.Miller에 의해 이름이 붙여졌다.

정의 G에서 H의 잉여류(Coset of H in G)

군 G의 임의의 부분집합 H와 원소 a에 대해 집합 aH, Ha, aHa^{-1}를 다음과 같이 정의하자.

$$aH = \{ah \mid h \in H\}$$
$$Ha = \{ha \mid h \in H\}$$
$$aHa^{-1} = \{aha^{-1} \mid h \in H\}$$

특히 H가 군 G의 부분군이면 aH를 G에서 H의 좌 잉여류, Ha를 G에서 H의 우 잉여류라고 한다. 이 경우 a를 aH, Ha의 대표원소라고 한다. 또한 $|aH|$, $|Ha|$는 각각 aH와 Ha의 원소의 개수이다.

예 1 $G=S_3$, $H=\{(1), (13)\}$에 대해 G에서 H의 좌 잉여류는 다음과 같다.

$$
\begin{aligned}
(1)H &= H \\
(12)H &= \{(12), (12)(13)\} = \{(12), (132)\} = (132)H \\
(13)H &= \{(13), (1)\} = H \\
(23)H &= \{(23), (23)(13)\} = \{(23), (123)\} = (123)H
\end{aligned}
$$

예 2 위수가 8인 이면체군 D_4에서 $\mathcal{H} = \{R_0, R_{180}\}$의 좌 잉여류는 다음과 같다.

$$
\begin{aligned}
R_0\mathcal{H} &= \mathcal{H} \\
R_{90}\mathcal{H} &= \{R_{90}, R_{270}\} = R_{270}\mathcal{H} \\
R_{180}\mathcal{H} &= \{R_{180}, R_0\} = \mathcal{H} \\
V\mathcal{H} &= \{V, H\} = H\mathcal{H} \\
D\mathcal{H} &= \{D, D'\} = D'\mathcal{H}
\end{aligned}
$$

예 3 덧셈에 대한 군 $\mathbb{Z}_9$에서 $H=\{0, 3, 6\}$의 좌 잉여류는 다음과 같다. 군의 연산이 덧셈이면 좌 잉여류를 $a+H$로 표시한다.

$$
\begin{aligned}
0+H &= \{0, 3, 6\} = 3+H = 6+H \\
1+H &= \{1, 4, 7\} = 4+H = 7+H \\
2+H &= \{2, 5, 8\} = 5+H = 8+H
\end{aligned}
$$

위의 예에서 다음을 알 수 있다.

1) 잉여류들은 부분군이 아닌 경우도 있다.

2) $a \neq b$인 a, b에 대해 $aH=bH$일 수 있다.

3) 예1의 경우에 $(12)H=\{(12), (132)\}$이고 $H(12)=\{(12), (123)\}$이므로 $aH \neq Ha$일 수 있다.

여기서 우리는 다음과 같은 질문이 가능하고 다음 보조정리와 정리에서 이에 대한 답을 제시한다(동일한 정리가 우 잉여류에 대해서도 성립한다).

1) $aH=bH$일 조건은 무엇인가?

2) aH와 bH의 교집합은 무엇인가?

3) $aH=Ha$일 조건은 무엇인가?

4) 잉여류가 부분군일 조건은 무엇인가?

5) 잉여류가 중요한 이유는 무엇인가?

보조 정리 잉여류의 성질(Properties of Cosets)

군 G의 부분군 H와 G의 원소 a, b에 대해 다음이 성립한다.

1. $a \in aH$
2. $aH = H \Leftrightarrow a \in H$
3. $aH = bH \Leftrightarrow a \in bH$
4. $aH = bH$ 또는 $aH \cap bH = \varnothing$
5. $aH = bH \Leftrightarrow a^{-1}b \in H$
6. $|aH| = |bH|$
7. $aH = Ha \Leftrightarrow H = aHa^{-1}$
8. aH : G의 부분군 $\Leftrightarrow a \in H$

증명

1. $a = ae \in aH$
2. $aH = H$이면 $a = ae \in aH = H$이다. 역으로 $a \in H$이면 H가 G의 부분군이므로 $aH \subseteq H$이다. 또한 임의의 $h \in H$에 대하여 $a, h \in H$이므로 $a^{-1}h \in H$이다. 따라서 다음 식에 의해 $H \subseteq aH$이다.
$$h = eh = (aa^{-1})h = a(a^{-1}h) \in aH$$
3. $aH = bH$이면 $a = ae \in aH = bH$이다. 역으로 $a \in bH$이면 $a = bh$인 $h \in H$가 존재한다. 따라서 $aH = (bh)H = b(hH) = bH$이다.
4. $c \in (aH \cap bH)$인 c가 존재 하면 위의 3.에 의해 $cH = aH$이고 $cH = bH$이므로 성립한다.
5. $aH = bH$이기 위한 필요충분조건은 $H = a^{-1}bH$이므로 위의 2.에 의해 성립한다.
6. ah를 bh로 대응하는 사상은 aH에서 bH로의 전사함수이고 또한 소거법칙에 의해 단사함수이다. 따라서 $|aH| = |bH|$이다.
7. $aH = Ha$이기 위한 필요충분조건은 $(aH)a^{-1} = (Ha)a^{-1} = H(aa^{-1}) = H$이므로 성립한다.
8. aH가 부분군이면 $e \in aH$이므로 $aH \cap eH \neq \varnothing$이다. 따라서 위의 4.에 의해서 $aH = eH = H$이다. 따라서 위의 2.에 의해서 $a \in H$이다. 역으로 $a \in H$이면 위의 2.에 의해서 $aH = H$이다.

대부분의 수학의 정리가 수학적인 기호로 쓰여 있는데 이러한 정리가 의미하는 것을 쉽게 이해하기 위해서는 일상적인 용어로 해석이 필요하다. 위의 보조정리에서 성질1은 단순히 a를 포함하는 H의 좌 잉여류는 실제로 a를 포함한다는 의미이다. 성질2는 a를 포함하는 H의 좌 잉여류 aH가 원소 a를 흡수하기 위해서는 a가 H의 원소인 경우 뿐 이다. 성질3에서는 H의 좌 잉여류는 좌 잉여류의 임의의 원소에 의해 유일하게 결정됨을 보여주고 있다. 따라서 그 잉여류의 임의의 원소로 주어진 잉여류를 표현할 수 있다. 성질4는 좌 잉여류의 매우 중요한 성질 중 하나이다. 두 개의 좌 잉여류는 같은 집합이거나 아니면 서로소이다. 성질5는 좌 잉여류의 상등에 대한 문제를 H에 대한 문제로 변환하는 방법을 알려주고 있다. 성질6은 모든 좌 잉여류의 원소의 개수가 동일함을 의미한다. 성질7은 성질5와 비슷한데 좌 잉여류와 우 잉여류의 상등에 대한 문제는 부분군에 대한 문제로 변환하는 방법을 제시한다. 보조정리의 마지막 성질에서는 H의 좌 잉여류 중에서 부분군이 되는 좌 잉여류는 H가 유일하다는 것이다.

성질1, 성질4, 성질6에 의해서 군 G의 부분군 H에 대해 H의 좌 잉여류 전체집합 $\{aH \mid a \in G\}$은 군 G의 분할을 이루고 이 분할의 원소들은 크기가 모두 같다. 실제로 군 G의 임의의 원소 a, b 에 대해 관계 $\sim$을 $a \sim b \Leftrightarrow aH = bH$로 정의하면 관계 $\sim$ 동치관계이고 좌 잉여류는 이 동치관계에 대한 동치류이다. 실제로 부분군 H는 잉여류들의 집합이 주어진 군을 매우 바람직한 형태로 분할하도록 선택한다. 예를 들면 $G = \mathbb{R}^3$가 덧셈군이고 H가 원점을 지나는 평면이면 H의 좌 잉여류 $(a, b, c) + H$는 점 (a, b, c)를 지나고 H에 평행인 평면이다. 따라서 H의 좌 잉여류 전체집합은 H에 평행인 평면들로 이루어진 $3-$차원 공간의 분할이다. 또한 $G = GL(2, \mathbb{R})$이고 $H = SL(2, \mathbb{R})$인 경우에 G의 임의의 행렬 A에 대해 잉여류 AH는 행렬 A와 같은 행렬식을 갖는 2×2행렬 전체집합이다.

따라서

$$\begin{pmatrix} 2 & 0 \\ 0 & 1 \end{pmatrix} H = \text{행렬식이 } 2 \text{ 인 } 2 \times 2 \text{행렬 전체집합이고}$$

$$\begin{pmatrix} 1 & 2 \\ 2 & 1 \end{pmatrix} H = \text{행렬식이 } -3 \text{ 인 } 2 \times 2 \text{행렬 전체집합이다.}$$

성질4.는 다음 예에서 알 수 있듯이 부분군의 서로 다른 잉여류를 계산하는데 적용할 수 있다.

예 4 $G = U(32) = \{1, 3, 5, 7, 9, 11, 13, 15, 17, 19, 21, 23, 25, 27, 29, 31\}$에서 $H = \{1, 15\}$의 잉여류를 모두 구해 보자. H의 원소가 아닌 숫자 3을 선택하고 좌 잉여류 $3H$를 구하면 $3H = \{3, 13\}$이다. 이제 두 개의 좌 잉여류 H와 $3H$ 모두의 원소가 아닌 숫자 5을 선택하고 좌 잉여류 $5H$를 구하면 $5H = \{5, 11\}$이다. 이와 같은 방법으로 $U(32)$원소가 모두 없어질 때 까지 숫자를 선택하고 좌 잉여류를 만들어 가면 H의 서로 다른 모든 좌 잉여류가 계산된다.

라그랑쥐 정리와 적용

이제 군 이론의 역사보다 더 오래된 200년 이상의 역사를 가지고 있는 정리를 증명한다. 물론 이 정리의 원본은 군의 이론으로 적힌 것은 아니다.

정리 6.1 라그랑쥐 정리(Lagrange 's Theorem : $|H|$는 $|G|$의 약수이다.)

유한군 G의 임의의 부분군 H에 대해 $|H|$는 $|G|$의 약수이다. 뿐만 아니라 G에서 H의 서로 다른 좌 잉여류(우 잉여류)의 개수는 $|G|/|H|$이다.

증명 G에서 H의 서로 다른 모든 좌 잉여류를 $a_1H,\ a_2H,\ \cdots,\ a_rH$라 하면 G의 임의의 원소 a에 대해 $aH = a_iH$인 i가 존재한다. 또한 보조정리 성질1.에 의해 $a \in aH$이므로 $a \in a_iH$이다. 따라서 $G = a_1H \cup a_2H \cup \cdots \cup a_rH$.

보조정리 성질4.에 의해서 위의 합집합은 서로소인 집합들의 합집합이므로 다음이 성립한다.

$$|G| = |a_1H| + |a_2H| + \cdots + |a_rH|$$

모든 i에 대해 $|a_iH| = |H|$이므로 $|G| = r|H|$이다.

라그랑쥐 정리는 부분군을 계산하는 하나의 척도가 된다. 즉 라그랑쥐 정리는 어떤 군의 부분군의 위수에 대한 정보를 제공한다. 따라서 위수가 12인 군의 부분군의 위수는 반듯이 1, 2, 3, 4, 6, 12중 하나이다. 또한 라그랑쥐 정리의 역은 성립하지 않음을 기억해야한다. 반례로 위수가 12인 군 중에는 위수가 6인 부분군을 갖지 않을 수도 있다.(예5)

군에서 부분군의 서로 다른 모든 좌 잉여류(우 잉여류)의 개수를 G에서 H의 지표라 하고 $|G:H|$로 표시한다. 라그랑쥐 정리에 의해서 군에서 부분군의 서로 다른 모든 좌 잉여류(우 잉여류)의 개수에 대한 다음 정리들이 성립한다.

따름 정리 1. $|G:H| = |G|/|H|$

유한군 G의 임의의 부분군 H에 대해 $|G:H| = |G|/|H|$이다.

따름 정리 2. $|a|$는 $|G|$의 약수이다.

유한군의 임의의 원소의 위수는 그 군의 위수의 약수이다.

증명 원소의 위수는 그 원소에 의해 생성되는 순환부분군의 위수와 같다.

따름 정리 3. 소수 위수인 군은 순환군 이다.(Groups of Prime Order Are Cyclic)

소수 위수인 군은 순환군 이다.

증명 위수가 소수인 군 G에는 $a \neq e$ 인 원소 a가 존재한다. $|\langle a \rangle|$는 $|G|$의 약수이고 $|\langle a \rangle| \neq 1$ 이므로 $|\langle a \rangle| = |G|$이다. 따라서 $G = \langle a \rangle$ 이다.

따름 정리 4. $a^{|G|} = e$

유한군 G의 임의의 원소 a에 대해 $a^{|G|} = e$ 이다.

증명 따름정리2에 의해 $|G| = |a|k$인 양의정수 k가 존재한다.
따라서 $a^{|G|} = a^{|a|k} = e^k = e$ 이다.

따름 정리 5. 페르마의 소 정리(Fermat's Little Theorem)

임의의 정수 a와 임의의 소수 p에 대해 $a^p \bmod p = a \bmod p$ 이다.

증명 나눗셈 알고리즘에 의해 $a = pm + r,\ 0 \leq r < p$인 정수 m과 r이 존재한다. 따라서 $a \bmod p = r$ 이므로 $r^p \bmod p = r$을 증명하면 된다. $r = 0$ 이면 당연히 성립한다. $r \neq 0$ 이면 $r \in U(p)$이다. $U(p) = \{1, 2, \cdots, p-1\}$이 법을 p로 하는 곱셈에 대한 군이므로 따름정리4에 의해 $r^{p-1} \bmod p = 1$ 이고 따라서 $r^p \bmod p = r$ 이다.

페르마의 소 정리는 주어진 숫자가 소수인가를 컴퓨터를 이용하여 판정할 때 사용된다.
예를 들어 $p = 2^{257} - 1$이 소수라면 페르마의 소 정리에 의해 $10^p \bmod p = 10 \bmod p$ 이고 따라서 $10^{p+1} \bmod p = 100 \bmod p$ 이다. 다중정밀도와 간단한 루프를 통해서 컴퓨터는 아주 짧은 시간에 $10^{p+1} \bmod p = 10^{2^{257}} \bmod p$ 을 계산하고 그 결과가 100이 아니므로 p는 소수가 아니다.

예 5 라그랑쥐 정리의 역은 성립하지 않는다.

(The Converse of Lagrange's Theorem is False)

위수 12인 군 A_4는 위수 6인 부분군을 갖지 않는다. 만약 위수 6인 부분군 H이 존재 한다고 가정하면 A_4에서 H의 지표는 2이다. 또한 위수 3인 A_4의 원소는 표5.1에서 α_5부터 α_{12}까지 8개가 존재하고 이들 중 하나를 α라면 A_4에서 H의 지표는 2이므로 H, αH, $\alpha^2 H$중에서 서로 다른 잉여류의 개수는 최대 2개 이므로 다음 세 경우중 하나는 성립한다.

1) $H=\alpha H$이면 $\alpha \in H$이다.

2) $H=\alpha^2 H$이면 $\alpha^2 \in H$이고 $\alpha^{-1} \in H$이므로 $\alpha \in H$이다.

3) $\alpha H=\alpha^2 H$이면 $H=\alpha H$이 되어 $\alpha \in H$이다.

따라서 위수 3인 A_4의 원소는 모두 H의 원소가 되어 모순이다.

임의의 소수 $p>2$에 대해 위수가 $2p$인 군 $\mathbb{Z}_{2p}$와 D_p는 동형이 아니다. 이들과 동형이 아닌 위수가 $2p$인 또 다른 군의 존재성을 다음 정리에서 증명한다.

정리 6.2 위수 $2p$인 군의 분류(Classification of Groups of Order $2p$)

임의의 소수 $p>2$에 대해 위수가 $2p$인 군 G는 $\mathbb{Z}_{2p}$ 또는 D_p에 동형이다.

증명 군 G에는 위수 $2p$인 원소가 존재하지 않는다고 가정하고 D_p와 동형임을 증명하면 되겠다. 우선 군 G에는 위수 p인 원소가 존재한다. 만약 군 G에는 위수 p인 원소가 존재하지 않는다고 가정하면 라그랑쥐 정리에 의해 항등원이 아닌 G의 모든 원소의 위수는 2이다. 따라서 임의의 원소 a, b에 대해 $ab=(ab)^{-1}=b^{-1}a^{-1}=ba$이 되어 G는 가환군이 되고 항등원이 아닌 임의의 원소 $a \neq b$에 대해 $\{e, a, b, ab\}$은 연산에 대해 닫혀있으므로 위수 4인 G의 부분군이 되어 모순이다. 따라서 군 G에는 위수 p인 원소 a가 존재한다.

임의의 $b \notin \langle a \rangle$에 대해 $|b|=2$임을 증명하자. $|G:\langle a \rangle|=2$이고 $b \notin \langle a \rangle$이므로 $G=\langle a \rangle \cup b\langle a \rangle$이다. 따라서 $b^2\langle a \rangle=\langle a \rangle$ 또는 $b^2\langle a \rangle=b\langle a \rangle$이다.

$b^2\langle a \rangle=b\langle a \rangle$이면 $b\langle a \rangle=\langle a \rangle$이 되어 모순이다. 따라서 $b^2\langle a \rangle=\langle a \rangle$이고 $b^2 \in \langle a \rangle$이다. $\langle a \rangle$의 위수가 소수 p이므로 $|b^2|=1$ 또는 $|b^2|=p$이다. 그러나

$|b^2| = p$ 이면 $|b| = 2p$가 되어 모순이므로 $|b| = p$가 되어 $\langle b^2 \rangle = \langle b \rangle$이다.

그런데 $b^2 \in \langle a \rangle$이므로 $b \in \langle a \rangle$가 되어 모순이다. 따라서 $|b^2| = 1$이다.

다음은 ab에 대하여 생각해보자. $ab \notin \langle a \rangle$이므로 위의 설명에서 $|ab| = 2$이다. 따라서 $ab = (ab)^{-1} = b^{-1}a^{-1} = ba^{-1}$이고 이 관계에 의해서 군 G의 연산표가 완성된다. (예를 들어 $a^3(ba^4) = a^2(ab)a^4 = a^2(ba^{-1})a^4 = a(ab)a^3$

$= a(ba^{-1})a^3 = (ab)a^2 = (ba^{-1})a^2 = ba$) 즉 위수 $2p$인 비 순환군의 연산표가 $ab = ba^{-1}$에 의해 유일하게 결정되므로 위수 $2p$인 모든 비 순환군은 서로 동형이고 따라서 D_p와 동형이다.

위의 정리를 이용하면 S_3 또한 D_3와 동형이다.

치환군에서 잉여류의 이용

라그랑쥐 정리와 그 따름정리들은 잉여류의 개념을 다양하게 설명한다. 여기서 우리는 치환군에서 잉여류를 계산한다.

정의 스태빌라이저(Stabilizer of a Point)

군 G를 집합 S의 치환들의 군이라 하자. 집합 S의 원소 i에 대해 군 G의 부분집합 $stab_G(i) = \{\phi \in G \mid \phi(i) = i\}$을 군 G에서 원소 i의 스태빌라이저라 한다.

군 G에서 원소 i의 스태빌라이저 $stab_G(i)$은 군 G의 부분군이다.

정의 궤도(Orbit of a Point)

군 G를 집합 S의 치환들의 군이라 하자. 집합 S의 원소 s에 대해 S의 부분집합 $\mathrm{orb}_G(s) = \{\phi(s) \mid \phi \in G\}$을 군 G에 대한 원소 s의 궤도라 한다. $\mathrm{orb}_G(s)$의 원소개수를 $|\mathrm{orb}_G(s)|$로 표시하자.

이 두 개념을 다음 예에서 확인하자.

예 6 $G = \{ (1), (132)(465)(78), (132)(465), (123)(456),$
$(123)(456)(78), (78) \}$

$$
\begin{aligned}
&\mathrm{orb}_G(1) = \{1, 3, 2\}, && stab_G(1) = (1), (78) \\
&\mathrm{orb}_G(2) = \{2, 1, 3\}, && stab_G(2) = (1), (78) \\
&\mathrm{orb}_G(4) = \{4, 6, 5\}, && stab_G(4) = (1), (78) \\
&\mathrm{orb}_G(7) = \{7, 8\}, && stab_G(8) = (1), (132)(465), (123)(456)
\end{aligned}
$$

위의 예에서 다음 정리를 설명하였다.

정리 6.3 궤도-스태빌라이저 정리(Orbit-Stabilizer Theorem)

임의의 집합 S 의 치환들의 유한군 G 와 S 의 임의의 원소 i 에 대하여 $|G| = |\mathrm{orb}_G(i)|\,|stab_G(i)|$ 이다.

증명 라그랑쥐 정리에 의해서 $|G|/|stab_G(i)|$는 G 에서 $stab_G(i)$의 서로 다른 좌 잉여류의 개수와 같으므로 $stab_G(i)$의 좌 잉여류의 전체집합에서 $\mathrm{orb}_G(i)$로의 전단사함수가 존재함을 증명하면 된다.

이를 위해 대응 T를 $T(\phi\ stab_G(i)) = \phi(i)$로 정의하자.

대응 T가 함수임을 보이기 위해 $\alpha\ stab_G(i) = \beta\ stab_G(i)$라면 $\alpha^{-1}\beta \in stab_G(i)$이므로 $\alpha^{-1}\beta(i) = i$ 이고 $\alpha(i) = \beta(i)$이다. 따라서 대응 T는 함수이고 위의 과정을 역으로 계산하면 단 사함수임을 알 수 있다. 이제 함수 T가 전사함수임을 보이면 되겠다. 임의의 $j \in \mathrm{orb}_G(i)$에 대해 궤도의 정의에 의해서 $\alpha(i) = j$ 인 $\alpha \in G$가 존재하고 $T(\alpha\ stab_G(i)) = \alpha(i) = j$이므로 T는 전사함수이다.

군에 대한 집합 S 원소의 궤도들이 S의 분할이 된다.

정육면체와 축구공의 회전 군

위수를 계산하는 정리로써 정리6.3과 라그랑쥐 정리(정리6.1)을 아무리 강조해도 지나치지 않다. 두 정리는 여러 종류의 집합의 원소의 개수를 구하는데 결정적인 역할을 한다. 정리6.3을 이용하여 정육면체와 축구공의 회전이동전체집합의 군의 위수를 구할 수 있다. 즉 정육면체 또는 축구공을 공간상에 두고 적당한 회전을 한 후 처음 놓여 있던 것과 같게 되는 서로 다른 회전이동의 개수를 구할 수 있다.

예 7 정육면체의 모든 회전이동들의 군을 G라 하고 정육면체의 각 면에 1 부터 6 까지 숫자를

표기하자. 정육면체의 모든 회전이동은 정육면체의 한 개의 면을 오직 한 개의 면으로 이동하고 서로 다른 회전이동은 각 면들의 서로 다른 치환이 되므로 G는 집합 $\{1, 2, 3, 4, 5, 6\}$에서 치환들의 군이다. 중심을 지나는 수평축과 수직축에 대한 회전이동은 숫자 1이 표시 된 면을 다른 면으로 이동하는 회전이동이므로 $|\mathrm{orb}_G(1)| = 6$이다. $stab_G(1)$은 숫자 1이 표시 된 면을 이동하지 않는 회전이동 전체집합이다. 이러한 이동은 숫자 1이 표시 된 면의 중심을 지나고 그 면과 수직인 직선에 대해 $0°, 90°, 180°, 270°$ 의 네 개의 회전이동이 전부 이다.
따라서 정리7.3에 의해 $|G| = |\mathrm{orb}_G(1)||stab_G(1)| = 6 \cdot 4 = 24$ 이다.

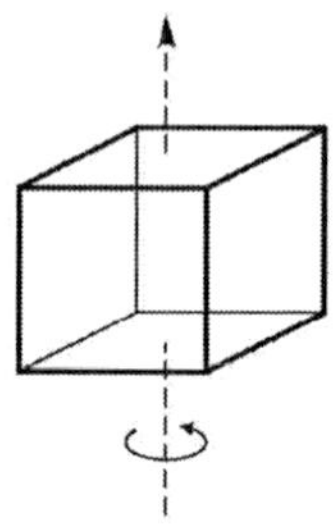

정육면체의 회전이동의 개수를 이용하면 정육면체의 회전이동들의 군의 구조를 쉽게 알 수 있다. 아래 정리에서 S_4는 4차 대칭군이다.

정리 6.4 정육면체의 회전이동군(The Rotation Group of a Cube)

정육면체의 회전이동들의 군은 S_4와 동형이다.

증명 정육면체의 회전이동들의 군과 S_4의 위수가 같으므로 정육면체의 회전이동들의 군이 S_4의 부분군과 동형임을 증명하면 된다. 정육면체의 회전이동들의 군에 의해 정육면체의 네 개의 대각선의 치환들의 군이 만들어진다. 그렇다고 서로 다른 회전이동에 서로 다른 대각선들의 치환이 대응된다는 것은 아니다. 따라서 대각선들의 24개의 모든 치환이 회전이동에 의해서 결정됨을 증명해야 한다. 네 개의 대각선에 순서대로 1, 2, 3, 4 라고 번호를 매기면 대각선들의 치환 $\alpha = (1234)$를 만드는 $90°$ 회전이동이 존재하고 그 회전축에 수직인 축에 대해 $90°$ 회전이동은 대각선들의 치환 $\beta = (1423)$을 만든다.

따라서 위의 두 개 축에 대한 회전이동들에 의해서 만들어 지는 치환들의 군은 8개의 원소를 갖는 부분군 $\{e, \alpha, \alpha^2, \alpha^3, \beta^2, \beta^2\alpha, \beta^2\alpha^2, \beta^2\alpha^3\}$과 위수가 3인 원소 $\alpha\beta$를 포함한다. 회전이동들의 군의 위수는 8과 3의 공배수이므로 회전이동들은 24개의 모든 치환을 만든다.

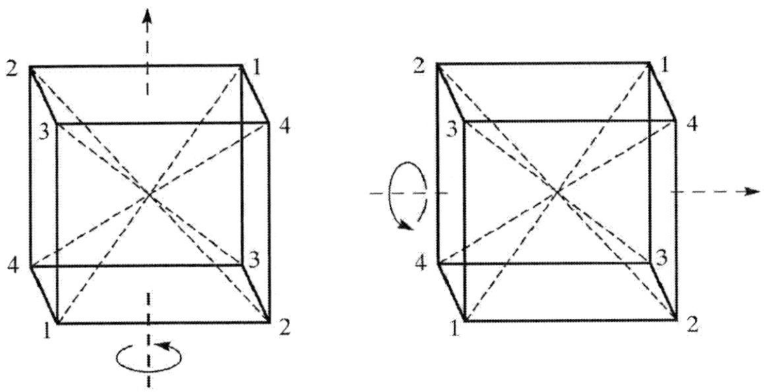

$\alpha = (1234)$　　　　$\beta = (1423)$

예 8 일반적인 축구공은 20 개의 정육각형과 12 개의 정오각형으로 이루어져있다. (기하학적 명칭은 깎은 정20면체(truncated icosahedron)이다.) 정리6.3을 이용하여 축구공의 회전대칭의 개수를 구하기 위해서는 20 개의 정육각형 또는 12 개의 정오각형을 집합 S라 하면 되는데 12 개의 정오각형을 집합 S라 하자. 정해진 하나의 정오각형은 적당한 회전이동에 의해 다른 11개의 정오각형으로 이동할 수 있으므로 모든 정오각형의 궤도는 S이다. 또한 정해진 하나의 정오각형을 이동하지 않는 회전이동이 다섯 개 이므로 정리6.3에 의해 $12 \cdot 5 = 60$ 개의 회전대칭이동이 존재한다. (축구공의 회전이동들의 군은 A_5 와 동형이다.)

연습문제

1. A_4 에서 $H = \{(1), (12)(34), (13)(24), (14)(23)\}$ 의 좌잉여류를 모두 구하여라.(표4.1 참고)

2. $\mathbb{Z}$ 에서 $H = \{0, \pm 3, \pm 6, \pm 9, \cdots\}$ 의 좌잉여류를 모두 구하여라.

3. 연습문제2의 H에 대해서 다음 H의 잉여류들이 동일한지의 여부를 판정하여라.
   a. $11 + H$, $17 + H$
   b. $-1 + H$, $5 + H$
   c. $7 + H$, $23 + H$

4. $U(30)$ 에서 $\{1, 11\}$의 좌잉여류를 모두 구하여라.

5. 위수가 30인 원소 a에 대해 $\langle a \rangle$에서 $\langle a^4 \rangle$의 좌잉여류의 개수를 구하고 좌잉여류를 모두 구하여라.

6. 0이 아닌 실수전체집합의 곱셈에 대한 군 $\mathbb{R}^*$의 부분군 H에 대해 $\mathbb{R}^+ \subseteq H \subseteq \mathbb{R}^*$ 이면 $H = \mathbb{R}^+$ 이거나 $H = \mathbb{R}^*$ 임을 증명하여라.

7. 위수가 60인 군 G의 부분군의 위수로 가능한 수를 모두 구하여라.

8. 소수 p, q에 대해 $|G| = pq$ 이면 G의 진부분군은 모두 순환군임을 증명하여라.

9. $5^{15} \bmod 7$, $7^{13} \bmod 11$ 을 각각 구하여라.

10. H가 (12)과 (234)을 포함하는 S_4의 부분군이면 $H = S_4$ 임을 증명하여라.

11. 원소의 개수가 홀수인 가환군 G의 모든 원소의 곱은 항등원과 같음을 증명하여라.

12. $|G|=15$ 인 군 G에 위수가 3인 부분군과 위수가 5인 부분군이 각각 한 개씩만 존재하면 G는 순환군임을 증명하여라. 소수 p, q에 대해 $|G|=pq$일 때 이 정리가 성립함을 증명하여라.

13. $|G|=33$ 인 군 G의 원소의 위수가 될 수 있는 수를 모두 구하여라. 군 G에는 위수가 3 인 원소가 존재함을 증명하여라.

14. 위수가 55인 군 중에 위수가 11인 원소를 20개 만 갖는 군이 존재하는가를 결정하여라.

15. 유한군 G의 부분군 $H \subseteq K \subseteq G$에 대해 $|G:H|=|G:K||K:H|$임을 증명하여라.

16. 집합 S의 치환군 G에 대해 S의 원소의 궤도 전체집합이 S의 분할임을 증명하여라.

17. $G=\{(1), (12)(34), (1234)(56), (13)(24), (1432)(56), (56)(13), (14)(23), (24)(56)\}$에 대해 다음을 구하여라.

a. 1 의 스태빌라이저와 1 의 궤도

b. 3 의 스태빌라이저와 3 의 궤도

c. 5 의 스태빌라이저와 5 의 궤도

18. 정리6.4의 증명에서 8 개 원소를 갖는 집합이 군임을 증명하여라.

19. 홀수 위수를 갖는 군 G의 임의의 원소 a에 대해 방정식 $x^2=a$은 유일한 근을 가짐을 증명하여라.

20. $G=GL(2, \mathbb{R})$, $H=SL(2, \mathbb{R})$, $A \in G$에 대해 $\det A=2$이면 좌 잉여류 AH는 행렬식이 2 인 G의 2 차 정방행렬 전체집합임을 증명하여라.

21. 군 G를 정육면체의 회전이동 전체집합의 군이라 하자. 이정육면체의 각 면에 1 부터 6 까지 숫자가 쓰여 있고, G의 부분군 H는 1 을 1 로 대응하는 G의 원소들 전체집합이다. 회전이동 σ가 2 의 면을 1 의 면으로 사상할 때 우 잉여류 $H\sigma$을 기하학적으로 구하여라.

22. 군 $G = GL(2, \mathbb{R})$은 행렬식이 0 이 아닌 실수계수 이차정방행렬 전체집합의 곱셈에 대한 군이고 부분군 H는 행렬식이 ± 1 인 행렬 전체집합이다. G의 임의의 원소 a, b가 $aH = bH$일 때 $\det(a)$와 $\det(b)$ 의 관계식을 구하여라. 그 역이 성립하는지를 판정하여라.

23. 군 G는 원소개수가 100 이하인 유한군이다. 위수가 각각 10, 25 인 G의 부분군이 존재할 때 G의 위수를 구하여라.

제 7 장

외직적 (External Direct Products)

정의와 예

이번 장에서는 이미 알고 군들을 이용하여 거대한 군을 구성하는 방법을 연구한다. 마치 정수를 소인수분해하는 것처럼 군을 더 작은 군들의 곱으로 표현할 것이다. 이러한 방법들은 모든 유한가환군을 분류하는데 이용된다.

정의 외직적(External Direct Product)

유한개 군 $G_1, G_2, \cdots, G_n$ 의 외직적의 i 번째 좌표가 G_i 의 원소인 n 차 순서쌍의 전체집합이고 연산이 좌표별로 주어지며 $G_1 \oplus G_2 \oplus \cdots \oplus G_n$ 로 표현한다.

외직적은 집합적으로 $G_1 \oplus G_2 \oplus \cdots \oplus G_n = \{(g_1, g_2, \cdots, g_n) \mid g_i \in G_i\}$ 이고 연산은 다음과 같다.

$$(g_1, g_2, \cdots, g_n)(g'_1, g'_2, \cdots, g'_n) = (g_1 g'_1, g_2 g'_2, \cdots, g_n g'_n)$$

위의 연산에서 $g_i g'_i$ 은 G_i 에서 곱이고 이 연산에 의해 외직적은 군이 된다.(연습문제1)

외직적은 선형대수나 물리학에서 2 차원 벡터공간 $\mathbb{R}^2 = \mathbb{R} \oplus \mathbb{R}$ 와 3 차원 벡터공간 $\mathbb{R}^3 = \mathbb{R} \oplus \mathbb{R} \oplus \mathbb{R}$ 에서 공부했다. 이들 공간에서 덧셈은 좌표별로 계산했으며 이 덧셈에 대해 군이 된다. 물론 스칼라곱의 연산이 있지만 여기서는 군의 구조가 연구대상 이므로 스칼라곱은 고려 대상에서 제외한다.

예 1 $U(8)\oplus U(10)=\{\ (1,1),(1,3),(1,7),(1,9),(3,1),(3,3),(3,7),(3,9)$
$,(5,1),(5,3),(5,7),(5,9),(7,1),(7,3),(7,7),(7,9)\}$

첫 번째 좌표의 연산은 법을 8 로 하는 곱셈이고 마찬가지로 두 번째 좌표의 연산은 법을 10 로 하는 곱셈연산이므로 $(3,7)(7,9)=(5,3)$ 이다.

예 2 $\mathbb{Z}_2\oplus\mathbb{Z}_3=\{\ (0,0),(0,1),(0,2),(1,0),(1,1),(1,2)\}$

$\mathbb{Z}_2\oplus\mathbb{Z}_3$은 위수가 6인 가환군이다. 또한 $(1,1)=(1,1)$, $2(1,1)=(0,2)$, $3(1,1)=(1,0)$, $4(1,1)=(0,1)$, $5(1,1)=(1,2)$, $6(1,1)=(0,0)$ 이므로 $\mathbb{Z}_2\oplus\mathbb{Z}_3$은 $(1,1)$에 의해서 생성되는 순환군이다. 따라서 $\mathbb{Z}_2\oplus\mathbb{Z}_3$과 $\mathbb{Z}_6$은 동형이다.

정리6.2에서 홀수인 소수 p에 대해 위수가 $2p$인 모든 군을 구했고 $\mathbb{Z}_2\oplus\mathbb{Z}_2$를 정의 했으므로 이를 이용하여 위수가 4 인 군을 다음 예에서 모두 구한다.

예 3 위수가 4 인 군은 $\mathbb{Z}_4$ 또는 $\mathbb{Z}_2\oplus\mathbb{Z}_2$와 동형이다. 위수가 4 인 군 $G=\{e,\ a,\ b,\ ab\}$이 순환군이 아니라면 라그랑쥐정리에 의해 $|a|=|b|=|ab|=2$이다. 이때 대응 $e\to(0,\ 0),a\to(1,\ 0),b\to(0,\ 1),ab\to(1,\ 1)$이 G에서 $\mathbb{Z}_2\oplus\mathbb{Z}_2$로의 동형사상이 된다.

예2와 예3에서 알 수 있듯이 $\mathbb{Z}_m\oplus\mathbb{Z}_n$과 $\mathbb{Z}_{mn}$은 동형인 경우도 있고 그렇지 않는 경우도 있다. 정리7.2에서 동형이 되기 위한 필요충분조건을 구한다.

●●● 외직적의 성질

다음 정리는 직적의 한 원소의 위수를 그 원소를 구성하는 각각의 원소들의 위수로 표현하는 방법이다.

정리 7.1 직적에서 원소의 위수(Order of an Element in a Direct Product)

유한군들의 유한 직적의 원소의 위수는 각 성분 원소 위수의 최소공배수이다.
즉 $|(g_1,\ g_2,\ \cdots,\ g_n)|=lcm(|g_1|,|g_2|,\ \cdots,|g_n|)$.

증명 G_i 의 항등원을 e_i , $s = lcm(|g_1|, |g_2|, \cdots, |g_n|)$, $t = |(g_1, g_2, \cdots, g_n)|$라면 s 는 $|g_i|$ 의 배수이므로 $(g_1, g_2, \cdots, g_n)^s = (g_1^s, g_2^s, \cdots, g_n^s) = (e_1, e_2, \cdots, e_n)$이다.

따라서 $s \geqq t$ 이다. 한편 $(g_1^t, g_2^t, \cdots, g_n^t) = (g_1, g_2, \cdots, g_n)^t = (e_1, e_2, \cdots, e_n)$이므로 t 는 $|g_1|, |g_2|, \cdots, |g_n|$의 공배수이다. 따라서 $s \leqq t$ 이다.

정리7.1을 이용하면 다음 예를 계산할 수 있다.

예 4 $\mathbb{Z}_{25} \oplus \mathbb{Z}_5$에서 위수가 5인 원소 (a, b)는 정리7.1에 의해 $5 = |(a, b)| = lcm(|a|, |b|)$이다. 따라서 $|a| = 5$이고 $|b| = 1, 5$ 이거나 $|b| = 5$이고 $|a| = 1, 5$이다.

1) $|a| = 5$이고 $|b| = 1, 5$이면 a 는 5, 10, 15, 20중 하나이고 b 는 0, 1, 2, 3, 4중 하나다. 따라서 이 경우에 위수가 5인 원소 (a, b) 의 개수는 20개다.

2) $|a| = 1$이고 $|b| = 5$인 경우 위수가 5인 원소 (a, b)는 (0,1), (0,2), (0,3), (0,4)로 개수는 4개다. 따라서 1)과 2)에서 $\mathbb{Z}_{25} \oplus \mathbb{Z}_5$의 위수가 5인 원소 (a, b) 의 개수는 24개다.

예 5 $\mathbb{Z}_{100} \oplus \mathbb{Z}_{25}$에서 위수가 10인 순환부분군의 개수를 구하기 위해 위수가 10인 원소 (a, b) 의 개수를 먼저 구해보자.

1) $|a| = 10$이고 $|b| = 1, 5$인 경우. $\mathbb{Z}_{100}$에서 위수 10인 순환부분군은 유일하고 또한 위수 10인 순환군의 생성원은 $\phi(10) = 4$(정리3.4)이므로 a 는 이 네 개 중에서 하나이다. 같은 방법으로 b 는 0, 5, 10, 15, 20중 하나이고 따라서 이 경우 (a, b) 의 개수는 20개다.

2) $|a| = 2$이고 $|b| = 5$인 경우. 짝수 위수의 모든 순환군에는 위수가 2인 부분군이 유일하게 존재하므로(정리3.4) a 는 한 가지 방법으로만 선택 가능하고 b 값의 선택은 네 가지가 있으므로 (a, b) 의 개수는 4개다.

따라서 $\mathbb{Z}_{100} \oplus \mathbb{Z}_{25}$에는 위수 10인 원소의 개수가 24개다. 위수 10인 순환부분군에는 위수 10인 원소가 네 개씩 있으므로 위수 10인 순환부분군의 개수는 $24/4 = 6$이다. (이 방법은 양떼들의 마리수를 셈하는데 그 다리수를 셈하여 4로 나눔으로써 양떼들의 마리수를 셈하는것과 유사하다).

직적의 기호는 직적의 부분군의 계산을 용이하게 한다.

예 6 m 의 약수 r 과 n 의 약수 s 에 대해 $\mathbb{Z}_m \oplus \mathbb{Z}_n$에는 $\mathbb{Z}_r \oplus \mathbb{Z}_s$과 동형인 부분군이 존재한다. $\mathbb{Z}_{30} \oplus \mathbb{Z}_{12}$에서 $\mathbb{Z}_6 \oplus \mathbb{Z}_4$에 동형인 부분군을 구하기 위해서는 $\mathbb{Z}_{30}$에서 위수가 6 인 순환부분군 $\langle 5 \rangle$을 택하고 같은 방법으로 $\mathbb{Z}_{12}$에서 위수가 4인 순환부분군 $\langle 3 \rangle$을 택하면 $\langle 5 \rangle \oplus \langle 3 \rangle$이 $\mathbb{Z}_6 \oplus \mathbb{Z}_4$과 동형인 $\mathbb{Z}_{30} \oplus \mathbb{Z}_{12}$의 부분군이다.

다음 정리와 그 따름정리는 순환군의 직적이 순환군이 되기 위한 필요충분조건을 제시한다.

정리 7.2 $G \oplus H$의 순환군 판별법(Criterion for $G \oplus H$ to be Cyclic)

유한 순환군 G, H에 대해 $G \oplus H$이 순환군이 되기 위한 필요충분조건은 $\gcd(|G|, |H|) = 1$이다.

증명 $|G| = m$, $|H| = n$ 라면 $G \oplus H$이다.

$G \oplus H$이 (g, h)을 생성원으로 하는 순환군이고 $\gcd(m, n) = d$ 라면

$(g, h)^{mn/d} = ((g^m)^{n/d}, (h^n)^{m/d}) = (e, e)$ 이므로 $mn = |(g, h)| \leq mn/d$ 이다.

따라서 $d = 1$ 이다.

역으로 $G = \langle g \rangle$, $H = \langle h \rangle$ 이고 $\gcd(m, n) = 1$ 라면

$|(g, h)| = lcm(m, n) = mn = |G \oplus H|$ 이므로 (g, h)은 $G \oplus H$의 생성원이다.

정리7.2와 수학적 귀납법을 이용하면 다음 따름정리와 같이 확장할 수 있다.

따름 정리 1. $G_1 \oplus G_2 \oplus \cdots \oplus G_n$ 의 순환군 판별법
(Criterion for $G_1 \oplus G_2 \oplus \cdots \oplus G_n$ to be Cyclic)

유한개의 유한 순환군의 외직적 $G_1 \oplus G_2 \oplus \cdots \oplus G_n$ 이 순환군이기 위한 필요충분조건은 서로 다른 모든 i, j에 대해 $\gcd(|G_i|, |G_j|) = 1$이다.

따름 정리 2. $\mathbb{Z}_{n_1 n_2 \cdots n_k} \approx \mathbb{Z}_{n_1} \oplus \mathbb{Z}_{n_2} \oplus \cdots \oplus \mathbb{Z}_{n_k}$ 판별법

$\mathbb{Z}_{n_1 n_2 \cdots n_k} \approx \mathbb{Z}_{n_1} \oplus \mathbb{Z}_{n_2} \oplus \cdots \oplus \mathbb{Z}_{n_k}$이기 위한 필요충분조건은 서로 다른 모든 i, j에 대해

$\gcd(n_i, n_j) = 1$이다.

위의 정리를 반복해서 이용하면 주어진 군을 동형인 서로 다른 다양한 형태로 표현이 가능하다. 예를 들면 다음과 같다.

$$\mathbb{Z}_2 \oplus \mathbb{Z}_2 \oplus \mathbb{Z}_3 \oplus \mathbb{Z}_5 \approx \mathbb{Z}_2 \oplus \mathbb{Z}_6 \oplus \mathbb{Z}_5 \approx \mathbb{Z}_2 \oplus \mathbb{Z}_{30} .$$

같은 방법으로,

$$\begin{aligned}\mathbb{Z}_2 \oplus \mathbb{Z}_2 \oplus \mathbb{Z}_3 \oplus \mathbb{Z}_5 &\approx \mathbb{Z}_2 \oplus \mathbb{Z}_6 \oplus \mathbb{Z}_5 \\ &\approx \mathbb{Z}_2 \oplus \mathbb{Z}_3 \oplus \mathbb{Z}_2 \oplus \mathbb{Z}_5 \approx \mathbb{Z}_6 \oplus \mathbb{Z}_{10} .\end{aligned}$$

따라서 $\mathbb{Z}_2 \oplus \mathbb{Z}_{30} \approx \mathbb{Z}_6 \oplus \mathbb{Z}_{10}$이다. 그러나 $\mathbb{Z}_2 \oplus \mathbb{Z}_{30} \not\approx \mathbb{Z}_{60}$이다.

●●● 외직적에 의한 n을 법으로 하는 단원들의 군

위에서 연구한 군의 직적에 대한 이론을 $U-$군에 적용해 보면 그 성질을 확연히 알 수 있다. 이를 위해 기호에 대한 정의를 먼저 하자. n의 약수 k에 대해 집합 $U_k(n)$를 다음과 같이 정의한다.

$$U_k(n) = \{ x \in U(n) \mid x \bmod k = 1 \}$$

예를 들어 $U_7(105) = \{1, 8, 22, 29, 43, 64, 71, 92\}$이다. 또한 $U_k(n)$은 $U(n)$의 부분군이다.

정리 7.3 $U(n)$의 외직적 표현($U(n)$ as an External Direct Product)

서로소인 s, t에 대해 $U(st)$는 $U(s)$와 $U(t)$의 외직적과 동형이다.
즉 $U(st) \approx U(s) \oplus U(t)$. 또한 $U_s(st)$는 $U(t)$와 동형이고 $U_t(st)$는 $U(s)$에 동형이다.

증명 대응 $x \to (x \bmod s, x \bmod t)$은 $U(st)$에서 $U(s) \oplus U(t)$로의 동형사상이고 대응 $x \to x \bmod t$은 $U_s(st)$에서 $U(t)$로의 동형사상이고 대응 $x \to x \bmod s$은 $U_t(st)$에서 $U(s)$로의 동형사상이다.

정리7.3에 의해 다음 따름정리가 성립한다.

따름 정리 서로 다른 모든 i, j에 대해 $\gcd(n_i, n_j)=1$이면 다음이 성립한다.

$$U(n_1 n_2 \cdots n_k) \approx U(n_1) \oplus U(n_2) \oplus \cdots \oplus U(n_k)$$

위의 따름정리를 $U(105)$에 적용하면 다음과 같다.

$$\begin{aligned} U(105) &\approx U(7) \oplus U(15) \\ U(105) &\approx U(21) \oplus U(5) \\ U(105) &\approx U(3) \oplus U(5) \oplus U(7). \end{aligned}$$

또한

$$\begin{aligned} &U(7) \approx U_{15}(105) = \{1, 16, 31, 46, 61, 76\} \\ &U(15) \approx U_7(105) = \{1, 8, 22, 29, 43, 64, 71, 92\} \\ &U(21) \approx U_5(105) = \{1, 11, 16, 26, 31, 41, 46, 61, 71, 76, 86, 101\} \\ &U(5) \approx U_{21}(105) = \{1, 22, 43, 64\} \\ &U(3) \approx U_{35}(105) = \{1, 71\}. \end{aligned}$$

모든 군 중에서 순환군 $\mathbb{Z}_n$은 가장 간단한 구조이고 계산하기 쉬운 군이다. 다음으로 $\mathbb{Z}_n$ 형태의 군들의 직적이 있는데 이들은 $\mathbb{Z}_n$ 보다는 약간 더 복잡한 구조이고 계산이 조금 더 복잡하다. 이런 이유로 대수학자들은 유한가환군을 직적으로 표현하려고 힘을 기울인 결과 모든 유한가환군을 직적으로 표현할 수 있게 되었다. 이런 점을 염두에 두고 $U-$군에 대한 이론을 다시 점검해 보도록 한다. 정리7.3의 따름정리와 1801년 가우스에 의해 처음으로 증명된 다음 정리에 의해 임의의 $U-$군은 순환군들의 외직적으로 표현할 수 있다.

$$U(2) \approx \{0\}, \qquad U(4) \approx \mathbb{Z}_2, \qquad U(2^n) \approx \mathbb{Z}_2 \oplus \mathbb{Z}_{2^{n-2}} \quad (n \geqq 3),$$

이고

$$U(p^n) \approx \mathbb{Z}_{p^n - p^{n-1}} \quad (p : \text{홀수소수}).$$

예를 들어,

$$\begin{aligned} U(105) &\approx U(3 \cdot 5 \cdot 7) \approx U(3) \oplus U(5) \oplus U(7) \\ &\approx \mathbb{Z}_2 \oplus \mathbb{Z}_4 \oplus \mathbb{Z}_6 \end{aligned}$$

이고

$$\begin{aligned} U(720) &\approx U(16 \cdot 9 \cdot 5) \approx U(16) \oplus U(9) \oplus U(5) \\ &\approx \mathbb{Z}_2 \oplus \mathbb{Z}_4 \oplus \mathbb{Z}_6 \oplus \mathbb{Z}_4. \end{aligned}$$

군을 이렇게 직적으로 표현하여 얻을 수 있는 잇점에 대해 알아보자. 그 중 하나는 $U(720)$의 원소의 위수로 가능한 수는 1, 2, 3, 4, 6, 12 뿐이라는 것을 직적의 표현을 보기만 해도 알 수 있다.

왜냐하면 $\mathbb{Z}_2 \oplus \mathbb{Z}_4 \oplus \mathbb{Z}_6 \oplus \mathbb{Z}_4$ 의 원소는 (a, b, c, d) 이고 $|a| = 1$ 또는 2, $|b| = 1, 2$ 또는 4, $|c| = 1, 2, 3$ 또는 6, $|d| = 1, 2$ 또는 4,

$|(a, b, c, d)| = lcm(|a|, |b|, |c|, |d|)$ 이기 때문이다. 또 다른 하나는 $U(720)$ 에서 위수가 12 인 원소의 개수를 쉽게 계산할 수 있다. $U(720)$ 이 $\mathbb{Z}_2 \oplus \mathbb{Z}_4 \oplus \mathbb{Z}_6 \oplus \mathbb{Z}_4$ 와 동형이므로 $\mathbb{Z}_2 \oplus \mathbb{Z}_4 \oplus \mathbb{Z}_6 \oplus \mathbb{Z}_4$ 에서 위수가 12 인 원소의 개수를 구하면 되기 때문이다. 정리8.1에 의해 원소 (a, b, c, d) 의 위수가 12 이기 위한 필요충분조건은 $lcm(|a|, |b|, |c|, |d|) = 12$ 이고 $|a| = 1$ 또는 2 이므로 원소 a 는 최소공배수 값에 영향을 주지 않는다. 따라서 $lcm(|b|, |c|, |d|) = 12$ 인 경우만 계산하면 된다. 그 첫 번째 경우는 임의의 d 에 대해 $|b| = 4$, $|c| = 3$ 또는 6 일 때 (b, c, d) 는 $2 \cdot 4 \cdot 4 = 32$ 개가 있다. 그 외의 $lcm(|b|, |c|, |d|) = 12$ 가 되는 다른 경우는 $|d| = 4$, $|c| = 3$ 또는 6, $|b| = 1$ 또는 2 인 경우 인데 ($|b| = 4$ 인 경우는 이미 계산했다.) 이 경우 (b, c, d) 는 또 다시 $2 \cdot 4 \cdot 2 = 16$ 개가 있다. 따라서 a 가 $\mathbb{Z}_2$ 의 원소임을 고려하면 위수가 12 인 원소의 개수는 $2(32 + 16) = 96$ 이다.

이러한 계산에서 우리는 훨씬 더 많은 정보를 알 수 있다. $Aut(\mathbb{Z}_{720})$ 은 $U(720)$ 과 동형이므로 위수가 12 인 $\mathbb{Z}_{720}$ 의 자기동형사상의 개수 또한 96 이다. 이런 정보를 $U(720)$ 이나 또는 훨씬 더 복잡한 $\mathbb{Z}_{720}$ 에서 직접 계산하다는 것을 상상해 보면 위의 계산 과정은 유한가환군의 순환군들의 직적 표현은 매우 아름답다고 느껴질 것이다. 또한 $U(n)$ 과 $Aut(\mathbb{Z}_n)$ 에 대한 정리의 가치를 알 수 있고 정리들은 계산이 훨씬 간편하게 하는 것들이다. 의심이 든다면 정리를 사용하지 않고 단지 정의에 의해서만 $Aut(\mathbb{Z}_{720})$ 의 위수가 12 인 자기동형사상 96개를 직접 구해보기 바란다.

●●● 타 분야로의 응용(Applications)

마지막으로 이제까지 연구한 정리의 응용을 소개하자. 암호관련 분야로- 암호문을 전송하고 복호화하는 분야이다.

■ 데이터 보안(Data Seurity)

컴퓨터는 두 개의 전압을 바탕으로 작동하므로 이진수 문자열이라 불리는 0 과 1 로 이루어진 문자열로써 정보를 표현하는 것은 매우 자연스러운 것이다. 또한 길이가 n 인 이진수 문자열을 괄호와 콤마가 생략된 $\mathbb{Z}_2 \oplus \mathbb{Z}_2 \oplus \cdots \oplus \mathbb{Z}_2$ (n개) 의 원소로 간주하는 것도 매우 자연스런 것이다. 따라서 이진수 문자열 11000110은 $\mathbb{Z}_2 \oplus \mathbb{Z}_2 \oplus \mathbb{Z}_2 \oplus \mathbb{Z}_2 \oplus \mathbb{Z}_2 \oplus \mathbb{Z}_2 \oplus \mathbb{Z}_2 \oplus \mathbb{Z}_2$의 원소 $(1, 1, 0, 0, 0, 1, 1, 0)$로 간주한다. 같은 방법으로 이진수 문자열 $a_1a_2 \cdots a_n$과 $b_1b_2 \cdots b_n$의 덧셈은 $\mathbb{Z}_2 \oplus \mathbb{Z}_2 \oplus \cdots \oplus \mathbb{Z}_2$ (n개)에서 덧셈과 똑 같이 법을 2로 하는 좌표별 덧셈이다. 예를 들어

$$11000111 + 01110110 = 10110001$$

이고

$$10011100 + 10011100 = 00000000 .$$

두 이진수 문자열의 합이 $a_1a_2 \cdots a_n + b_1b_2 \cdots b_n = 0$이기 위한 필요충분조건은 모든 i에 대해 $a_i = b_i$라는 정리가 인터넷 상거래를 보호하기위한 데이터보안의 기본핵심이다.

아마존에서 CD를 구입할 때 해커가 신용카드정보를 가로챌까하고 의심할 필요가 있겠는가? 당연히 그 정보가 보호되어 아마존에 보내지게 된다. 여기서는 웹 보안 체계 하에서 신용카드정보를 보내는 방법 하나를 설명한다. 아마존에 물건을 주문할 때 거기서는 임의로 생성된 0과 1로 이루어진 비밀 키를 주문자의 컴퓨터에 보낸다. 이 비밀 키의 이진수 문자열의 길이는 주문자의 신용카드의 이진수 문자열의 길이와 같고 이 두 문자열을 합 한다(데이터를 locking하는 단계). 그 합한 결과를 아마존에 보낸다. 아마존에서는 보내온 문자열에 물품 주문자의 컴퓨터에 보냈던 키를 합하여 주문자의 신용카드 번호의 이진수 문자열을 계산 한다(보냈던 키를 더함으로써 순식간에 데이터를 해제한다). 위에서 설명한 방법을 이해하기 위해 8자리 이진수 문자열 $s = 10101100$을 아마존에 보내려고 하고(실제 신용카드번호의 문자열은 훨씬 더 길다) 아마존에서 구매자 컴퓨터에 비밀 키 $k = 00111101$을 전송했다고 하자.

사용자 컴퓨터는 $s + k = 10101100 + 00111101 = 10010001$을 계산하고 이진수 문자열 10010001을 아마존에 보내고 아마존에서는 비밀 키 $k = 00111101$를 전송 받은 문자열 10010001에 더해서 구매자의 신용카드번호 $10010001 + 00111101 = 10101100$을 구한다. 이 전송이 일어나는 과정에서 누군가가 해킹을 했다면 해킹 당한 숫자는 $s + k = 10010001$이므로 비밀 키 k에 대한 정보가 없으면 구매자의 신용카드번호는 안전하다.

위의 방법이 안전한 이유는 아마존이 비밀 키를 임의로 선택하고 한번만 사용하고 소각되기 때문이다. 일반적인 웹 주소 $http$가 아닌 $https$로 시작하는 웹 주소인 인터넷 쇼핑몰의 웹 거래에서는 암호체제를 사용하고 있다고 말 할 수 있다. 또한 암호체제를 사용하고 있는 경우에는 웹 브라우저 하단의 상태표시줄에 조그마한 열쇄 그림이 있다.

■ 공개키 암호의 적용(Application to Public Cryptography)

1970년 중반 로널드 라이베스트(Ron Rivest), 아디 샤미르(Adi Shamir), 레너드 에이들먼(Leonard Adleman) 이 세 사람은 전송하려는 메시지를 스크램블하는 기법이 공개적으로 알려있어서 비밀 메시지를 수신하려 하는 모든 사람들에게 허용된 기발한 방법을 고안했다. 그리고 그 메시지를 스크램블 할 때 사용된 방법이 공개적으로 알려져 있다 하더라도 그 메시지를 수신해야 하는 당사자만 해독이 가능하다. 이 암호화 방법은 매우 큰 소수(약 100자리 정도 긴 소수)를 구하고 매우 큰 숫자를 곱하는 데는 효과적인 방법이 존재하지만 매우 커다란 숫자(약 200자리 숫자)를 소인수분해를 하는 효과적인 알고리즘은 존재하지 않는다는 사실에 기반을 둔다.

메시지를 수신하려는 사람은 $m = lcm(p-1,\ q-1)$, $1 < r < m$을 만족하는 커다란 소수 $p,\ q$와 자연수 r을 $\gcd(r,\ m) = 1$이 되게 정하고 $n = pq$를 계산하여 $r,\ n$을 공개하면 메시지를 보내는 사람은 공개된 이 값에 따라서 메시지 M을 $M' = M^r \bmod n$으로 변환하여 M'을 공개한다. 모든 사람에게 $r,\ n,\ M'$이 알려져 있지만 n이 pq로 소인수분해 된다는 것을 알고 있는 사람만 이 암호를 해독할 수 있다.

위 방법의 주된 골격을 알아보기 위해 "YES"라는 메시지를 보내는 아주 간단한 예를 보도록 하자. A는 01, B는 02, $\cdots$, Z는 26, 공백은 00으로 하면 메시지 "YES"는 250519가 된다. 주어진 숫자가 너무 길어지는 것을 방지하기 위해 필요하면 공백을 추가하여 네 개 숫자씩 두 개의 블록으로 나누어 전송한다. 따라서 주어진 메시지 "YES"는 두 개의 블록 2505과 1900으로 나누어진다. 이 메시지가 전송되어야 하는 사람은 두 소수 $p,\ q$ 일테면 $p = 37,\ q = 73$ (실제 $p,\ q$는 약 100자리 근처의 소수이다)와 자연수 r 일테면 $r = 5$를 $lcm(p-1,\ q-1) = 72$와 서로소가 되게 정하고 $n = 37 \cdot 73 = 2701$를 계산하여 $r = 5$와 $n = 2701$을 공공부문 디렉토리 서비스에 공개한다. 우리는 디렉토리에서 $r = 5$와 $n = 2701$을 찾아서 스크램블된 숫자 $(2505)^5 \bmod 2701$과 $(1900)^5 \bmod 2701$을 계산하여 보내면 수신하는 사람은 암호를 해독한다. 블록 2505에 대해서만 우리가 해야 할 일과 수신자가 해야 할 일을 알아보자.

우선 스크램블된 숫자 $(2505)^5 \bmod 2701$은 다음과 같이 간단히 구해진다.

$$\begin{aligned} 2505 \bmod 2701 &= 2505 \\ (2505)^2 \bmod 2701 &= 602 \\ (2505)^4 \bmod 2701 &= (602)(602) \bmod 2701 = 470. \end{aligned}$$

따라서 $(2505)^5 \bmod 2701 = (2505)(470) \bmod 2701 = 2415.$[1)]

따라서 암호화된 숫자 2415가 수신자에게 보내지고 이를 수신한 사람은 다시 2505로 변환해야

한다. 복호화 하기 위하여 수신자는 $n=2701$의 인수 $p=37$, $q=73$를 알고 있으므로 이를 이용하여 $p-1$, $q-1$의 최소공배수 72를 구한다(이 숫자를 구하기 위해 p, q를 알고 있어야 한다). 다음으로 수신자는 $U(72)$에서 $s=r^{-1}$ 즉 방정식 $5 \cdot s \mod 72 = 1$의 해 29를 계산한다(이 방정식의 해를 계산하는 간단한 알고리즘이 존재한다). 마지막으로 아래의 간단한 계산과정에 의해 $(2415)^{29} \mod 2701$을 구한다.

$$\begin{aligned}
2415 \mod 2701 &= 2415 \\
(2415)^2 \mod 2701 &= 766 \\
(2415)^4 \mod 2701 &= (766)^2 \mod 2701 = 639 \\
(2415)^8 \mod 2701 &= (639)^2 \mod 2701 = 470 \\
(2415)^{16} \mod 2701 &= (470)^2 \mod 2701 = 2119.
\end{aligned}$$

따라서

$$\begin{aligned}
(2415)^{29} \mod 2701 &= (2415)^{16}(2415)^8(2415)^4(2415) \mod 2701 \\
&= (2119)(470)(639)(2415) \mod 2701 \\
&= ((2119)(470) \mod 2701 \times (639)(2415) \mod 2701) \mod 2701 \\
&= (1962)(914) \mod 2701 = 2505.
\end{aligned}$$

[위의 계산에서 $(2119)(470)(639)(2415)$을 두 단계로 나누어 계산한 것은 가정용 계산기를 사용할 수 있도록 한 것이다.]

따라서 암호문 수신자는 정확하게 "YE"를 복호화 하였다. 반면에 $n=pq$의 인수를 모르면 암호문을 복호화 하는데 필요한 법(이 경우 72)을 계산할 수 없다.

위에서 설명한 과정을 발견한 라이베스트, 샤미르, 에이들먼의 이름을 딴 RSA 공개키 암호체계라 한다. 이 암호체제는 브라우저, 전자메일 프로그램, 원격로그인 세션, 전자금융거래등과 웹서버를 연결할 때 광범위하게 사용된다. 그 알고리즘을 요약하면 아래와 같다.

암호문 수신자: 1. 커다란 소수 p, q를 선택해서 $n=pq$를 계산한다.

2. $p-1$, $q-1$의 최소공배수를 계산하여 그것을 m이라 한다.

3. m과 서로소인 자연수 r을 선택한다.

---

1) 계산기에서 $(2505)^2 \mod 2701$을 구하면 2505×2505를 치면 6275025가 나오고 6275025를 2701로 나누면 2323.2228이 된다. 마지막으로 $6275025-(2323 \times 2701)$을 구하면 602이다. 숫자가 아주 크지 않으면 구글검색 엔진에서 모듈러계산을 제공한다. 예를 들어 검색창 박스에서 2505 ^ 2 mod 2701을 검색하면 602가 검색된다. 그러나 2505^5은 너무 큰 숫자이므로 2505 ^ 5 mod 2701을 검색하면 틀린 값이 나온다. 그러나 지수를 쪼개면 여전히 구글검색엔진을 이용할 수 있다. 일테면 2505 ^ 3 mod 2701(값이 852)와 2505 ^ 2 mod 2701을 검색하여 $(852 \times 602) \mod 2701 = 2415$.

4. 방정식 $rs \bmod m = 1$의 해 s를 구한다.

5. n과 r을 공개한다.

암호문 발신자: 1. 메시지를 숫자 열로 변환한다.(ASCII코드 사용)

2. 메시지의 숫자 열을 같은 크기의 블록 M_1, M_2, $\cdots$ M_k으로 나눈다.

3. 모든 i에 대해 $\gcd(M_i, n) = 1$을 확인한다. 만약 그렇지 않는 경우가 있으면 암호체계는 무너진다.(실제로는 소수 p, q가 모든 M_i보다 충분히 크게 선택되므로 이 과정은 생략해도 된다.)

4. $R_i = M_i^r \bmod n$을 계산하여 전송한다.

암호문 수신자: 1. 전송된 암호문 R_i 모두에 대해 $R_i^s \bmod n$을 계산한다.

2. 숫자 열을 문자열로 바꾸면 복호화가 완료된다.

이 방법이 항상 작동하는 이유에 대해 알아보자. $U(n) \approx U(p) \oplus U(q) \approx \mathbb{Z}_{p-1} \oplus \mathbb{Z}_{q-1}$이므로 이 동형사상에 의해 x^m 형태의 $U(n)$의 원소는 (mx_1, mx_2) 형태의$\mathbb{Z}_{p-1} \oplus \mathbb{Z}_{q-1}$ 의 원소로 대응된다. m이 $p-1$, $q-1$의 최소공배수이므로 u와 v가 존재해서 $m = u(p-1)$, $m = v(q-1)$로 쓸 수 있다. 따라서 $\mathbb{Z}_{p-1} \oplus \mathbb{Z}_{q-1}$에서 $(mx_1, mx_2) = (u(p-1)x_1, v(q-1)x_2) = (0, 0)$이므로 $U(n)$의 모든 원소 x에 대해 $x^m = 1$이다. 각각의 메시지 블록 M_i는 $U(n)$의 원소이고 $rs = 1 + tm$이 되는 t가 존재하도록 r을 선택했으므로 법을 n으로 해서 다음을 얻는다.

$$R_i^s = (M_i^r)^s = M_i^{rs} = M_i^{1+tm} = (M_i^m)^t M_i = M_i.$$

2002년에 라이베스트, 샤미르, 에이들먼 세 사람은 공개 키 암호에 끼친 공로를 인정받아 컴퓨터 과학의 노벨상으로 알려진 튜링상(the Association for Computing Machinery A.M. Turing Award)을 수상했다

■ 전자서명(Digital Signatures)

이제는 대부분의 금융거래가 인터넷상에서 일어나기 때문에 진실성에 대한 문제가 무엇보다 중요하다. 증권 중개인은 주식을 팔거나 사겠다는 전기적인 메시지가 자신의 고객으로 부터 왔음을 어떻게 알까? 공개키 암호에서 사용한 기술이 전자서명 또한 가능하게 한다. A라는 사람이 B라는 사람에게 비밀문서를 보내려고 하는데 그 문서는 B만 해독할 수 있고 오직 A만 그 문서를 보낼 수 있음을 아는 사람 또한 B뿐이라 가정해 보자. 즉 E_A, D_A를 A가 각각 암호화하고 복호화 하는 알고리즘이라 하고, B가 문서를 암호화학 복호화 하는데 사용하는 알고리즘을 각각 E_B, D_B라 하자. 이때 E_A, E_B는

모두 공개 되고 D_A 는 A 에게만 D_B는 B만 알고 있고 임의의 메시지에 D_BE_B, E_AD_A를 적용해도 메시지에는 변화가 없다고 가정하면 A는 메시지 M을 $E_B(D_A(M))$로 변환하여 B에게 보내고 B는 수신된 메시지 $E_B(D_A(M))$를 E_AD_B을 이용하여 다음과 같이 메시지 M으로 복호화 한다.

$$(E_AD_B)(E_B(D_A(M))) = E_A(D_BE_B)(D_A(M)) = E_A(D_A(M)) = M.$$

여기서 첫 단계(메시지의 복호화 $D_A(M)$)는 오직 A만 할 수 있고 마지막 단계(수신된 메시지에 E_AD_B를 적용하는 계산)는 B만이 시행할 수 있다.

전자서명을 사용하는 거래는 2000년 10월부터 미국에서 법적인 효력을 갖게 되었다.

연습문제

1. 유한개의 군들의 군의 직적이 군이 됨을 증명하여라.

2. 항등원이 각각 e_G, e_H인 군 G와 H에 대해 G는 $G\oplus\{e_H\}$와 동형이고 H는 $\{e_G\}\oplus H$와 동형임을 증명하여라.

3. $\mathbb{Z}\oplus\mathbb{Z}$이 순환군이면 증명을 하고 그렇지 않으면 그 이유를 말하여라.

4. $G_1\oplus G_2$와 $G_2\oplus G_1$이 동형임을 증명하고 이를 일반화 하여라.

5. $\mathbb{Z}_3\oplus\mathbb{Z}_5$과 $\mathbb{Z}_{15}$이 동형이면 그 이유를 밝혀라.

6. $\mathbb{Z}_4\oplus\mathbb{Z}_4$에서 위수가 4인 원소의 개수를 구하여라(모든 원소에 대해 위수를 계산하는 방법은 제외). $\mathbb{Z}_4\oplus\mathbb{Z}_4$와 $\mathbb{Z}_{8000000}\oplus\mathbb{Z}_{400000}$은 위수가 4인 원소의 개수가 같은 이유를 말하고 $\mathbb{Z}_{4m}\oplus\mathbb{Z}_{4n}$인 경우로 일반화 하여라.

7. 덧셈에 대한 복소수 전체집합의 군은 $\mathbb{R}\oplus\mathbb{R}$과 동형임을 증명하여라.

8. $G\oplus H$이 순환군이면 G와 H가 모두 순환군임을 증명하고 이를 일반화 하여라.

9. m의 약수 r과 n의 약수 s에 대해 $\mathbb{Z}_r\oplus\mathbb{Z}_s$과 동형인 $\mathbb{Z}_m\oplus\mathbb{Z}_n$의 부분군을 구하여라.

10. 유한군 G, H와 $(g, h)\in G\oplus H$에 대해 $\langle(g, h)\rangle=\langle g\rangle\oplus\langle h\rangle$와 필요충분조건을 구하여라.

11. $\mathbb{Z}_3\oplus\mathbb{Z}_3\oplus\mathbb{Z}_3$의 항등원이 아닌 임의의 원소의 위수를 구하고 이를 일반화 하여라.

12. 실수를 원소로 하는 2×2행렬 전체집합의 덧셈에 대한 군을 M이라 하고 $N=\mathbb{R}\oplus\mathbb{R}\oplus\mathbb{R}\oplus\mathbb{R}$은 좌표별 덧셈에 대한 군이다. M과 N이 동형임을 증명하여라. M이 $m\times n$행렬 전체집합의 덧셈에 대한 군일 때 이에 대응하는 N을 구하고 이들이 동형임을 증명하여라.

13. 군 G에 대해 $H=\{(g, g) \mid g \in G\}$는 $G \oplus G$의 부분군임을 증명하여라(이 부분군을 $G \oplus G$의 대각선이라 한다). G가 덧셈에 대한 실수 전체집합일 때 $G \oplus G$와 H를 기하학적으로 나타내시오.

14. 위수 3인 $\mathbb{Z}_9 \oplus \mathbb{Z}_3$의 부분군을 모두 구하여라.

15. $\mathbb{Z}_{30} \oplus \mathbb{Z}_{20}$의 원소의 위수의 최댓값을 구하여라.

16. $\mathbb{Z}_2 \oplus \mathbb{Z}_4$과 동형인 $\mathbb{Z}_{800} \oplus \mathbb{Z}_{200}$의 부분군을 구하여라.

17. $\mathbb{R}^* \oplus \mathbb{R}^*$는 $\mathbb{C}^*$와 동형이 아님을 증명하여라(연습문제 7과 비교해 보자).

18. 곱셈에 대한 군 $G=\{3^m 6^n \mid m, n \in \mathbb{Z}\}$은 $\mathbb{Z} \oplus \mathbb{Z}$와 동형임을 증명하여라.
$G=\{3^m 9^n \mid m, n \in \mathbb{Z}\}$인 경우에도 증명법이 같은지 여부를 판정하여라.

19. 위수가 6인 원소가 24개만 존재하는 군에서 위수 6인 순환부분군의 개수를 구하여라.

20. $Aut(U(25))$를 $\mathbb{Z}_m \oplus \mathbb{Z}_n$ 형태로 표현하여라.

21. 짝수인 양의 정수 $n_1, n_2, \cdots, n_k$에 대해 $\mathbb{Z}_{n_1} \oplus \mathbb{Z}_{n_2} \oplus \cdots \oplus \mathbb{Z}_{n_k}$에서 위수 2인 원소의 개수를 구하여라. $n_1, n_2, \cdots, n_k$에서 짝수 조건을 생략 했을 때에도 위수 2인 원소의 개수를 구하여라.

22. $\mathbb{Z}_{10} \oplus \mathbb{Z}_{12} \oplus \mathbb{Z}_6 \approx \mathbb{Z}_{15} \oplus \mathbb{Z}_4 \oplus \mathbb{Z}_{12}$의 여부를 판정하여라.

23. $\mathbb{Z}_{12}$에서 $\mathbb{Z}_4 \oplus \mathbb{Z}_3$로의 동형사상의 개수를 구하여라.

24. $\mathbb{Z}_m \oplus \mathbb{Z}_n$의 임의의 원소 (a, b)에 대해 $|(a, b)|$은 $lcm(m, n)$의 약수임을 증명하여라.

25. $U-$군의 성질을 이용하여 생성원을 두 개만 갖는 순환군을 모두 구하여라.

26. 임의의 소수 p 에 대해서 $\mathbb{Z}_p \oplus \mathbb{Z}_p$ 에는 위수가 p 인 부분군이 $p+1$개만 있음을 증명하여라.

27. $|a| = \infty$, $|b| = \infty$, $|ab| = 2$를 만족하는 원소 a, b가 존재하는 군을 구하여라.

28. $U(165)$를 $U-$군들의 외직적의 서로 다른 네 가지 방법으로 표현하여라.

29. $Aut(\mathbb{Z}_{720})$ 의 원소의 위수를 계산하지 않고 $Aut(\mathbb{Z}_{720})$ 에서 위수 6 인 원소의 개수를 구하여라.

30. $U(900)$에서 원소의 위수의 최댓값을 구하여라.

31. 제7장의 정리를 이용하여 $U(55)$는 $U(75)$와 동형임을 증명하여라.

32. 모든 $n > 2$ 에 대해 $U(n)^2 = \{x^2 \mid x \in U(n)\}$는 $U(n)$의 진부분군임을 증명하여라.

33. $U(n)$에 $\mathbb{Z}_5 \oplus \mathbb{Z}_5$와 동형인 부분군이 존재하는 n 을 구하여라.

34. $\mathbb{Z}_3 \oplus \mathbb{Z}_3$와 동형인 부분군을 갖는 $U-$군이 존재함을 증명하여라.

35. $\mathbb{Z}_{14}$와 동형인 부분군을 갖는 $U-$군이 존재함을 증명하여라.

36. $\mathbb{Z}_4 \oplus \mathbb{Z}_4$와 동형인 부분군을 갖는 $U-$군이 존재함을 증명하여라.

37. 다음을 설명하여라.

    a. 두 아벨군 $Z_4 \oplus Z_{18} \oplus Z_{15}$ 와 $Z_3 \oplus Z_{10} \oplus Z_{36}$ 은 서로 동형이다.

    b. Z_{360}의 생성원들은 모두 96개이다.

종합 연습문제

1. 군 G의 모든 자기동형사상 ϕ에 대해 $\phi(N)=N$을 만족하는 부분군 N을 G의 특성부분군(characteristic subgroup)이라 한다(이 용어는 1895년 G. Frobenius에 의해 처음으로 사용되었다). 순환군의 모든 부분군은 특성부분군임을 증명하여라.

2. 군 G의 부분집합 $\{x^{-1}y^{-1}xy \mid x, y\in G\}$에 의해 생성되는 부분군 G'을 G의 교환자부분군(commutator subgroup)이라 한다(G'의 원소는 $a_1^{i_1}a_2^{i_2}\cdots a_k^{i_k}$인 형태다. 여기서 a_j는 $x^{-1}y^{-1}xy$의 형태이고 $i_j=\pm 1$이고 k는 자연수이다). G'이 G의 특성부분군임을 증명하여라.

3. 군 $G=Z_3\oplus Z_3\oplus Z_3$이고 H는 $SL(3, Z_3)$의 부분군으로 다음과 같다.

$$H=\left\{\begin{pmatrix}1 & a & b\\0 & 1 & c\\0 & 0 & 1\end{pmatrix} \middle| a,b,c\in Z_3\right\}$$

(곱셈정의는 제1장 연습문제 19번을 참조) G와 H의 각 위수는 원소들의 개수를 결정하여라. G와 H의 각 위수를 구하고, 그 위수에 대한 원소의 개수를 결정하여라. G와 H는 동형인가?

4. 유한군 G의 부분군 H와 K에 대해 다음을 증명하여라.

$$|HK|=\frac{|H||K|}{|H\cap K|}$$

5. 지수 2인 $U-$군을 모두 구하여라.

6. 양의 실수 전체집합의 곱셈에 대한 군을 $\mathbb{R}^+$라 하고 $T=\{a+bi|a^2+b^2=1\}$을 크기 1인 복소수 전체집합의 곱셈에 대한 군이라 하자. $\mathbb{C}^*$의 모든 원소는 $r\in\mathbb{R}^+$와 $z\in T$의 곱 rz의 형태로 나타낼 수 있음을 증명하여라.

7. 군의 이론으로 덧셈에 대한 군 $\mathbb{Q}$와 덧셈에 대한 군 $\mathbb{R}$은 동형이 아님을 증명하여라.

8. 군의 이론으로 양의 유리수 전체집합의 덧셈에 대한 군 $\mathbb{Q}^+$와 덧셈에 대한 군 $\mathbb{Q}$은 동형이 아님을 증명하여라.

9. 홀수 소수 p에 대해 방정식 $x^{p-2}=1$는 $U(p)$에서 유일해 1을 가짐을 증명하여라.

10. $\mathbb{Z}_{12}\oplus\mathbb{Z}_{20}\oplus\mathbb{Z}_{10}$에서 $\mathbb{Z}_4\oplus\mathbb{Z}_5$와 동형인 부분군을 찾아라.

11. 위수 18을 갖는 서로 동형이 아닌 네 개의 군을 구하여라.

12. 양의 정수 전체집합의 모든 치환들의 군을 G라 하고 H는 유한개의 순환치환들의 곱으로 표현할 수 있는 G의 원소의 집합이면 H는 G의 부분군임을 증명하여라.

13. $D_{11}\oplus\mathbb{Z}_3\not\approx D_3\oplus\mathbb{Z}_{11}$임을 증명하여라.

14. $D_{33}\not\approx D_3\oplus\mathbb{Z}_{11}$임을 증명하여라.

15. $|Inn(G)|=1$일 필요충분조건은 G가 가환군임을 증명하여라.

16. $U(450)$에서 위수 6인 부분군을 구하여라.

17. S_{10}의 원소 $\beta=(13)(17)(265)(289)$와 교환법칙이 성립하고 β의 멱승이 아닌 S_{10}의 원소를 구하여라.

18. $D_{12}\approx\mathbb{Z}_3\oplus D_4$의 여부를 결정하고 그 결과를 증명하여라.

19. $G=U(15)\oplus\mathbb{Z}_{10}\oplus S_5$에서 $(2,\ 3,\ (123)(15))$의 위수를 구하여라. $(2,\ 3,\ (123)(15))$의 역원의 위수를 구하여라.

20. 자명군이 아닌 G_i와 $n>1$에 대해 $G_1\oplus G_2\oplus\cdots\oplus G_n$ 형태의 무한군 G는 순환군이 아님을 증명하여라.

21. A_9 에서 위수 10 인 원소를 구하여라.

22. S_7 에서 위수 6 인 원소 개수를 구하여라.

23. $\beta^2=(13579)(268)$ 을 만족하는 치환 β 를 구하여라.

24. $\mathbb{R}\oplus\mathbb{R}$ 에서 원점을 지나는 직선 위의 모든 점들의 집합의 부분군 H 에 대해 H 의 좌 잉여류는 H 이거나 또는 H 와 평행인 직선임을 증명하여라.

25. G 의 부분군 H 와 $a, b\in G$ 에 대해 $aH=bH$ 이기 위한 필요충분조건은 $Ha^{-1}=Hb^{-1}$ 임을 증명하여라.

26. 소수 p 에 대해 $\mathbb{Z}_{p^2}\oplus\mathbb{Z}_{p^2}$ 에서 위수 p 를 갖는 원소의 개수를 구하여라.

27. 소수 p 에 대해 $\mathbb{Z}_{p^2}\oplus\mathbb{Z}_{p^2}$ 에서 $\mathbb{Z}_{p^2}$ 와 동형인 부분군의 개수를 구하여라.

28. S_n 은 두 개의 치환 (12) 과 $(123\cdots n)$ 에 의해 생성됨을 증명 하여라(즉 S_n 의 모든 원소는 두 개 치환의 결합으로 나나낼 수 있다).

29. 홀수 n 과 S_n 의 $n-$순환치환 σ 에 대해 σ 는 위수 2 인 모든 원소와 교환법칙이 성립하지 않음을 증명하여라.

제8장

정규부분군과 잉여군 (Normal Subgroups and Factor Groups)

정규부분군

H가 군 G의 부분군일 때 G의 모든 원소 a에 대해 $aH = Ha$가 성립할 필요는 없다. 그러나 어떤 조건에서는 항상 성립하는데 이런 경우가 군의 이론에서 매우 중요하다. 그러한 부분군들의 역할의 중요성에 대해 처음 인식한 수학자는 175여 년 전 Galois였다.

정의 정규부분군(Normal Subgroup)

군 G의 모든 원소 a에 대해 $aH = Ha$를 만족하는 부분군 H를 군 G의 정규부분군이라 하고 $H \lhd G$로 나타낸다.

부분군 H가 G의 정규부분군이라는 정의를 $a \in G$와 $h \in H$에 대해 $ah = ha$이 성립한다는 것은 틀린 것이다. H의 정규부분군이라는 것은 $a \in G$와 $h \in H$에 대해 $ah = h'a$, $ha = ah''$을 만족하는 $h', h'' \in H$이 존재한다는 것이다. 즉 군의 원소와 정규부분군의 원소의 곱의 위치를 변경할 수는 있지만 그 순서를 변경하려면 h가 아닌 h', h''을 이용하여 정규부분군의 원소를 아주 조금 바꾸어야 한다 (물론 $h = h'$또는 $h = h''$일 수 도 있다).

정규부분군의 정의와 동치인 공식이 매우 많이 있는데 그 중에서 적용하기에 가장 쉬운 정리를 이미 알고 있다. 그러나 주어진 군이 정규부분군임을 증명하고자 할 때에는 제6장의 보조정리 성질7을 더 쉽게 수정한 정리8.1이 대부분의 경우에 더 유리하다. 정리8.1은 G의 두 부분군에 대한 조건을 G의 두 잉여류에 대한 조건으로 대체하기 때문이다.

정리 8.1 정규부분군판정법(Normal Subgroup Test)

부분군 H가 G의 정규부분군이기 위한 필요충분조건은 G의 임의의 원소 x에 대하여 $xHx^{-1} \subseteq H$이다.

증명 H가 G의 정규부분군이면 임의의 $x \in G$와 $h \in H$에 대해 $xh = h'x$인 $h' \in H$이 존재한다. 따라서 $xhx^{-1} = h'$이므로 $xHx^{-1} \subseteq H$이다. 역으로 모든 x에 대해 $xHx^{-1} \subseteq H$라 하자. $x = a$라 놓으면 $aHa^{-1} \subseteq H$이므로 $aH \subseteq Ha$이고 $x = a^{-1}$라 놓으면 $a^{-1}H(a^{-1})^{-1} = a^{-1}Ha \subseteq H$이므로 $Ha \subseteq aH$이다.

예 1 가환군의 모든 부분군은 정규부분군이다(이 경우에는 군의 원소 a와 부분군의 원소 h에 대해 $ah = ha$이다).

예 2 군의 중심 $Z(G)$은 항상 정규부분군이다(이 경우에도 임의의 $a \in G$와 $h \in Z(G)$에 대해 $ah = ha$이다).

예 3 우치환 전체집합의 교대군 A_n은 S_n의 정규부분군이다. $(12) \in S_n$, $(123) \in A_n$에 대해 $(12)(123) \neq (123)(12)$이지만 $(132) \in A_n$에 대해 $(12)(123) = (132)(12)$이다).

예 4 D_n의 회전이동 전체집합의 부분군은 D_n의 정규부분군이다(임의의 회전이동 r과 반사이동 f에 대해 $fr = r^{-1}f$이고 한 편 회전이동 r'에 대해 $rr' = r'r$이다).

예 5 행렬식이 1인 2×2행렬들의 군 $SL(2, \mathbb{R})$은 행렬식이 0이 아닌 2×2행렬들의 군 $GL(2, \mathbb{R})$의 정규부분군이다. 정리9.1을 이용하여 정규부분군임을 증명하자.

$x \in GL(2, \mathbb{R}) = G$, $h \in SL(2, \mathbb{R}) = H$이라면

$\det(xhx^{-1}) = (\det x)(\det h)(\det x)^{-1} = (\det x)(\det x)^{-1} = 1$ 이므로 $xhx^{-1} \in H$이다. 따라서 $xHx^{-1} \subseteq H$이다.

예 6 표5.1의 A_4의 대한 연산 표를 참조하면 $H = \{\alpha_1, \alpha_2, \alpha_3, \alpha_4\}$은 A_4의 정규부분군이고 $K = \{\alpha_1, \alpha_5, \alpha_9\}$는 A_4의 정규부분군이 아니다. 우선 H가 A_4의 정규부분군임을 증명하자. A_4의 임의의 원소에 β 대해 $\beta H \beta^{-1}$는 위수 4인 A_4의 부분군이다. 한편 H에 포함되지 않는 원소의 위수는 모두 3이므로 A_4의 위수가 4인 부분군은 H로 유일하다. 따라서 $\beta H \beta^{-1} = H$이다. 한편 $\alpha_2 \alpha_5 \alpha_2^{-1} = \alpha_7$이므로 $\alpha_2 K \alpha_2^{-1} \not\subseteq K$이다. 따라서 K는 A_4의 정규부분군이 아니다.

잉여군

정규부분군의 특별히 중요한 이유에 대해 아직 언급하지 안했는데 그 이유는 의외로 간단하다. 즉 H가 G의 정규부분군이면 G에서 H의 좌잉여류(또는 우잉여류) 전체집합이 군이 된다. 이 잉여류의 군을 H에 대한 G의 잉여군(또는 상군)이라 한다. 잉여군으로 부터 원래 군에 대한 정보를 구할 수 있는데 이것에 대해서는 다음 절에서 설명한다.

정리 8.2 잉여군(Factor Groups O. Hölder, 1889)

부분군 H가 G의 정규부분군이면 집합 $G/H = \{aH \mid a \in G\}$ 2)은 연산 $(aH)(bH) = (ab)H$에 대해 군이다.

증명 무엇보다 우선 연산이 잘 정의 되었는가의 여부를 판정해야 한다. 즉 주어진 대응이 실제로 $(G/H) \times (G/H)$에서 G/H로의 함수임을 증명해야 하는데 이를 위해서는 G의 임의의 원소 a, a', b, b'에 대해 $aH = a'H$이고 $bH = b'H$일 때 $aHbH = a'Hb'H$ 즉 $abH = a'b'H$임을 증명해야 한다(곱셈의 정의가 잉여류의 표현에 따라 달라지지 않고 잉여류 자체에 대해서만 달라짐을 의미한다). $aH = a'H$이고 $bH = b'H$이므로 $a' = ah_1$이고 $b' = bh_2$가 되는 $h_1, h_2 \in H$이 존재한다.

2) 기호 G/H는 C. Jordan이 처음 사용했다.

따라서 $a'b'H = ah_1bh_2H = ah_1bH = ah_1Hb = aHb = abH$이다. 이 식에서 우리는 $H \lhd G$이라는 것과 제7장 보조정리의 성질2를 반복해서 사용했다.
또한 $eH = H$이 항등원이고 $a^{-1}H$는 aH의 역원이며
$(aHbH)cH = (ab)HcH = (ab)cH = a(bc)H = aH(bc)H = aH(bHcH)$이므로
G/H는 군이다.

또한 정리8.2의 역 또한 성립한다.

즉 대응 $(aH)(bH) = (ab)H$이 G에서 H의 잉여류 전체집합의 군에 대한 연산이면 H는 G의 정규부분군이다.

다음 예들은 잉여군의 개념을 설명하기 위한 것들이다.

예 7 $4\mathbb{Z} = \{0, \pm 4, \pm 8, \cdots\}$에 대해 $\mathbb{Z}/4\mathbb{Z}$을 구하기 위해 먼저 $\mathbb{Z}$에서 $4\mathbb{Z}$의 좌잉여류를 구하자. 이를 위해 다음 네 개의 잉여류를 우선 구한다.

$$\begin{aligned} 0+4\mathbb{Z} &= 4\mathbb{Z} = \{0, \pm 4, \pm 8, \cdots\} \\ 1+4\mathbb{Z} &= \{1, 5, 9, \cdots ; -3, -7, -11, \cdots\} \\ 2+4\mathbb{Z} &= \{2, 6, 10, \cdots ; -2, -6, -10, \cdots\} \\ 3+4\mathbb{Z} &= \{3, 7, 11, \cdots ; -1, -5, -9, \cdots\}. \end{aligned}$$

이제 또 다른 모든 잉여류는 위의 네 개중 하나와 같음을 증명한다. 임의의 $k \in \mathbb{Z}$에 대해 $k = 4q + r$이고 $0 \leq r < 4$인 r이 존재하므로 $k + 4\mathbb{Z} = r + 4q + 4\mathbb{Z} = r + 4\mathbb{Z}$이다. 이제 잉여군의 원소를 모두 구했으므로 $\mathbb{Z}/4\mathbb{Z}$의 군의 구조를 구하기 위해 Cayley표를 구하자.

	$0+4\mathbb{Z}$	$1+4\mathbb{Z}$	$2+4\mathbb{Z}$	$3+4\mathbb{Z}$
$0+4\mathbb{Z}$	$0+4\mathbb{Z}$	$1+4\mathbb{Z}$	$2+4\mathbb{Z}$	$3+4\mathbb{Z}$
$1+4\mathbb{Z}$	$1+4\mathbb{Z}$	$2+4\mathbb{Z}$	$3+4\mathbb{Z}$	$0+4\mathbb{Z}$
$2+4\mathbb{Z}$	$2+4\mathbb{Z}$	$3+4\mathbb{Z}$	$0+4\mathbb{Z}$	$1+4\mathbb{Z}$
$3+4\mathbb{Z}$	$3+4\mathbb{Z}$	$0+4\mathbb{Z}$	$1+4\mathbb{Z}$	$2+4\mathbb{Z}$

위의 표에서 $\mathbb{Z}/4\mathbb{Z} \approx \mathbb{Z}_4$이다. 일반적으로 $n\mathbb{Z} = \{0, \pm n, \pm 2n, \pm 3n, \cdots\}$에 대해 $\mathbb{Z}/n\mathbb{Z} \approx \mathbb{Z}_n$이 성립한다.

예 8 $G=\mathbb{Z}_{18}$이고$H=\langle 6\rangle=\{0, 6, 12\}$이면

$G/H=\{0+H, 1+H, 2+H, 3+H, 4+H, 5+H\}$이다. G/H에서 연산을 이해하기 위해 $(5+H)+(4+H)$을 구해 보자. $6+H=H$ 이므로

$(5+H)+(4+H)=5+4+H=9+H=3+6+H=3+H$이다.

기호의 사용에 대해 다음과 같은 주의 할 점이 있다. H가 G의 정규부분군인 경우에 $|aH|$은 두 가지 의미를 갖게 된다. 그 중 하나는 aH를 G의 부분집합으로 간주할 때 $|aH|$은 집합으로써 원소의 개수를 의미한다. 그리고 다른 하나는 훨씬 더 자주 사용 하겠지만 aH는 잉여군 G/H의 원소이므로 $|aH|$은 잉여군 G/H의 원소 aH의 위수이다.

예8에서 $3+H=\{3, 9, 15\}$이므로 G의 부분집합으로써 $|3+H|=3$이다. 한편 $3+H$는 군 G/H의 원소이고 $(3+H)+(3+H)=6+H=0+H$이므로 군의 원소로써 그 위수는 $|3+H|=2$이다. 따라서 전후의 문맥을 살펴서 $|aH|$의 의미를 파악해야한다.

예 9 $K=\{R_0, R_{180}\}$에 대한 이면체군 D_4의 잉여군을 구하면 다음과 같다(D_4에 대한 연산표는 제1장을 참고).

$$D_4/K=\{K, R_{90}K, HK, DK\}.$$

표9.1이 D_4/K의 곱셈표이다($R_{90}H=D'$이지만 $D'K=DK$이므로 표9.1에서는 $HKR_{90}K$ 값으로 $D'K$대신 DK를 사용했다).

〈표 8.1〉

	K	$R_{90}K$	HK	DK
K	K	$R_{90}K$	HK	DK
$R_{90}K$	$R_{90}K$	K	DK	HK
HK	HK	DK	K	$R_{90}K$
DK	DK	HK	$R_{90}K$	K

D_4/K는 G의 잉여군과 G사이의 직접적인 관계를 알 수 있는 좋은 예다. D_4의 Cayley표의 첫 머리행의 원소 배열을 K의 같은 잉여류의 원소끼리 이웃하게 배열하면(표9.2) D_4의 곱셈표는 K의 잉여류들의 박스로 구분할 수 있고 원소 x를 포함하는 박스가 D_4/K의 곱셈표에서 잉여류 xK이 된다.

예를 들어 D_4에서 D_4/K로 변환할 때 표9.2의 다음 박스는 표9.1에서 HK가 된다.

H	V
V	H

같은 방법으로 다음 박스는 DK로 변환된다.

D	D'
D'	D

〈표 8.2〉

	R_0	R_{180}	R_{90}	R_{270}	H	V	D	D'
R_0	R_0	R_{180}	R_{90}	R_{270}	H	V	D	D'
R_{180}	R_{180}	R_0	R_{270}	R_{90}	V	H	D'	D
R_{90}	R_{90}	R_{270}	R_{180}	R_0	D'	D	H	V
R_{270}	R_{270}	R_{90}	R_0	R_{180}	D	D'	V	H
H	H	V	D	D'	R_0	R_{180}	R_{90}	R_{270}
V	V	H	D'	D	R_{180}	R_0	R_{270}	R_{90}
D	D	D'	V	H	R_{270}	R_{90}	R_0	R_{180}
D'	D'	D	H	V	R_{90}	R_{270}	R_{180}	R_0

이러한 방법으로 G의 원소들의 체계적인 소멸에 의해서 G/H이 형성됨을 알 수 있다. 다시 말해 원소 a를 포함하는 H의 잉여류의 모든 원소가 잉여군 G/H에서 aH라는 한 개의 원소로 변환됨을 알 수 있다.

예 10 표5.1(i는 치환 α_i을 의미한다)에 주어진 A_4에서 $H=\{1, 2, 3, 4\}$의 잉여류는 H, $5H=\{5, 6, 7, 8\}$, $9H=\{9, 10, 11, 12\}$로 세 개다. (이 경우에는 연산표의 첫 머리행을 재배열할 필요가 없다.) A_4의 연산표에서 H의 잉여류의 원소끼리 박스로 표시하고 1, 5, 9(표8.2)를 각각 포함하는 박스를 잉여류 $1H$, $5H$, $9H$로 바꾸면 표8.3와 같이 G/H의 연산표가 구해진다.

〈표 8.3〉

	1	2	3	4	5	6	7	8	9	10	11	12
1	1	2	3	4	5	6	7	8	9	10	11	12
2	2	1	4	3	6	5	8	7	10	9	12	11
3	3	4	1	2	7	8	5	6	11	12	9	10
4	4	3	2	1	8	7	6	5	12	11	10	9
5	5	8	6	7	9	12	10	11	1	4	2	3
6	6	7	5	8	10	11	9	12	2	3	1	4
7	7	6	8	5	11	10	12	9	3	2	4	1
8	8	5	7	6	12	9	11	10	4	1	3	2
9	9	11	12	10	1	3	4	2	5	7	8	6
10	10	12	11	9	2	4	3	1	6	8	7	5
11	11	9	10	12	3	1	2	4	7	5	6	8
12	12	10	9	11	4	2	1	3	8	6	5	7

	$1H$	$5H$	$9H$
$1H$	$1H$	$5H$	$9H$
$5H$	$5H$	$9H$	$1H$
$9H$	$9H$	$1H$	$5H$

이러한 과정은 색상을 이용하여 훨씬 더 생생하게 설명할 수 있다. H의 원소는 초록색으로 $5H$의 원소는 빨강색으로 $9H$의 원소는 파랑색으로 인쇄되었다고 하면 표9.3의 각각의 박스는 동일한 색상을 가진 원소로 이루어진다. 따라서 G/H와 동형인 군의 연산을 갖는 세 가지 색상으로 이루어진 잉여군으로 간주할 수 있다.

	초록색	빨강색	파랑색
초록색	초록색	빨강색	파랑색
빨강색	빨강색	파랑색	초록색
파랑색	파랑색	초록색	빨강색

동일한 과정을 G군 와 정규부분군이 아닌 부분군 H에 대해서도 적용을 해 보고 그 경우에 발생하는 상황을 반드시 알아보아야 한다. 즉 H의 같은 잉여류의 원소들끼리 서로 이웃하게 G의 Cayley표의 첫머리 행을 재배열하고 잉여류들을 박스로 표시하여 잉여류들의 연산표를 만들자.

예를 들어 $G=A_4$에서 $H=\{1, 5, 9\}$의 잉여류는

H, $2H=\{2, 6, 10\}$, $3H=\{3, 7, 11\}$, $4H=\{4, 8, 12\}$이므로 $G=A_4$의 Cayley표의 첫머리 행을 재배열하여 처음 세 번째 행까지 정리하면 다음과 같다.

	1	5	9	2	6	10	3	7	11	4	8	12
1	1	5	9	2	6	10	3	7	11	4	8	12
5	5	9	1	8	12	4	6	10	2	7	11	3
9	9	1	5	11	3	7	12	4	8	10	2	6

이렇게 3×3-박스로 구분하면 다른 잉여류의 원소를 포함하는 박스가 있으므로 고란하게 된다. 따라서 정규부분군인 경우에는 박스를 가지고 정규부분군의 잉여류를 만들었지만 같은 방법으로 정규부분군이 아닌 경우에는 박스의 한 개의 원소로 그 박스 전체를 표현하는 것이 불가능하다. 같은 잉여류의 원소가 같은 색상이 되도록 인쇄하고 연산표를 네 개 색상에 대해 재배열하면 정규부분군의 경우에는 단일 색상의 박스들이 나타나지만 그렇지 않는 경우에는 한 박스 안에서 여러 가지 색상이 나타난다.

제10장에서 유한가환군은 순환군의 직접곱과 동형임을 증명한다. 특히 위수 8인 유한가환군은 $\mathbb{Z}_8$, $\mathbb{Z}_4\oplus\mathbb{Z}_2$, $\mathbb{Z}_2\oplus\mathbb{Z}_2\oplus\mathbb{Z}_2$ 중의 하나와 동형이다. 다음 예는 위수 8인 가환잉여군과 각각에 대해 동형사상을 구한다.

예 11 $G=U(32)=\{1,3,5,7,9,11,13,15,19,21,23,25,27,29,31\}$이고 $H=U_{16}(32)=\{1,17\}$라면 G/H는 위수 8인 가환잉여군이다.

이 잉여군이 $\mathbb{Z}_8$, $\mathbb{Z}_4\oplus\mathbb{Z}_2$, $\mathbb{Z}_2\oplus\mathbb{Z}_2\oplus\mathbb{Z}_2$중에서 어느 것과 동형인지 알아보기 위해 G/H의 원소와 그것들의 위수를 구하자. 다음 8개의 잉여류는 모두 서로 다른 잉여류이므로 잉여군G/H는 이들 8개의 원소로 이루어져있다.

$1H=\{1,17\},\quad 3H=\{3,19\},\quad 5H=\{5,21\},\quad 7H=\{7,23\},$
$9H=\{9,25\},\ 11H=\{11,27\},\ 13H=\{13,29\},\ 15H=\{15,31\}.$

$(3H)^2=9H\neq H$이므로 $3H$의 위수는 4이상이다. 따라서 G/H는 $\mathbb{Z}_2\oplus\mathbb{Z}_2\oplus\mathbb{Z}_2$와 동형이 아니다. $7H$, $9H$의 위수를 직접 계산하면 2이고 짝수 위수의 순환군에는 위수가 2인 원소가 유일하므로(정리4.4) G/H는 $\mathbb{Z}_8$일 수 없다.

따라서 $U(32)/U_{16}(32)\approx\mathbb{Z}_4\oplus\mathbb{Z}_2\approx U(16)$이다. 이 결과는 꼭 그렇게 우연적인 것은 아니다.

예 12 $G=U(32)$이고 $K=\{1,15\}$이면 $|G/K|=8$이다. 이 잉여군은 위수 8인 세 개의 가환군에서 어느 것인가? $(3K)^4=81K=17K\neq K$이므로 $|3K|=8$이다. 따라서 $G/K\approx\mathbb{Z}_8$이다.

정규부분군 H에 대한 잉여군을 구할 때 결정적으로 중요한 것은 H의 모든 원소가 항등원이 되도록 정의해야 한다. 예9에서 $R_{90}\mathcal{K}=\mathcal{K}$이 항등원이므로 $R_{270}\mathcal{K}=R_{90}R_{180}\mathcal{K}=R_{90}\mathcal{K}$이다. 또한 예7에서는 4의 배수가 모두 잉여군 $\mathbb{Z}/4\mathbb{Z}$에서 0이므로 $5+4\mathbb{Z}=1+4+4\mathbb{Z}=1+4\mathbb{Z}$이다. 예11에서는 $U(32)$에서 $19=3\cdot 17$이고 그 잉여군이 17을 항등원으로 하므로 $3H=19H$이다. 대수학자들은 잉여군을 구하면서 보통 "H를 죽인다."라고 표현한다.

● ● ● 잉여군의 응용

잉여군이 중요한 이유는 무엇일까? G가 유한군이고 $H\neq\{e\}$일때 G/H의 크기는 G보다 더 적고 일반적으로 G의 구조보다는 단순하며 동시에 G/H를 이용하여 다양한 방법으로 G를 시험할 수 있다. 사실상 잉여군 G/H을 좀 더 단순한 G의 근삿값으로 간주할 수 있다(마치 무리수 π의 근삿값으로 유리수 3.14를 사용하는 것과 같다). 잉여군 G/H이 중요한 이유는 조금 덜 복잡한 군에서 시험해 봄으로써 군 G의 성질을 추론할 수 있다는 점이다. 다음에서 군 A_4에는 위수 6인 부분군이 존재하지 않음을 다른 방법으로 증명한다.

예 13 A_4에는 위수 6인 부분군이 존재하지 않는다.

집합 $\{1,2,3,4\}$위에서 우 치환 전체집합의 군 A_4에는 위수 6인 부분군이 존재하지 않음을 증명하기 위해 역으로 A_4에 위수 6인 부분군 H가 존재한다라고 가정하면 $H \triangleleft A_4$이다. 따라서 A_4/H은 위수 2인 군이다. 군의 원소의 위수는 군의 위수의 약수이므로 임의의 $\alpha \in A_4$에 대해서 $\alpha^2 H = (\alpha H)^2 = H$이다. 따라서 모든 $\alpha \in A_4$에 대해 $\alpha^2 \in H$이다. 표5.1에 주어진 A_4의 연산표에서 주대각선을 보면 A_4에는 α^2 형태의 서로 다른 원소가 9개 이고 이들 9개 원소는 모두 H의 원소이다. 그런데 H의 원소 개수는 6개이므로 모순이다. 따라서 A_4에는 위수 6인 부분군이 존재하지 않는다.

다음 세 정리는 G의 잉여군에 대한 정보가 G의 성질로 나타나는 것을 설명해 준다.

정리 8.3 G/Z 정리(The G/Z Theorem)

군 G의 중심 $Z(G)$에 대해 $G/Z(G)$이 순환군이면 G는 가환군이다.

증명 $gZ(G)$는 $G/Z(G)$의 생성원이고 $a,\ b \in G$라 하면 다음을 만족하는 정수 $i,\ j$가 존재한다.

$$aZ(G) = (gZ(G))^i = g^i Z(G)$$

이고

$$bZ(G) = (gZ(G))^j = g^j Z(G).$$

따라서 $a = g^i x$ 이고 $b = g^j y$ 이 되는 $Z(G)$의 원소 $x,\ y$가 존재 하므로 다음이 성립한다.

$$\begin{aligned} ab &= (g^i x)(g^j y) = g^i (x g^j) y = g^i (g^j x) y = (g^i g^j)(xy) \\ &= (g^j g^i)(yx) = g^j (g^i y) x = g^j (y g^i) x = (g^j y)(g^i x) = ba \end{aligned}$$

따라서 G는 가환군이다.

정리8.3에 대해 몇 가지 부가 설명을 하면 첫째 위의 증명은 정리를 조금 더 일반화할 수 있다는 가능성을 부여한다: 중심 $Z(G)$의 부분군 H에 대해 G/H가 순환군이면 G는 가환군이다. 둘째 실제 문제의 해결에서는 G가 가환군이 아니면 $G/Z(G)$는 순환군이 아니다 라는 정리의 대우명제를 더 자주 사용한다는 것이다. 예를 들면 이 대우명제와 라그랑쥐 정리를 이용하면 임의의 소수 $p,\ q$에 대해 위수 pq인 비가환군의 중심은 자명한 중심이 된다. 마지막으로 $G/Z(G)$이 순환군이면 그것은 반드시 자명한 군이다.

정리 8.4 $G/Z(G) \approx Inn(G)$

임의의 군 G에 대해 $G/Z(G)$은 $Inn(G)$와 동형이다.

증명 집합 $G/Z(G)$에서 $Inn(G)$로의 대응 T를 $T(gZ(G)) = \phi_g$(여기서 ϕ_g는 임의의 $x \in G$에 대해 $\phi_g(x) = gxg^{-1}$이다)로 정의하자. 대응 T가 함수임을 증명하기 위해 $gZ(G) = hZ(G)$라 하고 $\phi_g = \phi_h$임을 증명해야 한다($Z(G)$의 잉여류의 상이 그 잉여류를 표현하는 원소가 아닌 잉여류 그 자체에 의해서 결정됨을 의미한다). $gZ(G) = hZ(G)$이므로 $h^{-1}g$는 $Z(G)$의 원소이고 따라서 G의 모든 원소 x에 대해 $h^{-1}gx = xh^{-1}g$이다. 즉 G의 모든 원소 x에 대해 $gxg^{-1} = hxh^{-1}$이므로 $\phi_g = \phi_h$이다. 위의 과정을 역순으로 하면 T가 단사함수임을 증명할 수 있고 또한 T는 확연히 전사이다. G의 임의의 원소 g, h에 대해 $\phi_g\phi_h = \phi_{gh}$이므로 T는 연산을 보존한다.

정리8.3과 정리8.4를 이용하면 $Inn(D_6)$를 직접 계산하지 않고 $Inn(D_6)$을 구할 수 있다.

예 14 제2장 예11에 의해 $|Z(D_6)| = 2$이므로 $|D_6/Z(D_6)| = 6$이다. 따라서 위수 6인 군의 분류(정리6.2)에 의해 $Inn(D_6)$는 D_3 또는 $\mathbb{Z}_6$와 동형이다. 그러나 $Inn(D_6)$이 순환군이면 정리8.4에 의해 $D_6/Z(D_6)$ 또한 순환군이고 정리8.3에 의해 D_6가 가환군이 되어 모순이다. 따라서 $Inn(D_6)$는 D_3와 동형이다.

다음 정리는 유한군의 이론에서 가장 막강한 증명 방법-잉여군과 수학적귀납법을 모두 사용하여 증명한다.

정리 8.5 가환군에 대한 코시정리(Cauchy's Theorem for Abelian Groups)

유한가환군 G와 소수 p에 대해서 $p \mid |G|$이면 위수가 p인 원소가 G에 존재한다.

증명 위수 2인 경우는 당연히 성립한다. 수학적 귀납법II를 이용하여 정리를 증명하고자 한다. 즉 $|G|$보다 작은 위수를 갖는 모든 가환군에 대해 정리가 성립한다고 가정하고 이 가정을 이용해서 G에 대해 정리가 성립함을 증명하면 된다. 이를 위해 소수 위수를 갖는 원소가 G에 존재함을 먼저 증명하자. $|x| = m$이면 $m = qn$인 소수 q가 존재하고

따라서 $|x^n|=q$이다. 따라서 소수 위수를 갖는 원소가 G에 존재하는데 이 원소를 x라 하고 $|x|=q$을 소수라 하자. $q=p$이면 정리가 증명되었다. $q\neq p$라면 가환군의 모든 부분군은 정규부분군이므로 $\overline{G}=G/\langle x\rangle$는 가환군이고, $|\overline{G}|=|G|/q$이므로 p는 $|\overline{G}|$의 약수이다. 따라서 귀납법의 가정에 의해 $\overline{G}$에는 위수 p인 원소 $y\langle x\rangle$가 존재한다. 연습문제32에 의해 정리가 성립한다.

내직적

이미 우리가 알고 있듯이 외직적은 이미 알려진 군들을 이용하여 더 큰 군 하나을 만든다. 이 과정을 역으로 할 수 있다면 즉 커다란 하나의 군을 여러 개의 적은 군으로 쪼개어 이들의 곱으로 표현할 수 있다면 이 또한 유용한 도구이다. 그러나 항상 이렇게 할 수 있는 것은 아니다. 이를 위해 군 G의 부분군 H, K에 대해 집합 HK을 $HK=\{hk\mid h\in H,\ k\in K\}$로 정의하자.

예 15 $U(24)=\{1, 5, 7, 11, 13, 17, 19, 23\}$에서 $H=\{1, 17\}$이고 $K=\{1, 13\}$이면 $5=17\cdot 13 \bmod 24$이므로 $HK=\{1, 13, 17, 5\}$이다.

예 16 S_3에서 $H=\{(1), (12)\}$이고 $K=\{(1), (13)\}$이면
$HK=\{(1), (13), (12), (12)(13)\}=\{(1), (13), (12), (132)\}$이다.

HK는 집합이지 군이 아님에 주의해야 한다. 예15에서는 군이 되지만 예16에서는 군이 아니다.

정의 내직적(Internal Direct Product of H and K)

군 G의 정규부분군 H와 K가 존재하여 다음을 만족하면 군 G는 H와 K의 내직적이라 하고 $G=H\times K$로 표현한다.

$$G=HK \text{ 이고 } H\cap K=\{e\}$$

내직적이라고 한 이유는 H와 K가 군 G의 부분군이고 G가 H와 K의 외직적과 자연스럽게

동형이기 때문이다. 곱의 한 형태는 군 G에서 출발하여 군 G가 부분군 H와 K의 외직적과 동형이 되도록 H와 K를 구하는 것이다(정의는 바로 이 경우이다. 정리8.6 참고). 다른 형태는 두 군이 서로 관계가 있든 없든 임의의 두 군 H와 K에서 출발하여 외직적 $H \oplus K$를 만드는 것이다. 이 두 곱의 차이점은 내직적은 군 G의 부분군과 군 G의 연산으로 군 G내부에서 계산 하는 것이고 외직적은 서로 전혀 관계없는 군들끼리 완전히 새로운 집합과 새로운 연산을 만들어 계산한다는 것이다. (그림8.1과 그림8.2.)

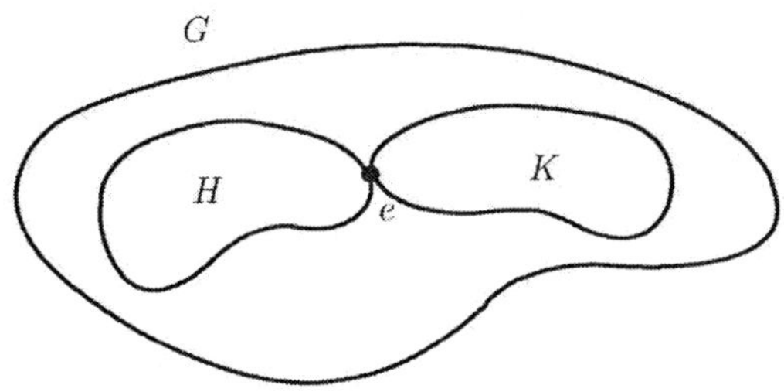

[그림 8.1] 내직적은 H와 K는 같은 군의 부분군들이어야 한다.

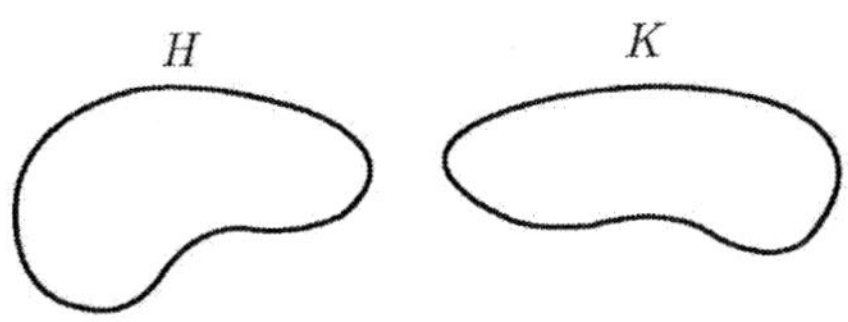

[그림 8.2] 외직적은 H와 K는 임의의 군들 일 수 있다.

위에서 설명한 군들의 두 가지 곱의 형태는 정수의 경우와 비교하면 이해하기 쉽다. 여러 개의 정수를 택하여 이들을 모두 곱하면 거대한 크기의 정수가 만들어 지는데 마찬가지로 군들을 택하여 외직적으로 커다란 군을 만드는 것과 같다. 역으로 주어진 특정한 정수를 인수분해 해야 하는 경우가 있는데 이는 주어진 군을 그 군의 부분군들의 내직적으로 표현하는 것과 같다.

예 17 위수 12인 이면체군 D_6에서 F를 반사이동이라 하고 R_k을 k° 회전이동이라 하면 다음이 성립한다.

$$D_6 = \{R_0, R_{120}, R_{240}, F, R_{120}F, R_{240}F\} \times \{R_0, R_{180}\}.$$

내직적의 정의의 모든 조건을 만족해야만 $HK \approx H \oplus K$이 된다. 예를 들어

$$G=S_3,\ H=\langle (123)\rangle,\ K=\langle (12)\rangle \text{이면 } G=HK\text{이고 } H\cap K=\{(1)\}$$

이지만, 정리7.2에 의해 $H\oplus K$는 순환군이고 S_3는 순환군이 아니므로 G는 $H\oplus K$와 동형이 아니다. 여기서 K는 의 부분군이지만 정규부분군은 아니기 때문이다.

또한 군이 여러 개의 부분군들의 내직적이 되는 경우도 있다.

정의 내직적 $H_1\times H_2\times\cdots\times H_n$ (Internal Direct Product $H_1\times H_2\times\cdots\times H_n$)

군 G의 정규부분군 $H_1,\ H_2,\ \cdots\ H_n$ 이 다음을 만족하면 군 G는 $H_1,\ H_2,\ \cdots\ H_n$ 의 내직적이라 하고 $G=H_1\times H_2\times\cdots\times H_n$ 로 표현한다.

$$G=H_1H_2\cdots H_n=\{h_1h_2\cdots h_n\,|\,h_i\in H_i\}\ \text{이고}$$

$$(H_1H_2\cdots H_i)\cap H_{i+1}=\{e\},\ i=1,2,\cdots,n-1$$

이 정의는 부분군 두 개의 내직적의 정의보다 더 복잡하다. 아마도 이 정의의 발상에 대해 궁금할 수 도 있다. 즉 그 부분군이 정규부부분군이어야 하고 또한 각각의 부분군이 그 이전의 모든 부분군의 곱과 서로소이여야 하는 이유를 알고 싶어 할 수도 있는데 그 이유는 의외로 간단하다. 즉 내직적이 외직적과 동형이 되어야 하기 때문이다. 다음 정리에서 내직적의 정의의 모든 조건들은 두 곱이 동형이 되도록 주어 진 것임을 설명한다.

정리 8.6 $H_1\times H_2\times\cdots\times H_n\approx H_1\oplus H_2\oplus\cdots\oplus H_n$

군 G가 부분군 $H_1,\ H_2,\ \cdots\ H_n$ 의 내직적이면 G는 $H_1,\ H_2,\ \cdots\ H_n$ 의 외직적과 동형이다.

증명 먼저 각각의 H_i가 정규적임을 증명한다. 이는 정의의 두 번째 조건을 이용하여 서로 다른 H_i의 원소끼리는 교환법칙이 성립한다는 것을 증명하면 되기 때문에 $i\neq j$에 대해 $h_i\in H_i,\ h_j\in H_j$ 라면 다음이 성립한다.

$$h_ih_jh_i^{-1}h_j^{-1}=(h_ih_jh_i^{-1})h_j^{-1}\in H_jh_j=H_j$$

이고

$$h_ih_jh_i^{-1}h_j^{-1}=h_i(h_jh_i^{-1}h_j^{-1})\in h_iH_i=H_i.$$

따라서 $h_ih_jh_i^{-1}h_j^{-1}\in H_i\cap H_j=\{e\}$ (연습문제2 참조)이고 $h_ih_j=h_jh_i$ 이다. 이제 G의 원소는 각각의 $h_i\in H_i$에 대해 $h_1h_2\cdots h_n$ 인 형태로 유일하게 표현할 수 있음을 증명한다.

정의의 첫 번째 조건에 의해 그러한 표현이 최소한 한 개가 있다. 이제 유일성을 증명하기 위해 각각의 $h_i,\ h_i' \in H_i$에 대해 $g = h_1 h_2 \cdots h_n$ 이고 $g' = h'_1 h'_2 \cdots h'_n$ 라 하자. 임의의 $i \neq j$에 대해 $h_i h_j = h_j h_i$ 이므로 다음 식을

$$h_1 h_2 \cdots h_n = h'_1 h'_2 \cdots h'_n \qquad (1)$$

$h_n' h_n^{-1}$에 대해 풀면 다음 식이 된다.

$$h_n' h_n^{-1} = (h'_1)^{-1} h_1 (h'_2)^{-1} h_2 \cdots (h'_{n-1})^{-1} h_{n-1}.$$

따라서

$$h_n' h_n^{-1} \in H_1 H_2 \cdots H_{n-1} \cap H_n = \{e\}$$

에서 $h_n' h_n^{-1} = e$ 이므로 $h_n' = h_n$ 이다. 식 (1)에 소거법칙을 적용하고 위의 과정을 반복하면 $h'_{n-1} = h_{n-1}$ 이 된다. 같은 과정을 반복하면 $i = 1,\ 2,\ \cdots,\ n$에 대해 $h'_i = h_i$ 이다. 따라서 $\Phi(h_1 h_2 \cdots h_n) = (h_1,\ h_2,\ \cdots,\ h_n)$ 로 정의된 대응 Φ는 군 $H_1 \times H_2 \times \cdots \times H_n$ 에서 $H_1 \oplus H_2 \oplus \cdots \oplus H_n$ 로의 함수이다. 이 함수가 항등함수임을 보이는 것은 어렵지 않다.

정리8.6을 이용하는 다음 정리는 중요하다.

정리 8.7 위수 p^2인 군의 분류(Classification of Groups of Order p^2)

소수 p에 대해 위수 p^2인 군은 $\mathbb{Z}_{p^2}$ 또는 $\mathbb{Z}_p \oplus \mathbb{Z}_p$와 동형이다.

증명 군 G를 소수 p에 대해 위수 p^2인 군이라 하자. 군 G에 위수 p^2인 원소가 존재하면 G는 $\mathbb{Z}_{p^2}$과 동형이다. 군 G에 위수 p^2인 원소가 존재하지 않으면 라그랑쥐 정리의 따름정리2에 의해 항등원이 아닌 원소의 위수는 모두 p이다. G의 임의의 원소 a에 대해 순환부분군 $\langle a \rangle$이 정규부분군임을 먼저 증명하자. 만약 $\langle a \rangle$이 정규부분군이 아닌 원소 a가 존재한다면 bab^{-1}이 $\langle a \rangle$의 원소가 아닌 원소 b가 G에 존재하고 $\langle a \rangle$와 $\langle bab^{-1} \rangle$은 위수 p인 서로 다른 부분군이다.

$\langle a \rangle \cap \langle bab^{-1} \rangle$은 $\langle a \rangle$와 $\langle bab^{-1} \rangle$의 부분군이므로

$\langle a \rangle \cap \langle bab^{-1} \rangle = \{e\}$이다. 따라서 $\langle bab^{-1} \rangle$의 서로 다른 좌잉여류 전체는 $\langle bab^{-1} \rangle$, $a\langle bab^{-1} \rangle$, $a^2\langle bab^{-1} \rangle$, $\cdots$, $a^{p-1}\langle bab^{-1} \rangle$이다. b^{-1}는 이들 좌잉여류 중 한 개의

원소이므로 $b^{-1} = a^i(bab^{-1})^j = a^i ba^j b^{-1}$이 되는 i, j가 존재한다. 따라서 $e = a^i ba^j$이고 $b = a^{-i-j} \in \langle a \rangle$이 되어 모순이다. 따라서 임의의 원소 a에 대해 $\langle a \rangle$은 정규부분군이다. 이제 x를 항등원이 아닌 원소라 하면 $\langle x \rangle$의 위수는 p이므로 $y \notin \langle x \rangle$인 원소 y가 존재하고 $\langle x \rangle$, $\langle y \rangle$는 모두 위수 p인 정규부분군이다.

따라서 정리8.6에 의해 $G = \langle x \rangle \times \langle y \rangle \approx \mathbb{Z}_p \oplus \mathbb{Z}_p$이다.

정리8.7을 이용하면 다음 따름정리는 쉽게 성립한다.

따름 정리 소수 p에 대해 위수 p^2인 군은 가환군이다.

$G = H_1 \oplus H_2 \oplus \cdots \oplus H_n$이면 G는 H_1, H_2, $\cdots$, H_n와 동형인 부분군들의 내직적으로 표현 할 수 있다. 예를 들어 $G = H_1 \oplus H_2$이면 $\overline{H_1} = H_1 \oplus \{e\}$와 $\overline{H_2} = \{e\} \oplus H_2$에 대해 $G = \overline{H_1} \times \overline{H_2}$이다.

직적이라는 주제는 기호와 용어에 있어 폭넓게 조금씩 달라지는 면이 있는 것이다. 대부분의 저자들은 $H \times K$을 H와 K의 내직적과 곤의직적의 기호에 차이를 두지 않고 동시에 사용하고 소수의 몇몇 저자들은 외직적만 정의한다. 대부분의 경우에 H와 K가 가환군인 경우에 $H \times K$을 $H \oplus K$로 나타내고 H와 K의 직합이라 한다. 환은 항상 덧셈에 대해 가환군이므로 환에 대한 부분에서 이 기호를 사용할 것이다.

지금까지 논의 된 이론을 아주 적절하게 설명하고 내직적과 외직적의 차이를 잘 나타내주는 예가 $U-$군이다. 정리7.3과 그 따름정리, 정리8.6에 의해서 $m = n_1 n_2 \cdots n_k$이고 $i \neq j$에 대해 $\gcd(n_i, n_j) = 1$이면 다음이 성립한다.

$$\begin{aligned} U(m) &= U_{m/n_1}(m) \times U_{m/n_2}(m) \times \cdots \times U_{m/n_k}(m) \\ &\approx U(n_1) \oplus U(n_2) \oplus \cdots \oplus U(n_k). \end{aligned}$$

정리7.3 다음에 있는 예를 설명하면 아래와 같다.

$$\begin{aligned} U(105) &= U(15 \cdot 7) = U_{15}(105) \times U_7(105) \\ &= \{1, 16, 31, 46, 61, 76\} \times \{1, 8, 22, 29, 43, 64, 71, 92\} \\ &\approx U(7) \oplus U(15), \end{aligned}$$

$$\begin{aligned} U(105) &= U(5 \cdot 21) = U_5(105) \times U_{21}(105) \\ &= \{1, 11, 16, 26, 31, 41, 46, 61, 71, 76, 86, 101\} \\ &\times \{1, 22, 43, 64\} \approx U(21) \oplus U(5), \end{aligned}$$

$$
\begin{aligned}
U(105) = U(3\cdot5\cdot7) &= U_{35}(105)\times U_{21}(105)\times U_{15}(105)\\
&= \{1,\ 71\}\times\{1,\ 22,\ 43,\ 64\}\times\{1,\ 16,\ 31,\ 46,\ 61,\ 76\}\\
&\approx U(3)\oplus U(5)\oplus U(7).
\end{aligned}
$$

●●● 반직적(semi-direct product)

앞장에서 두 군 H, K에 대하여 직적 $H\times K$에 대하여 논의 하였다. 두 군의 내직적으로 생각하면 H, K는 더 큰 군 G의 부분군들로써 두군 중에 하나만 정규부분군인 경우을 생각해보자. 즉, K만 정규부분군이라 하자.

만약에 한 군 준동형사상 $\phi : H\to Aut(K)$가 있다면, 이 사상을 이용하면 두군의 반직적을 다음과 같이 정의 할 수 있다.

정의 $G=H\times K=\{(h,k)|h\in H, k\in K\}$이고, $\phi : H\to Aut(K)$ 를 비자명 준동형사상이라 하자. 준동형사상 ϕ 를 통한 K 와 H 의 반직적(semi direct product)을 $H\times_\phi K$으로 표기하며, 이항연산을 다음과 같이 정의한다.

$(h_1,k_1)(h_2,k_2) = (h_1h_2, \phi_{h_2}(k_1)k_2)$

정리 8.8 준동형사상 ϕ 를 통한 K 와 H 의 반직적(semi direct product) $H\times_\phi K$ 은 군이다.

증명 e_1, e_2 를 각각 H 와 K 의 항등원이라 하면, $\phi_{e_1}(k_1) = k_1$이다.

따라서, $(h_1,k_1)(e_1,e_2) = (h_1e_1,\phi_{e_1}(k_1)e_2) = (h_1,k_1)$

그리고, (h,k) 의 역원은 $(h^{-1},\phi_{h^{-1}}(k^{-1}))$이다. 즉,

$$
\begin{aligned}
(h^{-1},\phi_{h^{-1}}(k^{-1}))(h,k) &= (h^{-1}h, \phi_h(\phi_{h^{-1}}(k^{-1}))k)\\
&= (e_1, \phi_{e_1}(k^{-1}k) = (e_1,e_2)
\end{aligned}
$$

$$
\begin{aligned}
(h,k)(h^{-1},\phi_{h^{-1}}(k^{-1})) &= (hh^{-1},\phi_{h^{-1}}(k)\phi_{h^{-1}}(k^{-1})\\
&= (e_1,\phi_{h^{-1}}(kk^{-1}))\\
&= (e_1,\phi_{h^{-1}}(e_2)) = (e_1,e_2)
\end{aligned}
$$

$$\therefore (h,k)^{-1} = (h^{-1}, \phi_{h^{-1}}(k^{-1}))$$

또한 결합법칙이 성립한다. 즉,

$$\begin{aligned}
&(h_1,k_1)[(h_2,k_2)(h_3,k_3)] \\
&= (h_1,k_1)(h_2h_3, \phi_{h_3}(k_2)k_3) \\
&= (h_1h_2h_3, \phi_{h_2h_3}(k_1)\phi_{h_3}(k_2)k_3)
\end{aligned}$$
이고,

$$\begin{aligned}
&[(h_1,k_1)(h_2,k_2)](h_3,k_3) \\
&= (h_1h_2, \phi_{h_2}(k_1)k_2)(h_3,k_3) \\
&= (h_1h_2h_3, \phi_{h_3}(\phi_{h_2}(k_1)k_2)k_3) \\
&= (h_1h_2h_3, \phi_{h_3h_2}(k_1)\phi_{h_3}(k_2)k_3)
\end{aligned}$$
이다.

임의의 군 G 가 두 부분군의 반직적으로 표현할 수 있을까? 생각해보자.

정리 8.9 반직적 정리

한군 G 가 두 개의 부분군 H, N 를 갖고, $H \cap N = \{e\}$ 이라 하자. 만약 N 이 G 의 정규부분군이고, H 는 HN 의 정규부분군은 아니다. 한편 ϕ 는 H 에서 $Aut(N)$ 로 가는 비자명 준동형사상이 존재하여 $HN \simeq H \times_{\phi} N$ 가 성립한다.

증명 H 는 G 의 부분군이고 N 는 G 의 정규부분군이므로 HN 은 G 의 부분군이다. H 에서 $Aut(N)$ 로 가는 비자명 준동형사상 ϕ 를 다음과 같이 정의하자.

H 의 각 원소 h 에 대하여, N 의 임의의 원소 n 에 대하여

$$\phi_h(n) = h^{-1}nh$$

이라 하자.

ϕ_h 는 N 에서의 자기동형사상이다. 즉,

$$\begin{aligned}
\phi_h(n_1n_2) &= h^{-1}n_1n_2h \\
&= (h^{-1}n_1h)(h^{-1}n_2h) \\
&= \phi_h(n_1)\phi_h(n_2)
\end{aligned}$$

따라서 ϕ_h 는 군준동형사상이다.

또한, $y \in \phi_h^{-1}(n) \Leftrightarrow h^{-1}yh = n \Leftrightarrow y = hnh^{-1}$ 이므로

ϕ_h 는 전단사함수이다.

다음은, ϕ 자신이 H 에서 $Aut(N)$ 로 가는 비자명 준동형사상임을 밝히자.

$$\begin{aligned}
&(\phi_{h_1}\phi_{h_2})(n) = \phi_{h_2}(\phi_{h_1}(n)) \\
&= \phi_{h_2}(h_1^{-1}nh_1) \\
&= h_2^{-1}h_1^{-1}nh_1h_2 \\
&= (h_1h_2)^{-1}n(h_1h_2) \\
&= \phi_{h_1h_2}(n)
\end{aligned}$$

따라서 $\phi_{h_1}\phi_{h_2} = \phi_{(h_1h_2)}$ 이다.

사실상 ϕ 는 비자명사상임을 알 수 있다.

즉, 임의의 $h \in H$, $n \in N$ 에 대하여, $\phi_h(n) = n$이라면,

$\phi_h(n) = h^{-1}nh = n$ 이다. $nh = hn$ 이므로 H 는 정규부분군이 됨으로 이는 가정에 모순된다.

위의 정리에서 HN 의 원소들은 유일한 표현을 갖는다.

만약에 $h_1n_1 = h_2n_2$ 라 하면, $h_2^{-1}h_1 = n_2n_1^{-1}$ 이다.

$H \cap N = \{e\}$ 이므로, $h_1 = h_2$, $n_1 = n_2$ 이다.

다음에는 함수 $f : HN \rightarrow H \times_\phi N$ 을 $f(hn) = (h,n)$로 정의하자.

정의에서 f 가 전단사함수임을 곧 바로 알 수 있다.

다음은, f 가 준동형사상임을 보이자.

$v = h_1n_1$, $w = h_2n_2$ 라 하자.

$vw = h_1n_1h_2n_2 = (h_1h_2)(h_2^{-1}n_1h_2n_2)$이므로,

$$\begin{aligned}
&f(vw) = f((h_1h_2)(h_2^{-1}n_1h_2n_2)) \\
&= (h_1h_2, h_2^{-1}n_1h_2n_2) \\
&= (h_1h_2, \phi_{h_2}(n_1)n_2) \\
&= (h_1,n_1)(h_2,n_2) = f(v)f(w)
\end{aligned}$$

따라서, f 군동형사상이다.

이제, 위수가 비교적 작은 유한군 중에서 위수가 12개인 경우를 생각해보자.

군의 분류에서 가환군인 경우가 $Z_{12}, Z_6 \times Z_2$ 두가지가 있고, 비가환군인 경우는 우순열군 A_4, 이면체군 D_{12} 그리고 반직적 $Z_3 \times_\phi Z_4$가 있다.

따름 정리 8.10 위의 정리에서 $\phi : H \to Aut(N)$가 자명한 준동형사상이면 $H \times_\phi N = H \times N$이다. 즉, 반직적은 직적(Direct product)이 된다.

증명 $(h,n)(h',n') = (hh', g_{h'}(n)n')g_{h'}(n) = g_{h'}(n) = h'^{-1}nh' = n$ 이므로

$\therefore (h,n)(h',n') = (hh',nn')$.

예 18 $n > 2, \phi$는 $Z_2 = \{e,a\}$에서 $Aut(Z_n)$으로 가는 준동형사상이 $\phi_a(k) = k^{-1}$로 정리되면, 반직적 $Z_2 \times_\phi Z_n = D_n$이다. 여기서 D_n은 위수가 $2n$개인 이면체군이다.

예 19 반직적 $Z_3 \times_\phi Z_4$ 에 대하여 알아보자.

일반적으로, H 가 가환군이고, $N = \langle x \rangle = Z_{2n}$ 이라 하자.

$\phi_h(x) = x^{-1}$ 로 정의하면, $\phi_h \in Aut(N)$ 이다. 모든 $h \in H$ 에 대하여, $xh^{-1}x = h^{-1}$ 이고 $x^2hx^{-2} = h$ 이다. 따라서, $x^2 \in Z(G)$이다. 특히, $H = Z_3$, $N = Z_4$인 경우 $H \times_\phi N$ 는 비가환군이고, A_4, D_{12} 와는 동형이 아닌 군이된다. 왜냐하면 이 군은 실로우2부분군을 갖기 때문이다.

예 20 군 G가 치환군 S_4일 때, $H = S_3, K = V_4$라 하자. 여기서 V_4는 4원소군이다. K는 G의 정규부분군이고, $G = KH, K \cap H = \{e\}$이므로 $S_4 \equiv S_3 \times_\phi V_4$이다. 같은 방법으로 $A_4 \cong A_3 \times_\phi V_4$이다. 여기서 A_4, A_3는 우치환군이다.

연습문제

1. S_3에서 $H=\{(1),\ (12)\}$의 정규부분군의 여부를 판정하여라.

2. G는 $H_1,\ H_2,\ \cdots,\ H_n$의 내직적이고 $1 \leqq i \leqq n,\ 1 \leqq j \leqq n,\ i \neq j$이면 $H_i \cap H_j = \{e\}$임을 증명하여라.

3. $G = GL(2,\ \mathbb{R})$이고 $\mathbb{R}^*$의 부분군K에 대해 $H=\{A \in G \mid \det A \in K\}$는 H는 G의 정규부분군임을 증명하여라.

4. $G = \mathbb{Z}_4 \oplus U(4),\ H = \langle (2,\ 3) \rangle,\ K = \langle (2,\ 1) \rangle$에 대해 G/H는 G/K와 동형이 아님을 증명하여라.(따라서 $H \approx K$는 $G/H \approx G/K$의 충분조건이 아니다.)

5. G의 정규부분군 H에 대해 H와 G/H가 순환군일 때 G의 순환군 여부를 판정하여라.

6. G의 부분군 H와 $a,\ b \in G$에 대해 $(ab)H = a(bH)$임을 증명하여라.

7. 잉여군 $U(105)/U_5(105)$에서 $4\,U_5(105)$의 위수를 구하여라.

8. $G = \mathbb{Z}/\langle 20 \rangle$과 $H = \langle 4 \rangle/\langle 20 \rangle$의 원소를 모두 구하여라.

9. 잉여군 $(\mathbb{Z}_{10} \oplus U(10))/\langle (2,\ 9) \rangle$의 위수를 구하여라.

10. 위수 33인 가환군은 순환군임을 증명하여라.

11. $(\mathbb{Z} \oplus \mathbb{Z})/\langle (4,\ 2) \rangle$의 위수를 구하고 순환군의 여부를 판정하여라.

12. $G=U(32)$, $H=\{1, 31\}$에 대해 $\mathbb{Z}_8$, $\mathbb{Z}_4\oplus\mathbb{Z}_2$, $\mathbb{Z}_2\oplus\mathbb{Z}_2\oplus\mathbb{Z}_2$ 중에서 G/H와 동형이 아닌 것을 제외시키면 동형인 것이 하나 남는데 이것을 구하여라.

13. $G=U(16)$, $H=\{1, 15\}$, $K=\{1, 9\}$에 대해 H와 K의 동형 여부를 판정하여라. 또한 G/H와 G/K의 동형 여부를 판정하여라.

14. $A_4\oplus\mathbb{Z}_3$에는 위수 18인 부분군이 존재하지 않음을 증명하여라.

15. $\mathbb{R}^*$는 영이 아닌 실수전체집합의 곱셈에 대한 군이고 $\mathbb{R}^+$는 양의 실수전체집합의 곱셈에 대한 군이라 할 때 $\mathbb{R}^*$는 $\mathbb{R}^+$와 부분군 $\{1, -1\}$의 내직적임을 증명하여라.

16. H와 K가 군 G의 부분군이고 $G=HK$이다. $h\in H$, $k\in K$에 대해 $g=hk$일 때 $|g|$, $|h|$, $|k|$사이의 관계식이 있으면 그것을 구하여라. $G=H\times K$인 경우에도 구하여라.

17. 곱셈에 대한 군 $G=\{3^a6^b10^c \mid a, b, c\in\mathbb{Z}\}$, $H=\{3^a6^b12^c \mid a, b, c\in\mathbb{Z}\}$에 대해 $G=\langle 3\rangle\times\langle 6\rangle\times\langle 10\rangle$이고 $H\neq\langle 3\rangle\times\langle 6\rangle\times\langle 12\rangle$을 증명하여라.

18. H가 유한군 G의 정규부분군일 때 잉여군 G/H에서 gH의 위수는 G에서 g의 위수의 약수임을 증명하여라.

19. H가 군 G의 정규부분군일 때 G에서 H의 중심화 $C(H)$는 G의 정규부분군임을 증명하여라.

20. 잉여군 G/H에서 $aH=bH$, $|a|\neq|b|$, $a\neq e$, $b\neq e$을 만족하는 예를 구하여라.

21. 소수 p에 대해 위수 $2p$인 군의 부분군 H가 정규부분군이 아니면 H의 위수는 2임을 증명하여라.

22. 유한군 G의 정규부분군 N와 부분군 H에 대해 $|G/N|$이 소수이면 $H\subseteq N$ 또는 $G=NH$임을 증명하여라.

23. 위수 p^3(단 p는 소수)인 비가환군 G에 대해 $Z(G) \neq \{e\}$이면 $|Z(G)| = p$임을 증명하여라.

24. N은 군 G의 정규부분군, H는 G의 부분군, N은 H의 부분군일 때 H/N이 G/N의 정규부분군이기 위한 필요충분조건은 H가 G의 정규부분군임을 증명하여라.

25. 영이 아닌 실수전체집합의 곱셈에 대한 군 R^*에서 유한지표를 갖는 모든 부분군들을 결정하여라.

26. 군 G의 정규부분군 N과 부분군 H에 대해 NH가 G의 부분군임을 증명하여라. N과 H가 모두 G에서 정규적이 아니고 NH가 G의 부분군이 아닌 예를 구하여라.

27. N이 G의 순환부분군이고 정규부분군이면 N의 모든 부분군 또한 G의 정규부분군임을 증명하여라.

28. 유한군 G의 정규부분군 H와 $x \in G$에 대해 $\gcd(|x|, |G/H|) = 1$이면 $x \in H$임을 증명하여라.

29. G는 군이고 G'는 집합 $S = \{x^{-1}y^{-1}xy | x, y \in G\}$ 에 의해 생성되는 G 의 부분군이라 하자.
   a. G'는 G 의 정규부분군임을 증명하여라.
   b. G/G'는 가환군임을 증명하여라.
   c. 만약 G/N 이 가환군이면 $G' \leq N$ 임을 증명하여라.
   d. 만약 H 가 G 의 부분군이고 $G' \leq H$ 이면, H 는 G 의 정규부분군임을 증명하여라.

30. N이 G의 정규부분군이고 $|G/N| = m$이면 G의 임의의 원소 x에 대하여 $x^m \in N$임을 증명하여라.

31. G가 비가환군이면 $Aut(G)$는 순환군이 아님을 증명하여라.

32. 유한군 G의 정규부분군 H에 대해 잉여군 G/H에 위수 n인 원소가 존재하면 군 G에도 위수 n인 원소가 존재함을 증명하여라. 유한군이라는 조건은 반드시 필요한 조건임을 반례로써 증명하여라.

33. D_4에서 $\mathcal{K}=\{R_0, H\}$에 대한 잉여류 $\mathcal{K}$, $D\mathcal{K}$, $V\mathcal{K}$, $D'\mathcal{K}$에 대한 연산표를 구하고 그것이 군에 대한 연산표인가를 확인하고 그 결과를 정리8.2로 설명하여라.

34. $|G|=30$이고 $|Z(G)|=5$일 때 $G/Z(G)$를 구하여라.

35. A_5에는 위수 2인 정규부분군이 존재하지 않음을 증명하여라.

36. 군 G와 소수 p에 대해 집합 $H=\{g^p \mid g\in G\}$이 부분군이면 H는 G의 정규부분군이고 잉여군 G/H의 항등원이 아닌 모든 원소의 위수는 p임을 증명하여라.

37. G의 부분군 H의 지표가 2이면 홀수 위수를 갖는 G의 원소는 모두 H의 원소임을 증명하여라.

38. 위수(order)가 200인 군 G가 부분군 H와 정규부분군(normal subgroup) N을 가진다. H와 N의 위수가 각각 8과 40일 때, H가 N의 부분군임을 보여라.

*** 39. G는 위수(order)가 150인 군이다. 위수가 6인 G의 부분군이 유일하게 존재할 때, 위수가 30인 G의 부분군이 존재함을 보여라.

*** 40. 대칭군(symmetric group) S_5 와 덧셈 순환군(additive cyclic group) Z_{12} 의 직접곱(직적, direct product) $S_5\times Z_{12}$에 대하여, S_5 의원소 $\sigma=\begin{bmatrix}12345\\24513\end{bmatrix}$ 의 위수(order)와 $S_5\times Z_{12}$의 원소$(\sigma, 9)$의 위수를 각각 구하시오.

*** 41. 군 G는 직접곱(직적,direct product) $Z_{13}^*\times C^*$ 이다. 위수(order)가 18인 G의 원소의 개수를 풀이 과정과 함께 쓰고, 덧셈군 Z_{18}과 군동형(group isomorphic)이 되는 G의 부분군의 개수를 구하시오.(단, Z_{13}^*과 C^*은 각각 유한체 Z_{13}과 복소수체 C의 영이 아닌 원소들의 곱셈군이다).

이 책의 *** 표기는 한국교육과정평가원의 중등교사수학임용기출문제를 인용한 것임.

제 9 장

군 준동형사상 (group Homomorphisms)

정의와 예(Definition and Examples)

정의 군 준동형사상(Group Homomorphism)

연산을 보존하는 즉, 임의의 $a,\ b \in G$에 대해 $\phi(ab) = \phi(a)\phi(b)$을 만족하는 군 G에서 군 $\overline{G}$로의 함수 ϕ를 G에서 $\overline{G}$로의 군 준동형사상이라 한다.

준동형사상의 예와 성질을 논의하기 전에 준동형사상의 치역과 밀접한 관계가 있는 매우 중요한 부분군을 먼저 정의한다.(정리9.1의 성질4 참조.)

정의 준동형사상의 핵(Kernel of a Homomorphism)

집합 $\{x \in G \mid \phi(x) = e\}$을 군 G에서 항등원 e를 갖는 군으로의 준동형사상 ϕ의 핵이라 하고 $Ker\,\phi$로 나타낸다.

예 1 모든 동형사상은 전단사인 준동형사상이고 그 핵은 자명한 부분군이다.

예 2 $\mathbb{R}^*$이 영이 아닌 실수 전체집합의 곱셈에 대한 군일 때 $A \mapsto \det A$로 주어진 행렬식함수는 $GL(2,\ \mathbb{R})$에서 $\mathbb{R}^*$로의 준동형사상이고 그 핵은 $SL(2,\ \mathbb{R})$이다.

예 3 $\phi(x)=|x|$로 주어진 $\mathbb{R}^*$에서 $\mathbb{R}^*$로의 함수 ϕ는 $Ker\,\phi=\{1,\ -1\}$인 준동형사상이다.

■

예 4 $\mathbb{R}[x]$는 실수 계수 다항식 전체집합의 덧셈에 대한 군이고 임의의 $f\in\mathbb{R}[x]$에 대해 f'은 f의 미분이다. $\mathbb{R}[x]$ 위에서 $f\mapsto f'$로 주어진 함수는 준동형사상이고 핵은 상수다항식 전체집합이다.

■

예 5 $\phi(m)=m \bmod n$로 주어진 $\mathbb{Z}$에서 $\mathbb{Z}_n$으로의 함수 ϕ는 준동형사상이고(제0장 연습문제11) 핵은 $\langle n\rangle$이다.

■

예 6 영이 아닌 실수 전제집합의 곱셈에 대한 군 $\mathbb{R}^*$위에서 $\phi(x)=x^2$으로 주어진 함수 ϕ는 임의의 $a,\ b\in\mathbb{R}^*$에 대해 $\phi(ab)=(ab)^2=a^2b^2=\phi(a)\phi(b)$이므로 준동형사상이고(연습문제5 참고) $Ker\,\phi=\{1,\ -1\}$이다.

■

예 7 실수 전제집합의 덧셈에 대한 군 $\mathbb{R}$ 위에서 $\phi(x)=x^2$으로 주어진 함수는 $\phi(a+b)=(a+b)^2=a^2+2ab+b^2$이고 $\phi(a)+\phi(b)=a^2+b^2$이므로 준동형사상이 아니다.

■

군의 원소를 표현하는 방법이 유일하지 않으므로 준동형사상을 정의할 때 주어진 대응이 함수임을 반듯이 확인해야한다.(이 교재에서는 "잘 정의 되었다." 라는 문장을 주로 사용한다.) 예를 들어 $\mathbb{Z}_6$에서 $3(x+y)=3x+3y$이므로 $x+\langle 3\rangle\mapsto 3x$로 주어진 대응을 $\mathbb{Z}/\langle 3\rangle$에서 $\mathbb{Z}_6$으로의 준동형사상이라고 섣부른 판단을 할 수 도 있다.

그러나 $\mathbb{Z}/\langle 3\rangle$에서 $0+\langle 3\rangle=3+\langle 3\rangle$이고 $\mathbb{Z}_6$에서는 $3\cdot 0\neq 3\cdot 3$이므로 주어진 대응은 함수가 아니다.

선형대수의 모든 선형변환은 준동형사상이고 핵은 영공간이다. 그리고 가역선형변환이 군 동형사상이다.

준동형사상의 성질(Properties of Homomorphisms)

정리 9.1 준동형사상에 의한 원소의 대응 규칙 (Properties of Elements under Homomorphisms)

군 G에서 군 $\overline{G}$로의 준동형사상 ϕ와 $g \in G$에 대해 다음이 성립한다.

1. ϕ에 의한 G의 항등원의 상은 $\overline{G}$의 항등원이다.
2. 임의의 $n \in \mathbb{Z}$ 에 대해 $\phi(g^n) = (\phi(g))^n$ 이다.
3. $|g|$가 유한이면 $|\phi(g)|$는 $|g|$의 약수이다.
4. $Ker\phi$는 G의 부분군이다.
5. $\phi(a) = \phi(b)$이기 위한 필요충분조건은 $a\,Ker\phi = b\,Ker\phi$이다.
6. $\phi(g) = g'$이면 $\phi^{-1}(g') = \{x \in G \mid \phi(x) = g'\} = g\,Ker\phi$이다.

증명 성질1과 성질2의 증명은 정리6.2의 성질1 성질2의 증명과 동일하다. 성질1과 성질2에 의해 $g^n = e$이면 $e = \phi(e) = \phi(g^n) = (\phi(g))^n$이다. 따라서 정리4.1의 따름정리2에 의해 $|\phi(g)|$는 $|g|$의 약수이므로 성질3이 성립한다.

성질1에 의해 $Ker\phi$는 공집합이 아니므로 성질4는 임의의 $a, b \in Ker\phi$에 대해 $ab^{-1} \in Ker\phi$임을 증명하면 된다. 임의의 $a, b \in Ker\phi$에 대해 $\phi(a) = e$이고 $\phi(b) = e$이므로 $\phi(ab^{-1}) = \phi(a)\phi(b^{-1}) = \phi(a)(\phi(b))^{-1} = ee^{-1} = e$이다. 따라서 $ab^{-1} \in Ker\phi$이다. 성질5에서 먼저 $\phi(a) = \phi(b)$라면 $e = (\phi(b))^{-1}\phi(a) = \phi(b^{-1})\phi(a) = \phi(b^{-1}a)$이므로 $b^{-1}a \in Ker\phi$이다. 따라서 제7장 보조정리의 성질5에 의해 $a\,Ker\phi = b\,Ker\phi$이다. 위의 과정을 역으로 하면 필요조건 또한 증명된다. 성질6을 증명하기 위해서는 $\phi^{-1}(g') \subseteq g\,Ker\phi$와 $g\,Ker\phi \subseteq \phi^{-1}(g')$을 모두 증명해야 한다. 먼저 $x \in \phi^{-1}(g')$라면 $\phi(x) = g' = \phi(g)$이므로 성질5에 의해 $g\,Ker\phi = x\,Ker\phi$이고 따라서 $x \in g\,Ker\phi$이다. 역으로 임의의 $k \in Ker\phi$에 대해 $\phi(gk) = \phi(g)\phi(k) = g'e = g'$이므로 정의에 의해 $gk \in \phi^{-1}(g')$이다.

준동형사상은 군의 연산을 보존하므로 군의 여러 성질 또한 보존하는 것은 당연하다.

정리 9.2 준동형사상에 의한 부분군의 대응 규칙 (Properties of Subgroups under Homomorphisms)

군 G에서 군 $\overline{G}$로의 준동형사상 ϕ와 G의 부분군 H에 대해 다음이 성립한다.

1. $\phi(H)=\{\phi(h)\mid h\in H\}$는 $\overline{G}$의 부분군이다.
2. H가 순환군이면 $\phi(H)$ 또한 순환군이다.
3. H가 가환군이면 $\phi(H)$ 또한 가환군이다.
4. H가 G의 정규부분군이면 $\phi(H)$는 $\phi(G)$에서 정규적이다.
5. $|Ker\phi|=n$이면 ϕ는 G에서 $\phi(G)$위로 n대1의 사상이다.
6. $|H|=n$이면 $|\phi(H)|$는 n의 약수이다.
7. $\overline{K}$가 $\overline{G}$의 부분군이면 $\phi^{-1}(\overline{K})=\{k\in G\mid \phi(k)\in\overline{K}\}$는 G의 부분군이다.
8. $\overline{K}$가 $\overline{G}$의 정규부분군이면 $\phi^{-1}(\overline{K})=\{k\in G\mid \phi(k)\in\overline{K}\}$는 G의 정규부분군이다.
9. ϕ가 전사함수이고 $Ker\phi=\{e\}$이면 ϕ는 G에서 $\overline{G}$로의 동형사상이다.

증명 동형사상은 연산을 보존한다는 성질만을 이용하여 정리5.3의 성질4,3,2를 증명하므로 위의 성질1,2,3은 각각 정리5.3의 성질,3,2와 같다.

성질4의 증명을 위해 $\phi(h)\in\phi(H)$, $\phi(g)\in\phi(G)$라면 H가 G의 정규부분군이므로 $\phi(g)\phi(h)\phi(g)^{-1}=\phi(ghg^{-1})\in\phi(H)$이다.

성질5는 정리9.1의 성질6과 $Ker\phi=\phi^{-1}(e)$의 잉여류의 원소의 개수가 모두 같다는 것을 이용하면 성립한다. 성질6의 증명을 위해 ϕ_H를 함수 ϕ의 정의역을 H로 제한한 ϕ의 제한함수라 하면 ϕ_H는 H에서 $\phi(H)$위로의 준동형사상이다. 따라서 $|Ker\phi_H|=t$라면 성질5에 의해 ϕ_H는 t대1 사상이 되어 $|\phi(H)|t=n$이다. $1-$단계부분군 판정법으로 성질7을 증명한다. $e\in\phi^{-1}(\overline{K})$이므로 $\phi^{-1}(\overline{K})$는 공집합이 아니다. $\phi^{-1}(\overline{K})$의 정의에 의해 임의의 $k_1,\ k_2\in\phi^{-1}(\overline{K})$에 대해 $\phi(k_1),\ \phi(k_2)\in\overline{K}$이다. 따라서 $\phi(k_2)^{-1}\in\overline{K}$이고 $\phi(k_1k_2^{-1})=\phi(k_1)\phi(k_2)^{-1}\in\overline{K}$이다. $\phi^{-1}(\overline{K})$의 정의에 의해 $k_1k_2^{-1}\in\phi^{-1}(\overline{K})$이다.

성질8은 정리9.1의 정규성판정법을 이용하여 증명한다. $\overline{K}$가 $\overline{G}$의 정규부분군이면 임의의 $x\in G,\ k\in\phi^{-1}(\overline{K})$에 대해 $\phi(k)\in\overline{K}$이므로 $\phi(xkx^{-1})=\phi(x)\phi(k)(\phi(x))^{-1}\in\overline{K}$이다. 따라서 $xkx^{-1}\in\phi^{-1}(\overline{K})$이다. 마지막으로 성질9는 성질5에 의해 성립한다.

정리9.1과 8.2의 여러 가지 성질을 식이 아닌 그 개념의 설명에 추가적인 해설을 하고자 한다. 정리9.2의 성질2와 3은 순환군의 준동형사상의 상은 순환군이고 가환군의 준동형사상의 상은 가환군임을

의미한다. 성질4에서는 G의 정규부분군의 준동형사상에 의한 상이 G의 상의 정규부분군임을 의미하고 성질5에서는 G에서 $\overline{G}$로의 임의의 준동형사상 ϕ에 대해 ϕ의 상이 되는 $\overline{G}$의 원소와 대응되는 G의 원소의 개수는 항상 $\overline{G}$의 항등원에 대응되는 G의 원소의 개수와 같음을 말한다. 정리8.1의 성질6에서 정의한 집합 $\phi^{-1}(g')$을 g'의 역상이라 한다. 역상은 핵의 잉여류이고 그 잉여류의 임의의 원소의 상은 모두 일치한다. 또한 정리9.2의 성질7에서 $\phi^{-1}(\overline{K})$를 $\overline{K}$의 역상이라 한다.

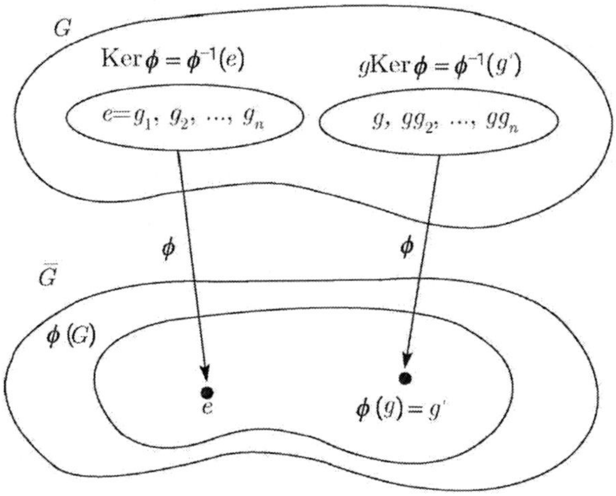

정리9.2의 성질8에서 $\overline{K}=\{e\}$인 경우는 매우 중요하므로 아래 따름정리로 나타냈다.

따름 정리 군 G에서 군 $\overline{G}$로의 임의의 준동형사상 ϕ에 대해 $Ker\phi$는 G의 정규부분군이다.

다음 예에서 정리9.1과 정리9.2를 이해하도록 한다.

예 8 $\phi(x)=x^4$로 주어진 $\mathbb{C}^*$에서 $\mathbb{C}^*$로의 함수 ϕ에 대해 $(xy)^4=x^4y^4$이므로 ϕ는 준동형사상이고 $Ker\phi=\{x \mid x^4=1\}=\{1, -1, i, -i\}$이다. 정리9.2의 성질5에 의해 ϕ는 4대1 함수이다. 이제 2에 대응되는 모든 복소수를 구해보자.

$\phi(\sqrt[4]{2})=2$이므로 정리9.1의 성질6에 의해 2로 대응되는 복소수 전체집합은 $\{\sqrt[4]{2}, -\sqrt[4]{2}, \sqrt[4]{2}i, -\sqrt[4]{2}i\}$이다.

마지막으로 정리9.1의 성질3과 정리9.2의 성질2, 6의 구체적인 예를 살펴보자.

$H=\langle \cos 30^\circ + i \sin 30^\circ \rangle$이면 DeMoivre의 정리에 의해 $|H|=12$, $\phi(H)=\langle \cos 120^\circ + i \sin 120^\circ \rangle$, $|\phi(H)|=3$이다.

예 9 함수 $\phi : \mathbb{Z}_{12} \to \mathbb{Z}_{12}$을 $\phi(x)=3x$로 정의하자. $\mathbb{Z}_{12}$에서 연산은 법을 12로 하는 덧셈이고 $3(a+b)=3a+3b$이므로 ϕ는 준동형사상이다. $\mathbb{Z}_{12}$가 유한집합이므로 원소 하나하나에 대해 함숫값을 계산하면 $Ker\,\phi=\{0, 4, 8\}$이 된다. 따라서 정리9.2의 성질5에 의해 ϕ는 3대1함수이다.

$\phi(2)=6$이므로 정리9.1의 성질6에 의해 $\phi^{-1}(6)=2+Ker\,\phi=\{2, 6, 10\}$이다. $\langle 2 \rangle$이 순환부분군이므로 $\phi(\langle 2 \rangle)=\{0, 6\}$또한 순환부분군이다. 뿐만 아니라 $|2|=6$이고 $|\phi(2)|=|6|=2$이므로 $|\phi(2)|$는 $|2|$의 약수가 되어 정리9.1의 성질3을 확인할 수 있다. $\overline{K}=\{0, 6\}$이면 $\phi^{-1}(\overline{K})=\{0, 2, 4, 6, 8, 10\}$이므로 정리9.2의 성질7을 이 경우에도 확인할 수 있다.

다음 예에서 순환군에서 순환군으로의 준동형사상을 모두 구하는 쉬운 방법을 알아보자.

예 10 정리9.1의 성질2에 의해서 $\mathbb{Z}_{12}$에서 $\mathbb{Z}_{30}$으로 준동형사상은 모두 1의 상에 의해 결정된다. 즉 1이 a에 대응되면 임의의 x는 xa로 대응된다. 그런데 라그랑쥐 정리와 정리9.1의 성질3에 의해 $|a|$는 12와 30의 공약수이므로 $|a|=1, 2, 3, 6$이다. 따라서 $a=0, 15, 10, 20, 5, 25$이다. 이 여섯 개의 a값에 의해 준동형사상이 될 수 있는 즉 연산을 보존하는 대응이 주어지고 이들 대응이 함수임은 간단히 증명 된다. 따라서 모든 준동형사상을 구했다.(여기서 $\gcd(12, 30)=6$ 또한 깊은 관련이 있다.)

● ● ● 제1동형사상정리(The First Isomorphism Theorem)

정리 9.3 제1동형사상정리(First Isomorphism Theorem, Jordan, 1870)

군 G에서 군 $\overline{G}$로의 준동형사상 ϕ에 대해 $g\,Ker\,\phi \mapsto \phi(g)$로 주어진 $G/Ker\,\phi$에서 $\phi(G)$로 대응은 동형사상이다. 즉 $G/Ker\,\phi \approx \phi(G)$이다.

증명 $g\,Ker\phi \mapsto \phi(g)$로 주어진 대응을 Ψ라 하면 정리10.1의 성질5에 의해 Ψ는 잘 정의된 함수(즉 대응이 잉여류의 대표원과 무관하다)이고 단사함수이다. 또한
$\Psi(x\,Ker\phi\; y\,Ker\phi) =$
$\Psi(xy\,Ker\phi) = \phi(xy) = \phi(x)\,\phi(y) = \Psi(x\,Ker\phi)\,\Psi(y\,Ker\phi)$이므로 Ψ는 연산을 보존하는 준동형사상이다.

다음 따름정리는 정리9.3, 정리9.2의 성질1, 라그랑쥐 정리에 의해 성립한다.

따름 정리 유한군 G에서 군 $\overline{G}$로의 준동형사상 ϕ에 대해 $|\phi(G)|$는 $|G|$와 $|\overline{G}|$의 공약수이다.

예 11 정리9.3과 그 증명과정의 이해를 돕기 위해 다음과 같이 주어진 D_4에서 준동형사상을 ϕ라 하자.

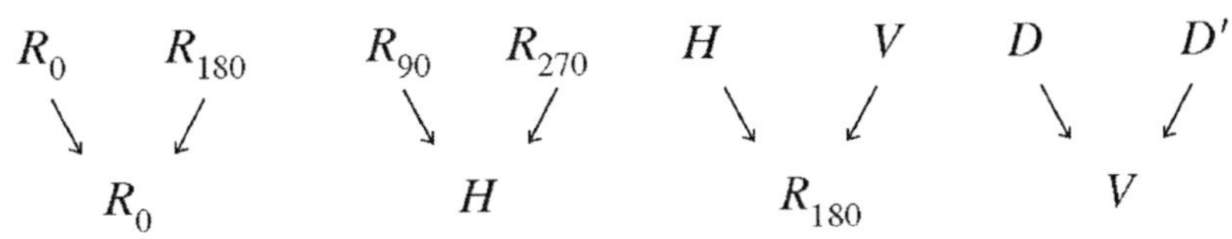

$Ker\phi = \{R_0,\ R_{180}\}$이고 정리9.3의 함수 Ψ는 $R_0\,Ker\phi \to R_0$, $R_{90}\,Ker\phi \to H$, $H\,Ker\phi \to R_{180}$, $D\,Ker\phi \to V$이다. 어렵지 않게 Ψ가 동형사상임을 보일 수 있다.

수학자들은 정리9.3을 다음과 같이 도표로 나타낸다.

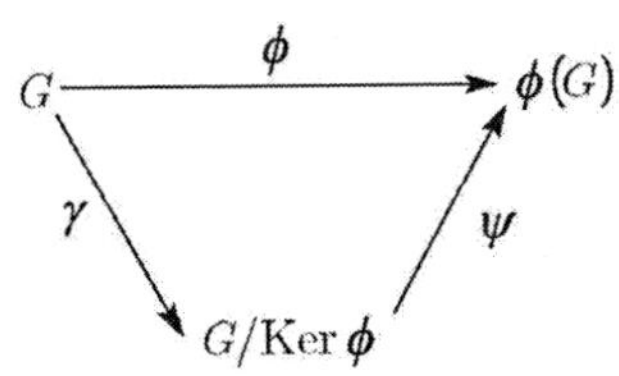

위의 도표에서 $\gamma : G \to G/Ker\phi$는 $\gamma(g) = g\,Ker\phi$로 정의된 함수이며 자연발생적인 함수(natural mapping)라 한다. 또한 정리9.3의 증명에서 $\Psi\gamma = \phi$이고 이런 경우에 위의 다이어그램은 가환적이라 한다.

정리9.3에 의해 G의 준동형사상에 의한 상은 모두 G의 잉여군을 이용하면 알 수 있다. 예를 들어 가환군의 잉여군은 가환군이므로 가환군의 준동형사상의 상은 가환군임을 알 수 있다. 또한 위수

n인 순환군 G에는 n의 각각의 약수에 대해 오직 하나의 부분군이 존재(따라서 오직 하나의 G의 잉여군이 존재)하므로 위수 n인 순환군의 준동형사상들에 의한 상의 개수는 n의 약수의 개수와 같다.(그러나 서로 다른 준동형사상의 상이 같을 수 있으므로 위수 n인 순환군의 준동형사상의 개수는 n의 약수의 개수와 같을 필요는 없다.)

다음 예들을 통해서 정리9.3의 편리성을 알 수 있다.

예 12 $\mathbb{Z}/\langle n \rangle \approx \mathbb{Z}_n$

예5에서 정의한 $\mathbb{Z}$ 에서 $\mathbb{Z}_n$로의 함수의 핵은 $\langle n \rangle$이다. 따라서 정리9.3에 의해 $\mathbb{Z}/\langle n \rangle \approx \mathbb{Z}_n$이다.

예 13 The Wrapping Function

삼각법에서 실수전체집합에서 중심이 원점인 평면 위의 단위원으로의 포장함수 W는 수직선의 원점 0을 단위원의 점 $(1, 0)$으로, 양의 실수는 단위원의 시계반대방향으로, 음의 실수는 시계방향으로 대응시켜서 수직선으로 단위원을 포장한다). 즉 함수 W는 실수 a와 점 $(1, 0)$에서 a레디안 거리에 있는 원위의 점으로 대응한다. 또한 이 함수는 덧셈에 대한 군 $\mathbb{R}$ 에서 원군(circle group ; 크기가 1인 복소수 전체집합의 곱셈에 대한 군)위로 준동형사상이다. 이 함수를 식으로 나타내면 $W(x) = \cos x + i \sin x$이고 $W(x+y) = W(x)W(y)$이므로 준동형사상이다. 또한 W는 주기가 2π인 주기함수이므로 $Ker\, W = \langle 2\pi \rangle$이다. 따라서 정리9.3에 의해 $\mathbb{R}/\langle 2\pi \rangle$는 원군과 동형이다.

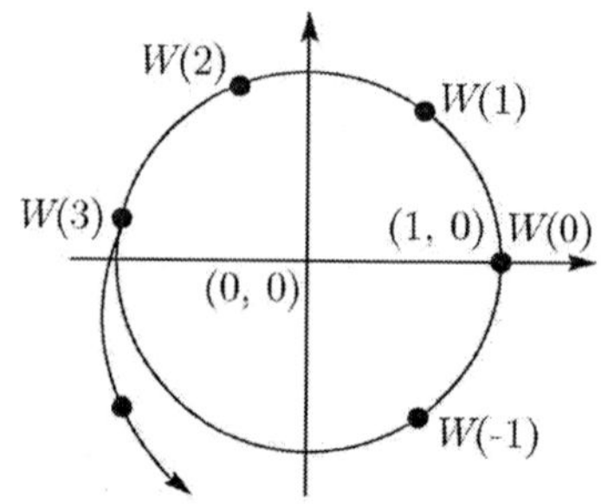

예 14 정규화/중심화 정리(The N/C Theorem)

G의 부분군 H에 대해 G에서 H의 정규화는 $N(H) = \{x \in G | xHx^{-1} = H\}$이고

중심화는 $C(H)=\{x\in G|\ \forall h\in H,\ xhx^{-1}=h\}$이다. $g\in G$에 의해 생성된 H의 내부자기동형사상 ϕ_g (즉, 모든 $h\in H$에 대해 $\phi_g(h)=ghg^{-1}$)에 대해 $g\mapsto\phi_g$로 주어진 $N(H)$에서 $Aut(H)$로의 함수는 핵이 $C(H)$인 준동형사상이다. 따라서 정리9.3에 의해 $N(H)/C(H)$은 $Aut(H)$의 부분군에 동형이다.

정규화/중심화 정리를 이용하여 위수 35인 모든 군은 순환군 임을 증명한다.

예 15 위수 35인 임의의 군을 G라면 라그랑쥐 정리에 의해 항등원이 아닌 G의 원소의 위수는 모두 5, 7, 35중에 하나이다. G에 위수 35인 원소가 존재하면 G는 순환군이다. 따라서 항등원이 아닌 G의 원소의 위수는 모두 5 또는 7이라 가정하자. 만약 항등원이 아닌 G의 원소의 위수가 모두 5라면 항등원이 아닌 G의 원소는 네 개씩 묶음($|x|=5$이면 $|x^2|=|x^3|=|x^4|=5$는 모두 서로 다른 원소이다)으로 이루어지고 4는 34의 약수가 아니므로 모순이다. 마찬가지로 6는 34의 약수가 아니므로 항등원이 아닌 G의 원소의 위수가 모두 7이 될 수 없다. 따라서 G에는 위수 5인 원소와 위수 7인 원소가 동시에 존재한다. G가 위수 7인 원소를 가지므로 위수 7인 부분군 H가 존재한다.

만약 G에 위수 7인 다른 부분군 K가 존재하면 제8장 종합연습문제 문제4에 의해 $|HK|=|H||K|/|H\cap K|=7\cdot 7/1=49$이고 $|G|=35$이므로 모순이다. 따라서 부분군 H가 G의 유일한 위수 7인 부분군이다. 그런데 임의의 $a\in G$에 대해 aHa^{-1} 또한 위수 7인 부분군(제3장 종합연습문제 문제1)이므로 $aHa^{-1}=H$이다. 따라서 $N(H)=G$이다. H의 위수가 소수이므로 H는 순환군이고 따라서 가환군이 되어 $H\subseteq C(H)$이다. 따라서 $7=|H|$는 $|C(H)|$의 약수이고 $|C(H)|$는 $35=|G|$의 약수가 되어 $C(H)=G$ 또는 $C(H)=H$이다. $C(H)=G$이면 항등원이 아닌 H의 원소 h와 위수 5인 원소 k에 대해 $x=hk$는 위수 35인 원소이므로 G는 순환군이다.

그러나 $C(H)=H$이면 $|C(H)|=7$이고 $|N(H)/C(H)|=35/7=5$이다. 예15에 의해 5는 $|Aut(H)|=|Aut(\mathbb{Z}_7)|=6$의 약수가 아니므로 모순이다.

정리9.2의 따름정리에서 군의 모든 준동형사상의 핵은 그 군의 정규부분군이다. 이 제 마지막으로 이 정리의 역 또한 성립함을 증명한다.

정리 9.4 핵으로써의 정규부분군(Normal Subgroups Are Kernels)

군의 임의의 정규부분군을 핵으로 갖는 준동형사상이 존재한다. 즉 군 G의 정규부분군 N은 $g \mapsto gN$로 주어진 G에서 G/N으로 준동형사상의 핵이다.

증명 $\gamma : G \rightarrow G/N$를 $\gamma(g) = gN$로 정의(이 함수를 자연발생적인 함수(natural mapping)라 한다)하면 $\gamma(xy) = (xy)N = xNyN = \gamma(x)\gamma(y)$이다.

또한 $g \in Ker\gamma$이기 위한 필요충분조건은 $gN = \gamma(g) = N$이고 따라서 필요충분조건은 $g \in N$이다(제7장 보조정리의 성질2).

예12, 13, 14에서 제1 동형정리의 적용에 대해 설명했다. 그렇다면 일반적으로 준동형사상의 유익한 점은 무엇이고 군의 준동형사상을 연구하고자 하는 이유에 대해 알아보자. 그 이유는 잉여군의 경우와 마찬가지로 어떤 군의 준동형사상에 의한 상은 그 군의 몇몇 성질을 알려 주기 때문이다. 그럼 준동형사상에 의한 상이 그 군에대해 얼마나 많은 것을 알려주는가에 대한 기준 중에 하나는 핵의 크기이다. 군 G의 준동형사상의 핵이 자명군이면 G와 G의 상이 동형이므로 G의 준동형사상에 대한 상에서 G의 군에 대한 모든 성질을 알 수 있다. 한편 준동형사상의 핵이 G이면 그 상에서는 G에 대한 것을 알 수 없다. 따라서 일반적인 경우는 이 양극단의 중간이므로 G에 대한 몇몇 정보는 보존되고 몇몇 정보는 소실된다. 따라서 우리는 우리가 원하는 성질은 유지하면서 불필요한 성질을 소실시키는 준동형사상을 구해야 한다. 즉 G보다 더 단순해서 계산하기 쉽고 또한 G에 대한 문제를 해결할 수 있을 정도로 충분한 정보를 포함하는 군으로 G를 대체할 수 있어야 한다.

예를 들면 위수 60인 군 G의 상이 위수 12인 순환군이 되는 준동형사상이 존재하면 정리9.2의 성질5, 7, 8에 의해 G에는 위수가 각각 5, 10, 15, 20, 30, 60인 정규부분군이 존재한다.

또 다른 예로 진부분군 세 개의 합집합으로 표현할 수 있는 무한군을 구하는 문제를 해결해 보자. 이 문제를 직접적으로 접근하는 대신 그러한 조건을 만족하는 유한군을 구해보면 $H_1 = \langle(1, 0)\rangle$, $H_2 = \langle(0, 1)\rangle$, $H_3 = \langle(1, 1)\rangle$에 대해 $\mathbb{Z}_2 \oplus \mathbb{Z}_2 = H_1 \cup H_2 \cup H_3$ 이다. 이제 $\mathbb{Z}_2 \oplus \mathbb{Z}_2$을 상으로 하는 무한군을 구하고 H_1, H_2, H_3의 역상을 구하면 주어진 문제가 해결 되는데, $\phi(a, b, c) = (a, b)$로 주어진 $\mathbb{Z}_2 \oplus \mathbb{Z}_2 \oplus \mathbb{Z}$에서 $\mathbb{Z}_2 \oplus \mathbb{Z}_2$로의 대응$\phi$가 그러한 준동형사상이다.

따라서 $\mathbb{Z}_2 \oplus \mathbb{Z}_2 \oplus \mathbb{Z}$은 $\phi^{-1}(H_1) = \{(a, 0, c) \mid a \in \mathbb{Z}_2, c \in \mathbb{Z}\}$, $\phi^{-1}(H_2) = \{(0, b, c) \mid b \in \mathbb{Z}_2, c \in \mathbb{Z}\}$, $\phi^{-1}(H_3) = \{(a, a, c) \mid a \in \mathbb{Z}_2, c \in \mathbb{Z}\}$의 합집합이다.

준동형사상의 특수한 경우가 동형사상이지만 군 이론에서 이 두 개념의 역할은 완전히 다르다.

동형사상은 주어진 군을 다양한 형태로 변경하지만 준동형사상은 단지 조사도구이다. 즉 준동형사상과 사진의 비슷한 점을 비교해 보면 조사도구로써 준동형사상의 역할을 이해 할 수 있다. 군의 준동형사상에 대한 상에서 우리는 그 군에 대한 몇몇 정보를 알아낼 수 있다.

연습문제

1. 영이 아닌 실수전체집합의 곱셈에 대한 군을 $\mathbb{R}^*$라 하고 r을 양의정수라 하면 $x \mapsto x^r$으로 주어진 대응이 $\mathbb{R}^*$에서 $\mathbb{R}^*$로의 준동형사상임을 증명하고 그 핵을 구하시오. 동형사상이 되기 위한 양의정수 r을 구하여라.

2. G에서 H로의 준동형사상 ϕ와 H에서 K로의 준동형사상 σ에 대해 $\sigma\phi$이 G에서 K로 준동형사상임을 증명하여라. $Ker\phi$와 $Ker\sigma$의 관계를 규명하여라. ϕ와 σ가 전사함수이고 G가 유한군일 때 $[Ker\sigma\phi : Ker\phi]$을 $|H|$와 $|K|$로 표현하여라.

3. $(g, h) \mapsto g$로 주어진 $G \oplus H$에서 G로의 함수가 준동형사상임을 증명하고 그 핵을 구하여라. 이 함수를 $G \oplus H$에서 G위로의 사영함수라 한다.

4. $(\mathbb{Z} \oplus \mathbb{Z})/(\langle (a, 0) \times (0, b) \rangle)$이 $\mathbb{Z}_a \oplus \mathbb{Z}_b$와 동형임을 증명하여라.

5. $(A \oplus B)/(A \oplus \{e\}) \approx B$를 증명하여라.

6. ϕ는 $Ker\phi = \{0, 10, 20\}$인 $\mathbb{Z}_{30}$에서 $\mathbb{Z}_{30}$으로 준동형사상이다. $\phi(23) = 9$일 때 9로 대응되는 원소를 모두 구하여라.

7. $\mathbb{Z}_{16} \oplus \mathbb{Z}_2$에서 $\mathbb{Z}_4 \oplus \mathbb{Z}_4$위로의 준동형사상이 존재하지 않음을 증명하여라.

8. Z_{17}에서 어떤군으로 가는 준동형사상 ϕ가 단사함수가 아닌 경우는 무엇일까?

9. $\mathbb{Z}_{30}$에서 위수 5인 군 위로의 준동형사상 ϕ의 핵을 구하여라.

10. Z_{36}에서 위수 24인 군으로 가는 준동형사상ϕ에 대하여 구하여라.

    a. ϕ의 상이 될 수 있는 군을 모두 구하여라.

b. 문제a.의 각각의 상에 대해 대응하는 ϕ의 핵을 구하여라.

11. $\mathbb{Z}_n$에서 $\mathbb{Z}_n$으로 준동형사상을 모두 구하여라.

12. 유한군 G에서 $\mathbb{Z}_{10}$위로 준동형사상이 존재하면 지표가 2인 정규부분군과 지표 5인 정규부분군이 G에 존재함을 증명하여라.

13. ϕ는 $U(30)$에서 $U(30)$으로 가는 준동형사상이고 $Ker\phi = \{1, 11\}$이다. $\phi(7) = 7$이면 7로 사상되는 $U(30)$의 모든 원소를 구하여라.

14. ϕ는 $U(40)$에서 $U(40)$으로 가는 준동형사상이고 $Ker\phi = \{1, 9, 17, 33\}$이다. $\phi(11) = 11$일 때 11로 대응되는 원소를 모두 구하여라.

15. $(a, b) \mapsto a - b$로 주어진 함수 $\phi : \mathbb{Z} \oplus \mathbb{Z} \to \mathbb{Z}$이 준동형사상임을 증명하고 $Ker\phi$와 $\phi^{-1}(3)$을 구하여라.

16. $x \mapsto x^6$로 주어진 $\mathbb{C}^*$에서 $\mathbb{C}^*$로의 함수가 준동형사상임을 증명하고 그 핵을 구하여라.

17. (제2동형정리) G의 부분군 K와 G의 정규부분군 N에 대해 $K/(K \cap N)$이 KN/N과 동형임을 증명하여라.

18. (제3동형정리) 만약 M과 N은 군 G의 정규부분군들이고 $N \le M$이라 하면 $(G/N)/(M/N) \approx G/M$임을 증명하여라.

19. 동형인 것을 같은 것으로 간주하여 D_4의 준동형사상에 의한 상을 모두 구하여라.

20. 각 소수 p에 대해 $\mathbb{Z}_p$가 준동형사상에 의한 G의 상 일 때 $|G|$와 이러한 G의 예를 구하여라.

21. N이 군 G의 정규부분군일 때 정리9.2의 성질7을 이용하여 G/N의 모든 부분군은 G의 부분군 H가 존재하여 H/N임을 증명하여라.

22. 제1동형정리를 이용하여 정리8.4를 증명하여라.

23. $\mathbb{Z}[x]$를 정수계수 다항식 전체집합의 덧셈에 대한 군이라 하자. $f(x) \mapsto f(3)$로 주어진 $\mathbb{Z}[x]$에서 $\mathbb{Z}$로의 함수가 준동형사상임을 증명하고 이 준동형사상의 핵을 기하학적으로 구하시오. 또한 이를 일반화하여라.

24. 군 G에서 $\mathbb{Z}_2 \oplus \mathbb{Z}_2$위로의 준동형사상 ϕ가 존재하면 G는 세 개의 정규 진부분군의 합집합임을 증명하여라.

25. H, K가 G의 지표 2인 서로 다른 부분군이면 $H \cap K$는 G의 지표 4인 정규부분군이고 $G/(H \cap K)$는 순환군이 아님을 증명하여라.

26. 위수 77인 군은 모두 순환군임을 증명하여라.

27. G가 모든 양의정수 n에 대해 $nG = \{ng \mid g \in G\} = G$이 되는 가환군일 때 G의 진부분군을 모두 포함하는 진부분군이 존재함을 증명하고 이러한 군 G의 예를 두 개 구하여라.

28. 군 준동형사상(group homomorphism)$f : Z_{12} \times Z_6 \to Z_{12}$를 $f(x, y) = 9x$로 정의하자. f의 핵(kernel)을 K라 할 때, 잉여군 $(Z_{12} \times Z_6)/K$의 위수를 구하여라.

*** 29. $G = Z_{12} \oplus Z_7$ 에 대하여 다음을 설명하여라.

a, G 의 모든 부분군은 정규부분군이다.

b, $(3, 1) \in Z_{12} \oplus Z_7$ 의 위수는 38이다.

c, G 는 순환군이다.

*** 30. Z_3 위의 행렬의 곱셈군 $G=\left\{\begin{pmatrix} a & b \\ 0 & c \end{pmatrix} \mid a, b, c \in Z_3, ac \neq 0\right\}$가 있다.

이때, $\phi : G \to Z_3^*$, $\phi\left(\begin{pmatrix} a & b \\ 0 & c \end{pmatrix}\right) = ac$는 군준동형사상이다. $\ker\phi \simeq Z_6$ 임을 설명하여라.

*** 31. 위수(order)가 각각 10과 n인 두 순환군(cyclic group) Z_{10}, Z_n의 직접곱(직적, direct pr oduct) $Z_{10} \times Z_n$이 순환군이 되도록 하는 10 이상이고 100 이하인 자연수 n의 개수를 구하시오.

제 10 장

유한가환군의 기본정리
(Fundamental Theorem of Finite Abelian Groups)

기본정리(Fundamental Theorem)

정리 10.1 유한가환군의 기본정리(Fundamental Theorem of Finite Abelian Group)

모든 유한가환군은 소수의 멱승을 위수로 하는 순환군들의 직적이다. 뿐만 아니라 그 곱의 항의 개수와 순환군의 위수는 주어진 군에 의해 유일하게 정해진다.

위수 n인 순환군은 $\mathbb{Z}_n$와 동형이므로 정리10.1에 의해 모든 유한가환군 G는 다음과 같은 형태의 군과 동형이다.

$$\mathbb{Z}_{p_1^{n_1}} \oplus \mathbb{Z}_{p_2^{n_2}} \oplus \cdots \oplus \mathbb{Z}_{p_k^{n_k}}.$$

여기서 p_i는 모두 소수이나 서로 다를 필요는 없고 소수의 멱승 $p_1^{n_1}, p_2^{n_2}, \cdots, p_k^{n_k}$은 G에 의해 유일하게 정해진다. 군을 위와 같은 형태로 표현하는 것을 G의 동형류(the isomorphism class)를 구한다고 한다.

가환군의 동형류(The Isomorphism Classes of Abelian Groups)

기본정리는 극도로 강력해서 임의의 위수를 갖는 가환군을 모두 구하는 알고리즘으로 사용이 가능하다. 예를 들어 소수 p와 $k \leqq 4$에 대해 위수 p^k인 군을 모두 구해보자. 거본정리에 의해 그 합이 k가 되는 양의 정수들의 집합(이 집합을 k의 분할이라 한다.) 각각에 대해 위수 p^k인 군이 한 개씩 있다. 즉 k를 양의정수 n_j들의 합으로 아래처럼 표현하면

$$k = n_1 + n_2 + \cdots + n_i$$

위수 p^k인 가환군은 다음과 같다.

$$\mathbb{Z}_{p_1^{n_1}} \oplus \mathbb{Z}_{p_2^{n_2}} \oplus \cdots \oplus \mathbb{Z}_{p_k^{n_k}}.$$

G의 위수	k의 분할	G의 직적
p	1	$\mathbb{Z}_p$
p^2	2	$\mathbb{Z}_{p^2}$
	$1+1$	$\mathbb{Z}_p \oplus \mathbb{Z}_p$
p^3	3	$\mathbb{Z}_{p^3}$
	$2+1$	$\mathbb{Z}_{p^2} \oplus \mathbb{Z}_p$
	$1+1+1$	$\mathbb{Z}_p \oplus \mathbb{Z}_p \oplus \mathbb{Z}_p$
p^4	4	$\mathbb{Z}_{p^4}$
	$3+1$	$\mathbb{Z}_{p^3} \oplus \mathbb{Z}_p$
	$2+2$	$\mathbb{Z}_{p^2} \oplus \mathbb{Z}_{p^2}$
	$2+1+1$	$\mathbb{Z}_{p^2} \oplus \mathbb{Z}_p \oplus \mathbb{Z}_p$
	$1+1+1+1$	$\mathbb{Z}_p \oplus \mathbb{Z}_p \oplus \mathbb{Z}_p \oplus \mathbb{Z}_p$

뿐만 아니라 기본정리의 유일성에 의해 k의 서로 다른 분할에 의해서 서로 다른 동형류가 만들어진다. 예를 들어 $\mathbb{Z}_9 \oplus \mathbb{Z}_3$과 $\mathbb{Z}_3 \oplus \mathbb{Z}_3 \oplus \mathbb{Z}_3$은 서로 동형이 아니다. 또한 외직적의 연산에서 소거법칙이 성립한다. 즉 A가 유한군 일 때 $A \oplus B \approx A \oplus C$이기위한 필요충분조건은 $B \approx C$이다.

따라서 $\mathbb{Z}_4$와 $\mathbb{Z}_2 \oplus \mathbb{Z}_2$이 동형이 아니므로 $\mathbb{Z}_4 \oplus \mathbb{Z}_4$와 $\mathbb{Z}_2 \oplus \mathbb{Z}_2 \oplus \mathbb{Z}_2$는 동형이 될 수 없다.

위에서처럼 매우 쉽게 위수 $p^k(k \leqq 4)$인 가환군을 분류한 것과 비가환군에 대한 똑 같은 문제를 비교해 보면 기본정리가 얼마나 고마운 정리인지 알 수 있다. 위수 8인 두 개의 비가환군(제26장)을 구하고 위수 16인 아홉 개의 비가환군을 구하는 것마저도 본 교재의 내용을 뛰어넘는다.

이제 소수의 멱승을 위수로 하는 가환군을 모두 구했으므로 일반적으로 소인수를 두 개 이상 갖는 양의정수 n을 위수로 갖는 가환군을 구해보자. 먼저 n의 표준소인수분해 $n = p_1^{n_1} p_2^{n_2} \cdots p_k^{n_k}$를 구하고 위에서 설명한 방법에 따라 $p_1^{n_1}$을 위수로 갖는, 다음에는 $p_2^{n_2}$를 위수로 갖는 가환군을 순서대로 모두 구한 후에 이들 군의 가능한 외직적을 구하면 된다. 예를 들어 $n = 1176 = 2^3 \cdot 3 \cdot 7^2$일 때 위수 1176인 가환군의 모든 서로 다른 동형류는 다음과 같다.

$$
\begin{aligned}
&\mathbb{Z}_8 \oplus \mathbb{Z}_3 \oplus \mathbb{Z}_{49}, \\
&\mathbb{Z}_4 \oplus \mathbb{Z}_2 \oplus \mathbb{Z}_3 \oplus \mathbb{Z}_{49}, \\
&\mathbb{Z}_2 \oplus \mathbb{Z}_2 \oplus \mathbb{Z}_2 \oplus \mathbb{Z}_3 \oplus \mathbb{Z}_{49}, \\
&\mathbb{Z}_8 \oplus \mathbb{Z}_3 \oplus \mathbb{Z}_7 \oplus \mathbb{Z}_7, \\
&\mathbb{Z}_4 \oplus \mathbb{Z}_2 \oplus \mathbb{Z}_3 \oplus \mathbb{Z}_7 \oplus \mathbb{Z}_7, \\
&\mathbb{Z}_2 \oplus \mathbb{Z}_2 \oplus \mathbb{Z}_2 \oplus \mathbb{Z}_3 \oplus \mathbb{Z}_7 \oplus \mathbb{Z}_7.
\end{aligned}
$$

G가 위수 1176인 가환군일 때 위의 동형류 중에서 G와 동형인 것을 구하는 방법에 대해 알아보자. 두 개의 유한가환군이 동형이기 위한 필요충분조건은 각각의 위수를 갖는 원소의 개수가 같은 것이므로 G의 원소의 위수와 위의 여섯 개의 동형류의 원소의 위수를 비교하면 G와 동형인 직적을 정할 수 있다. 예를 들어 위수 8인 원소를 갖는 유한가환군 G는 위의 동형류 중에서 위수 8인 원소를 갖는 직적은 첫 번째와 네 번째 뿐이므로 G는 첫 번째 또는 네 번째 직적과 동형이다. 첫 번째 직적에는 위수 49인 원소가 존재하고 네 번째 직적에는 위수 49인 원소가 존재하지 않으므로 G에 위수 49인 원소의 존재성에 의해 유한가환군 G를 정확히 정할 수 있다.

서로 다른 소수 p_i에 대해 $p_1^{n_1} p_2^{n_2} \cdots p_k^{n_k}$을 위수로 갖는 유한가환군 G를 소수의 멱승을 위수로 갖는 순환부분군의 내직적으로 표현하는 방법에 대해 알아보자. 그 알고리즘을 간단히 알아보기 위해 우선 2^n개 원소를 갖는 군이라 가정하자. 각각의 원소의 위수를 계산한 후에 최대위수를 갖는 원소를 a_1이라 하고 그 위수를 2^r이라 놓으면 $\langle a_1 \rangle$은 구하는 내직적의 항이 된다. $G \neq \langle a_1 \rangle$이면 $s \leqq n-r$이고 $a_2, a_2^2, a_2^{2^2}, \cdots, a_2^{2^{s-1}}$이 모두 $\langle a_1 \rangle$의 원소가 되지 않는 것 중에서 최대위수 2^s을 갖는 원소

a_2를 구하면 $\langle a_2 \rangle$는 구하는 내직적의 두 번째 항이 된다.

$n \neq r+s$이면 $t \leqq n-r-s$이고 $a_3, a_3^2, a_3^{2^2}, \cdots, a_3^{2^{t-1}}$이 모두 $\langle a_1 \rangle \times \langle a_2 \rangle = \{ a_1^i a_2^j \mid 0 \leqq j < 2^r, 0 \leqq j < 2^s \}$의 원소가 되지 않는 것 중에서 최대위수 2^t을 갖는 원소 a_3를 구하면 $\langle a_3 \rangle$는 구하는 내직적의 또 다른 항이 되고 이 과정을 계속하면 G를 내직적으로 나타낼 수 있다.

소수의 멱승 p^n을 위수로 갖는 유한가환군 G를 내직적으로 표현하는 위와 같은 방법을 알고리즘화하면 다음과 같다.

■ 위수 p^n인 유한가환군 G에 대한 탐욕스러운 알고리즘 (Greedy Algorithm for an Abelian Group of Order p^n)

1. G의 원소의 위수를 모두 구한다.
2. 최대위수를 갖는 원소 a_1을 택하여 $G_1 = \langle a_1 \rangle$, $i=1$이라 한다.
3. $|G| = |G_i|$이면 멈춘다. 그렇지 않으면 i를 $i+1$로 대치한다.
4. $p^k \leqq |G|/|G_{i-1}|$이고 $a_i, a_i^p, a_i^{p^2}, \cdots, a_i^{p^{k-1}}$이 모두 G_{i-1}의 원소가 되지 않는 것 중에서 최대위수 p^k을 갖는 원소 a_i를 택하여 $G_i = G_{i-1} \times \langle a_i \rangle$로 놓는다.
5. 단계3으로 되돌아간다.

$|G| = p_1^{n_1} p_2^{n_2} \cdots p_k^{n_k}$이면 위수 $p_1^{n_1}$에 대해 내직적을 구한 다음 위수 $p_2^{n_2}$에 대해 내직적을 구하는 과정을 반복한다. 이렇게 구해진 내직적들을 모두 직적으로 취하면 유한가환군 G를 내직적이 구해진다. 다음 예는 내직적과 외직적을 직접 계산할 수 있을 정도로 작은 군이다.

예 1 $G = \{1, 8, 12, 14, 18, 21, 27, 31, 34, 38, 44, 47, 51, 53, 57, 64\}$를 법을 65로 하는 곱셈에 대한 군이라 하자. G의 위수가 16이므로 G는 다음 직적 중 하나와 동형이다.

$$\mathbb{Z}_{16},$$
$$\mathbb{Z}_8 \oplus \mathbb{Z}_2,$$
$$\mathbb{Z}_4 \oplus \mathbb{Z}_4,$$
$$\mathbb{Z}_4 \oplus \mathbb{Z}_2 \oplus \mathbb{Z}_2,$$
$$\mathbb{Z}_2 \oplus \mathbb{Z}_2 \oplus \mathbb{Z}_2 \oplus \mathbb{Z}_2.$$

G와 동형인 것을 결정하기 위해 원소의 위수를 모두 직접 계산하면 다음과 같다.

원소	1	8	12	14	18	21	27	31	34	38	44	47	51	53	57	64
위수	1	4	4	2	4	4	4	4	4	4	4	4	2	4	4	2

위의 표에서 G의 원소의 위수는 1, 2, 4 가운데 하나이므로 구하는 직적은 $\mathbb{Z}_4 \oplus \mathbb{Z}_4$ 또는 $\mathbb{Z}_4 \oplus \mathbb{Z}_2 \oplus \mathbb{Z}_2$이다. 그런데 $\mathbb{Z}_4 \oplus \mathbb{Z}_2 \oplus \mathbb{Z}_2$는 $\mathbb{Z}_2 \oplus \mathbb{Z}_2 \oplus \mathbb{Z}_2$와 동형인 부분군을 갖고 그 부분군에는 위수 2인 원소의 개수가 3을 초과 하므로 $G \approx \mathbb{Z}_4 \oplus \mathbb{Z}_4$이다. G의 내직적을 구하는 것은 훨씬 간단하다. 알고리즘에서와 같이 G의 최대위수의 원소를 8로 선택하면 $\langle 8 \rangle$이 그 직적의 항이 된다. 두 번째 원소를 a라면 a의 위수는 4이고 a와 a^2이 $\langle 8 \rangle = \{1, 8, 64, 57\}$의 원소가 아니므로 이러한 a를 12로 정하면 $G = \langle 8 \rangle \times \langle 12 \rangle$가 된다.

예1에서 같이 G의 모든 원소의 위수를 알고 있으면 매우 쉽고 빠르게 유한가환군 G의 직적을 구할 수 있다. 그러나 모든 원소의 위수를 계산하는 것은 그리 권장할 만한 것이 아니다. 다행스러운 것은 실제 문제의 해결은 이론을 이용하여 몇몇개의 원소의 위수를 구하는 것만으로도 충분하다.

예 2

$G = \{1, 8, 17, 19, 26, 28, 37, 44, 46, 53, 62, 64, 71, 73, 82, 89, 91, 98, 107, 109, 116, 118, 127, 134\}$를 법을 135로 하는 곱셈에 대한 군이라 하자. G의 위수가 24이므로 G는 다음 직적 중 하나와 동형이다.

$$\mathbb{Z}_8 \oplus \mathbb{Z}_3 \approx \mathbb{Z}_{24},$$
$$\mathbb{Z}_4 \oplus \mathbb{Z}_2 \oplus \mathbb{Z}_3 \approx \mathbb{Z}_{12} \oplus \mathbb{Z}_2,$$
$$\mathbb{Z}_2 \oplus \mathbb{Z}_2 \oplus \mathbb{Z}_2 \oplus \mathbb{Z}_3 \approx \mathbb{Z}_6 \oplus \mathbb{Z}_2 \oplus \mathbb{Z}_2.$$

원소 8의 위수를 구하면 $8^6 = 109$이고 $8^{12} = 1$이다.(법을 135로 하는 곱셈연산이므로 $8^3 \bmod 135 = 512 \bmod 135 = 107$이다. 따라서 8^4을 계산할 때 $8 \cdot 512$보다는 $8 \cdot 107$를 이용한다.) 따라서 $|8| = 12$이므로 위의 직적에서 세 번째는 탈락된다. 또한 $134 = -1 \bmod 135$이므로 $|109| = 2 = |134|$이므로 정리4.4에 의해 G는 $\mathbb{Z}_{24}$가 아니다. 따라서 $G \approx \mathbb{Z}_{12} \oplus \mathbb{Z}_2$이고 $G = \langle 8 \rangle \times \langle 134 \rangle$이다.

소수의 멱승이 위수인 순환군의 직적으로 유한가환군를 표현하는 것보다 예2에서 처럼 서로소인 소수 위수의 순환군의 항들을 한 개로 묶어서 다음과 같은 직적 표현을 더 자주 사용한다.

$$\mathbb{Z}_{n_1} \oplus \mathbb{Z}_{n_2} \oplus \cdots \oplus \mathbb{Z}_{n_k} \text{ 이고 } n_k \mid n_{k-1} \mid \cdots \mid n_2 \mid n_1 .$$

를 들어 $\mathbb{Z}_4 \oplus \mathbb{Z}_4 \oplus \mathbb{Z}_2 \oplus \mathbb{Z}_9 \oplus \mathbb{Z}_3 \oplus \mathbb{Z}_5$는 $\mathbb{Z}_{180} \oplus \mathbb{Z}_{12} \oplus \mathbb{Z}_2$로 나타낼 수 있다(연습문제11). 또한 위의 알고리즘은 단계4를 다음에 주어진 단계4'으로 하면 된다.

단계4': $m \leq |G|/|G_{i-1}|$이고 $a_i,\ a_i^2,\ \cdots,\ a_i^{m-1}$이 모두 G_{i-1}의 원소가 되지 않는 것 중에서 최대위수 m을 갖는 원소 a_i를 택하여 $G_i = G_{i-1} \times \langle a_i \rangle$로 놓는다.

다음 따름정리에서는 유한가환군의 기본정리를 이용하여 유한가환군에서 라그랑쥐 정리의 역이 성립함을 증명한다.

따름 정리 유한가환군 G의 위수의 임의의 약수 m에 대해 m을 위수로 하는 부분군이 존재한다.

이 따름정리를 직접 증명하는 것보다 구체적인 예시로써 그 과정을 알아보는 것 또한 유익할 수 있다. 위수 72인 유한가환군 G에서 위수 12인 부분군을 구해보자. 기본정리에 의해 G는 다음 여섯 개 군 중 하나이다.

$$\begin{array}{ll} \mathbb{Z}_8 \oplus \mathbb{Z}_9, & \mathbb{Z}_{12} \oplus \mathbb{Z}_2 \oplus \mathbb{Z}_3, \\ \mathbb{Z}_4 \oplus \mathbb{Z}_2 \oplus \mathbb{Z}_9, & \mathbb{Z}_4 \oplus \mathbb{Z}_2 \oplus \mathbb{Z}_3 \oplus \mathbb{Z}_3, \\ \mathbb{Z}_2 \oplus \mathbb{Z}_2 \oplus \mathbb{Z}_2 \oplus \mathbb{Z}_9, & \mathbb{Z}_2 \oplus \mathbb{Z}_2 \oplus \mathbb{Z}_2 \oplus \mathbb{Z}_3 \oplus \mathbb{Z}_3 . \end{array}$$

$\mathbb{Z}_8 \oplus \mathbb{Z}_9 \approx \mathbb{Z}_{72}$와 $\mathbb{Z}_4 \oplus \mathbb{Z}_2 \oplus \mathbb{Z}_3 \oplus \mathbb{Z}_3 \approx \mathbb{Z}_{12} \oplus \mathbb{Z}_6$은 위수 12인 부분군을 갖는다. $\mathbb{Z}_4 \oplus \mathbb{Z}_2 \oplus \mathbb{Z}_9$에서 위수 12인 부분군은 $\mathbb{Z}_4$와 $\mathbb{Z}_9$에서 위수 3인 부분군을 결합한 부분군 즉 $\{(a,\ 0,\ b) \mid a \in \mathbb{Z}_4,\ b \in \{0,\ 3,\ 6\}\}$이다.

$\mathbb{Z}_8 \oplus \mathbb{Z}_3 \oplus \mathbb{Z}_3$에서 위수 12인 부분군은 $\{(a,\ b,\ 0) \mid a \in \{0,\ 2,\ 4,\ 6\},\ b \in \mathbb{Z}_3\}$이다. 같은 방법으로 나머지 경우도 계산할 수 있으면 이러한 방법은 일반적인 유한가환군에도 적용할 수 있다.

●●● 기본정리의 증명(Proof of The Fundamental Theorem)

유한가환군의 기본정리의 증명은 매우 복잡하고 그 양이 많기 때문에 그 과정을 보조정리로 나누어서 증명한다.

보조 정리 1. $p \nmid m$인 소수 p에 대해 $p^n m$을 위수로 갖는 유한가환군을 G라 하면 $H = \{x \in G \mid x^{p^n} = e\}$와 $K = \{x \in G \mid x^m = e\}$에 대해 $G = H \times K$이다. 뿐만 아니라 $|H| = p^n$이다.

증명 제2장 연습문제 문제14에 의해 H, K는 G의 부분군이다. G가 가환군이므로 $G = HK$와 $H \cap K = \{e\}$을 증명하면 $G = H \times K$이다. $\gcd(m, p^n) = 1$이므로 $1 = sm + tp^n$인 정수 s, t가 존재한다. 따라서 임의의 $x \in G$에 대해 $x = x^1 = x^{sm+tp^n} = x^{sm}x^{tp^n}$이고, 라그랑쥐 정리(정리6.1)의 따름정리4에 의해 $x^{sm} \in H$이고 $x^{tp^n} \in K$이므로 $G = HK$이다. 이제 $x \in H \cap K$이면 $x^{p^n} = e = x^m$이므로 정리3.1의 따름정리2에 의해 $|x|$는 p^n과 m의 공약수이다. 그런데 $p \nmid m$이므로 $|x| = 1$이 되어 $x = e$이다.
제7장 종합연습문제4에 의해 $p^n m = |HK| = |H||K|/|H \cap K| = |H||K|$이다. 따라서 정리8.5와 정리3.1의 따름정리에 의해 $p \nmid |K|$이므로 $|H| = p^n$이다.

서로 다른 소수p_i 에 대해 $|G| = p_1^{n_1} p_2^{n_2} \cdots p_k^{n_k}$인 가환군 G에 대해 $G(p_i) = \left\{x \in G \mid x^{p_i^{n_i}} = e\right\}$라 하면 보조정리1과 수학적귀납법에 의해 다음이 성립한다.

$$G = G(p_1) \times G(p_2) \times \cdots \times G(p_k),\ |G(p_i)| = p_i^{n_i}.$$

따라서 기본정리의 증명은 소수의 멱승을 위수로 갖는 군에 대해서 증명하면 된다.

보조 정리 2. G가 소수의 멱승을 위수로 갖는 가환군이고 a가 G에서 최대위수를 갖는 원소이면 G는 $\langle a \rangle \times K$형태로 표현할 수 있다.

증명 $|G| = p^n$이라 하고 n에 대한 수학적귀납법으로 증명한다. $n = 1$이면 $G = \langle a \rangle \times \langle e \rangle$이므로 성립한다. $k < n$인 k와 위수 p^k인 모든 가환군에 대해 정리가 성립한다고 가정하자. G의 모든 원소 중에서 위수가 최대인 원소를 a라 하고 그 위수를 p^m라 하면 G의

임의의 원소 x에 대해 $x^{p^m}=e$이다. $G=\langle a\rangle$이면 정리가 성립한다. 따라서 $G\neq\langle a\rangle$라 가정하면 $\langle a\rangle$의 원소가 아닌 것 중에서 위수가 최소인 원소 $b\notin\langle a\rangle$가 존재한다. 이제 $\langle a\rangle\cap\langle b\rangle=\{e\}$임을 증명하도록 하자. $|b^p|=|b|/p<|b|$이고 $\langle a\rangle$의 원소가 아닌 것 중에서 위수가 최소인 원소가 b이므로 $b^p\in\langle a\rangle$이다. 따라서 $b^p=a^i$인 i가 존재하므로 $e=b^{p^m}=(b^p)^{p^{m-1}}=(a^i)^{p^{m-1}}$이 되어 $|a^i|\leqq p^{m-1}$이다. 따라서 a^i은 $\langle a\rangle$의 생성원이 될 수 없으므로 정리3.2의 따름정리3에 의해 $\gcd(p^m, i)\neq 1$이 되어 p는 i의 약수이고 따라서 $i=pj$인 j가 존재한다. $b\notin\langle a\rangle$이므로 $c=a^{-j}b$는 $\langle a\rangle$의 원소가 아니고 $c^p=a^{-jp}b^p=a^{-i}b^p=b^{-p}b^p=e$이다. 따라서 원소 c는 위수가 p이고 $c\notin\langle a\rangle$이다. $\langle a\rangle$의 원소가 아닌 것 중에서 위수가 최소인 원소가 b이므로 $|b|=p$이다. 따라서 $\langle a\rangle\cap\langle b\rangle$에 항등원이 아닌 원소가 존재한다면 그 원소는 $\langle b\rangle$의 생성원이므로 $b\in\langle a\rangle$가 되어 모순이다. 따라서 $\langle a\rangle\cap\langle b\rangle=\{e\}$이다.

이제 $\overline{G}=G/\langle b\rangle$라하고 $\overline{G}$에서 잉여류 $x\langle b\rangle$를 $\overline{x}$로 표시하자. $|\overline{a}|<|a|=p^m$이면 $\overline{a}^{p^{m-1}}=\overline{e}$이다.

즉 $(a\langle b\rangle)^{p^{m-1}}=a^{p^{m-1}}\langle b\rangle=\langle b\rangle$이므로 $a^{p^{m-1}}\in\langle a\rangle\cap\langle b\rangle=\{e\}$이 되어 $|a|=p^m$에 모순이다. 따라서 $|\overline{a}|=|a|=p^m$이고 $\overline{a}$의 위수는 $\overline{G}$의 모든 원소의 위수 중에서 최대이다. 따라서 수학적귀납법의 가정에 의해 $\overline{G}=\langle\overline{a}\rangle\times\overline{K}$인 $\overline{G}$의 부분군 $\overline{K}$가 존재한다. $\overline{K}$의 G에서 $\overline{G}$위로의 자연스러운 준동형사상에 의한 역상을 K라면 $K=\{x\in G|\overline{x}\in\overline{K}\}$이다.

$x\in\langle a\rangle\cap K$라면 $\overline{x}\in\langle\overline{a}\rangle\cap\overline{K}=\{\overline{e}\}=\langle b\rangle$이므로 $x\in\langle a\rangle\cap\langle b\rangle=\{e\}$이다. 따라서 $\langle a\rangle\cap K=\{e\}$이다. 연습문제17에 의해 $G=\langle a\rangle K$이므로 $G=\langle a\rangle\times K$이다.

보조정리2와 군의 위수에 대한 수학적귀납법에 의해 다음 보조정리가 성립한다.

보조 정리 3. 소수의 멱승을 위수로 갖는 유한가환군은 순환군들의 내직적이다.

이쯤에서 지금까지 유한 가환군의 기본정리를 어느 정도 증명했는지 정리해보면 보조정리1을 이용하여 $G=G(p_1)\times G(p_2)\times\cdots\times G(p_k)$, $|G(p_i)|=p_i^{n_i}$이고 보조정리3에서 각 항들은 순환군의 내직적이라는 것을 증명했다. 따라서 모든 유한가환군은 소수의 멱승을 위수로 하는 순환군들의 직적임을 증명했다. 즉 직적의 존재성을 증명했으므로 유일성을 증명하면 기본정리의 증명이 완성된다, 그런데

$G(p_i)$는 위수가 p_i의 멱승인 G의 원소들로 구성되므로 $G(p_i)$는 G에 의해 유일하게 결정된다. 따라서 동형인 것은 같은 것으로 간주하고 순서를 재 정렬함으로써 $G(p_i)$의 순환군에 의한 내직적이 유일함을 증명하면 기본정리의 증명이 완료된다.

보조 정리 4. 소수의 멱승이 위수인 유한 가환군 G의 자명부분군이 아닌 순환부분군 H_i, K_j이 존재해서 $G = H_1 \times H_2 \times \cdots \times H_m$, $G = K_1 \times K_2 \times \cdots \times K_n$이고 $|H_1| \geq |H_2| \geq \cdots \geq |H_m|$, $|K_1| \geq |K_2| \geq \cdots \geq |K_n|$이면 $m = n$이고 모든 i에 대해 $|H_i| = |K_i|$이다.

증명 $|G|$에 대한 수학적귀납법으로 정리를 증명하자. $|G| = p$이면 정리는 성립한다. 이제 $|G|$보다 적은 위수를 갖는 모든 유한 가환군에 대해 정리가 성립한다고 가정하자. 임의의 가환군 L에 대해 집합 $L^p = \{x^p \mid x \in L\}$ (p.44. 문제8번)은 L의 부분군이고 p가 $|L|$의 약수이면 정리8.5에 의해 진부분군이다.

따라서 m'을 $|H_i| > p$가 되는 가장 큰 i라 하고 마찬가지로 n'을 $|K_j| > p$가 되는 가장 큰 j라 하면 $G^p = {H_1}^p \times {H_2}^p \times \cdots \times {H_{m'}}^p$이고 $G^p = {K_1}^p \times {K_2}^p \times \cdots \times {K_{n'}}^p$이다. m'과 n'의 선택에 의해 G^p의 각 항에는 자명한 부분군이 존재하지 않는다. $|G^p| < |G|$이므로 수학적귀납법의 가정에 의해 $m' = n'$이고 $i = 1, 2, \cdots, m'$에 대해 $|{H_i}^p| = |{K_i}^p|$이다. $|H_i| = p|{H_i}^p|$이므로 $i = 1, 2, \cdots, m'$에 대해 $|H_i| = |K_i|$이다. 따라서 위수 p인 H_i의 개수와 위수 p인 K_i의 개수가 같음을 증명하면 된다. 즉 $m' = n'$이므로 $m - m' = n - n'$임을 증명하면 된다. 다음 식에서 $|H_i| = |K_i|$이고 $m' = n'$이므로 $m - m' = n - n'$이다.

$$|H_1||H_2| \cdots |H_{m'}|\, p^{m-m'} = |G| = |K_1||K_2| \cdots |K_{n'}|\, p^{n-n'}.$$

연습문제

1. 위수가 n이고 동형이 아닌 군이 존재하는 최소양의 정수는 무엇일까? 그 군의 명칭은 무엇인가?

2. 위수 n이고 동형이 아닌 가환군이 네 개만 존재하는 양의 정수 n의 최솟값을 구하고 그 네 군의 명칭을 말하여라.

3. 위수 45인 가환군에는 모두 위수 15인 원소가 존재함을 증명하고, 또한 위수 9인 원소의 존재성을 판정하여라.

4. 위수 3인 부분군을 오직 네 개만 갖는 위수 108인 가환군은 두 개 있음을 증명하여라.

5. 위수 120인 가환군 G에 위수 2인 원소가 오직 세 개만 존재 할 때 G의 동형류를 구하여라.

6. 모든 유한 가환군은 $i=1, 2, \cdots, t-1$에 대해 $n_{i+1} \mid n_i$인 n_i가 존재해서 위수가 각각 $n_1, n_2, \cdots, n_t$인 순환군들의 외직적으로 표현할 수 있음을 증명하여라.

7. 위수 4인 순환부분군이 존재하지 않는 위수가 4의 배수인 유한 가환군의 예를 구하여라.

8. 동형인 것은 같은 것으로 간주하여 다음 각각에 대해 가환군의 개수를 구하여라.
   a. 위수 6
   b. 위수 15
   c. 위수 42
   d. 서로 다른 소수 p, q에 대해 위수 pq
   e. 서로 다른 소수 p, q, r에 대해 위수 pqr
   f. 위의 d. e.을 일반화 하시오.

9. 정사각형이 아닌 직사각형의 대칭군은 위수 4인 가환군이다. $\mathbb{Z}_4$와 $\mathbb{Z}_2 \oplus \mathbb{Z}_2$에서 이 군과 동형인 군을 구하여라.

10. 법을 91로 하는 곱셈군 {1,9,16,22,29,53,74,79,81}의 동형류를 구하여라.

11. 위수 n인 가환군은 모두 순환군이 되는 정수 n을 모두 구하여라.

12. 예1에서 G의 동형류를 구하는데 마지막 다섯 개 원소의 위수는 구할 필요가 없음을 설명하여라.

13. 법을 200로 하는 곱셈에 대한 군 $G = \{1, 7, 43, 49, 51, 57, 93, 99, 101, 107, 143, 149, 151, 157, 193, 199\}$의 순환군들의 외직적과 내직적을 구하여라.

14. G는 위수 9인 가환군이다. G의 동형류를 구하기 위해 위수를 계산해야 하는 G의 원소의 개수(항등원은 제외)의 최댓값을 구하시오. G는 위수가 각각 18과 16인 경우에 대해서도 구하여라.

15. G는 위수 16인 가환군에 $|a| = |b| = 4$이고 $a^2 \neq b^2$인 원소가 존재할 때 G의 동형류를 구하여라.

16. 홀수 위수를 갖는 가환군에는 짝수 위수를 갖는 원소가 존재하지 않음을 라그랑쥐 정리를 이용하지 않고 증명하여라.

17. 보조정리2의 증명에서 $G = \langle a \rangle K$를 증명하여라.

18. Dirichlet정리: 임의의 서로소인 정수 a, b에 대해 $at + b$형태의 소수가 무한히 많다. Dirichlet정리를 이용하여 임의의 유한 가환군은 $U-$군의 부분군에 동형임을 증명하여라.

19. 보조정리2가 성립하지 않는 비가환군 G의 예를 구하여라.

*** 20. 위수가 $2014 = 2 \times 19 \times 53$ 인 순환군(cyclic group) G에 대하여 G의 부분군의 개수를 m, G에서 위수가 38인 원소의 개수를 n이라 하자. $m+n$의 값을 구하여라.

*** 21. 다음을 설명하여라.

a, 무한순환군 G 는 $(Z, +)$ 와 서로 동형이다.

b, 두 가환군 $Z_4 \oplus Z_{18} \oplus Z_{15}$ 와 $Z_3 \oplus Z_{10} \oplus Z_{36}$ 은 서로 동형이다.

c, Z_{360} 의 생성원은 모두 96개이다.

22. $G = \{1,4,11,14,16,19,26,29,31,34,41,44\}$는 법을 45로 하는 곱셈군이다. G를 소수의 멱을 위수로 갖는 순환군들의 외직적과 내직적으로 써라.

23. $Aut(Z_2 \oplus Z_3 \oplus Z_5)$의 동형류를 결정하여라.

제 11 장

실로우 정리 (Sylow Theorems)

공액류(Conjugacy Classes)

이 장에서, 우리는 한 군과 그것의 특정 부분군들 사이의 여러 가지 중요한 계산식들의 관계들을 얻을 수 있다. 6장에서 라그랑쥐 정리는 군을 한 부분군의 잉여류의 분할에 의하여 증명하였음을 상기하자. 군을 한 부분군에 의해 분할하는 또 다른 효과적인 방법은 공액류에 의한 것이다.

정의 a의 공액류(Conjugacy Class of a)

a와 b가 한 군 G의 원소들이다. 우리는 a와 b가 G 안에서 공액이다(그리고, b는 a의 공액이다)는 것은 G안에 적당한 원소 x가 존재하여 $xax^{-1}=b$가 성립 할 때를 말한다.

a의 공액류의 집합 $cl(a)=\{xax^{-1}|x\in G\}$이다.

공액관계는 G에서 동치관계이고 a의 공액류는 공액관계에 대한 a의 동치류임을 보이는 것(연습문제 1)은 독자에게 맡긴다. 따라서, 우리는 임의의 군을 서로소인 공액류들로 분할할 수 있다.

한 예를 들어D_4에서,

$cl(H)=\{R_0HR_0^{-1}, R_{90}HR_{90}^{-1}, R_{180}HR_{180}^{-1}, R_{270}HR_{270}^{-1}, HHH^{-1}, VHV^{-1}, DHD^{-1}, D'HD'^{-1}\} = \{H, V\}$이다.

한 방법으로, 다음을 확인할 수 있다.

$$cl(R_0) = \{R_0\},$$
$$cl(R_{90}) = \{R_{90}, R_{270}\},$$
$$cl(R_{180}) = \{R_{180}\},$$
$$cl(V) = \{V, H\} = cl(H),$$
$$cl(D) = \{D, D'\} = cl(D').$$

정리 11.1은 a의 공액류의 크기와 a의 중심화 $C(a)$의 크기 사이의 하나의 계산관계를 말해준다.

정리 11.1 a의 공액류의 원소개수(The Number of Conjugates of a)

G가 유한군이고 a는 G의 한 원소이다. 그러면, $|cl(a)| = |G : C(a)|$이다.

증명 함수 $T : G/C(a) \to cl(a)$가 $xC(a)$를 a의 공액 xax^{-1}로 대응시켜, 관례적으로 계산하면 함수 T는 잘 정의되고, 1 : 1이고, 좌잉여류집합은 a의 공액류 위로 사상된다. 따라서, a의 공액류의 원소개수는 G에서 a의 중심화의 지수가 된다.

따름 정리1. $|cl(a)|$는 $|G|$를 나눈다.

유한군에서, $|cl(a)|$는 $|G|$를 나눈다.

류등식(The Class Equation)

공액류집합은 군을 분할하기 때문에, 다음의 중요한 개수 세는 원리는 정리 11.1의 따름정리이다.

따름 정리2. 류등식

임의의 유한군 G에 대하여, $|G| = \sum |G : C(a)|$이다.

여기서, 합은 G의 각 공액류로 부터 한 원소 a씩 택하여 모두 계산한 것이다.

유한군 이론에서, 이 따름정리와 같이 원소개수 세는 원리는 힘이 있는 도구이다. 정리 11.2는 소수의 멱의 위수를 갖는 유한군들에 대한 가장 중요한 유일한 사실이다.(p가 소수일 때, p^n의 위수를 갖는 군을 $p-$군이라 부른다).

정리 11.2 $p-$군들은 비자명한 중심을 갖는다.($p-$Groups have nontrivial Centers)

G 는 비자명한 유한군이고 그 위수가 소수 p의 멱이다. 그러면, $Z(G)$는 원소 1개 이상을 갖는다.

증명 먼저 $cl(a)=\{a\}$이기위한 필요충분조건은 $a\in Z(G)$이다.

따라서, 이런 원소들을 가려내면, 우리는 류등식을 다음과 같은 꼴로 쓸 수 있다.

$|G|=|Z(G)|+\sum|G:C(a)|$, 여기서, 합은 한 개보다 더 많은 원소를 갖는 공액류의 대표원을 택하여 모두 계산한 것이다. 그런데 $|G:C(a)|=|G|/|C(a)|$이다.

따라서, $\sum|G:C(a)|$의 각 항들은 $k\geq 1$인 p^k꼴이다. 그러므로, $|G|-\sum|G:C(a)|=|Z(G)|$이다.

여기서 좌측의 각 항들은 p로 나누어진다. 그래서, p는 역시 $|Z(G)|$를 나누므로 $|Z(G)|\neq 1$이다.

따름 정리 위수가 p^2인 군들은 가환군이다.

만약, p가 소수일 때 $|G|=p^2$이면, G는 가환군이다.

증명 정리 11.2와 라그랑쥐정리에 의하여, $|Z(G)|=p$ 또는 p^2이다. 만약 $|Z(G)|=p^2$이면, $G=Z(G)$이고, G는 가환군이다. 만약 $|Z(G)|=p$이면, $|G/Z(G)|=p$이다. 따라서, $G/Z(G)$는 순환군이다. 그런데, 정리 8.3으로부터,

G는 가환군이 된다.

군의 두 원소가 가환이 될 확률 (The Probability that two elements commute)

이 장의 주된 목표로 나가기 전에, 우리는 정리 11,1과 류등식을 재미있게 적용한 것에서 쉬어가고자 한다.

우리가 임의로 한 유한군의 두 원소를 택한다고(교체가능하게) 가정 하자. 이 두 원소가 교환법칙이 성립할 확률은 무엇인가? 그러면, G를 위수가 n인 유한군이라 가정하자. G에서 적으로 두 원소를 택할 확률은 $|K|/n^2$이다. 여기서, $K=\{(x,y)\in G\oplus G|xy=yx\}$이다. 이제 각 원소 $x\in G$에 대하여 $(x,y)\in K$ 이기위한 필요충분조건은 $y\in C(x)$이다. 따라서, $|K|=\sum_{x\in G}|C(x)|$이다.

또한, 정리 11.1로부터 만약 x와 y가 같은 공액류에 속하면, $|C(x)|=|C(y)|$임을 알 수 있다.(연습문제 27). 만약, 예를 들어, $cl(a)=\{a_1,a_2,\cdots,a_t\}$, 그러면

$$|C(a_1)|+|C(a_2)|+\cdots+|C(a_t)|=t|C(a)|=|G:C(a)||C(a)|=|G|=n.$$

따라서, 각 공액류에서 하나씩 대표원을 택하면, 예를 들어, $x_1,x_2,\cdots,x_m$,를 택하면, 우리는

$|K|=\sum_{x\in G}|C(x)|=\sum_{i=1}^{m}|G:C(x_i)||C(x_i)|=mn$을 얻는다.

따라서, 우리의 질문에 대한 답은 $mn/n^2=m/n$이다. 여기서 m은 G에서의 공액류의 개수이고 n는 G의 위수이다.

분명히, G가 비가환군이면, $\mathrm{Pr}(G)$은 1보다 작다. 그렇지만 1보다 얼마만큼 작을까? 확실히. 공액류가 더 많으면, $\mathrm{Pr}(G)$은 더 커질 것이다. 결과적으로, 공액류들의 원소개수가 작으면 $\mathrm{Pr}(G)$은 커진다. 아는비와 같이 $|cl(a)|=1$이기위한 필요충분조건은 $a\in Z(G)$이므로, 우리는 $|Z(G)|$가 가능한 범위에서 최대이고 모든 다른 공액류들이 각각 단 2원소로 될 때가 공액류들의 개수를 최대로 택한 것이 된다. G는 비가환군이므로, 정리 8.3으로부터 $|G/Z(G)|\geq 4$이고, 그리고, 결국, $|Z(G)|\leq |G|/4$이다. 따라서, 극단의 경우로, 우리는 $|Z(G)|=|G|/4$라 하면, 나머지 $(3/4)|G|$개의 원소들이 각 원소가 2개인 공액류들로 구성될 것이다. 따라서, 비가환군에서는, 공액류의 개수는 $|G|/4+(1/2)(3/4)|G|=5/8|G|$보다는 작게 될 것이고, $\mathrm{Pr}(G)$는 5/8 보다는 작거나 같게 된다. 이면체군 D_4가 이것은 한 예가 되며 그 확률은 5/8과 같다.

실로우 정리(The Sylow Theorems)

이제 실로우 정리들을 논의 하자. 라그랑쥐 정리의 역은 항상 성립하지는 않음을 상기하자: 즉, 만약 G가 위수가 m이라 하고 n이 m을 나눈다면, G가 위수 n인 부분군을 갖지 않을 수도 있다는 것이다. 우리의 다음 정리는 라그랑쥐 정리의 역의 부분적인 것이다. 그것은, 정리 11.2와 마찬가지로 노르웨이 수학자 Ludwig Sylow(1832-1918)에 의해서 증명되었다. 실로우정리와 라그랑쥐정리는 유한군 이론의 가장 중요한 2개의 정리이다. 그 하나는 부분군의 존재에 대한 충분조건이고, 다른 하나는 필요조건인 것이다.

정리 11.3 소수 멱의 위수를 갖는 부분군의 존재성 (Existence of subgroups of prime-power order) (실로우 제1정리, 1872)

G 는 유한군이고 p는 소수이다. 만약 p^k가 $|G|$를 나누면, G 는 적어도 하나의 그 위수가 p^k인 부분군을 갖는다.

증명 우리는 $|G|$에 대한 수학적 귀납법을 적용하자. 만약 $|G|=1$이면, 정리 11.3은 자명하게 참이다. 이제 이 명제가 $|G|$보다 작은 모든 군들에 대하여 참이라고 가정하자. 만약 G가 진 부분군 H를 포함하고 $|H|$가 p^k로 나누어진다면, 우리는 귀납법 가정에 의해서, H는 위수가 p^k인 부분군을 포함하게 되어 이 정리는 증명된다.

따라서, 그렇기 때문에 우리는 이제 어떠한 G의 진부분군의 위수도 p^k로 나누어지지 않는다고 가정하자.

다음은, G에 대한 류등식; $|G|=|Z(G)|+\sum|G:C(a)|$에서, 여기서 우리는 $a \notin Z(G)$인 각 공액류 $cl(a)$의 대표원들을 택하여 합한다.

p^k는 $|G|=|G:C(a)||C(a)|$를 나누고 p^k가 $|C(a)|$를 나누지 않기 때문에 모든 $a \notin Z(G)$에 대하여 p는 $|G:C(a)|$를 나눠야만 한다. 류등식으로 부터 p가 $|Z(G)|$를 나누게 된다. 유한가환군의 기본정리(정리 10.1), 또는 정리 9.5에 의해서, $Z(G)$는 위수가 p인 원소, 예를 들어 x를 품게 된다. x는 G의 중심의 원소이므로, $\langle x \rangle$는 G의 한 정규부분군이고, 우리는 상군 $G/\langle x \rangle$를 만들 수 있다. 이제 p^{k-1}은 $|G/\langle x \rangle|$를 나눈다. 따라서, 귀납법 가정에 의해서, $G/\langle x \rangle$는 위수가 p^{k-1}인 한 부분군을 갖고, 9장의 연습문제 21에 의해서, 이 부분군은 $H/\langle x \rangle$꼴이며, 여기서, H는 G의 한 부분군이다. 끝으로, $|H/\langle x \rangle|=p^{k-1}$이고 $|\langle x \rangle|=p$이므로 $|H|=p^k$이다. 정리의 증명은 끝났다.

우리가 실로우 제1정리가 무슨 의미인가를 정확하게이해하고 있는지 알아보자. 군G의 위수가 $2^3 \cdot 3^2 \cdot 5^4 \cdot 7$이라 하자. 그러면 실로우 제1정리는 G가 적어도 다음 위수를 갖는 부분군들을 갖는다고 할 수 있다:$2, 4, 8, 3, 9, 5, 25, 125, 625, 7$.

한편으로, 실로우 제1정리는 부분군의 위수가 $6, 10, 15, 30$인 경우와 두 개 또는 그 이상의 소수인수들의 곱으로 된 $|G|$의 다른 약수 개를 갖는 부분군이 존재할 것인가에 대하여 아무런 정보도 주지 못한다. 실로우 제1정리에 의해 보증되는 특정 부분군들이 유한군들의 이론에 중심역할을 하며, 이것들을 특별한 이름으로 부른다.

정의 실로우 $p-$부분군(Sylow $p-$subgroup)

G 는 한 유한군이고 p는 $|G|$의 한 소수약수이다. 만약 p^k가 $|G|$를 나누고 p^{k+1}은 $|G|$를 나누지 않는다면, 위수가 p^k인 G의 임의의 부분군을 G의 실로우 $p-$부분군이라 부른다.

따라서, 군 G의 위수가 $2^3 \cdot 3^2 \cdot 5^4 \cdot 7$인 군에서, 우리는 위수가 8인 부분군을 한 실로우 2부분군, 위수가 625인 부분군을 한 실로우 5부분군 으로 부른다. G 의 실로우 $p-$부분군은 G의 한 부분군으로서 라그랑쥐 정리와 상치되지 않는 p의 가장 큰 멱의 위수를 갖는 부분군이다.

위수가 p 인 임의의 부분군은 순환 군이므로, 우리는 정리 9.5의 다음과 같은 일반화를 갖게 되며, 이것의 최초의 증명은 1845년 코시에 의한 것이다. 그의 증명은 9페이지에 달한다!

따름 정리 코시의 정리(Cauchy's Theorem)

G는 한 유한군이고 p는 한 소수로서 G의 위수를 나눈다. 그러면 G는 위수가 p인 한 원소를 갖는다.

실로우 제1정리는 유한군이론에 그렇게도 중요하기 때문에 많은 서로 다른 증명들이 수년에 걸쳐 발표되었다. 우리의 증명은 Georg Frobenius(1849 − 1917)가 1895년에 발표한 바로 그것이다. 마찬가지로, 실로우정리의 일반화의 결과들이 수십 편 발표되었다.

유한 가환군의 기본정리의 따름정리와 실로우 제1정리를 보면 라그랑쥐정리의 역은 모든 유한 가환군과 소수의 멱의 위수를 갖는 유한군에서는 참이 됨을 알 수 있다.

유한군 이론에 매우 중요한 두 가지의 실로우 정리들이 더 있다. 그러므로, 먼저 새로운 용어들을 소개하고자 한다.

정의 공액 부분군(Conjuate Subgroups)

H와 K는 한 군 G의 부분군들이다. 만약 한 원소 g가 군 G에 존재하여 $H=gKg^{-1}$가 성립할 때 H와 K는 G안에서 공액이라 한다.

7장으로부터 만약 G가 한 집합 S 위에서 한 유한 치환군이고 $i \in S$이면, $\mathrm{orb}_G(i)=\{\phi(i)|\phi \in G\}$와 $|\mathrm{orb}_G(i)|$는 $|G|$를 나눈다.

정리 11.4 실로우 제2정리(Sylow's Second Theorem)

만약 H를 한 유한군 G의 한 부분군이고 $|H|$가 한 소수 p의 멱이면, H는 G의 어떤 실로우 $p-$부분군에 포함된다.

증명 K를 G의 한 실로우 $p-$부분군이라 하고 $C=\{K_1, K_2, \cdots, K_n\}$를 G안에서 K의 모든 공액 부분군들의 집합이라 하자. 여기서, $K=K_1$이다.

S_C를 집합 C의 모든 치환군들이라 하자. 각 $g\in G$에 대하여, $\phi_g : C\to C$를 $\phi_g(K_i)=gK_ig^{-1}$라 하자. 쉽게 $\phi_g\in S_C$임을 알 수 있다.

이제 한 함수 $T: G\to S_C$를 $T(g)=\phi_g$라 정의하자.

$\phi_{gh}(K_i)=(gh)K_i(gh)^{-1}=g(hK_ih^{-1})g^{-1}=\phi_g(\phi_h(K_i))=(\phi_g\phi_h)(K_i)$이므로,

$\phi_{gh}=\phi_g\phi_h$이다. 그러므로 T는 G에서 S_C로 가는 한 준동형사상이다

다음은 함수 T에서의 H의 상 $T(H)$를 생각해보자. $|H|$가 p의 한 멱이므로 $|T(H)|$도 마찬가지로 p의 멱이다.(정리 9.2의 성질 6참조). 따라서, Orbit-Stabilizer정리(정리 6.3)에 의해서, 각 i에 대하여, $|\mathrm{orb}_{T(H)}(K_i)|$는 $|T(H)|$를 나누기 때문에, $|\mathrm{orb}_{T(H)}(K_i)|$는 p의 멱이다.

이제 다음 질문을 생각해보자: 어떤 조건하에서 $|\mathrm{orb}_{T(H)}(K_i)|=1$이 될까?

$|\mathrm{orb}_{T(H)}(K_i)|=1$이라는 의미는 모든 $g\in H$에 대하여 $\phi_g(K_i)=gK_ig^{-1}=K_i$이다.

즉, $|\mathrm{orb}_{T(H)}(K_i)|=1$이기위한 필요충분조건은 $H\le N(K_i)$이다. 그러나 $N(K_i)$의 원소들 중에 p의 멱의 위수를 갖는 원소들은 K_i의 원소들뿐이다.(연습문제 5 참조) 따라서, $|\mathrm{orb}_{T(H)}(K_i)|=1$이기위한 필요충분조건은 $H\le K_i$이다.

따라서, 증명을 마무리하기 위해서, 우리는 적당한 i에 대하여, $|\mathrm{orb}_{T(H)}(K_i)|=1$이 성립함을 보일 필요가 있다. 정리 11.1을 적용하면, $|C|=|G:N(K)|$(연습문제 11 참조)이다. 그리고 $|G:K|=|G:N(K)||N(K):K|$은 p로 나누어지지 않으므로, $|C|$ 역시 p로 나누어지지 않는다. 괘도들이 C를 분할하기 때문에, $|C|$는 p의 멱들의 합이다. 만약 크기가 1인 괘도가 없다면, p가 각 성분들의 크기를 나누기 때문에, p는 $|C|$를 나눈다. 이것은 모순이다. 따라서, 크기가 1인 괘도가 존재하고, 그래서 증명이 끝났다.

정리 11.5 실로우 제3정리(Sylow's Third Theorem)

p는 한 소수이고 G는 위수가 $p^k m$인 한 군이다. 여기서, p는 m을 나누지 않는다. 그러면 G의 실로우 $p-$부분군들의 개수 n은 p를 법으로 그 값이 1이 되고 n은 m을 나눈다. 더욱이, G의 임의의 두 실로우 $p-$부분군들은 서로 공액이다.

증명 K를 G의 임의의 실로우 $p-$부분군이라 하고 $C=\{K_1, K_2, \cdots, K_n\}$를 G안에서 K의 모든 공액 부분군들의 집합이라 하자. 여기서, $K=K_1$이다.

우리는 먼저 $n \equiv 1(\mathrm{mod}\, p)$임을 증명하자.

S_C와 T는 정리 11.4의 증명에서와 같은 것으로 정의하자. 이번에는 K의 T에 의한 상 $T(K)$를 생각해보자. 전과 같이, 우리는 각 i에 대하여 $|\mathrm{orb}_{T(K)}(K_i)|$은 한 p의 멱이고 $|\mathrm{orb}_{T(K)}(K_i)|=1$이기 위한 필요충분조건은 $K \le K_i$ 이다. 따라서, $|\mathrm{orb}_{T(K)}(K_1)|=1$이고 모든 $i \neq 1$에 대하여 $|\mathrm{orb}_{T(K)}(K_i)|$은 1보다 큰 소수$p$의 한 멱이다. 궤도들은 C를 분할하기 때문에, p를 법으로 $n=|C|=1$이다.

다음에 우리는 G의 모든 실로우 $p-$부분군은 C에 속함을 보이자. 이것을 설명하기 위에서, H를 G의 한 실로우 $p-$부분군 이고 C에는 속하지 않는다고 가정하자. S_C와 T는 정리 11.4의 증명에서와 같은 것으로 하고, 이번에는 $T(H)$을 생각해보자. 조금 전의 문맥에서, $|C|$는 $T(H)$의 작용하의 궤도들의 크기들의 합이다. 그러데, H가 C에 속하지 않으므로, 어떤 궤도도 크기가 1이 아니다. 따라서, $|C|$는 p로 나누어지는 항들의 합이다, 그러므로, p를 법으로, $n=|C|=0$이다. 이 모순은 H가 C에 속하고, n이 G의 실로우 $p-$부분군들의 개수임을 설명해준다. 끝으로, n이 $|G|$를 나누는 것은 $n=|G:N(K)|$라는 사실로부터 직접 증명된다.(연습문제 11 참조)

한 군에서 실로우$p-$부분군들의 개수를 n_p로 표기하는 것이 편리하다.

실로우 제3 정리의 앞부분은 개수 헤아리는 원리임에 주의 하여라. 실로우 제3 정리의 중요한 결론으로, 다음 따름정리가 있다.

따름 정리 한 유일한 실로우$p-$부분군은 정규부분군이다.

한 유한군 G의 한 실로우$p-$부분군이 G의 한 정규부분군 이기위한 필요충분조건은 그것이 단 하나의 실로우$p-$부분군이 될 때이다.

우리는 두 가지 예를 들어 실로우 제3 정리를 설명하자.

예 1 S_3의 실로우 2 − 부분군들을 찾아보자. 그것들은 $\{(1), (12)\}$, $\{(1), (23)\}$과 $\{(1), (13)\}$이다. 실로우 제3 정리에 의해서, 우리는 뒤의 두 부분군들과 처음 부분군의 공액에 의해서 얻을 수 있다.

사실, $(13)\{(1), (12)\}(13)^{-1} = \{(1), (23)\}$

$(23)\{(1), (12)\}(23)^{-1} = \{(1), (13)\}$이다.

■

예 2 A_4의 실로우 3 − 부분군들을 찾아보자. 그것들은

$\{\alpha_1, \alpha_5, \alpha_9\}, \{\alpha_1, \alpha_6, \alpha_{11}\}, \{\alpha_1, \alpha_7, \alpha_{12}\}$와 $\{\alpha_1, \alpha_8, \alpha_{10}\}$이다.

그러면,

$$\alpha_2\{\alpha_1, \alpha_5, \alpha_9\}\alpha_2^{-1} = \{\alpha_1, \alpha_7, \alpha_{12}\}$$
$$\alpha_3\{\alpha_1, \alpha_5, \alpha_9\}\alpha_3^{-1} = \{\alpha_1, \alpha_8, \alpha_{10}\}$$
$$\alpha_4\{\alpha_1, \alpha_5, \alpha_9\}\alpha_4^{-1} = \{\alpha_1, \alpha_6, \alpha_{11}\}$$

따라서, 실로우 3 − 부분군들의 개수는 3을 법으로 1이고, 4개의 실로우 3 − 부분군들은 서로 공액이다.

■

표 11.1은 S_3와 A_4의 부분군들의 도표들을 보여 준다. 우리는 점선의 원으로 묶어진 실로우p − 부분군들은 공액관계에 의해 한 괘도로 연결되어 있다. A_4에서 위수 2인 3개의 부분군들은 실로우 제2 정리에서 필요한 조건인 실로우 2 − 부분군에 포함된다는 것을 알아 볼 수 있다. 확인된 바와 같이, 이들 3부분군들은 공액관계에 의해서 역시 한 괘도에 속하고, 그러나 이것은 실로우 제3 정리의 결과는 아니다.

위 두 가지 예와 대조해보면, 위수가 12인 이면체군은 위수 2인 7개의 부분군을 갖지만, 그러나 $\{R_0, R_{180}\}$의 공액에 의해서 다른 6개의 군들이 되지 않는다는 것을 확인할 수 있다.(왜 그럴까?)

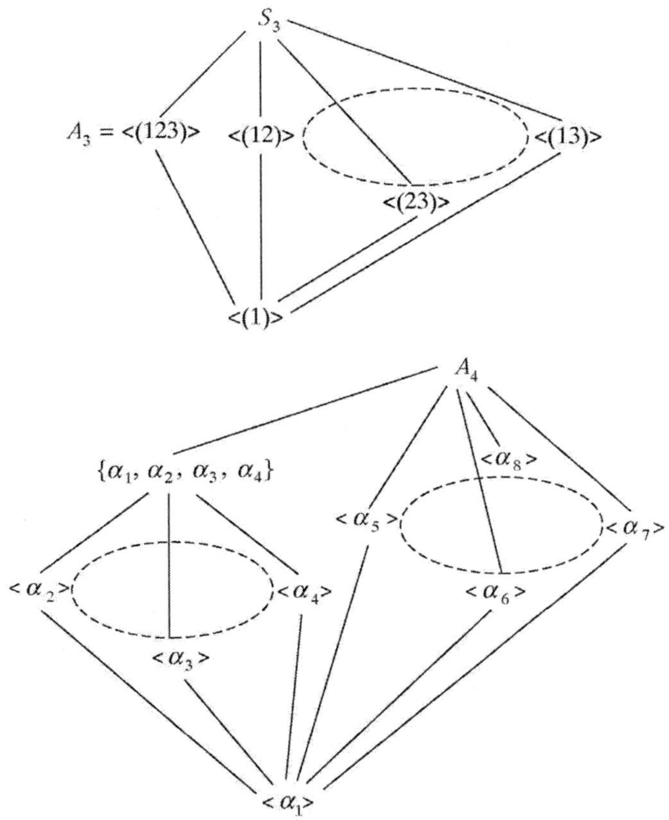

[그림 11.1] S_3와 A_4의 부분군들의 격자들

실로우 정리들의 적용(Applications of Sylow Theorems)

다음 몇 가지 수리적 예들은 실로우 정리들에게 활기를 불어넣어 줄 것이다.

G를 위수 40인 한 군이라 하자. 실로우 정리는 이 군 G에 대하여 무엇을 말해 줄까? 매우 많다! 40의 약수 중에서 5를 법으로 1인 수는 1하나뿐이므로, 우리는 G 에는 위수 5인 부분군이 단 한 개만 있고, 그러므로 그것은 정규부분군이다. 마찬가지로, G에는 위수가 8인 부분군들이 1개 또는 5개 있다. 만약 위수가 8인 부분군들이 단 1개만 있다면, 그것은 정규부분군이다. 만약 위수가 8인 부분군들을 5개가 있다면, 모두 정규부분군이 아니고 5개 모두가 임의의 한 부분군, 예를 들어 H, 로부터 여러 가지 $x \in G$에 대한 xHx^{-1}를 계산함으로서 구해진다. 끝으로, 만약 K를 위수가 5인 정규부분군이라 하고 H를 위수가 8인 정규부분군이라 하면, $G = HK$이다. 만약 H가 정규부분군이라면, 우리는 더욱 $G = H \times K$임을 알 수 있다.

위수가 30인 군 G에 대해서는 어떨까? 그것은 위수 5인 부분군들을 1개 또는 6개 가져야 하고 위수 3인 부분군들을 1개 또는 10개 가져야 한다.

그러나, G는 동시에 위수 5인 부분군들 6개와 위수 3인 부분군들 10개를 가질 수는 없다(왜냐하면, 모두 갖는다면 군 G의 원소개수가 30보다 많게 된다). 따라서, G는 위수 5인 부분군 하나와 위수 3인 부분군 하나를 갖게 되고, 이들 중에 적어도 하나가 G에서 정규부분군이 된다. 이렇게 해서, 위수 3인 한 부분군과 위수 5인 한 부분군의 직적은 위수가 15인 한 군이 되며, 이것은 G에서 순환군이고 정규부분군이다(9장 연습문제 7 참조).[이것은, 위수가 3인 부분군과 위수가 5인 부분군 둘 다 G에서 정규부분군임을 말한다. 따라서, 만약 우리는 y를 위수 15인 순환부분군의 한 생성원이라 하고 x를 위수 2인 원소라 하면(이것의 존재는 코시정리로부터 보장된다), 우리는 다음식이 성립함을 알 수 있다.

$$G = \{x^i y^j | 0 \le i \le 1, 0 \le j \le 14\}.$$

위의 두 개의 예에서 우리는 단지 군의 위수만 알고 이와 같이 많은 정보들을 추론할 수 있다는 것을 확인할 수 있다. 하나의 가정으로부터 그렇게 많은 결과들을 얻을 수 있다! 이것이 유한군 이론의 아름다움이다.

6장에서 우리는 소수 위수 p를 갖는 군(동형에 관하여)은 Z_p 뿐이다.

실로우 정리들에 힘입어 더 진전된 실 예로, 우리는 다음에 한 군의 위수가 pq가 될 충분조건은 그 군이 Z_{pq}임을 밝힌다. 여기서, p, q는 소수들이다.

정리 11.6 위수가 pq인 순환군

만약 G를 그 위수가 pq인 한 군이다, 여기서 p, q는 소수이고, $p < q$, 그리고 p는 $q-1$를 나누지 않는다고 하면, G는 순환군이다. 특히, G는 Z_{pq}와 동형이다.

증명 H를 G의 한 실로우 $p-$부분군이라 하고 K를 G의 한 실로우 $q-$부분군이라 하자. 실로우 제3 정리에 의해 G의 실로우 $p-$부분군들의 개수는 $1+kp$꼴이고 pq를 나눈다. 따라서 $1+kp$는 $1, p, q, pq$중의 하나와 같다. 이 사실과 $p \nmid q-1$사실로부터, $k=0$이 되고, 그러므로 H가 G의 단 하나의 실로우 $p-$부분군이 된다.

유사한 방법으로, G의 단 하나의 실로우 $q-$부분군이 존재한다. 따라서, 정리11.5의

따름정리에 의해서, H와 K는 G의 정규부분군들이다. $H=\langle x \rangle$이고 $K=\langle y \rangle$라 하자. G가 순환군임을 보이기 위해서, x와 y가 서로 교환법칙이 성립함을 보이면 충분하다, 외냐하면 $|xy|=|x||y|=pq$이기 때문이다. 그것을 보이기 위해서, H와 K는 G의 정규부분군들이므로, 우리는 $xyx^{-1}y^{-1}=(xyx^{-1})y^{-1}\in Ky^{-1}=K$이고,

$xyx^{-1}y^{-1}=x(yx^{-1}y^{-1})\in xH=H$이다.

따라서, $xyx^{-1}y^{-1}\in K\cap H=\{e\}$이고, $xy=yx$이다.

정리11.6는 실로우 정리들이 소수의 인수들의 곱으로 된 작은 수의 위수를 갖는 유한군들을 분류하는데 있어서 위력을 발휘하고 있음을 보여준다.

정리11.6과 같은 맥락에서 보면 두 소수 p, q에 대하여 위수가 p^2q, p^2q^2, p^3, p^4인 군들이 존재한다.

위수	1	2	3	4	5	6	7	8	9	10	11	12	13	14	15	16	17	18	19	20
개수	1	1	1	2	1	2	1	5	2	2	1	5	1	2	1	14	1	5	1	5

위수	21	22	23	24	25	26	27	28	29	30	31	32	33	34	35	36	37	38	39	40
개수	2	2	1	15	2	2	5	4	1	4	1	51	1	2	1	14	1	2	2	14

위수	41	42	43	44	45	46	47	48	49	50	51	52	53	54	55	56	57	58	59	60
개수	1	6	1	4	2	2	1	52	2	5	1	5	1	15	2	13	2	2	1	13

위수	61	62	63	64	65	66	67	68	69	70	71	72	73	74	75	76	77	78	79	80
개수	1	2	4	267	1	4	1	5	1	4	1	50	1	2	3	4	1	6	1	52

위수	81	82	83	84	85	86	87	88	89	90	91	92	93	94	95	96	97	98	99	100
개수	15	2	1	15	1	2	1	12	1	10	1	4	2	2	1	230	1	5	2	16

〈표 11.2〉 위수 100까지 군의 개수

흥미롭게, 표11.2는 위수가 100이하인 각 군들을 서로 동형이 아닌 군들로 분류한 개수들을 목록을 작성한 것이다. 특히 위수가 64일때가 개수가 가장 큰 것을 알 수 있다. 또한, 일반적으로 말해서, 군의 가짓수는 군의 위수의 크기 보다는 위수의 소수 인수의 개수가 결정하고 있음을 알 수 있다. 결론으로, 100이하의 서로 동형이 아닌 군들의 총 개수는 1047개 이다. 이 사실들은 1989년에 위수 128개인 군들은 2328개가 있고 위수가 256개인 군들은 56,092개가 있다고 보고된 사실들과 대조된다. [3]

위수 1000까지의 군들의 개수는 위수 512인 경우를 제외하고, http://people.csse.uwa.edu.au/gordon/remote/cubcay/.dp에 발표되었다.

위수 512인 군들의 개수는 1백만 개보다 많은 것으로 추산된다.

우리는 실로우 정리들의 마지막 응용으로, 군의 위수가 99, 66, 255인 군들을 결정해 보임으로서 즐거움을 만끽하고자 한다. 사실, 이 논증은 군론에서 우리들의 많은 연구자들에게 좋은 시사점을 주고 있다.

예 3 위수가 99인 군들의 분류

G를 위수가 99인 군이라 가정하자. H를 G의 한 실로우 3-부분군이라 하고 K를 G의 한 실로우 11-부분군이라 하자. 99의 양의 약수들 중에서 11를 법으로 1인 수는 1뿐이므로, 우리는 실로우 제3 정리와 그 따름정리에 의해서 K는 G의 정규부분군이다. 유사하게, H도 G의 정규부분군이다. 정리11.6의 증명에서 사용했던 논증에 따라 H와 K가 서로 교환법칙이 성립한다. 그러므로 $G = H \times K$이다. H와 K가 둘 다 가환군이므로, G도 역시 가환군이다. 따라서, G는 Z_{99} 또는 $Z_3 \oplus Z_{33}$과 동형이다.

예 4 위수가 66인 군들의 분류

G를 위수가 66인 군이라 가정하자. H를 G의 한 실로우 3-부분군이라 하고 K를 G의 한 실로우 11-부분군이라 하자. 66의 양의 약수들 중에서 11를 법으로 1인 수는 1뿐이므로, 우리는 K는 G의 정규부분군임을 알 수 있다. 따라서, HK는 위수가 33인 G의 한 부분군이다. 위수가 33인 군은 순환군이므로(정리11.6 참조), 우리는 $HK = \langle x \rangle$라 쓸 수 있다. 다음은, $y \in G$이고 $|y| = 2$라 하자. $\langle x \rangle$는 G에서 지수가 2이므로, 우리는 그것이 정규부분군임을 알 수 있다. 따라서 $yxy^{-1} = x^i$, 여기서 i는 1에서 32까지의 어떤 값이다. 그래서, $yx = x^i y$이고 G의 임의의 원소는 $x^s y^t$ 꼴이므로, G의 구조는 i값에 의해서 완전히 결정된다. 우리는 i값이 단 4가지 가능성만 있다는 것을 밝히고자 한다.

이것을 증명하기 위해서, $|x^i| = |x|$인 i를 찾아보자.(1-4장 보충문제의 연습문제5 참조).

따라서, i와 33은 서로소이다. 그러나 또한, y의 위수가 2이므로,

$x = y^{-1}(yxy^{-1})y = y^{-1}x^i y = (yxy^{-1})^i = (x^i)^i = x^{i^2}$이다.

따라서 $x^{i^2-1} = e$이고 그러므로 33은 $i^2 - 1$를 나눈다. 이것으로부터 11은 $i \pm 1$을 나눈다.

그러므로 $i = 0 \pm 1$, $i = 11 \pm 1$, $i = 22 \pm 1$, $i = 33 \pm 1$이다. 이것과 i대한 다른 정보들을 합하면, 우리는 $i = 1, 10, 23, 32$임을 알 수 있다. 이것으로 위수 66인 군은 기껏해야 4가지뿐이다.

그와 같은 군들이 꼭 4가지만 존재한다는 것을 증명하기 위해서, 우리는 단순히 Z_{66}, D_{33}, $D_{11} \oplus Z_3$, $D_3 \oplus Z_{11}$ 각각의 위수가 66이고 어떤 서로 다른 두 군들도 동형이 아님을 확인할 수 있다. 예를 들어, $D_{11} \oplus Z_3$은 위수 2인 원소가 11개 있고, 이에 반해서 $D_3 \oplus Z_{11}$은 위수 2인 원소가 단 3개뿐임을 알 수 있다.

예 5 위수가 255인 군은 단 하나 Z_{255}뿐이다.

G를 위수가 $255 = 3 \cdot 5 \cdot 17$인 한 군이라 하고, H를 G의 실로우 17－부분군이라 하자. 실로우 제3 정리에 의해서, H는 G의 단 하나의 실로우 17－부분군이고, 따라서 $N(H) = G$이다. 9장 예14에 의해서, $|N(H)/C(H)|$은 $|Aut(H)| = |Aut(Z_{17})|$을 나눈다. 정리 6.5에 의해서, $|Aut(Z_{17})| = |U(17)| = 16$이다. $|N(H)/C(H)|$은 255와 16을 나누므로, $|N(H)/C(H)| = 1$이다. 따라서, $C(H) = G$이다. 이 사실은 G의 모든 원소들이 H의 모든 원소들과 교환법칙이 성립한다. 그래서, $H \subseteq Z(G)$이다. 따라서, 17은 $|Z(G)|$를 나누고, 이번에는 $|Z(G)|$는 255를 나눈다. 따라서, $|Z(G)|$는 17, 51, 85, 또는 255와 같고 $|G/Z(G)|$는 15, 5, 3, 또는 1과 같다. 그러나 위수가 15, 5, 3, 또는 1인 군들은 순환군들이므로, $|G/Z(G)|$은 순환군이다 이제 G/Z정리(정리8.3 참조)에 의해서 G는 가환군이고, 유한 가환군의 기본정리는 G가 순환군임을 말해준다.

연습문제

1. 군에서 공액관계는 동치관계임을 보여라.

2. 정리 11.1의 증명에서 정의한 함수 T가 잘 정의되고, 일대일이고, 그리고 좌잉여류들의 집합에서 a의 공액류집합으로의 전사인 함수가 됨을 보여라.

3. 만약 $|G| = 36$이고 G가 비가환이면, G가 한 개보다 더 많은 실로우 2-부분군을 갖거나 한 개보다 더 많은 실로우 3-부분군을 갖고 있음을 증명하여라.

4. 군 G의 위수가 48이라 가정하자. 임의의 두 개의 서로 다른 G의 실로우 2-부분군들의 공통부분의 위수는 8임을 보여라.

5. K를 유한군 G의 한 실로우 p-부분군이라 하자. 만약 $x \in N(K)$이고 x의 위수가 p의 한 멱이면, $x \in K$임을 증명하여라.

6. G는 군이고 $|G| = p^n m$이라 가정하고, 여기서, p는 소수이고 $p > m$이다. G의 한 실로우 p-부분군은 G에서 정규부분군이 되어야함을 증명하여라.

7. G는 위수가 168인 군이라 가정하자. 만약 G가 한 개보다 더 많은 실로우 7-부분군을 갖고 있다면, 정확히 몇 개 갖고 있을까?

8. 위수가 n인 유일한 군이 존재하는 최소인 합성수(즉, 소수가 아니고 1보다 큰 수)는 무엇인가?

9. 위수가 21인 비순환군은 위수가 3인 14개의 원소들을 가져야함을 증명하여라.

10. S_5에는 얼마나 많은 실로우 3-부분군들이 있는가? 5개를 나타내 보여라.

11. H는 군 G의 한 부분군이라 하자. G안에서 H의 공액들의 개수는 $|G : N(H)|$ 임을 증명하여라. 힌트: 정리11.1의 증명과 같은 방법

12. 홀수 중에서 비가환군의 위수가 될 수 있는 가장 작은 수는 무엇인가?

13. 정리 11.6을 사용하지 않고, 위수가 15인 군은 순환군임을 증명하여라.

14. 위수가 595인 군은 한 정규 실로우17 − 부분군을 갖고 있음을 증명하여라.

15. 위수가 60인 군의 중심은 위수 4인 원소를 갖지 않음을 보여라.

16. G를 위수가 60인 한 군이라 하자. 만약 실로우 3 − 부분군이 정규부분군이면 실로우 5 − 부분군은 정규부분군임을 보여라.

17. p는 소수이고 $|G| = p^n$ 이라 가정하자. G는 1과 n사이(양끝 포함)의 모든 k에 대한 위수가 p^k 인 정규부분군들을 갖고 있음을 보여라.

18. p는 소수이고 $|G| = p^n$ 이라 가정하자. 만약 H가 G의 한 진부분군이라 하면, $N(H) \supset H$임을 증명하여라.

19. G는 유한군이고 H를 G의 한 정규실로우 p − 부분군이라 하자. G의 모든 자기동형사상 α에 대하여 $\alpha(H) = H$임을 보여라.

20. H와 K는 각각 한 실로우 3 − 부분군과 한 실로우 5 − 부분군을 나타낸다. $|H| = 3$이고 $|K| = 5$라 가정하자. 만약 3이 $|N(K)|$를 나누면, 5가 $|N(H)|$를 나눔을 보여라.

21. H는 군 G의 한 정규부분군이라 하자. H는 H의 원소들의 공액류들의 합집합이 됨을 보여라. 이 사실은 H가 G의 정규부분군이 아닐 때도 성립하는가?

22. 각 소수 p에 대하여, 유한군의 모든 실로우 p − 부분군들은 동형임을 증명하여라.

23. 만약 G가 홀수 위수를 갖는 군이고 $x \in G$라 하면, x^{-1}는 $cl(x)$에 포함되지 않음을 보여라.

24. 위수가 21인 동형이 아닌 군들은 기껏해야 3개 뿐임을 보여라.

25. Z_2가 공액류가 단 두 개 뿐인 유일한 군임을 보여라.

26. G는 군이고 $|G| = 595 = 5 \cdot 7 \cdot 17$이다. G의 실로우 5－부분군은 G의 정규부분군이고 $Z(G)$에 포함됨을 보여라.

27. 만약 x와 y가 한 군의 같은 공액류에 포함된다면, $|C(x)| = |C(y)|$임을 증명하여라.

28. $\Pr(D_4)$, $\Pr(S_3)$와 $\Pr(A_4)$를 구하여라.

29. R는 유한 비가환환이라 하자. R에서 임의로 택한 두 원소가 교환법칙이 성립할 확률은 기껏 해서 $\frac{5}{8}$임을 보여라. (군의 경우와 같이 덧셈군 $R/C(R)$이 순환군이 아님을 이용하여 계산한다).

30. 만약 위수가 $5^2 \cdot 7 \cdot 11$인 군이 한 개보다 더 많은 실로우 5－부분군을 갖고있다면, 정확히 몇 개 갖고 있는가?

31. G를 위수가 60인 군이고 G가 위수 2인 한 정규부분군 N을 갖고 있다고 가정하자. 다음 사항들을 밝혀라.
    a, G는 위수가 6, 10, 30인 정규부분군들을 갖는다.
    b, G 는 위수가 12, 20인 부분군을 갖는다.
    c, G 는 위수가 30인 한 순환부분군을 갖는다.

32. 만약 H 는 지수가 p^2인 G의 한 정규부분군이고 여기서 p는 소수라 하면 G의 교환자군 $G' \subseteq H$임을 보여라.

*** 33. G는 위수(order)가 150인 군(group)이다. 위수가 6인 G의 부분군(subgroup)이 일하게 존재 할때, 위수가 30인 G의 부분군이 존재함을 보이시오.

종합 연습문제

1. G의 부분군 H의 각 좌잉여류가 G에서 H의 어떤 우잉여류와 같다고 가정하자. H가 G의 정규부분군임을 증명하여라.

2. $diag(G) = \{(g, g) \mid g \in G\}$이 $G \oplus G$의 정규부분군이기위한 필요충분조건은 G가 가환군임을 증명하시오. G가 유한군일 때 $G \oplus G$에서 $diag(G)$의 지수를 구하여라.

3. $Inn(G) \lhd Aut(G)$를 증명하여라.

4. 잉여군 $GL(2, \mathbb{R})/SL(2, \mathbb{R})$은 매우 잘 알려진 군과 동형이다. 동형인 그 군을 구하여라.

5. 다음 H는 행렬의 곱셈에 대한 군이다. 다음에 답하여라.

$$H = \left\{ \begin{pmatrix} 1 & a & b \\ 0 & 1 & c \\ 0 & 0 & 1 \end{pmatrix} \middle| \; a, b, c \in \mathbb{Q} \right\}$$

   a. $Z(H)$를 구하시오.
   b. $Z(H)$는 덧셈에 대한 군 $\mathbb{Q}$와 동형임을 증명하시오.
   c. $H/Z(H)$는 $\mathbb{Q} \oplus \mathbb{Q}$와 동형임을 증명하시오.
   d. $\mathbb{Q}$를 $\mathbb{R}$로 바꾸었을 때 a, b의 증명이 유효한지 그 여부를 판정하시오. $\mathbb{Q}$ 대신 $\mathbb{Z}_p$(p는 소수)인 경우에도 판정하시오.

6. 덧셈에 대한 군 $\mathbb{Q}/\mathbb{Z}$이 무한군이고 원소의 위수는 모두 유한임을 증명하여라.

7. 군 G와 정수 n에 대하여 $H = \{x \in G \mid |x| = n\}$라 하자. $H \cup \{e\}$이 G의 부분군이면 $H \cup \{e\}$은 또한 G의 정규부분군임을 증명하시오. 이와 같은 부분군이 존재할 때 n을 구하시오. 이와 같은 부분군이 존재하는 비가환군의 예를 구하시오. n이 소수이고 $H \cup \{e\}$이 G의 부분군이 되지 않는 군 G의 예를 구하여라.

8. 만약 H와 K가 한 군의 정규부분군들이고 $H \cap K = e$ 이면 HK는 가환군임을 증명하여라.

9. G는 어떤 집합위의 한 치환군이라 하자. 만약 $|G| = 60$이고 $\mathrm{orb}_G(5) = \{1, 5\}$이면 $stab_G(5)$이 G의 정규부분군임을 증명하여라.

10. $\mathbb{Z}_8 \oplus \mathbb{Z}_2 \oplus \mathbb{Z}_2$에서 $\mathbb{Z}_4 \oplus \mathbb{Z}_4$위로의 준동형사상이 존재하지 않음을 증명하여라.

11. S_4에서 위수 4인 정규부분군 H에 대해 S_4/H는 S_3와 동형임을 증명하여라.

12. m은 홀수이고 $n = 2m$이다. $D_n/Z(D_n)$에서 위수 2인 원소의 개수와 부분군 $\langle R_{360/n} \rangle / Z(D_n)$의 원소의 개수를 구하시오. 위에서 구한 값과 D_n에서 위수 2인 원소의 개수와 관계식이 있으면 구하여라.

13. 홀수 위수인 G의 정규부분군 H에 대해 $|H| = 5$이면 $H \subseteq Z(G)$임을 증명하여라.

14. 가환군 G와 양의정수 n에 대해 $G_n = \{g \in G \mid g^n = e\}$이고 $G^n = \{g^n \mid g \in G\}$라 하면 G/G_n는 G^n와 동형임을 증명하여라.

15. 유한군 G와 소수 p에 대해 $p^2 > |G|$이면 위수 p인 부분군은 모두 G의 정규부분군임을 증명하여라.

16. 양의정수 n에 대해 $\mathbb{Q}/\mathbb{Z}$에서 위수 n인 원소는 모두 $\langle 1/n + \mathbb{Z} \rangle$의 원소임을 증명하여라.

17. $\mathbb{Z} \oplus \mathbb{Z}$에서 $\mathbb{Z}$로의 준동형사상은 모두 $(x, y) \mapsto ax + by$이 되는 정수 a, b가 존재함을 증명하여라.

18. $\mathbb{Q}/\mathbb{Z}$의 모든 진부분군은 $\mathbb{Q}/\mathbb{Z}$와 동형이 아님을 증명하여라.

19. 원소 개수가 3개 이상인 군은 항상 항등함수와는 별도로 자기동형사상이 존재함을 증명하여라.

20. G는 사원수군이고 $H = \langle a^2 \rangle$이다. $\mathbb{Z}_4$, $\mathbb{Z}_2 \oplus \mathbb{Z}_2$에서 G/H와 동형인 군을 구하시오. G/H와 동형이 되는 G의 부분군의 존재 여부를 판정하고 그 결과를 증명하여라.

21. 다음에 주어진 집합 H는 군 G의 부분군임을 증명하여라.

$$G = \left\{ \begin{pmatrix} 1 & a \\ 0 & b \end{pmatrix} \,\middle|\, a, b \in \mathbb{R},\ b \neq 0 \right\},\ H = \left\{ \begin{pmatrix} 1 & x \\ 0 & 1 \end{pmatrix} \,\middle|\, x \in \mathbb{R} \right\}.$$

또한 H가 군 G의 정규부분군인지 그 여부를 판정하고 그 결과를 증명하여라.

22. K의 모든 자기동형사상 ϕ에 대해 $\phi(H) = H$이면 H를 K의 특성부분군이라 한다. H가 K의 특성부분군이고 K가 G의 정규부분군이면 H는 G의 정규부분군임을 증명하여라.

23. H는 군 G의 실로우 7-부분군이고 K는 G의 실로우 5-부분군이다. $|H| = 49$, $|K| = 5$이고 K가 $N(H)$의 부분군이라 가정하면 H는 $N(K)$의 부분군임을 증명하여라.

24. K는 H의 정규 실로우 $p-$부분군이고 H는 G의 정규부분군이라 가정하자. K가 G의 정규부분군임을 증명하여라.

25. G의 부분군 H, K에 대해 $H \leq K(H)$이면 HK가 G의 부분군임을 증명하여라.

26. H는 G의 한 부분군이라 하자. H가 정규부분군이기위한 필요충분조건은 G의 모든 원소 a,b에 대하여 $ab \in H$이면 $ba \in H$임을 증명하여라.

27. $G = H \times K$이고 N이 H의 정규부분군이라 가정하자. N은 G의 정규부분군임을 증명하여라.

2부

환 (Rings)

제12장

환의 소개 (Introduction to Rings)

환의 정의와 도입(Motivation and Definition)

공집합이 아닌 집합 R 위에 두 이항연산, 덧셈($a+b$로 표현)과 곱셈(ab 로 표현)이 정의되어 있고, R의 임의의 원소 a,b,c에 다음이 성립할 때 $(R, +, \cdot)$을 환이라 한다.

1. $a+b=b+a$
2. $(a+b)+c=a+(b+c)$
3. 덧셈에 대한 항등원이 존재한다. 즉, 특정한 원소 $0 \in R$ 하고 임의의 원소 $a \in R$에 대하여 $a+0=a$가 성립한다.
4. 각 원소 $a \in R$에 대하여 덧셈에 대한 역원 $-a \in R$가 존재한다. 즉$a+(-a)=0$가 성립한다.
5. $a(bc)=(ab)c$
6. $a(b+c)=ab+ac$ 이고, $(b+c)a=ba+ca$가 성립한다.

따라서, 환은 덧셈에 대한 아벨군(Abelian group)이고 곱셈에 대하여 결합법칙이 성립하고, 이 곱셈은 덧셈에 대하여 좌 우 분배법칙이 성립한다. 환에서 곱셈의 교환법칙이 성립할 필요는 없다. 곱셈에 대하여 교환법칙이 성립하면 가환환이라 한다. 또한 환은 곱셈에 대한 항등원을 갖을 필요는 없다. 환에서의 단위원(Unity)은 곱셈에 대한 항등원을 말한다. 곱셈에 대한 항등원을 갖는 가환환에서 영이 아닌 원소들이 모두 곱셈에 대한 역원을 갖는 것은 아니다. 만약 역원을 갖으면 그 원소를 환에서의 단원(Unit)라 말한다. 따라서 a^{-1}이 존재하면 a를 단원라 한다.

다음의 용어들과 표현방법들은 편리하다.

만약 가환환R의 원소 a와 b에 대하여 a가 영이 아닐 때, 정당한 한 원소 c가 R에 존재하여 $b=ac$가 성립하면 a가 b를 나눈다(또는 a가 b의 인수(factor)이다)고 말하고, $a|b$라고 표기하고, 만약 a가 b를 나누지 않을 때 $a \nmid b$라 표기한다.

덧셈연산이 주어진 한 군(Group)의 원소 a와 양의 정수 n에 대하여 na는 $a+a+\cdots+a$로 a를 n번 더한다는 의미이다. 환에서의 곱셈연산과는 다른 의미인 것이다.

추상화하는 것은 배울만한 가치가 있으며, 많은 다양한 구체적인 적용을 갖고 있다. 다음에 소개한 예들을 통해서 환의 개념들이 널리 스며들어 있음을 확인할 수 있을 것이다.

● ● ● 환의 예(Examples of Rings)

예 1 정수의 집합Z는 보통 사용하는 덧셈과 곱셈에 대해서 항등원을 갖는 가환환이다. 이 환 Z의 단원집합은 $\{1,-1\}$이다.

■

예 2 잉여류집합 $Z_n=\{0,1,2,\cdots,n-1\}$은 n를 법으로 하는 덧셈과 곱셈에 대해서 항등원을 갖는 가환환이다. Z_n의 단원(Unit)의 집합을 $U(n)$으로 표시한다.

■

예 3 $Z[x]$는 정수의 계수를 갖는 변수x에 관한 다항식들의 집합이다. 보통 사용하는 덧셈과 곱셈에 대하서 항등원$f(x)=1$를 갖는 가환환이다.

■

예 4 $M_2(Z)$은 정수의 원소를 갖는 2차행렬들의 집합이다. 보통 사용하는 행렬의 덧셈과 곱셈에 대해서 항등원$\begin{pmatrix}1&0\\0&1\end{pmatrix}$을 갖는 비가환환이다.

■

예 5 짝수정수의 집합 $2Z$ 은 정수에서의 덧셈과 곱셈에 대해서 항등원이 없는 가환환이다.

■

예 6 실수변수를 갖는 함수들중 그 그래프가 $(0,1)$를 지나는 함수들의 집합은 다음 정의되는 덧셈과 곱셈에 대해서 항등원이 없는 가환환이다.

$[(f+g)(a)=f(a)+g(a),\ (fg)(a)=f(a)g(a)]$

■

예 7 $R_1, R_2, \cdots, R_n$를 환들이라 하자. 이환들을 사용하여 새로운 환을 만들 수 있다. $R_1 \oplus R_2 \oplus \cdots \oplus R_n = \{(a_1, a_2, \cdots, a_n) | a_i \in R_i\}$ 은 다음과 같이 정의하는 덧셈과 곱셈에 대해서 환이 된다.

덧셈; $(a_1, a_2, \cdots, a_n) + (b_1, b_2, \cdots, b_n) = (a_1 + b_1, \cdots, a_n + b_n)$

곱셈; $(a_1, a_2, \cdots, a_n)(b_1, b_2, \cdots, b_n) = (a_1 b_1, \cdots, a_n b_n)$

이 환을 $R_1, R_2, \cdots, R_n$의 직합(Direct Sum)이라 한다.

환의 기본성질(Properties of Rings)

환의 첫번째 성질은 환의 덧셈과 곱셈의 관계를 알아가기로 하자.

빼셈은 $b - c = b + (-c)$을 의미한다.

정리 12.1 곱셈의 법칙

1. $a0 = 0a = 0$
2. $a(-b) = (-a)b = -(ab)$
3. $(-a)(-b) = ab$
4. $a(b-c) = ab - ac,\ (b-c)a = ba = ca$

환R이 항등원 1를 갖는다면,

5. $(-1)a = -a$
6. $(-1)(-1) = 1$

증명 여기서 1,2번만 증명하고 나머지 성질들은 쉽게 알 수 있으므로 이장의 연습문제6번으로 남긴다.

환 R에서 덧셈에 대한 항등원을 0으로 표시한다. 1번을 증명해보자.

$$0 + a0 = a0 = a(0+0) = a0 + a0$$

따라서, 소약법칙에 의해서 $0 = a0$이고 $0a = 0$이다.

$$2번은,\ a(-b) + ab = a(-b+b) = a0 = 0$$

따라서, $a(-b) = -(ab)$이고 나머지 성질들은 같은 방법으로 증명할 수 있다.

군의 성질에서 덧셈에 대한 항등원과 역원은 유일하게 존재하며, 환의 경우에도 그것들이 존재하면 군에서와 같은 성질을 갖는다. 그 증명은 군에서와 일치하므로 여기서는 생략한다.

정리 12.2 환의 곱셈에 대한 항등원과 역원의 유일성

곱셈에 대한 항등원을 갖는 환의 항등원은 유일하고, 환이 곱셈에 대한 역원이 존재하면 그 역원은 유일하게 존재한다.

많은 학생들은 군에서의 곱셈연산을 생각하고, 환에서도 곱셈으로 잘못 취급하는 경향을 볼 수 있는데 사실 그것은 잘못된 것이다.

두가지 가장 공통적인 오류들은 환이 곱셈에 대하여 역원을 갖는다는 가정이다- 그것은 그렇지 않다. 그리고, 환은 곱셈에 관하여 항등원을 갖고 있다는 것이다- 그것도 그렇지 않다. 예를 들어 a,b와 c가 환의 원소이고, $a \neq 0$이고$ab = ac$일 때 $b = c$라고 주장할 수가 없다. 유사하게 $a^2 = a$이라 해도 $a = 0$ 또는 $a = 1$이다고 할 수 없다(실수에서는 그렇지만). 첫 번째로 환은 곱셈에 대한 소약법칙이 성립하는 것은 아니고, 환은 곱셈에 대한 항등원을 갖는것도 아니다. 환 중에는 곱셈에 대한 항등원을 갖으며 곱셈에 대한 소약법칙을 갖는 환의 한 부류가 존재한다 이러한 집합들에 대하여 다음 장에서 취급하겠다.

부분환(Subrings)

군의 연구에서 부분군들은 결정적인 역할을 한다. 환에서 부분환도 군에서 부분군들이 한 것보다 못지않게 많은 역할을 한다. 어찌하던지, 부분환들은 중요하다.

정의 부분환

환R의 부분집합 S가 R의 부분환이라 함은 S가 환 R이 갖는 연산들에 의해서 환의 구조를 갖고 있을 겨우를 말한다.

군에서 부분군의 판별방법과 마찬가지로 부분환의 판별법이 있다.

정리 12.3 부분환 판별법(Subring test)

환R의 공집합이 아닌 부분집합 S가 뺄셈과 곱셈에 대하여 닫혀있으면 S는 R의 부분환이다. 즉, S의 임의의 두 원소 a,b대하여 $a-b$, ab가 S의 원소이다.

증명 환 R의 덧셈은 교환법칙이 성립하고 S가 뺄셈에 관하여 닫혀있으므로 One-Step Subgroup Test(정리 2.1)에 의해서 S는 덧셈에 대하여 가환군이 된다. 또한, R에서 곱셈에 대한 결합법칙과 또한 덧셈위에서의 분배법칙이 성립함으로, S안에서도 같은 성질을 갖는다는 것을 성립한다는 것을 보이기 위해서는 다만 S에서 곱셈에 대하여 닫혀있다는 것만 보이면 된다. 그런데 그것은 바로 닫혀있다는 의미일 뿐이다.

예 8 환R은 $\{0\}$와 R자신을 부분환으로 갖는다. $\{0\}$을 R의 영환이라 한다.

예 9 $\{0,2,4\}$는 6을 법으로하는 잉여류집합 Z_6의 부분환이다. 그렇지만, Z_6은 항등원 1을 갖으며, 4는 부분환 $\{0,2,4\}$의 항등원이다.

예 10 임의의 양의정수 n에 대하여 $nZ=\{0,\pm n,\pm 2n,\cdots\}$은 Z의 부분환이다.

예 11 가우스정수의 집합 $Z[i]=\{a+bi|a,b\in Z\}$는 복소수집합C의 부분환이다.

예 12 실수변수를 갖는 함수집합은 다음 정의되는 덧셈과 곱셈에 대해서 가환환이다. $[(f+g)(a)=f(a)+g(a),\ (fg)(a)=f(a)g(a)]$ 이 함수들 중에 원점을 지나는 함수들의 집합은 부분환이 된다.

예 13 정수 원소을 갖는 2차 행렬에서 집합$\left\{\begin{pmatrix} a & 0 \\ 0 & b \end{pmatrix} \middle| a,b\in Z\right\}$은 부분환이다.

환에서 그 부분환들 전체를 격자 다이어그램으로 표현해보면 부분환들 사이의 관계를 한눈에 알아볼 수 있다.

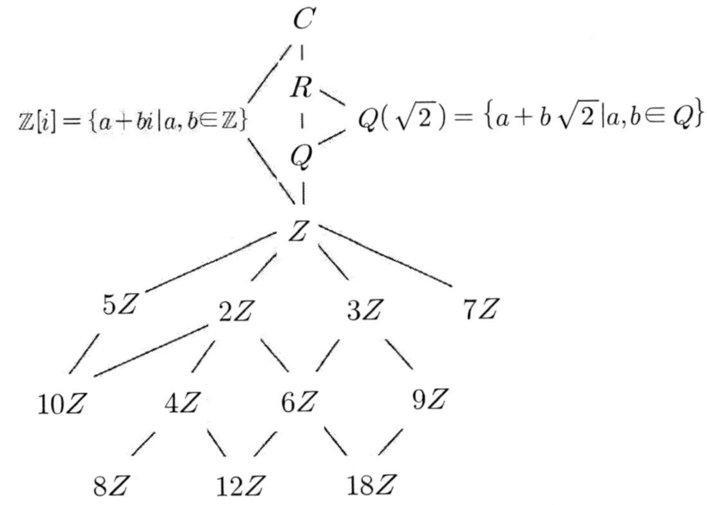

[그림 12.1]

다음 몇 개의 장들에서, 우리는 군의 기본적인 성질들이 환으로 자연스럽게 확장될 수 있음을 보일 것이다. 특히, 우리는 환의 준동형사상들과 상환들을 소개할 것이다.

연습문제

1. 한 유한 비가환인 환의 한 예를 들어라. 곱셈에 대한 항등원을 갖지않는 무한 비가화환의 한 예를 들어라.

2. 환의 부분집합중에서 덧셈에 대한 부분군이지만 부분환이 되지않는 예를 들어라.

3. 정리12.2를 증명하여라.

4. 소수p에 대한 Z_p는 다음 3가지 성질들을 모두 만족하는가?

   a, $a^2 = a$ 이면 $a = 0$ 또는 $a = 1$이다.

   b, $ab = 0$ 이면 $a = 0$ 또는 $b = 0$이다.

   c, $ab = ac$ 이고 $a \neq 0$ 이면 $b = 0$이다.

5. 환 R의 임의의 부분환들의 교집합은 다시 부분환이 됨을 설명하여라.

6. 정리12.1에서 3에서6까지 문제들를 증명하여라.

7. 정수환의 모든 부분환들을 구하여라.

8. m,n 은 정수이고 a,b 는 환의 원소이면 $(ma)(nb) = (mn)(ab)$ 임을 증명하여라.

9. 덧셈에 관하여 순환군인 환은 가환환임을 증명하여라.

10. R 은 환이고, R 의 중심은 $\{x \in R | ax = xa,\ a \in R\}$ 으로 표현된다. 환의 중심은 부분환임을 증명하여라.

11. $R_1, R_2, \cdots, R_n$ 은 각각 영이아닌 원소를 갖는 환이라하자.

$R_1 \oplus R_2 \oplus \cdots \oplus R_n$ 이 단위원을 갖기위한 필요충분조건은 각 R_i 가 단위원을 갖는것임을 증명하여라.

12. $U(Z[i])$ 를 구하여라.

13. $U(Z[x])$ 를 구하여라.

14. 환에서 단원은 환의 임의의 원을 나누는 것을 보여라.

15. 단위원을 갖는 가환환 R 의 두 원소를 a,b 라 하자. 만약 a 가 환 R의 단원이고 $b^2=0$ 이면 $a+b$ 가 환 R 의 단원임을 보여라.

16. 환에서 어떤 두 원소 a,b에 대하여 $ab=0$ 이고 $ba \neq 0$ 인 예를 들어라.

17. 환 R 에서 모든 원소x 에 대하여 $x^3=x$ 이면 $6x=0$ 가 성립함을 보여라.

18. Z_6 의 모든 원소 a에 대하여 $a^n=a$ 인 자연수 n를 구하여라. 그리고, Z_{10} 의 모든 원소 a에 대하여 $a^n=a$ 인 자연수 n를 구하여라.
그렇지만, m이 소수의 제곱수의 약수를 가지면 Z_m은 위의 조건을 만족하는 자연수 n이 존재할 수 없음을 밝혀라.

19. Z_n 의 모든 덧셈에 대한 부분군들은 Z_n 의 부분환임을 설명하여라.

20. R은 단위원 1를 갖는 환이고, R 의 원소 a 에 대하여$a^2=1$ 이 성립한다고 하자.
$S=\{ara \mid r \in R\}$ 이라 하자. S 는 R 의 부분환임을 증명하고, S 가 단위원1 를 원소로 갖는가?

21. $M_2(Z)$는 정수원소를 갖는 이차행렬집합이다.
$R=\left\{\begin{pmatrix} a & a-b \\ a-b & b \end{pmatrix} \middle| a,b \in Z\right\}$은 $M_2(Z)$ 의 부분환인가?

22. $R = Z \oplus Z \oplus Z$ 이고 $S = \{(a,b,c) \in R | a+b=c\}$ 이다. S가 R 의 부분환인지 아닌지 확인하여라.

23. R 는 단위원 1을 갖는 환이다. $S = \{n1 | n \in Z\}$ 은 R 의 부분환임을 보여라.

24. $\frac{1}{2}$을 포함하는 유리수환 Q 의 최소부분환을 구하여라.

25. 환 R 에서 R의 임의 원소 a,b 에 대하여 $a^2 - b^2 = (a+b)(a-b)$이 성립하기 위한 필요충분조건은 R이 가환환임을 증명하여라.

26. 원소 개수가 4인 부울환의 예를 찾아보고, 무한개의 원소를 갖는 부울환의 예를 찾아보아라.

제 13 장

정역 (Integral Domains)

정역의 정의와 그 예(Definition and Examples)

정의 영인자(Zero Divisor)

가환환 R 에서 영이아닌 원소 a를 영인자라 함은 환 R에 영이아닌 원소b가 존재하여 $ab=0$이 성립하는 것을 말한다.

■

정의 정역(Inegral Domain)

단위원을 갖는 가환환이 영인자를 갖지않을 경우 정역이라한다.

■

따라서, 정역에서 곱의 형태로 된 원소가 0 이기위한 조건은 적어도 그 원소의 한 인수가 0이 되어야한다. 즉, $a=0$ 또는 $b=0$ 일때만 $ab=0$ 이다.

다음 열거하는 예들을 보면 많은 친숙한 환들이 정역이고 또한 정역이 아닌 것을 알수 있을 것이다.

예 1 정수환은 정역이다.

■

예 2 가우스정수환 $Z[i]=\{a+bi|a,b\in Z\}$ 은 정역이다.

■

예 3 $Z[x]$는 정수의 계수를 갖는 변수x에 관한 다항식환이다. $Z[x]$가 정역이다.

■

예 4 $Z[\sqrt{2}]=\{a+b\sqrt{2}|a,b\in Z\}$ 은 정역이다.

예 5 소수 p 에대한 .Z_p는 정역이다.

예 6 n이 소수가 아니면, Z_n은 정역이 아니다.

예 7 $Z\oplus Z$은 정역이 아니다.

정역이 곱셈군에 관련된 중요한 성질은 영이 아닌 원소가 곱셈에 대해서 역원을 갖지는 않지만 소약법칙을 갖는다는 것이다.

정리 13.1 소약법칙(Cancellation)

한 정역에 속하는 세 원소 a,b,c에 대하여 $a\neq 0$ 이고$ab=ac$ 이면 $b=c$이 성립한다.

증명 $ab=ac$에서 $a(b-c)=0$ 이다. $a\neq 0$ 이 므로 $b-c=0$ 가 성립한다.

많은 저자들은 정역을 소약법칙과 관련해서 정의하고 있다. 즉, 정역이란 단위원을 갖는 가환환으로 소약법칙을 성립하는 것을 말한다.

체(Fields)

많은 응용에서 정역의 특별한 종류인 체가 필요하다.

정의 체

체란 단위원을 갖는 가환환으로 영이 아닌 모든 원소가 단원이 되는 경우이다.

체가 정역임을 밝혀보자. 만약 체에서 두 원소a,b 에 대하여 $a\neq 0$이고 $ab=0$ 이면 양변에 a의 곱셈에 대한 역원 a^{-1}를 곱하면 $b=0$가 성립한다.

정역에서 a 를 b 로 나눈다는 것은 ab^{-1} 를 생각하는 것이 도움이 되리라 본다. 이와 같이 생각하면 체는 단순히 생각할 때 사칙연산 즉, 덧셈, 뺄셈, 곱셈 그리고 나눗셈(영으로 나누는 것은 제외)에 대하여 닫혀있는 대수적 체계이다. 우리는 유리수체, 실수체, 복소수체등을 포함하여 무수히 많은 체의 예를 갖고 있다. 추상적인 체의 이론은 1893년 하인리히베버(Heinrich Weber)에 의해서 시작되었다.

군, 환, 그리고 체는 현대대수학의 세가지의 중요한 영역들이다. 정리13.2는 유한정역이 체가 됨을 보여주고 있다.

정리 13.2 유한정역은 체이다

한 정역에 속하는 세 원소 a,b,c에 대하여 $a \neq 0$ 이고 $ab = ac$ 이면 $b = c$이 성립한다.

증명 D 가 단위원을 갖는 유한정역이라 하고 a 를 D 의 영이 아닌 원소라 하자. a 가 단원임을 보이면 된다. $a \neq 1$ 이라하고 D 의 a 의 거듭제곱으로 만들어진 집합 $\{a, a^2, a^3, \cdots\}$를 생각하면 D 가 유한집합이므로 적당한 i, j가 존재하여 $i > j$ 이고 $a^i = a^j$ 가 성립한다. 그러면 소약법칙에 의해서 $a^{i-j} = 1$ 이 된다. $i - j > 1$ 이므로 a^{i-j-1} 이 a 의 역원이다.

따름 정리 임의의 소수 p 에 대하여 Z_p 는 체이다.

증명 정리 13.2에 따르면 Z_p 가 영인자를 갖지않음을 보이면된다. 만약 $a, b \in Z_p$ 이고 $ab = 0$ 라 하자. 그러면 적당한 k 가 존재하여 $ab = pk$ 이다.
따라서 p 가 a 또는 b 를 나눈다. 즉, Z_p 에서 $a = 0$ 이거나 $b = 0$ 이다.

위의 보조정리와 예6를 참고하면 Z_n 이 체이기 위한 조건은 n 소수임을 알 수 있다. 21장에서 Z_p 형태가 아닌 유한체의 예를 배우게 될 것이다.

예 8 원소 개수가 9개인 체의 예

$Z_3[i] = \{a + bi \mid a, b \in Z_3\} = \{0, 1, 2, i, 1+i, 2+i, 2i, 1+2i, 2+2i\}$ 여기서 $i^2 = -1$ 이다. 이 집합은 3 을 법으로하는 가우스정수환이다. 원소들은 복소수환에서의 연산에 따르며 계수들은 3 을 법으로 계산한다. 즉, $-1 = 2$ 가 성립한다. 표13.1는 $Z_3[i]$ 의 영이아닌 원소들의 곱셈표이다.

〈표 13.1〉 $\mathbb{Z}_3[i]$ 의 곱셈표

	1	2	i	$1+i$	$2+i$	$2i$	$1+2i$	$2+2i$
1	1	2	i	$1+i$	$2+i$	$2i$	$1+2i$	$2+2i$
2	2	1	$2i$	$2+2i$	$1+2i$	i	$2+i$	$1+i$
i	i	$2i$	2	$2+i$	$2+2i$	1	$1+i$	$1+2i$
$1+i$	$1+i$	$2+2i$	$2+i$	$2i$	1	$1+2i$	2	i
$2+i$	$2+i$	$1+2i$	$2+2i$	1	i	$1+i$	$2i$	2
$2i$	$2i$	i	1	$1+2i$	$1+i$	2	$2+2i$	$2+i$
$1+2i$	$1+2i$	$2+i$	$1+i$	2	$2i$	$2+2i$	i	1
$2+2i$	$2+2i$	$1+i$	$1+2i$	i	2	$2+i$	1	$2i$

예 9 $Q[\sqrt{2}] = \{a+b\sqrt{2} | a,b \in Q\}$ 이라 하자. 우리는 $Q[\sqrt{2}]$가 환임을 알 수 있다. 실수체 R의 원소로 보면, 영이 아닌 원소 $a+b\sqrt{2}$의 곱셈에 대한 역원은 $1/(a+b\sqrt{2})$이다. $Q[\sqrt{2}]$가 체임을 보이기 위해서, 우리는 $1/(a+b\sqrt{2})$를 $c+d\sqrt{2}$ 형으로 표현할 수 있음을 보여야한다. 고교과정에서 이과정을 "분모의 유리화"라 부른다. 특별히,

$$\frac{1}{a+b\sqrt{2}} = \frac{1}{a+b\sqrt{2}} \frac{a-b\sqrt{2}}{a-b\sqrt{2}} = \frac{a}{a^2-2b^2} - \frac{b}{a^2-2b^2}\sqrt{2}$$

($a+b\sqrt{2} \neq 0$이면 $a-b\sqrt{2} \neq 0$을 알 수 있다.)

환의 특성(Characteristic of a Ring)

$Z_3[i]$ 의 한 원소 x 에서 $3x = x+x+x = 0$ 이고, 유사하게, Z_{12} 의 부분집합 $\{0,3,6,9\}$의 임의의 원소 x에 대해서 $4x = x+x+x+x = 0$ 이다. 이 관찰은 다음 정의를 도입하게 한다.

정의 환의 특성

환 R 의 특성이란 R 의 임의의 원소 x 에 대하여 $nx = 0$ 인 최소의 양의 정수를 말한다. 그런 양의 정수가 존재하지 않을 때 R 의 특성을 0 라 한다. R 의 특성을 $charR$ 로 표기한다.

따라서 정수환의 특성은 0 이고, Z_n 의 특성은 n 이다. 무한환이 영이아닌 특성을 갖을 수 있다. $Z_2[x]$의 특성은 2 이다.

단위원을 갖는 환에서 환의 특성은 정리13.3에서 설명 될 것이다.

정리 13.3 단위원을 갖는 환의 특성(Characteristic of a Ring with Unity)

단위원1을 갖는 환을 R이라 하자. 만약 1이 덧셈에 대하여 무한 위수를 갖는다면 R 의 특성은 0이고, 1의 덧셈에 대하여 위수가 n 이면 R 의 특성은 n 이다.

증명 만약 1 의 위수가 무한이라면 $n1=0$ 인 양의정수 n 은 존재하지 않는다. 따라서 R 의 특성은 0 이다. 그리고, 1 의 위수가 n 라 하면 R의 임의의 원소 x에 대하여

$$\begin{aligned} nx &= x+x+\cdots+x \\ &= 1x+1x+\cdots+1x \\ &= (1+1+\cdots+1)x \\ &= (n1)x = 0x = 0 \end{aligned}$$

따라서 R 의 특성은 n 이다.

정리 13.4 정역의 특성(Characteristic of an Integral Domain)

정역의 특성은 0 이거나 소수이다.

증명 정리13.3에 의해서 1의 덧셈에 대한 위수가 유한이며 그 수가 소수임을 보이면된다. 만약 1의 위수가 n이고 $n=st, 1 \le s,t \le n$라 하면, 12장 연습문제8에 의해서 $0=n1=(st)1=(s1)(t1)$ 이다.

따라서 $s1=0$ 이거나 $t1=0$ 이다. n 는 $n1=0$ 인 최소의 양의정수 이므로 $s=n$ 이거나 $t=n$ 이다. 따라서 n 은 솟수이다.

환의 원소를 계수로 갖는 다항식들에 대한 설명으로 이 장을 마무리 하고자 한다.

환의 영인자의 존재는 경우는 다항방정식의 해를 찾는데 보통과 다른 결과를 가져온다. 예를 들어 방정식 $x^2-4x+3=0$ 에서 정수환 Z에서는 $x=1, x=3$ 이다. 그러나, Z_{12}에서 생각해보면 우리는 4개의 해 $x=1,3,7,9$ 를 갖는다.

〈표 13.2〉 환과 그 성질의 요약

환	원소의 형태	단위원	교환법칙	정역	체	특성
$\mathbb{Z}$	k	1	○	○	×	0
$\mathbb{Z}_n$, n합성수	k	1	○	×	×	n
$\mathbb{Z}_p$, p소수	k	1	○	○	○	p
$\mathbb{Z}[x]$	$a_n x^n + \cdots a_1 x + a_0$	$f(x)=1$	○	○	×	0
$n\mathbb{Z}$, $n>1$	nk	없음	○	×	×	0
$M_2(\mathbb{Z})$	$\begin{pmatrix} a & b \\ c & d \end{pmatrix}$	$\begin{pmatrix} 1 & 0 \\ 0 & 1 \end{pmatrix}$	×	×	×	0
$M_2(2\mathbb{Z})$	$\begin{pmatrix} 2a & 2b \\ 2c & 2d \end{pmatrix}$	없음	×	×	×	0
$\mathbb{Z}[i]$	$a+bi$	1	○	○	×	0
$\mathbb{Z}_3[i]$	$a+bi;\ a,b \in \mathbb{Z}_3$	1	○	○	○	3
$\mathbb{Z}[\sqrt{2}]$	$a+b\sqrt{2};\ a,b \in \mathbb{Z}$	1	○	○	×	0
$\mathbb{Q}[\sqrt{2}]$	$a+b\sqrt{2};\ a,b \in \mathbb{Q}$	1	○	○	○	0
$\mathbb{Z} \oplus \mathbb{Z}$	(a, b)	$(1, 1)$	○	×	×	0

연습문제

1. 가환환이 소약법칙을 만족하면 영인자를 갖지 않음을 보여라.

2. Z_n 의 임의의 영이 아닌 원소는 단원이거나 영인자이다.

3. R 은 단위원을 갖는 유한 가환환이다. 임의의 영이 아닌 원소는 영인자 이거나 단원임을 증명하여라. 만약 이 명제에서 유한 조건을 빼면 어떻게 될까?

4. d 가 정수일 때, $Z[\sqrt{d}\,] = \{a+b\sqrt{d} \mid a,b \in Z\}$ 은 정역임을 증명하여라.

5. 영인자를 갖지 않는 가환환으로 정역이 아닌 예를 찾아라.

6. a 는 단위원을 갖는 환 R 의 원소이다. 정당한 양의 정수에 대하여 $a^n = 0$ 이면 $1-a$ 가 R 에서 단원임을 증명하여라.

7. 정역에서는 멱영원(nilpontent)은 0뿐임을 보여라.

8. 가환환의 두 원소 a,b 가 멱등원이면 다음 원소들은 모두 멱등원(idempotent)임을 보여라.

$$ab,\ a-ab,\ a+b-ab,\ a+b-2ab$$

9. 환에서 원소들 중에 동시에 멱영원이고 멱등원인 원소들을 찾아라.

10. $Z_5[i] = \{a+bi \mid a,b \in Z_5\}$ 의 멱등원을 찾아라.

11. 어떤 환의 원소 중에 단원이고 동시에 멱등원인 원소를 정하여라.

12. (부분체 판별법) F 가 체 이고 K 를 적어도 두 원소를 갖는 F 의 부분집합이라 하자. K 가 F 의 부분체 이기 위한 필요충분조건은 K 의 임의의 두 원소 $a,b(b \neq 0)$ 에 대하여 $a-b,\ ab^{-1}$ 가 K 에 속한다는 것을 증명하여라.

13. R 은 단위원1를 갖는 환이다. 만약 임의의 두쌍의 영이 아닌 원소들의 곱은 영이 아니라 가정하면, R 의 두 원소 a,b 에 대하여 $ab=1$ 이면 $ba=1$ 이 됨을 증명하여라.

14. 다음은 적합한 부분정역을 정의해보자. D 를 단위원 1를 갖는 정역이라 하자. $P=\{n1 \mid n \in Z\}$ 은 D 의 부분정역임을 보여라. 그리고, P 가 D 의 모든 부분정역에 포함된다는 것을 보여라. 그리고, P 의 위수에 대해서는 무엇이라 말할수 있을까?

15. 체 F 는 위수가 2^n 이면 $Char(F)=2$ 임을 증명하여라.

16. 곱셈에 관해서 단위원 1 만이 자기 자신이 덧셈에 관한 역원과 같은 정역은 어떻게 될까?

17. 한 정역에 속해있는 두 원소 a,b 에 대하여,

a. $a^5=b^5$ 이고 $a^3=b^3$ 이면 $a=b$ 임을 증명하여라.

b. 서로소인 양의 정수 m,n 에 대하여 $a^m=b^m$ 이고 $a^n=b^n$ 이면 $a=b$ 임을 증명하여라.

18. 가환환의 한 원소 a 가 멱등원이면 $1-a$ 도 멱등원임을 보여라.

19. $Z_3[i]$ 의 영이아닌 원소들은 곱셈에 대하여 위수가 8인 아벨군임을 밝혀라. 그리고 이 아벨군은 다음 $Z_8, Z_4 \oplus Z_2, Z_2 \oplus Z_2 \oplus Z_2$ 중 어느것과 동형인가?

20. 영인자가 없고 적어도 두 개 이상의 원소를 갖는 유한가환환은 단위원을 갖게 됨을 보여라.

21. R 를 영인자가 없는 가환환이라 하자. R 의 영이아닌 모든 원소들은 덧셈에 관한 같은 위수를 갖음을 보여라.

22. 소수의 특성을 갖는 가환환의 두 원소 x,y에 대하여,

a. $(x+y)^p = x^p + y^p$ 임을 보여라.

b. 임의의 양의정수 n에 대하여, $(x+y)^{p^n} = x^{p^n} + y^{p^n}$ 임을 보여라.

c. 특성이 4인 환의 두 원소 x,y 에 대하여 $(x+y)^4 \neq x^4 + y^4$가 성립되는 x,y 를 찾아라.

23. 임의의 유한체의 위수는 p^n 인가?(p 는 소수이다)

24. R 은 환이고, $M_2(R)$ 은 R 의 원소로 만들어진 2차 행렬환이다. 이 두 환은 같은 특성을 갖음을 밝혀라.

25. 유한환은 영이 아닌 특성을 갖는 이유를 설명하여라.

26. 방정식 $x^2 - 5x + 6 = 0$ 에서,

a. Z_7 에서 이 방정식의 해를 구하여라.

b. Z_8 에서 이 방정식의 해를 구하여라.

c. Z_{12} 에서 이 방정식의 해를 구하여라.

d. Z_{14} 에서 이 방정식의 해를 구하여라.

27. 정역 R 에서 $20 \cdot 1 = 0$ 이고, $12 \cdot 1 = 0$ 이다. R 의 특성은 무엇인가?

28. $\sqrt{2}$ 를 품는 실수체의 최소 부분체를 찾아라.

29. F 는 소수의 특성을 갖는 체이다. $K = \{x \in F | x^p = x\}$ 는 F 의 부분체임을 증명하여라.

30. 원소 갯수가 2개 이상이고 그 특성이 2인 체 F 에 대하여 적당한 F 의 두 원소 x,y 가 존재하여 $(x+y)^3 \neq x^3 + y^3$가 성립함을 보여라.

31. D 는 정역이고 ϕ 는 D 에서 음수가 아닌 정수로 가는 상수함수가 아니고, $\phi(xy) = \phi(x)\phi(y)$ 가 성립한다. 만약 D 에서 x 가 단원이면 $\phi(x) = 1$ 임을 보여라.

32. 체 F 의 위수가 27일 때 F 의 임의의 원소 x 에 대하여 $5x=-x$ 임을 보여라.

제 14 장

이데알과 상환 (Ideals and Factor Rings)

이데알(Ideals)

군의 이론에서 정규부분군은 특별한 역할을 한다. 그것은 상군을 구성하게 했다. 이 장에서 환에서 군에서와 유사하게 이데알과 상환에 대하여 소개하고자한다.

정의 이데알

환 R 의 한 부분환 A 를 R 의 (양측)이데알 이라함은 임의의 $r\in R$ 와 임의의 $a\in A$ 에 대하여 $ra\in A$, $ar\in A$ 가 성립함을 말한다.

따라서 부분환 A 가 환 R 의 이데알이라 함은 A 가 R의 원소를 흡수한다는 것이다. 즉, 모든 R 의 원소 r 에 대하여 $rA=\{ra|a\in A\}\subseteq A$, $Ar=\{ar|a\in A\}\subseteq A$ 가 성립한다.

환 R 의 이데알 A를 진이데알이라는 것은 A가 R 의 진부분집합일때를 말한다. 실제로 정리 12.3에서 부분환 판별법에서와 같이 이데알의 정의로부터 다음 이데알 판별법에 따라 이데알을 판별하게 될 것이다.

정리 14.1 이데알 판별법

환 R 의 공집합이 아닌 부분집합 A가 이데알이기 위한 조건은

1. 임의의 $a,b\in A$ 에 대하여 $a-b\in A$이다.
2. 임의의 $a\in A$이고 $r\in R$에 대하여 $ra\in A, ar\in A$ 가 성립한다.

예 1 환 R 에서 $\{0\}, R$ 은 이데알이고, $\{0\}$ 를 영환 이라 한다.

예 2 임의의 양의정수 n 에 대하여 $nZ=\{0, \pm n, \pm 2n,\cdots\}$ 은 Z 의 이데알이다.

예 3 단위원을 갖는 가환환 R 의 한 원소a 에 대하여 $\langle a\rangle=\{ra|r\in R\}$은 R의 이데알이고 a 로 생성된 주이데알이라 부른다.($\langle a\rangle$은 a 로 생성된 순환부분군의 표현과 일치하지만 그 개념으로부터 구별됨을 알 수 있다.)

예 4 $R[x]$ 를 실수계수를 갖는 다항식환이라 하고 A를 다항식의 상수항이 0 인 모든 다항식들의 집합이라 하면 A 는 $R[x]$ 의 이데알이며 $A=\langle x\rangle$이다.

예 5 R 은 단위원을 갖는 가환환 이고 $a_1,a_2,\cdots,a_n$ 은 R 의 원소이다. $I=\langle a_1,a_2,\cdots,a_n\rangle=\{r_1a_1+r_2a_2+\cdots+r_na_n|r_i\in R\}$ 은 R 의 이데알이며 $a_1,a_2,\cdots,a_n$ 으로 생성된 이데알이라고 한다. I 가 이데알임을 밝히는 것은 연습문제3에 있다.

예 6 $Z[x]$ 은 정수계수를 갖는 다항식환이고 I를 짝수 상수항을 갖는 다항식들의 집합이라 하면 I는 $Z[x]$의 이데알이고 $I=\langle x,2\rangle$이다.

예 7 R 를 실수변수를 갖는 함수환이라 하자. 미분가능함수들의 집합을 S 라 하면 S 는 R의 부분환이지만 이데알은 되지 않음을 알 수 있다.

● ● ● 상환(Factor Rings)

R 를 환이라 하고 A 를 이데알이라 하자. R은 덧셈에 관한 군이며 A 는 정규부분군으로 볼수 있으므로 $R/A=\{r+A|r\in R\}$은 상군이 된다. 그러면, 어떻게 하면 이 상군을 환으로 구성 할 수 있을까? 두 잉여류집합 $s+A, t+A$ 의 곱을 $st+A$으로 정의하자. 다음 정리에서 A를 R의 부분환으로 보기보다는 이데알 개념으로 접근해야 상환을 만들 수 있을 것이다.

정리 14.2 상환의 존재성

R 은 환이고 A 를 R 의 부분환이라 하자.

잉여류집합 $\{r+A|r\in R\}$ 이 두 연산 $(s+A)+(t+A)=(s+t)+A$, $(s+A)(t+A)=st+A$ 에 관해서 환을 이루기 위한 필요충분조건은 A 가 R 의 이데알이 되는 것이다.

증명 잉여류의 집합은 덧셈에 관하여 구이 됨을 알 수 있다. 만약 잉여류의 집합이 곱셈에 대하여 이항연산이 된다면 곱셈에 대한 결합법칙과 덧셈위의 분배법칙이 성립함을 알 수 있다. 곱셈이 잘 정의된다는 것은 A가 R 의 이데알이 되는것과 동치이다.

즉, $s+A=\bar{s}+A$, $t+A=\bar{t}+A$ 이면 $a,b\in A$ 가 존재하여 $s=\bar{s}+a$, $t=\bar{t}+b$ 가 성립한다.

따라서, $st=(\bar{s}+a)(\bar{t}+b)=\bar{s}\,\bar{t}+a\bar{t}+\bar{s}b+ab$

또한, $st+A=\bar{s}\,\bar{t}+a\bar{t}+\bar{s}b+ab+A=\bar{s}\,\bar{t}+A$

A 가 이데알이면 곱셈이 잘 정의 된다.

만약, A 가 R의 부분환이고 R 의 이데알이 아니라면, 정당한 $a\in A, r\in R$ 이 존재하여 $ar\notin A$ 이거나 $ra\notin A$ 이다.

$a+A=0+A$ 와 $r+A$ 를 생각하면 $(a+A)(r+A)=ar+A$ 이지만 $(0+A)(r+A)=0r+A=A$ 이다.

그러나, $ar+A\neq A$, 잉여류집합이 잘 정의되지 않으므로 환이 되지 못한다.

다음은 상환의 예를 들어보자.

예 8 $Z/4Z=\{0+4Z, 1+4Z, 2+4Z, 3+4Z\}$ 두원소 $2+4Z, 3+4Z$ 의 덧셈과 곱셈을 해보자.

$$(2+4Z)+(3+4Z)=5+4Z=1=4+4Z=1+4Z$$

$$(2+4Z)(3+4Z)=6+4Z=2+4+4Z=2+4Z$$

위의 두 계산은 4를 법으로 하는 계산임을 알 수 있다.

■

예 9 $2Z/6Z=\{0+6Z, 2+6Z, 4+6Z\}$ 여기서 연산은 6을 법으로한 계산이다. 예를 들어, $(4+6Z)+(4+6Z)=2+6Z$ 이고, $(4+6Z)(4+6Z)=4+6Z$ 이다.

■

예 10 $R=\left\{\begin{pmatrix} a_1 & a_2 \\ a_3 & a_4 \end{pmatrix} | a_i \in Z\right\}$이고, I 는 각 원소가 짝수로 된 2차 행렬의 부분집합이라 하자.

I 는 R 의 이데알이 됨을 보일 수 있다.

여기서, 상환 R/I 의 원소개수는 16임을 알 수 있다. 사실,

$R/I=\left\{\begin{pmatrix} r_1 & r_2 \\ r_3 & r_4 \end{pmatrix} | r_i \in \{0,1\}\right\}$이 된다.

■

예 11 가우스정수환의 어떤 상환 $R=Z[i]/\langle 2-i\rangle$에 대하여 알아보자.

이 환은 어떤환일까? 물론 임의의 원소는 $a+bi+\langle 2-i\rangle, a,b\in Z$ 형식일 것이다.

사실, $2-i+\langle 2-i\rangle=0+\langle 2-i\rangle$는 것은 잉여류의 대표원 $2-i$이 0과 같다는 의미이다. 따라서 $2=i$ 이다.

예를 들어 $3+4i+\langle 2-i\rangle=3+8+\langle 2-i\rangle=11+\langle 2-i\rangle$이다.

유사하게 생각하면 R의 모든 원소들은 $a+\langle 2-i\rangle$ 형식으로 표현된다.

$2=i$이면 $4=-1$이고, 즉, $5=0$이다.

따라서 $11+\langle 2-i\rangle=1+5+5+\langle 2-i\rangle=1+\langle 2-i\rangle$이다.

이와 같은 방법으로 계산하면 R의 원소들은

$0+\langle 2-i\rangle, 1+\langle 2-i\rangle, 2+\langle 2-i\rangle, 3+\langle 2-i\rangle, 4+\langle 2-i\rangle$중에 하나일 것이다.

위에서 열거한 5가지 원소들이 각각 서로 다름을 보이자.

$5(1+\langle 2-i\rangle)=5+\langle 2-i\rangle=0+\langle 2-i\rangle$이므로 $1+\langle 2-i\rangle$의 위수는 1이거나 5이다. 만약 $1+\langle 2-i\rangle=0+\langle 2-i\rangle$라 하면 $1\in\langle 2-i\rangle$. 따라서 적당한 정수 a,b 가 존재하여 $1=(2-i)(a+bi)=2a+b+(-a+2b)i$가 성립한다.

$1=2a+b,\ 0=-a+2b$가 성립한다. $b=1/5$이므로 모순이다.

따라서 R는 Z_5와 동형이다.

■

예 12 $R[x]$는 실수계수를 갖는 다항식환이라 하자.

$\langle x^2+1\rangle$를 x^2+1로 생성되는 주이데알이라 하자. 즉,

$\langle x^2+1\rangle=\{f(x)(x^2+1)|f(x)\in R[x]\}$

그러면,

$R[x]/\langle x^2+1\rangle=\{g(x)+\langle x^2+1\rangle|g(x)\in R[x]\}=\{ax+b+\langle x^2+1\rangle|a,b\in R\}$.

위의 식에서, $g(x)=q(x)(x^2+1)+(ax+b)$임을 이용하면 된다.

그리고, $x^2+1+\langle x^2+1\rangle=0+\langle x^2+1\rangle$ 이므로, $x^2=-1$이다.

예를 들어, $(x+3+\langle x^2+1\rangle)\cdot(2x+5+\langle x^2+1\rangle)$

$=2x^2+11x+15+\langle x^2+1\rangle=11x+13+\langle x^2+1\rangle$.

이러한 계산은 1847년 코시(Cauchy)가 최초로 수행한 것이다.

■

예11, 예12는 상환의 가장 중요한 응용방법을 설명해주는 것이다.

앞으로 상환을 이용해서 정역과 체를 구성하는 방법을 보여 줄 것이다.

소이데알과 극대이데알(Prime ideals and Maximal ideals)

정의 가환환 R의 진이데알 A이고 $a,b\in R$ 에대하여 $ab\in A$ 이면 $a\in A$이거나 $b\in A$일 때, A를 소이데알 이라 한다.

가환환 R의 진이데알 A이고 R의 이데알B 가 $A\subseteq B\subseteq R$ 이면 $B=A$ 이거나 $B=R$이 성립할 때 A를 R의 극대이데알 이라한다.

■

따라서 단 하나의 극대이데알을 진부분집으로 품고있는 환을 국소환이라 하고, 소이데알의 정의는 정수환의 솟수의 성질에서 연유된 것이다.

예 13 n이 1보다 큰 정수 일 때, 정수환에서 nZ가 소이데알일 필요충분조건은 n이 솟수이다(연습문제 9)($\{0\}$은 또한 Z의 소이데알이다)

■

예 14 Z_{36}의 이데알들의 격자들(그림14.1)을 보면, $\langle 2 \rangle$, $\langle 3 \rangle$이 극대이데알들이다.

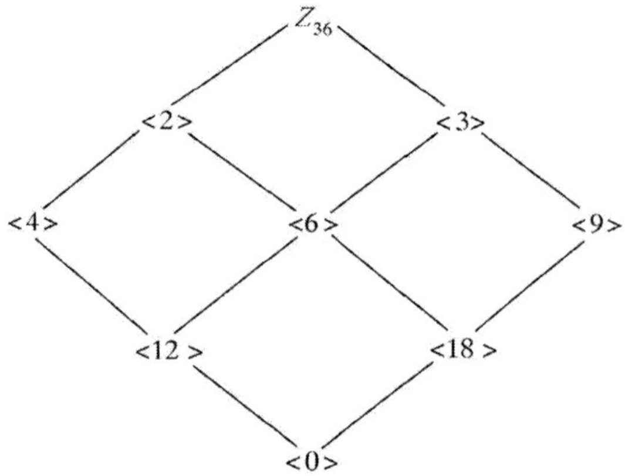

[그림 14.1]

예 15 이데알 $\langle x^2+1 \rangle$은 실수 다항식환 $R[x]$ 의 극대이데알이다. 이것을 보이기 위해서, A를 $\langle x^2+1 \rangle$를 진부분집합으로 품는 $R[x]$의 이데알이라 하자. A가 영이아닌 실수 c 를 품는다는 것을 보임으로써 $A=R[x]$ 임을 증명할 것이다. 왜냐하면, $1=(1/c)c \in A$, 따라서 연습문제15에 의해 $A=R[x]$이 된다.

이제 이것을 증명해보자. $f(x) \in A, f(x) \notin \langle x^2+1 \rangle$이라 하자.

그러면 정수환의 나눗셈에 의해서, $f(x)=q(x)(x^2+1)+r(x)$, 여기서 $r(x) \neq 0$이고 $r(x)$의 차수는 2이하이다. 따라서 모두는 영이아닌 두 실수 a,b 가 존재하여 $r(x)=ax+b$가 된다.

$ax+b=r(x)=f(x)-q(x)(x^2+1) \in A$ 이고, 따라서

$a^2x^2-b^2=(ax+b)(ax-b) \in A$ 이고, $a^2(x^2+1) \in A$ 이다.

즉, $0 \neq a^2+b^2=(a^2x^2+a^2)-(a^2x^2-b^2) \in A$.

예 16 $Z_2[x]$에서 이데알 $\langle x^2+1 \rangle$은 소이데알이 아니다.

왜냐하면, $(x+1)^2=x^2+2x+1=x^2+1$를 포함하나 $x+1$은 포함하지 않는다.

다음 두 개의 정리는 어떤 이데알이 소이데알인가 또는 극대이데알인가를 결정하는 매우 유용한 명제들이다

정리 14.3

R은 단위원을 갖는 가환환이고 A 는 R 의 이데알이다. R/A가 정역이기 위한 필요충분조건은 A가 소이데알이다.

증명 R/A가 정역이고 $ab \in A$ 이라 가정하자.

그러면, $(a+A)(a+A) = ab + A = A$, 여기서 A는 환 R/A의 덧셈에 대한 항등원이다. 따라서 $a + A = A$ 이거나 $b + A = A$가 성립한다. 즉, $a \in A$이거나 $b \in A$ 이다. 따라서 A는 소이데알이다.

다음은 진부분집합인 소이데알 A에서 단위원을 갖는 가환환R/A를 만들어서 A가 소이데알이면 R/A가 영인자를 갖지않는다는 것을 밝히고자 한다.

따라서 A가 소이데알이고 $(a+A)(b+A) = 0 + A = A$이라면 $ab \in A$ 이다.

따라서 $a \in A$ 이거나 $b \in A$ 이다. 즉, $a + A$ 또는 $b + A$중 하나가 0 이다.

극대이데알은 더 좋은 성질을 갖고 있다.

정리 14.4

R은 단위원을 갖는 가환환 이고 A 는 R 의 이데알이다. R/A가 체이기 위한 필요충분조건은 A가 극대이데알이다.

증명 R/A가 체이고 R의 이데알 B가 A를 진부분집합으로 포함할 때, $b \in B$이고 $b \notin A$이라 하자. 그러면 $b + A$는 R/A의 영이아닌 원소이다. 따라서 $c + A$가 존재하여 $(b+A) \cdot (c+A) = 1 + A$가 성립한다. 여기서 $1 + A$는 R/A의 곱셈에 관한 단위원이다.

$b \in B$ 이므로 $bc \in B$ 이고, $1 + A = (b+A)(c+A) = bc + A$ 이기 때문에 $1 - bc \in A \subset B$ 이다. 따라서, $1 = (1 - bc) + bc \in B$ 이다. 연습문제 8에 의해서 $B = R$ 이다. 우리는 A 가 극대이데알임을 밝혔다.

다음은 A 를 R 의 극대이데알이라 하고 $b \in R$ 이고 $b \notin A$ 라 하자. R/A는 단위원을

갖는 가환환이므로 체가 됨을 밝히기 위해서는 $b+A$ 가 곱셈에 관한 역원을 갖음을 보이면 된다. $B=\{br+a|r\in R, a\in A\}$ 라 하면 B 는 A 를 품는 R의 진부분집합인 이데알이다. 따라서 $B=R$ 이다. $1\in B$ 이므로, $\bar{a}\in A$ 에 대하여 $1=bc+\bar{a}$ 가 된다. 결국, $1+A=bc+\bar{a}+A=bc+A=(b+A)(c+A)$ 이다.

단위원을 갖는 가환환에서 정리 14.3과 14.4로부터 극대이데알은 소이데알이 되며, 다음 예에서 소이데알이 극대이데알이 되지않는 예를 설명하고자 한다.

예 17 환 $Z[x]$ 에서 $\langle x\rangle$ 는 소이데알 이지만 극대이데알이 아님을 밝히고자 한다. $\langle x\rangle=\{f(x)\in Z[x]\,|\,f(0)=0\}$(연습문제 15)이다. 따라서,$g(x)h(x)\in\langle x\rangle$ 이므로 $g(0)f(0)=0$ 이다. $g(0), h(0)$ 는 정수이므로 $g(0)=0$ 이거나 $h(0)=0$ 이다. 다음은 $\langle x\rangle$가 극대이데알이 아님을 밝히자. 우리는 다만 $\langle x\rangle\subset\langle x,2\rangle\subset Z[x]$ 임을 보이면 된다(연습문제 19).

연습문제

1. 예3에서 그 집합이 이데알임을 밝혀라.

2. 예5에서 I가 이데알임을 밝히고, 만약 R 의 이데알 J가 $a_1, a_2, \cdots, a_n$ 를 포함하면 $I \subset J$ 임을 보여라. (따라서, $< a_1, a_2, \cdots, a_n >$는 $a_1, a_2, \cdots, a_n$를 품는 R 의 최소이데알이다).

3. $S = \{a + bi \mid a, b \in Z,\ b\text{는 짝수이다}\}$에서, S 는 $Z[i]$ 의 부분환이지만 이데알이 되지 못함을 밝혀라.

4. 어떤 가환환 R 의 한 원소 a 에 대하여, $aR = \{ar \mid r \in R\}$ 은 R의 이데알임을 보여라. 만약 R 가 짝수정수로된 환이라면 $4R$ 의 원소들을 모두 찾아라.

5. n 이 1보다 큰 정수일 때, $\langle n \rangle = nZ$ 가 소이데알이기 위한 필요충분조건은 n 이 솟수이다.

6. 정수환에서 다음 관계를 만족하는 적당한 정수 a 값을 찾아라.
   a. $\langle a \rangle = \langle 2 \rangle + \langle 3 \rangle$
   b. $\langle a \rangle = \langle 6 \rangle + \langle 8 \rangle$
   c. $\langle a \rangle = \langle m \rangle + \langle n \rangle$

7. 정수환에서 다음 관계를 만족하는 적당한 정수 a 값을 찾아라.
   a. $\langle a \rangle = \langle 3 \rangle \langle 4 \rangle$
   b. $\langle a \rangle = \langle 6 \rangle \langle 8 \rangle$
   c. $\langle a \rangle = \langle m \rangle \langle n \rangle$

8. 환 R 의 이데알 A 가 환의 곱셈에 대한 단위원 1를 포함하면 $A = R$ 임을 보여라.

9. 어떤 환 R 의 이데알 I가 R 의 한 단원을 포함하면 $I = R$ 임을 보여라.

10. 단 두 개만의 극대이데알을 갖는 환의 예를 들어라.

11. 환 R 과 이데알 I 는 예10 에서 언급한 것과 같을 때 I 가 R 의 이데알임을 보여라.

12. R/I 의 위수에 대한 예10 에서의 주장을 밝혀라.

13. 정리14.4 의 증명과정의 후반부에 나오는 집합 B는 환 R의 이데알임을 보여라.

14. 체 F 의 이데알은 단지 $\langle 0 \rangle$ 와 F 자신 뿐임을 증명하여라.

15. 정수계수를 갖는 다항식환 $Z[x]$ 에서 $I = \{f(x) \in Z[x] \mid f(0) = 0\}$ 이라면, $I = \langle x \rangle$ 임을 증명하여라.

16. 실수 R 에서 실수 R 로 가는 연속함수 전체로 만들어진 환를 R 이라 하자. $A = \{f \in R \mid f(0) = 0\}$ 은 R의 극대이데알임을 보여라.

17. $Z[i]/\langle 3+i \rangle$ 의 원소갯수는? 그 과정을 설명하여라.

18. $Z \oplus Z$ 에서 $I = \{(a,0) \mid a \in Z\}$ 라 하자. I 는 소이데알이지만 극대이데알이 아님을 보여라.

19. 정수환 $Z[x]$ 에서 $I = \{f(x) \in Z[x] \mid f(0)$은 짝수이다$\}$ 이면 $I = \langle x, 2 \rangle$ 임을 보여라. I는 $Z[x]$ 의 소이데알인가? 또한, 극대이데알인가? $Z[x]/I$ 의 원소 개수는?

20. 환 $Z_5[x]$ 에서 $I = \langle x^2 + x + 2 \rangle$ 라 하자. $(2x+1) + I \in Z_5[x]/I$ 의 곱셈에 대한 역원을 구하여라.

21. 정역 D의 임의의 이데알 I가 D의 적당한 한 원소 a가 존재하여 $I = \langle a \rangle = \{ad \mid d \in D\}$ 일 때 정역 D를 주이데알정역(Principal ideal domain)이라 한다. 환 Z가 주이데알정역임을 보여라.

22. 만약 R, S 가 주이데알정역일 때 $R \oplus S$ 가 주이데알환임을 증명하여라.

23. R 을 가환환이라 하고 A를 R의 임의의 부분집합일 때, annihilator of A,

$Ann(A) = \{r \in R \mid ra = 0,$ 모든 $a \in A\}$는 이데알임을 보여라.

24. $R = Z_{27}$ 일 때 다음을 찾아라.

a. $N(\langle 0 \rangle)$ b. $N(\langle 3 \rangle)$ c. $N(\langle 9 \rangle)$

25. R 을 가환환일 때 $R/N(0)$은 영이아닌 멱등원을 갖지않음을 보여라.

26. $Z_2[x]$는 Z_2 위에서의 다항식환일때 $Z_2[x]/\langle x^2+x+1 \rangle$가 체임을 보여라.

27. $Z_3[x]/\langle x^2+x+1 \rangle$은 체가 아님을 보여라.

28. R 를 실수에서의 연속함수환이라 하고 $A = \{f \in R \mid f(0)$는 짝수$\}$하면 A는 R의 부분환이지만 R의 이데알이 되지못함을 보여라.

29. R 이 주이데알정역이고 I가 R 의 이데알이면 R/I는 주이데알환임을 보여라.

30. R은 단위원을 갖는 가환환이고 R 의 임의의 원소 a 가 $a^2 = a$ 의 성질을 갖고 있을 때, I를 R의 소이데알이라면 $|R/I| = 2$임을 보여라.

31. $I = \{f(x) \in Z[x] \mid f(0) = 0\}$이고, 임의의 양의 정수 n에 대하여 다음과 같은 단순증가하는 $Z[x]$ 의 이데알들이 존재함을 보여라.

$$I \subset I_1 \subset I_2 \subset \cdots \subset I_n \subset Z[x]$$

32. R은 단위원을 갖는 가환환이고 $a, b \in R$ 이다.

a, b 를 포함하는 R 의 최소이데알 $I = \{ra + sb \mid r, s \in R\}$임을 보여라. 즉, I는 a, b 를 포함하고 a, b 를 포함하는 임의의 이데알은 이데알 I를 품는다.

종합 연습문제

1. 다음 잉여류환들, Z_{10}, Z_{20}, Z_{30} 의 멱등원들을 찾아라.

2. 어떤 환 R 에서 $a^2 = 0$ 이면 $a = 0$ 이다. R 은 영이아닌 멱영원을 갖지않음을 보여라.

3. A, B, C 는 환 R 의 이데알들이다. 만약 $AB \subseteq C$ 이고 C가 소이데알이면, $A \subseteq C$ 이거나 $B \subseteq C$ 임을 보여라.

4. R 를 실수환이라 할 때, $R \oplus R$ 의 이데알을 결정하여라. 만약 여기서R 대신에 임의의 체 F 로 바꾸면 어떻게 될까?

5. n 를 제곱수로 나누어지지 않는 양의정수라 할 때 Z_n은 영이 아닌 멱영원을 갖지 않음을 증명하여라.

6. A, B, C 는 환 R 의 부분환들이다. $A \subseteq B \cup C$ 이면 $A \subseteq B$ 이거나 $A \subseteq C$ 임을 보여라.

7. R는 단위원을 갖는 환이다.
$\langle a \rangle = \{s_1 a t_1 + s_2 a t_2 + \cdots + s_n a t_n \mid s_i, t_i \in R, n > 0\}$ 임을 보여라.

8. A, B 는 환 R의 이데알들이다. 만약 $A \cap B = \{0\}$ 이면, $a \in A, b \in B$ 에 대하여 $ab = 0$가 성립함을 보여라.

9. 12를 법으로하는 덧셈과 곱셈에 관하여 $R = \{0, 2, 4, 6, 8, 10\}$ 환이다. R 의 특성은?

10. R 는 단위원을 갖는 환이다. 환 R 의 이데알이 $\{0\}$ 과 R 자신 뿐이면, R 이 체임을 보여라.

11. 어떤 환에서 멱등원 b 라는 것은 $b^2 = b$ 가 성립하는 원소이다. $Q[x]/\langle x^4 + x^2 \rangle$ 의 $o, 1$ 이 아닌 멱등원을 찾아라.

12. R 는 단위원을 갖는 환 이고 $a,b \in R$ 이고 $a \neq b$, 서로소인 양의정수 n,m 에 대하여 $a^n = b^n$, $a^m = b^m$ 이 성립하는 환 R 의 예를 찾아라.

13. R 은 영이아닌 특성을 갖는 정역이다. 만약 A 를 R 의 진이데알이라 하면 R/A 의 특성과 R 의 특성이 같음을 보여라.

14. R 는 단위원을 갖는 유한 가환환이다. 임의의 소이데알은 극대이데알임을 증명하여라.

15. $R = \left\{ \begin{pmatrix} a & b \\ c & d \end{pmatrix} | a,b,c,d \in Z_2 \right\}$ 은 2를 법으로 하는 덧셈과 곱셈에 관한 행렬환이다.

$A = \left\{ r\begin{pmatrix} 1 & 0 \\ 0 & 0 \end{pmatrix} | r \in R \right\}$ 은 R 의 이데알이 되지 못함을 보여라.

16. $A = \{a + bi \,|\, a,b \in Z,\ a \bmod 2 = b \bmod 2\}$ 에서 $Z[i]/A$ 의 원소개수는? A 가 $Z[i]$ 의 극대이데알임을 보여라.

17. "유한부분체의 판별법" 체에서 유한 부분집합이 부분체가 될 조건을 서술하여라.

18. 만약 Z_n 의 영이 아닌 두 원소 a,b 에 대하여 $a^2 + b^2 = 0$ 이 성립한다고 하자.
환 $Z_n[i] = \{x + yi | x,y \in Z_n\}$ 은 영인자를 갖고있음을 보여라. 이것을 이용하여 $Z_{13}[i]$ 의 영인자를 찾아라.

19. $Z[i]/\langle 2+i \rangle$ 의 특성을 찾아라.

20. $4x^2 + 6x + 3$ 은 $Z_8[x]$ 의 단원임을 보여라.

21. $\langle x,y \rangle$ 는 $Z_5[x,y]$ 의 극대이데알임을 증명하여라.

22. R,S 는 환이다. (a,b) 가 $R \oplus S$ 의 멱영원이기 위한 필요충분조건은 a,b 가 멱등원이다.

23. p 가 소수일 때 Z_{p^k} 의 멱등원을 찾아라.

24. $Z_n[\sqrt{2}]=\{a+b\sqrt{2}\mid a,b\in Z_n\}$ 덧셈과 곱셈의 계수들의 계산은 법 n 에 따라서 하고 다른 것은 $Z[\sqrt{2}]$ 의 계산에 따른다. $Z_3[\sqrt{2}]$ 은 체이고 $Z_7[\sqrt{2}]$ 은 체가 아님을 보여라.

25. x 는 가환환 R의 멱영원이다. 모든 R 의 원소 r 에 대하여 rx 가 멱영원임을 증명하여라.

26. 환 Z_{60}의 잉여환(factor ring)으로 나타내어지는 모든체의 직적(direct product)을 R라 하자. 환 R의 표수(characteristic)를 구하여라.

***27. $Z_7[x]$는 유한체Z_7 위의 다항식환이다. $Z_7[x]$의 주 이데알 $I=<x^2-x>$에 대하여 잉여환 $Z[x]/I$의 단원(unit)의 개수를 구하여라.

제 15 장

환의 준동형사상 (Ring Homomorphisms)

정의와 예(Definition and Examples)

군에 대한 이론들을 보면, 우리는 여러가지 군의 준동형사상을 이용하여 다른 군들과의 상호작용을 검토함으로써 군에 대한 정보를 발견하는 방법을 보아 왔다. 군에 대한 개념들이 환에도 같은 수준의 유용한 결과로 확장됨을 배우게 되는 것은 놀라운 것은 아니다.

군의 준동형사상이 군의 연산을 보존하는 것과 마찬가지로 환의 동형사상은 환의 연산을 보존한다.

정의 환의준동형사상과 환의 동형사상

환의 준동형사상 ϕ는 환 R에서 환S에로의 함수로서 두 가지 환의 연산을 보존하는 것이다: R의 임의의 두 원소 a,b 에 대하여,

$$\phi(a+b)=\phi(a)+\phi(b),\ \ \phi(ab)=\phi(a)\phi(b)$$

환준동형사상이 단사이고 전사일 때 환동형사상이라 한다.

군의 경우와 마찬가지로, 위의 환의 정의의 등호 좌측에서는 R 에서의 연산이 적용되고, 우측에서는 S의 연산이 적용된다.

군의 이론에서와 같이, 환의 동형사상과 환의 준동형사상의 역할은 완전히 다르다. 어떤 환의 동형사상은 두 환이 대수적으로 동일하다는 것을 보여주는 것이다. 또한, 환의 준동형사상은 환의 몇가지 특성들을 유지하도록 단순화 시켜주는데 사용된다.

환의 준동형사상의 체계적인 표현은 그림 15.1에서 볼 수 있다. 화살표는 환의 연산의 결과를 나타낸다.

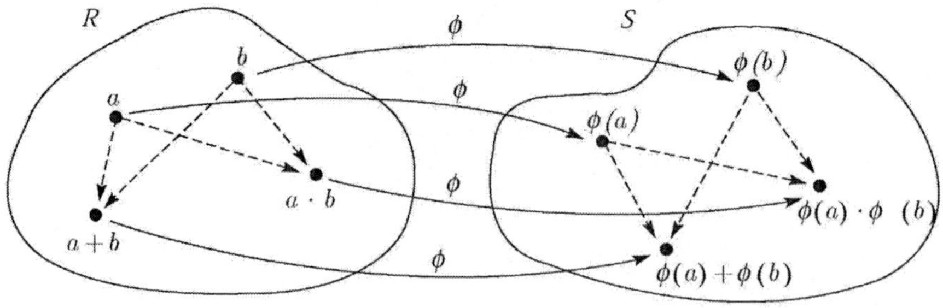

[그림 15.1]

예 1 양의 정수 n에 대하여, 함수 $k \rightarrow k \bmod n$은 Z 에서Z_n 위에로의 환 준동형사상 이다.(10장 연습문제11) 이 함수를 Z에서Z_n에로의 자연준동형사상(natural homomorphism) 이라 한다.

예 2 함수 $a+bi \rightarrow a-bi$는 복소수에서 복소수로 가는 환의 동형사상이다.

예 3 $R[x]$는 실수계수 다항식환이다. 함수$f(x) \rightarrow f(1)$ 은 $R[x]$에서 R 위로의 환 준동형사상이다.

예 4 ϕ는 Z_4에서 Z_{10}에로의 함수 $x \rightarrow 5x$ 으로 환 준동형사상이다.

즉, $\phi(x+y) = \phi(x) + \phi(y)$은 $5(x+y) = 5x+5y$ 에 의해서 성립됨을 알수 있으나, Z_{10}에서 $5 \cdot 5 = 5$ 이므로, $\phi(xy) = 5xy = 5x \cdot 5y = \phi(x)\phi(y)$이 성립한다.

예 5 Z_{12}에서 Z_{30}에로의 모든 환준동형사상을 찾아보자. 10장 예10에서 Z_{12}에서 Z_{30}에로의 군준동형사상은 $x \rightarrow ax$로 $a = 0, 15, 10, 20, 5, 25$ 이다. 그러나, Z_{12}에서 $1 \cdot 1 = 1$이므로 Z_{30}에서 $a \cdot a = a$가 성립해야 한다. 따라서 a값은 $20, 5$만 제외 되며, 단순한 계산으로 나머지 4가지가 환준동형사상이 됨을 알 수 있다.

예 6 R를 가환환으로 그 특성이 2일 때, 함수 $a \rightarrow a^2$ 은 R에서 R에로의 환준동형사상이다.

예 7 $2Z$는 짝수 정수로 덧셈 군으로 덧셈군 Z와 군동형이지만, 환으로 보면 $2Z$ 는 정수환 Z와 환동형은 되지 못한다.(Z는 갖고 있으나 $2Z$가 갖지 못한 것은?)

다음 2개의 예는 예1에서의 자연준동형사상의 정수론에 적용한 것이다.

■

예 8 9의 배수 판별법(Test for Divisibility by 9)

10진수 표현이 $a_k a_{k-1} \cdots a_0$인 한 정수 n가 9로 나누어지기 위한 필요충분조건은 $a_k + a_{k-1} + \cdots + a_0$ 이 9로 나누어지는 것이다.

이것을 밝히기 위해서 $n = a_k 10^k + a_{k-1} 10^{k-1} + \cdots + a_0$ 으로 표현한다. 그리고, α 를 Z에서 Z_9에로의 자연준동형사상이라 하면(특히, $\alpha(10) = 1$), n이 9로 나누어진다는 것은

$$0 = \alpha(n) = \alpha(a_k)(\alpha(10))^k + \alpha(a_{k-1})(\alpha(10))^{k-1} + \cdots + \alpha(a_0)$$
$$= \alpha(a_k) + \alpha(a_{k-1}) + \cdots + \alpha(a_0)$$
$$= \alpha(a_k + a_{k-1} + \cdots + a_0)$$

여기서, $\alpha(a_k + a_{k-1} + \cdots + a_0) = 0$은 $a_k + a_{k-1} + \cdots + a_0$이 9로 나누어진다는 의미와 같다.

■

예 9 Theorem of Gersonides

정수론에서 가장 중요한 미해결문제중의 하나는 소위 말하는 "abc 추측" 이다. 이것은 14세기에 라비 겔손나이드에 의해서 최초로 증명된 한 정리의 일반화된 문제이다. 겔손나이드는 2^m과 3^n차이가 1인($2^m = 3^n \pm 1$) 경우는 1,2;2,3;3,4;8,9 4쌍 뿐임을 증명하였다.

먼저, $2^m = 3^n + 1$에 대하여 이것이 성립함을 보이기 위해, 임의의 n에 대하여 $3^n \bmod 8 = 3$ 또는 1이다. 따라서, $(3^n + 1) \bmod 8 = 4$ 또는 2이다. 한편, $m > 3$에 대하여 $2^m \bmod 8 = 0$이다.

$2^m = 3^n - 1$ 경우를 취급하기 위해서, 먼저 임의 n에 대하여, $n \bmod 4$의 값에 따라, $3^n \bmod 16 = 3, 9, 11$ 또는 1이다. 따라서, $(3^n - 1) \bmod 16 = 2, 8, 10$ 또는 0이다.

$m \geq 4$에 대하여 $2^m \bmod 16 = 0$ 이므로, 우리는 $n \bmod 4 = 1, 2$ 또는 3인 경우를 제외 시킨다. $3^{4k} \bmod 5 = (3^4)^k \bmod 5 = 1^k \bmod 5 = 1$ 이기 때문에, 우리는 $(3^{4k} - 1) \bmod 5 = 0$임을 알 수 있다. 그러나 $2^m \bmod 5$는 2,4,3 그리고 1이다. 이 모순으로 정리를 끝마쳤다.

■

● ● ● 환준동형사상의 성질(Properties of Ring Homomorphisms)

정리 15.1 환준동형사상의 성질

ϕ는 환 R에서 환S에로의 환의 준동형사상 이라하자. A는 R의 부분환 이고 B는 S의 이데알이라 하자.

1. 임의의 $r \in R$ 와 임의의 양의정수n에 대하여,$\phi(nr) = n\phi(r)$ 이고 $\phi(r^n) = (\phi(r))^n$ 이다.
2. $\phi(A) = \{\phi(a) | a \in A\}$ 는 S의 부분환이다.
3. 만약 A는 이데알이고 ϕ가 S위에로 전사이면 $\phi(A)$는 이데알이다.
4. $\phi^{-1}(B) = \{r \in R | \phi(r) \in B\}$는 R의 이데알이다.
5. 만약 R이 교환법칙을 만족하면 $\phi(R)$도 교환법칙이 성립한다.
6. 만약 R이 단위원 1를 갖고 $S \neq \{0\}$, ϕ가 전사이면,$\phi(1)$은 S의 단위원이다.
7. ϕ가 동형사상이 되기 위한 필요충분조건은 ϕ가 전사이고 $Ker\phi = \{r \in R | \phi(r) = 0\} = \{0\}$ 이다.
8. 만약 ϕ가 R에서 S위로 가는 동형사상이면 ϕ^{-1}은 S에서 R위로 가는 동형사상이다.

증명 이 성질들의 증명은 정리 9.1과 정리 9.2에서와 같은방법으로 할 수 있다.

독자는 정리15.1의 기호들 표현만 아니라 부차적으로 말로 이야기되는 여러 가지 성질들을 배워야한다. 성질2는 부분환의 준동형상은 부분환이 된다는 것이고, 성질4는 이데알의 역상은 이데알이 된다는 것이다.

다음 3가지 정리들은 군에 그것들과 대비되는 것들이다.
그 증명들은 군의 이론에서 해당되는 부분들과 거의 일치한다.

정리 15.2 핵은 이데알이다(Kernels are Ideals)

ϕ는 환 R에서 환S에로의 환의 준동형사상 이라하자. $Ker\phi = \{r \in R | \phi(r) = 0\}$는 R의 이데알이다.

정리 15.3 환의 제1동형정리(First Isomorphism Theorem for Rings)

ϕ는 환 R에서 환S에로의 환의 준동형사상 이라하자. $R/Ker\phi$에서 $\phi(R)$에로 가는 함수,

$r + Ker\phi \to \phi(r)$ 는 환동형사상이다. 기호로 표시하면, $R/Ker\phi \approx \phi(R)$이다.

정리 15.4 이데알은 핵이다(Ideals are Kernels)

환 R의 임의의 이데알은 R에서 정의된 환준동형사상의 커널이다. 특히, 이데알 A는 R에서 R/A로 정의된 함수 $r \to r + A$ 의 핵이다.

정리15.4에서 정의된 R에서 R/A 에로의 준동형사상을 R에서 R/A 에로의 자연준동형사상이라 한다. 정리15.3은 종종 환준동형사상의 기본정리라 말한다. 14장 예17에서 우리는 $\langle x \rangle$가 $Z[x]$의 소이데알이지만 극대이데알이 아님을 직접 증명하였다.

예 10 함수 ϕ는 $Z[x]$에서 Z 위에로 $\phi(f(x)) = f(0)$로 주어지면 ϕ는 환준동형사상으로 $Ker\phi = \langle x \rangle$(14장 연습문제15)이다. 따라서 정리 15.3에 의하여 $Z[x]/\langle x \rangle \approx Z$ 이다. 그리고 Z는 정역이고 체가 아니므로 정리 14.3과 정리14.4에 의해서 $\langle x \rangle$는 소이데알이고 극대이데알은 아니다.

정리 15.5 정수환 Z에서 단위원을 갖는 환에로의 준동형사상 (Homomorphism from Z to a Ring with Unity)

R 은 단위원 1을 갖는 환이다. $\phi : Z \to R$ 로 $n \to n1$로 주어진 함수라면 ϕ는 환준동형사상 이다.

증명 곱셈군에서 $a^{m+n} = a^m a^n$ 의 성질을 덧셈군에서 표현하면

$(m+n)a = ma + na$ 가 성립한다.

따라서 $\phi(m+n) = (m+n)1 = m1 + n1$. 즉, ϕ는 덧셈을 보존한다.

12장 연습문제에서 "임의의 m, n에 대하여 $(ma)(nb) = (mn)(ab)$가 성립한다" 에 의해서 ϕ는 곱셈을 보존한다.

즉 $\phi(mn) = (mn)1 = (mn)((1)(1)) = (m1)(n1) = \phi(m)\phi(n)$ 이다.

따름 정리 1. 단위원을 갖는 환은 Z_n 이나 Z 를 품는다

(A Ring with Unity Contains Z_n or Z)

만약 R 이 단위원을 품고 R 의 특성이 $n > 0$ 이면R 은 Z_n 과 동형인 부분환을 품는다. 만약, R 의 특성이 0이면 R 는 Z 와 동형인 부분환을 품는다.

증명 1을 R 의 단위원이라 하자. $S = \{k1|k \in Z\}$ 라 하자. 정리15.5에 의하여 함수 ϕ는 Z에서S로 $\phi(k) = k1$ 로 주어진 준동형사상이다. 환의 제1동형정리에 의해서 $Z/Ker\phi \approx S$ 이다. 그런데, 분명히 $Ker\phi = \langle n \rangle$ 이고 n는 1의 덧셈에 대한 위수이다. 정리13.3에 의해서 n 는 역시 R 의 특성이다. 따라서, R 의 특성이 n이므로, $S \approx Z/\langle n \rangle \approx Z_n$ 이다. R 의 특성이 0이면, $S \approx Z/\langle 0 \rangle \approx Z$ 이다.

따름 정리 2. Z_m은 Z의 준동형상이다(Z_m is a Homomorphic Image of Z)

의의 양의 정수 m에 대하여, 사상 $\phi : Z \to Z_m$이 $x \to x \bmod m$으로 정의하면 환 준동형사상이 된다.

증명 환 Z_m 에서 정수 $x \bmod m = x1$ 이므로 정리15.5의 명제로부터 알수있다.(예를 들어, Z_3 에서 만약 $x = 5$ 이면 $5 \cdot 1 = 1+1+1+1+1 = 2$)

따름 정리 3. 체는 Z_p 나 Q 를 품는다(A Field Contains Z_p or Q , Steinitz,1910)

만약 체 F 의 특성이 p 이면 F 는 Z_p 와 동형인 부분체를 품는다. 그리고, 만약 체 F 의 특성이 0 이면 F 는 유리수체 와 동형인 부분체를 품는다.

증명 보조정리1에 만약에 체 F 의 특성이 p 이면 F 는 Z_p 와 동형인 부분환를 품는다. 그리고, 만약 체 F 의 특성이 0 이면 F 는 Z 와 동형인 부분환 S 를 품는다. 후자의 경우에, $T = \{ab^{-1}|a, b \in S, b \neq 0\}$라 하자.
그러면 T 는 유리수체와 동형이다.

한 체의 임의의 부분체들의 교집합은 부분체이다. 임의의 체는 최소 부분체를 갖는다.(즉, 그것은 다른 모든 부분체에 품긴다는 의미이다)

이 부분체를 그 체의 소체(Prime Subfield)라 한다. 보조정리3에 의해서 특성이 p 인 소체는 Z_p와 동형이고, 특성이 0 인 소체는 Q 와 동형이다.

상체(The Field of Quotients)

정역 Z 는 체는 아니지만 Z 는 적어도 한 체, 유리수체에 품긴다. 그리고, 유리수체는 정수환의 분수꼴임을 알 수 있다. 우리는 정수환으로부터 유리수체를 구성한는 방법을 흉내내어 한 정역에서 똑 같이 체를 구성할 수 있을까? 정리15.6에서 이런 체를 구성할 수 있으며 이것을 정역 D 의 상체라 한다.

정리 15.6 의 증명 과정을 통해서 우리는 상체의 구성은 정수에서 유리수를 구성하는 것을 명심해야 한다.

정리 15.6 상체(Field of Quotients)

D를 한 정역이라 하면, 한 체 F (소위 D 의 상체)가 존재하며, D 와 동형인 부분환을 품는다.

증명 $S=\{(a,b)|a,b\in D, b\neq 0\}$라 하자. 우리는 S 위에 동치관계를 다음과 같이 정의할 수 있다. $(a,b)\equiv(c,d)\Leftrightarrow ad=bc$

F 를 관계 $\equiv$ 에 관한 S 의 동치류집합이라 하고, (x,y)를 품는 동치류를 x/y 로 표시한다.

우리는 F 위에 덧셈과 곱셈을 다음과 같이 정의하자.

$$a/b+c/d=(ad+bc)/bd,\ \ a/b\ c/d=ac/bd$$

(우리는 여기서 D 가 정역이므로 곱셈에 대하여 닫혀있음을 알 수 있다. 즉, $b\neq 0$ 이고 $d\neq 0$이면 $bd\neq 0$ 이다)

F 의 특정 원소는 많은 다른 표현들을 갖기 때문에 (유리수체에서, $1/2=3/6=4/8$), 우리는 두 연산이 잘 정의됨을 보여야 한다.

이것을 증명하기 위해서, 만약 $a/b=a'/b'$, $c/d=c'/d'$ 이면 $ab'=a'b$, $cd'=c'd$이다.

따라서, $(ad+bc)b'd'=adb'd'+bcb'd'=(ab')dd'+(cd')bb'$

$$=(a'b)dd'+(c'd)bb'=a'd'bd+b'c'bd=(a'd'+b'c')bd.$$

따라서, 정의에 따라서, $(ad+bc)/(bd)=(a'd'+b'c')/(b'd')$이다.

즉, 덧셈이 잘 정의된 것이다. 곱셈이 잘 정의된다는 것은 연습문제로 남긴다(연습문제 26). F 가 체임을 바로 확인 할 수 있다.1를 D 의 단위원이라 하자. 그러면, $0/1$는 F 의 덧셈에 대한 항등원이다. 그리고, a/b의 덧셈에 대한 역원은 $-a/b$ 이다. 영이 아닌 원소 a/b의 곱셈에 대한 역원은 b/a 이다. 다른 체가 될 조건들은 쉽게 확인할 수 있을 것이다.

끝으로, 함수 $\phi : D \to F$ 가 $x \to x/1$로 정의하면 ϕ는 환동형사상이 되며 $D \approx \phi(D) \leq F$ 가 성립한다.

예 11 $D = Z[x]$ 라 하자. D 의 상체는 $\{f(x)/g(x) \mid f(x), g(x) \in D, g(x) \neq 0\}$ 이다. F 거 체일 때 다항식환 $F[x]$ 의 상체는 $F(x)$로 표시한다.

예 12 p를 소수라 하자. $Z_p(x) = \{f(x)/g(x) \mid f(x), g(x) \in Z_p[x], g(x) \neq 0\}$는 특성이 p인 무한체이다.

연습문제

1. Z_5 에서 Z_{10} 에로의 $x \to 5x$ 로의 대응은 덧셈을 보존하지 못함을 설명하여라.

2. 정리 15.6의 증명에서 함수 $\phi : D \to F$가 환준동형사상임을 보여라.

3. ϕ 가 Z_m 에서 Z_n에로 가는 환 준동형사상이다. 만약 $\phi(1) = a$ 이면 $a^2 = a$ 임을 증명하여라. 그 역명제는 거짓임을 예를 들어라.

4. 어떤 체 F 의 임의의 부분체들의 교집합은 체 F 의 부분체임을 증명하여라.

5. $S = \left\{ \begin{bmatrix} a & b \\ -b & a \end{bmatrix} \mid a, b \in R \right\}$이라 하자.
   함수 $\phi : C \to S$ 가 $\phi(a+bi) = \begin{bmatrix} a & b \\ -b & a \end{bmatrix}$로 주어지면 환동형사상임을 보여라.

6. 어떤 함수가 $M_2(Z)$에서 Z에로 $\begin{bmatrix} a & b \\ c & d \end{bmatrix} \to a$로 주어질 때 ϕ 는 환준동형사상 인지 아닌지 밝혀라.

7. 어떤 함수가 Z_5 에서 Z_{30}에로 $x \to 6x$ 로 주어지면 환준동형사상 인가? 단위원의 상이 준동형상의 단위원이지만 Z_{30} 의 단위원은 아님을 밝히면 된다.

8. 예3에서 환준동형사상의 핵을 구하여라.

9. Z_6 에서 Z_6 에로의 모든 환준동형사상을 결정하여라.

10. Z 에서 Z 에로의 모든 환준동형사상을 결정하여라.

11. $Z \oplus Z$ 에서 $Z \oplus Z$ 에로의 모든 환준동형사상을 결정하여라.

12. R 는 단위원을 갖는 환이고 ϕ 는 환 R 에서 원소 개수가 1개 보다 많은 환S 위에로의 환의 준동형사상 이라하면, S 가 단위원을 갖음을 증명하여라.

13. $Z \oplus Z$ 에서 Z 로 가는 환준동형사상을 모두 찾아라.

14. m 은 양의 정수이고 정수 m 의 각 자리수를 재정렬하여 만든 수를 n 이라 하자.(예를들어 72345 는 35274 를 재정렬한 수이다) $m-n$ 이 9로 나누어짐을 보여라.

15. 자연수 7,176,825,942,116,027,211 은 9 로 나누어지고 11 로는 나누어지지않음을 보여라.

16. (3로 나누어 지는 판별방법)n이 3로 나누어 진다는 것은 $a_0+a_1+a_2+\cdots+a_k$ 가 3로 나누어 진다는것과 같음을 증명하여라.

17. 111,111,111,$\cdots$,111꼴의 소수는 존재할 수 없음을 보여라.

18. n 은 양의 정수로 $n=a_k3^k+a_{k-1}3^{k-1}+\cdots+a_13+a_0$, 각 a_i 는 0,1,2(n 의 3 진수 표현)중의 하나이다. n 이 짝수일 필요충분조건은 $a_k+a_{k-1}+\cdots+a_1+a_0$ 가 짝수임을 증명하여라.

19. $(2 \cdot 10^{75}+2)^{100} \bmod 3$ 과 $(10^{100}+1)^{99} \bmod 3$ 를 계산하여라.

20. R 과 S 는 단위원을 갖는 가환환들이다. 만약 ϕ 가 환 R 에서 환S 에로의 환준동형사상 이고, 환 R 의 특성은 영이 아니면 환 S 의 특성은 환 R 의 특성을 나눈다는 것을 증명하여라.

21. 실수체에서 어떤 환 위에로 가고, 그 핵이 정수환인 환준동형사상이 존재할까?

22. R 과 S 는 단위원을 갖는 가환환들이다. ϕ 가 R 에서 S 위에로의 환의 준동형사상 이고 A를 S 의 이데알이라 하자.

   a. A 가 S 에서 소이데알이면 $\phi^{-1}(A)=\{x \in R | \phi(x) \in A\}$도 R의 소이데알이다.

   b. A 가 S 에서 극대이데알이면 $\phi^{-1}(A)$도 R의 극대이데알이다.

23. R 과 S 는 환이다.

a. $R \oplus S$ 에서 R 위에로의 함수가 $(a,b) \to a$ 인 환준동형사상임을 보여라.

b. R 에서 $R \oplus S$ 에로 함수가 $a \to (a,0)$인 $1-1$인 환준동형사상임을 보여라.

c. $R \oplus S$ 는 $S \oplus R$ 와 환동형임을 보여라.

24. 실수체가 복소수체에로 환동형사상이 있는지? 없는지? 밝혀라.

25. 실수체 R 에서 R 에로의 모든 환준동형사상을 결정하여라.

26. 정리 15.6의 증명에서 정의되는 곱셈 연산이 잘 정의됨을 보여라.

27. $Z[i] = \{a+bi | a,b \in Z\}$라 하자. $Z[i]$ 의 상체는 $Q[i] = \{r+si | r,s \in Q\}$ 와 환동형임을 보여라.

28. D 는 정역이고 F 를 D 의 상체라 하자. 만약 E 가 D 를 품는 임의의 체라 하면 E는 F 와 환동형인 부분체를 품는 것을 보여라.(따라서, 정역 D 의 상체는 D 를 품는 최소체이다)

29. 정리15.6의 증명에서 정의된 관계 $\equiv$ 는 동치관계임을 보여라.

30. 정리15.5의 보조정리3의 증명에서 집합 T 가 유리수체와 환동형임을 증명하여라.

31. $f(x) \in R[x]$ 이다. 만약 $a+bi$가 $f(x)=0$의 복소수 근이라면($i = \sqrt{-1}$), $a-bi$ 도 $f(x)=0$ 의 근임을 보여라.

32. 특성이 p 인 체의 소체(prime subfield)는 Z_p 와 환동형이고, 특성이 0 인 체의 소체는 Q 와 환동형임을 보여라.

33. m,n 이 서로소 이면 Z_{mn} 은 $Z_m \oplus Z_n$ 와 환동형임을 보여라.

제16장

다항식환 (Polynomial Rings)

기호와 용어(Notation and Terminology)

정의 환 R위에서의 다항식환 (Ring of Polynomials over R)

R를 가환환이라 하자. 형식적 표현들의 집합

$R[x]=\{a_nx^n+a_{n-1}x^{n-1}+\cdots+a_1x+a_0|a_i\in R, n\geq 0\}$을 R위에서 부정원 x의 다항식환이라 부른다.

$R[x]=\{a_nx^n+a_{n-1}x^{n-1}+\cdots+a_1x+a_0|a_i\in R, n\geq 0\}$

$R[x]$의 두 원소 $a_nx^n+a_{n-1}x^{n-1}+\cdots+a_1x+a_0$ 와 $b_mx^m+b_{m-1}x^{m-1}+\cdots+b_1x+b_0$ 가 같다는 것은 음수가 아닌 모든 i에 대하여 $a_i=b_i$ 이다.($i>n$이면 $a_i=0$이고, $i>m$이면 $b_i=0$이다)

이 정의에서, 기호들 $x, x^2,\cdots, x^n$은 미지수나 환R로부터 나온 변수를 표현하는 것이 아니다. 오히려, 그것들의 목적은 환의 원소들 $a_n, a_{n-1},\cdots, a_0$를 서로 분리해서 그 편리한 위치를 나타낸 것이다. 우리는 한 다항식을 x에 대한 무한수열 $a_0, a_1,\cdots, a_{n-1}, a_n, 0, 0, 0,\cdots$로 표현할 수도 있지만, 위와 같이 다항식을 취급하는 방법이 학생들이 변수를 나타내는 x로 잘 다루는 경험을 갖고 있기 때문이다. 이 방법의 불리한 조건은 다항식으로 정해지는 함수와 혼돈하지 않도록 주의해야한다.

예를 들어, $Z_3[x]$에서 두 다항식 $f(x)=x^3$과 $f(x)=x^5$는 모든 $a\in Z_3$ 에 대하여 $f(a)=g(a)$

이므로 Z_3 에서 Z_3 으로 가는 같은 함수이다.. 그러나 $f(x)$와 $g(x)$는 $Z_3[x]$에서 서로 다른 다항식이다. 또한, $Z_n[x]$에서 n을 법으로 하는 계수들은 축소되지만 지수들은 같지 않음에 유의해야한다.

예를 들어, $Z_3[x]$에서 $5x = 2x$ 이지만 $x^5 \neq x^2$이다.

$R[x]$가 환이 되기 위해서, 통상적인 방법으로 덧셈과 곱셈을 정의 한다.

정의 $R[x]$에서의 덧셈과 곱셈(Addition and Multiplication in $\mathrm{R}[x]$)

R은 가환환이다. $R[x]$의 두 원소 $f(x) = a_n x^n + a_{n-1}x^{n-1} + \cdots + a_1 x + a_0$ 와 $g(x) = b_m x^m + b_{m-1}x^{m-1} + \cdots + b_1 x + b_0$ 에 대하여,

$f(x) + g(x) = (a_s + b_s)x^s + (a_{s-1} + b_{s-1})x^{s-1} + \cdots + (a_1 + b_1)x + a_0 + b_0$

여기서, s는 m,n의 최대값이고, $i > n$이면 $a_i = 0$이고, $i > m$이면 $b_i = 0$이다.

또한, $f(x)g(x) = c_{m+n}x^{m+n} + c_{m+n-1}x^{m+n-1} + \cdots + c_1 x + c_0$

여기서, 각 $k = 0, 1, \cdots, m+n$에 대하여$c_k = a_k b_0 + a_{k-1}b_1 + \cdots + a_1 b_{k-1} + a_0 b_k$

곱셈의 정의가 복잡하게 보일수도 있지만, 그것은 분배법칙을 적용하고 동류항 끼리 정리하는 친숙한 과정의 형식적인 계산에 불과하다. 가환환 위에서의 다항식들의 곱셈과 같이 다항식들은 항상 곱셈이 가능하다.

예를 들어, $Z_3[x]$에서 $f(x) = 2x^3 + x^2 + 2x + 2$ 와 $g(x) = 2x^2 + 2x + 1$에서

앞의 다항식 계수 표현에 따르면, $a_5 = 0, a_4 = 0, a_3 = 2, a_2 = 1, a_1 = 2, a_0 = 2$이고, $b_5 = 0, b_4 = 0, b_3 = 0, b_2 = 2, b_1 = 2, b_0 = 1$이다.

다항식의 계수들의 덧셈과 곱셈의 정의에 따라 mod3으로 계산해보면,

$$
\begin{aligned}
f(x) + g(x) &= (2+0)x^3 + (1+2)x^2 + (2+2)x + (2+1) \\
&= 2x^3 + 0x^2 + 1x + 0 \\
&= 2x^3 + x
\end{aligned}
$$

$$
\begin{aligned}
f(x)g(x) = &(0 \cdot 1 + 0 \cdot 2 + 2 \cdot 2 + 1 \cdot 0 + 2 \cdot 0 + 2 \cdot 0)x^5 + \\
&(0 \cdot 1 + 2 \cdot 2 + 1 \cdot 2 + 2 \cdot 0 + 2 \cdot 0)x^4 + \\
&(2 \cdot 1 + 2 \cdot 2 + 2 \cdot 2)x^3 + \\
&(1 \cdot 1 + 2 \cdot 2 + 2 \cdot 2)x^2 + (2 \cdot 1 + 2 \cdot 2)x + 2 \cdot 1 \\
= &x^5 + 0x^4 + 2x^3 + 0x^2 + 0x + 2 \\
= &x^5 + 2x^3 + 2
\end{aligned}
$$

다항식의 덧셈과 곱셈의 정의로부터 곱셈에 대한 교환법칙과 결합법칙, 그리고 덧셈에 관한 분배법칙이 공식화된다. $R[x]$가 환이됨을 확인해 보는 것은 독자에게 맡긴다.

이제 다항식에 대한 몇가지 용어들을 소개하고자 한다. 만약

$$f(x) = a_n x^n + a_{n-1} x^{n-1} + \cdots + a_1 x + a_0,$$

여기서 $a_n \neq 0$이면, $f(x)$의 차수(degree)는 n이고, a_n을 $f(x)$의 최고차 항의 계수 (leading coefficient)라 하고, 만약 $a_n = 1$일 때 $f(x)$를 모닉다항식(monic polynomial)이라고 한다.

다항식$f(x) = 0$이면 차수를 갖지 않는다고 하며, 다항식이 $f(x) = a_0$이면 상수다항식이라 한다. $f(x)$의 차수가 n이면 $\deg f(x) = n$이라 쓴다. 실수계수 다항식들에 대한 경험을 토하여, 우리는 다음과 같은 통상적인 표시방법을 채택한다: 우리는 $0x^k$의 항을 넣수도 있고 빼수도 있다; $1x^k$는 x^k로 쓰고: $+(-a_k)x^k$은 $-a_k x^k$로 쓴다.

아주 많은 경우 환 R 의 성질들은 다항식환 $R[x]$로 보존된다. 바로 논의할 처음 정리가 여기 있다.

정리 16.1 D가 정역이면 $D[x]$도 정역이다
(D an integral domain Implies $D[x]$ is an integral domain)

만약 D가 정역이면 $D[x]$도 정역임을 증명하여라.

증명 우리는 이미 $D[x]$가 환임을 알고 있으므로, $D[x]$가 단위원을 갖고 교환법칙이 성립하고 영인자를 갖지 않음을 보이면 된다.

D 와 같이 $D[x]$도 교환법칙이 성립한다. 1 이 D의 단위원 이면 $f(x) = 1$이 $D[x]$의 단위원이다. 끝으로,

$$f(x) = a_n x^n + a_{n-1} x^{n-1} + \cdots + a_1 x + a_0,$$
$$g(x) = b_m x^m + b_{m-1} x^{m-1} + \cdots + b_1 x + b_0,$$

여기서 $a_n \neq 0, b_m \neq 0$이라면, 정의에 의해서 $f(x)g(x)$의 최고차항 $a_n b_m$은 D가 정역이므로 $a_n b_m \neq 0$이다.

나눗셈 알고리즘과 그 결과 (The Division Algorithm and Consequences)

우리가 자주 사용하는 정수의 성질중의 하나는 나눗셈 알고리즘이다: 만약 a와 b가 정수이고 $b \neq 0$이면, 유일한 정수 q와 r이 존재하여 $a = bq + r$이 성립하고 $0 \leq r < |b|$ 이다.

다음 정리는 체위의 다항식들에서의 유사한 명제이다.

정리 16.2 $F[x]$에 대한 나눗셈 알고리즘(Division Algorithm for F$[x]$)

만약 F가 체이고, $f(x), g(x) \in F[x]$, $g(x) \neq 0$ 이면, $F[x]$에 유일한 다항식 $q(x), r(x)$가 존재하여 $f(x) = g(x)q(x) + r(x)$가 성립하고 $r(x) = 0$ 이거나 $\deg r(x) < \deg g(x)$이다.

증명 만약 $f(x) = 0$ 이거나 $\deg f(x) < \deg g(x)$이면, 우리는 단순히 $q(x) = 0, r(x) = f(x)$로 보면 된다.

따라서, 우리는 $n = \deg f(x) \geq \deg g(x) = m$이라 하고,

$$f(x) = a_n x^n + a_{n-1}x^{n-1} + \cdots + a_1 x + a_0,$$

$$g(x) = b_m x^m + b_{m-1}x^{m-1} + \cdots + b_1 x + b_0,$$

라 하자.

이 증명의 숨은 생각은 $f(x)$를 $g(x)$로 긴 나눗셈을 하는 것에 불과하다.

그러면, $\deg f(x)$에 관한 수학적귀납법제2원리(Second Principle of Mathematical Inductio n)를 적용하여 증명한다. 긴 나눗셈에 따라서, $f_1(x) = f(x) - a_n b_m^{-1} x^{n-m} g(x)$ 라 하자.

그러면, $f_1(x) = 0$ 이거나 $\deg f_1(x) < \deg f(x)$이다. 따라서, 수학적귀납법 가정에 의해서 $F[x]$에 $q_1(x)$와 $r_1(x)$가 존재하여 $f_1(x) = g(x)q_1(x) + r_1(x)$이고 $r_1(x) = 0$ 이거나 $\deg r_1(x) < \deg g(x)$ 이다

[기술적으로, 우리는 수학적귀납법의 출발은 $\deg f(x) = 0$에서 시작하고 이 경우의 성립은 당연하다.]

따라서,

$$\begin{aligned} f(x) &= a_n b_m^{-1} x^{n-m} g(x) + f_1(x) \\ &= a_n b_m^{-1} x^{n-m} g(x) + g(x)q_1(x) + r_1(x) \\ &= (a_n b_m^{-1} x^{n-m} + q_1(x))g(x) + r_1(x). \end{aligned}$$

따라서, 다항식 $q(x) = a_n b_m^{-1} x^{n-m} + q_1(x)$, $r(x) = r_1(x)$라 하면 위의 식이 성립한다.

다음은 유일성에 대하여 증명하자.

만약 $f(x) = g(x)q(x) + r(x)$이고 $f(x) = g(x)\overline{q}(x) + \overline{r}(x)$라 하고,

여기서, $r(x) = 0$ 이거나 $\deg r(x) < \deg g(x)$이고,

$\overline{r}(x) = 0$ 이거나 $\deg \overline{r}(x) < \deg g(x)$이다.

이 두식을 빼면,

$$0 = g(x)[q(x) - \bar{q}(x)] + [r(x) - \bar{r}(x)]$$

$$\bar{r}(x) - r(x) = g(x)[q(x) - \bar{q}(x)]$$

따라서, $\bar{r}(x) - r(x) = 0$ 이거나 $\bar{r}(x) - r(x)$의 차수가 $g(x)$의 차수보다는 크거나 같다. 그러나 이것은 불가능함으로 $\bar{r}(x) = r(x)$이다. 따라서 $q(x) = \bar{q}(x)$도 성립한다.

이 나눗셈 알고리즘에서 $f(x)$를 $g(x)$로 나눌 때 $q(x)$와 $r(x)$를 상(quotient)과 나머지(remainder)라 부른다. 다항식환의 계수환이 체일때는 우리는 긴 나눗셈 과정을 거처 상과 나머지를 구할수 있다

예 1 $Z_5[x]$에서 $f(x) = 3x^4 + x^3 + 2x^2 + 1$을 $g(x) = x^2 + 4x + 2$로 나눌 때 그 상과 나머지를 구하기 위해서는 mod5에 의한 덧셈과 곱셈을 생각하고 긴 나눗셈을 시행하여 구한다.

$$\begin{array}{r|l} & 3x^2 + 4x \\ \hline x^2 + 4x + 2 & 3x^4 + x^3 + 2x^2 \qquad + 1 \\ & 3x^4 + 2x^3 + x^2 \\ \cline{2-2} & \quad 4x^3 + x^2 \qquad + 1 \\ & \quad 4x^3 + x^2 + 3x \\ \cline{2-2} & \qquad\qquad 2x + 1 \end{array}$$

따라서, $3x^2 + 4x$가 상이고 $2x + 1$이 나머지이다. 그럼으로,

$$3x^4 + x^3 + 2x^2 + 1 = (x^2 + 4x + 2)(3x^2 + 4x) + 2x + 1.$$

D는 정역이다. 만약 $f(x),\ g(x) \in D[x]$ 일때, 적당한 $h(x) \in D[x]$가 존재하여 $f(x) = g(x)h(x)$가 성립하면 $g(x)$가 $f(x)$를 나눈다고 한다.[$g(x)|f(x)$로 표기한다]. 이 경우에, $g(x)$를 $f(x)$의 인수라 말한다.

한 원소 a가 $f(a) = 0$이면 a는 다항식 $f(x)$의 근이라 한다.[$f(a)$는 $f(x)$에 대하여 x 대신에 a를 대입한 것이다.]

F가 체이고, $a \in F$, $f(x) \in F[x]$ 일 때, 만약 $(x-a)^k$가 $f(x)$의 인수이고 $(x-a)^{k+1}$은 $f(x)$의 인수가 되지 못할 때 a는 중복도가 k인 근이라 한다.

위의 정의에 따라서 나눗셈알고리즘에 대한 몇가지 중요한 보조정리들을 소개할 것이다. 우리는 이미 F가 실수체일 때의 특별한 경우는 잘 알고 있다.

따름 정리 1. 나머지정리(The Remainder Theorem)

F가 체이고, $a \in F$, $f(x) \in F[x]$ 일 때, $f(a)$는 $f(x)$를 $x-a$로 나눈 나머지 이다.

증명 연습문제3 로 남긴다.

따름 정리 2. 인수정리(The Factor Theorem)

F가 체이고, $a \in F$, $f(x) \in F[x]$ 일 때, a는 다항식 $f(x)$의 근이기 위한 필요충분조건은 $x-a$가 $f(x)$의 인수이다.

증명 연습문제4 로 남긴다.

따름 정리 3. n차 다항식은 기껏해야 n개의 근을 갖는다

(Polynomials of degree n have at most n Zeros)

체위에서 차수가 n인 다항식은 중복도를 고려하여 기껏해야 n개의 근을 갖는다.

증명 n에 대한 수학적귀납법에 따라 증명하자.

체위에서 0차인 다항식은 근이 존재하지 않는다. 이제 차수가 n인 $f(x)$의 한근 a의 중복도가 k라 하자.

그러면, $f(x)=(x-a)^k q(x)$, $q(a) \neq 0$;

$n = \deg f(x) = \deg (x-a)^k q(x) = k + \deg q(x)$, 따라서 $k \leq n$이다. 만약 $f(x)$가 a와 다른 근들을 갖지 않는다면 증명이 됬고, 한편으로, 만약 $b \neq a$ 이고 b가 $f(x)$의 근이면, $0 = f(b) = (b-a)^k q(b)$, b는 역시 $q(x)$ 의 근이고 그 중복도는 $f(x)$에서 갖는 중복도와 같다. 수학적귀납법제2원리에 의해서 $q(x)$는 기껏해야 $n-k$개의 근을 갖는다. 따라서 $f(x)$는 중복도를 고려하여 기껏해야 $k+n-k=n$개의 근을 갖는다.

따름정리3은 일반적인 다항식환에서는 성립하지 않는다. 예를 들어, Z_6에서의 다항식 x^2+3x+2은 4개의 근을 갖는다.

라그랑쥐는 $Z_p[x]$에서의 다항식에 대해서 최초로 따름정리3을 증명하였다.

예 2 x^n-1의 복소수 근들(The Complex Zeros of x^n-1)

우리는 x^n-1의 모든 복소수 근들 구해보자. $\omega = \cos(360^\circ/n) + i\sin(360^\circ/n)$라

하자. 드모아브르정리에 의해서 $\omega^n = 1$이고 $1 \le k < n$에 대하여 $\omega^k \ne 1$이다. 따라서 $1, \omega, \omega^2, \cdots, \omega^{n-1}$은 각각 $x^n - 1$의 근이고, 따름정리3에서 그 외의 근은 존재하지 않는다.

예2에서의 ω를 단위원1의 원시n제곱근(primitive nth root of unity)이라 한다.

나눗셈알고리즘에서 하나의 중요한 이론적 적용으로 이장을 마치고자하며, 먼저 중요한 정의하나를 소개한다.

정의 주정역(Principal Ideal Domain, PID)

정역 R에서 임의의 이데알이 $\langle a \rangle = \{ra | r \in R\}$꼴 일 때 R를 주정역이라고 한다.

정리 16.3 $F[x]$는 PID이다

F가 체이면 $F[x]$는 주정역이다

증명 정리 16.1에서 $F[x]$는 정역이다. I를 $F[x]$의 임의의 이데알이라 하자. 만약 $I = \{0\}$이면 $I = \langle 0 \rangle$이다. 만약 $I \ne \{0\}$이면 I에 속해있는 모든 원소중에서 최소의 차수를 갖는 한 다항식을 $g(x)$라 하자. 그러면, $I = \langle g(x) \rangle$임을 보이고자 한다. $g(x) \in I$이므로 $\langle g(x) \rangle \subseteq I$이다. 임의의 $f(x) \in I$이면, 나눗셈 알고리즘에 의해서

$f(x) = g(x)q(x) + r(x)$, $r(x) = 0$이거나 $\deg r(x) < \deg g(x)$이다.

$r(x) = f(x) - g(x)q(x) \in I$이므로, $g(x)$의 차수가 최소이기 때문에 뒤의 조건은 성립할수 없다. 따라서 $r(x) = 0$이다.

그럼으로 $f(x) \in \langle g(x) \rangle$아다. 즉, $I \subseteq \langle g(x) \rangle$.

정리16.3 의 증명에서 다음 정리를 얻을 수 있다.

정리 16.4 $I = \langle g(x) \rangle$의 판별법

F가 체이고 I를 $F[x]$의 영이 아닌 이데알이라 하자. $g(x) \in F[x]$일 때 $I = \langle g(x) \rangle$이기위한 필요충분조건은 $g(x)$가 I에서 영이아닌 최소 차수를 갖는 다항식이다.

환의 제1동형정리와 정리16.4의 적용에 의하여 14장 예12에서 말한 $R[x]/\langle x^2 + 1 \rangle$이 복소수체와

환 동형임을 확인할 수 있다.

예 3 ϕ는 $R[x]$에서 C위에로 $f(x) \to f(i)$로 주어진 환준동형사상이다(즉, $R[x]$에서 x에 i을 대입하여 계산하는 것) 그러면, $x^2+1 \in Ker\phi$ 이고 이것은 $Ker\phi$에서의 최소차수를 갖는 다항식이다. 따라서, $Ker\phi = \langle x^2+1 \rangle$이고 $R[x]/\langle x^2+1 \rangle \approx C$.

연습문제

1. 두 다항식 $f(x), g(x) \in Z_5[x]$가
$f(x) = 4x^3 + 2x^2 + x + 3$, $g(x) = 3x^4 + 3x^3 + 3x^2 + x + 4$일 때, $f(x) + g(x)$, $f(x)\,g(x)$를 계산하여라.

2. 다항식 $x^2 + 3x + 2$ 는 Z_6 에서 4개의 근을 갖고 있음을 보여라.

3. 정리16.2 의 따름정리1을 증명하여라.

4. 정리16.2 의 따름정리2를 증명하여라.

5. 만약 $\phi : R \to S$ 는 환준동형사상이고, $\overline{\phi}: R[x] \to S[x]$ 에서
$(a_n x^n + \cdots + a_1 x + a_0) \to \phi(a_n)x^n + \cdots + \phi(a_1)x + \phi(a_0)$라 하자. $\overline{\phi}$ 가 환준동형사상임을 보여라.

6. $Z_5[x]$ 에 $f(x) = x^3 + 2x + 4$, $g(x) = 3x + 2$ 가 있다. $f(x)$를 $g(x)$로 나눌 때 그 상과 나머지를 구하여라.

7. $Z_4[x]$ 에서 다항식 $2x + 1$의 곱셈에 대한 역원을 구하여라.

8. p는 소수이다. $Z_p[x]$ 에서 곱셈에 대한 역원을 갖는 상수가 아닌 다항식이 존재하는지 설명해보아라.

9. (차수법칙)D 는 정역이다. $f(x), g(x) \in D[x]$ 일 때
$\deg(f(x)\,g(x)) = \deg f(x) + \deg g(x)$임을 증명하여라. 예를들어 가환환 R 에서는 영이 아닌 두 원소 $f(x), g(x) \in R[x]$ 에 대하여 $\deg(f(x)\,g(x)) < \deg f(x) + \deg g(x)$ 인 예를 들어 설명하여라.

10. F 는 무한체이고 $f(x) \in F[x]$ 이다. 만약 F 의 무한이 많은 원소 a 에 대하여 $f(a)=0$ 이면, $f(x)=0$ 임을 보여라.

11. F 는 체이고 $p(x) \in F[x]$ 이다.
만약 $f(x), g(x) \in F[x]$ 이고 $\deg f(x) < \deg p(x)$, $\deg g(x) < \deg p(x)$ 이면
$f(x) + \langle p(x) \rangle = g(x) + \langle p(x) \rangle$ 일 때 $f(x) = g(x)$ 임을 보여라.

12. 정수계수를 갖고 1/2와 $-1/3$을 근으로 갖는 다항식을 구하여라.

13. F 는 체이고, $I = \{a_n x^n + a_{n-1} x^{n-1} + \cdots + a_0 | a_n, \cdots, a_0 \in F, a_n + \cdots + a_0 = 0\}$ 라 하자. I 는 $F[x]$ 의 이데알임을 보이고 I 의 한 생성원을 구하여라.

14. m 은 고정된 양의정수이다. 임의의 정수 a 에 대하여 $\overline{a} = a \bmod m$ 라 하자.
함수 $\phi : Z[x] \to Z_m[x]$ 가 $\phi(a_n x^n + a_{n-1} x^{n-1} + \cdots + a_1 x + a_0) =$
$\overline{a_n} x^n + \overline{a_{n-1}} x^{n-1} + \cdots + \overline{a_{1_1}} x + \overline{a_0}$ 로 정의 하면 환준동형사상이 됨을 보여라.

15. 임의의 소수 p 에 대하여, $Z_p[x]$ 에서 $x^{p-1} - 1 = (x-1)(x-2) \cdots [x-(p-1)]$ 임을 보여라.

16. 임의의 소수 p 에 대하여, $(p-2)! \bmod p = -1$ 임을 보여라.

17. $(50!)^2 \bmod 101 = -1 \bmod 101$ 임을 증명하여라.

18. 단위원을 갖는 가가환환 R의 한 극대이데알 I 에 대하여 $I[x]$ 가 $R[x]$ 의 극대이데알이 되지 않는 예를 들어라.

19. F 는 체이, $f(x)$, $g(x) \in F[x]$ 이다. $f(x)$와 $g(x)$를 동시에 나누는 $F[x]$ 의 양의 차수를 갖는 다항식이 존재하지 않으면[이 경우, $f(x)$와 $g(x)$가 서로소이다고 한다] 적당한 두 다항식 $h(x)$, $k(x) \in F[x]$ 가 존재하여 $f(x)h(x) + g(x)k(x) = 1$ 이 성립함을 증명하여라.

20. $f(x) \in R[x]$ 이다. 만약 $f(a)=0$ 이고 $f^{'}(a)=0$ 이면[$f^{'}(a)$는 $f(x)$의 $x=a$ 에서의 도함수이다], $(x-a)^2$은 $f(x)$를 나눈다는 것을 보여라.

21. $g(x)$ 와 $h(x)$ 가 $Z[x]$ 에 속하고, $h(x)$ 는 몬익이다. 만약 $Q[x]$ 에서 $h(x)$ 가 $g(x)$를 나누면, $Z[x]$ 에서 $h(x)$ 가 $g(x)$를 나눈다는 것을 보여라.

22. F 는 체이고 x^2+x+1 이 $x^{43}+ax+b$ 를 나누도록 $a, b \in F$ 값을 구하여라.

23. $f(x)$가 $Z[x]$ 에 속한다. 만약 $a \bmod m = b \bmod m$ 이면, $f(a) \bmod m = f(b) \bmod m$ 임을 증명하여라. 만약 $f(0)$ 와 $f(1)$ 이 동시에 홀수이면 f 는 Z 에서 근을 갖지 않음을 증명하여라.

24. Z_{37} 에서 $x^{25}-1=0$ 의 근은 $x=1$ 뿐임을 보여라.

제 17 장

다항식의 인수분해 (Factorization of Polynomials)

가약성의 판별법(Reducibility Tests)

정의 기약다항식(Irreducible Polynomial)과 가약다항식(Reducible Polynomial)

D는 정역이다. $D[x]$의 한 다항식 $f(x)$가 영다항식도 아니고 $D[x]$의 단원도 아닐 때, $g(x),\ h(x) \in D[x]$인 $f(x) = g(x)h(x)$의 곱으로 표현되면 $g(x)$또는 $h(x)$가 $D[x]$에서 단원이 되면 기약이라고 하고, 영도 아니고, 단원도 아닌 $D[x]$의 원소가 D위에서 기약이 아니면 D위에서 가약이라고 한다.

정역 대신에 체 F에서는 상수가 아닌 다항식 $f(x) \in F[x]$가 기약일 조건은 $f(x)$가 더 낮은 차수의 두 다항식의 곱으로 표현할 수 없다는 것을 말한다.

예 1 다항식 $f(x) = 2x^2 + 4$는 Q 위에서 기약이고, Z 위에서는 가약이다. 왜냐하면, $2x^2 + 4 = 2(x^2 + 2)$이고 2나 $x^2 + 2$모두 $Z[x]$에서 단원이 아니기 때문이다.

예 2 다항식 $f(x) = 2x^2 + 4$는 R 위에서 기약이고, C 위에서는 가약이다.

예 3 다항식 $x^2 - 2$는 Q 위에서 기약이고, R 위에서는 가약이다.

예 4 다항식 $x^2 + 1$는 Z_3 위에서 기약이고, Z_5 위에서는 가약이다.

일반적으로, 이떤 특별한 다항식이 정역위에서 가약의 진위를 판별하는 것은 어려운 문제이다. 그러나, 쉽게 취급할 수 있는 특별한 경우들이 있다. 우리들의 첫 번째 정리는 이것을 말해준다. 조금 전에 소개한 3가지 예들에 적용할 수 있다.

정리 17.1 차수가 2,3인 다항식의 가약성 판별(Reducibility Test for Degrees 2 and 3)

F 는 체이다. 만약 $f(x) \in F[x]$ 이고 $\deg f(x)$가 2 또는 3이면, $f(x)$가 F위에서 가약일 필요충분조건은 $f(x)$가 F 안에서 근을 갖는다.

증명 만약 $F[x]$의 원소 $g(x)$, $h(x)$의 차수가 $f(x)$의 차수보다 작고 $f(x) = g(x)h(x)$ 이 성립한다고 하면, $\deg f(x) = \deg g(x) + \deg h(x)$(16장 연습문제 17 참조)이고, $\deg f(x)$가 2 또는 3임으로 $g(x)$와 $h(x)$중 적어도 하나의 차수가 1이 된다. 예를 들어, $g(x) = ax + b$라면 $-a^{-1}b$는 $g(x)$의 근이 되고, 역시 $f(x)$의 근도 된다. 역으로, $a \in F$ 에 대하여 $f(a) = 0$이면, 인수정리에 의하여 $x - a$ 가 $f(x)$의 인수가 됨을 알수 있다. 따라서, $f(x)$는 F 위에서 가약이다.

정리17.1은 특히 체가 Z_p일 때 용이하게 적용된다. 이 경우 우리는 $f(x)$의 가약성을 확인하는데 있어서 단지 $a = 0, 1, 2, \cdots, p-1$에 대하여 $f(a) = 0$인가를 알아보면 된다. 예를들어, 2가 Z_5위에서 $x^2 + 1$ 의 근이므로 $x^2 + 1$은 Z_5위에서 가약이다. 한편으로, Z_3 에서 $0, 1, 2$ 모두가 $x^2 + 1$의 근이 되지못함으로 $x^2 + 1$은 Z_3위에서 기약이다.

차수가 3보다 큰 다항식의 경우는 체위에서 비록 근을 갖지 않더라도 가약일수 있다. 예를들어, $Q[x]$에서 다항식 $x^4 + 2x^2 + 1$은 $(x^2 + 1)^2$이고, Q안에 근이 없다.

다음 3가지 판별법은 정수계수를 갖는 다항식에 대한 것들이다.

이것들 중 처음것의 증명을 간결하게 하기 위해서 몇 가지 용어와 논증의 일부를 보조정리 형식으로 따로 소개하고자 한다.

정의 다항식의 내용(Content of Polynomial), 원시다항식(Primitive Polynomial)

정수 계수를 갖는 영이 아닌 다항식 $a_n x^n + a_{n-1} x^{n-1} + \cdots + a_1 x + a_0$의 내용이란 $a_n, a_{n-1}, \cdots, a_0$의 최대공약수를 말한다.

$Z[x]$ 에서의 원시다항식이란 다항식의 내용이 1 인 경우를 말한다.

가우스 보조정리(Gauss's Lemma)

두 원시다항식의 곱은 원시다항식이다.

증명 $f(x), g(x)$는 원시다항식이고, $f(x)g(x)$은 원시다항식이 아니라하면, $f(x)g(x)$의 내용의 한 소인수를 p 라 하자. 그리고, $\bar{f}(x), \bar{g}(x), \overline{f(x)g(x)}$는 $f(x), g(x), f(x)g(x)$의 계수들을 p를 법으로 축소한 다항식들이라 하자.

그러면, $\bar{f}(x), \bar{g}(x)$ 는 정역 $Z_p[x]$ 에 속하고, $Z_p[x]$ 에서 $\bar{f}(x)\bar{g}(x) = \overline{f(x)g(x)} = 0$이다.(16장 연습문제31 참조) 따라서, $\bar{f}(x) = 0$ 이거나 $\bar{g}(x) = 0$이다. 이것은 p가 $f(x)$의 모든 계수를 나누거나, 또는 p가 $g(x)$의 모든 계수를 나눈다는 의미이다. 따라서, $f(x)$가 원시다항식이 아니거나 $g(x)$가 원시다항식이 아니다. 이 모순으로 증명은 종결되었다.

다항식의 가약성은 그 다항식의 계수들이 속하는 환이 어떤 환이냐에 의존하고 있다는 것을 명심해야한다. 따라서, $x^2 - 2$는 Z위에서는 기약이지만, $Q[\sqrt{2}]$ 위에서는 가약이다. 20장에서 우리는 차수가 1 보다 큰 임의의 다항식이 그 계수들이 한 정역 위에 있으면, 어떤 체가 존재하여 그 위에서 가약임을 증명할 것이다. 정리 17.2는 만약에 Z위에서 기약인 다항식들의 경우, 그 체는 유리수체보다는 더 큰 체이어야 함을 보여준다.

정리 17.2 Q위에서의 가약성은 Z위에서의 가약성을 유도한다 (Reducibility over Q implies Reducibility over Z)

$f(x) \in Z[x]$ 이다. 만약 $f(x)$가 Q에서 가약이면 Z위서도 가약이다.

증명 $g(x), h(x) \in Q[x]$ 에 대하여 $f(x) = g(x)h(x)$라 하자. 분명하게 우리는 $f(x)$를 원시다항식이라 가정할 수 있다. 왜냐하면, $f(x)$와 $g(x)$를 $f(x)$의 내용으로 나눌수 있기 때문이다. $g(x)$의 계수들의 분모들의 최소공배수를 a라 하고, $h(x)$의 계수들의 분모들의 최소공배수를 b라 하자.

그러면, $abf(x) = ag(x)\,bh(x)$, $ag(x), bh(x) \in Z[x]$ 이다. c_1은 $ag(x)$의 내용이고,

c_2는 $bh(x)$의 내용이라 하자. 따라서 $ag(x) = c_1 g_1(x)$이고 $bh(x) = c_2 h_1(x)$이고, $g_1(x), h_1(x)$는 원시다항식이며 $abf(x) = c_1 c_2 g_1(x) h_1(x)$이다. $f(x)$는 원시다항식이므로 $abf(x)$의 내용은 ab이다.

또한, 원시다항식의 곱은 원시다항식이므로 $c_1 c_2 g_1(x) h_1(x)$의 내용은 $c_1 c_2$이다.

따라서, $ab = c_1 c_2$이고 $f(x) = g_1(x) h_1(x)$, $g_1(x)$, $h_1(x) \in Z[x]$ 이고,

$\deg g_1(x) = \deg g(x)$, $\deg h_1(x) = \deg h(x)$이다.

예 5 정리17.2를 다음 예를 통하여 설명해보자.

다항식 $f(x) = 6x^2 + x - 2 = (3x - 3/2)(2x + 4/3) = g(x)h(x)$라 하자.

이 경우 $a = 2, b = 3, c_1 = 3, c_2 = 2, g_1(x) = 2x - 1, h_1(x) = 3x + 2$이다.

따라서, $2 \cdot 3(6x^2 + x - 2) = 3 \cdot 2(2x - 1)(3x + 2)$이다.

즉, $(6x^2 + x - 2) = (2x - 1)(3x + 2)$ 이다.

기약성 판별법(Irreducibility Tests)

정리17.1은 2,3차 당항식의 기약성에 대한 문제는 결국 방정식의 근을 찾는 문제로 유도된다. 다음 정리는 이 문제를 더 넓게 단순화 시키는 것을 허용하고 있다.

정리 17.3 $Mod\,p$ 기약성 판별법(Mod$p$ Irreducibility Test)

p는 소수이고, $f(x) \in Z[x]$, $\deg f(x) \geq 1$이다.

$\overline{f}(x)$는 $Z_p[x]$ 의 다항식으로 $f(x)$의 모든 계수들을 p를 법으로 축소한 다항식이다. 만약 $\overline{f}(x)$가 Z_p 위에서 기약이고 $\deg \overline{f}(x) = \deg f(x)$이면 $f(x)$는 Q 위에서 기약이다.

증명 정리17.2의 증명에서 만약 $f(x)$가 Q 위에서 가약이면

$f(x) = g(x)h(x)$, $g(x), h(x) \in Z[x]$ 이고 $g(x)$와 $h(x)$모두 그 차수가 $f(x)$의 차수보다 작다.

$\overline{f}(x)$, $\overline{g}(x), \overline{h}(x)$는 $f(x)$, $g(x)$, $h(x)$의 모든 계수들을 p를 법으로 축소한 다항식들이다. $\deg f(x) = \deg \overline{f}(x)$이므로 $\deg \overline{g}(x) \leq \deg g(x) < \deg \overline{f}(x)$이고

$\deg \overline{h}(x) \le \deg h(x) < \deg \overline{f}(x)$이다.

그러나, $\overline{f}(x) = \overline{g}(x)\overline{h}(x)$이다. 이것은 $\overline{f}(x)$가 Z_p위에서 기약이라는 가정에 모순된다.

예 6 $f(x) = 21x^3 - 3x^2 + 2x + 9$이다.

Z_2 위에서 $\overline{f}(x) = x^3 + x^2 + 1$이고 $\overline{f}(0) = 1$, $\overline{f}(1) = 1$이므로 $\overline{f}(x)$는 Z_2위에서 기약이다. 따라서, $f(x)$는 Q위에서 기약이다. Z_3위에서는 $\overline{f}(x) = 2x$가 기약이지만 $f(x)$가 Q 위에서 기약이라는 정리 17.3을 이용할 수가 없다.

정리17.3의 역을 이용하지 않도록 유의해야한다.

만약 $f(x) \in Z[x]$이고 $\overline{f}(x)$가 어떤 소수 p에 대한 Z_p위에서 가약이지만, $f(x)$가 Q 위에서는 기약일수 있다. 예를들어, $f(x) = 21x^3 - 3x^2 + 2x + 8$에서 Z_2위에서는 $\overline{f}(x) = x^3 + x^2 = x^2(x+1)$이고, Z_5위에서는 $\overline{f}(x)$는 근을 갖지 않음으로 Z_5위에서 기약이다. 따라서, $f(x)$는 Q 위에서 기약이다. 이 예는 $Mod\,p$ 기약성 판별법이 어떤 소수p에 따라서는 성공할 수도 있고, 실패할 수도 있다는 것을 보여준다. 특정한 다항식 $f(x) \in Z[x]$가 Q위에서 기약이기 위해서는 어떤 한 소수p를 택하여, 그에 해당되는 Z_p위에서 $\overline{f}(x)$가 기약이 되도록 해야 한다. 그렇지만, 이것은 항상 가능한 것은 아니다.

예를들어, $f(x) = x^4 + 1$은 Q 위에서 기약이지만, 임의의 소수 p에 대하여 Z_p위에서 가약이다.

$Mod\,p$ 기약성 판별법은 또한 다항식의 차수가 3보다 크고, 유리수 계수를 갖는 경우에 다항식의 기약성을 확인하는데 도움이 된다.

예 7 $f(x) = (3/7)x^4 - (2/7)x^2 + (9/35)x + 3/5$라 하자. 우리는 $f(x)$가 Q위에서 기약임을 보이자. 먼저, $h(x) = 35f(x) = 15x^4 - 10x^2 + 9x + 21$라 하자. 만약 $h(x)$가 Z위에서 기약이면 $f(x)$는 Q 위에서 기약이다. 그래서, $h(x)$에 $Mod\,2$ 기약성 판별법을 적용하면, $\overline{h}(x) = x^4 + x^2 + 1$을 얻는다. 확실하게, $\overline{h}(x)$는 Z_2 에서 근을 갖지 않는다. 더욱이, $\overline{h}(x)$는 $Z_2[x]$에서 2차 다항식의 인수를 또한 갖지 않는다.[만약, 인수를 갖는다면 그 인수는 $x^2 + x + 1$이거나 $x^2 + 1$이다. 나눗셈을 통하여 $x^2 + x + 1$가 인수가 아님을 알 수 있고, $\overline{h}(x)$는 근을 갖고 있지 않으나 $x^2 + 1$은 근을 갖고 있어서 $x^2 + 1$은 인수가 될 수 없다.]따라서, $\overline{h}(x)$는 $Z_2[x]$에서 기약이다. 이것은 $h(x)$가 Q위에서

기약임을 보장한다.

예 8 $f(x)=x^5+2x+4$라 하자. 분명하게, 정리17.1 이나 $Mod\,2$ 기약성 판별법은 아무런 도움이 되지 못한다. 이제 여기서 mod3에 의한 계산을 해보자. $Z_3[x]$에서 $\overline{f}(x)=x^5+2x+1$이고 Z_3에서 근을 갖지 않는다. 따라서 1차식의 인수를 갖지 않는다. 그러나 $\overline{f}(x)$는 2차식의 인수를 갖을 수 있다.

만약 있다면, 그식은 x^2+ax+b형식이며(연습문제 5참조),이것은 9가지의 경우를 확인하면 된다. 우리는 $\overline{f}(x)$는 근을 갖지 않기 때문에 쉽게 9가지 경우에 대하여 근을 갖는지 확인해볼 수 있다. 이렇게 해서 x^2+1, x^2+x+2, x^2+2x+2을 얻는다. 긴 나눗셈을 통하여 이 식들이 제외된다. 따라서, $\overline{f}(x)$는 Z_3위에서 기약이기 때문에 $f(x)$가 Q위에서 기약이다.(위의 논의에서 3차 또는 4차의 인수에 대해서 논의 하지 않은 이유는 무엇일까?)

다른 중요한 기약성판별법은 다음과 같다. 이것은 가우스(Gauss)의 제자인 펠디란드 아이센쉬타인(Ferdinand Eisenstein)(1823-1852)의 업적으로 간주되는 것이다. 그 다음 따름정리는 다른 방법으로 가우스에 의하여 처음 증명되었다.

정리 17.4 아이센쉬타인의 판별법(Eisenstein's Criterion)(1950)

$f(x)=a_nx^n+a_{n-1}x^{n-1}+\cdots+a_1x+a_0\in Z[x]$라 하자.

만약 소수 p가 존재하여 $p\nmid a_n, p|a_{n-1},\cdots,p|a_0$ 이고 $p^2\nmid a_0$ 이면, $f(x)$는 Q에서 기약이다.

증명 만약 $f(x)$가 Q위에서 가약이라면, 정리17.2에 의해서 적당한 $g(x), h(x)$가 $Z[x]$에 존재하여 $f(x)=g(x)h(x)$이고 $1\leq \deg g(x),\ \deg h(x)<n$이 성립한다. 여기서, $g(x)=b_rx^r+\cdots+b_0$, $h(x)=c_sx^s+\cdots+c_0$라 하자.

따라서, $p|a_0$, $p^2\nmid a_0$이고 $a_0=b_0c_0$이므로, p는 b_0와 c_0에서 둘 중 하나만 나누게 된다. 그래서, $p|b_0$이고 $p\nmid c_0$라 하자. 또한 $p\nmid a_n=b_rc_s$, $p\nmid b_r$이다. $p\nmid b_t$인, 최소정수 t가 존재한다. 이제, $a_t=b_tc_0+b_{t-1}c_1+\cdots+b_0c_t$를 보면, 가정에서 t의 선택에 의해서 $p|a_t$이고, 위 식의 오른쪽으로 두 번째 항부터 각항을 p가 나누게 된다. 확실히, 이것은

마찬가지로 $p|b_t c_0$ 임을 알 수 있다. p는 소수이고 p가 b_t와 c_0 둘 다 나누지 않기 때문에 위의 사실은 불가능하다.

따름 정리 p번째 원분다항식(Cyclotomic Polynomial)의 기약성

임의의 소수 p에 대한 p번째 원분다항식

$\Phi_p(x) = \dfrac{x^p - 1}{x-1} = x^{p-1} + x^{p-2} + \cdots + x + 1$은 Q위에서 기약이다.

증명 $f(x) = \Phi_p(x+1) = \dfrac{(x+1)^p - 1}{(x+1)-1} = x^{p-1} + \binom{p}{1}x^{p-2} + \binom{p}{2}x^{p-3} + \cdots + \binom{p}{1}$

라 하자. x^{p-1}의 계수를 제외하고 각 항의 계수들이 p로 나누어 지고, 상수항은 p^2로 나누어지지 않으므로 아이센쉬타인의 판별법에 의하여, $f(x)$는 Q 위에서 기약이다. 따라서, 만약 Q위에서 $\Phi_p(x) = g(x)h(x)$의 비자명(nontrivial)한인수분해라 하면, $f(x) = \Phi_p(x+1) = g(x+1) \cdot h(x+1)$의 비자명(nontrivial)한인수분해이다. 이 사실은 불가능하며, $\Phi_p(x)$가 Q위에서 기약임이 증명되었다.

예 9 다항식 $3x^5 + 15x^4 - 20x^3 + 10x + 20$은 Q위에서 기약이다. 왜냐하면, $5|3$, $25|20$이고, 5는 $15, -20, 10, 20$를 나누기 때문이다.

우리가 기약다항식에 흥미를 갖는 주된 이유는 극대이데알과 체와의 친밀한 관계 때문이다. 다음 정리와 그 따름정리에서 이 관계를 밝힐 것이다.

정리 17.5 $\langle p(x) \rangle$가 극대이데알일 필요충분조건은 $p(x)$가 기약다항식이다.

F가 체이고 $p(x) \in F[x]$이면, $\langle p(x) \rangle$가 극대이데알일 필요충분조건은 $p(x)$가 F위에서 기약이다.

증명 먼저 $\langle p(x) \rangle$가 $F[x]$에서 극대이데알이라 가정하자. 확실하게 $p(x)$는 영다항식도 아니고 단원도 아니다. 왜냐하면, $\{0\}$와 $F[x]$는 $F[x]$의 극대이데알이 아니기 때문이다. 만약 $p(x)$가 F위에서 $p(x) = g(x)h(x)$로 인수분해 된다면, $\langle p(x) \rangle \subseteq \langle g(x) \rangle \subseteq F[x]$이다. 따라서, $\langle p(x) \rangle = \langle g(x) \rangle$이거나 $\langle g(x) \rangle = F[x]$이다.

첫 번째 경우는, $\deg p(x) = \deg g(x)$이고, 두 번째경우는, $\deg g(x) = 0$이다. 결과적으로, $\deg h(x) = \deg p(x)$이다. 따라서, $p(x)$는 $F[x]$에서 더 낮은 차수의 두 다항식의

곱으로 쓸 수 없다.

이번에는, $p(x)$가 F위에서 기약이라 가정하자.

I를 $F[x]$의 이데알로서 $\langle p(x)\rangle \subseteq I \subseteq F[x]$라 하자. $F[x]$가 주이데알정역이므로 $g(x) \in F[x]$에 대하여 $I = \langle g(x)\rangle$이다. 따라서, $p(x) \in \langle g(x)\rangle$이다. 그러므로 적당한 $h(x) \in F[x]$가 존재하여 $p(x) = g(x)h(x)$이다. $p(x)$는 F위에서 기약이므로, $g(x)$가 상수다항식 이거나 $h(x)$가 상수다항식 이다. 첫 번째 경우는, $I = F[x]$이고, 두 번째 경우는, $\langle p(x)\rangle = \langle g(x)\rangle = I$ 이다. 따라서, $\langle p(x)\rangle$는 $F[x]$에서 극대이데알이다.

따름 정리 1. $F[x]/\langle p(x)\rangle$은 체이다.

F가 체이고 $p(x)$가 F위에서 기약다항식이면, $F[x]/\langle p(x)\rangle$은 체이다.

증명 이것은 정리17.5와 정리14.4에서 직접적으로 유추된다.

다음 따름정리는 소수에 대한 유크리드 보조정리(Euclid's Lemma)와 유사한 성질을 다항식에 대해서도 논의한다.

따름 정리 2. $p(x)|a(x)b(x)$이면 $p(x)|a(x)$이거나 $p(x)|b(x)$이다.

F가 체이고 $p(x), a(x), b(x) \in F[x]$이다. 만약 $p(x)$가 F위에서 기약이고, $p(x)|a(x)b(x)$이면 $p(x)|a(x)$이거나 $p(x)|b(x)$이다.

증명 $p(x)$가 기약이므로 $F[x]/\langle p(x)\rangle$은 체이다. 따라서, 정역이다. 정리14.3에 의해서 $\langle p(x)\rangle$는 소이데알이다. $p(x)|a(x)b(x)$이므로 $a(x)b(x) \in \langle p(x)\rangle$이다. 따라서, $a(x) \in \langle p(x)\rangle$이거나 $b(x) \in \langle p(x)\rangle$이다. 이것은 $p(x)|a(x)$ 이거나 $p(x)|b(x)$이다.

다음 두 예는 위의 이론들의 적용에 대하여 알아보자.

예 10 원소가 8인 체를 구성해보자. 정리17.1과 정리17.5의 따름정리1에 의해서 Z_2 내에서 근을 갖지 않는 Z_2위의 3차 다항식을 찾으면 된다. 약간의 계산으로 x^3+x+1을 찾을 수있다.

따라서, $Z_2[x]/\langle x^3+x+1\rangle = \{ax^2+bx+c+\langle x^3+x+1\rangle | a,b,c \in Z_2\}$은 체이고, 8개의 원소를 갖는다. 실제 계산을 위해서 이 체의 약간의 연산에 대하여 알아보자.

ax^2+bx+c형의 두 다항식의 합은 같은 형이 되므로 덧셈은 쉽다. 예를들어,

$(x^2+x+1+\langle x^3+x+1\rangle)+(x^2+1+\langle x^3+x+1\rangle)=x+\langle x^3+x+1\rangle$

한편으로, 두 동치류의 곱은 처음 8개의 동치류중의 하나가 되지 않을 경우도 있다.

$(x^2+x+1+\langle x^3+x+1\rangle)(x^2+1+\langle x^3+x+1\rangle)$

$=x^4+x^3+x+1+\langle x^3+x+1\rangle=x^4+\langle x^3+x+1\rangle$

(그 이데알이 마지막 3개의 항을 흡수해 버린 것이다.)

어떻게 하면 $ax^2+bx+c+\langle x^3+x+1\rangle$꼴로 표현할 수 있을까? 한가지 방법은 x^4를 x^3+x+1로 나누면 그 나머지로 x^2+x를 얻는다.(이것은 마치 $12+\langle 5\rangle$를 $2+\langle 5\rangle$로 나누는 경우에 12를 5로 나누면 나머지가 2가 된다)

이것을 알아보는 다른 방법은 $x^3+x+1+\langle x^3+x+1\rangle=0+\langle x^3+x+1\rangle$에서 $x^3+\langle x^3+x+1\rangle=x+1+\langle x^3+x+1\rangle$이다. 따라서, 양변을 x로 곱하면 $x^4+\langle x^3+x+1\rangle=x^2+x+\langle x^3+x+1\rangle$ 같은 방법으로,

$(x^2+x+\langle x^3+x+1\rangle)\ (x+\langle x^3+x+1\rangle)=x^3+x^2+\langle x^3+x+1\rangle$

$=x^2+x+1+\langle x^3+x+1\rangle.$

표17.1은 이 체의 부분적인 곱셈표이며, 그 계산을 단순화하기 위해서 동치류의 대표원만 사용해서 표시한 것이다.

〈표 17.1〉 예제 10의 부분적인 곱셈표

	1	x	$x+1$	x^2	x^2+1	x^2+x	x^2+x+1
1	1	x	$x+1$	x^2	x^2+1	x^2+x	x^2+x+1
x	x	x^2	x^2+x	$x+1$	1	x^2+x+1	x^2+1
$x+1$	$x+1$	x^2+x	x^2+1	x^2+x+1	x^2	1	x
x^2	x^2	$x+1$	x^2+x+1	x^2+x	x	x^2+1	1
x^2+1	x^2+1	1	x^2	x	x^2+x+1	$x+1$	x^2+x

(곱셈표를 완성해 보라. x^3은 $x+1$로 대치시키고, x^4는 x^2+x로 대치한다)

예 11 x^2+1은 Z_3안에 근을 갖지 않으므로 Z_3위에서 기약이다. 따라서, $Z_3[x]/\langle x^2+1\rangle$은 체이다.

14장 예12에서와 같이 $Z_3[x]/\langle x^2+1\rangle=\{ax+b+\langle x^2+1\rangle | a,b\in Z_3\}$. 따라서, 이 체는 9개의 원소를 갖고 있다. 표13.1에서 i대신에 x를 대입하면 곱셈표을 얻을 수 있다.

(왜 이것이 가능할까?)

●●● $Z[x]$ 에서의 유일 인수분해(Unique Factorization in $Z[x]$)

이 장에서 소개한 개념들을 더 깊게 적용하는 사례는 $Z[x]$가 중요한 인수분해 성질을 갖고 있다는 것이다. 18장에서 훨씬 더 깊게 논의 할 것이다. 정리17.6의 최초의 증명은 가우스에 의해 주어진 것이다. 이 정리의 내용과 그 증명에서 알아둬야 할 것은 $Z[x]$ 의 단원들은 $f(x)=1$과 $f(x)=-1$이다는 것이다.(12장 연습문제13 참조)Z위에서 영차원의 기약다항식은 p가 소수일 때 $f(x)=p$와 $f(x)=-p$뿐이다. $Z[x]$ 에서 모든 상수항이 아닌 기약다항식은 원시다항식이다.

정리 17.6 $Z[x]$ 에서의 유일 인수분해(Unique Factorization in $Z[x]$)

영다항식도 아니고 단원도 아닌 $Z[x]$ 의 임의의 다항식은 $b_1b_2\cdots b_sp_1(x)p_2(x)\cdots p_m(x)$형식으로 쓸 수 있다. 여기서, b_i들은 0차원의 기약다항식들이고, $p_i(x)$들은 양의 차수를 갖는 기약다항식들이다.
더 나가서, 만약 $b_1b_2\cdots b_sp_1(x)p_2(x)\cdots p_m(x)=c_1c_2\cdots c_tq_1(x)q_2(x)\cdots q_n(x)$이고, b_i와 c_j들이 0차원의 기약다항식들이고, $p_i(x)$와 $q_j(x)$들이 양의 차수를 갖는 기약다항식들이라면, $s=t$, $m=n$이며 c_j와 $q_j(x)$들을 순서를 적절하게 바꾸어 쓰면, 각 $i=1,2,\cdots,s$에 대하여 $b_i=\pm c_i$이고, 각 $i=1,2,\cdots,m$에 대하여 $p_i(x)=\pm q_i(x)$가 성립한다.

증명 $f(x)$를 영다항식도 아니고 단원도 아닌 $Z[x]$의 임의의 다항식이라 하자. 만약 $\deg f(x)=0$이면, $f(x)$는 상수이고 산수의 기본정리(Fundamental Theorem of Arithmeti c)에서 위의 결과는 확실하다. 이제, 만약 $\deg f(x)>0$이면,b를 $f(x)$의 내용이라 하고 $b=b_1b_2\cdots b_s$의 소수의 곱이라면, $f(x)=b_1b_2\cdots b_s\ f_1(x)$, 여기서 $f_1(x)$는 $Z[x]$ 의 원소이고, 원시다항식이며 $\deg f_1(x)=\deg f(x)$이다.

이 정리에서 존재성을 증명하기 위해서는, 양의 차수를 갖는 원시다항식 $f(x)$이 양의 차수를 갖는 기약다항식들의 곱으로 표현할 수 있음을 보여주면 충분하다. $\deg f(x)$에 대한 수학적귀납법을 적용해 보자. 만약, $\deg f(x)=1$이면 $f(x)$는 기약이므로 이미 성립이 확인된 것이다. 이제, $\deg f(x)$보다 작은 차수를 갖는 임의의 원시다항식이 양의 차수를 갖는 기약다항식들의 곱으로 표현된다고 가정하자. 만약 $f(x)$가 기약이면 더

증명 할 것이 없고, 그렇지 않으면, $f(x)=g(x)h(x)$이다. 여기서 $g(x)$와 $h(x)$는 둘 다 원시다항식이고 $f(x)$의 차수보다 작은 차수를 갖는다. 따라서, 귀납법 가정에 의하여 $g(x)$와 $h(x)$는 둘 다 양의 차수를 갖는 기약다항식들의 곱으로 표현할 수 있다. 즉, $f(x)$ 여시 기약다항식의 곱으로 표현된다. 이 정리의 유일성 부분을 증명해보자. 만약, $f(x)=b_1b_2\cdots b_sp_1(x)p_2(x)\cdots p_m(x)=c_1c_2\cdots c_tq_1(x)q_2(x)\cdots q_n(x)$이고, b_i와 c_j들이 0차원의 기약다항식들이고, $p_i(x)$와 $q_j(x)$들이 양의 차수를 갖는 기약다항식들이라 하자. 그리고, $b=b_1b_2\cdots b_s$, $c=c_1c_2\cdots c_t$라 하자. $p_i(x)$와 $q_j(x)$들이 원시다항식이므로, 가우스 보조정리에 의하여 $p_1(x)p_2(x)\cdots p_m(x)$와 $q_1(x)q_2(x)\cdots q_n(x)$이 원시다항식이 된다. 그래서, b와 c는 $f(x)$의 내용과 절대값이 같게 된다. 산수의 기본정리에 의해서 $s=t$이며 c_j 들의 순서를 적절하게 바꾸어 쓰면, 각 $i=1,2,\cdots,s$에 대하여 $b_i=\pm c_i$이다. $f(x)$에 대한 두 인수분해에서 상수항을 생략하면, $p_1(x)p_2(x)\cdots p_m(x)=\pm q_1(x)q_2(x)\cdots q_n(x)$이다. $p_i(x)$와 $q_j(x)$들을 $Q[x]$의 원소로 보면 $p_1(x)$가 $q_1(x)q_2(x)\cdots q_n(x)$ 를 나눈다. 정리 17.5의 따름정리2와 수학적귀납법(연습문제 27 참조)에 의해서 적당한 i에 대하여 $p_1(x)|q_i(x)$이다. 순서를 바꾸어, $i=1$이라 하자. 그러면, $q_1(x)$도 기약이므로 $q_1(x)=(r/s)p_1(x)$, $r,s\in Z$. 어떠하든지, $q_1(x)$, $p_1(x)$는 원시다항식이므로 $r/s=\pm 1$이다. 따라서, $q_1(x)=\pm p_1(x)$이다. 또한, 약분한 후에, $p_2(x)\cdots p_m(x)=\pm q_2(x)\cdots q_n(x)$를 얻는다. 이제, 위에서와 같은 방법을 $p_2(x)$에 대해서도 계속 적용한다. 만약 $m<n$이면, m번 적용후에 외쪽 항 1은 상수항이 아닌 오른쪽 항과 같게 되어 불가능하게 된다. 한편, $m>n$ 일때도 n번 적용하면 오른쪽항 ± 1은 상수항이 아닌 왼쪽항과 같게되어 역시 불가능하게 된다. 따라서, $m=n$이다. 그리고, $q_j(x)$들의 순서를 조절하면 $p_i(x)=\pm q_i(x)$가 된다.

불가사이한 주사위(Weird Dice): 유일인수분해의 적용

예 12 각 면에 1부터 6까지의 수가 적혀있는 한쌍의 보통 주사위를 생각해보자. 한번 던저서 그 합이 2가 될 확률은 1/36이고, 그 합이 3이 될 확률은 2/36이다. 1978년 Scientific American[1]에 발표된, Martin Gardner는 만약에 주사위 정육면체의 각 면에 하나는 $1,2,2,3,3,4$와 $1,3,4,5,6,8$ 두가지 방법으로 써 넣어 새로운 두 주사위(이 주사위를 Sicherman Dice라한다)를 만들어서, 두 주사위를 던져서 그 합이 나올 확률을 계산하면 위에서 말한 보통 주사위의 경우와 같은 확률이 된다는 것을 보였다. 다음 표17.1을 보면, Sicherman Dice가 어떻게 계산되어 1부터 6까지 사용하는 보통주사위와 같은 결과를 갖는지 알 수 있다. 이것을 보이기 위해서 우리는 $Z[x]$가 유일인수분해 성질을 갖음을 이용하였다.

	1	2	3	4	5	6
1	2	3	4	5	6	7
2	3	4	5	6	7	8
3	4	5	6	7	8	9
4	5	6	7	8	9	10
5	6	7	8	9	10	11
6	7	8	9	10	11	12

	1	2	2	3	3	4
1	2	3	3	4	4	5
3	4	5	5	6	6	7
4	5	6	6	7	7	8
5	6	7	7	8	8	9
6	7	8	8	9	9	10
8	9	10	10	11	11	12

[그림 17.1]

한 쌍의 보통 주사위를 던져서 그 합이 6이 경우는 다음 다섯가지 경우가 있다: $(5,1),(4,2),(3,3),(2,4),(1,5)$이다. 다음은, 보통 주사위로 각 수를 지수로 표시하여 두 다하식의 곱으로 나타내보자:

$$(x^6+x^5+x^4+x^3+x^2+x)(x^6+x^5+x^4+x^3+x^2+x).$$

위의 곱에서 x^6항이 되는 경우를 택하여보면: $x^5x^1, x^4x^2, x^3x^3, x^2x^4, x^1x^5$이다. 두 주사위의 면의 합이 6이라는 것은 대응하는 항의 곱이 x^6이라는 의미이다. 이 대응은 일대일 대응이되어 Sicherman Dice를 포함한 임으의 주사위에서도 성립한다.

따라서, $a_1, a_2, \cdots, a_6,\ b_1, b_2, \cdots, b_6$을 Weird Dice라 불리는 두 주사위 정육면체의 각면의 수를 나타내고, 1부터 6까지 사용하는 보통주사위와 각각 두 개씩 던져서 나올 두 주사위의 합에 대한 확률이 같다고 하자. 이것을 다항식의 곱으로 나타내면 다음과 같다.

$$\begin{aligned}&(x^6+x^5+x^4+x^3+x^2+x)(x^6+x^5+x^4+x^3+x^2+x)\\ &=(x^{a_1}+x^{a_2}+\cdots+x^{a_6})(x^{b_1}+x^{b_2}+\cdots+x^{b_6}) \qquad (1)\end{aligned}$$

이제 우리가 해야 할 것은 a_i와 b_j에 대한 관계식을 푸는 일이다. 여기서 우리는 $Z[x]$가 유일인수분해 된다는 사실을 이용한다.

다항식 $x^6+x^5+x^4+x^3+x^2+x$ 를 기약다항식으로 유일하게 표현하면:

$x(x+1)(x^2+x+1)(x^2-x+1)$이다.

앞의 식 (1)의 인수분해는

$x^2(x+1)^2(x^2+x+1)^2(x^2-x+1)^2$이다.

정리17.6에 의해서, 이것은 이 인수들은 단지 $P(x)=x^{a_1}+x^{a_2}+x^{a_3}+x^{a_4}+x^{a_5}+x^{a_6}$의 기약인 인수 뿐 이다. 따라서, $P(x)$는 다음과 같은 형식이 된다:

$x^q(x+1)^r(x^2+x+1)^t(x^2-x+1)^u$이고, $0 \le q,r,t,u \le 2$이다.

이 네 개의 매개변수에 대하여 그 범위를 제한하기 위해서, 두 가지 방법으로 $P(1)$의 값을 구한다. $P(1)=1^{a_1}+\cdots+1^{a_6}=6$이고 $P(1)=1^q2^r3^t1^u$이다. 확실히, $r=1, t=1$이 된다. q값은 어떻게 될까?

$P(0)$의 값을 두 가지 방법으로 계산하면, $q \neq 0$임을 알 수 있다.

한편, 만약 $q=2$이면, 두 주사위를 던져서 나온 가장 낮은 차수의 합은 3이 되므로 이것은 가정에 모순된다. 따라서 $q=1$이다.

이제 우리는 q,r,t,u의 가능한 값을 나열하면 다음과 같다.

$q=1, r=1, t=1, u=0,1,2$가 된다.

차례로, 각 경우를 생각해보자.

$u=0$ 이면, $P(x)=x^4+x^3+x^3+x^2+x^2+x$로 이때의 주사위는 4,3,3,2,2,1로 Sicherman Dice라 한다.

$u=1$이면, $P(x)=x^6+x^5+x^4+x^3+x^2+x$로 이때의 주사위는 6,5,4,3,2,1로

보통 주사위 이다.

$u=2$이면, $P(x)=x^8+x^6+x^5+x^4+x^3+x$로 이때의 주사위는 8,6,5,4,3,1로 다른 Sicherman Dice라 한다.

이것은 Sicherman Dice가 보통 주사위와 같은 확률을 갖고 이 성질을 갖는 주사위는 이것 밖에 없다.

연습문제

1. $Z[x]$ 에서 상수가 아닌 다항식이 Z위에서 기약이면 원시다항식이 됨을 보여라.

2. F는 체이고 a는 F의 영이 아닌 원소이다.
   a. 만약 $af(x)$가 F 위에서 기약이면, $f(x)$가 F 위에서 기약임을 증명하여라.
   b. 만약 $f(ax)$가 F 위에서 기약이면, $f(x)$가 F 위에서 기약임을 증명하여라.
   c. 만약 $f(x+a)$가 F 위에서 기약이면, $f(x)$가 F 위에서 기약임을 증명하여라.
   d. c 를 이용하여, $8x^3-6x+1$이 Q 위에서 기약임을 증명하여라.

3. 원소 개수가 25인 체를 구성하여라.

4. x^3+x^2+x+1이 Q 위에서 가약임을 보여라. 이 사실은 정리 17.4의 따름정리에 모순되는가?

5. x^4+1은 Q 위에서 기약이고 R 위에서 가약임을 보여라.

6. $f(x)=x^3+6 \in Z_7[x]$ 이다. $f(x)$를 Z_7위에서 기약다항식의 곱으로 써라.

7. p는 소수이다.
   a. x^2+ax+b 꼴인 Z_p위에서의 가약다항식의 개수가 $p(p+1)/2$임을 보여라.
   b. Z_p위에서의 2차 기약다항식의 개수를 결정하여라.

8. 임의의 소수 p 에 대하여 p^2 개의 원소를 갖는 체가 존재함을 보여라.

9. 이 장의 예11에서 주어진 체와 13장의 예9에서 주어진 체는 서로 환동형임을 보여라.

10. Z_3 위에서 2차 모닉기약다항식을 모두 찾아라.

11. Z_5 위에서 $x^5+4x^4+4x^3-x^2-4x+1$의 모든 근과 그것들의 중복도를 구하여라.

12. (유리수근 정리) $f(x)=a_nx^n+a_{n-1}x^{n-1}+\cdots+a_1x+a_0\in Z[x]$, $a_n\neq 0$ 라 하자. 만약 r, s 가 서로소이고 $f(r/s)=0$이면, $r|a_0$, $s|a_n$ 임을 보여라.

13. F가 체 이고 $p(x), a_1(x), a_2(x), \cdots, a_k(x)\in F[x]$라 하자. 여기서, $p(x)$는 F 위에서 기약이다. 만약, $p(x)|a_1(x)a_2(x)\cdots a_k(x)$ 이면, $p(x)$적당한 $a_i(x)$를 나눔을 보여라.

14. x^4+1은 임의의 소수 p 에 대한 Z_p 위에서 가약임을 보여라.

15. F는 체이고 $p(x)$ 는 F 위에서 기약이다. 만약 E는 F를 품는 체이고, 적당한 원소 $a\in E$이며 $p(a)=0$이다. 함수 $\phi: F[x]\to E$ 가 $f(x)\to f(a)$로 가는 환 준동형사상이고 커널은 $\langle p(x)\rangle$이다.

16. F는 체이고 $p(x)$는 F위에서 기약이다. $\{a+\langle p(x)\rangle | a\in F\}$은 $F[x]/\langle p(x)\rangle$의 부분체이며 F와 동형임을 보여라.

17. 유리수 체 Q위에서 대수적인 원소 α와 단순확대체(simple extension field) $K=Q(\alpha)$가 있다. F가 K의 부분체이고

$$irr(\alpha, F)=x^r+a_1x^{r-1}+a_2x^{r-2}+\cdots+a_r\ (a_1, a_2, \cdots, a_r\in F)$$

일 때, $F=Q(a_1, a_2, \cdots, a_r)$임을 보여라. 또한 $\alpha=\sqrt{2}+i$이고 $F=Q(\sqrt{2})$일 때, $irr(\alpha, F)$를 구하여라. (단, $i=\sqrt{-1}$ 이고, $irr(\alpha, F)$는 F 위에서 α의 기약다항식이다.)

제 18 장

정역의 나눗셈
(Divisibility in Integral Domains)

기약원(Irreducibles)과 소원(Primes)

정의 동반원(Associates), 기약원(Irreducibles), 소원(Primes)

한 정역 D 의 두 원소 a,b가 동반원이라는 것은 D의 단원 u가 있어서 $a=ub$ 가 성립한다는 것이다.

영이아닌 D의 한 원소 a가 기약원이라는 것은 a가 단원이 아니고, $b,c\in D$이고 $a=bc$이면, b 또는 c가 단원이 될 때를 말한다.

영이아닌 D의 한 원소 a가 소원이라는 것은 a가 단원이 아니고, $a|bc$ 이면 $a|b$이거나 $a|c$일때를 말한다.

즉, 기약원은 자명한 방법으로만 인수분해되는 원소를 말한다. a가 소원이라는 것은 $\langle a\rangle$가 소이데알이라는것과 동등함을 알 수 있다.

정수에 대한 위의 정의들을 생각하면, 약간 혼란스러울 수 있다. 0장에서, 양의 정수가 소수라는 것은 여기서는 기약원의 정의를 만족하는 경우이다. 그리고, 우리는 소수정수가 정역에서 소원의 정의를 만족하는 것을 증명하였다.(유크리드 보조정리)

혼란의 근원은 정수의 개념으로는 기약원과 소원과 같지만, 일반적으로 곧 그것들이 다른 개념이라는 것을 알게될 것이다.

소원과 기약원 사이의 구별을 잘 설명해주는 정역은 $Z[\sqrt{d}]=\{a+b\sqrt{d}|a,b\in Z\}$, 여기서 d는

1이 아니고, d는 소수의 제곱에 의해서 나누어지지 않는다.(이 환은 정수론에서 근본적으로 중요하다)

이 환들을 분석하기 위해서, 우리는 여기서 단원, 기약원, 그리고 소원을 결정하는 편리한 방법이 필요하다. 이렇게 하기 위해서, 우리는 노름(norm) 이라고 하는 함수 N를 $Z[\sqrt{d}]$에서 음이 아닌 정수집합으로 가는 함수로 $N(a+b\sqrt{d}) = |a^2 - db^2|$라 하자. 다음 4가지 성질들의 확인은 독자에게 맡긴다(연습문제1):

$N(x)=0$ 이기위한 필요충분조건은 $x=0$이다.

임의의 x,y 에 대하여 $N(xy)=N(x)N(y)$이다.

x 가 단원이기 위한 필요충분조건은 $N(x)=1$이다.

만약 $N(x)$가 소수이면 x는 $Z[\sqrt{d}]$에서 기약원이다.

예 1 $Z[\sqrt{-3}]$에서 소원이 아닌 기약원을 찾아보자

여기서, $N(a+b\sqrt{-3}) = a^2+3b^2$이다. 만약 $1+\sqrt{-3}$가 둘다 단원이 아닌 x,y의 곱 xy라 하면, $N(xy)=N(1+\sqrt{-3})=4$이다. 따라서 $N(x)=2$이다. 그러나, $a^2+3b^2=2$가 성립하는 정수 a,b는 존재하지 않는다. x 또는 y가 단원이다. 즉 $1+\sqrt{-3}$은 기약원이다. 다음은, 소원이 되지 못함을 보이자.

$(1+\sqrt{-3})(1-\sqrt{-3})=4=2\cdot 2$이므로, $1+\sqrt{-3}$는 $2\cdot 2$를 나눈다.

한편, 적당한 정수 a,b가 존재하여

$2=(1+\sqrt{-3})(a+b\sqrt{-3})=(a-3b)+(a+b)\sqrt{-3}$이다. 따라서,

$a-3b=2$, $a+b=0$이다. 그런데 이것은 불가능하다.

$Z[\sqrt{d}]$의 형식인 환에서 $d>1$인 경우는 그 원소가 기약임을 보이는 것은 더 어렵다. 다음 예는 이것을 밝히는 한 방법을 설명한 것이다. 또한 이 예는 노름에 대한 위의 4번째 성질의 역이 성립하지 않음을 보여준다. 즉, $N(x)$가 소수가 아니지만 x는 기약원이 될 수 있다는 것을 보여준다.

예 2 환 $Z[\sqrt{5}]$에서 원소 7은 기약원이다. 이 사실을 밝혀보자. 만약, $7=xy$, 여기서 x,y는 둘 다 단원이 아니다. 따라서, $49=N(7)=N(x)N(y)$, 그리고, x는 단원이 아니므로, $N(x)\neq 1$이다. 따라서 $N(x)=7$이 된다. $x=a+b\sqrt{5}$라 하면, $|a^2-5b^2|=7$이다. 즉, $a^2-5b^2=\pm 7$이다. 이식을 $\bmod 7$로 계산하면, $a=0=b$이다. 이것은 a,b 모두 7로 나누어진다는 것이다. 이것은 $|a^2-5b^2|=7$이 49로 나누어진다는 의미이다.

그런데 이것은 불가능하다.

예1은 기약원이 아닌 소원을 갖는 정역이 존재하는지? 어떤지에 대한 질문을 제기한다.

정리 18.1 소원은 기약원을 유도한다(Prime implies Irreducible)

정역에서, 모든 소원은 기약원이다.

증명 a가 정역의 소원이고 $a=bc$라 할때, b 또는 c가 단원임을 보이면 된다. 소원의 정의에 의해서, $a|b$ 이거나 $a|c$이다. 예를들어, $at=b$라 하자.

따라서, $1b=b=at=(bc)t=b(ct)$, 소약법칙에 따라서, $1=ct$이다. 즉, c는 단원이다.

주정역이란 정역에서 임의의 이데알이 $\langle a \rangle$꼴일 때를 말한다. 다음 정리는 소원과 기약원의 개념이 동등하게 되는 조건을 밝혀주는 정리이다.

정리 18.2 주정역(PID)에서는 기약원과 소원은 같다(PID implies Irreducible equals Prime)

주정역에서, 한 원소가 소원일 필요충분조건은 그것이 소원이다.

증명 정리 18.1에서 소원이 기약원임을 보였다. 그 역을 증명하기 위해서, a를 주정역 D의 기약원이고, $a|bc$라 가정하자. 우리는 $a|b$ 이거나 $a|c$ 를 보이면된다. 이데알 $I=\{ax+by|x,y\in D\}$라 하면 $\langle d \rangle = I$이다. $a\in I$ 이므로, $a=dr$ 이라 쓸 수 있다. a가 기약원이므로, d가 단원이거나 r 이 단원이다.

만약 d 가 단원이라면, $I=D$이다. 따라서, $1=ax+by$이다. $c=acx+bcy$, a가 우측항을 나누므로 a가 c를 나눈다. 한편, r가 단원이라면, $\langle a \rangle = \langle d \rangle = I$ 이다. 그리고, $b\in I$ 이므로, $t\in D$ 가 존재하여 $at=b$ 이다. 즉, a가 b를 나눈다.

Z 와 체 F위의 $F[x]$에 대한 각각의 나눗셈알고리즘의 쉬운 결과로 Z와 $F[x]$는 주정역이다. 다음 예는 주정역이 아닌 우리에게 가장 친숙한 환 중의 하나를 보여준다.

예 3 $Z[x]$가 주정역이 아님을 보이자.

이데알 $I=\{f(x)\in Z[x]|f(0)\text{는 짝수}\}$에서, I 는 $\langle h(x) \rangle$꼴이 될수 없음을 보이자.

만약, $I = \langle h(x) \rangle$ 라면, 2 와 x는 I 의 원소이므로, 적당한 $f(x), g(x) \in Z[x]$ 가 존재하여 $2 = h(x)f(x)$, $x = h(x)g(x)$가 된다.

다항식의 차수를 비교하면(16장 연습문제9 참조), $0 = \deg 2 = \deg h(x) + \deg f(x)$, 따라서, $h(x)$는 상수다항식이다. 그 상수를 구하기 위해서 $x = 1$일 때 $2 = h(1)f(1)$을 생각하면, $h(1) = \pm 1$ 이거나 ± 2이다. $1 \notin I$ 이므로, $h(x) = \pm 2$이다. 그러면, $x = \pm 2g(x)$가 되어 의미를 갖지 못한다.

우리는 앞서 정역인 Z 와 $Z[x]$ 의 중요한 인수분해 성질을 증명했다: 1 보다 큰 모든 정수는 기약원(즉, 소수)의 곱으로 유일하게 인수분해되고, 영이 아니고 단원이 아닌 모든 다항식은 기약다항식의 곱으로 유일하게 인수분해 된다. 자연스럽게 모든 정역들이 이와 같은 성질을 갖겠는가? 하는 질문을 하게 된다. 정역에서의 유일인수분해에 대한 최초의 질문은 페르마의 마지막정리(Fermat's Last Theorem)라 일컫는 정수론의 유명한 문제를 푸는 과정에서 제기되었다.

유일인수분해정역(Unique Factorization Domains)

이제 유일인수분해에 대한 생각을 형식화하기 위해 필요한 용어들을 알아보자.

정의 유일인수분해정역(UFD)

정역 D 가 다음 두 가지 조건을 만족하면 유일인수분해정역이다.

1. 영이 아닌 D의 임의의 원소가 단원이 아니고, D 의 기약원들의 곱으로 표현된다.
2. 기약원에 의한 인수분해는 동반원과 곱의 순서에 관계하지 않고 그 표현이 유일하다.

위의 2의 조건을 다시 설명하면 다음과 같다:

만약, 기약원의 곱의 표현이 $p_1^{n_1}p_2^{n_2}\cdots p_r^{n_r} = q_1^{m_1}q_2^{m_2}\cdots q_s^{m_s}$이고, 여기서 어느 두 p_i 도 동반원이 아니고 q_j 도 마찬가지로 서로 동반원이 아니면, $r = s$ 이고, 각 p_i는 단 하나의 q_j 와 동반원이 되며 $n_i = m_j$ 가 된다.

물론, 산수의 기본정리(Fundamental Theorem of Arithmetic)는 정수환이 유일인수분해정역임을 말해 준다. 그리고, 정리 17.6에서 $Z[x]$ 는 유일인수분해정역이다. 사실, 우리가 곧 알게되겠지만, 대부분 우리가 마주치는 정역은 유일인수분해정역이다.

다음 정리를 증명하기 전에 이데알에 대한 오름사슬조건(ascending chain condition)이 필요하다.

보조 정리 PID 에 대한 오름사슬조건

주이데알정역에서 이데알들의 단조오름사슬 $I_1 \subset I_2 \subset \cdots$은 그 길이가 유한하다.

증명 $I_1 \subset I_2 \subset \cdots$을 정역 D의 이데알들의 단조오름사슬이라 하자. I 를 이 사슬의 모든 이데알의 합집합이라 하면, I 는 D의 이데알이다. 그러면, D가 주이데알정역이므로 한 원소 $a \in D$가 존재하여 $I = \langle a \rangle$ 이다. $a \in I$이고 $I = \cup I_k$이므로, a는 이 사슬의 하나인 I_n 에 속한다. 즉, $a \in I_n$ 이다. 확실히, 이 사슬의 각 I_i 에 대하여 $I_i \subseteq I = \langle a \rangle \subseteq I_n$ 이다. 따라서 I_n 은 이 사슬의 마지막 이데알이다.

정리 18.3 PID 이면 UFD이다.

모든 주이데알정역은 유일인수분해정역이다.

증명 D 를 주이데알정역이라 하고, a_0를 D의 영이아니고 단원도 아니라 하자. 우리는 a_0가 기약원들의 곱이 됨을 보이면 된다.(이 곱은 한 원소로만 될 수도 있다) 우리는 먼저 a_0가 적어도 한 기약원인 인수를 갖고 있음을 보이자. 만약 a_0가 기약이라면 우리는 여기서 끝난다. 따라서, 우리는 $a_0 = b_1 a_1$이라 가정한다. 여기서, b_1, a_1 모두 단원이 아니고 a_1은 영이 아니다.

만약, a_1이 기약원이 아니라면, 우리는 $a_1 = b_2 a_2$이라 쓸 수 있다. 여기서, b_2, a_2 모두 단원이 아니고 a_2은 영이 아니다. 이와같은 방법으로 계속 시행하면, D의 단원이 아닌 원소로 된 수열 $b_1, b_2, \cdots$과 D의 영이 아닌 원소로 된 수열 $a_0, a_1, a_2, \cdots$ 이 모든 n에 대하여 $a_n = b_{n+1} a_{n+1}$이 성립한다. 따라서, $\langle a_0 \rangle \subset \langle a_1 \rangle \subset \cdots$ 이데알들의 단조오름사슬이다. 앞의 보조정리에 의해서 이 사슬은 길이가 유한하다.

즉, $\langle a_0 \rangle \subset \langle a_1 \rangle \subset \cdots \subset \langle a_r \rangle$ 특히, a_r은 a_0의 기약원 인수이다. 이 논의는 임의의 영이 아니고 단원이 아닌 D 의 원소는 적어도 1개 이상의 기약원의 인수를 갖는다. 이제 $a_0 = p_1 c_1$라 하자. 여기서 p_1은 기약원이고 c_1은 단원이 아니다. 만약, c_1이 기약원이 아니면, $c_1 = p_2 c_2$ 이다. 여기서, p_2은 기약원이고 c_2은 단원이 아니다. 이와같은 방법으로 계속하면, $\langle a_0 \rangle \subset \langle c_1 \rangle \subset \langle c_2 \rangle \cdots$ 이데알들의 단조오름사슬이다. 이 사슬은 유한 단계

후에 끝난다. 이 수열이 $\langle c_s \rangle$에서 끝난다고 하자. 따라서, c_s 는 기약원이고, $a_0 = p_1 p_2 \cdots p_s c_s$ 이고, 각 p_i는 역시 기약원이다. 이것은 임의의 영이 아니고 단원이 아닌 주이데알정역의 원소는 기약원의 곱이 됨을 증명하였다.

이제 남은 것은 위의 인수분해가 동반원과 곱의 순서에 관계하지 않고 그 표현이 유일함을 보이면 된다. 이 증명을 위해서, D 의 임의의 원소 a에 대하여 $a = p_1 p_2 \cdots p_r = q_1 q_2 \cdots q_s$ 라 하자. 여기서, p_i, q_j는 기약원이고, 중복을 허용해서 표현한 것이다.

만약, $r=1$ 이면, a는 기약원이고, 확실히, $s=1$이고 $p_1 = q_1$이다.

따라서, 수학적 귀납법 가정에 의하여, r보다 적은 개수의 기약원에 의해 곱으로 표현되는 원소는 그 표현이 단 한가지로 된다고 가정하자.(동반원과 곱의 순서에 관계하지 않는다).

p_1이 $q_1 q_2 \cdots q_s$를 나누므로, 그것은 어떤 q_i를 나눈다. 즉, $p_1 | q_1$이다. 따라서, 적당한 D 의 단원 u가 존재하여 $q_1 = up_1$가 된다. $up_1 p_2 \cdots p_r = uq_1 q_2 \cdots q_s = q_1(uq_2)\cdots q_s$ 이고 $up_1 = q_1$ 이므로, 소약법칙에 의하여, $p_2 \cdots p_r = (uq_2)\cdots q_s$. 수학적귀납법 가정에 의해서, 이 두 인수분해의 곱의 표현은 동반원과 곱의 순서에 관계하지 않고 일치 한다. 따라서, a의 두 인수분해는 유일하게 된다.

정리18.3의 증명의 실질적인 부분은 정역 D 가 주이데알정역 일때만 적용되는데, 정역 D 의 이데알들의 단조오름사슬이 무한한 길이를 갖는 것이 존재하지 않는다는 성질을 말한다.

정역이 이 성질을 갖을 때 레더정역(Noetherian domain)이라 한다. 대수학에 사슬조건을 최초로 소개한 에미 레더(Emmy Noetherian)를 기념하기 위한 것이다.

레더정역은 대수기하에서 무엇보다도 중요하다. 한 중요한 이유는, 많은 중요한 환들 중에서 다항식환 $R[x]$가 레더정역 이지만, 주이데알정역이 되지 않는 경우가 있다. 그런 예로는 $Z[x]$ 이다. $Z[x]$ 는 UFD 이지만 PID 는 아니다.

정리 18.3와 바로 연결되는 따름정리를 알아보자.

따름 정리 $F[x]$는 UFD 이다.

F가 체이면 $F[x]$는 유일인수분해정역이다.

증명 정리 16.3에 의해서, $F[x]$는 주이데알정역 이다. 따라서, $F[x]$는 역시 유일인수분해정역이다.

앞의 따름정리의 적용으로, 정리17.4의 다른 증명 방법을 소개해 보자.

$f(x)=a_nx^n+a_{n-1}x^{n-1}+\cdots+a_1x+a_0\in Z[x]$ 라 하자.

p 는 소수로서, $p\nmid a_n, p|a_{n-1},\cdots,p|a_0$ 이고, $p^2\nmid a_0$ 이면, $f(x)$가 Q 위에서 기약임을 증명해 보자.

만약, $f(x)$가 Q 위에서 가약이라 가정하면, 정리17.2에 의해서 $Z[x]$ 에 $g(x), h(x)$가 존재하여 $f(x)=g(x)h(x)$이고, $1\le \deg g(x) < n, 1\le \deg h(x) < n$ 이다.

$\overline{f}(x), \overline{g}(x), \overline{h}(x)$는 $Z_p[x]$ 에서 다항식 $f(x), g(x), h(x)$의 각 계수들을 p를 법으로 축소한 다항식들이라 하자. 그러면, p가 $f(x)$의 계수 중에 a_n를 제외하고 모두 나눈다. 따라서, $\overline{a_n}x^n=\overline{f}(x)=\overline{g}(x)\overline{h}(x)$. Z_p 가 체이므로, $Z_p[x]$는 유일인수분해정역이다.

따라서, $x|\overline{g}(x), x|\overline{h}(x)$이다. 따라서, $\overline{g}(0)=\overline{h}(0)=0$이고, 결국, $p|g(0), p|h(0)$. 그러나, $p^2|g(0)h(0)=f(0)=a_0$, 이것은 모순이다.

● ● ● 유크리드 정역(Euclidean Domains)

정역 중에서 다른 중요한 것은 유크리드 정역이다.

정의 유크리드 정역

정역 D를 유크리드 정역이라 함은 영이 아닌 D 의 원소들의 집합에서 영보다 작지 않은 정수집합으로 가는 한 함수 d (측도라 불림)가 존재하여 다음 두 조건을 만족할때를 말한다.

1. D 의 모든 영이아닌 원소 a,b 에 대하여, $d(a)\le d(ab)$가 성립한다.
2. 만약 $a,b\in D, b\ne 0$이면, 적당한 q, r이 D에 존재하여 $a=bq+r$이고, 여기서 $r=0$이거나 $d(r)\le d(b)$이 성립한다.

예 4 환 Z 는 유크리드 정역이다. 이때 $d(a)=|a|$ (a의 절대값)로 정의한다.

예 5 F 가 체일 때, $F[x]$는 유크리드 정역이다. 여기서 $d(f(x))=\deg f(x)$(정리 16.2

참조)로 정의한다.

예5와 예6은 Z 와 $F[x]$ 사이의 많은 유사한 성질 중의 하나를 보여준 것이다. 추가적인 유사성질들은 다음 표 18.1에서 설명한다.

〈표 18.1〉 $\mathbb{Z}$와 $F[x]$ 사이의 유사성

$\mathbb{Z}$	$F[x]$
원소 형태: $a_n 10^n + a_{n-1} 10^{n-1} + \cdots a_1 10 + a_0$	원소 형태: $a_n x^n + a_{n-1} x^{n-1} + \cdots a_1 x + a_0$
유크리드 정역: $d(a) = \|a\|$	유크리드 정역: $d(f(x)) = \deg(f(x))$
단원: a : 단원 $\Leftrightarrow \|a\| = 1$	단원: $f(x)$: 단원 $\Leftrightarrow \deg(f(x)) = 0$
나눗셈 알고리즘: 임의의 $a, b \in \mathbb{Z}, b \neq 0$에 대해 $a = bq + r$, $0 \leq r < \|b\|$을 만족하는 $q, r \in \mathbb{Z}$이 존재한다.	나눗셈 알고리즘: 임의의 $f(x), g(x) \in F[x], g(x) \neq 0$에 대해 $f(x) = g(x)q(x) + r(x)$, $0 \leq \deg r(x) < \deg g(x)$ 또는 $r(x) = 0$을 만족하는 $q(x), r(x) \in F[x]$이 존재한다.
PID: 모든 영이 아닌 이데알 $I = \langle a \rangle$. 단 $a \neq 0$이고 $\|a\|$는 최소	PID: 모든 영이 아닌 이데알 $I = \langle f(x) \rangle$. 단 $\deg f(x)$는 최소
소수: 1과 자신 외의 약수 없음	기약: 0과 단원이 아닌 기약원
UFD: 모든 원소는 소수들의 "유일한" 곱	UFD: 모든 원소는 기약다항식들의 "유일한" 곱

예 6 가우스 정수환 $Z[i] = \{a + bi \mid a, b \in Z\}$ 은 유크리드 정역이다.

여기서 $d(a+bi) = a^2 + b^2$ 으로 정의한다. 위엣 말한 두 예와는 다르게, 이 예에서 함수 d 는 필요조건을 분명하게 만족시키지 못한다. 모든 $x, y \in Z[i]$ 에 대하여 $d(x) \leq d(xy)$ 인 것은 $d(xy) = d(x)d(y)$(연습문제7 참조)에서 바로 성립한다.

두 번째 조건을 설명해보자. 만약 $x, y \in Z[i]$ 이고 $y \neq 0$이면, $xy^{-1} \in Q[i]$ 이다. 이것은 $Z[i]$ 의 상체이다. (15장 연습문제 참조) $xy^{-1} = s + ti,\ s, t \in Q$ 라 하자. 이때, m를 유리수 s에서 가장 가까운 정수라 하고, n를 유리수 t에서 가장 가까운 정수라 하자.(이

정수들은 유일하게 정의되지 않을 수도 있으나 그것은 문제가 없다) 즉, $|m-s|\le 1/2$, $|n-t|\le 1/2$ 이다. 따라서,

$xy^{-1}=s+ti=(m-m+s)+(n-n+t)i=(m+ni)+[(s-m)+(t-n)i]$.

결국, $x=(m+ni)y+[(s-m)+(t-n)i]y$.

$q=m+ni$, $r=[(s-m)+(t-n)i]y$ 로 놓으면, $x=qy+r$이 된다.

분명히, q 는 $Z[i]$ 의 원소이고, $r=x-qy$이므로 r도 $Z[i]$ 의 원소이다.

끝으로,
$$\begin{aligned} d(r) &= d([(s-m)+(t-n)i])d(y) \\ &= [(s-m)^2+(t-n)^2]d(y) \\ &\le (\frac{1}{4}+\frac{1}{4})d(y) < d(y). \end{aligned}$$

정리 18.4 ED(유클리드 정역)은 PID 이다.

모든 유클리드 정역은 주이데알정역이다.

증명 D 는 유클리드 정역이고, I 를 D의 영이 아닌 이데알 이라 하자. I 의 모든 영이 아닌 원소들 중에서 $d(a)$가 최소인 원소 a를 택한다. 그러면, $I=\langle a\rangle$이다. 왜냐하면, 만약 $b\in I$ 라 하면, 적당한 q, r이 D에 존재하여 $b=aq+r$이고, 여기서 $r=0$이거나 $d(r)\le d(a)$이 성립한다.

그러나, $r=b-aq\in I$ 이고, $d(r)$는 $d(a)$보 다 작 을 수 없으므로 $r=0$이다.

즉, $b\in\langle a\rangle$이다.

그렇지만 우리는 주이데알정역이 유클리드정역이 되지 않는 에를 설명하기는 쉬운 것이 아니다. 그 최초의 예는 1949년 T.Motzkin에 의해서 주어진 것이 있고, 더 쉽게 접근 가능한 예는 Motzkin의 결과로 J.C.Wilson,"A principal ideal ring that is not a Euclidean ring" Math. Magazine 46(1973) 74-78에서 찾을 수 있다.

정리 18.3과 18.4에서 바로 설명되는 중요한 결과는 다음과 같다.

따름 정리 ED는 UFD이다.

모든 유클리드 정역은 유일인수분해정역이다.

우리는 정리들과 설명들을 정리하면 다음과 같다:

$$ED \Rightarrow PID \Rightarrow UFD$$
$$UFD \not\Rightarrow PID \not\Rightarrow ED$$

(우리는 위에 열거한 명제들을 알파벳 순서로 기억 할 수 있다.)

17장에서 $Z[x]$가 유일인수분해정역임을 증명하였다. Z는 유일인수분해정역이므로, 다음 정리는 이 사실을 일반화 한 것이다.

이 증명은 특별한 경우와 아주 흡사하기 때문에 여기서는 그 증명을 생략한다.

정리 18.5 D가 UFD 이면 $D[x]$도 UFD이다.

만약 D가 유일인수분해정역이면, $D[x]$도 유일인수분해정역이다.

우리는 정역으로서 유일인수분해정역이 아닌 예를 들어보자.

예 7 환 $Z[\sqrt{-5}] = \{a + b\sqrt{-5} | a, b \in Z\}$은 정역이고, 유일인수분해정역이 아니다. $Z[\sqrt{-5}]$가 정역임은 바로 알수있다.(13장 연습문제 9), 유일인수분해 성질을 만족하지 않음을 밝혀보자.

예1에서, $N(a + b\sqrt{-5}) = a^2 + 5b^2$이다. $N(xy) = N(x)N(y)$이고, $N(x) = 1$이기 위한 필요충분조건은 x가 단원이다.(연습문제 1참조) $Z[\sqrt{-5}]$에서의 단원들은 ± 1이다.

이제 다음 인수분해를 생각해보자:

$46 = 2 \cdot 23$

$46 = (1 + 3\sqrt{-5})(1 - 3\sqrt{-5})$.

이 4개의 인수들이 $Z[\sqrt{-5}]$에서 기약원임을 밝혀보자.

만약에 $2 = xy$, 여기서 $x, y \in Z[\sqrt{-5}]$이고, 둘다 단원이 아니라 하자.

따라서, $4 = N(2) = N(x)N(y)$, 결국, $N(x) = N(y) = 2$ 이다. 그것은 불가능하다.

같은 방법으로, 만약, $23 = xy$의 비자명한 인수분해라 하면, $N(x) = 23$이다. 따라서 정수 a, b가 존재하여 $a^2 + 5b^2 = N(x) = 23$, 분명히 그런 정수는 존재하지 않는다.

같은 증명방법을 $1 \pm 3\sqrt{-5}$에도 적용하면 된다.

일반적으로, 우리는 $d = -2, -1, 2, 3$일 때 $Z[\sqrt{d}]$가 유크린 정역(ED)임을 밝힐 수 있다.

$\mu(x+y[\sqrt{d}])=N(x+y\sqrt{d})=x^2-y^2d$로 정의하면

우리는 용이하게 $N(a)=0 \leftrightarrow a=0$, $N(ab)=N(a)N(b)$ 이고 $N(\pm 1)=1$이 성립한다.

$u, v \in Z[\sqrt{d}]$이면, $\mu(uv)=|N(uv)|=|N(u)||N(v)|=\mu(u)\mu(v) \le \mu(u) \cdot 1=\mu(u)$이다. 다음은 유크리드 알고리즘을 만족함을 밝혀보자.

임의의 두 원소 $x, y \in Z[\sqrt{d}]$에 대하여 $y \ne 0$이면 q, r이 존재하여 $x=qy+r$이 성립하고 $r=0$이거나 $\mu(r) < \mu(y)$가 성립한다.

우리는 x, y를 $Q[\sqrt{d}]$의 원소로 보면, $t=x \cdot y^{-1}=u+v\sqrt{d} \in Q[\sqrt{d}]$이다. 이제, t에 가장 가까운 $Z[\sqrt{d}]$의 원소를 찾기위해 u, v에 가장 가까운 정수 p, k를

$$|p-u| \le \frac{1}{2},\ |k-v| \le \frac{1}{2}$$

되게 택한다.

우리는 여기서 $q=p+k\sqrt{d}$로 $Z[\sqrt{d}]$에서 택하자. 나머지 $r=q \cdot y-x$에서 $r=0$이거나 $\mu(r) < \mu(y)$임을 밝히면 된다.

$$N(q-t)=N((p-u)+(k-v)\sqrt{d})=(p-u)^2-d(k-v)^2$$

만약, $d > 0$이면,

$$-d/4 \le (p-u)^2-d(k-v)^2 \le 1/4,$$

한편, $d < 0$이면,

$$0 \le (p-u)^2-d(k-v)^2 \le (1-d)/4.$$

따라서, $-2 \le d \le 3$인 경우에만

$$|N(q-t)|=\left|(p-u)^2-d(k-v)^2\right| \le \frac{3}{4} < 1$$

이 성립한다. 따라서,

$$\begin{aligned}\mu(r)&=|N(r)|=|N(q \cdot y-x)|=|N((q-x \cdot y^{-1}) \cdot y|\\&=|N(q-t)| \cdot |N(y)| < |N(y)|=\mu(y).\end{aligned}$$

연습문제

1. 환 $Z[\sqrt{d}] = \{a + b\sqrt{d} | a,b \in Z\}$, $d \neq 1$이고 d는 소수의 제곱으로 나누어지지 않는 수이다. 노름 $N(a+b\sqrt{d}) = |a^2 - db^2|$이 이 장의 예1 앞에서 논의한 4가지 주장들을 만족함을 증명하여라.

2. 한 환 R 의 이데알들의 사슬 $I_1 \subset I_2 \subset I_3 \subset \cdots$ 에서 이데알들의 합집합은 R 의 이데알이 됨을 보여라.

3. a,b 가 정역의 원소이고, $b \neq 0$, a 는 단원이 아니라 가정하자. $\langle ab \rangle$는 $\langle b \rangle$의 진부분집합임을 보여라.

4. 예7에서 사용한 표기에 따라 $d(xy) = d(x)d(y)$임을 보여라.

5. D 는 측도 d 를 갖는 유클리드 정역이다. 만약 a,b 가 동반원이면 $d(a) = d(b)$임을 보여라.

6. 예7에서 논의과정을 따라 $Z[i]$ 에서 $3 - 4i = (2+5i)q + r$, $d(r) < d(2+5i)$가 성립하도록 q, r 를 찾아라.

7. $Z[\sqrt{-5}]$ 에서, 21은 기약원의 곱으로 유일한 곱으로 표현되지 않음을 보여라.

8. $Z[\sqrt{-6}]$은 유일인수분해정역이 아님을 보여라.(힌트:10을 두 가지 곱으로 표시하여라.) 왜 이 사실이 $Z[\sqrt{-6}]$가 주이데알정역이 아님을 말해주는가?

9. $Z[i]$ 에서 3은 기약원이고 2,5는 기약원이 아님을 보여라.

10. 만약 소수 p 가 Z 에서 $a^2 + b^2$ 형으로 쓸 수 있으면 $a + bi$는 $Z[i]$ 에서 기약원임을 증명하여라. 이와 같은 성질을 갖고 대응하는 원소가 기약원이 되는 는 3개의 소수를 찾아라.

11. $Z[\sqrt{-5}]$ 에서, $1+3\sqrt{-5}$ 가 기약원이고 소원은 아님을 증명하여라.

12. $Z[\sqrt{5}]$ 은 유일인수분해정역이 아님을 증명하여라.

13. d 는 -1보다 작은 정수이고 소수의 제곱으로 나누어지지 않는 수이다. $Z[\sqrt{d}]$ 의 단원들은 $1, -1$ 뿐임을 증명하여라.

14. 만약 D 가 주이데알정역이면 $D[x]$ 가 주이데알정역이 될 수 있는지 어떤지 증명하여라.

15. p 는 한 정역에서 소원이다. 만약 $p|a_1a_2 \cdots a_n$ 이면, p 가 적당한 p_i 를 나눔을 증명하여라.

16. D 는 주이데알정역이고 p 는 D 의 한 기약원이다. $D/\langle p\rangle$ 가 체임을 증명하여라.

17. 단위원을 갖는 가환환 R 의 한 이데알 A가 유한생성되었다(finitely generated)는 것은 A 에 유한개의 원소들 $a_1, a_2, \cdots, a_n$ 이 존재하여 $A = < a_1, a_2, \cdots, a_n >$ 일 때를 말한다. 그리고, 한 정역 R 이 오름사슬조건(ascending chain condition)을 만족한다는 것은 R 의 임의의 이데알들의 단조증가사슬이 항상 그 길이가 유한일 때를 말한다. 정역에서 오름사슬조건을 만족한다는 것의 필요충분조건은 R 의 임의의 이데알들이 유한생성됨을 증명하여라.

18. $Z[i]$ 의 비자명한 이데알 I 에 대하여 $Z[i]/I$ 는 유한임을 보여라.

19. $Z[\sqrt{-7}]$ 에서, $N(6+2\sqrt{-7}) = N(1+3\sqrt{-7})$ 이지만 $6+2\sqrt{-7}$, $1+3\sqrt{-7}$ 은 동반원이 아님을 보여라.

20. 유일인수분해정역에서 원소가 기약원이 될 필요충분조건은 소원임을 증명하여라.

21. 임의의 체 F 에 대하여 $F[x]$ 에는 무수히 많은 기약원이 존재함을 증명하여라.

*** 22. 가우스 정수환 $Z[i]$ 에 대하여 다음을 설명하여라.

(1) $Z[i]$ 는 주이데알 정역이다.

(2) $Z[i]$ 의 단원은 4개이다.

(3) $\langle 2 \rangle$는 $Z[i]$의 극대이데알이 아니다.

*** 23. 가환환 R 에 대하여 R 위에서의 다항식환 $R[x]$ 가 주이데알정역이면, R 은 체임을 증명하여라.

*** 24. 두 정수 a, b와 $Z[x]$ 의 이데알
$I = (a, bx) = \{af(x) + bxg(x) | f(x), g(x) \in Z[x]\}$에 대하여 다음을 증명하여라.
I가 단항이데알이면, $a = 0$ 또는 $b|a$ 이다.

종합 연습문제

1. F 는 체이고 Z 에서 F 위로의 환준동형사상이 있다. F 는 적당한 소수 p에 대하여 Z_p와 동형임을 보여라.

2. $Q[\sqrt{2}\,]=\{r+s\sqrt{2}\mid r, s\in Q\}$이다. $Q[\sqrt{2}\,]$ 에서의 환의 자기동형사상을 모두 결정하여라.

3. (환의 두 번째 동형정리) A를 R 의 부분환이라 하고 B 를 R 의 이데알이라 하자. $A\cap B$ 는 A 의 이데알이고 $A/(A\cap B)$는 $(A+B)/B$ 와 동형임을 보여라.
(여기서, $A+B=\{a+b|a\in A, b\in B\}$)

4. (환의 세 번째 동형정리) A, B 가 환 R 의 이데알이고 $B\subseteq A$ 이다. A/B 는 R/B 의 이데알이고 $(R/B)/(A/B)$ 는 R/A 와 동형임을 보여라.

5. $f(x), g(x)$는 체 F위에서 기약다항식들이다.
만약 $f(x), g(x)$가 동반원이 아니면, $F[x]/\langle f(x)g(x)\rangle$와 $F[x]/\langle f(x)\rangle\oplus F[x]/\langle g(x)\rangle$가 동형임을 증명하여라.

6. (환의 중국인 나머지정리) 만약 R 이 가환환이고 I, J 를 진이데알로서 $I+J=R$ 이 성립한다. $R/(I\cap J)$ 와 $(R/I)\oplus(R/J)$ 가 동형임을 증명하여라.

7. $Z[x]$ 에서 계수가 짝수인 모든 다항식들의 집합은 $Z[x]$ 의 소이데알임을 증명하여라.

8. R 가 단위원을 갖는 환이라 하고 a를 R 의 단원이라 하자. R 에서 자기 자신으로 가는 함수가 $x\to axa^{-1}$ 이면 환자기동형사상임을 보여라.

9. $Z[i]/\langle 2+i\rangle$ 가 체임을 보여라. 원소 개수를 구하여라.

10. $Z[\sqrt{2}]=\{a+b\sqrt{2} \mid a,b\in Z\}$에서 n이 양의 정수일때, 모든 $(3+2\sqrt{2})^n$ 형의 원소는 단원임을 보여라.

11. $a^2=a$ 이면 a 를 멱등원이라 한다. 만약 $1+k$ 가 Z_n 에서 멱등원이면, $n-k$ 는 Z_n 에서 멱등원임을 보여라.

12. 방정식 $x^2+y^2=2003$ 은 정수의 해를 갖지 않음을 보여라.

13. x^4+15x^3+7 이 Q 위에서 기약다항식임을 증명하여라.

14. $\langle \sqrt{2} \rangle$는 $Z[\sqrt{2}]$의 극대이데알임을 증명하여라. 환 $Z[\sqrt{2}]/\langle \sqrt{2} \rangle$의 원소개수는?

15. $\langle 3 \rangle$은 $Z[i]$의 극대이데알인가?

16. $R=\{a/b \mid a,b\in Z,\ 3\nmid b\}$라 하자. R 가 정역임을 증명하고, 그 상체를 구하여라.

17. $Z[i]/\langle 3 \rangle$와 $Z_3\oplus Z_3$ 이 환동형이 아님을 보여라.

18. R 이 가환환이고 I가 이데알일때, $R[x]/I[x]$ 와 $(R/I)[x]$가 동형임을 증명하여라.

19. 환 $Z_8[x]$ 에서 대하여 $Z_8[x]/I$가 정역은 되고 체는 되지 않는 이데알 I 를 찾아라.

20. $Z[x]$의 이데알 I 에 대하여 $Z[x]/I$는 Z_3 와 환동형인 이데알 I를 찾아라.

*** 21. 다항식환 $Z_{24}[x]$ 에 대하여 다음을 설명하여라.

  a. $Z_{24}[x]$ 는 정역이다.

  b. $Z_{24}[x]$ 의 단원은 무수히 많다.

  c. $Z_{24}[x]$ 는 $Z_4[x]\times Z_6[x]$ 과 동형이 아니다.

d. $f(x)=x^3-6x^2+11x-6 \in Z_{24}[x]$ 는 Z_{24} 위에서 9개의 근을 갖는다.

e. $Z_{24}[x]/\langle x^2+12\rangle$ 는 체가 아니다.

*** 22. $\alpha = \dfrac{1+\sqrt{5}}{2}$ 에 대하여, $Z[\alpha] = \{a+b\alpha \mid a, b \in Z\}$ 이라하자.

환준동형사상 $\phi: Z[\alpha] \to M_2(Z_3)$, $\phi(a+b\alpha) = \begin{pmatrix} \overline{a+b} & \overline{b} \\ \overline{b} & \overline{a} \end{pmatrix}$ 로 정의할 때, $\ker(\phi)$ 와 $im(\phi)$ 를 구하여라.

*** 23. 다항식환 $Z_{2014}[x]$ 에서 $f(x) = x^2 - 14$ 를 두 일차식의 곱 $f(x) = (ax+b)(cx+d)$ 로 나타낼 수 없음을 증명하여라.

3부

체 (Fields)

제 19 장

확대체

(Extension Fields)

체 이론의 기본정리(Fundamental Theorem of Field Theory)

환에 대한 공부 과정에서, 우리는 몇 가지의 유한체 이거나 무한체인 체들을 우연하게 만났다. $Z_3[x]/\langle x^2+1\rangle$은 원소개수가 9인 체이고, $R[x]/\langle x^2+1\rangle$는 복소수체와 동형이 되는 체이다. 다음 5개 장에서, 우리는 체계적으로 체에 대한 주제들을 논의 할 것이다.

정의 확대체

체 E 가 체 F 의 확대체임은 $F \subseteq E$ 이고 F 에서의 연산들이 E 에서의 연산을 F 의 연산으로 제한 한 것 일 때를 말한다.

1847년 $R[x]/\langle x^2+1\rangle$가 x^2+1의 한 근을 품는 체임을 코시가 발견하였다. 이 사실은 그것을 일반화한 다음 정리에 대한 준비였다.

정리 19.1 체 이론의 기본정리($Kronecker's\ Theorem$, 1887)

F 가 체이고 $f(x)$ 가 $F[x]$ 에서 상수가 아닌 다항식이라 하자. 그러면, $f(x)$의 근을 포함하는 F 의 확대체 E 가 존재한다.

증명 $F[x]$ 는 유일인수분해정역이므로 $f(x)$는 기약다항식의 인수, 예를 들어, $p(x)$를 갖는다.

확실히, $p(x)$의 한 근을 품는 F 의 확대체 E 를 구성하면 설명은 충분하다. 우리의 E 로 $F[x]/\langle p(x)\rangle$를 선택하자.

정리 17.5의 따름정리1에 의해서 체임을 알 수 있다. 또한, 함수 $\phi: F\to E$ 를 $\phi(a)=a+\langle p(x)\rangle$ 로 정의하면, ϕ는 단사이고 연산들을 보존한다. E 는 F 와 동형인 부분체를 갖는다. 우리는 단순하게 잉여류 집합 $a+\langle p(x)\rangle$을 F 에 속하는 유일한 잉여류집합의 대표원 a 와 일치시키면, E 가 F 를 품는다고 생각할 수 있다.(즉, $a+\langle p(x)\rangle$는 a 와 같다고 생각하고, 17장 연습문제 16 참조)

마지막으로, $p(x)$가 E 에서 한 근을 갖는다는 것을 보이자.

$p(x)=a_nx^n+a_{n-1}x^{n-1}+\cdots+a_0$ 라 하면, E 의 원소 $x+\langle p(x)\rangle$가 $p(x)$ 의 근이다.

왜냐하면,

$$\begin{aligned}
p(x+\langle p(x)\rangle) &= a_n(x+\langle p(x)\rangle)^n+a_{n-1}(x+\langle p(x)\rangle)^{n-1}+\cdots+a_0\\
&= a_n(x^n+\langle p(x)\rangle)+a_{n-1}(x^{n-1}+\langle p(x)\rangle)+\cdots+a_0\\
&= a_nx^n+a_{n-1}x^{n-1}+\cdots+a_0+\langle p(x)\rangle\\
&= p(x)+\langle p(x)\rangle=0+\langle p(x)\rangle.
\end{aligned}$$

예 1 $f(x)=x^2+1\in Q[x]$ 라 하자. $f(x)$를 $E[x]=(Q[x]/\langle x^2+1\rangle)[x]$ 의 원소로 보면, 우리는

$$\begin{aligned}
f(x+\langle x^2+1\rangle) &= (x+\langle x^2+1\rangle)^2+1\\
&= x^2+\langle x^2+1\rangle+1\\
&= x^2+1+\langle x^2+1\rangle\\
&= 0+\langle x^2+1\rangle.
\end{aligned}$$

임을 알 수 있다.

물론, 그 다항식 x^2+1 은 복소수 $\sqrt{-1}$ 를 근으로 갖는다. 그러나, 여기서는 우리가 강조하고자 하는 것은 유리수체와 유리수 계수를 갖는 다항식 x^2+1의 한 근을 품는 체를 구성하는 것이다. 아무런 복소수 성질이 필요로 하지 않는다. 우리의 방법은 주어진 체만을 사용한 것뿐이다.

예 2 $f(x)=x^5+2x^2+2x+2\in Z_3[x]$ 라 하자.

그러면, $f(x)$의 Z_3 위에서의 인수분해는 $(x^2+1)(x^3+2x+2)$이다.

따라서, $f(x)$의 한 근을 품는 Z_3의 확대체로, $E = Z_3[x]/\langle x^2+1\rangle$를 택하면 원소개수는 9개이고, 또는, $E = Z_3[x]/\langle x^3+2x+2\rangle$를 택하면 원소개수가 27개다.

모든 정역은 그것은 상체에 포함되므로,(정리 15.6 참조) 정역의 원소를 계수로 갖는 상수가 아닌 임의의 다항식은 항상 각 계수들을 품는 어떤 체가 존재하여 그 안에서 한 근을 갖는다. 다음 예는 일반적으로, 가환환에서는 이 사실이 참이 아님을 보여준다.

예 3 $f(x) = 2x+1 \in Z_4[x]$라 하자. 그러면, $f(x)$는 Z_4를 부분환으로 갖는 임의의 환에서도 근을 갖지 못한다. 왜냐하면, 만약 β를 어떤 환의 근이라 가정하면, $0 = 2\beta+1$이고, 따라서, $0 = 2(2\beta+1) = 2(2\beta)+2 = (2 \cdot 2)\beta+2 = 0 \cdot \beta+2 = 2$. 그러나, Z_4에서 $0 \neq 2$이다.

분해체(Splitting Fields)

다음 정의와 정리를 도입하기 위해서, 잠깐 예1로 돌아가자. 표시의 편리를 위해서, $Q[x]/\langle x^2+1\rangle$에서, $\alpha = x+\langle x^2+1\rangle$라 하자. 그러면, $\alpha, -\alpha$ 둘 다 $(Q[x]/\langle x^2+1\rangle)[x]$에서 x^2+1의 근이 됨으로, $x^2+1 = (x-\alpha)(x+\alpha)$이다.

이 사실을 밝혀 보자. 먼저, $(x-\alpha)(x+\alpha) = x^2-\alpha^2 = x^2-(x^2+\langle x^2+1\rangle)$.

동시에, $x^2+\langle x^2+1\rangle = -1+\langle x^2+1\rangle$이므로, -1과 $-1+\langle x^2+1\rangle$을 동일시하면, $(x-\alpha)(x+\alpha) = x^2-(-1) = x^2+1$. 이것은 x^2+1이 Q의 어떤 확대체 위에서 일차식 인수들의 곱으로 써진다는 것을 보여 준다. 그것은 쉽고 합당한 논거이다. 예2 에서 주어진 다항식은 더 큰 도전을 보여준다. 다항식이 일차식의 인수로 인수분해가 되는 Z_3 의 확대체가 존재하는가?

그렇다. 존재한다. 먼저 정의부터 해보자.

정의 분해체(Splitting Field)

E는 F의 확대체이고 $f(x) \in F[x]$라 하자. 우리는 $f(x)$가 $E[x]$에서 일차식의 인수들의

곱으로 인수분해 될 때 E 에서 분해된다고 말한다. 만약 $f(x)$가 E 에서 분해되고, E 의 어떤 진부분체에서도 분해되지 않을 때 우리는 E 를 $f(x)$의 F 위에서의 분해체라 부른다.

한 체위의 한 다항식에 대한 분해체는 다항식 뿐만 이니라 체에도 의존된다. 다시 언급하면, $f(x)$의 F 위에서의 분해체는 $f(x)$가 분해되는 F 의 바로 최소화대체에 불과하다. 다음 예는 다항식 $f(x)$의 F 위에서의 분해체가 F에 어떻게 관련되어있는지를 보여준다.

예 4 $f(x)=x^2+1\in Q[x]$를 생각해보자. $x^2+1=(x+\sqrt{-1})(x-\sqrt{-1})$이므로, $f(x)$는 C 에서 분해된다.

그러나, Q 위에서의 분해체는 $Q(i)=\{r+si|r,s\in Q\}$이다. x^2+1의 R 위에서의 분해체는 C 이다. 같은 방법으로, $x^2-2\in Q[x]$는 R 에서 분해되고, Q 위에서의 분해체는 $Q(\sqrt{2})=\{r+s\sqrt{2}|r,\ s\in Q\}$이다.

분해체의 정의와 기약다항식의 정의 사이에는 편리한 유사성이 존재한다. "$f(x)$ 가 기약이다"라는 말이 아무 의미가 없는 것과 같이 "E 가 $f(x)$에 대한 분해체이다" 는 말은 아무런 의미도 없다. 각 경우에 배경이 되는 체가 특정화 되어야 한다. 즉, "$f(x)$ 가 F 위에서 기약이다" 이고, "E 가 $f(x)$에 대한 F 위에서 분해체이다" 라 말 해야 한다. 다음 표기법이 편리하다.

F 가 체이고 $a_1,a_2,\cdots,a_n$를 F 의 어떤 확대체 E 라 하자. 우리는 $F(a_1,a_2,\cdots,a_n)$를 F 와 $\{a_1,a_2,\cdots,a_n\}$를 품는 E 의 최소부분체라 한다. 그리고, $F(a_1,a_2,\cdots,a_n)$가 F 와 $\{a_1,a_2,\cdots,a_n\}$를 품는 E 의 모든 부분체들의 교집합이 됨을 쉽게 연습문제에서 밝힐 수 있다. 잘 아는바와 같이, $f(x)\in F[x]$ 이고 $f(x)$가 F의 한 확대체 E위에서 다음과 같이 인수분해 된다면, $f(x)=b(x-a_1)(x-a_2)\cdots(x-a_n)$, $F(a_1,a_2,\cdots,a_n)$는 $f(x)$에 대한 F 위에서 E 에서의 분해체이다.

이 표기법은 우리가 앞장에서 사용했던 표기법과 모순되는 것 같이 보인다. 예를 들어, 집합 $\{a+b\sqrt{2}|a,b\in Z\}$는 $Z[\sqrt{2}]$로, 집합 $\{a+b\sqrt{2}|a,b\in Q\}$는 $Q(\sqrt{2})$로 표기한다. 차이점은 $Z[\sqrt{2}]$은 단순히 환을 의미하고, $Q(\sqrt{2})$은 체를 의미하는 것이다. 일반적으로, 둥근괄호는 그 집합이 체가 됨을 표시할 때 사용하지만, 예를 들어, 우리가 단순히 환의 성질에 관심을 갖고 사용한다면 $Q[\sqrt{2}]$ 을 $\{a+b\sqrt{2}|a,b\in Q\}$로 사용해도 아무 잘못이 없다.

꺽쇠괄호 보다는 둥근괄호를 사용하는 것이 그 집합에 대한 정보를 약간 더 잘 전달한다고 본다.

정리 19.2 분해체의 존재성(Existence of Splitting Fields)

F 가 체이고 $f(x)$는 $F[x]$ 의 상수다항식이 아니라 하자. 그러면 F 위의 $f(x)$에 대한 분해체 E 가 존재한다.

증명 $\deg f(x)$에 대한 수학적 귀납법을 사용하자. 만약 $\deg f(x)=1$라면, $f(x)$는 일차식이다. 이제 이 명제가 모든 체와 $f(x)$의 차수보다 작은 모든 다항식들에 대하여 성립한다고 가정하자. 정리 19.1에 의해서, $f(x)$의 한 근 a_1이 존재하는 F 의 확대체 E 가 존재한다. 그러면, 우리는 $f(x)=(x-a_1)g(x)$ 라 할 수 있고, 여기서 $g(x)\in E[x]$ 이다. $\deg g(x) < \deg f(x)$이므로, 귀납법 가정에 의해서, 체 E 를 포함하고 $g(x)$의 모든 근들 $a_2,a_3,\cdots,a_n$를 포함하는 체 K 가 존재한다. 명확하게, F 위의 $f(x)$에 대한 분해체는 $F(a_1,a_2,\cdots,a_n)$이다.

예 5 $f(x)=x^4-x^2-2=(x^2-2)(x^2+1)\in Q[x]$ 라 하자. 확실히, C 에서 $f(x)$의 근들은 $\pm\sqrt{2}$, $\pm i$ 이다. 따라서, $f(x)$의 Q 위의 분해체는

$$Q(\sqrt{2},i)=Q(\sqrt{2})(i)=\{\alpha+\beta i\mid \alpha,\beta\in Q(\sqrt{2})\}$$
$$=\{(a+b\sqrt{2})+(c+d\sqrt{2})i\mid a,b,c,d\in Q\}.$$

예 6 $f(x)=x^2+x+2\in Z_3[x]$ 라 하자. 그러면, $Z_3(i)=\{a+bi\mid a,b\in Z_3\}$ (13장 예 9 참조)은 Z_3 위의 $f(x)$에 대한 분해체이다. 왜냐하면, $f(x)=[x-(1+i)][x-(1-i)]$ 이기 때문이다. 동시에, 크로네커 정리의 증명에서 $F=Z_3[x]/\langle x^2+x+2\rangle$ 의 원소 $x+\langle x^2+x+2\rangle$가 $f(x)$의 한 근임을 알 수 있다. $f(x)$의 차수가 2이므로, 인수정리(정리 16.2 의 따름정리2 참조)로부터 $f(x)$의 다른 근도 역시 F 안에 있다. 따라서 $f(x)$는 F 에서 분해된다. 그리고 F 는 Z_3 위의 2차원 벡터공간이기 때문에 우리는 F 가 Z_3 위의 $f(x)$의 분해체임을 알 수 있다. 그러면, $f(x)$은 F 안에서 어떻게 인수분해 될까? $f(x)$를 F 안에서 인수분해 할 때 기호 x를 서로 다른 두 가지 방법으로 사용하기 때문에 혼란스럽다: 다항식 $f(x)$의 각 단항식의 위치를 나타내며, F 의 잉여류의 대표원을 만드는데도 사용된다. 이런 혼란은 잉여류 집합 $1+\langle x^2+x+2\rangle$와 Z_3 에서의 1을 단순히 일치시키고, 잉여류의 집합 $x+\langle x^2+x+2\rangle$를 β 로 일치시킴으로서 피할 수 있다.

이와 같이 일치시켜 체 $Z_3[x]/\langle x^2+x+2\rangle$는

$\{0, 1, 2, \beta, 2\beta, \beta+1, 2\beta+1, \beta+2, 2\beta+2\}$로 표현된다.

이 원소들은 다항식에서와 같이 덧셈과 곱셈을 한다. 여기서는,

$x^2+x+2+\langle x^2+x+2\rangle=0$이므로 $\beta^2+\beta+2=0$이다.

따라서, $\beta^2=-\beta-2=2\beta+1$의 관계식을 이용하여 계산한다.

예를 들어, $(2\beta+1)(\beta+2)=2\beta^2+5\beta+2=2(2\beta+1)+5\beta+2=9\beta+4=1$.

F에서 $f(x)$의 인수분해는 다음 예에서와 같이 나눗셈을 하면 된다.

$$\begin{array}{r|l} & x+(\beta+1) \\ \hline x-\beta & x^2+x+2 \\ & x^2-\beta x \\ \hline & (\beta+1)x+2 \\ & (\beta+1)x-(\beta+1)\beta \\ \hline & (\beta+1)\beta+2=\beta^2+\beta+2=0. \end{array}$$

따라서, $x^2+x+2=(x-\beta)(x+\beta+1)$. 결과적으로, 우리는 Z_3 위의 x^2+x+2의 두 가지의 분해체를 만들었다. 하나는 $F(a)$형식이고 다른 하나는 $F[x]/\langle p(x)\rangle$ 형식이다.(여기서, $F=Z_3$, $p(x)=x^2+x+2$).

■

다음 정리는 $p(x)$가 F 위에서 기약이고 a 가 F 의 어떤 확대체의 원소로 다항식 $p(x)$의 한 근이면 두 체 $F(a)$와 $F[x]/\langle p(x)\rangle$가 어떤 관계가 있는지 보여준다.

정리 19..3 $F(a)\approx F[x]/\langle p(x)\rangle$

F는 체이고 $p(x)\in F[x]$는 F 위에서 기약이다. 만약 a 가 F 의 어떤 확대체 E의 한 원소로 $p(x)$의 한 근이면, $F(a)$와 $F[x]/\langle p(x)\rangle$가 동형이다. 그리고, 만약 $\deg p(x)=n$이면, $F(a)$의 임의의 원소는 다음과 같이 유일한 표현으로 쓸 수 있다.

$c_{n-1}a^{n-1}+c_{n-2}a^{n-2}+\cdots+c_1a+c_0$ 이고 여기서 $c_0, c_1, \cdots, c_n\in F$ 이다.

증명 함수 ϕ가 $F[x]$에서 $F(a)$로 $\phi(f(x))=f(a)$로 정의하면, ϕ는 환 준동형사상이다. $Ker\,\phi=\langle p(x)\rangle$임을 밝혀보자.(이것은 17장 연습문제15참조) $p(a)=0$ 이므로 $\langle p(x)\rangle\subseteq Ker\,\phi$이다. 한편, 정리 17.5에서 $\langle p(x)\rangle$는 $F[x]$의 극대이데알임을 알 수 있다. 그래서, $Ker\,\phi\neq F[x]$ 이므로(그것은 상수다항식 $f(x)=1$을 품지 않기 때문이다),

$Ker\,\phi = \langle p(x) \rangle$ 임을 알 수 있다. 이제 환의 첫 번째 동형정리와 정리 17.5의 따름정리 2에 의해서 $\phi(F[x])$는 $F(a)$의 부분체이다. $\phi(F[x])$는 F 와 a를 품고 있고 $F(a)$가 그와 같은 성질을 갖는 최소체임을 상기하면, $F[x]/\langle p(x) \rangle \approx \phi(F[x]) = F(a)$ 임을 알 수 있다. 이 정리의 마지막 부분의 주장은 $F[x]/\langle p(x) \rangle$ 의 임의의 원소는 다음 형식으로 유일하게 표현된다.

$c_{n-1}x^{n-1} + \cdots + c_0 + \langle p(x) \rangle$, 여기서 $c_0, c_1, \cdots, c_{n-1} \in F$ (16장 연습문제 23 참조)

이고, $F[x]/\langle p(x) \rangle$ 에서 $F(a)$ 에로의 동형이고 원소는 $c_k x^k + \langle p(x) \rangle$ 에서 $c_k a^k$ 로 대응된다.

정리 19.3 의 즉각적인 따름정리로 다음 매력적인 결과를 얻게 된다.

따름 정리 $F(a) \approx F(b)$

F 는 체이고 $p(x) \in F[x]$ 는 F 위에서 기약이다. 만약 a가 F 의 어떤 확대체 E 의 한 원소로 $p(x)$의 한 근이고, b가 F 의 어떤 확대체 E' 의 한 원소로 $p(x)$의 한 근이면, 두 체들 $F(a)$와 $F(b)$는 동형이다.

증명 정리 19.3에 의해서 우리는 $F(a) \approx F[x]/\langle p(x) \rangle \approx F(b)$이다.

체 F 위의 n차원 벡터공간의 기는 n개의 벡터 $v_1, v_2, \cdots, v_n$ 의 집합으로 벡터공간의 임의의 원소가 $a_1v_1 + a_2v_2 + \cdots + a_nv_n$ 의로 유일하게 표현된다. 여기서 a_i 들은 F 의 원소이다. 따라서, 벡터공간의 의미로, 정리 19.3의 후반부는 만약 a 가 F 위의 n 차원의 한 기약다항식의 근이라면 집합 $\{1, a, a^2, \cdots, a^{n-1}\}$은 F 위의 $F(a)$에 대한 한 기가된다.

정리 19.3은 체의 원소들을 기술하는 하나의 편리한 방법을 제공해준다.

예 7 Q 위의 기약다항식 $f(x) = x^6 - 2$라 하자. $\sqrt[6]{2}$ 는 $f(x)$의 한 근이므로, 정리20.3으로 $\{1, 2^{1/6}, 2^{2/6}, 2^{3/6}, 2^{4/6}, 2^{5/6}\}$은 Q 위에서 $Q(\sqrt[6]{2})$의 한 기이다. 따라서, $Q(\sqrt[6]{2}) = \{a_0 + a_1 2^{1/6} + \cdots + a_5 2^{5/6} | a_i \in Q\}$ 이다. 이 체는 $Q[x]/\langle x^6 - 2 \rangle$와 동형이다.

1882년 Ferdinand Lindemann(1852-1939)은 π 는 $Q[x]$ 의 어떤 다항식의 근이 될 수 없음을 증명하였

다. 이 중요한 결과 때문에 정리 19.3은 $Q(\pi)$에 적용할 수 없다.

예6에서, 우리는 Z_3위의 다항식 x^2+x+2의 두 가지의 분해체를 만들었다. 같은 방법으로, $Q[x]/\langle x^2+1\rangle$과 $Q(i)=\{r+si|r,s\in Q\}$ 두 체가 Q 위에서 다항식 x^2+1의 분해체이다. 그러나, 이 다른꼴로 되어있는 두 체는 대수적으로 다른 것인가? 정말 그렇지 않다. 우리는 분해체에 대한 논의를 이 두 분해체가 동형에 관하여 유일함을 증명하는 것으로 마무리 하고자 한다.

수학적 귀납법의 적용을 쉽게 하기 위하여, 우리는 더 일반적인 경우에 대하여 논의 하고자 한다. 우리는 먼저 F 에서 F'로 가는 임의의 한 환동형사상 ϕ 는 그 확장으로 $F[x]$에서$F'[x]$로 $c_nx^n+c_{n-1}x^{n-1}+\cdots+c_1x+c_0\to\phi(c_n)x^n+\phi(c_{n-1})x^{n-1}+\cdots+\phi(c_1)x+\phi(c_0)$.로 정의 한다. 이 사상은 F 위에서의 ϕ 와 일치함으로, 이 사상에서도 마찬가지로 같은 기호로 표현하는 것이 편리하고 자연스럽다.

보조 정리 F는 체이고 $p(x)\in F[x]$는 F 위에서 기약이다. 만약 a 가 F 의 어떤 확대체 의 한 원소로 $p(x)$의 한 근이다. 만약 ϕ가 F 에서 F'로 가는 한 체의 동형사상이고 b가 F'의 어떤 확대체안의 원소로서 $\phi(p(x))$의 한 근이라면, $F(a)$에서 $F'(b)$로 가는 동형사상이 존재하며 F 위에서 ϕ와 일치하며 원소 a를 b로 대응시킨다.

증명 먼저 $p(x)$가 F 위에서 기약이므로 $\phi(f(x))$가 F' 위에서 기약임을 알아보자. 곧바로 다음과 같이 주어진 $F[x]/\langle p(x)\rangle$에서 $F'[x]/\langle\phi(p(x))\rangle$로 가는 사상이 체 동형사상임을 확인해보자:

$$f(x)+\langle p(x)\rangle\to\phi(f(x))+\langle\phi(p(x))\rangle$$

약간의 표기법의 남용으로 우리는 이 사상을 역시 같은 ϕ로 쓴다.(만약 반대한다면, ϕ위에 막대표기를 하면 된다). 정리 19.3의 증명으로부터, 우리는 $F(a)$에서 $F[x]/\langle p(x)\rangle$로 가는 α는 체동형사상이고 F 위에서 일치하며 원소 a를 $x+\langle p(x)\rangle$로 대응시킨다. 유사하게, $F'[x]/\langle\phi(p(x))\rangle$에서 $F'(b)$로 가는 β는 체동형사상이고 F' 위에서 일치하며 원소 $x+\langle\phi(p(x))\rangle$를 b로 대응시킨다. 따라서, $\beta\circ\phi\circ\alpha$는 $F(a)$에서 $F'(b)$로 가는 우리가 찾고자 한 동형사상이다.

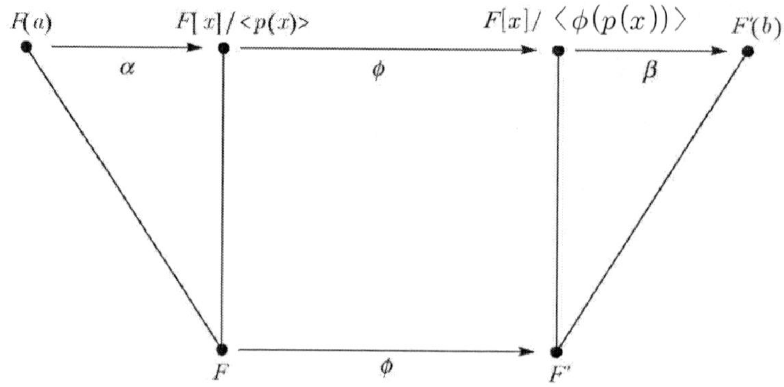

[그림 19.1]

정리 19.4 $\phi : F \to F'$의 확대

ϕ가 F 에서 F'로 가는 한 체의 동형사상이고 $f(x) \in F[x]$ 라 하자.

만약 E 가 F 위에서 $f(x)$에 대한 한 분해체이고 E'는 F' 위에서 $\phi(f(x))$의 한 분해체이면, F 위에서 ϕ와 일치하는 E 에서 E'에로의 동형사상이 존재한다.

증명 $\deg f(x)$에 대한 수학적 귀납법을 사용하자. 만약 $\deg f(x) = 1$이면, $E = F$ 이고 $E' = F'$이므로, ϕ자신이 구하는 사상이다. 이제 $\deg f(x) > 1$일 때, $p(x)$를 $f(x)$의 기약다항식 인수라 하고 a를 E 에서의 $p(x)$의 한 근, b를 E'에서의 $\phi(p(x))$의 한 근이라 하자. 바로 앞의 보조정리에 의해서, $F(a)$에서 $F'(b)$로 가는 동형사상 α가 존재하며 F 위에서 ϕ와 일치하며 원소 a를 b로 대응시킨다. 이제 $f(x) = (x-a)g(x)$, 여기서 $g(x) \in F(a)[x]$ 이다. 그러면, E 를 $F(a)$ 위에서 $g(x)$에 대한 한 분해체이고 E'는 $F'(b)$ 위에서 $\alpha(g(x))$의 한 분해체라 하자. $\deg g(x) < \deg f(x)$이므로, 수학적 귀납법 가정에 의해서 $F(a)$ 위에서 α와 일치하고, F 위에서는 ϕ와 일치하는 E 에서 E'에로의 동형사상이 존재한다.

따름 정리 분해체는 유일하다(Splitting Fields are Unique)

F는 체이고 $f(x) \in F[x]$ 이라 하자. F 위에서 $f(x)$의 임의의 두 분해체는 동형이다.

증명. E 와 E'를 F 위에서의 $f(x)$의 분해체라 가정하자. 정리 19.4의 증명에서 ϕ를 F 에서 자기 자신으로 가는 항등사상이라면 곧바로 밝혀진다.

위의 따름정리에 비추어 볼 때, F 위에서 한 다항식의 분해체는 유이함을 알 수 있다. x^6-2는 $Q(\sqrt[6]{2})$안에 한 근을 갖지만 그 안에서 분해되지는 못한다. 그러나, 그 분해체를 바로 구할 수 있다.

예 8 x^n-a 의 Q 위에서의 분해체

a는 양의 유리수이고 ω는 단위원의 원시 n제곱근(16장 예2 참조) 이라 하자. 그러면, 다음 각 원소 $a^{1/n}, \omega a^{1/n}, \omega^2 a^{1/n}, \cdots, \omega^{n-1} a^{1/n}$은 $Q(\sqrt[n]{a}, \omega)$안에서 x^n-a의 근들이다.

기약다항식의 근(Zeros of an Irreducible Polynomials)

지금까지 우리는 체 위의 상수가 아닌 다항식은 어떤 확대체 안에서 분해됨을 알았다. 우리는 기약다항식들이 어떤 특별한 방법으로 분해되어야 하는지 질문하게 된다. 그렇다, 그런 방법이 있다. 그 방법을 찾기 위해 우리는 미적분에서 기원을 둔 약간의 성질을 빌려 쓰기로 하자.

정의 $f(x)=a_n x^n + a_{n-1}x^{n-1} + \cdots + a_1 x + a_0$은 $F[x]$의 원소이다. $f(x)$의 도함수는, $f'(x)$로 표시하며, $F[x]$의 다항식 $na_n x^{n-1} + (n-1)a_{n-1}x^{n-2} + \cdots + a_1$ 으로 정의한다.

이 도함수의 정의는 극한의 개념을 포함하지 않는다. 미적분에서 취급했던 함수들의 합과 곱에 대한 표준규칙들은 임의의 체 위에서도 마찬가지로 성립한다.

보조 정리 도함수의 성질(Properties of the Derivative)

$f(x),\ g(x) \in F[x]$ 이고 $a \in F$ 이면 다음이 성립한다.

1. $(f(x)+g(x))' = f'(x)+g'(x)$
2. $(af(x))' = af'(x)$
3. $(f(x)g(x))' = f(x)g'(x)+f'(x)g(x)$

증명 1, 2 번은 정의의 적용에 의해 곧바로 계산된다. 1번과 $\deg f(x)$에 관한 귀납법에 의해서 3번은 $f(x)=a_nx^n$인 특별한 경우로 바꾸어 증명하면 된다. 이것은 정의로부터 직접 계산하면 된다.

기약다항식의 근들의 성질에 대한 성질을 말하기 전에 , 중복도가 1보다 큰 근들에 대한 일반적인 결과를 수립하고자 한다. 이런 그들을 중복 근이라 한다.

정리 19.5 중복 근에 대한 판별법(Criterion for Mutiple Zeros)

어떤 체 F 위의 한 다항식 $f(x)$가 어떤 확대체 E 안에 중근을 가질 필요충분조건은 $f(x)$와 $f'(x)$가 $F[x]$ 안에서 양의 차수의 공통인수를 갖는다는 것이다.

증명 만약 $f(x)$가 확대체 E 안에서 중근 a를 갖는다면, $g(x)$가 $E[x]$에 존재하여 $f(x)=(x-a)^2g(x)$이다.

$f'(x)=(x-a)^2g'(x)+2(x-a)g(x)$이므로, $f'(a)=0$이다. 따라서, $x-a$는 F의 확대체 E 안에서 두 다항식 $f(x)$와 $f'(x)$의 인수이다. 이제 만약에 $f(x)$와 $f'(x)$가 $F[x]$에서 양의 차수를 갖는 공통인수를 갖지 않는다면, 적당한 다항식 $h(x), k(x)$가 존재하여 $f(x)h(x)+f'(x)k(x)=1$이 성립한다.(16장 연습문제 20 참조).

$f(x)h(x)+f'(x)k(x)$ 를 $E[x]$의 원소로 보면, 우리는 $x-a$가 1의 인수가 되어 모순이다. 따라서 $f(x)$와 $f'(x)$가 $F[x]$ 안에서 양의 차수의 공통인수를 갖는다는 것이다.

역으로, $f(x)$와 $f'(x)$가 양의 차수의 공통인수를 갖는다고 가정하면, a 를 공통인수의 한 근이라 하자. 그러면, a는 $f(x)$와 $f'(x)$의 근이 된다. a가 $f(x)$의 근이므로 $f(x)=(x-a)q(x)$이다.

그래서, $f'(x)=(x-a)q'(x)+q(x)$이다. $0=f'(a)=q(a)$. 따라서, $x-a$는 $q(x)$의 인수가 되고, a는 $f(x)$의 중근이 된다.

정리 19.6 기약다항식의 근(Zeros of an Irreducible)

$f(x)$가 한 체 F 위에서 기약다항식이다. 만약 F의 특성이 0이면, $f(x)$는 중근을 갖지 않는다. 그리고, 만약 F의 특성이 $p\neq 0$이면, 이때 적당한 $g(x)$가 $F[x]$에 존재하여 $f(x)=g(x^p)$가 성립하면, $f(x)$는 중근을 갖는다.

증명 만약 $f(x)$가 중근을 갖는다면, 정리 19.5에 의하여 $f(x)$와 $f'(x)$가 $F[x]$ 안에서 양의 차수의 공통인수를 갖는다. $F[x]$ 에서 $f(x)$의 양의 차수의 인수는 오직 $f(x)$ 자신뿐이므로, $f(x)$가 $f'(x)$를 나눈다. 체 위의 다항식에서 자신보다 차수가 더 낮은 다항식을 나눌 수 없으므로 $f'(x)=0$이다.

$f'(x)=0$의 의미는 무엇일까? 만약 $f(x)=a_nx^n+a_{n-1}x^{n-1}+\cdots+a_1x+a_0$라 하면, $f'(x)=na_nx^{n-1}+(n-1)a_{n-1}x^{n-2}+\cdots+a_1$이다. 따라서, $f'(x)=0$이면, 모든 $k=1,2,\cdots,n$에 대하여 $ka_k=0$이다. 따라서, $char\,F=0$ 이면, $f(x)=a_0$이다. 이것은 기약다항식이 아니다. 이는 $f(x)$를 F 위에서 기약다항식이라 가정한 것에 모순된다. 따라서, $f(x)$는 중근을 갖지 않는다. $char\,F=p\neq 0$이면, p 가 k를 나누지 않으면 $a_k=0$이다. 따라서 $a_nx^n+a_{n-1}x^{n-1}+\cdots+a_1x+a_0$ 의 합에서 x의 멱 중에서 $x^{pj}=(x^p)^j$꼴만 남는다. 즉, $f(x)=g(x^p)$이고 여기서 $g(x)\in F[x]$ 이다.

(예를 들어, 만약 $f(x)=x^{4p}+3x^{2p}+x^p+1$이면, $g(x)=x^4+3x^2+x+1$이다)

정리 19.6은 특성이 0인 체 위의 기약다항식은 중근을 갖을 수 없다. 이 결과를 더 확대된 체로 확대하기 위해서 다음 정의가 필요하다.

정의 한 체 F가 완전체(perfect)라는 것은 F 의 특성이 0 이거나, 만약 F 의 특성이 p일 때는 $F^p=\{a^p|a\in F\}=F$ 일 때를 말한다.

정리 19.7 유한체는 완전체이다(Finite Fields are Perfect)

모든 유한체는 완전체이다.

증명 F 는 유한체이고 그 특성이 p이다. ϕ는 F 에서 자기 자신으로 가는 사상으로 임의의 $x\in F$ 에 대하여 $\phi(x)=x^p$ 라 하자. 이제 ϕ가 체 자기동형사상임을 밝혀보자. 분명히, $\phi(ab)=(ab)^p=a^pb^p=\phi(a)\phi(b)$이다.

더욱, $\phi(a+b)=(a+b)^p=a^p+b^p$ 마지막으로, $x\neq 0$이면 $x^p\neq 0$이므로 $Ker\,\phi=\{0\}$이다. 따라서, ϕ 는 일대일이고, F 가 유한집합이므로 ϕ는 전사이다. 이것으로 $F^p=F$임을 증명하였다.

정리 19.8 중근이 존재하지 않을 판별법(Criterion for No Multiple Zeros)

만약 $f(x)$가 완전체 F 위에서 기약다항식이라면 $f(x)$는 중근을 갖지 않는다.

증명 F 의 특성이 0인 경우는 이미 증명하였다.(정리 19.6 참조). 따라서, $f(x)\in F[x]$가 특성이 p인 완전체 F 위에서 기약이고 $f(x)$가 중근을 갖는다고 가정하자.

정리 19.6으로부터 우리는 $f(x)=g(x^p)$이고 여기서 $g(x)\in F[x]$, $g(x)=a_nx^n+a_{n-1}x^{n-1}+\cdots+a_1x+a_0$라 하자.

$F^p=F$ 이므로, 각 F 의 원소 a_i 는 F 의 원소 b_i에 대하여 b_i^p 로 표기된다. 따라서, 13장 연습문제를 사용하여,

$$\begin{aligned} f(x) &= g(x^p) = b_n^p x^{pn} + b_{n-1}^p x^{p(n-1)} + \cdots + b_1^p x^p + b_0^p \\ &= (b_nx^n + b_{n-1}x^{n-1} + \cdots + b_1x + b_0)^p = (h(x))^p \end{aligned}$$

여기서 $h(x)\in F[x]$이다. 결국 $f(x)$가 기약이 아니다.

다음 정리는 기약다항식이 중근을 가질 때, 그 중복 도에 대하여 놀라운 사실을 발견할 수 있다.

정리 19.9 기약다항식의 분해체 안에서의 근 (Zeros of an Irreducible over a Splitting Field)

$f(x)$는 한 체F 위에서 기약다항식이고 E 는 F 위에서 $f(x)$의 분해체라 하자. $f(x)$의 E 안에서의 모든 근들은 같은 중복도를 갖는다.

증명 a와 b를 E 안에서 $f(x)$의 서로 다른 두 근이라 하자. 만약 a 의 중복 도를 m이라 하면 $E[x]$에서 우리는 $f(x)=(x-a)^m g(x)$로 쓸 수 있다.

정리 19.4와 그 보조정리로부터 E 에서 자기자신으로 가는 체 동형사상이 존재하여 원소 a를 원소 b로 보내고 F 로 제한하면 F 에서의 항등사상이다.

따라서, $f(x)=\phi(f(x))=(x-b)^m\phi(g(x))$이고 b 의 중복도가 a 의 중복도보다 크거나 같음을 알 수 있다. 이제, a 와 b 를 바꾸어 생각하면 a 의 중복도가 b 의 중복도보다 크거나 같음을 알 수 있다. 따라서, a 의 중복도와 b 의 중복도가 같음을 증명하였다.

정리 19.9의 즉각적으로 알 수 있는 따름정리로 다음과 같은 감동적인 결과를 얻을 수 있다.

따름 정리 기약다항식의 분해체위에서의 인수분해
(Factorization of an Irreducible over a Splitting Field)

$f(x)$는 한 체F 위에서 기약다항식이고 E 는 F 위에서 $f(x)$의 분해체라 하자. $f(x)$는 다음 형식으로 인수분해된다:

$a(x-a_1)^v(x-a_2)^v \cdots (x-a_t)^v$ 여기서 $a_1, a_2, \cdots, a_t$는 서로 다른 E의 원소들이고 $a \in F$ 이다.

우리는 이 장을 중근을 갖는 한 체위의 기약다항식의 예를 들어 설명하는 것으로 마무리 하고자 한다. 특히, 우리가 여기서 말하는 체는 완전체가 아니다.

예 9 $F = Z_2(t)$는 부정원이 t이고 그 계수가 Z_2 에 있는 다항식환 $Z_2[t]$ 의 상체라 하자.(우리는 여기서 x와 다른 문자 t를 소개해야 한다. 왜냐하면 F의 원소들이 $F[x]$ 의 원소들의 계수가 되어야 하기 때문이다). 이제, $f(x) = x^2 - t \in F[x]$ 라 하자. $f(x)$가 F 위에서 기약임을 보이기 위하여, 그 식이 F 안에서 근을 갖지 못함을 보이면 충분하다. 그래서, 만약 $h(t)/k(t)$가 $f(x)$의 한 근이라 하자. 그러면, $(h(t)/k(t))^2 = t$이다. 따라서, $(h(t))^2 = t(k(t))^2$이다. $h(t), k(t) \in Z_2[t]$ 이고, $h(t^2) = tk(t^2)$ 그런데, $\deg h(t^2)$은 짝수이고, $\deg tk(t^2)$은 홀수이다. 따라서, $f(x)$는 F 위에서 기약임을 알 수 있다. 끝으로, t는 $F[x]$ 에서 상수이고, F 의 특성은 2이다. $f'(x) = 0$ 이므로, $f'(x)$와 $f(x)$는 $f(x)$를 공통인수로 갖는다.

따라서, 정리 19.5에 따라서 $f(x)$는 F의 한 확대체 안에서 중근을 갖는다.

(사실상, $K = F[x]/\langle x^2 - t\rangle$ 안에서 중복도 2인 단 하나의 근을 갖는다.)

연습문제

1. 체 $Q(\sqrt[3]{5})$의 원소들을 구하여라.

2. x^3-1의 Q 위에서의 분해체를 구하여라. 그 답을 $Q(a)$꼴로 표현하여라.

3. $x^4+x^2+1=(x^2+x+1)(x^2-x+1)$의 Q 위에서의 분해체를 구하여라.

4. $Q(\sqrt{1+\sqrt{5}})$가 $Q[x]/\langle p(x)\rangle$와 환 동형이 되는 $p(x)\in Q[x]$를 구하여라.

5. $F=Z_2$이고 $f(x)=x^3+x+1\epsilon F[x]$이다. a를 F의 어떤 확대체 위에서 $f(x)$의 한 근이라 가정하자. $F(a)$의 곱셈표를 작성하고, a^5, a^{-2}, a^{100}를 $c_2a^2+c_1a+c_0$꼴로 표현하여라.

6. 체 $Q(\pi)$ 의 원소들을 구하여라.

7. x^7-x 를 Z_3위에서 일차식의 인수의 곱으로 써라.

8. 체 F 는 그 특성이 p이다. $f(x)=x^p-a\in F[x]$라 하자. $f(x)$가 F 위에서 기약이거나 또는 $f(x)$가 F 안에서 분해됨을 보여라.

9. $(1+\sqrt[3]{4})(2-\sqrt[3]{2})=a+b\sqrt[3]{2}+c\sqrt[3]{4}$가 성립하는 유리수 a,b,c 를 구하여라.
$(1+\sqrt[3]{4})(2-\sqrt[3]{2})\in Q(\sqrt[3]{2})=\{a+b\sqrt[3]{2}+c\sqrt[3]{4}|a,b,c\in Q\}$이므로 위식을 만족하는 유리수 a,b,c 는 존재한다.

10. $Q(4-i)=Q(1+i)$임을 보여라. 여기서 $i=\sqrt{-1}$ 이다.

11. $f(x)\in F[x]$ 이고 $a\in F$라 하자. $f(x)$와 $f(x+a)$는 F 위에서 똑 같은 분해체를 가짐을 보여라.

12. $Q(\sqrt{2})$의 모든 부분체들을 구하여라.

13. 다항식 x^3+2x+1을 Z_3 의 어떤 확대체위에서 일차다항식의 곱으로 써라.

14. $Q(\sqrt{3})$과 $Q(\sqrt{-3})$이 환동형인지 아니지 밝혀라.

15. 만약 β 가 Z_5 위의 다항식 x^2+x+2의 한 근일 때 다른 근을 찾아라.

16. Z_3 위의 다항식 $x^{21}+2x^8+1$은 Z_3 의 임의의 확대체 안에서 어떠한 중근도 갖지 않음을 보여라.

17. 체 F는 그 특성이 $p\neq 0$ 이다. F 위의 다항식 $f(x)=x^{p^n}-x$ 가 서로 다른 근들을 갖고 있음을 보여라.

18. F, K 그리고 L 은 체들이고 $F\subseteq K\subseteq L$ 의 관계이다. 만약 L 이 F 위에서 한 상수가 아닌 다항식 $f(x)$에 대한 분해체라면, L 은 K 위에서 $f(x)$ 에 대한 분해체도 될 수 있음을 보여라.

19. $f(x)$가 Z_2 위에서 기약인 5차 다항식이라 가정하자. $(Z_2[x]/\langle f(x)\rangle)^*$의 항등원이 아닌 임의의 원소는 이 순환군의 생성원이 됨을 증명하여라.

제20장

대수적 확대체 (Algebraic Extensions)

확대체의 특성(Characterization of Extensions)

19장에서, 우리는 체 $Q(\sqrt{2})$의 임의의 원소는 특별히 단순하게 $a+b\sqrt{2}$ 꼴로 표현된다. 여기서, a, b는 유리수이다.

한편, 체 $Q(\pi)$의 원소는 더 복잡한 꼴인 $(a_n\pi^n + a_{n-1}\pi^{n-1} + \cdots + a_0)/(b_m\pi^m + b_{m-1}\pi^{m-1} + \cdots + b_0)$로 표현된다. 여기서, a_i 와 b_j는 유리수이다. 첫 번째 꼴의 체는 많은 구조를 갖고 있다. 이 구조에 대한 논의가 이장의 주제이다.

정의 확대체의 유형(Types of Extensions)

E 가 한 체 F 의 확대체 이고 $a \in E$ 라 하자. a 가 F 위에서 대수적(algebraic)이라는 것은 a 가 $F[x]$ 의 어떤 영이 아닌 다항식의 근이 될 때를 말한다.

만약, a가 F 위에서 대수적이 아니면, F 위에서 초월적(transcendental)이라고 말한다.

F 의 한 확대체 E 가 F 의 대수적 확대체라고 하는 것은 E 의 모든 원소들이 F 위에서 대수적일 때를 말한다. 만약 E 가 F 의 대수적 확대체가 아니면, E 를 F 의 초월적 확대체라 말한다. F 의 확대체가 $F(a)$꼴이면 이것을 F 의 단순확대체(simple extension)라 말한다.

Leonhard Euler는 초월적(transcendental)이라는 용어를 대수적이 아닌 수에 대하여 사용하였다. 왜냐하면, 그것들이 "대수적 방법들의 범위를 초월하기 때문이었다." Euler가 1744년에 이런 구별을 했음에도 불구하고 1844년에서야 Joseph Liouville 에 의해서 Q위에서 초월수의 존재성이 증명 되었다. Charles Hermite는 1873년에 e가 Q 위에서 초월수임을 증명하였고, Lindemann은 1882년에 π가 Q 위에서 초월수임을 증명하였다.

오늘날까지도, $\pi+e$가 Q 위에서 초월수인지 아닌지 알려져 있지 않다. "거의 대부분"(almost all)의 명확한 정의에 따라, 거의 대부분의 실수들이 Q 위에서 초월수임이 밝혀졌다.

정리20.1은 우리가 왜 체위에서 대수적인 원소들과 체위에서 초월적인 원소들 사이의 구별을 하려는지 보여 준다. $F(x)$는 $F[x]$의 상체임을 생각하자; 즉,

$$F(x)=\{f(x)/g(x) \mid f(x), g(x)\in F[x], g(x)\neq 0\}.$$

정리 20.1 확대체의 특성(Characterization of Extensions)

E 는 체 F의 한 확대체이고 $a\in E$ 이다. 만약 a가 F 위에서 초월적이면, $F(a)\approx F(x)$ 이다. 만약 a가 F 위에서 대수적이면, $F(a)\approx F[x]/\langle p(x)\rangle$이다. 여기서 $p(x)$는 $F[x]$의 다항식으로 극소차수를 갖으며 $p(a)=0$을 만족한다. 더욱이 $p(x)$는 F 위에서 기약이다.

증명 준동형사상 $\phi : F[x]\to F(a)$를 $f(x)\to f(a)$로 정의하자. 만약 a 가 F 위에서 초월적이면 $Ker\,\phi=\{0\}$이다.

따라서, 우리는 ϕ 의 확대함수로 $\overline{\phi} : F(x)\to F(a)$를 $\overline{\phi}(f(x)/g(x))=f(a)/g(a)$로 정의하면 $\overline{\phi}$ 는 동형사상이 된다. 만약 a 가 F 위에서 대수적이면 $Ker\,\phi\neq\{0\}$이다; 정리 16.4에 의해서 한 다항식 $p(x)$가 $F[x]$ 안에 존재하여 $Ker\,\phi=\langle p(x)\rangle$이고 $p(x)$는 $Ker\,\phi$의 영이 아닌 원소들 중에서 극소차수를 갖는다. 따라서, $p(a)=0$이고, $p(x)$가 극소차수를 갖는 다항식이므로 F 위에서 기약이다.

이 정리20.1의 증명은 다음 두 가지 결과들을 곧바로 유도할수 있다. 그 자세한 것은 독자에게 맡긴다(연습문제 1 참조).

정리 20.2 유일성(Uniqueness property)

만약 a 가 체 F 위에서 대수적이면 $F[x]$ 안에 유일한 모닉다항식(monic polynomial) $p(x)$가 존재하며 $p(a)=0$가 성립한다.

정리 20.2의 특별한 성질을 갖는 다항식을 F 위에서 a에 대한 극소다항식(minimal polynomial)이라 한다.

정리 20.3 나눗셈의 성질(Divisibility property)

a가 체 F 위에서 대수적이고, $p(x)$을 F 위에서 a에 대한 극소다항식이라 하자. 만약 $f(x) \in F[x]$ 이고 $f(a)=0$이면, $F[x]$ 안에서 $p(x)$가 $f(x)$를 나눈다.

만약 E 가 F 의 확대체라 하면, 우리는 E 를 F 위에서의 한 벡터공간으로 볼 수 있다.(즉, E 의 원소들을 벡터로 보고 F 의 원소는 스칼라로 간주한다). 우리는 이때 벡터공간에 대한 논의에서 차원과 기에 대한 개념을 적용할 수가 있다.

유한확대체(Finite Extensions)

정의 확대체의 차수(Degree of Extension)

E 가 체 F 의 확대체라 하자. 만약 E 가 F 위에서 n 차원 벡터공간이면, E 는 F 위에서 차수가 n을 갖는다고 한다. 만약 $[E:F]$가 유한이면, E 를 F 의 유한확대체라 부른다; 그렇지 않으면, E 를 F 의 무한확대체라 한다.

그림 20.1은 체에서의 확대체의 차수를 묘사하는 편리한 방법을 설명해 주고 있다.

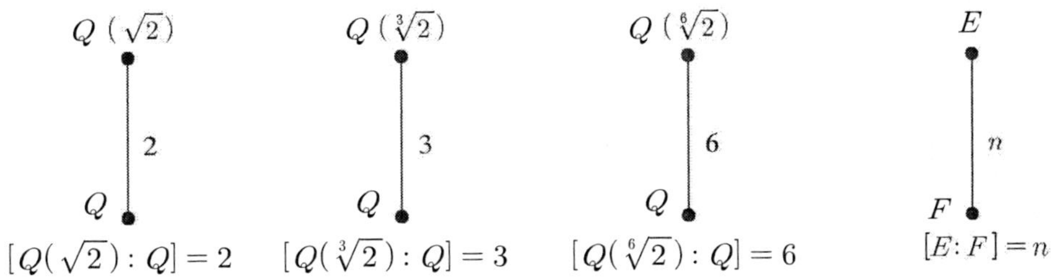

[그림 20.1]

예 1 복소수체는 실수 위에서 2차의 차수를 갖는다. 그 기는 $\{1, i\}$ 이다. 그러나, 복소수체는 유리수체 의 무한확대체이다.

예 2 만약 a 가 체 F 위에서 대수적이고 F 위에서의 극소다항식의 차수가 n이면, 정리 20.3에 의해서 우리는 $\{1, a, a^2, \cdots, a^{n-1}\}$가 F 위에서 $F(a)$에 대한 기임을 알았다; 따라서, $[F(a) : F] = n$. 이 경우 우리는 a 가 F 위에서 n차수를 갖는다고 한다.

정리 20.4 유한확대이면 대수적확대이다.(Finite implies Algebraic)

만약 E 가 F 의 유한확대체이면 E 는 F 의 대수적확대체이다.

증명 $[E : F] = n$ 이고 $a \in E$ 라 하자. 그러면, $\{1, a, a^2, \cdots, a^n\}$ 은 F 위에서 일차종속이다; 즉, F 안에 전부는 영이 아닌 $c_0, c_1, \cdots, c_n$이 존재하여 $c_n a^n + \cdots + c_1 a + c_0 = 0$.이다.

그러면, a는 영이 아닌 다항식 $f(x) = c_n x^n + c_{n-1} x^{n-1} + \cdots + c_1 x + c_0$의 근이다.

정리 20.4의 역은 참이 아니다. 만약 그렇지 않다면, F 의 모든 대수적확대체의 원소의 차수들은 유계일 것이다. 예를 들어 $Q(\sqrt{2}, \sqrt[3]{2}, \sqrt[4]{2} \cdots)$은 Q 의 대수적확대이고 Q 위의 모든 차수의 원소들을 품고 있다. (연습문제2 참조)

다음 정리는 유한군에 대한 라그랑쥐 정리에 상응하는 체의 이론이다. 모든 개수 새는 정리에서와 같이 그것은 훨씬 좋은 결과를 가져온다.

정리 20.5 $[K:F]=[K:E][E:F]$

K 는 체 E 의 유한확대체이고 E 는 체 F 의 유한확대체이면 K 는 체 F 의 유한확대체이며 $[K:F]=[K:E][E:F]$ 이다.

증명 $X=\{x_1, x_2, \cdots, x_n\}$를 체 K 의 E 위에서의 기라하고, $Y=\{y_1, y_2, \cdots, y_m\}$를 체 E 의 F 위에서의 기라하자. 그러면, $YX=\{y_j x_i | 1 \le j \le m, 1 \le i \le n\}$가 F 위에서의 K의 기가됨을 밝히면 충분하다. 이것을 증명하기 위해서, $a \in K$ 라 하면, $b_1, b_2, \cdots, b_n \in E$가 존재하여 $a=b_1 x_1+b_2 x_2+\cdots+b_n x_n$. 그리고, 각 $i=1,2,\cdots,n$에 대하여, $c_{i1}, c_{i2}, \cdots, c_{im} \in F$ 가 존재하여 $b_i=c_{i1}y_1+c_{i2}y_2+\cdots+c_{im}y_m$ 이 성립한다.

따라서, $a=\sum_{i=1}^{n} b_i x_i=\sum_{i=1}^{n}(\sum_{j=1}^{m} c_{ij}y_j)x_i=\sum_{i,j} c_{ij}(y_j x_i)$.

이것은, YX 가 F 위에서 K 생성한다.

다음은, F 에 c_{ij} 가 존재하여 $0=\sum_{i,j} c_{ij}(y_j x_i)=\sum_{i}(\sum_{j}(c_{ij}y_j))x_i$.

그러면, 각 $\sum_{j} c_{ij}y_j \in E$ 이고 X 는 E 위에서 K 의 기 이므로 각 i에 대하여 $\sum_{j} c_{ij}y_j=0$ 이다. 그런데 각 $c_{ij} \in F$ 이고 X 는 E 의 F 위에서의 기이다. 따라서, 각 c_{ij} 는 0이다. 이것은 집합 YX 가 F 위에서 일차독립임을 증명한 것이다.

한 체 J 의 확대체 L 에 대하여 $[L:J]=n$이기위한 필요충분조건은 L 이 J^n과 벡터공간으로 동형이다.(연습문제 15 참조). 정리 20.5의 분명한 개념에 의한 증명은 다음과 같다.

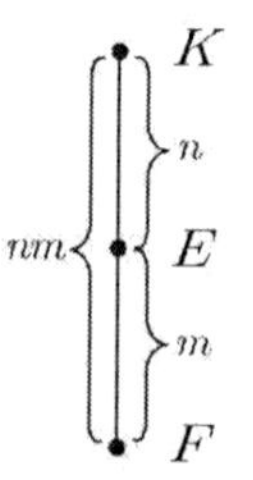

$[K:F]=[K:E][E:F]$

[그림 20.2]

$[K:E]=n$, $[E:F]=m$ 이면, $K \approx E^n$, $E \approx F^m$ 이다.

따라서, $K \approx E^n \approx (F^m)^n \approx F^{mn}$.

따라서, $[K:F]=mn$.

정리 20.5의 내용은 그림 20.2 로 그림으로 표현되며 예3,4,5는 정리20.5가 어떻게 자주 적용되는가를 보여준다.

예 3 $\{1, \sqrt{3}\}$가 $Q(\sqrt{5})$위에서 $Q(\sqrt{3}, \sqrt{5})$의 기 이고(연습문제 7 참조), $\{1, \sqrt{5}\}$가 Q 위에서 $Q(\sqrt{5})$의 기 이므로, 정리 21.5의 증명에서 $\{1, \sqrt{3}, \sqrt{5}, \sqrt{15}\}$는 Q 위에서 $Q(\sqrt{3}, \sqrt{5})$의 기 이다.(그림 20.3 참조)

예 4 체 $Q(\sqrt[3]{2}, \sqrt[4]{3})$에서 $[Q(\sqrt[3]{2}, \sqrt[4]{3}) : Q] = 12$임을 알아보자.
왜냐하면, 분명히 $[Q(\sqrt[3]{2}, \sqrt[4]{3}) : Q] = [Q(\sqrt[3]{2}, \sqrt[4]{3}) : Q(\sqrt[3]{2})][Q(\sqrt[3]{2}) : Q]$ 이고, $[Q(\sqrt[3]{2}, \sqrt[4]{3}) : Q] = [Q(\sqrt[3]{2}, \sqrt[4]{3}) : Q(\sqrt[4]{3})][Q(\sqrt[4]{3}) : Q]$ 이다. 이 두 관계식에서 $3 = [Q(\sqrt[3]{2}) : Q]$와 $4 = [Q\sqrt[4]{3} : Q]$는 $[Q(\sqrt[3]{2}, \sqrt[4]{3}) : Q]$를 나눈다. 따라서, $[Q(\sqrt[3]{2}, \sqrt[4]{3}) : Q] \geq 12$ 가 성립한다. 한편, $[Q(\sqrt[3]{2}, \sqrt[4]{3}) : Q(\sqrt[3]{2})]$은 기껏해야 4이다. 왜냐하면, $\sqrt[4]{3}$은 $x^4 - 3 \in Q(\sqrt[3]{2})[x]$의 근이다.
따라서, $[Q(\sqrt[3]{2}, \sqrt[4]{3}) : Q] = [Q(\sqrt[3]{2}, \sqrt[4]{3}) : Q(\sqrt[3]{2})][Q(\sqrt[3]{2}) : Q] \leq 4 \cdot 3 = 12$ 가 성립한다.(그림 20.4 참조)

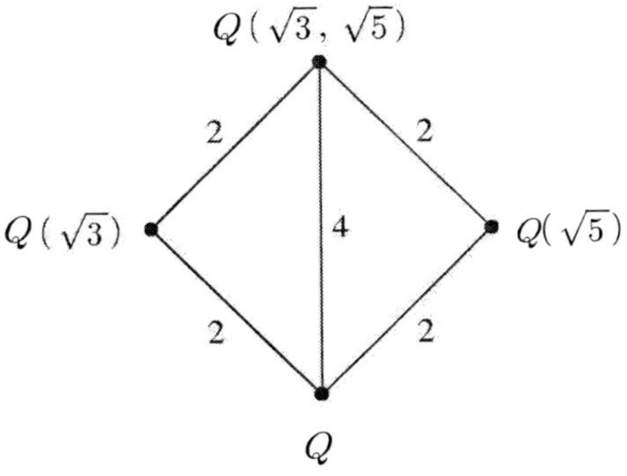

[그림 20.3]

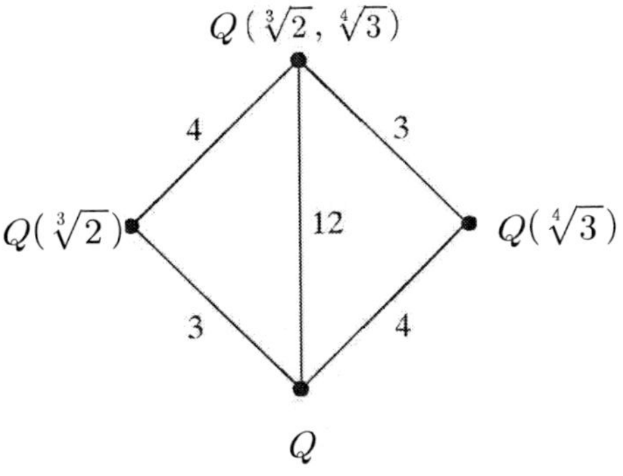

[그림 20.4]

정리 20.5는 가끔 체에서 특정 원소의 포함 여부를 알아보는데도 사용된다.

예 5 17장의 예7에서 $h(x)=15x^4-10x^2+9x+21$은 Q 위에서 , $\sqrt{3}-\sqrt{5}$ 기약다항식이었다. β가 Q 의 어떤 확대체의 원소로서 $h(x)$의 한 근이라 하자. 그러면, β 의 값을 구체적으로 모르지만 우리는 $\sqrt[3]{2}$가 $Q(\beta)$의 원소가 아님을 알 수 있다.

왜냐하면, 만약 원소라면, $Q\subset Q(\sqrt[3]{2})\subseteq Q(\beta)$이고,

$4=[Q(\beta):Q]=[Q(\beta):Q(\sqrt[3]{2})][Q(\sqrt[3]{2}):Q]$이 성립한다. 따라서 3이 4를 나눈다. 이 증명방법에 따라서 $\sqrt{2}$가 $Q(\beta)$의 원소가 아님을 밝히는 데는 사용할 수가 없다.

예 6 $Q(\sqrt{3},\sqrt{5})$에서 $Q(\sqrt{3},\sqrt{5})=Q(\sqrt{3}+\sqrt{5})$임을 알아보자.

$Q(\sqrt{3}+\sqrt{5})\subseteq Q(\sqrt{3},\sqrt{5})$은 확실하고,

$(\sqrt{3}+\sqrt{5})^{-1}=\dfrac{1}{\sqrt{3}+\sqrt{5}}\cdot\dfrac{\sqrt{3}-\sqrt{5}}{\sqrt{3}-\sqrt{5}}=-\dfrac{1}{2}(\sqrt{3}-\sqrt{5})$이므로,

$\sqrt{3}-\sqrt{5}$는 $Q(\sqrt{3}+\sqrt{5})$에 속한다.

따라서, $[(\sqrt{3}+\sqrt{5})+(\sqrt{3}-\sqrt{5})]/2=\sqrt{3}$과,

$[(\sqrt{3}+\sqrt{5})-(\sqrt{3}-\sqrt{5})]/2=\sqrt{5}$은 $Q(\sqrt{3}+\sqrt{5})$에 속한다.

그러므로, $Q(\sqrt{3},\sqrt{5})\subseteq Q(\sqrt{3}+\sqrt{5})$이다.

예 7 예6과 정리 20.3의로부터 Q 위에서 $\sqrt{3}+\sqrt{5}$의 극소다항식의 차수는 4임을 알 수 있다. 어떻게 이 다항식을 찾을 수 있을까? $x=\sqrt{3}+\sqrt{5}$에서 시작해서, $x^2=3+2\sqrt{15}+5$이고, $x^2-8=2\sqrt{15}$이다.

양변을 제곱하면, $x^4-16x^2+64=60$이다. 따라서, $\sqrt{3}+\sqrt{5}$는 x^4-16x^2+4의 근이다.

그 식이 모닉이고 차수가 4이므로 $\sqrt{3}+\sqrt{5}$의 기약다항식이 된다.

예6은 한 체에 두개의 원소를 붙여서 확대체를 만들 때, 그 체에 단 하나의 원소를 붙여서 같은 체를 만드는 예이다. 다음 정리는 특정 조건하에서 이것이 항상 가능함을 보여준다.

정리 20.6 원시근 정리(Primitive Element Theorem, Steinitz,1910)

만약 F 가 특성이 0인 체라 하고, a, b가 F 위에서 대수적이라면, $F(a,b)$에 한 원소 c가 존재하여 $F(a,b)=F(c)$가 성립한다.

증명 $p(x)$와 $q(x)$가 F 위에서 각각 a, b에 대한 기약다항식들이라 하자. F 의 어떤 확대체 K에서, $a_1, a_2, \cdots, a_m$과 $b_1, b_2, \cdots, b_n$를 각각 $p(x)$와 $q(x)$의 서로 다를 근들이라 하자. 여기서, $a=a_1$이고 $b=b_1$이라 하자. F의 무한히 많은 원소들 중에서 한 원소 d를 모든 $i \geq 1$, $j \geq 1$에 대하여 $(a_i - a)/(b-b_j)$와 같지 않게 택하자. 특히, 모든 $j > 1$에 대하여 $a_i \neq a + d(b-b_j)$이다.

우리는 $c = a + db$로 택하면 $F(a,b) = F(c)$의 성질을 가짐을 보일 것이다.

확실히, $F(c) \subseteq F(a,b)$이다. $F(a,b) \subseteq F(c)$을 보이기 위해서, $b \in F(c)$임을 보이면 충분하다. 왜냐하면, b, c, d가 $F(c)$에 포함되고 $a = c - bd$ 이므로 $a \in F(c)$이다. 이제 두 다항식 $q(x)$와 $r(x) = p(c-dx)$은 $F(c)$위에서 정의한 것이다.(즉, $r(x)$는 $p(x)$의 x대신에 $c-dx$를 대입하여 얻은 것이다).

$q(b) = 0$이고, $r(b) = p(c-db) = p(a) = 0$이다. $q(x)$와 $r(x)$ 두 다항식은 $F(c)$위에서 b에 대한 극소다항식 $s(x)$에 의해서 나누어진다.(정리20.3 참조). $s(x) \in F(c)[x]$이기 때문에, $s(x) = x - b$임을 밝힘으로서 증명은 완결된다. $s(x)$가 $q(x)$와 $r(x)$의 공통인수이므로, K에서 $s(x)$의 가능한 근들은 $q(x)$의 근이면서 동시에 $r(x)$근들이다. 그런데, $r(b_j) = p(c-db_j) = p(a+db-db_j) = p(a+d(b-b_j))$이다. 그리고 d는 $j > 1$에 대하여 $a + d(b-b_j) \neq a_i$ 가 성립하도록 선택한 것이다. 단지 b만이 $K[x]$에서 $s(x)$의 근 이므로, $s(x) = (x-b)^u$이다. $s(x)$는 기약이고, F 의 특성은 0이므로, 정리 19.6에 의해서 $u = 1$이다.

앞에서 소개한 용어에 따르면, 정리20.6과 수학적 귀납법에 의하여, 체의 특성이 0인 임의의 확대체는 단순확대체이다. 원소 a를 $E = F(a)$일 때 E 의 원시근(primitive element)라 한다.

대수적 확대체의 성질(Properties of Algebraic Extensions)

정리 20.7 대수적확대의 대수적확대는 대수적확대이다 (Algebraic over Algebraic is Algebraic)

만약 K 가 E 의 대수적확대이고 E 가 F 의 대수적확대이면, K는 F 의 대수적확대 이다.

증명 $a \in K$ 라 하자. a가 F 의 유한확대체에 포함됨을 보이면 된다. a는 E 위에서 대수적이므로, a는 $E[x]$ 의 한 기약다항식,

예를 들어, $p(x) = b_n x^n + b_{n-1}x^{n-1} + \cdots + b_0$ 의 근이다. 이제, F 위의 확대체들의 탑을 구성해보자; $F_0 = F(b_0)$, $F_1 = F_0(b_1), \cdots, F_n = F_{n-1}(b_n)$.

특히, $F_n = F(b_0, b_1, \cdots, b_n)$. 따라서 $p(x) \in F_n[x]$ 이다. 그래서, $[F_n(a) : F_n] = n$;

그리고, 각 b_i 들이 F 위에서 대수적이므로, 각 $[F_{i+1} : F_i]$ 는 유한이다.

따라서, $[F_n(a) : F] = [F_n(a) : F_n][F_n : F_{n-1}] \cdots [F_1 : F_0][F_0 : F]$ 은 유한이다.

(그림 20.5 참조)

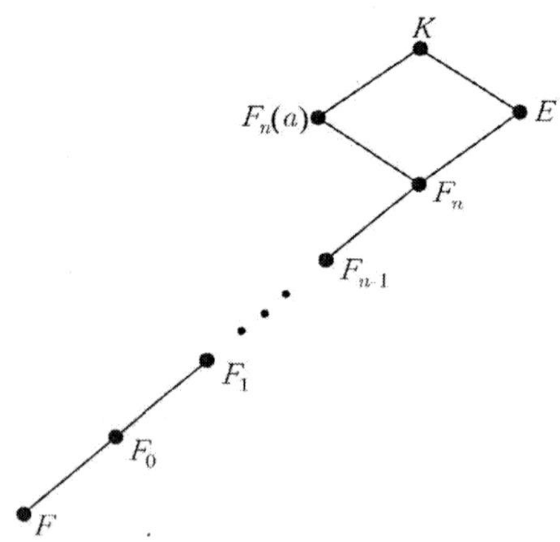

[그림 20.5]

따름 정리 대수적인 원소들의 부분체(Subfield of Algebraic Elements)

E 는 체 F 의 확대체이다. 그러면, F 위에서 대수적인 E 의 모든 원소들은 E 의 부분체이다.

증명 $a, b \in E$ 가 F 위에서 대수적이고 $b \neq 0$라 가정하자. $a+b, a-b, ab, a/b$가 F 위에서 대수적임을 밝히기 위해서는, $[F(a,b) : F]$ 가 유한확대임을 보이면 된다. 왜냐하면,

위의 4가지 원소들이 모두 $F(a,b)$에 속하기 때문이다.

그런데, $[F(a,b):F] = [F(a,b):F(b)]\,[F(b):F]$ 이고, a 가 F 위에서 대수적이기 때문에, 그것은 $F(b)$ 위에서도 당연히 대수적이다.

따라서, $[F(a,b):F(b)]$ 와 $[F(b):F]$ 둘 다 유한확대이다.

체 F 의 임의의 확대체에 대하여, F 위에서 대수적인 원소들의 집합은 E 의 부분체 이며 이것을 E 안에서 F 의 대수적폐포(algebraic closure)라 한다. 한 체에 대하여 극대인 대수적확대체가 존재하는지 어떤지? 즉, 더 이상 큰 대수적확대체가 존재하지 않는 F 의 대수적 확대가 있는지 알고 싶다. 그와 같은 E 가 존재한다면, $E[x]$ 의 모든 다항식들이 E 에서 분해한다는 것은 필요조건이다. 그렇지 않는다면, 크로네커정리에 의해서 E 는 진대수적확대체를 갖는다. 이 조건은 역시 충분조건이 된다. 만약 $E[x]$ 의 다항식들이 E 에서 분해되고 K 가 E 의 대수적확대체이면, K 의 각 원소들은 $E[x]$ 의 다항식들의 한 근이 된다. 그런데, $E[x]$ 의 다항식들의 모든 근들이 E 안에 있다. 한 체가 더 이상 진대수적확대체를 갖지 않을 때 대수적으로 닫혀있다(algebraically closed)고 한다.

1910년, Ernst Steinitz는 임의의 체 F 는 대수적으로 닫혀있는 유일한(동형에 관하여) 대수적확대체를 갖고 있음을 증명하였다.

이 체를 F 의 대수적폐포 라 했다. 이 결과를 증명하기위해서는 복잡한 집합론의 이론 배경이 요구된다.

1799년, 가우스는 그 나이 22세 때, C 가 대수적으로 닫혀있음을 증명하였다. 이 사실은 그 당시 "대수학의 기본정리(The Fundamental Theorem of Algebra)"이라 불리며 매우 중요하게 간주되었다. 50여년이 지나면서, 가우스는 이 기본정리를 증명하는 다른 3가지 증명방법을 발견하였다. 오늘날에는 100가지 이상의 증명방법이 존재한다. 20세기 현대대수학의 기세에 비추어 볼 때, 가우스의 결과는 "고전 대수학의 기본정리"라 해야 더 적절한 어휘선택이라 하겠다.

연습문제

1. 정리 20.2와 정리 20.3을 증명하여라.

2. $Q(\sqrt{2}, \sqrt[3]{2}, \sqrt[4]{2}, \cdots)$은 Q 의 대수적확대체이지만 Q의 유한확대체는 않됨을 증명하여라.

3. F 는 체이고 $F[x]$ 의 모든 기약다항식들이 1차식이라 가정하면, F 는 대수적으로 닫혀있음을 보여라.

4. a, b 는 Q 에 속하고 $b \neq 0$이다. $Q(\sqrt{a}) = Q(\sqrt{b})$ 이기위한 필요충분조건은 적당한 $c \in Q$ 가 존재하여 $a = bc^2$ 이 성립한다는 것을 보여라.

5. E 를 F 의 소수차원 확대체라 가정하자. E 의 임의의 원소 a 에 대하여, $F(a) = F$ 이거나 $F(a) = E$ 임을 보여라.

6. E 를 F 의 대수적확대체이고 $a, b \in E$ 라 가정하자. 만약 a 가 F 위에서 대수적이고 그 차수가 m, b 는 F 위에서 대수적이고 그 차수가 n 이고, m, n 이 서로소라면, $[F(a,b) : F] = mn$ 임을 보여라.

7. K 는 F 의 확대체이고 $a \in K$ 라 하자. $[F(a) : F(a^3)] \leq 3$임을 보여라.
그리고, $[F(a) : F(a^3)]$ 가 1,2,3이 되는 예를 들어 설명하여라.

8. K 는 F 의 확대체이다. E_1 과 E_2 는 F 의 확대체이고 K 에 품긴다고 가정하자. 만약 $[E_1 : F]$ 와 $[E_2 : F]$ 가 둘 다 소수이면, $E_1 = E_2$ 이거나 $E_1 \cap E_2 = F$ 임을 보여라.

9. E 는 R 의 유한확대체이다. C 가 대수적으로 닫혀있음을 이용하여 $E = C$ 이거나 $E = R$ 임을 증명하여라.

10. $p(x) \in F[x]$ 이고 E 는 F 의 유한확대체라 가정하자. 만약 $p(x)$가 F 위에서 기약이고 $\deg p(x)$와 $[E:F]$가 서로소이면, $p(x)$는 E 위에서 기약임을 보여라.

11. α와 β 는 실수들이고 Q 위에서 초월적이다. $\alpha\beta, \alpha+\beta$ 둘 중에 하나만 Q 위에서 초월적임을 보여라.

12. $f(x) = ax^2 + bx + c \in Q[x]$ 이다. $f(x)$ 에 대한 Q 위에서의 분해체의 기약원을 찾아라.

13. $f(x) \in F[x]$ 이다. 만약 $\deg f(x) = 2$이고 a 가 F의 어떤 확대체에서 한 근일 때, $F(a)$ 가 F 위에서 $f(x)$의 분해체임을 증명하여라.

14. 만약 F는 체이고 F의 영이 아닌 원소들의 곱셈군이 순환군이면, F가 유한임을 증명하여라.

15. 만약 K가 F의 확대체일 때 $[K:F] = n$ 이기위한 필요충분조건은 K가 F^n 이 벡터공간으로서 동형임을 증명하여라.

16. a 와 b 가 F 의 어떤 확대체위의 원소이고 b 는 F 위의 대수적이다.
$[F(a,b):F(a)] \le [F(a,b):F]$ 임을 증명하여라.

17. β 는 $f(x) = x^5 + 2x + 4$의 한 근이다. $\sqrt{2}$, $\sqrt[3]{2}$, $\sqrt[4]{2}$ 모두 다 $Q(\beta)$ 에 속하지 않음을 보여라.

18. a, b는 유리수이다. $Q(\sqrt{a}, \sqrt{b}) = Q(\sqrt{a} + \sqrt{b})$임을 보여라.

19. F는 체이고 K는 F 위의 어떤 상수가 아닌 다항식에 대한 분해체 이다. K가 F의 유한 확대체임을 보여라.

20. $\sqrt{2}$ 는 $Q(\pi)$ 의 원소가 아님을 증명하여라.

21. a가 한 체 F 위에서 대수적이라 가정하자. a와 $1+a^{-1}$은 F위에서 같은 차수를 가짐을 보여라.

22. 유리수체 Q 위에서 기약다항식 $f(x0 = x^3 - 2x + 2$ 의 한근을 θ 라 할 때, $Q(\theta)$ 에서 $3+\theta$ 의 곱셈에 대한 역원을 구하여라.

*** 23. $f(x) = (x^2-2)(x^2-11) \in Q[x]$ 의 Q 위에서의 분해체 K 에 대하여 다음을 답하여라.

a, $\alpha \in K$ 일 때, $Q(\alpha)$는 Q 위에서 대수적이다.

b, $\beta \in K$ 일 때, $[Q(\beta) : Q]$를 구하여라.

c, $[K : Q(\gamma)] = 1$인 $\gamma \in K$ 를 찾아라.

*** 24. $f(x) = x^6 + 12x^4 - 3x^3 - 108x^2 + 24x - 120$ 에 대하여 다음의 각 경우 근의 존재성을 증명하여라.

a. $f(x) \in Q[x]$ 이고, Q 안에 있는 $f(x)$ 의 근

b. $f(x) \in Q[x]$ 이고, C 안에 있는 $f(x)$ 의 근

c. $f(x) \in Q[x]$ 이고, $F = Q[x]/(f(x))$ 가 Q 의 확대체임을 증명하고, F 안에 있는 $f(x)$의 근

d, $f(x) \in Z_2[x]$로 보면, $[F : Z_2] = 2$인 확대체 F에서의 $f(x)$의 근

*** 25. 실수체 R의 원소 $\alpha = \sqrt{2-\sqrt{2}}$ 에 대하여 환준동형사상(ring homomorphism) $\phi_\alpha : Q[x] \rightarrow R$을 $\phi_\alpha(f(x)) = f(\alpha)$로 정의하자. 사상 ϕ_α의 핵(kernel)을 K라 할 때, $K = \langle p(x) \rangle$를 만족하는 최고차항의 계수가 1인 기약다항식(irreducible polynomial) $p(x)$를 풀이과정과 함께 쓰시오. 또한, 잉여환(상환, factor ring, quotient ring) $Q[x]/K$ 의 원소 $(x-2)+K$의 곱셈에 대한 역원을 $g(x)+K$라 할 때, $\deg g(x) < \deg p(x)$인 다항식 $g(x)$를 풀이과정과 함께 쓰시오.(단, $Q[x]$는 유리수체 Q위의 다항식환이고, $\deg h(x)$는 다항식 $h(x)$의 차수이다.)

제 21 장

유한체
(Finite Fields)

유한체의 분류(Classification of Finite Fields)

이장에서, 현대대수학에서 가장 아름답고 중요한 분야중의 하나인 유한체를 취급하고자 한다. 유한체는 1830년 갈루아(Galois)에 의해서 일반 5차 다항방정식의 불가해에 대한 증명으로부터 처음으로 소개되었다. Cayley가 수 세기 뒤에 행렬을 발견했고, 자연스럽게 유한체 위의 행렬에 대한 군들을 연구하게 되었다.

오늘날 까지, 유한체위의 행렬군들은 군들의 연구에서 가장 중요한 분야중의 하나이다. 지난 50년간, 컴퓨터과학분야에서 유한체의 중요한 적용은, 코딩이론, 정보이론, 그리고 암호이론분야 이었다. 그러나, 유한체의 순수수학과 응용수학에서의 활용뿐만 아니라 그것들을 연구해온 또 다른 좋은 이유는 그것들이 참 순수하고 흥미롭다는 것이다!

유한체에서 가장 눈부신 사실은 그것들의 위수와 구조들의 제한적인 성질들이라 본다. 우리는 이미 모든 유한체들은 소수의 멱의 위수를 갖는다는 것이다(13장 연습문제 23 참조). 그 역에 대한 논의도 역시 참이다.

정리 21.1 유한체의 분류(Classification of Finite Fields)

각 소수 p 와 각 양의 정수 n에 대하여, 동형에 관하여 위수가 p^n 인 유일한 체가 존재한다.

증명 Z_p위에서 $f(x)=x^{p^n}-x$ 의 분해체를 E 라 하자. 우리는 $|E|=p^n$ 임을 보이면 된다.

$f(x)$가 E 에서 분해됨으로, 우리는 근의 중복 도를 감안해서 꼭 p^n개의 근을 갖고 있음을 알 수 있다. 더욱, 정리19.5에 의해서 $f(x)$의 모든 근들의 중복 도는 1이다. 따라서, $f(x)$는 E 안에서 서로 다른 근 p^n개를 갖는다. 한편, E 안에서 $f(x)$의 근들의 집합은 가감승제에 대하여 닫혀있다.(연습문제 18 참조). $f(x)$의 근들의 집합 그 자신은 $f(x)$가 분해되는 Z_p 의 확대체이다. 따라서, $f(x)$의 근들의 집합은 E 이고, 결국 $|E| = p^n$ 이다. 각 소수의 멱의 원소개수를 갖는 유일한 체가 존재함을 보이기 위해서, K 를 그 위수가 p^n 인 임의의 체라 가정하자. 그러면 K 는 Z_p와 동형인 부분체를 갖는다.(그 체는 1에 의해서 생성된다). K 의 영이 아닌 원소들은 위수가 p^n-1인 곱셈군 이기 때문에 K 의 모든 원소들은 $f(x)=x^{p^n}-x$ 의 근이다.(연습문제 13 참조). 따라서, K 는 Z_p위에서 $f(x)$ 의 분해체임에 틀림없다. 정리 19.4의 따름정리에 의해서, 동형에 관해서 단 하나의 체가 존재한다.

정리 21.1 의 존재성에 대한 증명은 19세기 초반에 갈로아(Galois)와 가우스(Gauss)의 논문들에서 볼 수 있다. 엄밀한 증명은 1857년 데디킨트(Dedekind)와 1870년 조르단(Jordan)의 군론에 대한 그의 고전 책에서 볼수 있다. 이 정리의 유일성에 대한 증명은 무어(E. H. Moore)의 유한군에 관한 논문에서 증명되었다. 수학역사학자인 벨(E. T. Bell)은 무어의 이 논문을 미국에서의 현대대수학의 효시로 기록하고 있다. 각 소수의 멱 p^n에 대하여 단 하나의 체가 있기 때문에, 우리는 이것을 $GF(p^n)$으로 혼돈하지 않고 표시할 수가 있다. 이것은, 갈로아를 기념하여 p^n 위수를 갖는 갈로아 체라 부른다.

● ● ● 유한체의 구조(Structure of Finite Fields)

다음 정리는 p^n 위수를 갖는 체의 덧셈과 곱셈에 대한 군의 구조를 설명하고 있다.

정리 21.2 유한체의 구조

덧셈군으로 $GF(p^n)$은 $Z_p \oplus Z_p \oplus \cdots \oplus Z_p$와 동형이고, 곱셈군으로 영이 아닌 $GF(p^n)$의 집합은 Z_{p^n-1}과 동형이다(따라서, 순환군과 동형이다).

증명 $GF(p^n)$은 그 특성이 p이므로(정리 13.3 참조), $GF(p^n)$의 모든 영이 아닌 원소들은 덧셈에 관한 위수가 p이다. 유한가환군의 기본정리(Fundamental Theorem of Finite Abelian Groups)에 의해서 $GF(p^n)$는 덧셈에 관해서 Z_p의 n번의 직적과 동형이다.

곱셈군 $GF(p^n)$의 영이 아닌 원소들의 집합 $GF(p^n)^*$은 순환군임을 보이기 위하여, 우리는 먼저 아벨군의 기본정리(정리 10.1 참조)에 의해서, $GF(p^n)^*$은 $Z_{n_1} \oplus Z_{n_2} \oplus \cdots \oplus Z_{n_m}$ 형식의 직적과 동형이다. 만약 각 성분들의 위수들이 각각 서로소이면 정리7.2의 따름정리1에 의해서 $GF(p^n)^*$은 순화군이다. 그러므로 우리는 직적의 두성분의 위수를 나누는 적당한 정수 $d > 1$이 존재한다고 가정하자. 순환군의 기본정리(정리 3.3 참조)로부터 우리는 이 성분 둘 다 위수가 d인 부분군을 갖는다. 이것은 $GF(p^n)^*$가 위수가 d인 서로 다른 두 부분군을 갖고 있음을 뜻한다. 그것들을 H 와 K 라 부르자. 그렇게 되면 H 와 K 의 모든 원소들이 $x^d - 1$의 근이 된다. 이 사실은 체 위의 차수가 d인 다항식은 기껏해야 d개의 근을 갖는다(정리 16-2의 따름정리 3 참조)는 정리에 모순된다.

$Z_p \oplus Z_p \oplus \cdots \oplus Z_p$는 Z_p 위의 벡터공간이고 $\{(1,0,\cdots,0), (0,1,0,\cdots,0),\cdots,(0,0,\cdots,1)\}$를 기로 갖고 있음으로, 우리는 다음과 같은 유용하고 미적으로 감동적인 공식을 얻는다.

따름 정리 1. $[GF(p^n) : GF(p)] = n$

따름 정리 2. $GF(p^n)$은 위수가 n인 원소를 갖는다.

$GF(p^n)$의 영이 아닌 원소들의 곱셈군의 한 생성원을 a 라 하자. 그러면, a 는 $GF(p)$위에서 대수적이고 차수가 n이다.

증명 $[GF(p)(a) : GF(p)] = [GF(p^n) : GF(p)] = n$을 보면 알 수 있다.

예 1 체 $GF(16)$를 자세하게 음미해보자.

$x^4 + x + 1$은 Z_2위에서 기약이므로, 우리는 다음 사실을 알 수 있다.

$GF(16) \approx \{ax^3 + bx^2 + cx + d + \langle x^4 + x + 1\rangle | a,b,c,d \in Z_2\}$.

따라서, 우리는 $GF(16)$을 다음과 같은 집합으로 생각할 수 있다.

$F = \{ax^3 + bx^2 + cx + d | a,b,c,d \in Z_2\}$, 여기서 덧셈은 $Z_2[x]$에서와 같다.

그러나. 곱셈은 $x^4 + x + 1$를 법으로 계산한다. 예를 들어,

$$(x^3 + x^2 + x + 1)(x^3 + x) = x^3 + x^2,$$

$Z_2[x]$ 에서 $(x^3+x^2+x+1)(x^3+x) = x^6+x^5+x^2+x$ 를 x^4+x+1 로 나눈 나머지가 x^3+x^2 이기 때문이다. 위와 같은 계산을 좀 더 쉽게 하기 위해서 이 책에서는 x^4+x+1 이 0이라 한다. 따라서,

$$x^4 = -x-1 = x+1,$$
$$x^5 = x^2+x,$$

그리고, $x^6 = x^3+x^2$, 따라서,

$$x^6+x^5+x^2+x = (x^3+x^2)+(x^2+x)+x^2+x = x^3+x^2.$$

곱셈과정을 간편하게 하기위한 또 다른 방법은 $GF(16)$의 영이 아닌 원소들의 집합이 위수가 15인 순환군임을 이용하면 된다. 이 사실을 이용하기 위해서, 우리는 먼저 이 군의 한 생성원을 찾아야 한다. 임의의 F^*의 원소들은 15의 약수인 곱셈의 위수를 갖기 때문에, 우리에게 필요한일은 F^*에서 $\alpha^3 \neq 1, \alpha^5 \neq 1$인 원소 α를 찾는 것이다. 분명히, x 는 이 성질을 갖고 있다. 따라서, 우리는 $GF(16)$을 $\{0,1,x,x^2,\cdots,x^{14}\}$의 집합으로 생각하고, $x^{15}=1$이다. 이 사실은 F에서 곱셈은 아주 쉽게 만들지만, 그러나, 불행히도, 덧셈은 더 힘들게 만든다. 예를 들어, $x^{10}x^{17} = x^{17} = x^2$이지만, $x^{10}+x^7$은 무엇일까? 따라서, 우리는 모순에 빠진다. 만약 F^*의 원소들을 덧셈꼴 ax^3+bx^2+cx+d로 나타내면, 덧셈은 용이하지만 이번에는 곱셈이 어렵게 된다. 우리는 이 두 가지 모두를 잘 계산 할수 없을까? 우리는 할수 있다. 우리에게 필요한 모든 것은 $x^4 = x+1$의 관계식을 이용하여 쌍방향으로 계산할 수 있는 변환표를 표 21.1과 같이 만들면 된다.

따라서, 이 표 21.1에 의해서,

$x^{10}+x^7 = (x^2+x+1)+(x^3+x+1) = x^3+x^2 = x^6$ 이고,

$(x^3+x^2+1)(x^3+x^2+x+1) = x^{13}x^{12} = x^{25} = x^{10} = x^2+x+1.$

〈표 21.1〉 $GF(16)$에서 덧셈과 곱셈의 변환표

곱을 덧셈형태로		덧셈을 곱형태로	
1	1	1	1
x	x	x	x
x^2	x^2	$x+1$	x^4
x^3	x^3	x^2	x^2
x^4	$x+1$	x^2+x	x^5
x^5	x^2+x	x^2+1	x^8
x^6	x^3+x^2	x^2+x+1	x^{10}
x^7	x^3+x+1	x^3	x^3
x^8	x^2+1	x^3+x^2	x^6
x^9	x^3+x	x^3+x	x^9
x^{10}	x^2+x+1	x^3+1	x^{14}
x^{11}	x^3+x^2+x	x^3+x^2+x	x^{11}
x^{12}	x^3+x^2+x+1	x^3+x^2+1	x^{13}
x^{13}	x^3+x^2+1	x^3+x+1	x^7
x^{14}	x^3+1	x^3+x^2+x+1	x^{12}

■

위의 예로 인해서 영이 아닌 순환곱셈군에서 x가 항상 생성원이 될 것이라는 오해를 하지 않기 바란다. 안 되는 경우가 있다.(연습문제 9 참조). $Z_p[x]$에서 같은 차수를 갖는 임의의 두 기약다항식은 서로 동형인 체를 만든다. 어떤 것이 다른 것들 보다 계산상의 문제로 더 좋을 수 있다.

예 2 Z_2 위에서 $f(x)=x^3+x^2+1$을 생각해보자. 우리는 $f(x)$를 어떻게 일차의 인수의 곱으로 쓸 수 있을까? $F=Z_2[x]/\langle f(x)\rangle$라 하고, a가 F 안에서 $f(x)$의 근이라 하자. 그러면, $|F|=8$이고 $|F^*|=7$이다. 정리 6.1의 따름정리 2에 의해서, $|a|=7$임을 알 수 있다. 따라서, 정리19.3 에 의해서

$$\begin{aligned}F&=\{0,1,a,a^2,a^3,a^4,a^5,a^6\}\\&=\{0,1,a,a+1,a^2,a^2+a+1,a^2+1,a^2+a\}\end{aligned}$$

우리는 a가 $f(x)$의 한 근임을 알고 있으며, F의 다른 원소들이 근인지 아닌지 실험해 볼 수가 있다. 우리는 $a^3+a^2+1=0$의 관계식을 이용하여 F의 원소들을 두 가지 형식으로 표현하여 그것들의 변환표를 이용하여 단순 계산을 할 수 있게 되었다. $char\,F=2$이므로,

우리는 $a^3 = a^2 + 1$임을 이용한다. 즉,

$$\begin{aligned}
&a^4 = a^3 + a = (a^2+1) + a = a^2 + a + 1,\\
&a^5 = a^3 + a^2 + a = (a^2+1) + a^2 + a = a + 1,\\
&a^6 = a^2 + a,\\
&a^7 = a^3 + a^2 = 1.
\end{aligned}$$

이제 a^2 이 $f(x)$의 근인지 아닌지 알아보자.

$$\begin{aligned}
f(a^2) &= (a^2)^3 + (a^2)^2 + 1 = a^6 + a^4 + 1\\
&= (a^2 + a) + (a^2 + a + 1) + 1 = 0.
\end{aligned}$$

다음은 a^3 에 대하여 알아보자.

$$\begin{aligned}
f(a^3) &= (a^3)^3 + (a^3)^2 + 1 = a^9 + a^6 + 1\\
&= a^2 + (a^2 + a) + 1 = a + 1 \neq 0.
\end{aligned}$$

이번에는 a^4,

$$\begin{aligned}
f(a^4) &= (a^4)^3 + (a^4)^2 + 1 = a^{12} + a^8 + 1\\
&= a^5 + a + 1 = (a+1) + a + 1 = 0.
\end{aligned}$$

따라서, $f(x) = (x-a)(x-a^2)(x-a^4) = (x+a)(x+a^2)(x+a^4)$이다. 왜냐하면 $char\,F = 2$이기 때문이다.

■

유한체의 부분체(Subfields of a Finite Field)

정리21.1은 우리가 모든 유한군에 대한 완전한 설명을 할 수 있게 해준다. 다음 정리는 한 유한체의 모든 부분체에 대하여 완전한 설명을 할 수 있게 해 줄 것이다. 이 정리와 정리 3.3; '유한 순환군의 모든 부분군들에 대하여 언급하고 있는 정리' 사이의 밀접한 유사점을 주의 깊게 알아보기 바란다.

정리 21.3 유한체의 부분체

n 의 각 약수 m에 대하여, $GF(p^n)$는 p^m 위수를 갖는 유일한 부분체를 갖는다. 더욱, 이것들만이 $GF(p^n)$의 부분체들이다.

증명 이 정리의 존재성 부분을 보이기 위해서, m이 n를 나눈다고 가정하자. 그러면,

$$p^n - 1 = (p^m - 1)(p^{n-m} + p^{n-2m} + \cdots + p^m + 1),$$

우리는 $p^m - 1$이 $p^n - 1$를 나눈다. 간략하게 표현해서, $p^n - 1 = (p^m - 1)t$라 하자.

$K = \{x \in GF(p^n) | x^{p^m} = x\}$라 하자. K 가 $GF(p^n)$의 부분체임을 밝히는 것은 용이하므로 독자에게 연습문제로 남긴다.(연습문제 12 참조).

다항식 $x^{p^m} - x$ 은 $GF(p^n)$안에서 기껏해야 p^m 개의 근을 갖기 때문에, $|K| \le p^m$이다. 그리고, $\langle a \rangle = GF(p^n)^*$라 하면, $|a^t| = p^m - 1$이고 $(a^t)^{p^m - 1} = 1$임으로, $a^t \in K$이다. 따라서, K 는 $GF(p^n)$ 의 위수 p^m인 부분체이다.

이 정리의 유일성 부분은 다음 사실을 확인함으로서 알 수 있다.

만약 $GF(p^n)$가 위수가 p^m인 서로 다른 두 부분체를 갖는다고 하면, 다항식 $x^{p^m} - x$는 $GF(p^n)$안에서 p^m 보다 많은 근들을 갖게 된다. 이것은 정리 20.5의 따름정리 3에 모순이다.

끝으로, F 가 $GF(p^n)$의 한 부분체라 가정하자. F 는 정리 20.5에 의해서 적당한 정수 m에 대하여 $GF(p^m)$과 동형이다,

$$\begin{aligned} n &= [GF(p^n) : GF(p)] \\ &= [GF(p^n) : GF(p^m)][GF(p^m) : GF(p)] \\ &= [GF(p^n) : GF(p^m)]m \end{aligned}$$

따라서, m은 n를 나눈다.

정리 21.2와 21.3은 정리 3.3과 함께 유한체의 부분체들을 찾는 일을 단순한 계산문제로 만들었다.

예 3 F 는 예1에서 주어진 위수가 16인 체라 하자. 그러면, F 는 꼭 세 가지 부분체가 존재한다. 그 위수는 각각 2, 4 그리고 16이다. 분명하게, 위수 2인 부분체는 $\{0,1\}$이고 위수 16인 부분체는 F 자기 자신이다. 위수가 4인 부분체를 구하기 위해서, 우리는 이 부분체의 영이 아닌 3 원소들은 순환군 $F^* = \langle x \rangle$의 위수가 3인 순환부분군에 불과하다. 따라서 위수 4인 부분체는

$\{0,1,x^5,x^{10}\} = \{0,1,x^2+x,x^2+x+1\}$ 이다.

예 4 만약 F 는 위수가 $3^6 = 729$인 체라 하고 α를 F^*의 생성원 이라면, F 의 부분체들은

1. $GF(3) = \{0\} \cup \langle \alpha^{364} \rangle = \{0,1,2\}$
2. $GF(9) = \{0\} \cup \langle \alpha^{91} \rangle$
3. $GF(27) = \{0\} \cup \langle \alpha^{28} \rangle$
4. $GF(729) = \{0\} \cup \langle \alpha \rangle$

예 5 체 $GF(2^{24})$의 모든 부분체들의 도표를 그려라.

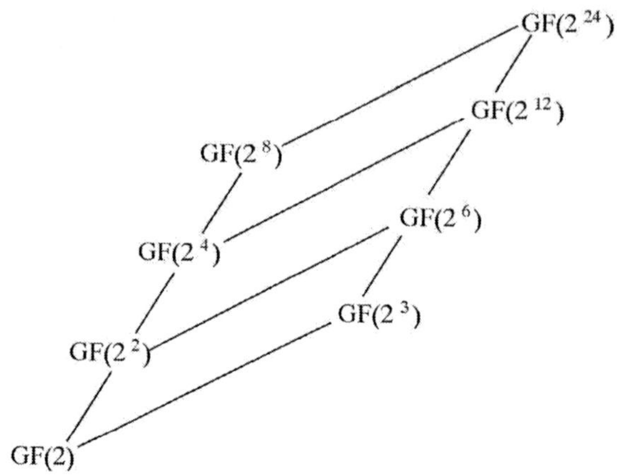

연습문제

1. $[GF(729):GF(9)]$와 $[GF(64):GF(8)]$를 찾아라.

2. 체 $GF(64)$의 모든 부분체들의 도표를 그려라.

3. α는 $f(x)=x^2+2x+1$의 한 근으로 Z_2의 어떤 확대체안의 원소이다. $Z_2[\alpha]$에서 $f(x)$의 다른 근을 구하여라.

4. K는 유한체 F의 유한확대체라 하자. K에 한 원소 a가 존재하여 $K=F(a)$임을 보여라.

5. $f(x)$는 Z_2 위에서 3차 기약다항식이다. $f(x)$의 Z_2위에서의 분해체의 위수가 8임을 증명하여라.

6. Frobenius 사상 $\phi: GF(p^n) \to GF(p^n)$는 $a \to a^p$ 로 정의한다. 위수가 n링 환 자기동형사상임을 보여라.(즉, n는 ϕ^n 이 항등함수가 되는 최소 정수이다.)

7. x^8-x 의 Z_2 위에서 임의의 기약인수의 차수가 1이거나 3임을 증명하여라.

8. x 가 순환군 $(Z_3[x]/\langle x^3+2x+1\rangle)^*$의 생성원임을 보여라.

9. x 는 순환군 $\left(Z_3[x]/\langle x^3+2x+2\rangle\right)^*$의 생성원이 아님을 보이고, 한 생성원을 찾아라.

10. 정리 21.3의 유일성 부분을 군 이론의 논증을 사용하여 증명하여라.

11. 위수가 9인 한 체를 구성하고 예1에서와 같이 변환표를 포함한 분석을 수행하여라.

12. 정리 21.3의 증명과정에서 집합 K가 부분체임을 보여라.

13. 순수하게 군 이론의 논증을 통하여, 만약 F 가 위수가 p^n 인 체라면 F^* 의 모든 원소들은 $x^{p^n}-x$ 의 근이다.

14. $GF(2^{30})$ 의 부분체의 도표와 $GF(3^{30})$의 부분체의 도표를 비교하면 어떻게 될까?

15. p 가 소수이고 $p \neq 2$이라 가정하자. a 를 $GF(p)$의 제곱수가 아니라 하자. 즉, a가 $GF(p)$의 임의의 원소 b 에 대하여 b^2 의 인수를 갖지 않을 때를 말한다. 만약 n이 홀수이면 a 는 $GF(p^n)$의 제곱수가 아니고, 만약 n 이 짝수이면 a는 $GF(p^n)$의 제곱수임을 보여라.

16. $GF(p^n)$ 의 임의의 원소는 $GF(p^n)$ 의 어떤 유일한 원소a가 존재하여 a^p 꼴로 표현됨을 보여라.

17. F 는 위수가 125 인 체이고 $F^* = \langle \alpha \rangle$라 하자. $\alpha^{62} = -1$ 임을 보여라.

18. E 를 Z_p 위에서 $f(x) = x^{p^n} - x$ 의 분해체라 하자. E 에서 $f(x)$의 모든 근들의 집합은 가감승제에 의해 닫혀있음을 보여라.

19. 소수 특성 p 를 갖는 임의의 체에서 그 사상이 $a \to a^p$ 로 정의되는 자기동형사상이 되지 않는 예를 들어 보아라.

*** 20. K 는 Z_p 의 확대체로서 $[K : Z_p] = n$ 이다. 곱셈에 대한 순환군 $K^* = \langle u \rangle$ 이고, $Z_p[x]$ 의 기약다항식 $f(x)$ 가 u 를 근으로 가질 때, 다음에 답하여라.

a. $\phi : K \to K,\ \phi(v) = v^p$ 는 환동형사상이다.

b. 모든 $v \in K$ 에 대하여 $\phi^n : K \to K,\ \phi^n(v) = v$ 이다.

c. $K^* = \langle u \rangle$ 의 생성원인 $u, u^p, u^{p^2}, \cdots, u^{p^{n-1}}$ 도 $f(x)$ 의 근이다.

*** 21. 체 F 가 $[F : Z_2] = 6$ 이다. $\alpha \in F$ 와 $\phi_\alpha : Z_2[x] \to F$ 에 대하여 다음을 설명하여라.

a. $|F| = 2^6$ 이다.

b. $\ker(\phi)$ 는 $Z_2[x]$ 의 주이데알이다.

$c.$ α의 기약다항식은 다항식 $x^{2^6}-x$을 나눈다.

$d.$ α의 기약다항식 $irr(\alpha, Z_2)$ 의 차수를 설명하여라.

$e.$ $im(\phi_\alpha)$ 는 F 의 부분체이다.

제22장

기하작도 (Geometric Constructions)

기하작도의 역사적인 논의 (Historical Discussion of Geometric Constructions)

고대 그리스인들은 기하작도를 좋아했다. 그들은 특별히 단지 눈금 없는 자와 컴퍼스만 사용하여 그릴 수 있는 작도문제들에 흥미를 갖고 있었다.

그들은 예를 들어, 임의의 각을 이등분 할 수 있다는 것을 알고 있었고, 또한, 정삼각형, 정사각형, 정오각형 그리고 정육각형의 작도방법을 알고 있었다. 그러나, 그들은 임의의 각을 삼등분하는 방법과 정칠각형의 작도방법은 알지 못하였다. 그들이 시도했던 다른 문제는 정육면체를 두 배로 하는 문제-즉, 주어진 정육면체에 대하여, 단지 눈금 없는 자와 컴퍼스만 사용하여 그 부피를 두 배로 하는 새로운 정육면체를 작도하려고 노력하였다.

고대 아테네의 전설에 의하면 만약 그들이 정육면체로 되어있는 아폴로 제단의 부피를 두 배로 하는 새로운 제단을 만들면 역병이 멈출 것이라는 델로스의 신탁에 대한 이야기가 있었다. "정육면체의 부피를 두 배로 하는 문제" 뿐만 아니라 그리스인들은 "원의 면적과 같은 정사각형 작도문제"-주어진 원의 면적과 같은 면적을 갖는 정사각형을 작도하기 위해 노력하였다. 그들은 이 모든 작도 문제들을 컴퍼스와 두 점의 표식이 있는 자를 사용한다든지, 눈금 없는 자와 나선을 이용하여 해결하는 방법을 알았다. 그러나, 그들은 단지 눈금 없는 자와 컴퍼스만으로는 어떠한 작도문제도 해결할 수가 없었다. 이 문제들은 지난 2000연간 수학자들을 당혹스럽게 하였다. 이 당혹스러움은 19세기에 이르러 기하학의 문제를 대수학의 문제로 변환함으로서 그 해결이 가능하게 되었다.

고대의 가장 유명한 문제 중 최초의 것은 정다각형의 작도문제의 해결 이었다. 유클리드로부터 정다각형의 작도문제는 그 변의 개수가 2^k, 2^k3, 2^k5 그리고 $2^k3 \cdot 5$인 경우만 작도가능하다고 알려져 왔다. 그리고, 그 밖의 경우는 불가능한 것으로 알고 있었다.

1796년에 아직 10대인 가우스는 정 17각형이 작도가능함을 증명하였다. 1801년에 가우스는 정 n다각형이 작도가능할 필요충분조건은 n가 $2^k p_1 p_2 \cdots p_i$,형식으로 표시 될 때이다. 여기서 p_i 들은 $2^{2^s}+1$꼴의 소수들이다. 우리는 이 증명을 정리 24.5에서 제공할 것이다.

따라서, 변의 수가 $3, 4, 5, 6, 8, 10, 12, 15, 16, 17$ 그리고 20인 정다각형은 작도가능하고 변의 수가 $7, 9, 11, 13, 14, 18$ 그리고 19인 정다각형은 작도 불가능하다. 이 작도문제들이 어떤 영향을 미치는가 하는 것은 별개의 문제이다. 한 사람은 10연간 65537개의 변을 갖는 다각형의 작도방법을 찾는데 소비한 일도 있었다.

가우스의 정 n각형의 작도가능성에 대한 결과는 60° 각의 3등분 가능성이 정 9각형을 작도할 수 없기 때문에 또 다른 유명한 미해결문제를 제거 하게 되었다. 따라서, 단지 눈금 없는 자와 컴퍼스만 사용하여 60° 각을 3등분하는 방법이 없다는 것이다. 1837년에 완첼(Wanzel)은 정육면체의 부피를 두 배로 하는 작도는 가능하지 않다고 증명하였다. 한 원의 면적과 같은 정사각형을 작도하는 문제는 1882년 까지 많은 시도가 있었으나 페르디난드 린데만(Ferdinand Lidemann)는 π가 초월수임을 증명하였다. 우리가 알게 되겠지만, 모든 작도가능한수는 대수적인 수이다.

작도가능한 수(Constructible Numbers)

우리가 지금까지 알고 있는 체의 이론을 갖고, 다음 문제를 해결하기는 쉬운 일이다: 주어진 눈금 없는 자, 컴퍼스 그리고 단위 길이를 갖고 무슨 다른 길이들을 작도할 수 있을까? 처음 시작으로, 우리는 실수 α를 작도가능하다고 말한다. 만약 우리가 눈금 없는 자, 컴퍼스 그리고 단위 길이를 이용하여 $|\alpha|$ 길이의 선분을 유한 번 단계를 거쳐 작도할 수 있을 때를 말한다. 평면기하의 성질로부터, 만약 α 그리고 $\beta(\beta \neq 0)$가 작도가능한수들이라면, $\alpha+\beta$, $\alpha-\beta$, $\alpha\beta$, α/β 도 역시 작도가능한수들이다.(연습문제의 힌트 참조바람). 따라서, 작도가능한 수집합은 유리수집합 Q 를 포함하고 이것은 실수집합의 부분체이다.

우리가 원하는 것은 이 체를 대수적으로 특정화 하는 것이다. 한 특정화를 유도하기 위해서, F를 실수체의 임의의 부분체라 하자. 실수 평면의 부분집합 $\{(x,y)\in R^2 | x, y \in F\}$를 F 에서의 평면이라 부른다. F 에서의 평면위에서 임의의 두 점을 연결한 직선을 F에서의 직선이라 부른다. 그리고,

임의의 원에서 그것의 중심이 F 에서의 평면위에 있고 반지름의 길이가 F 의 원소일 때 F 안에서의 원이라 부른다. 그러면 F에서의 직선은 다음과 같은 방정식을 만족한다.

$ax+by+c=0$, 여기서 $a, b, c \in F$ 이다.

그리고 F 안에서의 원은 다음과 같은 방정식을 만족한다.

$x^2+y^2+ax+by+c=0$, 여기서 $a, b, c \in F$ 이다.

특히, F 에서의 한 쌍의 두 직선의 교점을 찾거나, F 에서의 한직선과 F 안에서의 한원의 교점을 찾는 것은 우리는 다만 F 안에서 1차 또는 2차 방정식을 푸는 문제이다. 우리는 이제 결정적인 질문을 얻게 된다.

어떤 체 F 에서의 평면안의 점들에서 출발하여 눈금 없는 자와 컴퍼스만 사용하여 실수평면상에 어떤 점들을 구할 수 있을까? 자 이제, F 에서의 평면안의 점들에서 출발하여 작도할 수 있는 점들은 단지 3가지 방법만 있다.

1. F 안에서 두 직선의 교점.
2. F 에서의 한원과 F 안에서의 한직선의 교점.
3. F 안에서 두 원의 교점.

1번의 경우, 우리는 F 안에 있는 두 직선이 F 에서의 평면안의 점에서 교차함으로 새로운 점을 생각할 필요가 없다.

2번의 경우, 교점은 F 안에서 1차 방정식 또는 2차 방정식의 해를 구하게 된다. 따라서, 교점은 F 에서의 평면 안에 있거나 또는 $F(\sqrt{\alpha})$에서의 평면 안에 있다. 여기서, $\alpha \in F$ 는 양수이다.

3번의 경우, 새로운 점이 구해지는 것은 아니다. 왜냐하면, 두 개의 방정식을 다음과 같이 주어지면; $x^2+y^2+ax+by+c=0$ 그리고 $x^2+y^2+a'x+b'y+c'=0$ 에서 $(a-a')x+(b-b')y+(c-c')=0$을 얻는다. 이 직선은 F 안에 있다. 따라서 교점들은 F 안에 있다.

결과적으로, 체 F 에서의 평면으로부터 작도가능한 실 평면 위에서 점들의 좌표는 $F(\sqrt{\alpha})$ 형식의 체 안에 있다. 여기서, $\alpha \in F$ 는 양수이다. 물론, 우리는 $F_1 = F(\sqrt{\alpha})$에서 출발하여 $F_2 = F_1(\sqrt{\beta})$형식의 체 안에 좌표를 갖는 점을 작도하게 된다. 여기서, $\beta \in F_1$ 는 양수이다. 이와 같은 방법으로 계속하면, 우리는 한 실수 c가 작도가능한 수가 되기 위한 필요충분조건은 체들의 열이 존재하여,

$Q = F_1 \subseteq F_2 \subseteq \cdots \subseteq F_n \subseteq R$ 이고, $F_{i+1} = F_i(\sqrt{\alpha_i})$, 여기서, $\alpha_i \in F_i$ 이고 $c \in F_n$이다. $[F_{i+1} : F_i] = 1$ 또는 2 이기 때문에, 정리 21.5에 의해서, 만약 c 가 작도가능한 수이면 음수가 아닌 정수 k가 존재하여, $[Q(c) : Q] = 2^k$ 가 성립한다.

위에서 실수 c가 작도가능하면, $[Q(c) : Q] = 2^k$ 임을 알았다. 그러나 그 역은 성립하지 않는다. 여기서는 한 반례로 실수 c가 $[Q(c) : Q] = 2^2$인 경우에 c가 작도불가능임을 보이자.

정리 유리수체상에서 기약다항식 $x^4 - 4x + 2$의 한 실근을 r_i라 하면, $[Q(r_i) : Q] = 2^2$ 이지만 r_i는 작도불가능하다.

증명 Eisenstein판별에 의해서 $x^4 - 4x + 2$은 Q 위에서 기약이다. 따라서 각 근 r_i 에 대하여 $[Q(r_i) : Q] = 4$ 이다. 그러나, 실수상에서 두 개의 2차다항식의 곱으로 인수분해 된다.

즉, $x^4 - 4x + 2 = (x^2 + ax + b)(x^2 + cx + d)$ 이다.

계수비교를 하면,

$$\begin{aligned}
&(i)\ 0 = a + c \quad c = -a \\
&(ii)\ 0 = b + d + ac \quad b + d = a^2 \\
&(iii)\ -4 = bc + ad \quad -4 = a(d - b) \\
&(iv)\ 2 = bd
\end{aligned}$$

여기서, $t = b + d$ 라 하면 $16 = a^2(b+d)^2 - 4bd = t(t^2 - 8)$이다.

$(v)\ t^3 - 8t - 16 = 0$ 이 성립한다.

위 방정식은 유리수근을 갖지 않으므로 $t^3 - 8t - 16$ 은 Q 위에서 기약이다.

$t^3 - 8t - 16 = 0$은 한 실근 ρ를 3, 4사이에 갖는다. a, b, c, d를 ρ에 관한 식으로 표현된다.

a와 c중 하나는 양수이므로, $c > 0$이라 가정하자.

따라서, $b + d = t = \rho$, $a = -c = -\sqrt{\rho}$, $d - b = 4/\sqrt{\rho}$ 이다.

$b = \rho/2 - 2/\sqrt{\rho}$, $d = \rho/2 + 2/\sqrt{\rho}$ 이므로, $x^2 + ax + b = 0$의 근

$$\frac{-a \pm \sqrt{a^2 - 4b}}{2} = \frac{1}{2}\left[\sqrt{\rho} \pm \sqrt{-\rho + \frac{8}{\sqrt{\rho}}}\right]$$

$\rho < 4$ 이므로, 이 두근 r_1, r_2는 $x^4 - 4x + 2$의 두 근이다. 만약 이 근들이 작도가능하다고 하면, $(r_1 + r_2)^2 = \rho$도 작도 가능하다. 그러나, ρ는 $t^3 - 8t - 16$의 근이므로

$[Q(\rho):Q]=3$이다. 따라서 모순된다. 따라서, x^4-4x+2는 작도불가능한 실근을 갖는다.

우리는 이제 신속하게 그리스인들을 괴롭혔던 문제들을 해결하게 되었다.

부피가 1인 정육면체의 부피를 두 배로 하는 문제를 생각해보자. 확대된 정육면체의 한 변의 길이는 $\sqrt[3]{2}$ 이다. 그러나, $[Q(\sqrt[3]{2}):Q]=3$이므로 그 작도는 불가능하다.

다음은, 각 $60°$ 의 3등분의 가능성을 생각해보자. 만약 각 $60°$ 의 3등분의 가능하다면, $\cos 20°$ 가 작도가능할 것이다.(그림 22.1 참조)

특히, 적당한 정수 k에 대하여 $[Q(\cos 20°):Q]=2^k$가 성립한다.

삼각법공식 $\cos 3\theta = 4\cos^3\theta - 3\cos\theta$, 여기서 $\theta = 20°$ 이다.

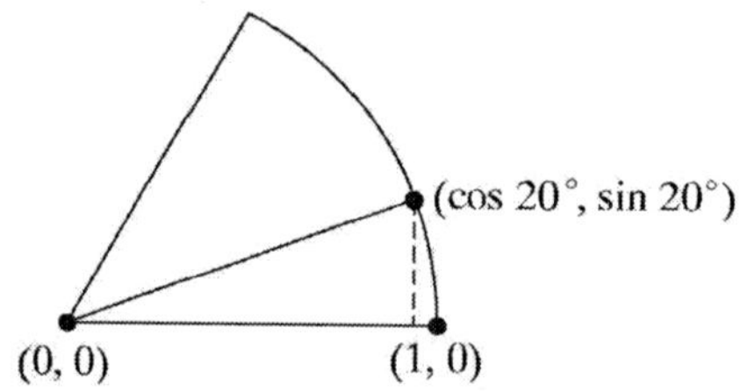

[그림 22.1]

$1/2 = 4\cos^3 20° - 3\cos 20°$ 이다. 따라서, $\cos 20°$ 은 $8x^3-6x-1$의 근이다. 그러나, $8x^3-6x-1$은 Q위에서 기약이므로(연습문제 7 참조), 우리는 $[Q(\cos 20°):Q]=3$이다. 이것은 모순이며 각 $60°$ 의 3등분은 불가능하다.

연습문제

1. 만약 a와 b가 작도가능한 수이고 $a \geq b > 0$ 이면, $a+b$와 $a-b$가 작도가능함을 기하학적으로 증명하여라.

2. 만약 c 가 작도가능하면 $\sqrt{|c|}$ 도 작도가능함을 증명하여라.(힌트; 반지름이 $1+|c|$ 인 반원을 생각하자.)

3. $\sin\theta$가 작도가능하기 위한 필요충분조건은 $\cos\theta$가 작도가능하다는 것을 증명하여라.

4. $\cos 2\theta$가 작도가능하기 위한 필요충분조건은 $\cos\theta$가 작도가능하다는 것을 증명하여라.

5. $45°$ 각은 눈금 없는 자와 컴퍼스로 삼등분 가능함을 증명하여라.

6. 한 체 F에서의 평면위 두 직선의 교점이 F 평면위에 있음을 보여라.

7. $8x^3-6x-1$ 이 Q 위에서 기약임을 증명하여라.

8. 정 9각형이 눈금 없는 자와 컴퍼스로 작도 불가능함을 보여라.

9. (원의 정사각형 화) 반지름이 1인 원과 같은 면적을 갖는 정사각형을 눈금 없는 자와 컴퍼스로 작도 불가능함을 보여라. 우리는 여기서 π가 Q위에서 초월수임을 사용할 수 있다.

10. 정육면체의 부피가 3배인 것을 작도할 수 있는가?

11. 원의 면적을 3배로 하는 정사각형을 작도할 수 있을까?

제23장

갈루아 이론의 기초 (An Introduction to Galois Theory)

●●● 갈루아 이론의 기본정리 (Fundamental Theorem of Galois Theory)

갈루아 이론의 기본정리는 수학에서 가장 우아한 정리중의 하나이다. 표 23.1와 23.2를 보기로 하자. 표 23.1은 체 $Q(\sqrt[4]{2}, i)$의 자기동형사상군의 모든 부분군들의 도표를 그린 것이다. 도표에서 군 H_1에서 군 H_2로 연결하는 직선에 기재된 수는 H_1의 H_2에 대한 지수(index)이다. 표 23.2는 체 $Q(\sqrt[4]{2}, i)$의 모든 부분체들의 도표를 그린 것이다. 도표에서 체 K_1에서 체 K_2로 연결하는 직선에 기재된 수는 K_1 위에서 K_2의 확대체의 차수(dimension)이다. 표 23.2는 표 23.1의 도표를 위아래를 뒤 바꿔 만든 도표와 같은 모양이다. 이것은 이 두 도표들 사이의 많은 관계들 중의 하나이다. 갈루아 이론의 기본정리는 체 F 의 대수적 확대체 E 의 모든 부분체들의 도표를 F로 제한하면 항등사상이 되는 E의 자기동형군의 모든 부분군들의 도표로 연결시키는 것이다. 이 관련성은 다항방정식 $f(x) = 0$를 거듭제곱에 의해 풀려는 노력의 과정에서 발견되었다.

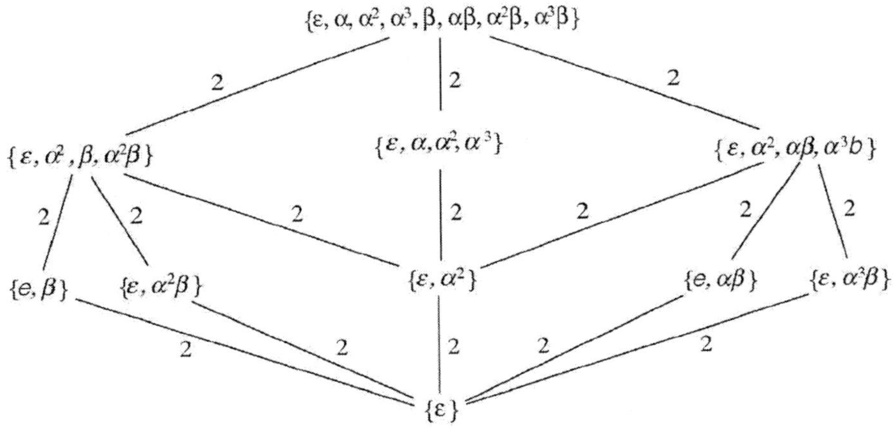

[그림 23.1] $Q(\sqrt[4]{2},i)$의 자기동형군의 $\alpha: i \rightarrow i$이고 $\sqrt[4]{2} \rightarrow -i\sqrt[4]{2}$, $\beta: i \rightarrow -i$이고 $\sqrt[4]{2} \rightarrow \sqrt[4]{2}$ 일 때 부분군들의 도표

갈루아 이론의 기본정리에 대한 명확한 명제를 설명하기 전에, 우리는 약간의 용어의 정의와 기호들이 필요하다.

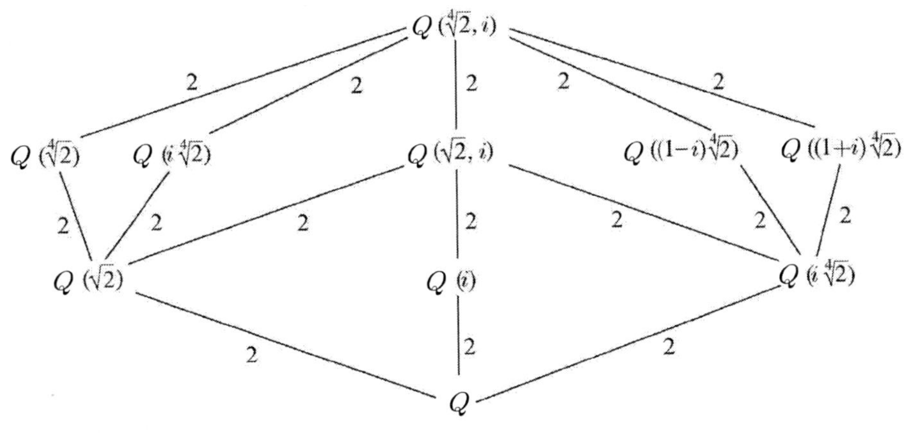

[그림 23.2] $Q(\sqrt[4]{2},i)$의 부분체들의 도표

정의 자기동형사상, 갈루아군, H 의 고정체
(Automorphism, Galois Groups, Fixed Field of H)

E 는 체 F 의 한 확대체이다. E 의 한 자기동형사상이란 E 에서 E 위로 가는 환동형사상을 말한다. E 의 F 위에서의 갈루아군, $Gal(E/F)$은 E 의 모든 자기동형사상의로 F 로 제한하면 항등사상이되는 집합이다.

만약 H 를 $Gal(E/F)$의 부분군이라면, 집합
$E_H = \{x \in E \mid \phi(x) = x,$ 모든 $\phi \in H\}$ 은 H 의 고정체라 한다.

한 체 E 의 자기동형사상의 집합은 함수합성 연산에 의해 군이 됨을 쉽게 알 수 있다. F 를 고정하는 E 의 자기동형군은 E 의 자기동형군의 부분군이 되고, $Gal(E/F)$의 임의의 부분군 H 에 대하여 고정체 E_H는 E 의 부분체임을 밝히는 것은 연습문제(연습문제 3과 5)로 남긴다. $Gal(E/F)$를 상환이나 상군과 어떤 관계가 있는 것으로 오해하지 않도록 유의해야한다. 전혀 아무 관계도 없다.

다음 예들은 우리가 이 같은 정의들을 이해하는데 도움을 줄 것이다. 각 예에서, 우리는 단순히 자기동형사상들이 어떻게 정의되는지를 보여주고 있다. 우리는 이 사상들이 실제로 자기동형사상이 되는지를 밝히는 것은 독자에게 맡긴다.

예 1 Q 의 확대체 $Q(\sqrt{2})$를 생각해 보자.
$Q(\sqrt{2}) = \{a + b\sqrt{2} \mid a, b \in Q\}$ 이고, Q 를 품는 체의 자기동형사상은 Q 에서는 동형사상이므로(연습문제 1 참조), $Q(\sqrt{2})$의 자기동형사상 ϕ는 $\phi(\sqrt{2})$의 값에 의하여 완전히 결정된다. 따라서 $2 = \phi(2) = \phi(\sqrt{2}\sqrt{2}) = (\phi(\sqrt{2}))^2$
결국, $\phi(\sqrt{2}) = \pm\sqrt{2}$ 이다. 이것은 군 $Gal(Q(\sqrt{2})/Q)$는 두 원소로 된다. 즉, 항등사상과 $a + b\sqrt{2}$를 $a - b\sqrt{2}$로 대응시키는 사상을 말한다.

예 2 Q 의 확대체 $Q(\sqrt[3]{2})$를 생각해 보자.
$Q(\sqrt[3]{2})$의 자기동형사상 ϕ는 $\phi(\sqrt[3]{2})$의 값에 의하여 결정된다. 예1에서와 같은 논의에 따라 우리는 $\phi(\sqrt[3]{2})$는 2의 3제곱근이 된다. $\phi(\sqrt[3]{2})$는 실수체의 부분집합이므로 $\sqrt[3]{2}$ 은 단 하나의 2의 실수 3제곱근이다. $\phi(\sqrt[3]{2}) = \sqrt[3]{2}$ 이다. 따라서 ϕ는 항등사상인 자기동형사상이다, 즉, $Gal(Q(\sqrt[3]{2})/Q)$는 단 한 원소뿐이다. 분명히, $Gal(Q(\sqrt[3]{2})/Q)$의 고정체는 $Q(\sqrt[3]{2})$이다.

예 3 $Q(i)$ 의 확대체 $Q(\sqrt[4]{2}, i)$를 생각해 보자.
$Q(i)$를 고정하는 $Q(\sqrt[4]{2}, i)$의 자기동형사상 ϕ는 $\phi(\sqrt[4]{2})$의 값에 의하여 결정된다. $2 = \phi(2) = \phi((\sqrt[4]{2})^4) = (\phi(\sqrt[4]{2}))^4$이므로, $\phi(\sqrt[4]{2})$은 2의 4제곱근이 된다. 따라서 $Q(i)$를 고정하는 $Q(\sqrt[4]{2}, i)$의 자기동형사상은 기껏해야 4가지가 있다.

만약, 한 자기동형사상 α을 $\alpha(i)=i$, $\alpha(\sqrt[4]{2})=i\sqrt[4]{2}$로 정의하면 $\alpha\in Gal(Q(\sqrt[4]{2},i)/Q(i))$이고 α의 위수가 4이다. 따라서 $Gal(Q(\sqrt[4]{2},i)/Q(i))$은 위수가 4인 순환군이다. $\{\epsilon.\alpha^2\}$의 고정체는 (여기서,ϵ 는 항등사상이다) $Q(\sqrt{2},i)$이다. $Gal(Q(\sqrt[4]{2},i)/Q(i))$의 모든 부분군들의 도표와 $Q(i)$를 품는 $Q(\sqrt[4]{2},i)$의 모든 부분체들의 도표가 그림 23.3에서 볼 수 있다.

그림 23.1과 23.2에서와 같이 군의 도표에서 직선 옆에 써진 정수들은 위에 있는 군에 대한 부분군의 지수를 나타내고, 체의 도표에서 직선 옆에 써진 정수들은 아래 있는 체에 대한 확대체의 차수를 나타낸다.

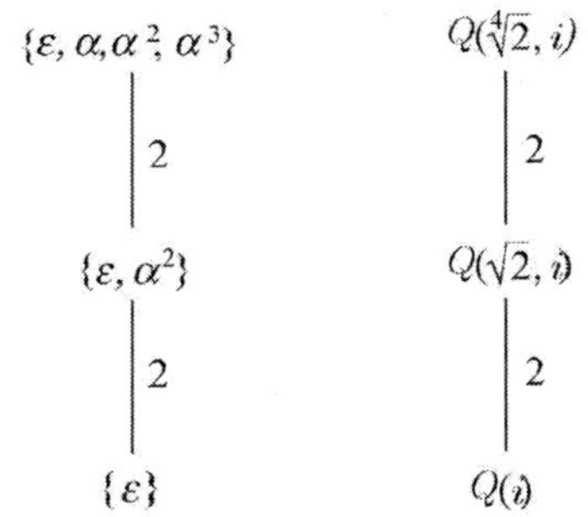

[그림 23.3] $Gal(Q(\sqrt[4]{2},i)/Q(i))$의 부분군들의 도표와 $Q(i)$를 품는 $Q(\sqrt[4]{2},i)$의 부분체들의 도표

예 4 Q 의 확대체 $Q(\sqrt{3},\sqrt{5})$를 생각해 보자.

$Q(\sqrt{3},\sqrt{5})=\{a+b\sqrt{3}+c\sqrt{5}+d\sqrt{15}\,|a,b,c,d\in Q\}$이므로, $Q(\sqrt{3},\sqrt{5})$의 임의의 자기동형사상 ϕ는 $\phi(\sqrt{3})$과 $\phi(\sqrt{5})$ 두 값에 의하여 완전히 결정된다. 이번에는 4개의 자기동형사상이 있다:

ε	α	β	$\alpha\beta$
$\sqrt{3}\to\sqrt{3}$	$\sqrt{3}\to-\sqrt{3}$	$\sqrt{3}\to\sqrt{3}$	$\sqrt{3}\to-\sqrt{3}$
$\sqrt{5}\to\sqrt{5}$	$\sqrt{5}\to\sqrt{5}$	$\sqrt{5}\to-\sqrt{5}$	$\sqrt{5}\to-\sqrt{5}$

분명히, $Gal(Q(\sqrt{3},\sqrt{5})/Q)$은 $Z_2\oplus Z_2$ 와 군 동형이다. $\{\epsilon,\alpha\}$의 고정체는 $Q(\sqrt{5})$, $\{\epsilon,\beta\}$의 고정체는 $Q(\sqrt{3})$이고 $\{\epsilon,\alpha\beta\}$의 고정체는 $Q(\sqrt{3}\sqrt{5})$이다.

$Gal(Q(\sqrt{3},\sqrt{5})/Q)$의 부분군들의 도표와 $Q(\sqrt{3},\sqrt{5})$의 부분체들의 도표는 다음 그림 32.4과 같다.

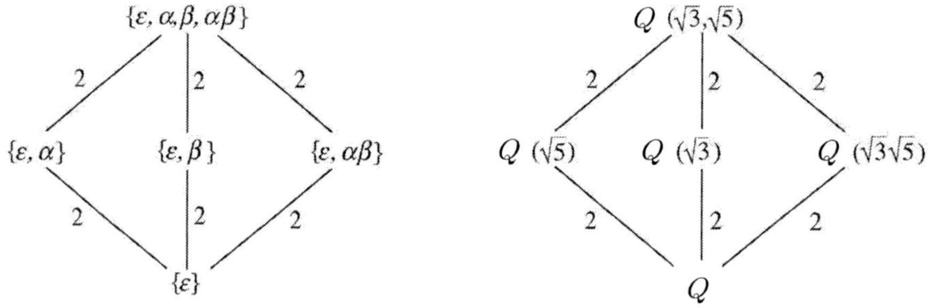

[그림 23.4] $Gal(Q(\sqrt{3}, \sqrt{5})/Q)$의 부분군들의 도표와 $Q(\sqrt{3}, \sqrt{5})$의 부분체들의 도표

예5는 앞의 예들 보다 약간 더 복잡한 경우이다. 특히, 자기동형군이 비가환인 경우이다.

예 5 직접 계산에 의해서 $\omega = -1/2 + i\sqrt{3}/2$은 방정식 $\omega^3 = 1$과 $\omega^2 + \omega + 1 = 0$을 만족한다. 이제, Q 의 확대체 $Q(\omega, \sqrt[3]{2})$를 생각해 보자. 우리는 $Q(\omega, \sqrt[3]{2})$의 자기동형사상을 ω와 $\sqrt[3]{2}$을 어떻게 대응시키느냐에 따라서 기술할 수 있다. 모두 6가지 경우가 있다:

ε	α	β	β^2	$\alpha\beta$	$\alpha\beta^2$
$\omega \to \omega$	$\omega \to \omega^2$	$\omega \to \omega$	$\omega \to \omega$	$\omega \to \omega^2$	$\omega \to \omega^2$
$\sqrt[3]{2} \to \sqrt[3]{2}$	$\sqrt[3]{2} \to \sqrt[3]{2}$	$\sqrt[3]{2} \to \omega\sqrt[3]{2}$	$\sqrt[3]{2} \to \omega^2\sqrt[3]{2}$	$\sqrt[3]{2} \to \omega^2\sqrt[3]{2}$	$\sqrt[3]{2} \to \omega\sqrt[3]{2}$

$\alpha\beta \neq \beta\alpha$ 이므로, $Gal(Q(\omega, \sqrt[3]{2})/Q)$은 S_3와 동형이다(정리 6.2 참조). 부분군들과 부분체들의 도표들을 보면 다음 그림 23.5와 같다.

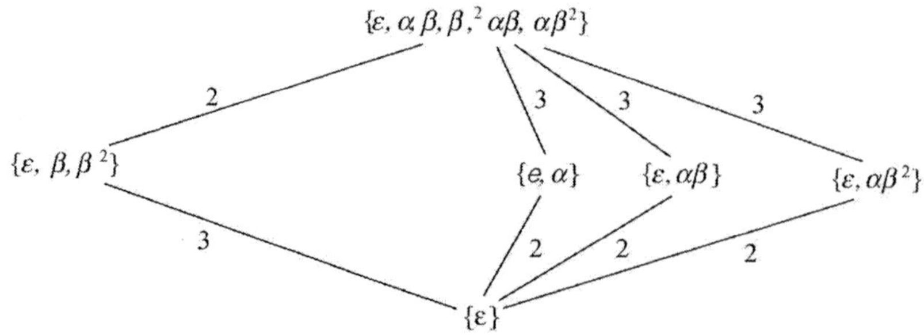

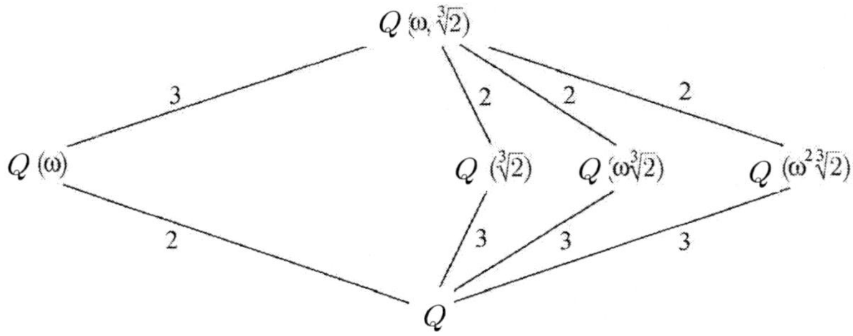

[그림 23.5] $Gal(Q(\omega, \sqrt[3]{2})/Q)$의 부분군들의 도표와 $\omega = \dfrac{-1}{2} + i\dfrac{\sqrt{3}}{2}$ 일 때 $Q(\omega, \sqrt[3]{2})$의 부분체들의 도표

그림 23.5의 도표들은 각 비자명한 진부분체들은 군에서 그 군의 고정체와 같은 위치의 자리를 차지하고 있다. 예를 들어, $Q(\omega\sqrt[3]{2})$은 $\{\epsilon, \alpha\beta\}$의 고정체이다.

이제까지의 예들은, 확실하게 E와 F 사이의 부분체들의 도표와 $Gal(E/F)$의 부분군들의 도표 사이에는 친밀한 관계가 있음을 보여준다.

일반적으로, 만약 E가 F의 확대체일 때, $\mathcal{F}$를 F를 포함하는 E의 부분체들의 도표라 하고 $\mathcal{G}$를 $Gal(E/F)$의 부분군들의 도표라 하면, $\mathcal{F}$의 각 원소 K에 대하여 $\mathcal{G}$의 군 $Gal(E/K)$를 대응시키고, $\mathcal{G}$의 군 H에 대하여 $\mathcal{F}$의 체 E_H를 대응시킨다. 따라서 우리는 두 사상 $g: \mathcal{F} \to \mathcal{G}$는 $g(K) = Gal(E/K)$이고, $f: \mathcal{G} \to \mathcal{F}$는 $f(H) = E_H$로 정의할 수 있다. 만약 $\mathcal{F}$에 있는 $K \subseteq L$이면 $g(K) \supseteq g(L)$임을 쉽게 보일 수 있다. 유사한 방법으로, 만약 G와 H가 $G \subseteq H$이면 $f(G) \supseteq f(H)$이다. 따라서 f와 g는 $\mathcal{F}$와 $\mathcal{G}$사이에 포함관계가 반전(inclusion-reversing)되는 사상이다.

우리는 $\mathcal{F}$의 임의의 원소 K에 대하여 $(fg)(K) \supseteq K$가 성립하고 $\mathcal{G}$의 임의의 군 H에 대하여 $(gf)(H) \supseteq H$가 성립함을 보이는 것은 독자에게 남긴다.

E가 F의 임의의 확대체일 때, 이 포함관계는 진부분집합일수도 있다. 그러나 E를 F의 적당한 확대체일 때, 갈루아 이론의 기본정리, 정리23.1은 f와 g가 서로 역사상이 된다. 즉, f와 g는 두 격자 $\mathcal{F}$와 $\mathcal{G}$사이에 포함관계가 반전되는 동형사상 이다. 여기서는 갈루아 정리의 기본원리의 증명을 참고도서 [G.Ehrlich, Fundamental Concepts of Abstract Algebra, Boston:pws-kent,1991,p279-280]의 증명을 요약한 것이다.

정리 23.1 갈루아 이론의 기본정리

F 는 그 특성이 0이거나 유한체이다. 만약 E 는 F 위에서 $F[x]$ 의 어떤 다항식들에 대한 분해체라 하면, F 를 포함하는 E 의 부분체들의 집합에서 $Gal(E/F)$의 부분군들의 집합으로의 사상을 $K \to Gal(E/K)$로 정의하면 일대일대응이 성립한다. 더욱, F 를 포함하는 E 의 임의의 부분체 K 에 대해서,

1. $[E:K] = |Gal(E/K)|$이고 $[K:F] = |Gal(E/F)|/|Gal(E/K)|$이다.
   [$Gal(E/K)$의 $Gal(E/F)$에 대한 지표가 K의 F에 대한 차수와 같다는 것이다.]
2. 만약 K 가 $F[x]$ 의 어떤 다항식들에 대한 분해체라 하면, $Gal(E/K)$는 $Gal(E/F)$의 정규부분군이고 $Gal(K/F)$는 $Gal(E/F)/Gal(E/K)$와 동형이다.
3. $K = E_{Gal(E/K)}$. [즉, $Gal(E/K)$의 고정체는 K이다.]
4. 만약 H 가 $Gal(E/F)$의 한 부분군이라면, $H = Gal(E/E_H)$. [즉, E 의 자기동형사상 들로 E_H를 고정하는 것은 H 이다.

증명

F 는 그 특성이 0이거나 유한체이고, 만약 E 는 F 위에서 $F[x]$ 의 어떤 다항식들에 대한 분해체라 하면 E는 F의 유한확대체이다. $\mathcal{F}$를 F 를 포함하는 E 의 부분체들의 도표(Lattice)라 하고 $\mathcal{G}$를 $Gal(E/F)$의 부분군들의 도표(Lattice)라 하면, $\mathcal{F}$의 각 원소 K 에 대하여 $\mathcal{G}$의 군 $Gal(E/K)$를 대응시키고, $\mathcal{G}$의 군 H 에 대하여 $\mathcal{F}$의 체 E_H를 대응시킨다.

여기서, 함수 $g: \mathcal{F} \to \mathcal{G}$는 $g(K) = Gal(E/K)$이라 하고, 위 정리를 살펴보면, 3번에서 g가 단사임을 밝히고, 4번에서 g가 전사 임을 보이고 있다.

먼저 1 번의 $[E:K] = |Gal(E/K)|$ 에 대하여 증명하기로 하자.

$[E:F] = n$라 하고, n에 대한 수학적귀납법을 적용하여 보자.

$n = 1$인 경우는 $E = F$이므로 당연히 성립한다.

$[E:F] = n \geq 2$일 때, E를 $F[x]$의 한 다항식 $f(x)$에 대한 분해체라 하자.

$f(x)$의 기약인수 중에서 그 차수가 가장 큰 다항식을 $p(x)$라 하고 $\deg(p(x)) = m$라 하면 $m \geq 2$이다. 가정에서 F 는 그 특성이 0이거나 유한체 이므로 $p(x)$는 E안에서 m개의 서로 다른 근 $u = u_1, u_2, \cdots, u_m$을 가진다.

$[F(u):F] = m \geq 2$이므로, $[E:F(u)] = \dfrac{[E:F]}{[F(u):F]} = \dfrac{n}{m} < n$이다.

E는 $F(u)$ 위에서의 $f(x)$의 분해체이기도 하다. 따라서 귀납법 가정에 의하여,

$|Gal(E/F(u))| = [E : F(u)]$가 성립한다.

이제, $G = Gal(E/F)$, $R = \{u_1, u_2, \cdots, u_m\}$이라고 하자. 이때, $\sigma \in G$에 대하여 $\sigma(u)$는 $p(x)$의 근이므로 $\sigma(u) \in R$이다. 각 u_i에 대하여 u, u_i는 F 위의 대수적 공핵원소이므로 $\sigma(u) = u_i$인 $\sigma \in G$가 존재한다.

따라서 $R = \{\sigma(u) | \sigma \in G\}$ 이다.

그리고, $H = \{\sigma \in G | \sigma(u) = u\}$, $X = \{\sigma H | \sigma \in G\}$이라고 하면, H는 G의 부분군이고, 또한 $|X| = [G : H]$이므로 $|G| = [G : H]|H| = |X||H|$이다.

또 $\sigma, \tau \in G$에 대하여, $\sigma H = \tau H \Leftrightarrow \tau^{-1}\sigma \in H \Leftrightarrow (\tau^{-1}\sigma)(u) = u \Leftrightarrow \sigma(u) = \tau(u)$이므로, $\phi : X \to R$, $\phi(\sigma H) = \sigma(u)$는 잘 정의된 1-1 함수이고, $R = \{\sigma(u) | \sigma \in G\}$이 므로 ϕ는 1-1대응이다.

따라서, $|X| = |R| = m$이므로 다음이 성립한다.

$|G| = [G : H]|H| = |X||H| = m|H| = [F(u) : F]|H|$이다.

한편, $\sigma \in Gal(E/F(u))$이면, σ는 $F(u)$의 모든 원소을 고정시키므로 $\sigma(u) = u$ 이고, 따라서 $\sigma \in H$ 이므로 $Gal(E/F(u)) \subseteq H$ 이다. 그리고, $F(u)$ 의 각 원소는 단 한가지 방법으로, $v = a_0 + a_1u + a_2u^2 + \cdots + a_{m-1}u^{m-1}$, $(a_0, a_1, \cdots, a_{m-1} \in F)$ 의 꼴로 나타내 어지므로, $\sigma \in H$이라고 하면,

$$\sigma(v) = \sigma(a_0) + \sigma(a_1)\sigma(u) + \sigma(a_2)\sigma(u)^2 + \cdots + \sigma(a_{m-1})\sigma(u)^{m-1}$$
$$= a_0 + a_1u + a_2u^2 + \cdots + a_{m-1}u^{m-1} = v \text{이다.}$$

따라서 $\sigma \in Gal(E/F(u))$이므로, $H \subseteq Gal(E/F(u))$이다.

그러므로, $H = Gal(E/F(u))$이고,

따라서 $|H| = |Gal(E/F(u))| = [E : F(u)]$이므로 다음이 성립한다.

$|G| = [F(u) : F]|H| = [E : F(u)][F(u) : F] = [E : F]$이다.

다음은, $Gal(E/F) \geq Gal(E/K)$이므로, 임의의 $\sigma, \tau \in Gal(E/F)$에 대하여

$\sigma Gal(E/K) = \tau Gal(E/K) \Leftrightarrow \tau^{-1}\sigma \in Gal(E/K) \Leftrightarrow \sigma = \tau\mu$ for $\mu \in Gal(E/K)$이다.

임의의 $\alpha \in K$에 대하여, $\sigma(\alpha) = (\tau\mu(\alpha)) = \tau(\mu(\alpha)) = \tau(\alpha)$이다. 따라서

$[K : F] = |Gal(E/F)| / |Gal(E/K)|$이 성립한다.

먼저 3번과 4번을 증명해 보자.

고정체의 정의에서 $K \leq E_{Gal(E/K)}$이다. 만약 $\alpha \in E - K$라 하면, E가 F의 한 분해체이므로 적당한 $\sigma \in Gal(E/K)$가 존재 하여 $\sigma(\alpha) = \beta \neq \alpha$로 대응된다.

따라서 $\alpha \notin E_{Gal(E/K)}$이다. 즉, $E_{Gal(E/K)} = K$이다.

처음 말한 함수 $g : \mathcal{F} \to \mathcal{G}$는 $g(K) = Gal(E/K)$에서 두 부분체 $K_1, K_2 \le E$에 대하여 $Gal(E/K_1) = Gal(E/K_2)$이면 $K_1 = E_{Gal(E/K_1)} = E_{Gal(E/K_2)} = K_2$ 이다.

그리고, 임의의 $Gal(E/F)$의 부분군 H에 대하여 $g(E_H) = H$임을 보이면 된다.

정의에 의해서 $H \le Gal(E/E_H)$가 성립한다. 여기서 적당한 $\alpha \in K$에 존재하여$K = E_H(\alpha)$가 성립한다.

만약 $|H| < |Gal(E/E_H)| = n$이고 $H = \{\sigma_1, \sigma_2, \cdots, \sigma_{|H|}\}$라 가정하자.

다항식 $f(x) = \Pi_{i=1}^{|H|}(x - \sigma_i(\alpha))$를 생각해보자. 이 다항식의 각 계수들은 $\sigma_i(\alpha)$들의 대칭식 표현이므로 E_H의 원소가 된다. σ_i중에서 항등원이 있으므로 $f(\alpha) = 0$이다. 따라서, $\deg(\alpha, E_H) \le |H| < n = [E : E_H] = [E_H(\alpha) : E_H]$이다. 이것은 모순이다.

끝으로, 2번을 증명해보자. K 가 $F[x]$의 어떤 다항식들에 대한 분해체라 하면, 임의의 $\sigma \in Gal(E/F)$, $\alpha \in K$이면 $\sigma(\alpha) \in K$이다. 위의 3번에서, K는 $Gal(E/K)$의 고정체이므로 $\sigma(\alpha) \in K$이다. 따라서, 임의의 $\tau \in Gal(E/K)$에 대하여 $\tau(\sigma(\alpha)) = \sigma(\alpha)$이다. 즉, $(\sigma^{-1}\tau\sigma) \in Gal(E/K)$이다. 이것은 $Gal(E/K)$가 $Gal(E/F)$의 정규부분군이다.

이제, σ_K 를 σ에 의해서 유도된 K에서의 자기동형 사상이라 하면,

함수 $\phi : Gal(E/F) \to Gal(K/F)$이 $\phi(\sigma) = \sigma_K$는 군 준동형사상이다. 군동형사상 정리에 의해서 $Ker(\phi) = Gal(E/K)$이다. 따라서, $Gal(K/F)$는 $Gal(E/F)/Gal(E/K)$와 동형이다.

일반적으로 말하면, 부분체들의 도표보다는 부분군들의 도표를 결정하는 것이 훨씬 쉬울 것이다. 예를 들어, 보통으로 어떤 주어진 체가 얼마나 많은 부분체들을 갖고 있는지 직접 결정한다는 것은 매우 어려운 일이고, 두 확대체가 동형인지 아닌지 결정하는 것도 용이한 것이 아니다. 이 대응에 대한 군에 대한 질문들이 훨씬 더 다루기가 쉽다. 따라서 갈루아이론의 기본정리는 크게 작업시간을 줄여줄 수 있는 착상이다. 여기서 한 가지 설명을 해 보자.[19장에서, 만약 $f(x) \in F[x]$ 이고 $f(x)$의 근들, $a_1, a_2, \cdots, a_n$이 F 의 어떤 확대체 안에 있으면, $F(a_1, a_2, \cdots, a_n)$는 $f(x)$의 F위에서의 분해체이다.

예 6 $\omega = \cos(2\pi/7) + i\sin(2\pi/7)$라 하자. $\omega^7 = 1$이고 체 $Q(\omega)$를 생각해 보자.그것은 얼마나 많은 부분체들을 갖고 있는가? 그리고 그것들은 무엇인가? 먼저, $Q(\omega)$은 Q 위에서 $x^7 - 1$의 분해체임을 알 수 있다. 따라서 우리는 단순한 계산으로 갈루아이론의 기본정리를 적용하면 ω를 ω^3으로 대응시키는 자기동형사상 ϕ의 위수는 6임을 알아볼 수가 있다. 따라서

$$[Q(\omega) : Q] = |Gal(Q(\omega)/Q| \ge 6$$

또한, $x^7 - 1 = (x-1)(x^6 + x^5 + x^4 + x^3 + x^2 + x + 1)$ 이므로, ω는 $x^7 - 1$의 한 근이다, 우리는

다음 관계를 얻을 수 있다.

$$|Gal(Q(\omega)/Q)| = [Q(\omega):Q] \le 6.$$

따라서 $Gal(Q(\omega)/Q)$은 위수가 6인 한 순환군이 된다. $Gal(Q(\omega)/Q)$의 부분군들의 도표를 계산하기는 쉬운 일이다. 그림 23.6를 보라.

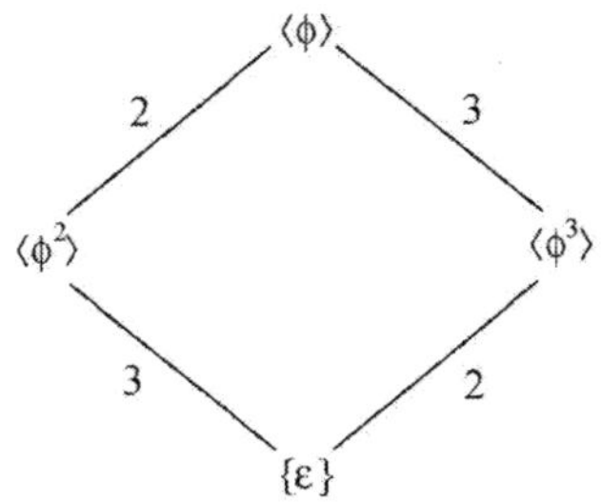

[그림 23.6] $Gal(Q(\omega)/Q)$의 부분군들의 격자.

여기서 $\omega = \cos\left(\frac{2\pi}{7}\right) + i\sin\left(\frac{2\pi}{7}\right)$이다.

이것은 $Q(\omega)$가 정확하게 Q의 두 개의 진부분체를 갖고 있음을 의미 한다: 하나는 3차원에 해당되는 $\langle \phi^3 \rangle$의 고정체이고, 다른 하나는 2차원에 해당되는 $\langle \phi^2 \rangle$의 고정체이다. $\langle \phi^3 \rangle$의 고정체를 찾기 위해, $Q(\omega)$의 원소로서 Q에 있지 않으며 ϕ^3에 의해서 고정되는 원소들을 찾아야한다. 여러 가지 가능한 경우에 대하여 실험해보면 $\omega + \omega^{-1}$이 ϕ^3에 의해서 고정됨을 발견하게 된다. 그리고 $Q \subset Q(\omega + \omega^{-1}) \subseteq Q(\omega)_{\langle \phi^3 \rangle}$이다.

$[Q(\omega)_{\langle \phi^3 \rangle} : Q] = 3$이고 $[Q(\omega + \omega^{-1}) : Q]$이 $[Q(\omega)_{\langle \phi^3 \rangle} : Q]$ 을 나누기 때문에 우리는 $Q(\omega + \omega^{-1}) = Q(\omega)_{\langle \phi^3 \rangle}$임을 알 수 있다. 유사한 방법으로 $Q(\omega^3 + \omega^5 + \omega^6)$이 $\langle \phi^2 \rangle$의 고정체임을 알 수 있다. 따라서 우리는 $Q(\omega)$의 모든 부분체를 찾았다.

예 7 $F = GF(p)$의 확대체 $E = GF(p^n)$를 생각해보자. $Gal(E/F)$를 구해보자.
정리 21.2의 따름정리 2에 의해서, $E = F(b)$꼴이 된다. 여기서, b는 기약다항식 $p(x) = x^n + a_{n-1}x^{n-1} + \cdots + a_1x + a_0$이고 $a_{n-1}, a_{n-2}, \cdots, a_0$는 F의 원소이다. 체 E의 임의의 자기동형사상 ϕ는 1을 자기 자신으로 보내기 때문에, ϕ는 F 위에서는 항등사상이다. 따라서 $p(b) = 0$이면 $p(\phi(b)) = 0$가 된다. 그리고 $p(x)$는 기껏해야 n개의 근을 갖기 때문에, 우리는 $\phi(b)$에 대하여 기껏해야 n개의 원소가 존재할 가능성이 있다.

한편, 사상 모든 $a \in E$ 에 대하여 $\sigma(a) = a^p$ 이 E 의 자기동형사상이고, E^* 는 순환군이고 군 $\langle \sigma \rangle$ 의 위수는 n 이다. 따라서 $Gal(GF(p^n)/GF(p)) \approx Z_n$ 이다.

■

거듭제곱근에 의한 다항방정식의 해법 (Solvability of Polynomials by Radicals)

갈루아에게 정리 23.1로 주어진 군들과 체들 사이의 멋있는 대응관계는 그 목적을 위한 수단일 뿐이었다. 갈루아는 수세기 동안 수학자들을 괴롭혔던 문제를 풀려고 노력했다. 일차와 이차방정식의 풀이 방법은 수 천 년 전에 알려져 왔다. (이차방정식의 근의 공식). 16세기에 이탈리아 수학자들에 의해서 3차 또는 4차방정식의 풀이에 대한 공식들을 발견했다. 그들의 공식들은 가감승제와 거듭제곱근에 대한 연산들만 관련된다. 예를 들어, 방정식 $x^3 + bx + c = 0$ 는 3개의 해를 갖는다.

$$\begin{aligned} &A+B \\ &-(A+B)/2+(A-B)\sqrt{-3}/2 \\ &-(A+B)/2-(A-B)\sqrt{-3}/2 \end{aligned}$$

여기서, $A = \sqrt[3]{\frac{-c}{2} + \sqrt{\frac{b^3}{27} + \frac{c^2}{4}}}$ 이고 $B = \sqrt[3]{\frac{-c}{2} - \sqrt{\frac{b^3}{27} + \frac{c^2}{4}}}$ 이다.

일반 3차 방정식 $x^3 + ax^2 + bx + c = 0$와 일반 4차 방정식의 근의 공식은 훨씬 더 복잡하지만, 그럼에도 불구하고, 계수들의 유리식 표현에 의한 거듭제곱근의 항들에 의해 주어질 수 있다.

아벨과 갈루아 두 사람이 각각 5차 방정식을 거듭제곱근에 의한 일반해가 없다는 것을 증명하였다. 특히, "5차 방정식의 근의 공식"은 없다고 했다. 방정식을 거듭제곱근에 의해 해를 구하는 것에 대한 군 이론에 의한 판별법을 제공해주고, 오늘날의 갈루아이론으로 연결되는 갈루아의 방법을 논의하기 전에, 우리는 약간의 정의들이 필요하다.

정의 거듭제곱근에 의해 풀 수 있다(Solvable by Radicals)

F 는 체이고, $f(x) \in F[x]$ 이다. $f(x)$가 F 위에서 거듭제곱근에 의해 풀 수 있다는 것은 만약, $f(x)$가 F 의 어떤 확대체 $F(a_1, a_2, \cdots, a_n)$안에서 분해되고, 적당한 양의 정수 $k_1, k_2, \cdots, k_n$가 존재하여 $a_1^{k_1} \in F$ 이고, 모든 $i = 2, \cdots, n$에 대하여 $a_i^{k_i} \in F(a_1, a_2, \cdots, a_{i-1})$가 성립한다.

■

따라서 $F[x]$ 에서 한 다항식이 거듭제곱근에 의해 풀 수 있다는 것은 만약 우리가 그 식의 모든 근들을 구하여 F 에 n제곱근(여러 가지 n에 대하여)을 첨가한 체를 구하는 것이다. 다른 말로는, 다항식의 각 근들이 F의 원소들의 가감승제의 연산과 근들의 인용을 합쳐서 표현한 식으로 쓸 수 있다는 것이다.

예 8 $\omega = \cos(\frac{2\pi}{8}) + i\sin(\frac{2\pi}{8}) = \frac{\sqrt{2}}{2} + i\frac{\sqrt{2}}{2}$ 라 하자. 그러면, $x^8 - 3$은 $Q(\omega, \sqrt[8]{3})$에서 분해된다, $\omega^8 \in Q$ 이고, $(\sqrt[8]{3})^8 \in Q \subset Q(\omega)$이다. 따라서 $x^8 - 3$은 Q 위에서 거듭제곱근으로 풀 수 있다. 비록 $x^8 - 3$의 모든 근들을 $\sqrt[8]{3}, \sqrt[8]{3}\,\omega, \sqrt[8]{3}\,\omega^2, \cdots, \sqrt[8]{3}\,\omega^7$로 쓰는 것이 편리하기는 하지만, 방정식을 거듭제곱근으로 푼 개념을 가장 잘 설명하기에는 다음 형식으로 쓰는 것일 것이다:

$$\pm\sqrt[8]{3},\ \pm\sqrt{-1}\,\sqrt[8]{3},\ \pm\sqrt[8]{3}\left(\frac{\sqrt{2}}{2} + \frac{\sqrt{-1}\,\sqrt{2}}{2}\right),\ \pm\sqrt[8]{3}\left(\frac{\sqrt{2}}{2} - \frac{\sqrt{-1}\,\sqrt{2}}{2}\right).$$

따라서 다항방정식의 근들을 푸는 문제는 체의 확대에 대한 문제로 변형된다. 동시에, 우리는 갈루아 이론의 기본정리를 이용하여 체의 확대문제는 군들에 대한 문제로 변형된다. 이것이 갈루아가 5차 방정식이 거듭제곱근에 의해서 풀 수 없다는 것을 보인 바로 그것이며, 우리도 이것을 똑 같은 방법으로 보일 것이다. 한 다항식의 예를 들어 설명하기 전에, 우리는 추가적인 군의 이론이 필요하다.

예 9 가해군(Solvable Group)

한 군 G가 부분군들의 열을 갖고: $\{e\} = H_0 \subset H_1 \subset H_2 \subset \cdots \subset H_k = G$, 여기서, 각 $0 \le i < k$, H_i 는 H_{i+1}의 정규부분군이고 H_{i+1}/H_i 가 가환군이면, G 를 가해군이라 한다.

분명히, 가환군은 가해군이다. 따라서 이면체군들과 위수가 p^n인 임의의 군들은 가해군이다, 여기서 p는 소수이다. 기념비적인 페이트-톰슨정리는 홀수 위수를 갖는 모든 군들은 가해군임을 증명하였다. 어떤 의미에서 보면, 가해군들은 거의 가환군들과 유사하다. 한편으로, 정의로부터 비가환단순군은 가해군이 아니다. 특히, A_5는 가해군이 아니다. 또한 S_5도 가해군이 아니다 우리의 목표는 거듭제곱근에 의한 다항식의 가해성의 개념을 가해군의 개념에 연결시키는 것이다. 다음정리는 이 방향으로의 한 발자국 나아간 결과이다.

정리 23.2 $x^n - a$의 분해체

F 는 그 표수가 0 이고 $a \in F$ 이다. 만약 E 가 F 위에서 $x^n - a$의 분해체라 하면, 갈루아 군 $Gal(E/F)$은 가해군이다.

증명 우리는 먼저 체 F 가 단위원의 한 원시 n제곱근 ω를 품는 경우를 생각해보자. b 를 E 에서의 $x^n - a$의 한 근이라 하자. 그러면, $x^n - a$의 근들은 $b, \omega b, \omega^2 b, \cdots, \omega^{n-1} b$ 이다. 따라서 $E = F(b)$이다. 이 경우, $Gal(E/F)$가 가환군임을 밝히면 가해군이 된다. 이것을 보이기 위해서, $Gal(E/F)$에 있는 임의의 자기동형사상은 그것의 b위에서의 작용에 의해서 완전히 결정된다. 또한, b 가 $x^n - a$의 한 근이므로, 우리는 $Gal(E/F)$의 임의의 원소는 b를 $x^n - a$의 다른 근으로 대응시킨다. 즉, $Gal(E/F)$의 원소는 b를 적당한 i에 대한 $\omega^i b$로 대응시킨다. ϕ와 σ를 $Gal(E/F)$의 두 원소라 하자. 그러면,$\omega \in F$ 이므로, ϕ와 σ는 ω를 고정시키고, 적당한 j, k에 대하여 $\phi(b) = \omega^j b$이고 $\sigma(b) = \omega^k b$이다. 따라서 $(\sigma\phi)(b) = \sigma(\phi(b)) = \sigma(\omega^j b) = \sigma(\omega^j)\sigma(b) = \omega^j \omega^k b = \omega^{j+k} b$,

또한, $(\phi\sigma)(b) = \phi(\sigma(b)) = \phi(\omega^k b) = \phi(\omega^k)\phi(b) = \omega^k \omega^j b = \omega^{k+j} b$,

따라서 $\sigma\phi$와 $\phi\sigma$는 b에 대해서 동일하고 F 의 원소는 고정시킨다. 이것은 $\sigma\phi \quad = \phi\sigma$, $Gal(E/F)$는 가환군이다.

다음은 체 F 가 단위원의 원시 n제곱근을 품지 않는다고 가정하자. ω를 단위원의 한 원시 n제곱근이라 하고 b 를 E 에서의 $x^n - a$의 한 근이라 하자. $a = 0$인 경우는 당연하다, 따라서, 우리는 $b \neq 0$라 가정할 수 있다. ωb는 또한 $x^n - a$의 근이 되므로, 우리는 ω와 ωb 둘 다 E 의 원소들이다. $\omega = \omega b / b$ 는 역시 E 의 원소이다. 따라서 $F(\omega)$는 E 에 포함되고, $F(\omega)$는 F 위에서의 $x^n - 1$의 분해체이다. 앞의 경우와 유사한 방법으로, $Gal(F(\omega)/F)$의 임의의 두 원소 ϕ와 σ에 대하여 우리는 적당한 j, k에 대하여 $\phi(\omega) = \omega^j$, $\phi(\omega) = \omega^k$이다. 따라서

$$(\sigma\phi)(\omega) = \sigma(\phi(\omega)) = \sigma(\omega^j) = (\sigma(\omega))^j = (\omega^k)^j = (\omega^j)^k = (\phi(\omega))^k$$
$$= \phi(\omega^k) = \phi(\sigma(\omega)) = (\phi\sigma)(\omega).$$

$Gal(F(\omega)/F)$의 원소들은 ω의 작용에 의해서 완전히 결정된다.

이것은 $Gal(F(\omega)/F)$가 가환임을 보여준다. E 가 $F(\omega)$위에서 $x^n - a$의 분해체이고 $F(\omega)$가 단위원의 한 원시 n제곱근을 품기 때문에, 이 경우 이미 우리가 아는바와 같이 $Gal(E/F(\omega))$은 가환이다. 정리 23.1의 2에 의해서, $\{e\} \subseteq Gal(E/F(\omega)) \subseteq Gal(E/F)$는 정규열이 된다.

마지막으로, $Gal(E/F(\omega))$와 $Gal(E/F)/Gal(E/F(\omega)) \approx Gal(F(\omega)/F)$은 가환이므로, $Gal(E/F)$는 가해군이다.

다항식이 거듭제곱근에 의해서 가해인가를 밝히는 중요한 결론에 도달하기 위해서, 우리는 가해군에 대한 두 개의 중요한 성질이 필요하다.

정리 23.3 가해군의 상군도 가해군이다.

가해군의 상군은 가해군이다.

증명 한 군 G가 부분군들의 열을 갖고: $\{e\}= H_0 \subset H_1 \subset H_2 \subset \cdots \subset H_k = G$, 여기서, 각 $0 \leq i < k$, H_i 는 H_{i+1}의 정규부분군이고 H_{i+1}/H_i 가 가환군이라 가정하자. 만약 N 를 G 의 임의의 부분군이면,

$$\{e\}= H_0N/N \subset H_1N/N \subset H_2N/N \subset \cdots \subset H_kN/N = G/N$$

은 G/N 을 가해군이 되도록 만드는 부분군들의 열이다.

정리 23.4 N 과 G/N 이 가해군이면 G 도 가해군이다.

N 은 군 G 의 정규부분군이다. 만약 N 과 G/N 이 가해군이면, G도 가해군이다.

증명 N 의 부분군들의 열 $N_0 \subset N_1 \subset \cdots \subset N_t = N$ 의 각 상군들은 가환군이라 하자. 그리고 G/N의 부분군들의 열 $N/N = H_0/N \subset H_1/N \subset \cdots \subset H_s/N = G/N$ 의 각 상군들은 가환군이라 하자. 그러면, G 의 부분군들의 열 $N_0 \subset N_1 \subset \cdots \subset N_t = H_0 \subset H_1 \subset H_2 \subset \cdots \subset H_k = G$ 은 각 상군들이 가환이다.

우리는 이제 다항식의 거듭제곱근에 의한 가해성과 개해군들 사이의 결정적인 관련성을 말할 수 있다.

정리 23.5 (갈로아) 거듭제곱근에 의해 푼다는 것은 갈루아군이 가해군이다.

F 는 그 표수가 0인 체이고 $f(x) \in F[x]$ 이다. $f(x)$가 $F(a_1, a_2, \cdots, a_t)$ 안에서 분해된다. 여기서, $a_1^{n_1} \in F$ 이고 $a_i^{n_i} \in F(a_1, a_2, \cdots, a_{i-1})$이고, $i = 2, 3, \cdots, t$ 이라 가정하자.

E 를 $F(a_1, a_2, \cdots, a_t)$안에서 $f(x)$의 F 위에서의 분해체라 하자. 그러면, 갈루아군 $Gal(E/F)$은 가해군이다.

증명 t 에 관한 수학적귀납법을 적용하여 증명하자.

$t=1$인 경우는, $F \subseteq E \subseteq F(a_1)$ 이다. $a=a_1^{n_1}$ 이고 L 를 F 위에서의 $x^{n_1}-a$ 의 분해체라 하자. 그러면, $F \subseteq E \subseteq L$ 이고, E 와 L 은 둘 다 F 위의 다항식들의 분해체들이다. 정리 23.1의 2에 의해서, $Gal(E/F) \approx Gal(L/F)/Gal(L/E)$ 이다. 정리23.2에서 $Gal(L/F)$는 가해군이고, 정리 23.3에 의해서 $Gal(L/F)/Gal(L/E)$는 가해군이다. 따라서, $Gal(E/F)$는 가해군이다.

이제 $t>1$이라 가정하자. $a=a_1^{n_1} \in F$, L 를 E 위에서의 $x^{n_1}-a$의 분해체라 하고, $K \subseteq L$ 를 F 위에서의 $x^{n_1}-a$ 의 분해체라 하자. 그러면 L은 F 위에서의 $(x^{n_1}-a)f(x)$의 분해체이고, L 를 K 위에서 $f(x)$의 분해체이다. $F(a_1) \subseteq K$ 이므로, $f(x)$가 $K(a_2, a_3, \cdots, a_t)$안에서 분해된다. 따라서, 귀납법가정에 의하여 $Gal(L/K)$은 가해군이다. 또한, 정리 23.2에 의해서 $Gal(K/F)$는 가해군이고, 정리 23.1으로 부터 $Gal(L/F)/Gal(L/K)$가 가해군임을 알 수 있다. 따라서 정리 23.4는 $Gal(L/F)$이 가해군임을 말한다. 따라서 정리 23.1의 2와 정리23.3에 의해서, 우리는 상군 $Gal(L/F)/Gal(L/E) \approx Gal(E/F)$은 가해군이다.

정리 23.5의 역명제가 역시 참이라는 것을 확인하는 것은 의미 있는 것이다: 즉, 만약 E 가 한 다항식 $f(x)$ 표수가 0인 체 F 위에서 분해체이고 $Gal(E/F)$가 가해군이면, $f(x)$가 F 위에서 거듭제곱근에 의해 가해이다.

모든 유한군은 어떤 체위의 갈루아 군이다. 그러나 대수학에서 중요한 미해결 문제 중의 하나로, 이것은 에밀 뇌더에 의해서 최초로 제기되었으며, 어떤 유한군들이 Q 위에서 갈루아군으로 표현될 수 있는지 결정하는 문제이다. 많은 사람들이 "모두 다 될 것이다" 하는 답에 의문을 가졌다. 모든 가해군은 Q 위에서 갈루아군이 된다는 것은 잘 알려져 있다. 존 톰슨은 최근에 몬스터군을 포함하여 어떤 단순군들이 Q 위에서 갈루아군임을 증명하였다. 이안 스트와트의 논문에서 이 주제에 대하여 이 장에서 취급하는 것 보다 더 많은 것들을 소개하고 있다 .

5차 방정식의 불가해성(Insolvability of a Quintic)

우리는 갈루아이론의 기초개념의 소개는 정수계수를 갖는 한 다항방정식이 Q 위에서 거듭제곱근에 의해서 풀어지지 않는다는 것을 확인함으로서 마치고자 한다.

$g(x)=3x^5-15x+5$라 하자. 아이센쉬타인 판별법[17.4]에 의해서, $g(x)$는 Q 위에서 기약이다. $g(x)$는 연속이고 $g(-2)=-61$, $g(-1)=17$ 이기 때문에, 우리는 $g(x)$은 -2와 -1사이에 한 실수근을 가짐을 알 수 있다. 유사한 분석에 의해서, 0과 1 그리고 1과 2사이에 실근들을 갖는다.

이와 같은 각 실수근들은 중복도가 1이고, 나눗셈 또는 정리 19.6에 호소해서 확인할 수 있다. 더욱, $g(x)$는 세 개의 실수근만 근으로 갖는다.

왜냐하면 미적분학의 로울정리에 의해서, $g(x)$의 실수근들의 각 쌍들 사이에 $g'(x)=15x^4-15$의 근들이 존재함을 확인할 수 있다. 따라서 $g(x)$에 대하여 3개의 실수근을 갖고, $g'(x)$는 2개의 실수근을 갖는다. 따라서 $g(x)$의 다른 두 근들은 실수가 아닌 복소수 근이다, 예를 들어, $a+bi$, $a-bi$이다.

이제, $g(x)$의 5개의 근들을 a_1, a_2, a_3, a_4, a_5로 표시하자. $K=Q(a_1, a_2, a_3, a_4, a_5)$의 임의의 자기동형사상은 a_i의 작용에 의해서 완전히 결정되고 그것은 a_i들의 치환이 됨으로, 우리는 $Gal(K/Q)$는 S_5의 한 부분군과 동형이 된다. 여기서 S_5는 다섯 개의 기호로 된 치환군이다. a_1은 Q 위에서 한 5차 기약다항식의 한 근이므로, 우리는 $[Q(a_1):Q]=5$이고, 따라서, 5는 $[K:Q]$를 나눈다. 따라서 갈루아이론의 기본정리는 5가 역시 $|Gal(K/Q)|$를 나눈다. 따라서 코시정리에 의해서, 우리는 $Gal(K/Q)$가 위수 5인 한 원소를 갖는다고 판단할 수 있다.

S_5에서 위수가 5인 원소는 길이가 5인 순환치환 뿐이므로, 우리는 $Gal(K/Q)$가 길이가 5인 순환치환을 포함하고 있음을 알 수 있다. 복소수 C에서 자기 자신으로 가는 사상, $a+bi$을 $a-bi$로 보내는 것은 역시 $Gal(K/Q)$의 원소가 된다. 이 사상은 다른 3개의 실수 근들은 고정시키고 $g(x)$의 두 복소수근들을 서로 교환하는 것 이므로, 우리는 $Gal(K/Q)$가 길이가 2인 순환치환을 포함하고 있음을 알 수 있다.

그런데, S_5의 부분군으로서 길이가 5인 순환치환과 길이가 2인 순환치환 둘 다 품는 부분군은 S_5 자기 자신이다. 따라서 $Gal(K/Q)$는 S_5와 동형이다. 끝으로, S_5는 가해군이 아니므로, 우리는 이제까지 5차 다항방정식이 거듭제곱에 의해 풀 수 없다는 것을 보이는데 성공하였다.

연습문제

1. E 를 Q 의 한 확대체라 하자. E 의 임의의 작기동형사상은 Q 위에서는 항등사상으로 작용함을 보여라.

2. E 를 체 F 의 한 확대체라 하자. F 를 고정하는 E 의 자기동형사상군은 진정한 한 군임을 보여라.

3. E 는 한 체 F 의 한 확대체이고 H 는 $Gal(E/F)$의 한 부분군이라 하자. H의 고정체는 체임을 보여라

4. $f(x) \in F[x]$ 이고 $f(x)$의 근들을 $a_1, a_2, \cdots, a_n$ 이라 하자. 만약 $K = F(a_1, a_2, \cdots, a_n)$이면, $Gal(K/F)$ 는 a_i 들의 치환에 의한 한 군과 동형임을 보여라.[K 가 F 위에서 $f(x)$의 분해체이면, 군 $Gal(K/F)$ 를 $f(x)$의 갈로아군이라 한다.]

5. 예6에서, 자기동형사상 ϕ 의 위수가 6 임을 보여라. $\omega + \omega^{-1}$ 은 ϕ^3 에 의해서 고정됨을 보이고 $\omega^3 + \omega^5 + \omega^6$은 ϕ^2 에 의해서 고정됨을 보여라.

6. F 를 표수가 0인 한 체이고 E 를 F 위의 어떤 다항식의 분해체라고 가정하자. 만약 $Gal(E/F)$ 가 A_4와 동형이면, $[K : F] = 2$가 성립하는 E 의 부분체 K가 존재하지 않음을 보여라.

7. K 는 표수가 0인 한 체 F 위에서 어떤 다항식의 분해체고 가정하자. 만약, $[K : F] = p^2q$, 여기서 p,q 는 서로 다른 소수이다. K 는 $[K : L_1] = p$, $[K : L_2] = p^2$, $[K : L_3] = q$ 가 성립하는 부분체들 L_1, L_2, L_3 를 가짐을 보여라.

8. F 를 표수가 0인 한 체이고 E 를 F 위의 어떤 다항식의 분해체라고 가정하자. 만약 $[E : F]$ 가 유한이면, E 와 F 사이에 있는 체들은 유한개 뿐임을 보여라.

9. F 를 표수가 0인 한 체이고 E 를 F 위의 어떤 다항식의 분해체라고 가정하자. 만약 $Gal(E/F)$ 이 위수가 10 인 가환군과 동형이면, E 와 F 사이에 있는 체들에 대한 부분체들의 도표를 그려라.

10. 군 $Gal(GF(64)/GF(2))$와 동형인 집합족을 결정하여라.

11. S_5 가 가해군이 아님을 보여라.

12. 위수가 p^n 인 군은 가해군임을 보여라 여기서, p 는 소수이다.

13 정리 23.3의 증명에서 군에 대한 주어진 조성열이 가해성의 정의를 만족함을 보여라.

14. N 는 군 G 의 한 정규부분군이고 K/N 은 G/N 의 정규부분군이다. K 가 G 의 정규부분군임을 증명하여라.

*** 15. 체 F 가 $[F : Z_2] = 60$ 일 때 다음을 설명하여라.

a. K 가 F 의 부분체이면, $Z_2 \subseteq K$ 이다.

b. K_1, K_2 가 F 의 두 부분체이고 $[F : K_1] = 5$, $[F : K_2] = 10$ 이면, $K_2 \subseteq K_1$ 이다.

c. K_1, K_2 가 F 의 두 부분체이고 $[F : K_1] = 6$, $[F : K_2] = 10$ 이면, $K_1 \cap K_2$ 는 Z_2 의 2차 확대체이다.

*** 16. $p(x) = x^6 + x + 2$ 는 $\overline{Z_3}[x]$ 에서 기약다항식이고, $K = \overline{Z_3}[x]/\langle x^6 + x + 2\rangle$ 는 $\overline{Z_3}$ 의 6차 확대체이다. 다음에 답하여라.

a. K 는 $\overline{Z_3}$ 위에서 분해체임을 설명하여라.

b. K 는 $\overline{Z_3}$ 위에서 분리 확대체임을 설명하여라.

c. K 와 $\overline{Z_3}$ 사이에 다음을 만족하는 중간체 L, M 이 각각 1개씩 존재함을 설명하여라.

$|Aut_L K| = 2$, $|Aut_M K| = 3$

*** 17. p 가 소수이고, 체 K 가 Z_p 위에서 $f(x) = x^{p^4} - x \in Z_p[x]$ 의 분해체일 때, 다음을 설명하여라.

a. 모든 $v \in K$ 에 대하여 ,$v^{p^4} = v$이다.

b. $Z_p \subseteq L \subseteq K$ 이고, $L \neq K$ 인 중간체 L 은 단 하나뿐이다.

c. $f(x)$ 의 Z_p 위에서 갈루아군 $Aut_{Z_p} K$ 는 위수가 4인 순환군이다.

*** 18. p가 소수이고, 체 K가 Z_p 위에서 $f(x)=x^p-x-a\in Z_p[x]\,(a\neq 0)$의 분해체, $Aut_{Z_p}K$ 는 $f(x)$의 갈루아군이며, $\alpha\in K$ 는 $f(x)=0$의 한 근이라 하자.

$\psi_\alpha : Aut_{Z_p}K\to Z_p$ 를 $\psi_\alpha(\sigma)=\sigma(\alpha)-\alpha\,(\sigma\in Aut_{Z_p}K)$로 정의 할 때, 다음을 증명하여라.

a. $\psi_\alpha(\sigma)\in Z_p$ 이고, $K=Z_p(\alpha)$ 이다.

b. $\psi_\alpha : Aut_{Z_p}K\to (Z_p,+)$는 군동형사상이다.

c. $\alpha,\beta\in K$ 가 $f(x)$ 의 근 일 때, $\psi_\alpha=\psi_\beta$ 이다.

*** 19. 유리수 체 Q 위에서 대수적인 원소 α에 대하여 단순확대체(simple extension field) $K=Q(\alpha)$는 Q위의 갈루아 확대체(정규 확대체,Galois extension field, normal extension field)이고 차수(drgee)는 $[K:Q]=100$이다. 갈루아 군(Galois group) $G(K/Q)$가 $\sigma(\alpha)=\alpha^{-1}$을 만족시키는 자기동형사상(automorphism) σ를 가질 때, K의 부분체 $F=Q(\alpha+\alpha^{-1})$의 Q위의 차수 $[F:Q]$를 풀이과정과 함께 설명하여라.

*** 20. 다항식 x^6+3의 유리수체 Q위에서의 분해체(splitting field)를 K라 하면 갈루아군 $G(K/Q)$의 위수(order)는 6임을 증명하여라.

*** 21. 체 K는 유리수 체 Q위에서 차수(drgee)가 $[K:Q]=270$인 갈루아 확대체(정규확대체, Galois extension field, normal extension field)이고, 갈루아 군 $G(K/Q)$는 순환군이다. $\sqrt{2}$가 K의 원소일 때 $\sqrt{2}$를 포함하는 K의 부분체의 개수를 풀이과정과 함께 써라.

*** 22. 실수 $\sqrt[3]{2}-\sqrt[3]{3}$을 근으로 가지는 다항식 $f(x)=x^9+3x^6+165x^3+1$은 13을 법으로 하여 $f_{13}(x)=x^9+3x^6+165x^3+1$과 합동이고, $f_{13}(x)$는 $Z_{13}[x]$에서 기약다항식임이 알려져 있다. 이를 이용하여, $f(x)$가 $Q[x]$에서 기약임을 보여라.

그리고 $K=Q(\sqrt[3]{2},\sqrt[3]{3})$라 할 때 차수(drgee) $[K:Q]$의 값을 풀이과정과 함께 쓰고, 다항식 $g(x)=(x^3-2)(x^3-3)\in Q[x]$의 분해체(splitting field) E에 대한 갈루아군 $G(E/Q)$의 위수를 풀이과정과 함께 써라.

*** 23. 유리수 Q 위에서 대수적인 두 실수 a,b에 대하여 단순 확대체(simple extension)

$K = Q(a+bi)$가 Q 위의 갈루아 확대체(정규확대체, Galois extension field, normal extension field)이고 갈루아군 (Galois group) $Q(K/Q)$가 아벨군(abelian group)이라 하자. $a^2+b^2 \in Q$이고 $b \neq 0$일 때, $Q(K/Q)$의 위수(order)는 짝수임을 보여라. 또한 $Q(K/Q)$의 위수를 $2m$이라 할 때, 자연수 m의 각각의 양의 약수 d에 대하여 $Q[x]$에 속하고 모든 근이 실수이며 d인, Q 위의 기약다항식(irreducible polynomial)이 존재함을 보여라.

24. 체 $Q(\sqrt{2}, \sqrt{5}, \sqrt{7})$의 자기동형군이 $Z_2 \oplus Z_2 \oplus Z_2$와 동형으로 주어질 때, Q 위에서 차수가 4인 체 $Q(\sqrt{2}, \sqrt{5}, \sqrt{7})$의 모든 부분체들의 개수를 결정하여라.

25. 체 E는 Q위에서 x^4+1의 분해체라 하자. $Gal(E/Q)$를 찾아라. E의 모든 부분체를 찾아라. E의 자기동형군으로 각각 $Q(\sqrt{2})$, $Q(\sqrt{-2})$, $Q(i)$ 를 고정체로 갖는 부분군들을 찾아라. Q를 고정체로 갖는 자기동형군은 존재하는가?

26. $E = Q(\sqrt{2}, \sqrt{5})$라 하자. 군 $Gal(E/Q)$의 위수는 얼마인가? $Gal(Q(\sqrt{10})/Q)$의 위수는 얼마인가?

27. Q 위에서 x^3-1의 갈루아군과 Q위에서 x^3-2의 갈로아군을 결정하여라.

*** 28. 유리수체 Q 위에서 다항식$x^{24}-1$의 분해체(splitting field)를 K 라 하자. 갈루아군(Galois group) $G(K/Q)$ 의 위수(order)와 복소수 $\zeta = e^{\frac{\pi}{12}i}$ 의 Q 위에서의 기약다항식(irreducible polynomial)irr(ζ , Q)을 각각 풀이과정과 함께 쓰시오. (단(, $i = \sqrt{-1}$)

*** 29. 유리수체 Q 위에서 다항식 x^5+5의 분해체(splitting field)를 K라 하자. 체 $Q(\sqrt[10]{5})$가 K의 부분체임을 증명하고, K의 원소

$$\alpha = e^{\frac{2\pi}{5}i} + e^{\frac{3\pi}{5}i}$$

의 Q 위에서의 기약다항식(irreducible polynomial) $irr(\alpha, Q)$를 풀이 과정과 함께 쓰시오. (단, $i = \sqrt{-1}$).

제24장

원분 확대체 (Cyclotomic Extensions)

동기유발(Motivation)

이 책의 마지막장으로, 군, 환, 체, 기하작도 그리고 수학의 역사에 대한 결과들을 함께 통합할 수 있는 주제를 선정하는 것이 적합하다. 소위 원분 확대체가 그에 맞는 주제이다. 그 역사부터 알아보자.

고대 그리스에서 정다각형의 변의 개수가 $3,4,5,6,8,10,12,15,16$ 인 정다각형들을 자와 컴퍼스로 어떻게 구성하는지를 알고 있었다. 그리고 정 n각형의 작도가 되면, 우리는 용이하게 정규 $2n$ 다각형을 작도할 수 있다. 그리스인들은 정다각형의 변의 개수가 $7, 9, 11, 13, 14, 17, \cdots$ 인 정다각형을 작도하려고 시도했으나 실패 하였다. 그리스시대를 능가하는 이 문제에 대한 우리 지식은 발전되지 못하고 2200년이 지났다. 믿어지지 않게, 가우스는 19세의 나이에, 정17각형이 작도 가능함을 보였고, 그 후로 얼마 지나지 않아 어떤 정 n각형이 정확하게 작도가능한가를 완전하게 해결하였다.

정17각형의 작도가능성의 발견은 가우스로 하여금 그가 일생동안 수학연구에 헌신하게 하는 계기가 되었다. 가우스는 이 성취를 자랑스럽게 생각하여 그의 무덤의 비석에 정17각형을 새기도록 요청하였다.

가우스는 Q 위에서 $x^n - 1$의 형태인 다항식들의 인수분해를 연구함으로서 작도가능한 정다각형의 발견을 이루었다. 이 장에서는, 우리는 $x^n - 1$의 인수들을 조사하여, 갈루아 이론을 적용하여 어떤 정n각형이 자와 컴퍼스만 사용하여 작도가능한지를 결정하는데 사용될 수 있다. $x^n - 1$의 기약인수들은 정수론과 조합론에서 중요한 역할을 한다.

원분 다항식(Cyclotomic Polynomials)

x^n-1의 복소수근들은 $1, \omega=\cos\left(\frac{2\pi}{n}\right)+isin\left(\frac{2\pi}{n}\right), \omega^2, \cdots, \omega^{n-1}$이다. 따라서 Q 위에서 x^n-1의 분해체는 $Q(\omega)$이다. 이 체를 Q 의 n번째 원분확대체라 하고, Q 위에서 x^n-1의 기약인수들을 원분다항식들이라 한다.

$\omega=\cos\left(\frac{2\pi}{n}\right)+isin\left(\frac{2\pi}{n}\right)$는 곱셈에 관한 위수$n$인 한 순환군을 생성하기 때문에, 우리는 정리3.2의 따름정리3으로부터 $\langle\omega\rangle$의 생성원들은 ω^k꼴의 원소들이다. 여기서, $1\le k\le n$이고 $\gcd(n,k)=1$이다. 이 생성원들을 단위원의 원시적 n제곱근이라 부른다. 우리는 $\phi(n)$가 n과 서로소인 n보다 작거나 같은 양의정수들의 개수를 표시한다는 것을 상기하면, 우리는 각 양의정수 n에 대한 $\phi(n)$은 확실히 단위원의 원시적 n제곱근들의 개수와 같음을 알 수 있다. $\phi(n)$개의 단위원의 원시적 n제곱근들을 갖는 다항식들은 특별한 이름을 갖고 있다.

정의 임의의 양의 정수 n에 대하여, $\omega_1, \omega_2, \cdots, \omega_{\phi(n)}$를 단위원의 원시적 n제곱근들이라 하자. $\Phi_n(x)=(x-\omega_1)(x-\omega_2)\cdots(x-\omega_{\phi(n)})$을 Q 위에서의 n번째 원분다항식이라 한다.

특히, $\Phi_n(x)$는 모닉이고 $\phi(n)$차 식임을 알 수 있다. 정리 24.2에서 우리는 $\Phi_n(x)$가 정수 계수를 가짐을 보이고, 정리24.3에서 $\Phi_n(x)$는 Z 위에서 기약임을 증명할 것이다.

예 1 $\Phi_1(x)=x-1$이다.

왜냐하면 1은 $x-1$의 단 하나의 근이기 때문이다.$\Phi_2(x)=x+1$이다. 왜냐하면 x^2-1의 그들은 1과 -1이고, -1만 원시근이다. $\Phi_3(x)=(x-\omega)(x-\omega^2)$이다.

여기서, $\omega=\cos\left(\frac{2\pi}{3}\right)+isin\left(\frac{2\pi}{3}\right)=(-1+i\sqrt{3})/2$이고,

직접 계산하면 $\Phi_3(x)=x^2+x+1$이다.

x^4-1의 근들은 ±1과 $\pm i$ 이고, 여기서 i와 $-i$이 원시근이므로,

$\Phi_4(x)=(x-i)(x+i)=x^2+1$이다.

실제로는, $\Phi_n(x)$를 계산하는데 그것의 정의를 이용하지 않고, 대신 연습문제에서 주어진 공식과 다음 결과를 반복적으로 사용하여 계산한다.

정리 24.1 양의 정수 n에 대하여, $x^n - 1 = \Pi_{d|n}\Phi_d(x)$, 여기서 곱은 n의 모든 약수 d에 대하여 적용한다.

이 정리를 증명하기 전에, 이 명제가 명확한가를 확인해 보자. $n=6$에 대한 예를 들어보면, 이 정리는 $x^6 - 1 = \Phi_1(x)\Phi_2(x)\Phi_3(x)\Phi_6(x)$이다. 왜냐하면, 6의 양의 약수들은 1,2,3,6이다.

증명 위 명제에서 두 다항식은 모닉이므로, 그들이 같은 근들을 갖고 있으며 모든 근들의 중복도가 1임을 보이면 충분하다. $\omega = \cos\left(\frac{2\pi}{n}\right) + i\sin\left(\frac{2\pi}{n}\right)$라 하자. $\langle\omega\rangle$은 위수가 n인 순환군이고, $\langle\omega\rangle$은 항등원의 모든 n제곱근들을 품는다. 정리 3.3으로부터, 우리는 각 j에 대하여, $|\omega^j|$은 n을 나누고 $(x-\omega^j)$은 $\Phi_{|\omega^j|}(x)$의 한 인수꼴이다. 한편, 만약 $x-\alpha$은 n의 적당한 약수 d에 대한 $\Phi_d(x)$의 한 일차의 인수이므로, $\alpha^d = 1$이고, 그래서, $\alpha^n = 1$이다. 따라서 $x-\alpha$ 는 $x^n - 1$의 한 인수이다. 끝으로, $x^n - 1$의 근들은 서로 다른 두 d_i에 대한 $\Phi_{d_i}(x)$의 공통근이 될 수 없으므로, 결과가 증명되었다.

정리 24.2 임의의 양의 정수 n에 대하여, $\Phi_n(x)$는 정수 계수를 갖는다.

증명 $n=1$인 경우는 당연하다. 수학적귀납법에 의해서,
우리는 $g(x) = \Pi_{d|n,\, d<n}\Phi_d(x)$는 정수계수를 갖는다고 가정할 수 있다. 정리 24.1로부터 우리는 $x^n - 1 = \Phi_n(x)g(x)$이고, $g(x)$가 몬닉이므로, 우리는 $Z[x]$에서 나눗셈을 할 수 있다. 따라서, $\Phi_n(x) \in Z[x]$이다.

이제 약간의 계산을 해보기로하자. 만약 p가 소수일 때, 정리 24.1로부터
$x^p - 1 = \Phi_1(x)\Phi_p(x) = (x-1)\Phi_p(x)$이다.

따라서, $\Phi_p(x) = (x^p - 1)/(x-1) = x^{p-1} + x^{p-2} + \cdots + x + 1$이다.

정리 24.1으로부터 $x^6 - 1 = \Phi_1(x)\Phi_2(x)\Phi_3(x)\Phi_6(x)$이다.

따라서, $\Phi_6(x) = (x^6 - 1)/((x-1)(x+1)(x^2+x+1))$이다. 그리고, 긴 나눗셈을 하면

$\Phi_6(x) = x^2 - x + 1$이다. 유사한 방법으로,

$\Phi_{10}(x) = (x^{10} - 1)/((x-1)(x+1)(x^4 + x^3 + x^2 + x + 1)) = x^4 - x^3 + x^2 - x + 1$이다.

이 연습들은 긴 나눗셈을 종종 불필요하게 만들어 첩경을 제공해준다. n가 15까지 $\Phi_n(x)$의 값을 표 24.1에 보였다.

〈표 24.1〉 $n = 15$까지 원분다항식 $\Phi_n(x)$

n	$\Phi_n(x)$
1	$x - 1$
2	$x + 1$
3	$x^2 + x + 1$
4	$x^2 + 1$
5	$x^4 + x^3 + x^2 + x + 1$
6	$x^2 - x + 1$
7	$x^6 + x^5 + x^4 + x^3 + x^2 + x + 1$
8	$x^4 + 1$
9	$x^6 + x^3 + 1$
10	$x^4 - x^3 + x^2 - x + 1$
11	$x^{10} + x^9 + x^8 + x^7 + x^6 + x^5 + x^4 + x^3 + x^2 + x + 1$
12	$x^4 - x^2 + 1$
13	$x^{12} + x^{11} + x^{10} + x^9 + x^8 + x^7 + x^6 + x^5 + x^4 + x^3 + x^2 + x + 1$
14	$x^6 - x^5 + x^4 - x^3 + x^2 - x + 1$
15	$x^8 - x^7 + x^5 - x^4 + x^3 - x + 1$

컴퓨터 연습문제 1의 소프트웨어는 n가 1000까지 $\Phi_n(x)$의 값을 제공해 준다. 표 24.1에서 원분다항식들의 영이 아닌 계수들은 단지 1과 -1뿐이라는 의문을 갖게 된다. 그러나, 모든 정수들은 어떤 원분다항식의 계수가 될 수 있음이 알려져 있다. 다음 정리는 왜 원분다항식이 중요한가를 밝혀주는 것이다.

정리 24.3 원분다항식 $\Phi_n(x)$은 Z위에서 기약이다

증명 $f(x) \in Z[x]$를 $\Phi_n(x)$의 한 모닉 기약인수라 하자. $\Phi_n(x)$는 모닉이고 중근을 갖지

않기 때문에, $\Phi_n(x)$의 모든 근들이 $f(x)$의 근이 됨을 보이면 충분하다. $\Phi_n(x)$은 $Z[x]$에서 x^n-1를 나누므로, 우리는 $x^n-1=f(x)g(x)$, 여기서 $g(x)\in Z[x]$이다.

ω를 한 단위원의 원시적 n제곱근으로 $f(x)$의 한 근이라 하자. 그러면, $f(x)$는 Q위에서 ω의 최소다항식이다. p는 n을 나누지 않는 임의의 소수라 하자.

그러면, 정리 3.2의 따름정리 3에 의해서 ω^p는 역시 단위원의 원시적 n제곱근이고, 그렇기 때문에, $0=(\omega^p)^n-1=f(\omega^p)g(\omega^p)$, 따라서 $f(\omega^p)=0$이거나 $g(\omega^p)=0$이다.

$f(\omega^p)\neq 0$이라 가정하자. 그러면 $g(\omega^p)=0$이다, 즉 ω는 $g(x^p)$의 한 근이다. 따라서, 정리 20.3의로부터, $Q[x]$ 안에서 $f(x)$는 $g(x^p)$를 나눈다. $f(x)$가 모닉이므로, $f(x)$는 실제적으로 $Z[x]$에서 $g(x^p)$를 나누게 된다. 예를 들어 $g(x^p)=f(x)h(x)$, 여기서 $h(x)\in Z[x]$라 하자. 이제 $\overline{g}(x), \overline{f}(x)$ 그리고 $\overline{h}(x)$를 각각 $g(x), f(x)$ 그리고 $h(x)$로부터 그 계수들을 p를 법으로 축약하여 $Z_p[x]$에서 얻어진 다항식들이라 하자. 이 축약과정은 $Z[x]$에서 $Z_p[x]$로 가는 한 환준동형사상이므로(16장 연습문제 21 참조), 우리는 $Z_p[x]$안 에서 $\overline{g}(x^p)=\overline{f}(x)\overline{h}(x)$이다.

우리는 $(\overline{g}(x))^p=\overline{g}(x^p)=\overline{f}(x)\overline{h}(x)$임을 알고, $Z_p[x]$은 유일인수분해정역 이므로, $\overline{g}(x)$와 $\overline{f}(x)$는 $Z_p[x]$에서 공통인 기약인수를 갖게 된다; 그것을 $m(x)$라 하자. 따라서, 우리는 $\overline{f}(x)=k_1(x)m(x)$이고 $\overline{g}(x)=k_2(x)m(x)$이다.

여기서, $k_1(x), k_2(x)\in Z_p[x]$이다. 그러면, x^n-1를 $Z_p[x]$의 원소로 보면, 우리는 $x^n-1=\overline{f}(x)\overline{g}(x)=k_1(x)k_2(x)(m(x))^2$이다. 특히, x^n-1은 Z_p의 어떤 확대체위에서 중근을 갖지 않는다. 그러나 p는 n을 나누지 않기 때문에, x^n-1의 도함수 nx^{n-1}는 0이 아니고, 따라서 nx^{n-1}과 x^n-1은 $Z_p[x]$ 안에서 양의 차수의 공통근을 갖지 않는다. 이것은 정리19.5에 모순되기 때문에 우리는 $f(\omega^p)=0$이어야 한다.

우리는 지금까지 증명한 것을 다음과 같이 재공식화 할 수 있다: 만약 β 가 단위원의 원시적 n제곱근이라 하고 $f(x)$의 한 근이라 하자. 여기서 p는 n를 나누지 않는 소수이다. 그러면, β^p 는 $f(x)$의 한 근이다. 이제 k를 1과 n사이의 정수로 n과 서로소인 수라 하자. 그러면 우리는 $k=p_1p_2\cdots p_t$로 쓸 수 있고, 여기서 각 p_i는 n를 나누지 않는 소수이다.

각 $\omega, \omega^{p_1}, (\omega^{p_1})^{p_2}, \cdots, (\omega^{p_1p_2\cdots p_{t-1}})^{p_t}=\omega^k$은 $f(x)$의 근 이다. $\Phi_n(x)$의 모든 근 들은 ω^k꼴이며, 여기서 k는 1과 n사이의 수로 n과 서로소이므로, $\Phi_n(x)$의 모든 근들은 $f(x)$의 근이 됨을 증명하였다. 이렇게 해서 모두 증명되었다.

물론, 정리 24.3과 24.1은 x^n-1을 Q위에서의 기약다항식들의 곱으로 표현되는 인수분해를 할 수 있다. 그러나, 정리 24.1은 또한 x^n-1를 Z_p위에서 기약다항식들의 인수분해를 하는데 편리하게 이용된다. 다음 예는 그 설명을 제공한다. x^n-1의 Z_p위에서의 기약인수들은 error-correcting codes를 구성하는데 사용된다.

예 2 우리는 x^6-1의 Z_2와 Z_3위에서의 기약인수분해를 해보자. 표 24.1로부터, 우리는 $x^6-1=(x-1)(x+1)(x^2+x+1)(x^2-x+1)$임을 안다. 모든 계수들을 2를 법으로 계산하면, 우리는 똑 같은 표현으로 쓸 수 있고, 그러나 우리는 이 인수들이 Z_2위에서 기약인가를 확인해야 한다. x^2+x+1은 Z_2위에서 근을 갖지 않기 때문에 Z_2위에서 기약이다.(정리 17.1 참조) 끝으로, Z_2에서 $-1=1$이므로 우리는 기약인수분해를 $x^6-1=(x+1)^2(x^2+x+1)^2$로 쓸 수 있다. Z_3위에서는, 우리는 다시 Z 위에서 인수분해 $x^6-1=(x-1)(x+1)(x^2+x+1)(x^2-x+1)$에서 시작해서 3을 법으로 계산해 보자. 그러면, 1은 Z_3에서 x^2+x+1의 한 근이 되므로, 긴 나눗셈을 하면 우리는 $x^2+x+1=(x-1)(x+2)=(x+2)^2$이다.

유사한 방법으로, $x^2-x+1=(x-2)(x+1)=(x+1)^2$이다. 따라서, x^6-1의 Z_3위에서의 기약인수분해는 $(x+1)^3(x+2)^3$이다.

■

다음은 Q의 원분확대체의 갈루아군을 계산해보자.

정리 24.4 ω를 단위원의 한 원시적 n제곱근이라 하자. 그러면, $Gal(Q(\omega)/Q)\approx U(n)$이다.

증명 $1,\omega,\omega^2,\cdots,\omega^{n-1}$은 모두 단위원의 n제곱근들이므로, $Q(\omega)$는 Q위에서 x^n-1의 분해체가 된다. $U(n)$의 각 원소 k에 대하여, ω^k는 단위원의 한 원시적 n제곱근이고, 정리 14.4 앞에 있는 보조정리에 의해서 $Q(\omega)$의 체 자기동형사상이 존재하고, 이것을 ϕ_k로 표기한다. 이 사상은 ω를 ω^k로 대응시키고 Q위에서는 항등사상이다. 더욱이, 이것들은 $Q(\omega)$에서의 모든 자기동형사상들이다. 왜냐하면 임의의 자기동형사상은 단위원의 한 원시적 n제곱근을 단위원의 다른 원시적 n제곱근으로 대응시키는 사상이기 때문이다. 다음으로, 모든 $r,\ s\in U(n)$에 대하여,

$(\phi_r\phi_s)(\omega)=\phi_r(\omega^s)=(\phi_r(\omega))^s=(\omega^r)^s=\omega^{rs}=\phi_{rs}(\omega)$이다.

이것은 $U(n)$으로부터 $Gal(Q(\omega)/Q)$위로 $k \rightarrow \phi_k$ 가는 사상은 한 군 준동형사상이다. 분명히, 이 사상은 동형이다, 왜냐하면 $r, s \in U(n)$이고 $r \neq s$이면 $\omega^r \neq \omega^s$이기 때문이다.

다음 예는 정리24.4와 7장의 결과들을 이용하여 원분확대체의 갈루아군을 어떻게 결정하는지를 보여주는 것이다.

예 3 $\alpha = \cos(\frac{2\pi}{9}) + isin(\frac{2\pi}{9})$라 하고, $\beta = \cos(\frac{2\pi}{15}) + isin(\frac{2\pi}{15})$라 하자.

그러면, $Gal(Q(\alpha)/Q) \approx U(9) \approx Z_6$이고,

$Gal(Q(\beta)/Q) \approx U(15) \approx U(5) \oplus U(3) \approx Z_4 \oplus Z_2$이다.

작도가능한 정 n-각형(The Constructible Regular n-gons)

원분확대체의 이론과 갈루아 이론의 한 적용하면, 우리는 어떤 정 n-각형들이 자와 컴퍼스로 작도가능한지를 정확하게 정할 수가 있다.

그러므로, 먼저 우리는 기술적인 보조정리를 증명할 것이다.

보조 정리 n이 양의정수이고 $\omega = \cos(\frac{2\pi}{n}) + isin(\frac{2\pi}{n})$라 하면, $Q(\cos(\frac{2\pi}{n})) \subseteq Q(\omega)$이다.

증명 $(\cos(\frac{2\pi}{n}) + isin(\frac{2\pi}{n}))(\cos(\frac{2\pi}{n}) - isin(\frac{2\pi}{n})) = \cos^2(\frac{2\pi}{n}) + \sin^2(\frac{2\pi}{n}) = 1$이므로,$(\cos(\frac{2\pi}{n}) - isin(\frac{2\pi}{n})) = 1/\omega$이다.

더욱이, $(\omega + 1/\omega)/2 = (2\cos(\frac{2\pi}{n}))/2 = \cos(\frac{2\pi}{n})$이다.

따라서, $Q(\cos(\frac{2\pi}{n})) \subseteq Q(\omega)$이다.

정리 24.5 (가우스, 1796)

정 $n-$각형이 자와 컴퍼스로 작도가능하기 위한 필요충분조건은 n가 $2^k p_1 p_2 \cdots p_t$꼴이고, 여기서 $k \geq 0$이고 p_i들은 2^m+1꼴의 서로 다른 소수들이다.

증명 만약 정 $n-$각형이 작도가능하다면, 우리는 각 $\frac{2\pi}{n}$를 작도할 수 있고 ,따라서 수 $\cos(\frac{2\pi}{n})$도 작도할 수 있다. 22장의 결과들을 이용하여, 우리는 $\cos(\frac{2\pi}{n})$가 작도가능하기 위해서는 $\left[Q(\cos(\frac{2\pi}{n})):Q\right]$가 2의 멱이면 충분하다. 언제 그것이 가능한가를 정하기 위해서, 우리는 갈루아 이론을 사용해보자. $\omega=\cos(\frac{2\pi}{n})+isin(\frac{2\pi}{n})$라 하자.

그러면, $|Gal(Q(\omega)/Q)|=[Q(\omega):Q]=\phi(n)$이다.

앞 페이지의 보조정리에 의해서, $Q(\cos(\frac{2\pi}{n}))\subseteq Q(\omega)$이고, 정리 23.1에 의해서 우리는

$$\left[Q(\cos(\frac{2\pi}{n})):Q\right]$$
$$=|Gal(Q(\omega)/Q)|/\left|Gal(Q(\omega)/Q(\cos(\frac{2\pi}{n})))\right|=\phi(n)/\left|Gal(Q(\omega)/Q(\cos(\frac{2\pi}{n})))\right|.$$

$Gal(Q(\omega)/Q)$의 원소 σ는 $\sigma(\omega)=\omega^k$, $1\leq k\leq n$의 성질을 갖는다는 것을 생각하자.
즉, $\sigma(\cos(\frac{2\pi}{n})+isin(\frac{2\pi}{n}))=\cos(\frac{2\pi k}{n})+isin(\frac{2\pi k}{n})$이다.

만약 그런 σ가 $Gal(Q(\omega)/Q(\cos(\frac{2\pi}{n})))$에 속하면, $\cos(\frac{2\pi k}{n})=\cos(\frac{2\pi}{n})$이다.

분명히, 이 식은 $k=1$와 $k=n-1$일 때만 성립한다. 따라서, $|Gal(Q(\omega)/Q(\cos(\frac{2\pi}{n})))|=2$이고, 그러므로 $\left[Q(\cos(\frac{2\pi}{n})):Q\right]=\phi(n)/2$이다.

따라서, 만약 한 정 $n-$각형이 작도가능 하면, $\phi(n)/2$는 2의 멱이다. 물론, $\phi(n)$은 2의 멱이다.
$n=2^k p_1^{n_1} p_2^{n_2}\cdots p_t^{n_t}$, $k\geq 0$이고, p_i들은 서로 다른 소수들이고 n_i들은 양수이다.

그러면, $\phi(n)=|U(n)|=|U(2^k)|\left|U(p_1^{n_1})\right|\cdots\left|U(p_t^{n_t})\right|=2^{k-1}$
$p_1^{n_1-1}(p_1-1)\cdots p_t^{n_t-1}(p_t-1)$은 2의 멱이다.

분명히, 이것은 각 $n_i=1$이고 각 p_i-1은 2의 멱이다. 이것은 정리의 필요조건을 증명한 것이다.

정리 24.5의 충분조건을 증명하기 위해서, n가 $2^k p_1 p_2 \cdots p_t$ 꼴이고, 여기서 $k \geq 0$이고 p_i들은 $2^m + 1$꼴의 서로 다른 소수들이라 하고, $\omega = \cos(\frac{2\pi}{n}) + isin(\frac{2\pi}{n})$라 하자. 정리 24.3에 의해서, $Q(\omega)$은 Q 위에서 한 기약다항식의 분해체이고, 따라서, 갈루아 이론의 기본정리에 의해서, $\phi(n) = [Q(\omega) : Q] = |Gal(Q(\omega)/Q|$ 이다. $\phi(n)$은 2의 멱이고 $Gal(Q(\omega)/Q)$은 아벨군 이므로, 수학적 귀납법 가정에 의해서 다음 부분군의 열이 존재한다.

$H_0 \subset H_1 \subset \cdots \subset H_t = Gal(Q(\omega)/Q)$, 여기서 H_0은 항등원, H_1은 위수가 2이고 $\cos(\frac{2\pi}{n})$를 고정하는 $Gal(Q(\omega)/Q)$의 부분군이고, 각 $i = 0,1,2,\cdots,t-1$에 대하여 $|H_{i+1} : H_i| = 2$이다. 갈루아 이론의 기본정리에 의해서, 우리는 다음과 같은 실수체의 부분체의 열을 얻게 된다. $Q = E_{H_t} \subset E_{H_{t-1}} \subset \cdots \subset E_{H_1} = Q(\cos(\frac{2\pi}{n}))$, 여기서 $[E_{H_{i-1}} : E_{H_i}] = 2$이다. 따라서, 각 i에 대하여, 우리는 $E_{H_{i-1}} = E_{H_i}(\beta_i)$가 되는 $\beta_i \in E_{H_{i-1}}$를 택할 수 있다.

그러면 β_i 는 $x^2 + b_i x + c_i \in E_{H_i}[x]$ 꼴의 다항식의 한 근이고, $E_{H_{i-1}} = E_{H_i}(\sqrt{b_i^2 - 4c_i})$가 성립한다. 따라서, $Q(\cos(\frac{2\pi}{n}))$의 모든 원소들은 작도가능하다.

가우스는 그의 증명에서 갈로아 이론을 사용하지 않았음은 흥미롭다. 사실, 가우스는 갈루아가 태어나기 15년 전에 이 증명을 했었다.

연습문제

1. $\cos(\frac{\pi}{3})+isin(\frac{\pi}{3})$의 Q위에서의 최소다항식을 결정하여라.

2. x^8-1를 Z_2, Z_3, Z_5 위에서 기약다항식의 곱으로 각각 인수분해 하여라.

3. 임의의 $n>1$에 대하여, 단위원의 모든 n제곱근들의 곱이 $(-1)^{n+1}$임을 증명하여라.

4. F는 Q의 유한 확대체이다. 단위원의 근들은 F 안에 단지 유한개만 존재함을 증명하여라.

5. 만약 2^n+1이 $n\geq 1$에 대하여 소수이면, n은 2의 멱임을 증명하여라.[2^n+1 꼴의 소수들을 페르마 소수라 한다.]

6. 만약 한 체가 n가 홀수일 때 단위원의 n제곱근을 품고 있으면, 그 체는 역시 단위원의 $2n$ 제곱근도 품고 있음을 증명하여라.

7. 모든 홀수 정수 $n>1$에 대하여 $\Phi_{2n}(x)=\Phi_n(-x)$임을 증명하여라.

8. 정리 24.5의 증명과정에서, 다음과 같은 부분군들의 열이 존재함을 증명하여라.
$H_0\subset H_1\subset\cdots\subset H_t$ 이고, 각 $i=0,1,2,\cdots,t-1$ 에 대하여 $|H_{i+1}:H_i|=2$이다.

9. p는 한 소수이고 n을 나누지 않는다. $\Phi_{p^n}(x)=\Phi_n(x^p)/\Phi_n(x)$임을 증명하여라.

10. E는 Q 위에서 x^5-1의 분해체이다. $Q\subset K\subset E$를 만족하는 유일한 체 K가 존재함을 보여라.

11. $\omega=\cos(\frac{2\pi}{15})-isin(\frac{2\pi}{15})$ 라 하자. $Gal(Q(\omega)/Q)$ 의 위수가 2인 3개의 원소를 찾아라.

종합 연습문제

1. $x^{50}-1$ 은 Z_3 의 임의의 확대체에서 중근을 갖지 않음을 보여라.

2. F 는 위수가 q 인 유한체이고 a 는 F 의 영이 아닌 원소이다. 만약 n 이 $q-1$를 나누면, 방정식 $x^n = a$는 F 안에서 근을 갖지 않거나 또는, F 안에서 n 개의 서로 다른 근을 가짐을 증명하여라.

3. $(5a^2+2)/a$를 $c+ba$꼴로 표현하여라.. 여기서, c, b 는 유리수이다.

4. 만약 $[F(a):F]=5$이면, $[F(a^3):F]$을 구해라. 만약 a^3 대신에 a^2, a^4로 하면, 위에서 적용한 논증은 똑 같이 잘 적용되는가?

5. a 는 F 위의 영이 아닌 차수가 n 인 대수적인 원소라 하자. a^{-1}는 F 위의 차수가 n인 대수적인 원소임을 보여라.

6. ab가 F 위에서 대수적이고 $b \neq 0$이면, a는 $F(b)$위에서 대수적임을 증명하여라.

7. 만약 a 가 F 위에서 초월적이라면, F 에 있지 않는 $F(a)$의 모든 원소는 F 위에서 초월적임을 보여라.

8. 유한체의 유한확대는 단순확대임을 보여라.

9. K 는 특성이 $p \neq 0$ 인 체 F 의 확대체라 가정하자. $L = \{a \in K \mid a^{p^n} \in F,\ n\text{는 양의 정수}\}$라 하자. L 은 F 를 품는 K 의 부분체임을 증명하여라.

10. Q위에서 다항식 x^5-6x+3은 거듭제곱으로 풀 수 없음을 보여라.

연습문제 풀이

수학교사를 위한 현대대수학

연습문제 풀이

1장 연습문제 풀이

1. 덧셈에 대한 항등원이 없다. 덧셈에 대하여 닫혀있지 않다.

2. 4를 법으로 $\{1,2,3\}$은 2의 역원이 없다. 5를 법으로 $\{1,2,3,4\}$는 군이 된다.

3. $\begin{pmatrix} 2 & 6 \\ 3 & 5 \end{pmatrix}\begin{pmatrix} x & y \\ z & w \end{pmatrix}=\begin{pmatrix} 1 & 0 \\ 0 & 1 \end{pmatrix}$, 역원 $\begin{pmatrix} 9 & 9 \\ 10 & 8 \end{pmatrix}$

4. (a) $2a+3b$ (b) $-2a+2(-b+c)$ (c) $-3(a+2b)+2c=0$

5. $\forall a, e * a=a,\ \forall a,\ \exists a_r, s.t.\ a_r * a_s=e?$
   $\forall a \in G, a * a_r=e$이고

   a_r에 대하여, $\exists a_s \in G, a_r * a_s=e.$

   $a_r * a=a_r *(a * e)=(a_r * a) *(a_r * a_s)=a_r *(a * a_r) * a_s$
   $=(a_r * e) * a_s=a_r * a_s=e,$

   $e * a=(a * a_r) * a=a *(a_r * a)=a * e=a$

6. $A, B \in SL(2, \mathbb{R}), |A|=|B|=1, |AB|=|A||B|=1$

7. 29

8. 만약에 $ab=ba$일 때, $(ab)^n=a^n b^n$

9. 가환군이면 $ab \cdot (a^{-1}b^{-1})=ba \cdot (a^{-1}b^{-1})=b \cdot (aa^{-1})b^{-1}=bb^{-1}=e$

역으로 $(ab)(ba)^{-1} = abb^{-1}a^{-1} = e$ 따라서 $ab = ba$이다

10. $n > 0$, $n = 1$일 때는 성립한다. $n = k$일 때 성립한다고 가정하자.

$(a^{-1}ba)^k = a^{-1}b^k a$

$(a^{-1}ba)^{k+1} = (a^{-1}ba)^k(a^{-1}ba) = (a^{-1}b^k a)(a^{-1}ba) = a^{-1}b^{k+1}a$ $n = k+1$ 일 때 성립한다.

$n = 0$일 때는 당연하다.

$n < 0, n = -m$이라 하자. $m > 0$이므로,

$(a^{-1}ba)^n = (a^{-1}ba)^{-m} = ((a^{-1}ba)^m)^{-1} = (a^{-1}b^m a)^{-1} = a^{-1}b^{-m}a = a^{-1}b^n a.$

11. $\{1, 3, 5, 9, 13, 15, 19, 23, 25, 27, 39, 45\}$

12. $ab = ac$ 이면 $b = c$

13.

	e	a	b	c	d
e	e	a	b	c	d
a	a	b	c	d	e
b	b	c	d	e	a
c	c	d	e	a	b
d	d	e	c	b	a

14. $a^{-1}cb^{-1}, aca^{-1}$

15. ① $x^3 = e, x \neq e, (x^{-1})^3 = e$ $x \neq x^{-1}$인 x는 쌍으로 존재한다. 따라서 홀수개이다.

② $x^2 \neq e$이면 $x \neq x^{-1}$이다. 그리고 $(x^{-1})^2 = (x^2)^{-1} \neq e$이다.

따라서 $x^2 \neq e$인 x는 쌍으로 존재한다.

16. RF는 반사이동이므로 $(RF)(RF) = R_0$이다.

$$(RF)(RF)=(RFR)F=R_0$$
$$\therefore RFR=F^{-1}=F$$

17. $axb=cxd$이면, $ab=cd$이다.

$b=aa^{-1}b=ba^{-1}a$이다.
$\therefore ab=ba$

18. $a^2=b^2=(ab)^2=e$
$aabb=e=abab$

소약법칙에 의해서 $ab=ba$

19. 결합법칙은 계산으로 확인 할 수 있고,

$\begin{pmatrix}1&a&b\\0&1&c\\0&0&1\end{pmatrix}*\begin{pmatrix}1&x&y\\0&1&z\\0&0&1\end{pmatrix}=\begin{pmatrix}1&(a+x)&(b+y+cz)\\0&1&(c+z)\\0&0&1\end{pmatrix}=\begin{pmatrix}1&0&0\\0&1&0\\0&0&1\end{pmatrix}$을 계산하여 역원을 구할 수 있다.

$a+x=0,\ c+z=0,\ b+y+cz=0$
$x=-a,\ y=-b+ac,\ z=-c$

20. $\begin{pmatrix}a&a\\a&a\end{pmatrix}\begin{pmatrix}x&x\\x&x\end{pmatrix}=\begin{pmatrix}2ax&2ax\\2ax&2ax\end{pmatrix}=\begin{pmatrix}a&a\\a&a\end{pmatrix}$이므로 $2ax=a,\ x=\dfrac{1}{2}$이다.

따라서 항등원은 $\begin{pmatrix}\dfrac{1}{2}&\dfrac{1}{2}\\\dfrac{1}{2}&\dfrac{1}{2}\end{pmatrix}$

$\begin{pmatrix}a&a\\a&a\end{pmatrix}^{-1}=\begin{pmatrix}\dfrac{1}{4a}&\dfrac{1}{4a}\\\dfrac{1}{4a}&\dfrac{1}{4a}\end{pmatrix}$ 그러나, $\det\begin{pmatrix}a&a\\a&a\end{pmatrix}=0$이다.

2장 연습문제 풀이

1. $\mathbb{Z}_{12} = \{0, 1, 2, \cdots, 11\}$

$U(10) = \{n \in \mathbb{N} \mid (10, n) = 1\} = \{1, 3, 7, 9\}$

$U(12) = \{1, 5, 7, 11\}$

$U(20) = \{1, 3, 7, 9, 11, 13, 17, 19\}$

$D_4 = \{R_0, R_{90}, R_{180}, R_{270}, H, V, D, D'\}$

원소의 위수

$\mathbb{Z}_{12}$ 에서, $|0| = 0$, $|1| = |5| = |7| = |11| = 12$, $|2| = |10| = 6$, $|3| = |9| = 4$,

$|4| = |8| = 3$, $|6| = 2$

$U(10)$ 에서, $|1| = 1$, $|3| = |7| = 4$, $|9| = 2$

$U(12)$ 에서, $|1| = 1$, $|5| = |7| = |11| = 2$

$U(20)$ 에서, $|1| = 1$, $|3| = |7| = |13| = |17| = 4$, $|9| = |11| = |19| = 2$

D_4에서, $|R_0| = 1$, $|R_{90}| = |R_{270}| = 4$, $|R_{180}| = |H| = |V| = |D| = |D'| = 2$

2. Q에서, $|0| = 1$, $a \neq 0$일 때 $|a| = \infty$

Q에서, $|1| = 1$, $|-1| = 2$, $a \neq \pm 1$일 때 $|a| = \infty$

3. $\mathbb{Z}_{30}$에서 $|2| = \dfrac{30}{\gcd(2, 30)} = 15$, $|28| = \dfrac{30}{\gcd(28, 30)} = 15$, $|2| = |-2| = |28|$

$U(15)$에서 $2 \times 28 = 1$, $7 \times 13 = 1$ 이므로 서로 역원이다.

4. $m < n$ 이고, $a^m = a^n$ 이라 하면, $a^{n-m} = e$, $n - m > 0$, $|a|$는 유한이다. 가정에 모순.

$\therefore\ a^m \neq a^n$

5. $\langle a \rangle = \{e, a, a^2, \cdots\} \leq G$

a의 위수가 무한이면 $|G|$도 무한이다.

a의 위수가 유한이면 $|a| = n$, $\langle a \rangle = \{e, a, a^2, \cdots, a^{n-1}\} \leq G$

$\therefore\ |a| \leq |G|$

6. $U(20)$에서 $\forall\ k \in U(20),\ k^4 = 1,\ U(20) \neq < k >$. $U(20)$은 순환군이 아니다.

7. $|D| \geq 3$, D_n에서 $|a| = |b| = 2$, $|ab| = n$이다. $|a|$, $|b|$, $|ab|$ 사이에는 관계가 없다.

8. $\mathbb{Z}$ 에서 12, 30, 54의 1이 아닌 공약수는 2, 3, 6이다.
   따라서 부분군은 $< 2 >$, $< 3 >$, $< 6 >$이다.

9. $k|n,\ U_k(n) = \{x \in U(n)\,|\,x \equiv 1\,(\text{mod}\,k)\}$

   $U_4(20) = \{1, 9, 13, 17\}$

   $U_3(20) = \{1, 11\}$

   $U_3(30) = \{1, 11\}$

   $U_{10}(30) = \{1, 11\}$

   $\forall\, a, b \in U_k(n),\ ab\ \text{mod}k = (a\,\text{mod}k)\cdot(b\,\text{mod}k) = 1$

   그러나, $3 \nmid 10$ 일 때는, $U(10) = \{1, 3, 7, 9\}$

   $H = \{x \in \mathrm{U}(10)\,|\,x \equiv 1\,(\text{mod}\,3)\} = \{1, 7\}$ $7 \times 7 = 9 = 0\,(\text{mod}\,3)$ 닫혀있지 않다.

10. $\mathbb{Z}(G) = \cap_{a \in G} C(a)$

   $\because \forall\, x \in \mathbb{Z}(G),\ \forall\, a \in G, xa = ax \quad \therefore x \in c(a)$

   역으로, $\forall\, x \in \cap\, C(a),\ \forall\, a \in G, xa = ax,\ x \in Z(G)$

11. (a) $C(1) = C(5) = G,\ C(2) = C(6) = \{1,2,5,6\}$,

   $C(3) = C(7) = \{1,3,5,7\},\ C(4) = C(8) = \{1,4,5,8\}$

   (b) $\mathbb{Z}(G) = \{1, 5\}$

   (c) $|1| = 1,\ |2| = |4| = |5| = |6| = 2,\ |3| = |7| = 4$, 군의 위수를 나눈다.

12. $C(H) = \{x \in |\ \forall\, h \in H,\ xh = hx\}$

   $\forall\ x, y \in C(H),\ xh = hx,\ yh = hy.\ \forall\ h \in H$

   $(xy)h = x(yh) = x(hy) = (xh)y = (hx)y = h(xy) \quad \therefore\ xy \in C(H)$

$x^{-1}h = hx^{-1} \quad \therefore x^{-1} \in C(H)$

13. D_4에서 $C(R_{180}) = D_4$이므로 가환군이 아니다.

14. $H = \{x \in G \mid x^n = e, n > 0$은 예4번과 같이 가환군이 G의 부분군이 된다. 즉 $^\forall a, bINH$에 대하여 $(a,b^{-1})^n = a^n(b^n)^{-1} = e$이다.

$\therefore ab^{-1}INH$

비가환군 $D_4 = \{p_0, p_1, p_2, p_3, n_1, n_2, s_1, s_2\}$에서

$H = \{x \in D_4 \mid x^2 = e\} = \{p_0, p_{2,} n_{1,} n_{2,} s_{1,} s_2\}$은 부분군이 아니다.

15. $|a| = 4,\ |b| = 2,\ a^3 b = ba$이면,

$(ab)^2 = (ab)(ab) = a(ba)b = a(a^3 b)b = a^4 b^2 = e,\ |ab| = 2$

16. $|a| = n,\ d \mid n \quad |a^d| = \dfrac{n}{\gcd(n,d)} = \dfrac{n}{d}$

별해) $(a^d)^{\frac{n}{d}} = a^n = e$, 만약, $t < \dfrac{n}{d}$이고 $(a^d)^t = e$이면 $dt \geq n \quad \therefore t \geq \dfrac{n}{d}$ (모순)

17. $SL(2, \mathbb{R}) \ni A = \begin{pmatrix} 1 & 1 \\ 0 & 1 \end{pmatrix}$

$\begin{pmatrix} 1 & 1 \\ 0 & 1 \end{pmatrix}^n = \begin{pmatrix} 1 & n \\ 0 & 1 \end{pmatrix}$, A의 위수는 ∞

$SL(2, \mathbb{Z}_p) \ni A = \begin{pmatrix} 1 & 1 \\ 0 & 1 \end{pmatrix}$

$\begin{pmatrix} 1 & 1 \\ 0 & 1 \end{pmatrix}^p = \begin{pmatrix} 1 & 0 \\ 0 & 1 \end{pmatrix}$, A의 위수는 p

18. $\dfrac{360^\circ}{n}$는 회전이동의 위수는 n이고 $\sqrt{2}^\circ$는 회전이동의 위수가 ∞이다.

19. D_4에서 위수가 4인 순환 부분군은

$\langle R_0 \rangle, \langle R_{90} \rangle, \langle R_{180} \rangle, \langle D \rangle, \langle D' \rangle, \langle H \rangle, \langle V \rangle$

순환부분군이 아닌 것은 $\{R_0, R_{180}, D, D'\}$, $\{R_0, R_{180}, H, V\}$

20. $\forall a(\neq e) \in G$, $|a| = 2m+1$이면, $(a^{-1})^{2m+1} = (a^{2m+1})^{-1} = e$이므로 홀수 위수를 갖는 원소는 쌍으로 있다. 따라서 어떤 원소 a는 짝수위수를 갖는다. $|a| = 2n$이라하면 $|a^n| = 2$이다.

21. $g \in G$, $g^n \in e$가 되는 n을 최소자연수라 하면, $n \mid |g|$?

$|g| = m$이라 하자. $m = ng + r$, $0 \leq r < n$

$g^r = g^{m-nq} = (g^m)(g^n)^{-q} = (g^n)^{-q} = e$ 따라서 $r = 0$이다. $\therefore n|m$

22. $H = \{x \in \mathbb{R}^* \mid x^2 \in \mathbb{Q}\} \leq \mathbb{R}^*$

$1 \in H$, $\forall \ a, b \in H$, $(ab^{-1}) = a^2(b^2)^{-1}$: 유리수

2는 다른 정수로 바꿔도 된다. $\therefore \ ab^{-1} \in H$

23. $U(40) \ni 3 \quad \langle 3 \rangle = \{1, 3, 9, 27\}$, $|\langle 3 \rangle| = 4$

24. $H = \left\{ \begin{pmatrix} a & b \\ c & d \end{pmatrix} \in G \mid a+b+c+d = 0 \right\} \leq G$

$\begin{pmatrix} x & y \\ z & w \end{pmatrix}, \begin{pmatrix} x' & y' \\ z' & w' \end{pmatrix} \in H$, $\begin{pmatrix} x & y \\ z & w \end{pmatrix} - \begin{pmatrix} x' & y' \\ z' & w' \end{pmatrix} = \begin{pmatrix} x-x' & y-y' \\ z-z' & w-w' \end{pmatrix} \in H$

$(\because x - x' + y - y' + z - z' + w - w' = (x+y+z+w) - (x'+y'+z'+w') = 0)$

$K = \left\{ \begin{pmatrix} a & b \\ c & d \end{pmatrix} \mid a+b+c+d = 1 \right\} \not\leq G$ 닫혀있지 않다.

25. $\mathbb{R} = H$, $K = \{2^a \mid a \in G\} \leq \mathbb{R}^*$

$\because \ \forall \ 2^a, 2^b \in K$, $2^a(2^b)^{-1} = 2^{a-b} \in K \ (a - b \in H)$

$\therefore K \leq \mathbb{R}^*$

26. $\begin{pmatrix} 2 & 0 \\ 0 & 2 \end{pmatrix}^{-1} = \begin{pmatrix} \frac{1}{2} & 0 \\ 0 & \frac{1}{2} \end{pmatrix} \not\in H$

27. $H = \{ a+bi \mid c, b \in \mathbb{R}, a^2+b^2=1 \} \le \mathbb{C}^*$

$\forall a+bi, c+di \in H$

$(a+bi)(c+di)^{-1} = \dfrac{(a+bi)(c-di)}{c^2+d^2} = (ac-bd)+(bc-ad)i$

$(ac-bd)^2+(bc-ad)^2=1 \quad H \le C^*$

H는 복소평면에서 단위원이다.

28. $GL(2, \mathbb{R})$에서

(a) $C(\begin{pmatrix} 1 & 1 \\ 1 & 0 \end{pmatrix}) = \left\{ \begin{pmatrix} a & b \\ c & d \end{pmatrix} \;\middle|\; \begin{pmatrix} a & b \\ c & d \end{pmatrix}\begin{pmatrix} 1 & 1 \\ 1 & 0 \end{pmatrix} = \begin{pmatrix} 1 & 1 \\ 1 & 0 \end{pmatrix}\begin{pmatrix} a & b \\ c & d \end{pmatrix} \right\}$

$= \left\{ \begin{pmatrix} a+b & a \\ a & b \end{pmatrix} \mid (a+b)b-a^2 \neq 0 \right\}$

(b) $C(\begin{pmatrix} 0 & 1 \\ 1 & 0 \end{pmatrix}) = \left\{ \begin{pmatrix} a & b \\ c & d \end{pmatrix} \;\middle|\; \begin{pmatrix} a & b \\ c & d \end{pmatrix}\begin{pmatrix} 0 & 1 \\ 1 & 0 \end{pmatrix} = \begin{pmatrix} 0 & 1 \\ 1 & 0 \end{pmatrix}\begin{pmatrix} a & b \\ c & d \end{pmatrix} \right\}$ 이 때 $\begin{pmatrix} a & b \\ c & d \end{pmatrix}\begin{pmatrix} 0 & 1 \\ 1 & 0 \end{pmatrix} = \begin{pmatrix} b & a \\ d & c \end{pmatrix}$, $\begin{pmatrix} 0 & 1 \\ 1 & 0 \end{pmatrix}\begin{pmatrix} a & b \\ c & d \end{pmatrix} = \begin{pmatrix} c & d \\ a & b \end{pmatrix}$

$\therefore a=d, \; b=c \quad \left\{ \begin{pmatrix} a & b \\ b & a \end{pmatrix} \mid a^2 \neq b^2 \right\}$

29. $|a| = m, \; (n, m) = 1 \Rightarrow \exists \; b \in G, \; s.t \;\; b^n = a$

$\because \;\; a^m = e, \; nk+mh = 1 \;\; \exists \; h, k \in \mathbb{Z}$

$a = a^{nk+mh} = (a^m)^h (a^k)^n = (a^k)^n \quad \exists \; a^k = b \in G$

3장 연습문제 풀이

1. $\mathbb{Z}_6$의 생성원$\{1, 5\}$, $\mathbb{Z}_8$의 생성원$\{1,3,5,7\}$, $\mathbb{Z}_{20}$의 생성원$\{1,3,7,9,11,13,17,19\}$

2. $\mathbb{Z}_{30}$에서 $\langle 20\rangle = 0,10,0$, $\langle 10\rangle = \{10,20,0\}$, $\langle a^{20}\rangle = \{a^{20}, a^{10}, a^{0}\}$, $\langle a^{10}\rangle = \{a^{10}, a^{20}, a^{0}\}$

3. $U(20)$에 대하여 $\langle 3\rangle = \{3,9,7,1\}$, $\langle 7\rangle = \{7,9,3,1\}$

4. $U(8) = \{1,3,5,7\}$, D_3

5. $\mathbb{Z}_{30}$의 부분군: $\langle 0\rangle = \{0\}$, $\langle 15\rangle = \{0,15\}$, $\langle 10\rangle = \{0,10,20\}$
$\langle 5\rangle = \{0,5,10,15,20,25\}$, $\langle 2\rangle = \{0,2,4,\cdots,28\}$
$\langle 3\rangle = \{0,3,6,\cdots,27\}$
$G = \langle a\rangle$, $|a| = 20$, $\therefore G \simeq \mathbb{Z}_{20}$

이므로 부분군의 각 생성원은

$\langle 0\rangle, \langle 2\rangle, \langle 4\rangle, \langle 5\rangle, \langle 10\rangle$

6. $\langle a\rangle = \langle a^{-1}\rangle$?
$a^{-1} \in \langle a\rangle \therefore \langle a^{-1}\rangle \subset \langle a\rangle$
$a = (a^{-1})^{-1} \in \langle a^{-1}\rangle \therefore \langle a\rangle \subset \langle a^{-1}\rangle$

7. $\mathbb{Z}_{24}$에서 $lcm(21, 10) = 210 = 18\,(mod 24)$이므로 $\langle 21\rangle \cap \langle 10\rangle = \langle 18\rangle = \langle 6\rangle$

일반적으로 $\langle a^m\rangle \cap \langle a^n\rangle = \langle a^k\rangle$, $k = lcm(m, n)$

8. $|g| \mid 12$이므로 $g^{12} = e$이다.

$\forall g, g' \in H$, $H = \{g \in G \mid |g|$: 12의 약수$\} = \{g \in G \mid g^{12} = e\}$

$(g, g^{-1})^{12} = g^{12}(g^{-1})^{12} = e$

일반적으로 2장 연습문제 14번을 참조.

9. $|a|=|a^2|$ 이기 위한 조건은 $|a|$가 홀수이거나 무한대이다.

10. $U(30)$, $\langle 1 \rangle$, $\langle 7 \rangle$, $\langle 11 \rangle$, $\langle 17 \rangle$, $\langle 19 \rangle$, $\langle 29 \rangle$

11. (a) $|a| \mid 12$

(b) $|a| \mid m$

(c) $|a|=24, a^8 \neq e, a^{12} \neq e$ 이면. $|a|$는 1, 2, 3, 4, 6, 8, 12, 24중 하나이다.

만약 $|a|=2 \Rightarrow a^8=e$
$|a|=3 \Rightarrow a^{12}=e$
$\vdots$
$|a|=8 \Rightarrow a^8=e$
$|a|=12 \Rightarrow a^{12}=e$

이는 모순이므로 $|a|=24$이다.

12. $(\mathbb{Z},+)$, $\langle n \rangle=\{0, \pm n, \pm 2n, \cdots\}$ $n=0,1,2,3,\cdots$

$\langle a \rangle$의 부분군은 $\langle a^n \rangle, n=0,1,2,3,\cdots$

13. $D_n \geq \mathbb{Z}_n$: 회전이동에 의한 부분군

$d|n$, 위수가 d인 원소의 개수는 $\phi(d)$이고 D_n의 위수가 2인 원소의 개수는 n가지이다.

14. $(\mathbb{C}^*, \times)$, $\dfrac{360}{n}=\theta, e^{i\theta}=z, z^n=1$

15. $a \in \mathbb{Z}_{8000000}$, $|a|=8$인 원소는 1000000, 3000000, 5000000, 7000000

$|a|=8000000$, $\langle a \rangle$에서 $a^{1000000}, a^{3000000}, a^{5000000}, a^{7000000}$이다.

16. $G=\{a_1, a_2, \cdots, a_k\}$, $|a_i|=n_i$
$n=n_1n_2\cdots n_k$, $\forall a \in G,\ a^n=e$

17. $p \neq q$인 소수,

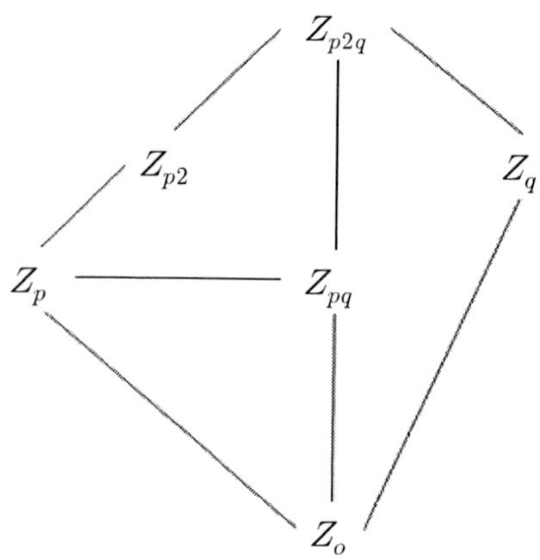

18.

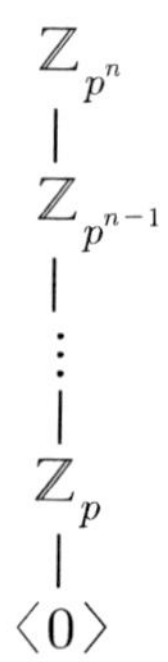

19. $(a, b) = 1$인 두 정수 a, b에 대하여 $\left\langle \dfrac{a}{b} \right\rangle = \mathbb{Q}^+$라 가정하자.

$\exists n > 0, s.t. \left(\dfrac{a}{b}\right)^n = 2$이다. $n \neq 0, 1, -1$이고 만약 $n > 1$이라고 하면 $a^n = 2b^n$

$\therefore 2|a$, 따라서 $2|b$ 이는 모순이다. $n < -1$인 경우도 마찬가지이다.

20. $\mathbb{Z}_{2^5}$; $\mathbb{Z}_{2^5}, \mathbb{Z}_{2^4}, \mathbb{Z}_{2^3}, \mathbb{Z}_{2^2}, \mathbb{Z}_2, \langle 0 \rangle$, $\mathbb{Z}_{2^{n-1}}$은 n개의 부분군을 갖는다.

21. $|a| = m, |b| = n, ab = ba, \langle a \rangle \cap \langle b \rangle = \{e\}$

$lcm(m, n) = t$이고 $|ab| = s$라 하면 $t = s$인가?

$(ab)^t = a^t b^t = e, s|t$ 또한 $e = (ab)^s = a^s b^s$

$\therefore a^s = b^{-s} \in \langle a \rangle \cap \langle b \rangle = \{e\}$
$a^s = b^s = e, m \mid s, n \mid s \Rightarrow t \mid s$
$\therefore s = t$

그러나, D_3에서 성립하지 않는다.

22. $10 = |\langle x \rangle| = \dfrac{40}{lcm(40, |x|)}, lcm(40, |x|) = 4$

$|x| = 40$일 때, $\langle x \rangle$에서 위수 10인 원소는 x^4, $(x^4)^3$, $(x^4)^7$, $(x^4)^{10}$

23. $x, y \in G, |x| = 4, |y| = 5$

$\langle x \rangle = H, \langle y \rangle = K, |H \cap K| = 1, |H \times K| = 20, H > N, |N| = 2$

$H \times K \geq M, |M| = 10$

$\therefore \{1, 2, 10, 20\}$

24. $a \neq b$, 위수가 2라 하자.

만약 a, b가 가환이면, ab는 위수가 2인 제3의 원소이고, a, b가 비가환이면, aba가 위수가 2인 제3의 원소이다.

25. $|\langle a \rangle \cap \langle b \rangle| \mid |a|, |b|$ 이므로 $\gcd(10, 21) = 1$ $\therefore \langle a \rangle \cap \langle b \rangle = \{e\}$

26. $|\langle a \rangle \cap \langle b \rangle| = \gcd(24, 10) = 2$ $\therefore |\langle a \rangle \cap \langle b \rangle| = 1$ 또는 2이다.

27. $\mathbb{Z}_n$에서 $x^n = e$인 방정식의 해는 기껏해야 n개 있다.

대우로, 최소한 9개의 근을 갖는 $x^8 = e$를 성립시키는 군은 순환군이 아니다.

28. $|a^5| = 12, (a^5)^{12} = e, a^{60} = e, |a| = n, n$은 60또는 12이다.

$|a^4| = 12, a^{48} = e, a$의 위수는 48이다.

29. $|a^{28}|=10$, $|a^{22}|=20$이므로 $a^{280}=e$, $a^{440}=e$, $\gcd(280, 440)=40$이다.

따라서 $|a|=40$

30. $G=\langle b\rangle$, $|b|=p^n-1$이고 p와 p^n-1은 서로소, $\langle b^p\rangle=\langle b\rangle$ 그리고, $(b^p)^k=(b^k)^p$

31. $|a|=12$, $|b|=22$, $\langle a\rangle\cap\langle b\rangle\neq\{e\}$

$lcm(12, 22)=2$, $\therefore |\langle a\rangle\cap\langle b\rangle|=2$

$\exists c$, $|c|=2$, $\langle a\rangle\cap\langle b\rangle=\langle c\rangle$

$\therefore a^6=b^{11}$

32. $G=\{ax^2+bx+c \mid a, b, c\in\{0, 1, 2\}\}$

계수는 mod3에 의한 덧셈에 대하여 군이다.

$|G|=27$, G는 순환군이 아니다.

$\because \forall ax^2+bx+c, a'x^2+b'x+c'\in G$
$(ax^2+bx+c)+(a'x^2+b'x+c')\in G$

$\forall (ax^2+bx+c)\neq 0$는 위수가 3이다. 따라서 G는 순환군이 아니다.

33. $|a|=m$, $|b|=n$, $\gcd(m, n)=1$이고 $m, n \mid k$인가?

$a^k\in\langle a\rangle\cap\langle b\rangle$, $|\langle a\rangle\cap\langle b\rangle|=1$이므로 $a^k=e$, $b^k=e$

34. 1에서 p^n까지 p^n과 서로소가 아닌 수는

$p, 2p, 3p, \cdots, (p^{n-1})p$이다. 따라서 $g(p^n)=p^n-p^{n-1}$

1~3장 종합 연습문제 풀이

1. a. $xHx^{-1} \leq G$
$\forall\, xh_1x^{-1}, xh_2x^{-1} \in xHx^{-1}$
$(xh_1x^{-1})(xh_2x^{-1})^{-1} = xh_1x^{-1}xh_2^{-1}x^{-1} = x(h_1h_2)x^{-1} \in xHx^{-1}$

b. $H = \langle h \rangle$ 이면 $xHx^{-1} = \langle xhx^{-1} \rangle$

c, H: 가환군이면, $(xh_1x^{-1})(xh_2x^{-1}) = x(h_1h_2)x^{-1} = x(h_2h_1)x^{-1} = (xh_2x^{-1})(xh_1x^{-1})$

2. $cl(a) \cap cl(b) \neq \varnothing$이라 하면, $\exists\, x, y,\ xax^{-1} = yby^{-1}$

$\forall\, ubu^{-1} \in cl(b),\ ubu^{-1} = (uy^{-1}x)a(uy^{-1}x)^{-1} \in cl(a)$
$cl(b) \leq cl(a)$

같은 방법으로, $cl(a) \leq cl(b)$

그리고, $a = eae^{-1} \in cl(a)$, $\uplus_{a \in G} cl(a) = G$, 분할이다.

3. $(xax^{-1})^k = xa^kx^{-1}$이므로 $a^k = e \Leftrightarrow (xax^{-1})^k = e$

4. $|abc| = |cba|$는 D_4에서 성립하지 않는다.

5. $\forall\, x \in G,\ |xax^{-1}| = |a|$
$\therefore xax^{-1} = a$
$\therefore xa = ax$

6. D_{15}에서 위수가 1인 원소는 1개, 위수가 2인 원소는 15개, 위수가 15인 원소는 8개, 위수가 5인 원소는 4개, 위수가 3인 원소는 2개이다.

7. $|G| = 5$
$\exists\, a \neq e \in G,\ |a| = 5$?

만약, $|a| = 3$, $\{e, a, a^2\} \leq G$, $b \in G$라면 $\{e, a, a^2, b, ab, a^2b\} \leq G$이므로 모순이다.

$|a| \neq 3$

같은 방법으로 $|a| \neq 4$, 따라서 항등원이 아닌 원소의 위수가 모두 2라 하자.

$a \neq e$를 택하면 $\{e, a, ab\} \leq G$, $b \neq e, a \neq b$이면 c를 남는 원소라 하면 $\{e, a, b, ab, c, ac, bc, abc\} \leq G$, 따라서 $a \neq e \in G$이면 $|a| = 5$이다.

8. $G^n = \{g^n | g \in G\} \leq G$
   $\forall g^n, h^n \in G^n, g^n(h^n)^{-1} = (gh^{-1})^n \in G^n$

   비가환군 D_3에서 성립하지 않는다.

9. $G = H \cup K$, $h \in H - K$, $k \in K - H$를 택하자.

   $hk \in G$이고 $hk \not\in H$, $hk \not\in K$

   $U(8)$은 3개의 진부분군의 합집합이다.

10. $\forall a, b \in \{a \in G \,|\, |a| = p^k, \exists k \in \mathbb{N}\}$

    $|a| = p^k$, $|b| = p^r$, $k \leq r$이면 $|ab^{-1}| \,|\, p^r$

11. $ba^2 = ab, a^3 = b^2 = e, \therefore ba = a^2b$
    $\{e, a, a^2b, ab, a^2b\} = D_3$

12. $xy = yx \Leftrightarrow xyx^{-1}y^{-1} = e$

    $xy \in Z(G)$이면, $(xy)(x^{-1}y^{-1}) = (xy)x^{-1}y^{-1} = x^{-1}(xy)y^{-1} = e$

13. $\forall x \in N(gHg^{-1}), x(gHg^{-1})x^{-1} = gHg^{-1}$
    $\therefore g^{-1}xgHg^{-1}x^{-1}g = g^{-1}xgH(g^{-1}xg)^{-1} = H$
    $\therefore g^{-1}xg \in N(H)$
    $\therefore x \in gN(H)g^{-1}$

    따라서 역도 성립한다.

14. $|a| = 2$, $|b| = 11$, $|ab| = 2$, D_{11}

15. $\forall s \in S$, $\{a^n | n = 1, 2, 3, \cdots\}$ 유한집합. $\exists m > n > 1 \; s.t. \; a^m = a^n$이 성립한다.

소약법칙에 의하여 $a^{r(a)} = a, r(a) = m-n+1 > 1$

$\forall x \in S,\ aa^{r(a)-1}x = a^{r(a)}x = ax$
$\therefore a^{r(a)-1}x = x$

유사한 방법으로 $xa^{r(a)-1} = x$이고 $e = a^{r(a)-1}$이므로 항등원이다.

만약에, $r(a) > 2$이면 $a^2 = a = e$, 자신이 역원이다. 따라서 S는 군이다.

16. $H = \{g \in \mathbb{R} \mid g^n \in \mathbb{Q},\ \exists n \neq 0\}$

$1 \in H, H \neq \varnothing$, $\forall a^m, b^n$은 유리수이다.

$(ab^{-1})^{mn} = \dfrac{(a^m)^n}{(b^n)^m}$ 또한 유리수이다.

17. $H = \{A \in GL(2, \mathbb{R}) \mid \det A \in \mathbb{Q}\} \leq GL(2, \mathbb{R})$

$\det(AB) = (\det A)(\det B)$이므로 $\det(A^{-1})$는 정수가 아닐 수 있다.

18. 만약 T와 U가 닫혀있지 않다고 가정하자.

$\exists x, y \in T,\ \exists w, z \in U\ s.t.\ xy \notin T$이고 $wz \notin U$이다.

따라서 $xy \in U$이고 $xz \in T$이다.

$$\begin{aligned} xywz &= (xy)wz \in U \\ &= xy(wz) \in T \end{aligned}$$

($\because$ 3개 원소의 곱이므로)

T와 U는 서로소이므로 모순이다.

19. G를 정수계수의 다항식의 덧셈군이라 하자.

H_k를 차수가 k차 이하인 정수계수다항식과 $\{0\}$의 합집합이라 하자.

$H_k \leq G,\ H_1 \subset H_2 \subset H_3 \subset \cdots$이 성립한다.

20. $(a*b)*c=(a+b-1)*c=a+b-1+c-1=a+b+c-2$
$a*(b*c)=a*(b+c-1)=a+b+c-1-1=a+b+c-2$
$a*e=a, a+e-1=a$
$\therefore e=1$
$a*a^{-1}=a+a^{-1}-1=1$
$\therefore a^{-1}=-a+2$

$\forall k, a^k=ka-(k-1)$, 따라서 $a=2$이면 $2^k=2k-(k-1)=k+1$이다.

k가 0이거나 음수인 정수는 $2^k=k+1$로 생성할 수 있다.

따라서 $\mathbb{Z}=\langle 2\rangle$이다.

4장 연습문제 풀이

1. (a) 2, (b) 3, (c) 5, (d) k

2. (a) 3, (b) $lcm(3,4)=12$, (c) 6, (d) 6, (e) 12
(f) $(3\ 4\ 5)(2\ 4\ 5)=(2\ 5)(3\ 4)$, 위수 2

3. $lcm(4,6)=12$

4. S_6 의 원소들의 위수가 $1, 2, \cdots, 6$ 이고
A_6 의 원소들의 위수가 $1, 2, \cdots, 5$ 이고
A_7 의 원소들의 위수가 $1, 2, \cdots, 7$ 이다.
$(1\ 2\ 3\ 4\ 5\ 6\ 7)=(1\ 2)(1\ 3)(1\ 4)(1\ 5)(1\ 6)(1\ 7)$, 위수가 7이다

5. (a) 우치환, (b) 기치환, (c) 우치환, (d) 기치환, (e) 우치환

6. n이 홀수인 순환치환은 우치환이고 n이 짝수인 순환치환은 기치환이다

7. $A_n \leq S_n$, $\forall \alpha, \beta \in A_n \Rightarrow \alpha \cdot \beta^{-1} \in A_n$

8. 홀수+홀수=짝수, 짝수+짝수=짝수 이다.

9. (a) $\alpha = (1\,2\,3\,4\,5)(6\,7\,8)$, $\beta = (2\,3\,8\,4\,7)(5\,6)$

$$\alpha\beta = \begin{pmatrix} 1 & 2 & 3 & 4 & 5 & 6 & 7 & 8 \\ 2 & 4 & 6 & 8 & 7 & 1 & 3 & 5 \end{pmatrix} = (1\,2\,4\,8\,5\,7\,3\,6)$$

(b) $\alpha = (1\,2)(1\,3)(1\,4)(1\,5)(6\,7)(6\,8)$, $\beta = (2\,3)(2\,8)(2\,4)(2\,7)(5\,6)$

$$\alpha\beta = (1\,2)(1\,4)(1\,8)(1\,5)(1\,7)(1\,3)(1\,6)$$

10. $\forall\ H \leq S_n$

만약 H가 적어도 하나의 기치환 σ를 갖는다면,

H의 임의의 우치환 α에 대하여 $\sigma\alpha$는 기치환이고

H의 임의의 기치환 β에 대하여 $\sigma\beta$는 우치환이므로 그 개수가 같다

11. 항등원은 우치환이고. 닫혀있지 않다.

12. (a) $C(\alpha_3) = \{\alpha_1, \alpha_2, \alpha_3, \alpha_4\}$ (b) $C(\alpha_{12}) = \{\alpha_1, \alpha_7, \alpha_{12}\}$

13. S_6의 원소 중 위수가 4인 원소 개수는 180개이고, 위수가 2인 원소 개수는 75개 이다.

14. $\beta^4 = (2\,1\,4\,3\,5\,6\,7)$

$$\beta^4\beta^4 = \beta^8 = \beta^7\beta = e\beta = \beta$$

$$\therefore \beta^4\beta^4 = \begin{pmatrix} 1 & 2 & 3 & 4 & 5 & 6 & 7 \\ 4 & 1 & 5 & 3 & 6 & 7 & 2 \end{pmatrix}\begin{pmatrix} 1 & 2 & 3 & 4 & 5 & 6 & 7 \\ 4 & 1 & 5 & 3 & 6 & 7 & 2 \end{pmatrix} = \begin{pmatrix} 1 & 2 & 3 & 4 & 5 & 6 & 7 \\ 3 & 4 & 6 & 5 & 7 & 2 & 1 \end{pmatrix} = (1\,3\,6\,2\,4\,5\,7)$$

15. $a \in X$

$$stat(a) = \{\alpha \in G \mid \alpha(a) = a\}$$

$$\forall \alpha, \beta \in stat(a),\ (\alpha\beta)(a) = \alpha(\beta(a)) = \alpha(a) = a$$

$$\alpha^{-1}(a) = a$$

16. m은 6의 배수이고, 30의 배수는 아니다

17. $\dfrac{6!}{5} = 144$

18. $\gcd(10, 7) = 1$인 $n = 3, 7, 9$

19. $\alpha = (1\ 2\ 3)$, $\beta = (1\ 4\ 5)$

$\alpha\beta = (1\ 2\ 3)(1\ 4\ 5) = \begin{pmatrix} 1 & 2 & 3 & 4 & 5 \\ 4 & 3 & 1 & 5 & 2 \end{pmatrix} = (1\ 4\ 5\ 2\ 3)$

20. $(1\ 2\ 3)(1\ 2) \neq (1\ 2)(1\ 2\ 3)$ $(n \geq 3)$

$(1\ 2\ 3)(1\ 2) = \begin{pmatrix} 1 & 2 & 3 \\ 3 & 2 & 1 \end{pmatrix}$, $(1\ 2)(1\ 2\ 3) = \begin{pmatrix} 1 & 2 & 3 \\ 1 & 3 & 2 \end{pmatrix}$

21. A_5에서 위수 5인 원소는 $\dfrac{5!}{5} = 24$

위수 3인 원소는 $\dfrac{5\times4\times3}{3} = 20$

위수 2인 원소는 $\dfrac{5\times4\times3\times2}{2\times2\times2} = 15$

22. $\{(1), (1\ 2)(3\ 4), (5\ 6)(7\ 8), (1\ 2)(3\ 4)(5\ 6)(7\ 8)\}$

23. $n > 2$, A_n

$(1\ 3)(1\ 2) = (1\ 2\ 3)$

$(1\ 2)(3\ 4) = (3\ 2\ 4)(1\ 3\ 2)$

24. $(a_1, a_2, \cdots, a_n) = (1\ a_1)(1\ a_n)(1\ a_{n-1})\cdots(1\ a_1)$

25. $\alpha = (a_1\, a_2\, \cdots\, a_k)$, k는 홀수

α는 우치환이다.

26. $H = \{\alpha \in A_n \mid \alpha^2 = e\} \leq A_n$

$n = 1, 2, 3, 4$,$H \leq A_n$이다.

$n \geq 5$인 경우는

$(1\,2)(3\,4)$, $(1\,2)(3\,5) \in H$ 이지만, $(1\,2)(3\,4)(1\,2)(3\,5) = (3\,5\,4) \not\in H$

27. A_4의 원소의 위수가 1, 2, 3 중 하나이다.

$Z(A_4)$에서 위수 2인 원소와 A_4의 위수 3인 원소의 곱은 위수가 6이다.

$Z(A_4)$에서 위수 3인 원소와 A_4의 위수 2인 원소의 곱은 위수가 6이다.

$\therefore |Z(A_4)| = 1$ 모순이다.

5장 연습문제 풀이

1. $f: \mathbb{Z} \to 2\mathbb{Z}, f(x) = 2x$

2. $\phi: \mathbb{R}^* \to \mathbb{R}^+, \phi(x) = \sqrt{x}$

3. $\phi: U(8) \to U(12)$
$\phi(1) = 1, \phi(3) = 5, \phi(5) = 7, \phi(7) = 11$

4. D_{12}는 위수가 12인 원소가 있고, S_4에는 없다.

5. $T_g \cdot T_{g^{-1}} = T_{gg^{-1}} = T_e$

6. $(\phi_g \phi_h)(x) = \phi_g(\phi_h(x)) = ghxh^{-1}g^{-1} = (gh)x(gh)^{-1} = \phi_{gh}(x)$

7. $Aut(\mathbb{Z}_6)$ 에서 $g(1)=1, g(1)=5$ 두가지 동형사상이 있다.

8. $Aut(G)$, $\forall \phi_g, \phi_h \in Inn(G)$, $\phi_g \circ \phi_h = \phi_{gh}$

9. $r \in U(n)$에 대하여, $\alpha(s) = sr \,(\mathrm{mod}\, n)$, $(s \in \mathbb{Z}_n)$
$$\alpha(s_1+s_2) = (s_1+s_2)r = s_1 r + s_2 r$$
$$\alpha^{-1}(s) = sr^{-1}$$
$$\alpha \circ \alpha^{-1} = 1$$

10. 모든 n에 대하여 $\phi(a^n) = (\phi(a))^n = (r(a))^n = r(a^n)$

11. $T_g(x) = T_g(y) \Leftrightarrow gx = gy \Leftrightarrow x = y$

따라서 T_g는 일대일 대응이다.

12. $\phi(a+bi) = a-bi$
$$x = a+bi, y = c+di$$
$$xy = (ac-bd)+(ad+bc)i$$
$$\phi(xy) = (ac-bd)-(ad+bc)i = (a-bi)(c-di) = \phi(x)\phi(y)$$

13. $\mathbb{Z}$는 순환군이고 $\mathbb{Q}$는 순환군이 아니다.

14. $\phi((a+bi)+(c+di)) = \phi((a+c)+(b+d)i)$
$$= \begin{pmatrix} a+c & -(b+d) \\ b+d & a+c \end{pmatrix} = \begin{pmatrix} a & -b \\ b & a \end{pmatrix} + \begin{pmatrix} c & -d \\ d & c \end{pmatrix} = \phi(a+bi) + \phi(c+di)$$

$$\phi((a+bi)(c+di)) = \phi((ac-bd)+(bc+ad)i)$$
$$= \begin{pmatrix} ac-bd & -(bc+ad) \\ bc+ad & ac-bd \end{pmatrix} = \begin{pmatrix} a & -b \\ b & a \end{pmatrix}\begin{pmatrix} c & -d \\ d & c \end{pmatrix} = \phi(a+bi)\phi(c+di)$$

15. 케일리정리에서 임의의 유한군은 한 치환군과 동형이므로 성립한다.

16. $\forall g \in G$, $\forall z \in Z(G)$에 대하여

$\forall y \in G, \phi_g(y) = gyg^{-1}$
$\phi_{zg}(y) = (zg)y(zg)^{-1} = zgyg^{-1}y^{-1} = gyg^{-1} (\because z \in Z(G))$
$\therefore \phi_g = \phi_{zg}$

17. $\phi_g = \phi_h$이면 $\forall x \in G, gxg^{-1} = hxh^{-1}$
$(h^{-1}g)x(h^{-1}g)^{-1} = h^{-1}gxg^{-1}h = x$
$\therefore h^{-1}g \in Z(G)$

18. $|a| = n$
$\phi_a^n(x) = a^n x a^{-n} = x \therefore \phi_a^n = 1$
$|\phi_a| | n = |a|$
예를 들어, D_4에서 $a = R_{90}$。

19. $\phi(R_{90}) = R_{270}, \phi(V) = V$인 D_4
$D = R_{90}V, H = R_{90}D$이므로 $\phi(D) = \phi(R_{90})\phi(V) = R_{270}V = D'$이고
$\phi(H) = \phi(R_{90})\phi(D) = R_{270}R_{270}V = R_{90}V = D$

20. $R_{90} \in D_4, a \in G, T_a(x) = ax$
$T_{R_{90}}(R_{90}) = R_{90}R_{90} = R_{180}$
$T_{R_{90}}(R_{180}) = R_{90}R_{180} = R_{270}$
$T_{R_{90}}(V) = R_{90}V = \begin{pmatrix} 1\,2\,3\,4 \\ 2\,3\,4\,1 \end{pmatrix}\begin{pmatrix} 1\,2\,3\,4 \\ 4\,3\,2\,1 \end{pmatrix} = D$
$T_{R_{90}}(H) = R_{90}H = D'$
$T_{R_{90}}(D) = R_{90}D = H$
$T_{R_{90}}(D') = R_{90}D' = V$
따라서, $\langle R_{90} \rangle = (R_0\ R_{90}\ R_{180}\ R_{270})(H\ D'\ V\ D)$

21. $f: \mathbb{Q}^+ \to \mathbb{Q}^+, f(x) = x^2$
$f(xy) = (xy)^2 = x^2y^2 = f(x)f(y)$

f는 $1-1$, $x^2 = 1 \Rightarrow x = 1$
$f(\mathbb{Q}^+) \leq \mathbb{Q}^+, f(\mathbb{Q}^+) \neq \mathbb{Q}^+, \therefore 2 \notin f(\mathbb{Q}^+)$

22. $a \in \mathbb{R}^*(a \neq 0)$

$a > 0$이면 $a = \sqrt{a}\sqrt{a}$

$f: \mathbb{R}^* \to \mathbb{R}^*$ 자기동형사상이라 하자.

$a > 0$이면 $f(a) = f(\sqrt{a}\sqrt{a}) = f(\sqrt{a})^2 > 0$

f^{-1}이 자기동형사상이므로 $f^{-1}(a) > 0$

$a < 0$이면, $a = -b$라 하자. $b > 0$이고 $f(a) = f(-b) = f(-1)f(b)$이므로

$\therefore f(b) > 0,\ f(b) = f(a)f(-1)^{-1}$이고 $f(-1) < 0,\ \therefore f(a) < 0$

23. 덧셈군 $\mathbb{Q}$, 곱셈군 $\mathbb{R}^*$에 대하여

$\phi: \mathbb{Q} \to \mathbb{R}^+$은 동형사상이므로 $\phi(1) = a$

$\phi(r) = a^r,\ \phi(r/s) = a^{r/s}$

$\forall r/s$ 에 대하여 $a^{r/s} \neq a^{\pi}$이다. 따라서 전사가 아니다.

6장 연습문제 풀이

1. $H = \{a_1, a_2, a_3, a_4\},\ a_5H = \{a_5, a_8, a_6, a_7\},\ a_9H = \{a_9, a_{11}, a_{12}, a_{10}\}$

2. $H,\ 1+H,\ 2+H$

3. (a) 예 $11-17=-6 \in H \quad \therefore 11+H = 17+H$

(b) 예 $-1-5=-6 \in H \quad \therefore -1+H = 5+H$

(c) 아니오 $7-23=-16 \notin H \quad \therefore 7+H \neq 23+H$

4. $U(30) = \{1, 7, 11, 13, 17, 19, 23, 29\}$

$H = \{1, 11\},\ H, 7H, 13H, 19H$

5. $|a| = 30,\ \langle a \rangle \ni a^4,\ |a^4| = 15$

좌잉여류는 $\langle a^4 \rangle, a\langle a^4 \rangle$

6. $R^* \geq H,\ R^+ \leq H \leq R^*$ 이면,

$\forall h \in H, h < 0$ 이면,$hR^+ \subseteq hH = H,\ hR^+$는 음의 실수 전체이다. $\therefore H = R^*$

7. $|G| = 60$

부분군의 위수는 $1, 2, 3, 4, 5, 6, 10, 12, 15, 20, 30, 60$이다

8. p, q는 소수, $|G| = pq$

$\forall H \lneq G, |H| = p, q, 1$ H는 순환군이다

9. $5^{15} \equiv 5^6 \cdot 5^6 \cdot 5^2 \cdot 5 \equiv 1 \cdot 1 \cdot 4 \cdot 5 = 6 \pmod 7$

페르마정리에서 $5^6 \equiv 1 \pmod 7$

$7^{13} \equiv 7^{10} \cdot 7^3 \equiv 49 \times 7 \equiv 35 = 2 \pmod{11}$

$7^{10} \equiv 1 \pmod{11}$

10. $(2\ 3\ 4)(1\ 2) = (1\ 3\ 4\ 2) \in H$ $|H|$는 3, 4의 배수이다. $\therefore$ $|H|$는 12의 배수이다

만약 $|H| = 12$라면, H의 우순열 전체는 A_4의 부분군이다 예제 5에서 위수 6인 부분군을 갖지 않으므로 모순 $|H| = 24$ $\therefore H = S_4$

11. $|G|$: 홀수, $\forall x(\neq e) \in G,\ x = x^{-1}$ G의 모든 원소의 곱은 $ea_1a_1^{-1} \cdots a_na_n^{-1} = e$이다.

12. 일반적으로, $H, K \leq G,\ |H| = p,\ |K| = q$ 하나씩 존재하면 $H \cup K$는 $p + q - 1 < pq$이다

$\forall a \in G, a \notin H \cup K$ 라면, $|a| = p, q$ 또는 pq 이다

만약 $|a| = p$ 이면 $\langle a \rangle = H,\ a \in H$ 모순

$|a| = q$ 이면 $\langle a \rangle = K,\ a \in K$ 모순 $\therefore\ < a > = G$

13. G의 원소의 위수는 $1, 3, 11, 33$ 이다.

만약 $|x|=33$이라면, $|x^{11}|=3$ 이다.

$\{x\in G \mid |x|=11\}$인 원소는 $g(11)=10$개 이다.

14. 위수 55인 군의 원소들의 위수는 1, 5, 11, 55이다

정리 4.4에서 약수 중 오일러파이 수가 20인 경우가 없다.

15. $H\le K\le G$

유한군에서 $|G:H|=\dfrac{|G|}{|H|}=\dfrac{|G|}{|K|}\cdot\dfrac{|K|}{|H|}=|G:K||K:H|$

16. $a\in orb_G(a)$

$\forall c\in orb_G(a)\cap orb_G(b)$ 이면, $c=\alpha(a), c=\beta(b)$인, α,β가 있다.

$(\beta^{-1}\alpha)(a)=b,\ \forall x\in orb_G(b)$이면, $x=r(b)=r\beta^{-1}\alpha(a)$

같이해서, $orb_G(a)\subset orb_G(b)$

$S=\dot\cup_{a\in S}\, orb_G(b)$ 분할

17, (a) $stat_G(1)=\{(1), (2\,4)(5\,6)\}$ $orb_G(1)=\{1, 2, 3, 4\}$

(b) $stat_G(3)=\{(1), (2\,4)(5\,6)\}$ $orb_G(3)=\{3, 4, 1, 2\}$

© $stat_G(5)=\{(1), (1\,2)(3\,4), (1\,3)(2\,4), (1\,4)(2\,3)\}$ $orb_G(5)=\{5, 6\}$

18. $\alpha=(1\,2\,3\,4), \beta=(1\,4\,2\,3)$ 에서,

$H=\{e, \alpha, \alpha^2, \alpha^3, \beta^2, \beta^2\alpha, \beta^2\alpha^2, \beta^2\alpha^3\},\ \alpha^4=1, \beta^4=1$

$=\{e, (1\,2\,3\,4), (1\,3)(2\,4), (1\,4\,3\,2), (1\,2)(3\,4), (2\,4), (1\,4)(2\,3), (1\,3)\}$

$\le S_4$

19. $g: G\to G, g(x)=x^2$

$|G|=2k+1$ 이라 하자

$\forall x\in G, x=xe=x\cdot x^{2k+1}=x^{2k+2}=(x^2)^{k+1}$ g는 전사함수 유한집합에서의 전사함수는

단사함수이다. $\forall a \in G$, $\exists!\ x^2 = a$ 이다

20. 만약 $\det(B) = 2$, $B \in G$ 이면,

$\det(A^{-1}B) = 1$, $A^{-1}B \in H = SL(2, \mathbb{R})$ $\therefore B \in AH$

역으로 $\forall Ah \in AH$, $\det(Ah) = \det A \cdot \det h = 2$

21. S_4에서 $H = \left\{ \begin{pmatrix} 1 & 2 & 3 & 4 \\ 1 & \alpha & \beta & \gamma \end{pmatrix} \middle| \alpha, \beta, \gamma : 2, 3, 4 \right\}$, $\sigma : 2 \to 1$

$H\sigma$는 면 2를 면 1로 대응시키는 치환 전체이다

22. $aH = bH$ 이면, $\det(a) = \pm \det(b)$이고, 그 역도 성립한다.

23 $|G| \le 100$, 위수 10, 25인 부분군이 존재한다면 $lcm(10, 25) = 50$, $|G| = 50$

7장 연습문제 풀이

1. 닫힘성과 결합법칙은 항별계산을 하면 된다. 항등원은 각 항이 항등원이면 된다.

$(g_1 \cdots g_n)^{-1} = (g_1^{-1}, \cdots, g_n^{-1})$이다.

2. $e_g \in G$, $e_h \in H$에 대하여 $G \simeq G \oplus \{e_H\}$, $H \simeq \{e_G\} \oplus H$, $g \mapsto (g, e_H)$, $h \mapsto (e_H, h)$은 동형사상이다.

3. $\mathbb{Z} \oplus \mathbb{Z}$는 순환군이 아니다. $(a, b+1) \notin \langle (a, b) \rangle$

4. $g_1 \in G_1$, $g_2 \in G_2$에 대하여 $\phi :$ $\begin{matrix} G_1 \oplus G_2 \to G_2 \oplus G_1 \\ (g_1, g_2) \mapsto (g_2, g_1) \end{matrix}$

ϕ는 동형사상이다.

일반화하면, $G_1 \oplus G_2 \oplus \cdots \oplus G_n \simeq$ any rearrangement of $G_1, G_2, \cdots, G_n$이다.

5. 정리 7.2에 의해서 $(3, 5)=1$이므로 $\mathbb{Z}_3 \oplus \mathbb{Z}_5 \simeq \mathbb{Z}_{15}$이고

직접적으로 $(1, 1) \in \mathbb{Z}_3 \oplus \mathbb{Z}_5$를 택하여 $\langle (1, 1) \rangle$를 계산하여 $\mathbb{Z}_{15}$와 동형임을 밝힐 수 있다.

6. 정리 3.4에서 $d|n$일 때 순환군에서 위수d인 원소의 개수는 n에 무관하게 $\phi(d)$이다.

$\mathbb{Z}_4$와 $\mathbb{Z}_{8000000}$ 모두 $\phi(4)=2$로 위수 4인 원소의 개수는 2가지이다.

$\mathbb{Z}_{4m}$도 마찬가지이다.

7. $\phi : \mathbb{C} \to \mathbb{R} \oplus \mathbb{R}, a+bi \mapsto (a, b)$ ϕ는 동형사상이다.

8. $G \oplus H$는 순환군이다.

$G \simeq G + \{e_H\} \leq G \oplus H$

정리 3.3에 의해서 G도 순환군이다.

9. $r|m, s|n, \mathbb{Z}_r \oplus \mathbb{Z}_s$와 동형인 $\mathbb{Z}_m \oplus \mathbb{Z}_n$의 부분군은?

$\left\langle \frac{m}{r} \right\rangle \oplus \left\langle \frac{n}{s} \right\rangle$와 동형이다.

10. $\langle (g, h) \rangle \subseteq \langle g \rangle \oplus \langle h \rangle$에서 등호가 성립할 조건은

$lcm(|g|, |h|) = |\langle (g, h) \rangle| \, | \, |\langle g \rangle \oplus \langle h \rangle| = |g||h|$ 이고

$\gcd(|g|, |h|) = 1$이면 $lcm(|g|, |h|) = |g||h|$ 이다. 따라서 $\langle (g, h) \rangle = \langle g \rangle \oplus \langle h \rangle$

11. $|(a, b, c)| = lcm(|a|, |b|, |c|) = 3$, 일반적으로 $\mathbb{Z}_p \oplus \cdots \oplus \mathbb{Z}_p$에서 항등원이 아닌 원소의 위수는 p이다.

12. $\phi : M \to N, \begin{pmatrix} a & b \\ c & d \end{pmatrix} \in M, \phi(a, b, c, d) \in N$

$\begin{pmatrix} a & b \\ c & d \end{pmatrix} \mapsto (a, b, c, d)$

그러면 ϕ는 동형사상이다. 또한 $m \times n$ 행렬전체집합 $M_{m \times n} \cong \mathbb{R}^{mn}$이다.

13. $(g,g)(h,h)^{-1}=(gh^{-1},gh^{-1})$ $G=\mathbb{R}$ 인 경우, $\mathbb{R}\oplus\mathbb{R}$ 은 실수평면이고, H는 $y=x$ 직선이다.

14. $\mathbb{Z}_9\oplus\mathbb{Z}_3$에서 위수가 3인 부분군은 $\langle(3,0)\rangle$, $\langle(3,1)\rangle$, $\langle(3,2)\rangle$, $\langle(0,1)\rangle$이다.

15. $\mathbb{Z}_{30}\oplus\mathbb{Z}_{20}$의 원소 중 위수의 최댓값은 $lcm(30,20)=60$

16. $\{0,400\}\oplus\{0,50,100,150\}\leq\mathbb{Z}_{800}\oplus\mathbb{Z}_{200}$

17. $\mathbb{R}^*\oplus\mathbb{R}^*$, $\mathbb{C}^*$에 대하여 $\mathbb{C}^*$는 $\{1,-1,i,-i\}$를 부분군으로 갖는다. 즉, 위수 4인 순환부분군을 갖는다. 또는, $x^2=-1$의 해가 있다. $-i$는 위수가 2이다.

18. $\phi(3^m6^n)=(m,n)$, ϕ는 동형사상이다. 그러나 $\phi(3^m9^n)=(m,n)$인 ϕ에 대해서는 사상이 정의되지 않는다. 예를 들어 $\phi(9)=\phi(3^29^0)=\phi(3^09^1)$

19. $|\{a\in G||a|=6\}|=24$, $|\langle a\rangle|=|a|=6$이면 $\langle a\rangle=\langle a^{-1}\rangle$이다. 따라서 위수6인 순환부분군은 12개이다.

20. $Aut(U(25))\simeq Aut(\mathbb{Z}_{20})\simeq U(20)\simeq U(4)\oplus U(5)\simeq\mathbb{Z}_2\oplus\mathbb{Z}_4$

21. $2^k-1, 2^t-1$, t는 $n_1, n_2, \cdots, n_k$중 짝수인 수의 개수

22. $\mathbb{Z}_{10}\oplus\mathbb{Z}_{12}\oplus\mathbb{Z}_6$은 위수 2인 원소가 7개 있고, $\mathbb{Z}_{15}\oplus\mathbb{Z}_4\oplus\mathbb{Z}_{12}$는 위수2인 원소가 3개 있다.

23. $\phi(12)$는 4가지, $\mathbb{Z}_{12}$의 생성원이 $\{1,5,7,11\}$이다.

24. $a\in\mathbb{Z}_m, b\in\mathbb{Z}_n$라 하면 $|a||m$, $|b||n$이다.
따라서 $|(a,b)|=lcm(|a|,|b|)|=lcm(m,n)$이다.

25. $\mathbb{Z};\{1,-1\}$
$\mathbb{Z}_3:\{1,2\}$
$\mathbb{Z}_4:\{1,3\}$
$\mathbb{Z}_6:\{1,5\}$

26. 항등원이 아닌 $\mathbb{Z}_p \oplus \mathbb{Z}_p$의 모든 원소는 위수$p$를 갖는다. 그리고 위수 p인 부분군은 그중에 $(p-1)$개씩 원소를 갖고 있다. $\dfrac{p^2-1}{p-1}=p+1$이므로 위수가 p인 부분군의 개수는 $(p+1)$이다.

27. $|a|=\infty$, $|b|=\infty$, $|ab|=2$, 군 $\mathbb{Z}\oplus\mathbb{Z}_2$에서 $a=(1,0)$, $b=(-1,1)$라 하자

그러면 $ab=a+b=(0,1)$, $|ab|=2$

28. $$\begin{aligned} U(165) &\simeq U(11)\oplus U(15)\simeq U(5)\oplus U(33) \\ &\simeq U(3)\oplus U(55)\simeq U(3)\oplus U(5)\oplus U(11) \end{aligned}$$

29. $$\begin{aligned} Aut(\mathbb{Z}_{720}) &\simeq U(720)\simeq U(16\cdot 9\cdot 5)\simeq U(16)U(9)U(5) \\ &\simeq \mathbb{Z}_2\oplus\mathbb{Z}_4\oplus\mathbb{Z}_6\oplus\mathbb{Z}_4 \end{aligned}$$

정리 7.1에서 $(a,b,c,d)\in\mathbb{Z}_2\oplus\mathbb{Z}_4\oplus\mathbb{Z}_6\oplus\mathbb{Z}_4$의 위수가 6이기 위한 필요충분조건은

$lcm(|a|,|b|,|c|,|d|)=6$이다.

$|a|=1,2$
$|b|=1,2,4$
$|c|=1,2,3,6$
$|d|=1,2,4$

(1,1,3,2)
(1,1,6,1), (1,1,6,2)
(1,2,3,1), (1,2,6,1), (1,2,6,2)
(2,1,3,1), (2,1,3,2), (2,1,6,2)
(2,2,3,1), (2,2,6,1), (2,2,6,2)

총 12가지이다.

30. $$\begin{aligned} U(900)=U(2^2\cdot 3^2\cdot 5^2) &= U(4)\oplus U(9)\oplus U(25) \\ &= \mathbb{Z}_2\oplus\mathbb{Z}_6\oplus\mathbb{Z}_{20} \end{aligned}$$

$lcm(2,6,20)=60$

31. $U(55)=U(5\cdot 11)=U(5)\oplus U(11)=\mathbb{Z}_4\oplus\mathbb{Z}_{10}=\mathbb{Z}_4\oplus\mathbb{Z}_2\oplus\mathbb{Z}_5$
$U(75)=U(3\cdot 5^2)=U(3)\oplus U(5^2)=\mathbb{Z}_2\oplus\mathbb{Z}_{20}=\mathbb{Z}_2\oplus\mathbb{Z}_4\oplus\mathbb{Z}_5$

32. $n>2$, $U(n)^2=\{x^2|x\in U(n)\}\lneqq U(n)$ 진부분군?

$1^2\equiv(n-1)^2\ (\mathrm{mod}\,n)$이므로 진부분집합이다.

$\forall x^2, y^2\in U(n)^2$, $x^2y^2=(xy)^2\in U(n)^2$, $x, y\in U(n)$이므로 $xy\in U(n)$이다.

33. $n=275=5^2\times 11$, $U(275)=U(5^2)\oplus U(11)=\mathbb{Z}_{20}\oplus\mathbb{Z}_{10}$이므로 $\mathbb{Z}_5\oplus\mathbb{Z}_5$의 부분군이 존재한다.

34. $n=117=9\times 13$, $U(117)=U(9)\oplus U(13)=\mathbb{Z}_6\oplus\mathbb{Z}_{12}\langle(2,0)\rangle\oplus\langle(0,4)\rangle$

35. $U(49)=U(7^2)=\mathbb{Z}_{49-7}=\mathbb{Z}_{42}=\mathbb{Z}_2\oplus\mathbb{Z}_3\oplus\mathbb{Z}_7=\mathbb{Z}_3\oplus\mathbb{Z}_{14}$

36. $U(65)=U(5\cdot 13)=\mathbb{Z}_4\oplus\mathbb{Z}_{12}=\mathbb{Z}_4\oplus\mathbb{Z}_4\oplus\mathbb{Z}_3$

37. (a) $\mathbb{Z}_4\oplus\mathbb{Z}_{18}\oplus\mathbb{Z}_{15}=\mathbb{Z}_4\oplus(\mathbb{Z}_2\oplus\mathbb{Z}_9)\oplus(\mathbb{Z}_3\oplus\mathbb{Z}_5)$
$\mathbb{Z}_3\oplus\mathbb{Z}_{10}\oplus\mathbb{Z}_{36}=\mathbb{Z}_3\oplus(\mathbb{Z}_2\oplus\mathbb{Z}_5)\oplus(\mathbb{Z}_4\oplus\mathbb{Z}_5)$

(b) $\phi(360)=\phi(2^3\times 3^2\times 5)=\phi(2^3)\phi(3^2)\phi(5)$
$=(2^3-2^2)(3^2-3)(5-1)=96$

4~7장 종합 연습문제 풀이

1. $N\le G$이라 하자. $\forall\phi: N\to G$: 자기동형사상, $\phi(N)=N$이면 N을 특성부분군이라 한다. 순환군의 모든 부분군은 특성부분군인가?

① G: 무한순환군인 경우, $G\simeq\mathbb{Z}$

$H\simeq\mathbb{Z}, H=n\mathbb{Z}$, ϕ: $\mathbb{Z}\to\mathbb{Z}$ 자기동형사상은 $\phi=1_{\mathbb{Z}}$, $\phi(1)=-1$, 두 가지뿐이다.

$H=n\mathbb{Z}$일 때, $\phi(n)=-n$, $\phi(N)=H$

② G:유한순환인 경우 $G=\mathbb{Z}_n, H\leq \mathbb{Z}_n, H\cong m\mathbb{Z}_n=\langle m\rangle, 1<m\lneqq n$

$\forall\,\phi:\ \mathbb{Z}_n\to\mathbb{Z}_n$: 자기동형사상은 $\phi=1_{\mathbb{Z}_n}, \phi(1)=\langle r\rangle, (r,n)=1$인 $1<r<n,\ \phi(n)$의 개수만큼 있다.

$\phi(m)=\phi(1+1+\cdots+1)=mr, \phi(H)=H$

2. $G'=\langle\{x^{-1}y^{-1}xy\,|\,x,y\in G\}\rangle$, 교환자부분군

$\forall$자기동형사상 ϕ, $\phi(x^{-1}y^{-1}xy)=\phi(x)^{-1}\phi(y)^{-1}\phi(x)\phi(y)$, ϕ는 G'의 생성원을 G'의 생성원들로 사상함으로 $\phi(G')=G'$

3. $G=\mathbb{Z}_3\oplus\mathbb{Z}_3\oplus\mathbb{Z}_3$이고, $H\leq SL(3,\,\mathbb{Z}_3)$

$H=\left\{\begin{pmatrix}1&a&b\\0&1&c\\0&0&1\end{pmatrix}\middle|\, a,b,c\in\mathbb{Z}_3\right\}$, $|G|=27$, $|H|=27$, $\{a,b,c\}$에 $\{0,1,2\}$중복해서 택할 수 있다.

G의 생성원들의 집합 $\{(1,0,0),(0,1,0),(0,0,1)\}$

H의 생성원들의 집합 $\left\{\begin{pmatrix}1&1&0\\0&1&0\\0&0&1\end{pmatrix},\begin{pmatrix}1&0&1\\0&1&0\\0&0&1\end{pmatrix},\begin{pmatrix}1&0&0\\0&1&1\\0&0&1\end{pmatrix}\right\}$ 생성원의 개수는 같다. 그러나 G는 가환군이고 H는 비가환군이다. 따라서 $G\ncong H$

4. $H\times K\xrightarrow{\phi}HK, (h,k)\mapsto hk$는 전사함수이다.

만약 $hk=h'k'$이면 $t=h^{-1}h'=k(k')^{-1}\in H\cap K\,(h\neq h', k\neq k')$,

$\therefore h'=ht, k'=t^{-1}k$

각 HK 원소는 $(H\cap K)$곱으로 표현된다. $\therefore |HK|=|H||K|/|H\cap K|$

5. $U(n)$은 $n=4, 8, 3, 6, 12, 24$

6. $\mathbb{R}^+$, $T=\{a+bi\,|\,a^2+b^2=1\}$, $\forall\,\alpha\in\mathbb{C}^*, \alpha=rz, r\in\mathbb{R}^+, z\in T$인가?

$3+2i=\sqrt{13}\left(\dfrac{3}{\sqrt{13}}+\dfrac{2}{\sqrt{13}}i\right)$

7. 만약, $\phi: \mathbb{Q} \rightarrow \mathbb{R}$:동형사상 이라 하자. $\phi(1) = x_0$라 하면, $x_0 \in \mathbb{R}$

$\phi(a/b) = (a/b)x_0$, a, b : 정수, $b \neq 0$

ϕ가 전사가 되지 못한다. 또는 $\mathbb{Q}$와 $\mathbb{R}$ 위에서의 다항식을 비교해보자.

8. $\mathbb{Q}$ 에서는 $2x = a$는 모든 a에 대하여 해를 갖는다.

$\mathbb{Q}^+$ 에서는 $x^2 = b$는 모든 b에 대하여 해를 갖지 못한다.

9. $x^{p-2} = 1$이고, $|U(p)| = p-1$이므로 모든 $x \in U(p)$에 대하여 $x^{p-1} = 1$, 따라서 $x = 1$

10. $\mathbb{Z}_{12} \oplus \mathbb{Z}_{20} \oplus \mathbb{Z}_{10}$에서 $\mathbb{Z}_4 \oplus \mathbb{Z}_5$와

동형인 부분군은 $\{ \langle 3 \rangle \oplus \langle 4 \rangle \oplus \langle 0 \rangle, \langle 3 \rangle \oplus \langle 0 \rangle \oplus \langle 2 \rangle, \langle 0 \rangle \oplus \mathbb{Z}_{20} \oplus \langle 0 \rangle \}$

11. $\mathbb{Z}_{18}$, $\mathbb{Z}_2 \oplus \mathbb{Z}_3 \oplus \mathbb{Z}_3$, D_9, $D_3 \oplus \mathbb{Z}_3$

12. $\alpha = a_1 a_2 \cdots a_n$, $\beta = b_1 b_2 \cdots b_m$, a_i, b_j: 순환치환들

$\alpha\beta^{-1} = a_1 a_2 \cdots a_n b_m^{-1} b_{m-1}^{-1} \cdots b_1^{-1}$는 순환치환의 곱이다.

13. 위수 2인 원소를 비교하면 $D_{11} \oplus \mathbb{Z}_3$은 11개 있고 $D_3 \oplus \mathbb{Z}_{11}$은 3개 있다.

14. D_{33}은 위수 2인 원소가 33개 있고, $D_3 \oplus \mathbb{Z}_{11}$은 위수2인 원소가 3개가 있다.

15. $X = \phi_a(x) = axa^{-1}$, $\therefore xa = ax$, 역으로 G가 가환군이면, $\phi_a = 1_G$이다.

16. $U_{50}(450) \approx U(9)$, $|U(9)| = 6$

17. $\beta = (1\,3)(1\,7)(2\,6\,5)(2\,8\,9) \in S_{10}$, $\beta = \begin{pmatrix} 1\,2\,3\,4\,5\,6\,7\,8\,9\,10 \\ 7\,8\,1\,4\,2\,5\,2\,9\,6\,10 \end{pmatrix} = (1\,7\,3)(2\,8\,9\,6\,5)$

$\alpha = (4, 10)$라 하자. $\alpha \cap \beta = (e)$이므로 $\alpha\beta = (4, 10)(1\,7\,3)(2\,8\,9\,6\,5) = \beta\alpha$

β^2의 멱은 α와 무관하다.

18. D_{12}와 $\mathbb{Z}_3 \oplus D_4$에서 위수가 2인 원소의 개수비교를 하면 D_{12}는 12개, $\mathbb{Z}_3 \oplus D_4$는 4개다. $D_{12} \not\approx \mathbb{Z}_3 \oplus D_4$

19. $G = U(15) \oplus \mathbb{Z}_{10} \oplus S_5$일 때, $(2, 3, (123)(15)) \in G$의 위수는
$lcm(|2|, |3|, |(123)(15)|) = lcm(4, 10, 4) = 20$
$(2, 3, (123)(15)) = (2, 3, (1523))$의 역원은? $(8, 7, (3251))$

20. $H = \{x \in \mathbb{Z}_{p^2} \oplus \mathbb{Z}_{p^2} | x^p = (0,0)\}$, $|H| = p^2$이고, $\forall a \neq e \in (\mathbb{Z}_{p^2} \oplus \mathbb{Z}_{p^2})/H$는 위수 p를 갖는다.

21. $\alpha = (12)(34)(56789) \in A_9$, $|\alpha| = 10$

22. S_7에서 위수 6인 원소 $(ab)(cde)$꼴에서 ${}_7C_2 \times {}_5P_3 = \dfrac{7 \times 6}{2} \times 5 \times 4 \times 3 = 1260$

23. $\beta^2 = (13579)(268)$, S_9에서 $(\beta^4)^2\beta^2 = \beta^{10} = \beta$, $\beta^9 = (\varepsilon)$이므로
$\beta^4 = (15937)(286)$, $(\beta^4)^2 = \beta^8 = (19753)(268)$

$$\begin{aligned}\beta = \beta^8\beta^2 &= (19753)(268)(13579)(268)\\ &= \begin{pmatrix}1\,2\,3\,4\,5\,6\,7\,8\,9\\ 1\,8\,3\,4\,5\,2\,7\,6\,9\end{pmatrix} = (286)\end{aligned}$$

24. $H = \{(x, y) | y = mx\} \subseteq \mathbb{R} \oplus \mathbb{R}$,
$(a, b) + H = \{(a+x, b+mx) | x \in \mathbb{R}\}$은 $y - b = m(x-a)$인 직선이다.

25. $H \le G$, $a, b \in G$, $aH = bH$이면 $a^{-1}b \in H$, 따라서, $(a^{-1}b)^{-1} = b^{-1}a \in H$
$Hb^{-1}a = H$ 또는 $Hb^{-1} = Ha^{-1}$이다.

26. $\mathbb{Z}_{p^2} \oplus \mathbb{Z}_{p^2}$에서 위수가 p인 원소의 개수는 p^2-1개다.

27. $\mathbb{Z}_{p^2} \oplus \mathbb{Z}_{p^2}$에 $\mathbb{Z}_{p^2}$와 동형인 부분군의 개수는 $p(p+1)$개다.

28. $(n, (n-1), \cdots, 2, 1)(1\,2)(1\,2\,3 \cdots n) = (1\,n)$이고 $(1\,n)(1\,2 \cdots n) = (1\,2\,3 \cdots n-1)$ n에 관한 수학적 귀납법에 의해 $(1\,2)$와 $(1\,2 \cdots n-1)$은 S_{n-1}를 생성한다. 모든 n을 포함하지 않는 $2-$순환치환으로 생성된다. $\forall k,\ 1 < k < n$에 대하여 $(1\,k)(1\,n)(1\,k) = (k\,n)$이므로 모든 $2-$순환치환을 생성한다.

29. S_n에서 $|\beta| = 2$라 가정하자. $\exists i, \beta(i) = i,\ \exists j, \beta(j) \neq j$

$\sigma : n-$순환치환에 대하여 $\sigma^t(i) = j$라 하자. 만약 $\beta\sigma = \sigma\beta$이면, $\beta\sigma^t = \sigma^t\beta$이다.

$(\sigma^t\beta)(i) = \sigma^t(i) = j$이고 $(\beta\sigma^t)(i) = \beta(\sigma^t(i)) = \beta(j) \neq j$ $\therefore \beta\sigma^t \neq \sigma^t\beta$이다.

8장 연습문제 풀이

1. $S_3 = \{(1), (1\,2), (1\,3), (2\,3), (1\,2\,3), (1\,3\,2)\}$

$H = \{(1), (1\,2)\} \leq S_3$

$(1\,3)H = \{(1\,3), (1\,2\,3)\} \neq H(1\,3) = \{(1\,3), (1\,3\,2)\}$ $\therefore$ 정규가 아님

2. $1 \leq i < j \leq n,\ \ h \in H_i \cap H_j$ 이면

$h \in H_1 H_2 \cdots H_n \cdots H_{j-1} H_j = \{e\},\ \ \therefore h = e$

3. $G = GL(2, \mathbb{R}),\ K \leq \mathbb{R}^*,\ \ H = \{A \in G \mid \det A \in K\} \lhd G$

$\forall A, B \in H,\ \det(AB^{-1}) = \det A \cdot (\det B)^{-1} \in K$

$\forall x \in G,\ \ \forall A \in H,\ \det(xAx^{-1}) = (\det X)(\det A)(\det X)^{-1} = \det A \in K$

$\therefore xAx^{-1} \in H$

4. $G=\mathbb{Z}_4 \oplus U(4),\quad H=\langle(2\ 3)\rangle,\ K=\langle(2\ 1)\rangle$

$G/H \approx \mathbb{Z}_4,\ \ G/K \approx \mathbb{Z}_2 \times \mathbb{Z}_2$

$G=\{0,1,2,3\}\oplus\{1,3\}$

$H=\langle\ (2\ 3)\ \rangle=\{(2\ 3),(0\ 1)\}\approx U(4)$

$K=\langle\ (2\ 1)\ \rangle=\{(2\ 1),(0\ 1)\}=\{0,2\}\times\{1\}$

$G/H=\mathbb{Z}_4\oplus\{U(4)/U(4)\}$

$G/K=\{\mathbb{Z}_4/\{0,2\}\}\times\{U(4)/\{1\}\}\approx\mathbb{Z}_2\times\mathbb{Z}_2$

5. $G \triangleleft H, H, G/H$: 순환군 $\Rightarrow G$: 순환군?

D_3에서, $H=\{(1),(1\ 2\ 3),(1\ 3\ 2\}$

$H \triangleleft D_3,\ G/H\approx\mathbb{Z}_2$이지만, D_3은 순환군이 아님

6. $\forall\, h \in H,\ (ab)h=a(bh)$

7. $U(105)/U_5(105) \ni 4U_5(105)$

$U(105)=U(3)\oplus U(5)\oplus U(7)\approx\mathbb{Z}_2\oplus\mathbb{Z}_4\oplus\mathbb{Z}_6$

$U_5(105)=U(21)=U(3)\oplus U(7)\approx\mathbb{Z}_2\oplus\mathbb{Z}_6$

$U(105)/U_5(105)\approx\mathbb{Z}_4,\ \ 4U_5(105)=4(\mathbb{Z}_2\oplus\mathbb{Z}_6)=\{0\}\oplus\{0,\ 2,\ 4\}$

$\therefore\ \ |4U_5(105)|=2$

8. $G=\mathbb{Z}/\langle 20\rangle \geq H=\langle 4\rangle/\langle 20\rangle$

$=\{0+\langle 20\rangle,4+\langle 20\rangle,8+\langle 20\rangle,12+\langle 20\rangle,16+\langle 20\rangle\}$

$G/H=\{0+\langle 20\rangle+H,1+\langle 20\rangle+H,2+\langle 20\rangle+H,3+\langle 20\rangle+H\}$

9. $((\mathbb{Z}_{10}\oplus U(10))/\langle(2\ 9)\rangle$

$U(10)=\{1,3,7,9\}\ \ \dfrac{10\times 4}{10}=4$

$|\langle(2,9)\rangle|=lcm(5,2)=10$

10. 정리 8.5에서 G는 위수 3인 원소 a, 위수 11인 원소 b를 택하자

$|ab| = 33$, $G = \langle ab \rangle$: 순환군이다

11. $(Z \oplus Z)/\langle(4,2)\rangle \ni (6,3) + \langle(4,2)\rangle$의 위수는 2이다

순환군이 아님.

12. $G = U(32) = \mathbb{Z}_2 \oplus \mathbb{Z}_8$, $H = \{1, 31\}$ $G/H = \mathbb{Z}_2 \oplus \mathbb{Z}_8 / \mathbb{Z}_2 \approx \mathbb{Z}_8$

13. $G = U(16)$, $H = \{1, 15\}$, $K = \{1, 9\}$ $H \approx K$

$G/H = \{H, 3H, 5H, 7H\} = \langle 3H \rangle$

$G/K = \{K, 3K, 5K, 7K\}$는 순환군이 아니다

$G/H \not\approx G/K$

14. $A_4 \oplus \mathbb{Z}_3 \geq H$, $|H| = 18$이 있다고 가정하자

$H \lhd A_4 \oplus \mathbb{Z}_3$이다

$\forall\, (\alpha, \beta) \in A_4 \oplus \mathbb{Z}_3$에서 $(\alpha, \beta)^2 H = H$

H 의 원소가 18개 이상이다.

15. $\mathbb{R}^* = \mathbb{R}^+ \oplus \{1, -1\}$

$\forall$ 실수는 $\pm r$, $r > 0$

$\mathbb{R}^+ \cap \{1, -1\} = \{1\}$

$r > 0$, $r \leftrightarrow (r, 1)$

$r < 0$, $r \leftrightarrow (r, -1)$ 로 대응시킨다

16. $G = HK$, $g = hk$, $h \in H$, $k \in K$

$|g|$, $|h|$, $|k|$ 에는 관계가 없다

$G = H \times K$인 경우는 $|g| = lcm(|h|, |k|)$

17. $(3)\cap(6)=\{1\}$, $(3)(6)\cap\langle 10\rangle=\{1\}$

$G=\langle 3\rangle\times\langle 6\rangle\times\langle 10\rangle$

H에서는 $12=3^{-1}\times 6^2$이므로 성립하지 않는다

18. $H\lhd G$, $\forall gH\in G/H$

$|g|=n$ 이라하자. $(gH)^n=g^nH=H\ \ \therefore |gH|\,|\,|g|$

19. $H\lhd G\Rightarrow C(H)\lhd G$?

$\forall\ x\in C(H)$, $g\in G$, $h\in G$

$gxg^{-1}h=hgxh^{-1}$인가?

$(gxg^{-1})h(gxg^{-1})^{-1}=gxg^{-1}hgx^{-1}h^{-1}=gg^{-1}hgg^{-1}=h$

$\therefore gxg^{-1}\in C(H)$

20. G/H, $aH=bH$, $|a|\neq|b|$, $a\neq e$, $b\neq e$ 인 예?

$G=\mathbb{Z}_6$, $H=\{0,3\}$, $a=1$, $b=4$

$a+H=\{1,4\}$, $b+H=\{4,1\}$

$|a|=6$, $|b|=3$

21. $|G|=2p$, $H\leq G$, $H\not\lhd G$이면, $|H|=2$

$\because |H|\,|\,2p\ \ \therefore |H|=2$ or p

$|H|=p$이면 $H\not\lhd G$ 모순

따라서 H의 위수는 2이다

22. $|G/N|$ 소수, H, $H\leq N$ 또는 $G=N$?

$N\leq NH\leq G$, $[G:N]=[G:NH][NH:N]$

$[G:NH]=1$ or $[NH:N]=1$,

$G=NH$ or $NH=N\qquad\therefore H\leq N$

23. $|G|=p^3, Z(G) \neq \{e\} \Rightarrow |Z(G)|=p$?

G는 비가환군이므로 $G/Z(G)$는 순환군이 아니다

$|G/Z(G)|=p^2$ or p, $|G/Z(G)| \neq p$이므로,

$\therefore |G/Z(G)|=p^2$, $|Z(G)|=p$

24. $H \lhd G$이면, $(xN)(hN)(xN)^{-1}=(xhx^{-1})N \in H/N$

$\therefore H/N \lhd G/N$

역으로, $H/N \lhd G/N$이면

$xhx^{-1}N=(xN)(hN)(xN)^{-1} \in H/N$

$xhx^{-1}N=hN, h' \in H$

$\therefore xhx^{-1}=h'n \in H, n \in N$

25. H의 지표가 n이라 하자

$(\mathbb{R}^*)^n=\{x^n \mid x \in \mathbb{R}^*\} \subseteq H$

만약 n이 홀수이면 $(\mathbb{R}^*)^n=\mathbb{R}^*$

만약 n이 짝수이면 $(\mathbb{R}^*)^n=\mathbb{R}^+$

$\therefore H=\mathbb{R}^*$ 이거나 $\mathbb{R}^+$

26. $G \lhd N$, $G \geq H$ 이면, $NH \leq G$

$\forall n_1h_1, n_2h_2 \in NH$, $(n_1h_1)(n_2h_2)=(n_1n')(h_1h_2) \in NH$

$(n_1h_1)^{-1}=h_1^{-1}n_1^{-1}=nh_1^{-1} \in NH$

(반례) $S_3 > \{(1), (1\ 2)\}=N$, $\{(1), (2\ 3)\}=H$

$NH=\{(1), (1\ 2)(2\ 3), (1\ 2\ 3)\} \neq S_3$

27. $N=\langle a \rangle, H=\langle a^k \rangle$

$\forall x \in G, x(a^k)^m x^{-1}=(xa^m x^{-1})^k=(a^r)^k=(a^k)^r \in H$

28. $\gcd(|x|, |G/H|)=1$이면, $\gcd(|xh|, |G/H|)=1$

그러나 $|xh| \mid |G/H|$, $\therefore |xH|=1$, $xH=H, x\in H$

29. G, $G'=\langle\{aba^{-1}b^{-1} \mid a, b\in G\}\rangle$

a. $G' \lhd G$, $G' \le G$ 이므로,

$\forall g\in G$, $\forall cdc^{-1}d^{-1}\in G'$

$g^{-1}(cdc^{-1}d^{-1})g=(g^{-1}cdc^{-1})(gd^{-1}dg^{-1})(d^{-1}g)$

$=[(g^{-1}c)d(g^{-1}c)^{-1}d^{-1}][dg^{-1}d^{-1}g]\in G'$

b. G/G' : 가환군?

$(aG')(bG')=ab(G')=ab(b^{-1}a^{-1}ba)G'=baG'=(bG')(aG')$

c. G/N : 가환군 $\Rightarrow G' \le N$

$(a^{-1}N)(b^{-1}N)=(b^{-1}N)(a^{-1}N)$

$\therefore (a^{-1}b^{-1})N=(b^{-1}a^{-1})N$

$aba^{-1}b^{-1}N=N$

$aba^{-1}b^{-1}\in N \quad \therefore G' \le N$

d. $H\le G$, $G' \le H \Rightarrow H\lhd G$

$\forall g\in G$, $\forall h\in G \quad ghg^{-1}h^{-1}\in G' \le H$

$(ghg^{-1})h^{-1}\in H$

$ghg^{-1}\in Hh=H \quad \therefore H\lhd G$

30. $N\lhd G$, $|G/N|=m$, $\forall x\in G\Rightarrow x^m\in N$

$(xN)^m=x^mN=N \quad \therefore x^m\in N$

31. G : 비가환군 ; $Aut(G)$는 순환군이 아닌가?

$G \Rightarrow G/Z(G)$: 순환군이 아니다

$G/Z(G)\approx Inn(G)\le Aut(G)$

따라서 $Aut(G)$는 순환군이 아니다

32. G : 유한군, $H \lhd G$, $gH \in G/H$, $|gH| = n$

$\Rightarrow |g| = nt$, $|g^t| = n$, $\mathbb{Z}/\langle k \rangle$에서 성립하지 않는다

33. $D_4 \geq K = \{R_0, H\}$에 대한 잉여류 $\{K, DK, VK, D'K\}$

연산표

$K = \{R_0, H\}$, $DK = \{D, R_{270}\}$, $VK = \{V, R_{180}\}$, $D'K = \{D', R_{90}\}$

	K	DK	VK	$D'K$
K	K	DK	VK	$D'K$
DK	DK	K	$D'K$	VK
VK	VK	DK	K	$D'K$
$D'K$	$D'K$	VK	DK	K

군의 곱셈표가 아님, K는 정규부분군이 아님

$(bH)(D'H) = VH \neq DD'H$

34. $|G| = 30$, $|Z(G)| = 5$

$|G/Z(G)| = 6$, $\therefore G/Z(G) \approx \mathbb{Z}_6$ or S_3이다.

만약 $G/Z(G) \approx \mathbb{Z}_6$이라면 순환군이므로 G : 가환군

$Z(G) = G$ 모순 $\quad \therefore G/Z(G) \approx S_3$

35. $G \lhd H$, $|H| = 2 \Rightarrow H \leq Z(G)$

$\because H = \{e, a\}, a \neq e$

$a \in H, a^2 = e \quad \forall x \in G,\ ax = xa?$

$(xax^{-1})^2 = xax^{-1}xax^{-1} = xa^2x^{-1} = e$

$xax^{-1} \in H,\ xax^{-1} = a \quad \therefore xa = ax$

$\Rightarrow a \in Z(G),\ H \leq Z(G)$

$A_5 \lhd H$, $|H| = 2 \Rightarrow H \leq Z(A_5)$이다.

$H = \{e, (a\,b)(c\,d)\}$라 하자

$\forall (a\,b\,c) \in A_5,\ (a\,b)(c\,d)(a\,b\,c) \neq (a\,b\,c)(a\,b)(c\,d)$

$\therefore H \not\leq Z(A_5)$

36. $xg^p x^{-1} = (xgx^{-1})^p \in H,\ \ \therefore |H| = 2$가 되는 H가 없다

$H \lhd G\, \forall xH \in G/H,\ x^p \in H$이므로, $(xH)^p = x^p H = H$

37. G군, $H \leq G$, H가 지표 2인 부분군

H는 홀수위수를 갖는 G의 원소를 포함하는가?

$|G/H| = 2,\ \{g \in G \mid |g| = 2n+1\} \subseteq H$?

$\because H \lhd G,\ |G/H| = 2, (aH)^2 = H,\ \ \therefore a^2 \in H$

만약 $a \in G,\ |a| = 2n+1, H = a^{2n+1}H = ((aH)^2)^n aH = aH$

$\therefore a \in H$

38. $|G| = 200, H \leq G, N \lhd G$

$|H| = 8,\ |N| = 40 \Rightarrow H \leq N$?

$HN \leq G$ 이고, $H, N \leq HN$ 이다

$|HN|$ 은 8,40의 배수이고 200의 약수이다

$\therefore |HN| = 40 \qquad |H \cap N| = \dfrac{|H|\,|N|}{|HN|} = \dfrac{8 \times 40}{40} = 8$

$H \cap N = H\ \ \therefore H \subseteq N$

39. 군 G의 위수가 150이고, $N \leq G$이고, $|N| = 6$인 유일한 부분군이라면, $^\forall a \in G$에 대하여 $|a^{-1}Na| = |N|$ 이다. 따라서 $a^{-1}Na = N$이므로 N는 G의 정규부분이다.

또한 $5 \mid 150 = |G|$ 이므로 실로우 정리에 의해서 $|H| = 5$인 부분군 H가 존재한다.

$N \cap H, N, H$는 G의 부분군이므로. 라그랑쥐 정리에 의해서 $|N \cap H| \,\big|\, |N| = 6$, $|N \cap H| \,\big|\, |H| = 5$가 되어 $|N \cap H| = 1$이다. 따라서 $|NH| = \dfrac{|N|\,|H|}{|N \cap H|} = \dfrac{6 \times 5}{1} = 30$.

NH는 G의 부분군이다.

$^{\forall}nh, n_1h_1 \in NH$, N는 G의 정규부분군이므로,

$(nh)(n_1h_1)^{-1} = n(hh^{-1})n^{-1} = n_2h_2 \in NH$

40. $\sigma = (124)(35)$이므로 $o(\sigma) = 2 \times 3 = 6$이고, $o(9) = 4$이므로
$o(\sigma, 9) = o(\sigma) \times o(9) = 24$ 이다.

41. $18=1 \times 18 = 2 \times 9 = 3 \times 6$이다.
$(a,b) \in Z_{13}^{*} \times C^{*}$로서, $|(a,b)| = 18$인 원소를 구하면,
각각, $(1, e^{\frac{\pi}{9}i})$, $(7, e^{\frac{2\pi}{9}i})$, $(4, e^{\frac{\pi}{3}i})$이다.
Z_{18}과 동형인 부분군이 $<(1, e^{\frac{\pi}{9}i})>$, $<(7, e^{\frac{2\pi}{9}i})>$, $<(4, e^{\frac{\pi}{3}i})>$ 3가지 있다.

9장 연습문제 풀이

1. $f(x) = x^r$, r은 양의 정수
$f : \mathbb{R}^* \to \mathbb{R}^*, f(xy) = (xy)^r = x^r y^r = f(x)f(y)$
$\ker f = \{x \in \mathbb{R}^* | x^r = 0\} = \langle 0 \rangle$
r이 홀수이면 f는 전사이다.

2. $G \xrightarrow{\phi} H \xrightarrow{\sigma} K$이면 $\sigma\phi : G \to K$는 준동형사상이다.

$\sigma\phi(g_1g_2) = \sigma(\phi(g_1)\phi(g_2)) = \sigma(\phi(g_1))\sigma(\phi(g_2)) = \sigma\phi(g_1)\sigma\phi(g_2)$

a. $\ker\phi \lhd \ker\sigma\phi$
b. $|H|/|K| = [\ker\sigma\phi : \ker\phi]$, (ϕ, σ는 전사함수, G: 유한군이면)
$\because$ a. $\forall g \in \ker\phi, \phi(g) = e, \sigma(\phi(g)) = \sigma\phi(g) = \sigma(e) = e$ $\therefore g \in \ker(\sigma\phi)$
$\therefore \ker\phi \leq \ker(\sigma\phi)$
$\because$ b. $\forall g \in \ker\phi$, $\forall h \in \ker(\sigma\phi)$,

$\phi(hgh^{-1}) = \phi(h)\phi(g)\phi(h)^{-1} = \phi(h)e \cdot \phi(h)^{-1} = e$

$\therefore hgh^{-1} \in \ker\phi, \ \ker\phi \lhd \ker\sigma\phi$

3. $\phi : (g, h) \mapsto g : G \oplus H \to G$: 준동형사상

   $\ker\phi = \{ (g, h) | \ g = e \} = \{(e, h) | h \in H\}$

4. $g : \mathbb{Z} \oplus \mathbb{Z} \to \mathbb{Z}_a + \mathbb{Z}_b, \phi(x, y) = (x \bmod a, y \bmod b)$

   $\ker\phi = \{ (x, y) \in \mathbb{Z} \oplus \mathbb{Z} | x \bmod a = 0, y \bmod b = 0\}, x \in a\mathbb{Z}, y \in b\mathbb{Z}$
   $= a\mathbb{Z} \oplus b\mathbb{Z}$

   $\therefore \mathbb{Z} \oplus \mathbb{Z} / a\mathbb{Z} \oplus b\mathbb{Z} \cong \mathbb{Z}/a\mathbb{Z} \oplus \mathbb{Z}/b\mathbb{Z} = \mathbb{Z}_a \oplus \mathbb{Z}_b$

5. $(A \oplus B)/A \oplus \{e\} \approx A/A \oplus B/\{e\} \approx (e) \oplus B \approx B$

   ϕ: $A \oplus B \to B$: 준동형사상
   $(a, b) \mapsto b$

   $\ker\phi = \{ (a, b) \in A \oplus B | b = e\} = A \oplus \{e\}$

   동형사상에서 $A \oplus B / A \oplus \{e\} \approx B$

6. $\phi : \mathbb{Z}_{30} \to \mathbb{Z}_{30}$, 준동형사상, $\ker\phi = \{0, 10, 20\}$

   $\phi(23) = 9, \phi^{-1}(9) = \{3, 13, 23\}$ 이고 $\phi(x) = 3x$ 이며 $\ker\phi = \{0, 10, 20\}$

   $\phi(23) = 3 \times 23 = 69 \equiv 9 \pmod{30}, \ 23 \in \phi^{-1}(9) = \{ x \in \mathbb{Z}_{30} | 3x \equiv 9 \pmod{30}\}$

   $3x \equiv 9 \pmod{30}, x \equiv 3 \pmod{10} \therefore x = 3, 13, 23, \bmod 30$

7. $\mathbb{Z}_{16} \oplus \mathbb{Z}_2 \xrightarrow{\phi} \mathbb{Z}_4 \oplus \mathbb{Z}_4, \phi(x) = 2x$ 인 경우, $\ker\phi = \{ (8, 1), (0, 0)\}$

   군의 동형정리에서 $\mathbb{Z}_{16} \oplus \mathbb{Z}_2 / \langle (8, 1) \rangle \not\approx \mathbb{Z}_4 \oplus \mathbb{Z}_4$ 이다.

8. $|\ker\phi| \neq 1, |\ker\phi| \,|\, |\mathbb{Z}_{17}| \therefore \ker\phi = \mathbb{Z}_{17}$
   $\therefore \phi = 0$

9. $\mathbb{Z}_{30}/\ker\phi \simeq \mathbb{Z}_5 \therefore |\ker\phi| = 4$, 순환군 $\ker\phi = \langle 4 \rangle$

10. a. $|\mathbb{Z}_{36}/\ker\phi| \,|\, |G'|=24$, 36, 24의 공약수는 $\mathbb{Z}_1$, $\mathbb{Z}_2$, $\mathbb{Z}_3$, $\mathbb{Z}_4$, $\mathbb{Z}_6$, $\mathbb{Z}_{12}$ 이다.

b. $\langle 1\rangle, \langle 2\rangle, \langle 3\rangle, \langle 4\rangle, \langle 6\rangle, \langle 12\rangle$

11. 각 $0 \le k \le n-1$에서 $1 \mapsto k$는 준동형사상이다.

12. $G/\ker\phi \approx \mathbb{Z}_{10}$, $\langle 2\rangle \le \mathbb{Z}_{10}$, $\phi^{-1}(\langle 2\rangle)$, $\langle 5\rangle \le \mathbb{Z}_{10}$, $\phi^{-1}(\langle 5\rangle)$

13. $\phi^{-1}(7) = 7\ker\phi = \{7, 17\}$

14. $\phi^{-1}(11) = 11\ker\phi = \{11, 10, 27, 3\}$

15. $$\begin{aligned}\phi((a,b)+(c,d)) = \phi((a+c)+(c+d)) &= (a+c)-(b+d)\\ &= (a-b)+(c-d)\\ &= \phi((a,b))+\phi((c,d))\end{aligned}$$

$\ker\phi = \{(a,a) \mid a \in \mathbb{Z}\}$, $\phi^{-1}(3) = \{(a+3,a) \mid a \in \mathbb{Z}\}$

16. $\phi(xy) = (xy)^6 = x^6y^6 = \phi(x)\phi(y)$
$\ker\phi = \langle \cos 60^\circ + i\sin 60^\circ \rangle$

17. $K \xrightarrow{f} KN \xrightarrow{g} KN/N$, $\phi = g \circ f$ 라 하자.

$k \hookrightarrow k \mapsto kN$

ϕ는 준동형사상, 전사함수이다.

$\forall\, knN = kN \therefore \exists k \in K, \phi(k) = kN$, $\ker\phi = \{k \in K \mid kN = N\} = K \cap N$

$\therefore K/K\cap N \simeq KN/N$

18. $G \xrightarrow{f} G/N \xrightarrow{g} G/N/M/N$, $\phi = g \circ f$는 준동형사상이며 전사함수이다.

$g \mapsto gN \mapsto gN(M/N)$

$\ker\phi = \{g \in G \mid gN \in M/N\} = M$
$\therefore G/M \simeq G/N/M/N$

19. D_4, $\{e\}$, $\mathbb{Z}_2$, $\mathbb{Z}_2 \oplus \mathbb{Z}_2$

20. 무한군이고 $\mathbb{Z}$

21. $G \xrightarrow{\gamma} G/N$, 준동형사상에서 $\overline{H} \leq G/N$ 이면 $\gamma^{-1}(\overline{H}) = H$라 하자.

$H \leq G$, $H/N = \gamma(H) = \gamma(\gamma^{-1}(\overline{H})) = \overline{H}$이다.

22. $g \mapsto \phi_g$는 준동형사상이고 ker이 $Z(G)$이다.

23. $(f+g)(3) = f(3) + g(3)$, ker은 $(3, 0)$을 지나는 다항식이다.

24. $G \xrightarrow{\phi} \mathbb{Z}_2 \oplus \mathbb{Z}_2$, $g \in G$, $\phi(G) \in \mathbb{Z}_2 \oplus \mathbb{Z}_2 = \langle(1,0)\rangle \cup \langle(0,1)\rangle \cup \langle(1,1)\rangle$

$G = \phi^{-1}(\langle(1,0)\rangle) \cup \phi^{-1}(\langle(0,1)\rangle) \cup \phi^{-1}(\langle(1,1)\rangle)$

25. $|G/H| = 2 = |G/K|$, $H \neq K \Rightarrow |G/H \cap K| = 4$이고, $H \cap K \lhd G$, $G/H \cap K$: 순환군이 아니다.

$\because$ $H \lhd K$, $K \lhd G$이므로 $H \cap K \lhd G$이다.

제2동형정리에 의하여 $H/H \cap K \simeq HK/K \simeq G/K$, $|H/H \cap K| = 2$이므로

$|G/H \cap K| = 4$ G가 위수가 2인 두 개의 부분군을 갖고 있으므로 순환군이 아니다.

왜냐하면 $\mathbb{Z}_2 \times \mathbb{Z}_2 \leq G$이기 때문이다.

26. 예제 16과 같은방법으로, $|G| = 77 = 11 \times 7$

$\forall a \in G$, $|a| = 7, 11, 77$이다. $|a|$가 7이거나 11이라 가정하자.

G의 원소의 위수가 모두 7이라면 항등원이 아닌 G의 원소는 한번에 6개가 있다.

그런데 $6 \nmid 76$이므로 모순이다.

같은방법으로, $10 \nmid 76$이다. 역시 모순이다. 따라서 G에는 위수7인 원소와 위수 11인 원소가 존재한다. $H \leq G$, $|H| = 11$라 하자.

만약 G에 위수 11인 다른 부분군 K가 존재한다면

$|HK| = |H||K| / |H \cap K| = 11 \times 11 = 121$이고 $|G| = 77$이므로 모순이다.

H가 G의 유일한 위수 11인 부분군이다. $\forall a \in G$에 대해 $aHa^{-1} = H$이다.

$N(H) = G$이다.

H의 위수가 소수이므로 H는 순환군이고, 가환군이므로 $H \subseteq C(H)$이다.

$|H| = 11$는 $|C(H)|$의 약수이다. $|C(H)|$은 $|G| = 77$의 약수가 되어 $C(H) = G$ 또는 $C(H) = H$이다. $C(H) = G$이면 항등원이 아닌 H의 원소 h가 위수 7인 원소 k에 대하여 $x = hk$는 위수 77인 원소이므로 G는 순환군이다.

그러나 $C(H) = H$이면 $|C(H)| = 11$이고 $|N(H)/C(H)| = 77/11 = 7$,

7은 $|Aut(H)| = 1 = |Aut(\mathbb{Z}_{11})| = 10$의 약수가 아니다. 따라서 모순이다.

27. $nG = \{ng | g \in G\} = G$, 가환군

만약 $H \lneqq G$으로 어떤 진부분군에 포함되어있는 부분군이라 하자. G/H는 진부분군을 갖지 않는다. $G/H \simeq \mathbb{Z}_p$이다.

$\forall g + H \in G/H, p(g+H) = H, \ \therefore pq \in H, \forall g \in G$

$G = pG \subseteq H$, 예로 들어 $\mathbb{Q}$와 $\mathbb{R}$

28. $f : \mathbb{Z}_{12} \times \mathbb{Z}_6 \to \mathbb{Z}_{12}, f(x, y) = 9x$는 준동형사상이다.

$\ker f = \{ (x, y) \in \mathbb{Z}_{12} \times \mathbb{Z}_6 | 9x = 0\} = \{0, 4, 8\} \times \mathbb{Z}_6$

$9x \equiv 0 \pmod{12}, 3x \equiv 0 \pmod{4}, x = 0, 4, 8$

$\mathbb{Z}_{12} \times \mathbb{Z}_6 / \mathbb{Z}_3 \times \mathbb{Z}_6 \simeq \mathbb{Z}_4$ 따라서 위수는 4이다.

29. $G = \mathbb{Z}_{12} \oplus \mathbb{Z}_7$

(1) G는 가환군이므로 모든 부분군은 정규부분군이다.

(2) $(3, 1) \in \mathbb{Z}_{12} \oplus \mathbb{Z}_7$, $|(3, 1)| = lcm(|3|, |1|) = lcm(4, 7) = 28$

(3) $(12, 7) = 1$이므로 $\mathbb{Z}_{12} \oplus \mathbb{Z}_7 \simeq \mathbb{Z}_{84}$

30. $G = \left\{ \begin{pmatrix} a & b \\ 0 & c \end{pmatrix} \middle| a,b,c \in \mathbb{Z}_3, ac \neq 0 \right\}$, 곱셈군

$\phi : G \to \mathbb{Z}_3^*$, $\phi\left(\begin{pmatrix} a & b \\ 0 & c \end{pmatrix}\right) = ac$는 준동형사상인가?

$$\phi\left(\begin{pmatrix} a & b \\ 0 & c \end{pmatrix}\begin{pmatrix} a' & b' \\ 0 & c' \end{pmatrix}\right) = \phi\left(\begin{pmatrix} aa' & ab'+bc' \\ 0 & cc' \end{pmatrix}\right) = (aa')(cc') = (ac)(a'c') = \phi\left(\begin{pmatrix} a & b \\ 0 & c \end{pmatrix}\right)\phi\left(\begin{pmatrix} a' & b' \\ 0 & c' \end{pmatrix}\right)$$

$\ker\phi = \left\{ \begin{pmatrix} a & b \\ 0 & c \end{pmatrix} \in G \middle| ac = 1 \right\}$, $ac = 1$ in $\mathbb{Z}_3^* = \{1, 2\}$

$\therefore a = c = 1, a = c = 2$

따라서 $\ker\phi = \left\{ \begin{pmatrix} 1 & 0 \\ 0 & 1 \end{pmatrix}, \begin{pmatrix} 1 & 1 \\ 0 & 1 \end{pmatrix}, \begin{pmatrix} 1 & 2 \\ 0 & 1 \end{pmatrix}, \begin{pmatrix} 2 & 0 \\ 0 & 2 \end{pmatrix}, \begin{pmatrix} 2 & 1 \\ 0 & 2 \end{pmatrix}, \begin{pmatrix} 2 & 2 \\ 0 & 2 \end{pmatrix} \right\} \simeq \mathbb{Z}_6$

31. 10과 서로소인 $10 < n < 100$인 n의 개수를 구하자.

2의 배수가 44개, 5의 배수가 17개 이므로 $89 - 61 = 28$이다.

10장 연습문제 풀이

1. $n = 4$, $\mathbb{Z}_4$ or $\mathbb{Z}_2 \oplus \mathbb{Z}_2$

2. $n = 36$, $\mathbb{Z}_9 \oplus \mathbb{Z}_4$, $\mathbb{Z}_3 \oplus \mathbb{Z}_3 \oplus \mathbb{Z}_4$, $\mathbb{Z}_9 \oplus \mathbb{Z}_2 \oplus \mathbb{Z}_2$, $\mathbb{Z}_3 \oplus \mathbb{Z}_3 \oplus \mathbb{Z}_2 \oplus \mathbb{Z}_2$

3. 위수 45인 가환군은 $\mathbb{Z}_{45}$와 $\mathbb{Z}_3 \oplus \mathbb{Z}_3 \oplus \mathbb{Z}_5$이다.

$\mathbb{Z}_{45}$에서는 $|3| = 15$이고

$\mathbb{Z}_3 \oplus \mathbb{Z}_3 \oplus \mathbb{Z}_5$에는 $|(1, 1, 1)| = 15$이다

$\mathbb{Z}_3 \oplus \mathbb{Z}_3 \oplus \mathbb{Z}_5$에는 위수 9인 원소가 없다

4. $\mathbb{Z}_9 \oplus \mathbb{Z}_3 \oplus \mathbb{Z}_4$, $\mathbb{Z}_9 \oplus \mathbb{Z}_3 \oplus \mathbb{Z}_3 \oplus \mathbb{Z}_2 \oplus \mathbb{Z}_2$

5. $\mathbb{Z}_4 \oplus \mathbb{Z}_2 \oplus \mathbb{Z}_3 \oplus \mathbb{Z}_5$에서 위수 2인 원소는 $\{(2, 0, 0, 0), (2, 1, 0, 0), (0, 1, 0, 0)\}$이다

6. 예를 들어, $G \approx \mathbb{Z}_{27} \oplus \mathbb{Z}_3 \oplus \mathbb{Z}_{125} \oplus \mathbb{Z}_{25} \oplus \mathbb{Z}_4 \oplus \mathbb{Z}_2 \oplus \mathbb{Z}_2$

$\approx \mathbb{Z}_{27 \cdot 125 \cdot 4} \oplus \mathbb{Z}_{3 \cdot 25 \cdot 2} \oplus \mathbb{Z}_2$

$2 | 3 \cdot 25 \cdot 2$, $3 \cdot 25 \cdot 2 | 27 \cdot 125 \cdot 4$이다

7. $\mathbb{Z}_2 \oplus \mathbb{Z}_2$

8. a.1 b.1 c.1 d.1 e.1

f : 위수 n인 가환군이 유일한것은 n이 어떤 소수의 멱으로도 나누어지지 않을 때이다.

9. $\mathbb{Z}_2 \oplus \mathbb{Z}_2$

10. n이 제곱수의 약수가 없다.

11. $\mathbb{Z}_3 \oplus \mathbb{Z}_3$

12. 예1에서 처음 11원소의 위수중 9개가 위수 4이다. 다른 곱셈군은 이와 같이 많은 위수를 갖지 않는다. 따라서 마지막 5개 원소는 확인할 필요가 없다.

13. $\mathbb{Z}_4 \oplus \mathbb{Z}_2 \oplus \mathbb{Z}_2$, $\langle 7 \rangle \times \langle 101 \rangle \times \langle 199 \rangle$

14. 3 : 6 : 12

15. $|G| = 16$, 가환군, $|a| = |b| = 4$, $a^2 \neq b^2$

$G \approx \mathbb{Z}_4 \oplus \mathbb{Z}_4$

16. $|a| \nmid |G|$, $a \in G$, $|a| =$ 짝수

라그랑쥐 정리를 사용하지 않고 유한가환군은 소수의 멱을 위수로 하는 순환군의 직적이고, 유한 직적의 원소의 위수는 각 성분 원소 위수의 최소공배수이다.

따라서 짝수 위수를 갖는 원소가 있다면 최소공배수는 짝수가 되어 홀수위수를 갖는다는 것은 모순이다.

17. $|\langle a\rangle k| = |a||k|/|\langle a\rangle \cap \langle k\rangle| = |a||k| = |\bar{a}||\bar{k}|p = |\bar{G}|p = |G|$

18. 유한가환군의 기본정리에서 $\mathbb{Z}_{p_1^{a1}} \oplus \mathbb{Z}_{p_2^{a2}} \oplus \cdots \oplus \mathbb{Z}_{p_k^{ak}}$이 한 $U-$군의 부분군인가?

서로다른 소수 q,r에 대하여 $q = tp_1^{n_1}+1,\ r = sp_2^{n_2}+1$이라 하면,

$U(qr) = U(q) \oplus U(r) = \mathbb{Z}_{tp_1^{n_1}} \oplus \mathbb{Z}_{sp_2^{n_2}} \geq \mathbb{Z}_{p_1^{n_1}} \oplus \mathbb{Z}_{p_2^{n_2}}$

19, D_4

20. $2014 = 2 \times 19 \times 53 = |G|$

G 의 부분군의 개수 $= m$

G 에서 위수가 38인 원소의 개수 $= n$

$2^1 \times 19^1 \times 53^1$의 약수의 개수 $2 \times 2 \times 2 = 8 \quad \therefore m = 8$

부분군 중 $\mathbb{Z}_{38}$에 위수 38인 원소가 있으며, 그 개수는

$\phi(38) = \phi(2)\phi(19) = 18 \quad \therefore n = 18$

$m + n = 26$

21. a. $G \approx \mathbb{Z}$, G: 무한순환군

b. $\mathbb{Z}_4 \oplus \mathbb{Z}_{18} \oplus \mathbb{Z}_{15} = \mathbb{Z}_4 \oplus \mathbb{Z}_2 \oplus \mathbb{Z}_9 \oplus \mathbb{Z}_3 \oplus \mathbb{Z}_5 = \mathbb{Z}_3 \oplus \mathbb{Z}_2 \oplus \mathbb{Z}_5 \oplus \mathbb{Z}_{36}$

$= \mathbb{Z}_3 \oplus \mathbb{Z}_{10} \oplus \mathbb{Z}_{36}$

c. $\mathbb{Z}_{366}$의 생성원의 개수

$\phi(366) = \phi(3^2 \times 2^3 \times 5) = \phi(3^2)\phi(2^3)\phi(5) = (9-3)(8-4)4 = 96$

22. $Z_2 \oplus Z_2 \oplus Z_3 \quad \langle 19\rangle \times \langle 26\rangle \times \langle 31\rangle$

23. $Aut(Z_2 \oplus Z_3 \oplus Z_5) \approx Aut(Z_{30}) \approx U(30) \approx U(2) \oplus U(3) \oplus U(5) \approx Z_2 \oplus Z_4$

11장 연습문제 풀이

1. $a = eae^{-1}, cac^{-1} = b$이면, $a = c^{-1}bc = c^{-1}b(c^{-1})^{-1}$이고 $a = xbx^{-1}, b = ycy^{-1}$이면

   $a = xbx^{-1}, b = cyc^{-1}$이면 $a = xycy^{-1}x^{-1}(xy)c(xy)^{-1}$

2. $T(xC(a)) = xax^{-1} = yay^{-1} = T(yC(a))$
   $\Leftrightarrow y^{-1}xa = ay^{-1}x$
   $\Leftrightarrow yx \in C(a)$
   $\Leftrightarrow yC(a) = xC(a)$

   T는 잘 정의된 함수이고, $1-1$이다. 정의에 의해서 전사이다.

3. 귀류법으로, 만약 실로우 $2-$부분군 H와 실로우 3-부분군 K라 하자.

   따라서 $H \lhd G, K \lhd G$이다. 모두 단 하나씩 존재한다.

   $G = H \times K \simeq H \oplus K$, G는 가환군이다. 따라서 모순이다.

4. $|G| = 48 = 2^4 \times 3$, $n_3 = 1 + 2k$, $n_3 | 3$ $\therefore n_3 = 3$

   실로우 2-부분군은 3개가 있고 서로 다른 2개의 실로우 2-부분군을 H, K라 하자

   $|H \cap K| = 8$인가?

   $|HK| = \dfrac{|H \times K|}{|H \cap K|}$, $16 + 16 = \dfrac{16 \times 16}{|H \cap K|}$ $\therefore |H \cap K| = 8$

5. K는 G의 실로우 $p-$부분군

   $x \in N(K), |x| = p^n \Rightarrow x \in K$

   $|K| = p^m$, m이 최대, $K \leq N(K)$

   $|x| = p^n, k \leq m, x \in K$

6. $|G| = p^n m, p > m, K$: 실로우 $p-$부분군은 정규인가?

n_p: 실로우 $p-$부분군의 개수라 하자.

$n_p = 1 + kp, n_p | m$, 만약 $k \geq 1$이면, $n_p \nmid m$ 이므로 $k = 0$이다.

유일한 실로우 $p-$부분군이므로 정규이다.

7. $|G| = 168 = 2^3 \times 3 \times 7$, $p = 7$이고 $n_7 = 1 + 7k, n_7 | 2^3 \times 3 = 24$

   $k = 1, n_p = 8$

8. $|G| = 15$, $\mathbb{Z}_{15}$

9. $|G| = 3 \times 7$, 실로우 $3-$부분군의 개수 $n_3 = 1 + 3k$

   $k = 2, n_3 = 7$개 $n_3 | 7$ 각 군에 a와 a^{-1}, 14개의 원소

10. S_5, 실로우 $3-$부분군, $n_3 = 1 + 3k, n_3 | 40$, $k = 3$이면 $n_3 = 10$

    $|S_5| = 120 = 2^3 \times 3 \times 5 = 3 \times 40$

    $\langle(1\,2\,3)\rangle, \langle(1\,3\,4)\rangle, \langle(2\,3\,4)\rangle, \langle(3\,4\,5)\rangle, \langle(2\,4\,5)\rangle$

11. $H \leq G$, G안에서 H의 공역의 개수는 $|G : N(H)|$인가?

    T: $G/N(H) \to \{xHx^{-1}\}$, $xN(H) \to xHx^{-1}$은 잘 정의되고 H인가?

    $T(xN(H)) = xHx^{-1} = yHy^{-1} = T(yN(H))$

    $\Leftrightarrow y^{-1}xH = Hy^{-1}x$

    $\Leftrightarrow y^{-1}x \in N(H)$

    $\Leftrightarrow xN(H) = yN(H)$

12. $|G| = 21$, $|G| < 21$ 에서는 모두 가환군이다.

13. $|G| = 15 = 3 \times 5$, G는 실로우 $3-$부분군과 실로우 $5-$부분군, $\langle x\rangle, \langle y\rangle$ 1개씩만 갖는다.

$|xy| = 15$이므로 순환군이다.

14. $|G| = 595 = 5 \times 7 \times 17,\, m = 5 \times 7,\, p = 17$

$n_{17} = 1 + 17k,\, n_{17} | 35,\ k = 0, k = 2$이면 $n_{17} = 1$ 또는 $n_{17} = 35$

만약 $n_{17} = 35$라면, 실로우 17－부분군의 합집합은 $595 - 35 + 1 = 561$개의 원소를 갖는다.

$n_5 = 1 + 5k,\, n_5 | 7 \times 17,\ k = 0$이면 $n_5 = 1$

그래서 $5 \times 17 = 85$

$\therefore$ 위수가 85인 순환군을 부분군으로 $\phi(85) = \phi(5)\phi(17) = 4 \times 16 = 64$개를 갖는다.

따라서 위수가 85인 원소 64개를 갖는다.

15. $|G| = 60 = 2^2 \times 3 \times 5$, Z가 위수가 4인 원소를 갖는다면, $Z = 4$이다.

$|G/Z| = 15$, G/Z는 순환군, $\therefore G$는 가환군, 따라서 모순이다.

16. H를 실로우 3－부분군이고, 실로우 5－부분군이 정규가 아니라하자.

$|G| = 60 = 2^2 \times 3 \times 5,\, n_5 = 1 + 5k,\, n_5 | 12$이고 $k = 1$일 때, $n_5 = 6$

6개의 실로우 5－부분군을 갖고, 그것을 $\{k_1, \cdots, k_6\}$라 하자.

이 부분군들을 위수 5인 원소 24개를 갖는다. $6 \times 5 - 6 = 24$

각 순환군들, $HK_1, \cdots, HK_6$은 $\phi(15) = \phi(3)\phi(5) = 8$, 따라서 8개의 생성원들을 갖는다.

$6 \times 8 = 48$ $\therefore$ 위수 15인 원소 48개를 갖고 있다.

$\therefore$ 60개의 원소를 갖는 군이라는 것에 모순이다.

17. 실로우제1정리에 의해서 $\forall k,\ 1 \le k \le n$에 대해서 위수 p^k인 부분군이 적어도 하나 존재한다.

18. $|G| = p^n,\, H \lneq G$, 진부분군이므로 $H \subset N(H)$

$x \in Z(G), |x| = p$인 것을 택하자. 만약 $x \in H$, 수학적 귀납법을 이용하여 가정에서 $N(H/\langle x \rangle) > H/\langle x \rangle$, $y\langle x \rangle \in N(H/\langle x \rangle) \setminus H/\langle x \rangle$라 하자.

$y \in N(H) \setminus H$임을 보이자. $\therefore N(H) > H$

그리고 만약, $x \notin H$이면 $x \in N(H)$이다. $\therefore N(H) > H$

19. G를 유한군이라 하자. H를 G의 실로우 $p-$부분군이라 하자.

$\forall\, \alpha \in Aut(G), \alpha(H) = H$?

($\because$ 자기동형사상은 위수를 보존하기 때문에 $\alpha(H) = H$이다.)

20. $3 \,|\, |N(K)|$라면, $N(K)$는 위수3인 부분군 H_1를 갖는다.

H_1K는 위수15인 순환군이다.

21. $H \lhd G$, $\therefore\ cl(h) = \{xhx^{-1} | x \in G\}$

$\forall\, h \in H, cl(h) \subset H$ 이고, $h \in cl(h)$이다. 따라서 H가 정규일때만 성립한다.

22. $H \xrightarrow{\phi} xHx^{-1}$: $\phi(h) = xhx^{-1}$: 동형사상이다.

23. $cl(x) = \{x, g_1xg_1^{-1}, g_2xg_2^{-1}, \cdots, g_kxg_k^{-1}\}$, 만약 $x^{-1} = g_ixg_i^{-1}$라 하면

$cl(x)$의 각 $g_jxg_j^{-1}$에 대하여 $(g_jxg_j^{-1})^{-1} = g_jx^{-1}g_j^{-1} = g_j(g_ixg_i^{-1})g_j^{-1} \in cl(x)$이다.

$|G|$이 홀수위수이므로, $g_jxg_j^{-1} \neq (g_jxg_j^{-1})^{-1}$이다.

$|cl(x)|$는 짝수, 그러나 $|cl(x)| \,|\, |G|$이므로 모순이다.

24. $|G| = 21 = 3 \times 7$, H: 실로우 3$-$부분군, K: 실로우 7$-$부분군이 존재한다.

$n_3 = 1 + 3k, n_3 | 7$이고 $n_7 = 1 + 7k, n_7 | 3$이다.

$k = 0, 2$일 때 $n_3 = 1$ or 7이고 $k = 0$일 때 $n_7 = 1$이다. 따라서 실로우 7$-$부분군은 정규이다. 즉, $K \lhd G$

25. 군 G에서 $|G| = n$이라 하자.

$a \neq e$ 인 $a \in G$에 대하여 공액류 $cl(e), cl(a)$ 두 개뿐이므로

$cl(e) \uplus cl(a) = G$ 이다. $cl(e) = \{e\}$, $|cl(a)| = n - 1$개다.

$cl(a)$의 각 원소의 위수는 같고, 그 위수를 m이라 하자. 만약에 $m = 2$이면

G는 가환군이고, $cl(a) = \{a\}$. $\therefore n = 2$ 따라서 $\mathbb{Z}_2$뿐이다.

만약 $m > 2$이면 $cl(a)$는 적어도 $n-2$개의 원소를 갖는다. 따라서 a의 공액류는 e, a, a^2이 되기 때문에 모순이다.

26. $|G| = 595 = 5 \times 7 \times 17$

실로우 제3정리에서 실로우 $5-$부분군의 개수 n_5는 $n_5 = 1 + 5k$이고 $n_5 | 7 \times 17$이다.

$\therefore k = 0$ 일 때, $n_5 = 1$이다.

따라서 실로우 $5-$부분군은 유일하다. 따라서 정규이다. 이 군을 H라 하자.

9장 예제 15번의 N/C 정리에서,

$N(H)/C(H) \leq Aut(H), C(H) = \{x \in G | \forall h \in H, xhx^{-1} \in h\}$,

$H \lhd G$이므로 $N(H) = G$,

$|Aut(H)| = 4$, $\therefore$ $|G/C(H)| \, | 4, 595$ 따라서 $|G/C(H)| = 1$

$\therefore G = C(H)$
$\therefore H \leq Z(G)$

27. $cl(x) = cl(y) \Leftrightarrow |C(x)| = |C(y)|$

($\because$ 정리 11.1에서 $|cl(a)| = [G : C(a)]$ 이므로,

$|cl(x)| = |cl(y)| \Leftrightarrow \left| \dfrac{G}{C(x)} \right| = \left| \dfrac{G}{C(y)} \right| \Leftrightarrow |C(x)| = |C(y)|$)

28. $P_r(D_4) = \dfrac{5}{8}$,

$P_r(S_3) = \dfrac{1}{2}$

$P_r(A_4) = \dfrac{1}{3}$

29. 군에서와 같은 방법으로,

$R = \{x_1, x_2, \cdots, x_n\}$

$P_r(R) = \dfrac{|K|}{n^2}, K = \{(x, y) | xy = yx, x, y \in R\}$

$|K| = |C(x_1)| + |C(x_2)| + \cdots + |C(x_n)|$

$R/C(R)$은 순환군이 아니다.

$\therefore\ |R/C(R)| \geq 4 \quad \therefore\ |C(R)| \leq \dfrac{1}{4}|R|$

$\therefore R$ 의 적어도 $\dfrac{3}{4}$개의 원소 x에 대하여 $|C(x)| \leq \dfrac{|R|}{2}$이다.

$\therefore |K| \leq |R|/4 + \left(\dfrac{1}{2}\right)\left(\dfrac{3}{4}\right)|R| = \left(\dfrac{5}{8}\right)|R|$

30. 본문의 정리에서 실로우 5－부분군은 $1+5k$형식으로 77의 약수이다. 따라서 11개이다.

31. a, G/N 은 위수 3, 5, 15인 정규부분군들을 갖는다, 따라서 $G \rightarrow G/N$ 의 역상을 생각하면 된다.

 b, H 를 N를 포함하는 실로우 2-부분군이라 하자. 이 군 H와 위수 6, 10인 부분군들의 지적을 구하면 위수 12, 20인 부분군들을 구할 수 있다.

 c, N과 위수 15인 부분군의 내직적을 구하면 된다.

32. G/H는 가환군이다. $\forall x, y \in G$에 대하여, $x^{-1}y^{-1}xy \in H$을 보이자.

 $x^{-1}y^{-1}xyH = x^{-1}Hy^{-1}HxHyH = H$.

33. $150 = 2 \times 3 \times 5^2$이다. 실로우정리에 의해서, G의 부분군으로 Z_2, Z_3, Z_5가 존재한다. 따라서 $Z_2 \times Z_3 \times Z_5 = Z_{30}$이 존재한다.

9~11장 종합 연습문제 풀이

1. $\forall a \in G, H \leq G, \forall aH = Hb, \exists b \in G,$

 $\therefore a = hb, h \in H$
 $Ha = Hhb = Hb = aH \therefore H \lhd G$

2. $diag(G) = \{(g, g) | g \in G\} \lhd G \oplus G \Leftrightarrow G$: 가환군

$(\Rightarrow)$ $(e,a)(b,b)(e,a)^{-1}=(b,aba^{-1})\in diag(G)$
$\therefore aba^{-1}=b \therefore ab=ba$

$(\Leftarrow)$ $(g,h)(b,b)(g,h)^{-1}=(gbg^{-1},hbh^{-1})=(b,b)\in diag(G)$

G가 유한군이면, $|G\oplus G/diag(G)|=|G|$

3. $\forall a\in Aut(G), \phi_a\in \in n(G)$

$\forall x\in G, (\alpha\phi_a\alpha^{-1})(x)=(\alpha\phi_a)(\alpha^{-1}(x))$

$=\alpha(a\cdot \alpha^{-1}(x)a^{-1})=\alpha(a)\cdot x\alpha(a)^{-1}=\phi_{\alpha(a)}(x)$

$\therefore \alpha\phi_\alpha\alpha^{-1}=\phi_{\alpha(a)}\in Inn(G)$

4. 9장 예2에서 $GL(2,\mathbb{R})\xrightarrow{\det}\mathbb{R}^*, A\mapsto \det A$

$\ker(\det)=SL(2,\mathbb{R})$, 준동형정리에서 $GL(2,\mathbb{R})/SL(2,\mathbb{R})\cong\mathbb{R}^*$

5. (a) $Z(H)=\{\begin{pmatrix}1&0&b\\0&1&0\\0&0&1\end{pmatrix}|b\in\mathbb{Q}\}$

(b) $Z(H)\to\mathbb{Q}, \begin{pmatrix}1&0&b\\0&1&0\\0&0&1\end{pmatrix}\mapsto b$, 동형사상

(c) $H\xrightarrow{\phi}\mathbb{Q}\oplus\mathbb{Q}, \begin{pmatrix}1&a&b\\0&1&0\\0&0&1\end{pmatrix}\mapsto(a,c)$는 준동형사상이다.

$\ker\phi=Z(H), \therefore H/Z(H)\cong\mathbb{Q}\oplus\mathbb{Q}$

(d) 위와정리는 $\mathbb{Q}$대신에 $\mathbb{R}$나 $\mathbb{Z}_p$로 해도 성립한다.

6. $\forall a/b+\mathbb{Z}\in\mathbb{Q}/\mathbb{Z}$에서 $b(a/b+\mathbb{Z})=a+\mathbb{Z}=\mathbb{Z}$

7. $n>1$, G:군

$H=\{x\in G||x|=n\}$, $H\cup\{e\}\le G\Rightarrow H\cup\{e\}\lhd G$

($\because$ $\forall g \in G, \forall x \in H, |x| = n, \therefore x^n = e$
$(gxg^{-1})^n = gx^n g^{-1} = e, \therefore |gxg^{-1}| = n$
$\therefore H \cup \{e\} \triangleleft G$

D_p가 부분군이 존재하는 비가환군이고 D_4는 부분군이 존재하지 않는 경우이다.)

8. $hkh^{-1}k^{-1} = (hkh^{-1})k^{-1} \in K$
$= h(kh^{-1}k^{-1}) \in H$

$H \cap K = \{e\}$이므로, $\therefore$ $hk = kh$

9. $stab_G(i) = \{\phi \in G | \phi(i) = i\}$
$\mathrm{or}b_G(i) = \{\phi(i) | \phi \in G\}$
$|G| = |stab_G(i)||\mathrm{or}b_G(i)|$

$|stab_G(5)| = \dfrac{60}{2} = 30$, $stab_G(5) \leq G$이고 $\dfrac{|G|}{|stab_G(5)|} = \dfrac{60}{30} = 2$ 따라서 index가 2이므로

$\therefore stab(G) \triangleleft G$이다.

10. $\phi((4,0,0)) = \phi(4(1,0,0)) = 4\phi(1,0,0) = (0,0)$, $\ker\phi = \{(0,0,0), (4,0,0)\}$이다.

$\mathbb{Z}_8 \oplus \mathbb{Z}_2 \oplus \mathbb{Z}_2 / \ker\phi$에는위수 2인 원소가 3개 이상 있고

$(\{(4,1,1) + \ker\phi, (4,0,0) + \ker\phi, (4,0,1) + \ker\phi, (4,1,0) + \ker\phi, \cdots \})$

$\mathbb{Z}_4 \oplus \mathbb{Z}_4$에는

위수가 2인 원소가 $\{(0,2), (2,0), (2,2)\}$ 3개만 있다.

11. $|S_4 / H| = \dfrac{24}{4} = 6$, 정리 7.2에서 $|S_4 / H| = 2 \times 3$으로 $S_4 / H \simeq \mathbb{Z}_6$ or S_3

그런데 S_4에는 위수6인 원소가 없으므로 $\mathbb{Z}_6$이 아니다.

따라서 $S_4 / H \simeq S_3$

12. m이 홀수라 하자. $n = 2m$, $D_n / Z(D_n)$에서 위수 2인 원소의 개수는 m개다.

$\langle R_{360/n} \rangle / Z(D_n)$에서 위수가 2인 원소의 개수도 m개다.

13. $|G|=2n+1, H\lhd G, |H|=5 \Rightarrow H \leq Z(G)$, 9장 예15의 NC정리에서

$\dfrac{N(H)}{C(H)} \leq Aut(H)$이다. $H\lhd G$이므로 $N(H)=G$이다. $|Aut(H)|=4$

$\left|\dfrac{G}{C(H)}\right| \mid 2n+1, 4, \ \therefore \left|\dfrac{G}{C(H)}\right|=1$

$\therefore G=C(H)$

14. $G \xrightarrow{\phi} G : \phi(g)=g^n$, ϕ는 준동형사상

$\ker\phi = \{g\in G \mid g^n=e\} = G_n$

$\therefore G/G_n \simeq G^n$

15. $|H|=p$, H는 위수 p인 유일한 부분군이다. $xHx^{-1} \leq G, \therefore |xHx^{-1}|=p$이므로

$xHx^{-1}=H$

16. $a/b+\mathbb{Z}\in\mathbb{Q}/\mathbb{Z}$에서 위수가 n이라 하자.

$n(a/b)=m\in\mathbb{Z}$, 따라서 $a/b+\mathbb{Z}=m/n+\mathbb{Z}=m(1/n+\mathbb{Z})\in\left\langle \dfrac{1}{n}+\mathbb{Z}\right\rangle$

17. $\mathbb{Z}\oplus\mathbb{Z}\xrightarrow{\phi}\mathbb{Z}, (1,0)\mapsto c, (0,1)\mapsto b$

$\phi(x,y)=\phi(x(1,0)+y(1,0))=x\phi(1,0)+y\phi(0,1)=ax+by$

18. $\mathbb{Q}/\mathbb{Z}$의 모든 원소들은 유한위수를 갖는다. $\forall n$: 정수, $B_n=\{x\in\mathbb{Q}/\mathbb{Z} \mid |x|=n\}$

ϕ: $\mathbb{Q}/\mathbb{Z}\to\mathbb{Q}/\mathbb{Z}$: 동형사상이라 하면 정리 5.2의 ⑤에 의해서 $\phi(B_n)\subset B_n$

문제16에서 B_n은 유한이다. ϕ는 위수를 보존하고 $1-1$이므로 $\phi(B_n)=B_n$

$\mathbb{Q}/\mathbb{Z}=\bigcup_{n\geq 1} B_n$이므로 $\phi(\mathbb{Q}/\mathbb{Z})=\mathbb{Q}/\mathbb{Z}$이다. 즉, $\phi(A)\subsetneq\mathbb{Q}/\mathbb{Z}, (\forall A\subsetneq\mathbb{Q}/\mathbb{Z})$, 진부분군이다.

19. ① 군 G에 대하여 G가 가환군이 아니라면, $\forall a \in C(G), i_d$: inner auto of G, $i_d \neq 1_G$

② 군이 가환군이면, $|a| > 2, x \mapsto x-1$, 만약 모든 원소가 위수 2라면

$G \simeq \mathbb{Z}_2 \oplus \mathbb{Z}_2 \oplus \cdots \oplus \mathbb{Z}_2, i_{20} \neq 1_G$

$\phi(a_1, a_2, \cdots, a_k) = (a_2, a_1, \cdots, a_k)$

20. $G/H \simeq \mathbb{Z}_2 \oplus \mathbb{Z}_2$, G는 위수 2인 원소가 1개뿐이므로 $G/H \not\simeq$ subgp of G

$[G = \{1, i, j, k, -1, -i, -j, -k\}, (-1)^2 = 1]$

21. $\begin{pmatrix}1 & x\\0 & 1\end{pmatrix}\begin{pmatrix}1 & y\\0 & 1\end{pmatrix} = \begin{pmatrix}1 & x+y\\0 & 1\end{pmatrix}, \begin{pmatrix}1 & x\\0 & 1\end{pmatrix}^{-1} = \begin{pmatrix}1 & -x\\0 & 1\end{pmatrix}, H \leq G$

$\begin{pmatrix}1 & a\\0 & b\end{pmatrix}\begin{pmatrix}1 & x\\0 & 1\end{pmatrix}\begin{pmatrix}1 & a\\0 & b\end{pmatrix}^{-1} = \begin{pmatrix}1 & a\\0 & b\end{pmatrix}\begin{pmatrix}1 & x\\0 & 1\end{pmatrix}\begin{pmatrix}1 & -ab^{-1}\\0 & b^{-1}\end{pmatrix} = \begin{pmatrix}1 & b^{-1}x\\0 & 1\end{pmatrix} \in H, H \lhd G$

22. $\forall \phi \in Aut(K), \phi(H) = H, H$: K의 특성부분군

H가 K의 특성부분군, $K \lhd G \Rightarrow H \lhd G$?

$\because \forall g \in Aut(K), \forall g \in G, gKg^{-1} = K$이므로 $\phi(gHg^{-1}) = \phi(g)H\phi(g)^{-1} = H$ (H가 K의 특성부분군이므로) $\therefore gHg^{-1} = H$

23. $K \leq N(H)$이므로 $HK \leq G$, $|HK| = 245 = 49 \times 5$

군 HK에 실로우 3-정리를 적용하면

$n_7 = 1 + 7k, n_7 | 5$

$\therefore H \lhd HK$

$\therefore H \subseteq N(K) = \{x \in HK | xKx^{-1} = K\}$

24. K: H의 정규 실로우 $p-$부분군, $H \lhd G \Rightarrow K \lhd G$

$gKg^{-1} \subseteq gHg^{-1} = H$, K: H의 특성부분군, H: G의 특성부분군

$\therefore K$: G의 특성부분군, $\therefore \forall g \in G, gKg^{-1} = K \therefore K \lhd G$

25. $H, K \leq G, H \subseteq K(H) \Rightarrow HK \leq G$

$K(H) = \{ x \in G | xH = Hx \}$

$\forall\, h_1k_1, h_2k_2 \in HK$

$(h_1k_1)(h_2k_2) = h_1(k_1h_2)k_2 = h_1(h_3k_1)k_2 = (h_1h_3)(k_1k_2) \in HK$

$(h_1k_1)^{-1} = k_1^{-1}h_1^{-1} = h_4k_1^{-1} \in HK$

26. H가 정규부분군이고 $ab \in H$이면, $ba = a^{-1}(ab)a \in a^{-1}Ha = H$.

역으로, $h = x^{-1}(xh) \in H$. 따라서, $(xh)x^{-1} \in H$.

27. $\forall g \in G$는 $g = hk$, $h \in H$, $k \in K$이고, k는 H의 원소와 교환가능함으로,

$gN = hkN = hNk = Nhk = Ng$ 이다.

12장 연습문제 풀이

1. $n > 1$, $M_2(\mathbb{Z}_n)$: 비가환환, $M_2(2\mathbb{Z})$: 비가환환, 무한, 항등원이 없다

2. $\mathbb{R} \supset \{n\sqrt{2} \mid n \in \mathbb{Z}\} = S$ 부분군이지만 부분환이 아님

$n\sqrt{2}\, m\sqrt{2} = nm \cdot 2 \notin S$

3. 정의 12.2

$R \ni e, f$: 곱셈에 대한 항등원이라하면 $e = ef = f$

$R \ni r$, r의 곱셈에 대한 역원을 s, t라 하면, $rs = 1 = sr$, $rt = 1 = tr$이다

$s = s \cdot 1 = s(rt) = (sr)t = 1 \cdot t = t$

4. $\mathbb{Z}_p$는 $a \in \mathbb{Z}_p$, $a \neq 0$이면, a는 곱셈의 역원이 있다.

(1) $a^2 = a$이면, $a(a-1) = 0$, $a \neq 0$이면, $a = 1$

(2) $ab = 0$이면, $a \neq 0$이면, $b = 0$

(3) $ab=ac$이면, $a\neq 0$이면, $b=c$

5. $S=\bigcap_i R_i$, $R_i \subset R$ 부분환

$\forall a, b\in S$, $a-b\in S$, $ab\in S$

6. 정리 12.1 3~6

(3) $0=0(-b)=(a+(-a))(-b)=a(-b)+(-a)(-b)=-(ab)+(-a)(-b)$

$\therefore ab=(-a)(-b)$

(4) $a(b-c)=a(b+(-c))=ab+a(-c)=ab+(-(ac))=ab-ac$

(5) $a+(-1)a=1\cdot a+(-1)a=(1+(-1))a=0\cdot a=0$

(6) $(-1)(-1)=1\cdot 1=1$ (by 3)

7. $n\mathbb{Z}$

8. $m, n>0$

$(ma)(nb)=(a+\cdots+a)(b+\cdots+b)=(ab+\cdots+ab)=mn(ab)$

$m>0, n<0$, $n=-n'$이라 하자

$(ma)(nb)=(ma)(-n'b)=-(ma)(n'b)=-(mn')ab=m(-n')ab=mn(ab)$

9, $(na)(ma)=(nm)a^2=(mn)a^2=(ma)(na)$

10. $C(R)=\{x\in R|\ ax=xa, \forall a\in R\}$

$\forall x,y\in C(R)$, $\forall a\in R$, $(x-y)a=xa-ya=ax-ay=a(x-y)$

$(xy)a=x(ya)=x(ay)=(xa)y=(ax)y=a(xy)$

11. $(x_1\cdots x_n)(a_1\cdots a_n)=(x_1\cdots x_n)$ $\forall x_i\in R_i$

$\Leftrightarrow\forall x_i\in R_i$, $x_ia_i=x_i$

12. $U(\mathbb{Z}[i])=\{1, -1, i, -i\}$

13. $U(\mathbb{Z}[x])=\{f(x)=1, g(x)=-1\}$

14. a가 단원이라면, $\forall b\in\mathbb{R},\ b=a(a^{-1}b)$

15. 단위원을 갖는 가환환 $R\ni a, b$

a가 R의 단원이고, $b^2=0 \Rightarrow a+b$가 R의 단원?

$\because (a^{-1}-a^{-2}b)(a+b)=1-a^{-1}b+a^{-1}b-a^{-2}b^2=1$

16. $M_2(\mathbb{Z})$

17. $R\ni\forall x,\ x^3=x$이면, $6x=0$?

$\because 2x=(2x)^3=8x^3=8x \qquad \therefore 6x=0$

18. $\mathbb{Z}_6,\ n=3$

$\mathbb{Z}_{10},\ n=5$

만약, $m=p^2t,\ p$:소수 이면,

$(pt)^n=0$ in $\mathbb{Z}_m,\quad m=p^2t\mid(pt)^n,\ n>1$

19. $\mathbb{Z}_n$의 부분군은 곱셈에 대해 닫혀있다.

20. $R\ni 1$, 환, $a\in R,\ a^2=1$

$S=\{ara\mid r\in R\}\subset R$, 부분환이고 단위원을 갖는가?

$\because ara-asa=a(r-s)a$

$(ara)(asa)=ara^2sa=a(rs)a$

$a1\cdot a=a^2=1 \qquad 1\in S$

21. $M_2(\mathbb{Z}) \supset R = \left\{ \begin{pmatrix} a & a-b \\ a-b & b \end{pmatrix} \middle| \, a, b \in \mathbb{Z} \right\}$

$$\begin{pmatrix} a & a-b \\ a-b & b \end{pmatrix} - \begin{pmatrix} c & c-d \\ c-d & d \end{pmatrix}$$

$$= \begin{pmatrix} a-c & (a-b)-(c-d) \\ (a-b)-(c-d) & b-d \end{pmatrix} = \begin{pmatrix} a-c & (a-c)-(b-d) \\ (a-c)-(b-d) & b-d \end{pmatrix}$$

$$\begin{pmatrix} a & a-b \\ a-b & b \end{pmatrix}\begin{pmatrix} c & c-d \\ c-d & d \end{pmatrix} = \begin{pmatrix} ac+(a-b)(c-d) & a(c-d)+(a-b)d \\ c(a-b)+b(c-d) & (a-b)(c-d)+bd \end{pmatrix}$$

$ac+(a-b)(c-d)-(a-b)(c-d)-bd = ac-bd$

$a(c-d)+(a-b)d = ac-ad+ad-bd = ac-bd$

22. $R = \mathbb{Z} \oplus \mathbb{Z} \oplus \mathbb{Z}$

$S = \{(a, b, c) \in R \mid a+b=c\}$:부분환?

$(1, 0, 1), (0, 1, 1) \in S$

$(1, 0, 1)-(0, 1, 1) = (1, -1, 0), \ 1+(-1)=0$

$(a, b, c)-(a', b', c') = (a-a', b-b', c-c')$

$a+b=c, a'+b'=c' \quad (a-a')+(b-b') = a+b-(a'+b') = c-c'$

$(a, b, c)(a', b', c')$ 즉, $(1, 0, 1)(0, 0, 1), \ 0+0 \neq 1$ 부분환이 아님.

23. $R \ni 1, \ S = \{n \cdot 1 \mid n \in \mathbb{Z}\}$

$n \cdot 1 - m \cdot 1 = (n-m) \cdot 1$

$(n \cdot 1)(m \cdot 1) = (n \cdot m)1$ $\therefore$ 부분환이다

24. $\{m/2^n \mid m \in \mathbb{Z}, n \in \mathbb{Z}^+\}$

25. $(a+b)(a-b) = a^2+ba-ab-b^2 = a^2-b^2 \Leftrightarrow ba-ab=0$

26. $\mathbb{Z}_2 \oplus \mathbb{Z}_2$;

$\mathbb{Z}_2 \oplus \mathbb{Z}_2 \oplus \cdots$ (무한개)

13장 연습문제 풀이

1. $ab=0,\ a\neq 0,\ ab=0=a\cdot 0\ \therefore b=0$

2. $k\in\mathbb{Z}_k$, 만약 $\gcd(k,n)=1$이면 $\exists\, a,b\in\mathbb{Z},\ ka+bn=1,\ ka\equiv 1\ (\mathrm{mod}\,n)$

   그리고, 만약 $\gcd(k,n)=d>1$이면 $k=sd,\ k\left(\dfrac{n}{d}\right)=sd\left(\dfrac{n}{d}\right)=sn=0$

   따라서 k는 단원이다.

3. $s\in R,\ s\neq 0,\ S=\{sr\,|\,r\in R\}$

   만약 $S=R$이면 $sr=1,\ \exists\, r\in R,\ s$:단원

   만약 $S\neq R$이면 $\exists\, r_1,r_2\in R,\ r_1\neq r_2$ $s.t.$ $sr_1=sr_2\ \therefore s(r_1-r_2)=0$, s는 영인자

   유한이 아닌 경우, 예를들어, $Z\ni s\neq 0, S=sZ$ 가 성립하지 않는다.

4. d : 정수, $\mathbb{Z}[\sqrt{d}]=\{a+b\sqrt{d}\,|\,a,b\in\mathbb{Z}\}$: 정역인가?

   $(a_1+b_1\sqrt{d})-(a_2+b_2\sqrt{d})=(a_1-a_2)+(b_1-b_2)\sqrt{d}$

   $(a_1+b_1\sqrt{d})(a_2+b_2\sqrt{d})=(a_1a_2+b_1b_2d)+(a_1b_2+a_2b_1)\sqrt{d}$

   $\mathbb{Z}[\sqrt{a}]\subset\mathbb{C}$. 부분환. 따라서 영인자가 없다.

5. $2\mathbb{Z}$: 영인자가 없는 가환환이고 항등원을 갖지 않으므로 정역이 아니다.

6. $a\in R$, 단위원을 갖고 있다.

   $\exists n>0,\ a^n=0$이면 $1-a$은 단원이다.

   $(\because (1-a)(1+a+a^2+\cdots+a^{n-1})=1-a^n=1)$

7. $a\neq 0,\ a^n=0.\ a\cdot 0=0=a^n=a\cdot a^{n-1}$

   소약법칙에 의해 $a^{n-1}=0$ 모순. $\therefore a=0$

8. 만약 $a^2 = a,\ b^2 = b$이면 $(ab)^2 = a^2b^2 = ab$

$(a-ab)^2 = a^2 - 2a^2b + a^2b^2 = a - 2ab + ab = a - ab$

$$\begin{aligned}(a+b-ab)^2 &= a^2 + b^2 + a^2b^2 + 2ab - 2ab^2 - 2a^2b \\ &= a+b+ab+2ab-2ab-2ab = a+b-ab\end{aligned}$$

$$\begin{aligned}(a+b-2ab)^2 &= a^2 + b^2 + 4a^2b^2 + 2ab - 4ab^2 - 4a^2b \\ &= a+b+4ab+2ab-4ab-4ab = a+b-2ab\end{aligned}$$

9. $a^2 = a,\ a^n = 0$

a가 멱등원이면 적당한 정수 n에 대하여 $a^n = a$이다.

$a^2 = a.\ \ a = a^n = 0 \ \ \therefore a = 0$

$a^3 = aa^2 = a^2 = a,\ \ a^4 = aa^3 = a^2 = a,\ \cdots$

10. $\mathbb{Z}_5[i] = \{a+bi \mid a, b \in \mathbb{Z}_5\}$

$3+4i \in \mathbb{Z}_5[i],\ (3+4i)^2 = 9+24i-16 = -7+24i = 3+4i$

11. $a^2 = a$이면 $a(a-1) = 0$

만약 a가 단원이면 $a = 1$이다.

12. F: 체, $K \subset F$ 부분체 $\Leftrightarrow \forall a, b(b \neq 0) \in K,\ a-b,\ ab^{-1} \in K.$

부분환이 될 조건은 $\forall a, b \in K,\ a-b,\ ab \in K$이다.

$b \neq 0$이면 $b^{-1} \in K$이다.

13. R은 단위원을 갖는 환이다.

$\forall a \neq 0, b \neq 0 \Rightarrow ab \neq 0$

$ab = 1$이면 $ba = 1$인가?

$ab = 1$이면 $aba = a,\ 0 = aba - a = a(ba-1).\ \ \therefore ba = 1$

14. D: 단위원 1을 갖는 정역, $P = \{n1 \mid n \in \mathbb{Z}\}$: D의 부분정역,

P가 D의 모든 부분정역에 포함되는가?

P의 위수는 무엇인가?

$\forall n1, m1 \in P,\ n > 0, m > 0,$

$n1 - m1 = (1+1+\cdots+1) - (1+1+\cdots+1) = (n-m)1$

$(n1)(m1) = (1+1+\cdots+1)(1+1+\cdots+1) = nm1$

D의 임의의 부분정역은 1를 포함하기 때문에 P를 포함한다.

$ch\,D = p$(소수)인 경우 $ch\,P = p$이고 $ch\,D = 0$인 경우 $ch\,P = 0$이다.

15. $|F| = 2^n,\ \mathbb{Z}_2 \leq F$

F는 $\mathbb{Z}_2$ 위의 n차원 벡터공간이다. 따라서 $ch\,F = 2$

16. D : 정역에서 $1 = -1$이면 $ch\,D = 2$이다.

17. D : 정역, $a, b \in D$.

a) $a^5 = b^5,\ a^3 = b^3 \Rightarrow a = b$

$\because a^3 = b^3$이므로 $a^6 = b^6$. $a^5 = b^5,\ aa^5 = bb^5$

소약법칙에 의해서 $a = b$

b) $m > 0, n > 0,\ (m,n) = 1$에 대하여 $a^m = b^m,\ a^n = b^n \Rightarrow a = b$

$\because \exists s, t,\ 1 = sn + tm$이다.

$a^{tm} = b^{tm},\ a^{sn} = b^{sn}$에서 $a^{sn+tm} = b^{sn+tm}$ $\quad \therefore a = b$

18. $a^2 = a$이면 $(1-a)^2 = 1 - 2a + a^2 = 1 - 2a + a = 1 - a$

19. $\mathbb{Z}_3[i] = \{0, 1, 2, i, 2i, 1+i, 2+i, 1+2i, 2+2i\} = \langle (1+i) \rangle$이므로 $\mathbb{Z}_8$.

20. $S = \{a_1, a_2, \cdots, a_n\}$: 환 R의 0이 아닌 원소들의 집합

$a_1 S = \{a_1 a_1, a_1 a_2, \cdots, a_1 a_n\} \subset S$

영인자가 없으므로 $a_1 S = S \ni a_1$

$\exists a_i,\ a_1 a_i = a_1$이고 a_i는 항등원이다.

왜냐하면 $\forall a_k \in S,\ a_1 a_k = a_1 a_i a_k \ \ \therefore a_1(a_k - a_i a_k) = 0 \quad \therefore a_k = a_i a_k$

21. $x \in R,\ x \neq 0,\ |x| = n,\ |y| = m,\ n < m$이라 하자.

$(nx)y = x(ny)$이므로 $0 = x(ny)$, $ny = 0$이므로 모순이다. $\therefore n = m$

22. R : 환, $ch\,R = p\ \forall x, y \in R$

(a) $(x+y)^p = x^p + y^p$

(b) $n > 0,\ (x+y)^{p^n} = x^{p^n} + y^{p^n}$

(c) $ch\,R = 4,\ \exists x, y \in R,\ (x+y)^4 \neq x^4 + y^4$인 예?

ex) $R = \{0, 3, 6, 9\},\ \oplus_{12},\ \otimes_{12}$: 환

$ch\,R = 4$이다. 그리고 $(3+9)^4 \neq 3^4 + 9^4 \equiv 6\ (\text{mod}12)$

23. $F \geq \mathbb{Z}_p$, F는 $\mathbb{Z}_p$ 위의 유한차원 벡터공간이다. $|F| = p^n$.

24. 환 R와 행렬환 $M_2(R)$은 같은 환의 특성을 갖는다.

즉, $ch(R) = n$이면 $n\begin{pmatrix} ac \\ cd \end{pmatrix} = 0$ 이고 그 역도 성립한다.

25. 유일한 R은 영이 아닌 특성을 갖는다.

$\varnothing : Z \to R$를 $\varnothing(n) - n1$라하면 $\ker \varnothing \neq 0$이다.

26. 방정식 $x^2 - 5x + 6 = 0$의 근은,

$a.2,3$
$b.2,3$
$c.2,3,6$
$d.2,3,9,10$

27. 정역 $20 \cdot 1 = 0, 12 \cdot 1 = 0$이면, $20 = 12 + 8, 12 = 8 + 4$이므로 $4 \cdot 1 = 0$이다. 정역의 특

성은 4이다.

28. $\mathbb{R}(\sqrt{2}) = \{a + b\sqrt{2} | a, b \in \mathbb{R}\}$

29. $K = \{x \in F | x^p = x\} \leq F$, $x, y \in K$ 부분체인가?

$x^p = x$, $y^p = y$

$(xy)^p = x^p y^p = xy$

$(x+y)^p = x^p + y^p = x + y$

30. $ch\,F = 2$, $\exists x, y \in F$, $(x+y)^3 \neq x^3 + y^3$인가?

$a \neq 0$, $a \neq 1$인 원소에 대하여 $(1+a)^3 = 1 + 3a + 3a^2 + a^3 = 1 + a + a^2 + a^3 \neq 1 + a^3$.

31. D : 정역, $\varphi : D \to \mathbb{Z}_{\geq 0}$ 상수함수가 아니고 $\varphi(xy) = \varphi(x)\varphi(y)$ 성립.

x가 단원이면 $\varphi(x) = 1$인가?

$\varphi(x) = \varphi(x \cdot 1) = \varphi(x)\varphi(1) \quad \therefore \varphi(1) = 1$

$1 = \varphi(1) = \varphi(xx^{-1}) = \varphi(x)\varphi(x^{-1}) \quad \therefore \varphi(x) = 1$

32. $\forall x \in F$, $5x = -x$?

$|F| = 27 = 3^3$, $ch\,F = 3$이다.

$3x = 0 \quad \therefore 6x = 0$, $5x = -x$

14장 연습문제 풀이

1. $a \in R$, $\langle a \rangle = \{ra | r \in R\}$

$\forall ra, sa \in \langle a \rangle$, $ra - sa = (r - s)a \in \langle a \rangle$

$ra \in \langle a \rangle$이므로 $\forall x \in R$, $x(ra) = (xr)a \in \langle a \rangle$

2. $I= <a_1, \ldots, a_n> = \{r_1a_1+ \cdots +r_na_n | r_i \in R\}$

$(r_1a_1+ \cdots +r_na_n)-(s_1a_1+ \cdots +s_na_n)=(r_1-s_1)a_1+ \cdots +(r_n-s_n)a_n$

$x(r_1a_1+ \cdots +r_ns_n)=(xr_1)a_1+ \cdots +(xr_n)a_n, \ \forall x \in \mathbb{R}$

I는 이데알이고 $\{a_1, \ldots, a_n\} \subset \forall J$: 이데알이면 $I \subset J$이다.

I는 $\{a_1, \ldots, a_n\}$을 품는 최소이데알이다.

3. $S=\{a+bi | a, b \in \mathbb{Z}, b:$ 짝수$\} \subset \mathbb{Z}[i]$:부분환이지만 이데알은 아니다.

$(a+bi)-(c+di)=(a-c)+(b-d)i \in S$

$\exists x, y \in \mathbb{Z}, \ (a+bi)(x-y)i=(ax+y)-(bx+ay)$

이 때 $bx+ay$가 짝수가 아닌 경우. 예) $(1+2i)(1+i)=-1+3i \notin S$

4. $ar_1-ar_2=a(r_1-r_2), (ar_1)r=a(r_1r)$

$4R=\{\cdots, -16, -8, 0, 8, 16, \cdots\}$

5. $n>1, \langle n \rangle = n\mathbb{Z}$ 소이데알 $\Leftrightarrow$ n은 소수

6. a) $\langle 2 \rangle + \langle 3 \rangle = \langle 1 \rangle, \ a=1$

b) $\langle 6 \rangle + \langle 8 \rangle = \langle 2 \rangle, \ a=2$

c) $\langle m \rangle + \langle n \rangle = \langle d \rangle, \ d=\gcd(m, n)$

7. a) $\langle 3 \rangle \langle 4 \rangle = \langle 12 \rangle$

b) $\langle 6 \rangle \langle 8 \rangle = \langle 48 \rangle$

$\langle 6 \rangle \langle 8 \rangle \ni 6t_18k_1+ \cdots +6t_n8k_n=48x \in \langle 48 \rangle, \ 48 \in \langle 6 \rangle \langle 8 \rangle$

$\therefore \langle 48 \rangle \subset \langle 6 \rangle \langle 8 \rangle$

c) $\langle m \rangle \langle n \rangle = \langle a \rangle, \ a=mn$

d) $\langle 3 \rangle \langle 4 \rangle = \langle 12 \rangle$

8. $R \supset A$: 이데알, $1 \in A$이면 $\forall r \in R, \ r=1r \in A$

$\therefore R=A$

9. $R\supset I$: 이데알, u: 단원, $u\in I$이면 $\forall r\in R,\ r=r(u^{-1}u)=(ru^{-1})u\in I,\ R=I$

10. $\langle 2\rangle, \langle 3\rangle\in \mathbb{Z}_6$

$\mathbb{Z}_{pq},\ p\neq q$:소수이면 $\langle p\rangle$, $\langle q\rangle$: 극대이데알

11. $R=\left\{\begin{pmatrix}a_1 & a_2\\ a_3 & a_4\end{pmatrix}\middle| a_i\in\mathbb{Z}\right\}\supset I=\left\{\begin{pmatrix}2b_1 & 2b_2\\ 2b_3 & 2b_4\end{pmatrix}\middle| b_i\in\mathbb{Z}\right\}$

$\begin{pmatrix}2b_1 & 2b_2\\ 2b_3 & 2b_4\end{pmatrix}-\begin{pmatrix}2c_1 & 2c_2\\ 2c_3 & 2c_4\end{pmatrix}=\begin{pmatrix}2(b_1-c_1) & 2(b_2-c_2)\\ 2(b_3-c_3) & 2(b_4-c_4)\end{pmatrix}$

$\begin{pmatrix}a_1 & a_2\\ a_3 & a_4\end{pmatrix}\begin{pmatrix}2b_1 & 2b_2\\ 2b_3 & 2b_4\end{pmatrix}=\begin{pmatrix}2a_1b_1+2a_2b_3 & 2a_1b_2+2a_2b_4\\ 2a_3b_1+2a_4b_3 & 2a_3b_2+2a_4b_4\end{pmatrix}$

12. 예10)에서 $R/IR/I=\left\{\begin{pmatrix}r_1 & r_2\\ r_3 & r_4\end{pmatrix}\middle| r_i\in\{0,1\}\right\}$?

모든 R의 원소는 $\begin{pmatrix}2q_1+r_1 & 2q_2+r_2\\ 2q_3+r_3 & 2q_4+r_4\end{pmatrix}$로 쓸 수 있다.

$\begin{pmatrix}2q_1+r_1 & 2q_2+r_2\\ 2q_3+r_3 & 2q_4+r_4\end{pmatrix}+I=\begin{pmatrix}r_1 & r_2\\ r_3 & r_4\end{pmatrix}+I,\ r_i\in\{0,1\}$이다.

$\therefore |R/I|=16$

13. 정리 14.4에서 $B=\{br+a\,|\,r\in R, a\in A\}\subset R$은 이데알인가?

$(br_1+q_1)-(br_2+a_2)=b(r_1-r_2)+(a_1-a_2)\in B$

$r'(br+a)=b(r'r)+r'a\in B$

14. 문제 9번과 같이 $F\supset I$: 이데알이 $a\in I\neq\{0\}$이면 a는 단원이다.

$\forall r\in F,\ r=r(a^{-1}a)=(ra^{-1})a\in I$

$\therefore F=I$

15. $\mathbb{Z}[x] \supset I = \{f(x) \in \mathbb{Z}[x] \mid f(0) = 0\} = \langle x \rangle$?

$\forall xg(x) \in \langle x \rangle, 0g(0) = 0 \quad \langle x \rangle \subset I$

$\forall f(x) \in I, f(x) = a_n x^n + \cdots + a_1 x = x(a_n x^{n-1} + \cdots + a_1) \in \langle x \rangle$

$\therefore I \subset \langle x \rangle$

16. $R = \{f \mid f : \mathbb{R} \to \mathbb{R}$ 연속함수$\} \supset A = \{f \in \mathbb{R} \mid f(0) = 0\}$

$\forall f(x) + A \neq A$라면, $f(x) + A = f(0) + A$, $f(0) \neq 0$

$(f(x) + A)^{-1} = \dfrac{1}{f(0)} + A$

$\therefore R/A$는 체이다.

(별해) $\phi_0 : R \to \mathbb{R}$: 환준동형사상
$f \mapsto f(0)$

$Ker\phi_0 = \{f \mid f(0) = 0\} = A, \quad \therefore R/A \simeq \mathbb{R}$:체

A: 극대이데알이다.

17. $\mathbb{Z}[i]/\langle 3+i \rangle$의 위수는?

$(3+i)(3-i) = 10$

$10 + \langle 3+i \rangle = 0 + \langle e+i \rangle$

또한 $i + \langle 3+i \rangle = -3 + \langle 3+i \rangle = 7 + \langle 3+i \rangle$

따라서, $\mathbb{Z}[i]/\langle 3+i \rangle = \{k + \langle 3+i \rangle \mid k = 0, 1, 2, \ldots, 9\}$

$1 + \langle 3+i \rangle$의 위수가 10이다. $(\because 10(1 + \langle 3+i \rangle) = 10 + \langle 3+i \rangle = 0 + \langle 3+i \rangle)$

$\therefore |\mathbb{Z}[i]/\langle 3+i \rangle| = 10$

18. $\mathbb{Z} \oplus \mathbb{Z} \supset I = \{(a, 0) \mid a \in \mathbb{Z}\}$

I는 소이데알이지만 극대이데알이 아니다?

$(\because \mathbb{Z} \oplus \mathbb{Z}/I \simeq \mathbb{Z}$: 정역 $\quad \therefore I$:소이데알

체가아님 $\therefore I$:극대이데알이 아님

$\phi : \mathbb{Z} \oplus \mathbb{Z} \to \mathbb{Z}$: 준동형사상, $\phi((a, b)) = b$, $Ker\phi = I$, $\mathbb{Z} \oplus \mathbb{Z}/I \simeq \mathbb{Z}$
$(a, b) \mapsto b$

19. $\mathbb{Z}[x] \supset I = \{f(x) \in \mathbb{Z}[x] \mid f(0): 짝수\}$

- $I = \langle x, 2 \rangle$?
- I: 소이데알인가? 극대이데알인가?
- $\mathbb{Z}[x]/I$의 위수는?

$(\because \forall f(x) \in \langle x, 2 \rangle \; f(x) = xg(x) + 2h(x)$

$f(0) = 2h(0), \; \therefore f(x) \in I$

$f(x) \in I, \; f(x) = a_n x^n + \cdots + a_1 x + 2k = x(a_{n-1}x^n + \cdots + a_1) + 2k \in \langle x, 2 \rangle$

I는 소이데알이고 극대이데알이다.

$|Z[X]/I| = 2, \; Z[X]/I = Z_2$

$Z[X] \to Z \to Z/2Z = Z_2$
$f(x) \to f(0) \to f(0) + 2Z$
$\ker(\phi) = I$

20. $\mathbb{Z}_5[x] \supset I = \langle x^2 + x + 2 \rangle$

$(2x+3) + I \in \mathbb{Z}_5[x]/I$의 역원?

$((2x+3)+I)((3x+1)+I) = (x^2+x+3)+I = 1+I$

$\because x^2 + x + 3 = (2x+3)(3x+1)$

21. D: 정역, $D \supset \forall I$: 이데알, $I = \langle a \rangle = \{ad \mid d \in D\}$

$\therefore D$: 주이데알 정역

$\mathbb{Z}$는 $\forall I \subset \mathbb{Z}, I = n\mathbb{Z} = \langle n \rangle$이므로 주이데알정역의 예이다.

22. R, S: 주이데알정역 $\Rightarrow R \oplus S$: 주이데알환?

$R \oplus S$의 이데알은 $I \oplus \{0\}, \{0\} \oplus J$, $I : R$의 주이데알, $J : S$의 주이데알

$(R \oplus S)/(I \oplus \{0\}) \simeq (R/I) \oplus S$: 정역은 아님

23. R: 가환환, $A \subset R$

$Ann(A) = \{r \in R \mid ra = 0, \forall a \in A\}$: 이데알?

$\forall r, s \in Ann(A), \; (r-s)a = ra - sa = 0$

$\forall x \in R, r \in Ann(A),\ (xr)a = x(ra) = x \cdot 0 = 0$

$\therefore xr \in Ann(A)$

24. $R = \mathbb{Z}_{27},\ N(A) = \{r \in R \mid r^n \in A\}$

(a) $N(\langle 0 \rangle) = \langle 3 \rangle$

(b) $N(\langle 3 \rangle) = \langle 3 \rangle$

© $N(\langle 9 \rangle) = \langle 3 \rangle$

25. R: 가환환, $R/N(0)$은 0이 아닌 멱등원을 갖지 않는다.

$(x + N(0))^n = 0 + N(0)$

$\therefore x^n \in N(0) \Rightarrow (x^n)^m = 0 \Rightarrow x \in N(0)$

26. $\mathbb{Z}_2[x]/\langle x^2 + x + 1 \rangle$은 체인가?

$(x + \langle x^2 + x + 1 \rangle)((x+1) + \langle x^2 + x + 1 \rangle) = 1 + \langle x^2 + x + 1 \rangle$

$\langle x^2 + x + 1 \rangle = I$라고 하면 $\mathbb{Z}_2[x]/I = \{I, 1+I, x+I, (1+x)+I\}$

27. $\mathbb{Z}_3[x]/\langle x^2 + x + 1 \rangle$은 체인가?

$((x+2) + \langle x^2 + x + 1 \rangle)^2 = (x+2)^2 + \langle x^2 + x + 1 \rangle$

$= (x^2 + 4x + 4) + \langle x^2 + x + 1 \rangle = \langle x^2 + x + 1 \rangle$

따라서 체가 아니다.

28. $R = \{f \mid f : \mathbb{R} \to \mathbb{R}$ 는 연속함수$\}$

$A = \{f \in R \mid f(0)$는 짝수$\}$

A는 R의 부분환, R의 이데알이 되지 못함.

$\because \forall f, g \in A,\ (f-g)(0) = f(0) - g(0)$: 짝수

$(fg)(0) = f(0)g(0)$: 짝수

$f = \dfrac{1}{2} \in R,\ g = 2 \in A,\ fg = 1 \notin A$: 이데알이 아님

29. R: 주이데알정역, I: 이데알 $\Rightarrow R/I$는 주이데알환인가?

$\because R/I$의 이데알은 A/I꼴이다. A는 R의 이데알이다.

A는 주이데알이므로 A/I도 주이데알이다.

30. $R \ni 1$: 가환환, $\forall a \in R, a^2 = a$이다.

I: 소이데알이면 $|R/I| = 2$인가?

$\because R/I$: 정역이다. $\forall a+I \in R/I,\ (a+1)^2 = a+I \Rightarrow a+I = 1+I$

$R/I = \{I, 1+I\}$

31. $I = \{f(x) \in \mathbb{Z}[x] \mid f(0) = 0\}$

$\forall n > 0,\ I \subset I_1 \subset I_2 \subset \cdots \subset I_n \subset \mathbb{Z}[x]$

$\langle x \rangle \subset \langle x, 2^n \rangle \subset \langle x, 2^{n-1} \rangle \subset \cdots \subset \langle x, 2 \rangle$

32. $R \ni 1$, 가환환, $a, b \in R$

$\langle a, b \rangle$는 a, b를 포함하는 R의 최소이데알이다.

$I = \{ra + sb \mid r, s \in R\}$

$\because r = 1, s = 0$이면 $a \in I$

$r = 0, s = 1$이면 $b \in I$

만약 J가 a, b를 품는 이데알이라 하면 $I \subset J$이다.

I는 a, b를 포함하는 최소이데알이다.

12~14장 종합 연습문제 풀이

1. $\mathbb{Z}_{10} = \{0, 1, 5\}, \mathbb{Z}_{20} = \{0, 1, 5\}, \mathbb{Z}_{30} = \{0, 1, 6, 10, 15, 16, 21, 23\}$

2. $\forall a \in \mathbb{R}, a^2 = 0 \Rightarrow a = 0$
$n = 2^2, a^{2^2} = (a^2)^2 = 0,\ \therefore a^2 = 0 \therefore a = 0$
$n = 2^3, a^{2^3} = ((a^2)^2)^2 \Rightarrow a = 0$

$n=13$인 경우 $a^{13}=0 \Rightarrow a^{16}=0 \Rightarrow a=0$

2의 멱으로 고쳐서 계산하면 된다.

3. $AB \subseteq C$, C: 소이데알

$A \not\subseteq C, B \not\subseteq C$ 라면 $\exists\, a \in A, b \in B\ s.t.\ a, b \not\in C$

C가 소이데알이므로 $ab \not\in C$

$\therefore ab \in AB \subset C$ 따라서 모순이다.

4. $\mathbb{R} \oplus \mathbb{R}$의 이데알: $\{0\} \oplus \{0\}, \mathbb{R} \oplus \mathbb{R}, \mathbb{R} \oplus \{0\}, \{0\} \oplus \mathbb{R}$

$F \oplus F$의 이데알 $\{0\} \oplus \{0\}, F \oplus \mathbb{R}, F \oplus \{0\}, \{0\} \oplus F$

5. $n>0, n=p_1 \cdots p_r$로 소인수분해, p_i는 서로 다르다.

$\forall a \neq 0 \in \mathbb{Z}_n, a^v=0$이면 $a^v | n=p_1 \cdots p_r$

$\therefore \exists\, i\ s.t.\ a^v | p_i$

$\therefore a | p_i$ 따라서 $a=0$이다.

6. $A \subset B \cup C, A \not\subset B, A \not\subset C$라 하자.

$\exists\, a_1, a_2 \in A\ s.t.\ a_1 \in C \setminus B, a_2 \in B \setminus C$
$a_1+a_2 \in A \subset B \cup C$

$\therefore a_1+a_2 \in B$이면 $a_1+a_2 \in A$이다. $a_1+a_2=a \in B \quad \therefore a_1=a-a_2 \in B$

$a_1 \in C \setminus B$이므로 모순이다. 또한 $a_1+a_2 \in C$인 경우도 마찬가지이다.

7. R: 단위원을 갖는 환

$\langle a \rangle = \{ s_1 a t_1 + \cdots + s_n a t_n | s_i, t_i \in R, n>0 \}$ 좌우이데알의 곱에 닫혀있다.

8. $A, B \subset R$ 이데알, $A \cap B=\{0\}, a \in A, b \in B, ab=0$인가?

$(\because)\ ab \in AB \subset AR \subset A \quad \therefore ab \in A \cap B=\{0\}$
$\qquad AB \subset RB \subset B$

$\therefore ab = 0$

9. $\{\mathbb{Z}_n, \oplus, \otimes\}$: 환

   $\langle 2 \rangle \subset \mathbb{Z}_{12}$, $\langle 2 \rangle = \{0, 2, 4, 6, 8, 10\}$는 부분환이다.

   $ch\,\mathbb{Z}_{12} = 12, ch\,\langle 2 \rangle = 6$

10. $\forall a \neq 0 \in \mathbb{R}, \langle a \rangle = R \ni 1$, $\therefore$ a: 단원이다.

11. $\mathbb{Q}[x]/\langle x^4 + x^2 \rangle \ni (x^2+1) + \langle x^4 + x^2 \rangle$
    $((x^2+1) + \langle x^4 + x^2 \rangle))^2 = (x^2+1)^2 + \langle x^4 + x^2 \rangle$
    $= (x^4 + 2x^2 + 1) + \langle x^4 + x^2 \rangle = (x^2+1) + \langle x^4 + x^2 \rangle$

12. $\mathbb{Z}_8$에서 $2, 6 \in \mathbb{Z}_8, 2^2 = 6^2, 2^3 = 6^3$이다.

13. $chR = p$, p:소수라 하자.

    $ch(R/A) = (1+A)$의 덧셈에 대한 위수, $|1+A| \mid p$이다. $\therefore |1+A| = p$

14. A : R의 소이데알이라 하자. R/A는 정역이다.

    유한정역은 체이다. 따라서 A는 극대이데알이다.

15. $\begin{pmatrix} 1 & 1 \\ 1 & 1 \end{pmatrix}\begin{pmatrix} 1 & 0 \\ 0 & 0 \end{pmatrix} = \begin{pmatrix} 1 & 0 \\ 1 & 0 \end{pmatrix} \notin A$

16. $Z[i]/A = \{A, 1+A\}$, 극대이데알

17. 체의 유한부분집합이 부분체이기 위한 조건은 0이 아닌 원소가 덧셈과 곱셈에 대하여 닫혀있는 것이다.

18. $a, b \neq 0 \in \mathbb{Z}_n$, $(a+bi)(a-bi) = a^2 + b^2 = 0$

    $a + bi \in \mathbb{Z}_{13}[i], a^2 + b^2 \equiv 0 \pmod{13}$인 a,b는?

$5^2+12^2=13^2$에서 $5+12i, 12+5i$

19. $Z[i]/\langle 2+i\rangle \simeq \mathbb{Z}_5, 2+i=0, 2=-i, 5=0, ch5$

20. $(4x^2+6x+3)(2x+3)=8x^3+12x^2+6x+12x^2+18x+9$
$=8x^3+24x^2+24x+9=1$

21. $\mathbb{Z}_5[xy]/\langle x,y\rangle \simeq \mathbb{Z}_5$

22. $(a,b)^n=(0,0)$ $\therefore a^n=0, b^n=0$

역으로 $a^m=0, b^n=0$이면 $(a,b)^{mn}=((a^m)^n, (b^n)^m)=(0,0)$

23. $\mathbb{Z}_{p^k}, a^2=0$이면 $p^k|a(a-1)$, a, $(a-1)$은 서로소이므로 $p^k|a$ 또는 $p^k|(a-1)$이다.

$\therefore a=0$ 또는 $a=1$이다.

24. $\mathbb{Z}_n[\sqrt{2}], \forall a+b\sqrt{2}\in \mathbb{Z}_3[\sqrt{2}]$

$(a+b\sqrt{2})^{-1}=(a-b\sqrt{2})/(a^2-2b^2)=(a-b\sqrt{2})/a^2+b^2$

그러나 $\mathbb{Z}_7[\sqrt{2}]$에서는 $(1+2\sqrt{2})(1+5\sqrt{2})=0$이다.

25. $x^n=0, (rx)^n=r^nx^n=0$

26. $\mathbb{Z}_{60}$의 잉여환 $\mathbb{Z}_{60}=\mathbb{Z}_4\oplus\mathbb{Z}_3\oplus\mathbb{Z}_5$

$R=\mathbb{Z}_2\oplus\mathbb{Z}_3\oplus\mathbb{Z}_5$, $chR=30$

27. $\mathbb{Z}_7[x]$은 단위원을 갖는 환이고 $I=x-(x-1)\in <x>+<x-1>$이므로
$\mathbb{Z}_7[x]=<x>+<x-1>$

$\mathbb{Z}_7 \oplus \mathbb{Z}_7 |u(\mathbb{Z}_7 \oplus \mathbb{Z}_7)| = 6 \times 6 = 36$
$Z_7[x]/\langle x^2 - x \rangle \approx Z_7[x]/\langle x \rangle \cap \langle x-1 \rangle = Z_7[x]/\langle x \rangle \oplus Z_7[x]/\langle x-1 \rangle \approx Z_7 \oplus Z_7$
$|U(Z_7 \oplus Z_7)| = 6 \times 6 = 36$

15장 연습문제 풀이

1. $\phi : \mathbb{Z}_5 \rightarrow \mathbb{Z}_{10} : \phi(x) = 5x$
$\phi(2+3) = \phi(0) = 0 \neq \phi(2) + \phi(3) = 0 + 5 = 5$

2. $(x+y)/1 = x/1 + y/1, xy/1 = (x/1)(y/1)$

3. $\phi : \mathbb{Z}_m \rightarrow \mathbb{Z}_n, \phi(1) = a$이면 $a^2 = a$?
$a = \phi(1) = \phi(1 \cdot 1) = \phi(1)\phi(1) = a^2$
$\phi: \mathbb{Z}_8 \rightarrow \mathbb{Z}_6, \phi(1) = 3$이면 $3 = \phi(1) = \phi(1)\phi(1) = 3 \cdot 3 (\mathrm{mod} 6)$

4. $\forall a, b \in \bigcap_{i \in I} F_i, F_i \leq F$
$a - b, ab^{-1} \in \bigcap_{i \in I} F_i$

5. $\phi(a+bi) = \begin{pmatrix} a & b \\ -b & a \end{pmatrix}$는 준동형사상인가?

$$\phi((a+bi)+(c+di)) = \phi((a+c)+(b+d)i) = \begin{pmatrix} a+c & b+d \\ -(b+d) & a+c \end{pmatrix} = \begin{pmatrix} a & b \\ -b & a \end{pmatrix} + \begin{pmatrix} c & d \\ -d & c \end{pmatrix} = \phi(a+bi) + \phi(c+di)$$

$$\phi((a+bi)(c+di)) = \phi((ac-bd)+(ad+bc)i) = \begin{pmatrix} ac-bd & ad+bc \\ -ad-bc & ac-bd \end{pmatrix} = \begin{pmatrix} a & b \\ -b & a \end{pmatrix}\begin{pmatrix} c & d \\ -d & c \end{pmatrix} = \phi(a+bi)\phi(c+di)$$

6. $\phi : M_2(Z) \rightarrow Z, \phi\begin{pmatrix} a & b \\ c & d \end{pmatrix} = a$

$$\phi\left(\begin{pmatrix} a & b \\ c & d \end{pmatrix}\begin{pmatrix} a' & b' \\ c' & d' \end{pmatrix}\right) = \phi\left(\begin{pmatrix} aa'+bc' & ab'+bd' \\ ca'+dc' & cb'+dd' \end{pmatrix}\right) \neq \phi\left(\begin{pmatrix} a & b \\ c & d \end{pmatrix}\right)\phi\left(\begin{pmatrix} a' & b' \\ c' & d' \end{pmatrix}\right) = aa'$$

7. $\mathbb{Z}_5 \xrightarrow{\phi} \mathbb{Z}_{30}, \phi(x) = 6x$

   $\phi(x+y) = 6(x+y) = 6x+6y = \phi(x)+\phi(y)$
   $\phi(1) = 6 \cdot 1 = 6 \neq 1$
   $\phi(xy) = 6xy \neq 36xy = \phi(x)\phi(y)$

8. $\mathbb{R}[x] \xrightarrow{\phi} \mathbb{R}, \phi(f(x)) = f(1)$, ϕ는 준동형사상이다.

   $\ker\phi = \{f(x) \in \mathbb{R}[x] \mid f(1) = 0\}$ 즉 점 $(1, 0)$을 지나는 다항식 전체집합

9. $\mathbb{Z}_6 \xrightarrow{\phi} \mathbb{Z}_6$: 준동형사상

   $\phi(1) = 0, \phi$는 영사상

   $\phi(1) = 1,\ \phi = 1_{\mathbb{Z}_6}$

   $\phi(1) = 3,\ \phi(x) = 3x$

   $\phi(1) = 4,\ \phi(x) = 4x$

10. $\phi: Z \to Z$ 환준동형사상

    $\phi = 0, \phi = 1_Z$

11. $\phi: \mathbb{Z} \oplus \mathbb{Z} \to \mathbb{Z} \oplus \mathbb{Z}$: 환준동형사상

    $\phi((1,0)) = (a, b), \phi((0, 1)) = (c, d)$

    $\phi((x, y)) = \phi(x(1, 0) + y(0,1)) = x(a,b) + y(c, d) = (ax+cy, bx+dy)$

12. $1: R$의 단위원, ϕ가 전사이므로, r이 존재하여 $\phi(r) = s, \forall s \in S$

    $\phi(1)s = \phi(1)\phi(r) = \phi(r) = s$, 그리고 $s\phi(1) = \phi(r)\phi(1) = \phi(r) = s$

    $\therefore \phi(1)$: S의 단위원이다.

13. $\phi(a, b) = a, \phi(a, b) = b, \phi(a, b) = 0$

14. $m = a_k a_{k-1} \cdots a_1 a_0, n = b_k b_{k-1} \cdots b_1 b_0$

$m - n = (a_k - b_k)10^k + \cdots + (a_1 - b_1)10 + (a_0 - b_0)$

$9 | (m-n) \therefore 9 | (a_k - b_k)(\overbrace{99 \cdots 9}^{k-1} + 1) + \cdots + (a_1 - b_1)(9+1) + (a_0 - b_0) \cdot 1$

$\therefore 9 | (a_k - b_k) + \cdots + (a_1 - b_1) + (a_0 - b_0) = (a_k + \cdots + a_1 + a_0) - (b_k + \cdots + b_1 + b_0) = 0$

(각 자리수의 합은 같으므로)

(예)

$9 | 72345 - 35274 = (7-3)(9999+1) + (2-5)(999+1)$

$+ (3-2)(99+1) + (4-7)(9+1) + (5-4) \cdot 1$

$9 | (7-3) + (2-5) + (3-2) + (4-7)$

$+ (5-4) = (7+2+3+4+5) - (3+5+2+7+4) = 0$

15. 7,176,825,942,116,027,211에서

$7+1+7+6+8+2+5+9+4+2+1+1+6+2+7+2+1+1 = 72,\ 9 | 72, 11 \nmid 72$

16. $n = a_0 a_1 \cdots a_k = a_0 10^k + a_1 10^{k-1} + \cdots + a_{k-1} 10 + a_k$

$$= a_0(\overbrace{9 \cdots 9}^{k-1} + 1) + \cdots + a_{k-1}(9+1) + a_k$$
$$= 9\alpha + (a_0 + \cdots + a_k)$$

$3 | n \Leftrightarrow n | (a_0 + \cdots + a_k)$이다.

17. 111,111,111,⋯,111은 소수인가?

111로 나누어진다.

18. $n = a_k 3^k + a_{k-1} 3^{k-1} + \cdots + a_1 3 + a_0,\ a_i \in \{0, 1, 2\}$

n이 짝수이다. $\Leftrightarrow a_k + \cdots + a_0$이 짝수이다.

mod2로 보면, $n=0$, 우측$=a_k+\cdots+a_0$

19. $(2\cdot 10^{75}+2)^{100}\equiv 1^{100}\equiv 1\pmod 3$, $2\cdot 10^{75}+2=\overbrace{20\cdots 02}\equiv 1\pmod 3$

$(10^{100}+1)^{99}\equiv(-1)^{99}\equiv -1\pmod 3$, $10^{100}+1=\overbrace{10\cdots 01}\equiv 2\equiv -1\pmod 3$

20. $\phi: R\to S$: 준동형사상

$ch\,S|ch\,R(\neq 0)$?

$\phi(1)$은 S의 단위원, $\therefore chS=|\phi(1)|\,|\,|1|=chR$

21. $\mathbb{R}\xrightarrow{\phi}R$, $\ker\phi=\mathbb{Z}$ 인 ϕ는 준동형사상인가?

$(\because)$ $\ker\phi$: $\mathbb{R}$ 의 이데알이다. $\therefore$ $a\neq 0\in\ker\phi$이면 $\ker\phi=\mathbb{R}$ 이다 따라서 $\phi=0$이다.

22. $R\xrightarrow{\phi}S$환 준동형사상이고 , A는 S의 이데알이다.

(a) A는 S의 소이데알 $\Rightarrow\phi^{-1}(A)=\{x\in R|\phi(x)\in A\}$, R의 소이데알

(b) A는 S의 극대이데알 $\Rightarrow$ $\phi^{-1}(A)$: R의 극대이데알

ⓐ. $ab\in\phi^{-1}(A)$, $\phi(a)\phi(b)\in A$: 소이데알, $\phi(a)\in A$ 또는 $\phi(b)\in A$

$\therefore$ $a\in\phi^{-1}(A)$ 또는 $b\in\phi^{-1}(A)$

ⓑ. $R\xrightarrow{\phi}S\xrightarrow{\gamma}S/A$에서 $\psi=\gamma\circ\phi$, $a\mapsto\phi(a)\mapsto\phi(a)+A$

$\ker\psi=\{a\in R|\phi(a)+A=0\}=\phi^{-1}(A)$
$\phi(a)\in A, a\in\phi^{-1}(A)$

$\therefore R/\phi^{-1}(A)\simeq S/A$: 체

$\therefore\phi^{-1}(A)$: 극대이데알

23. ⓐ $\phi((a,b)+(a',b'))=\phi(a+a',b+b')=a+a'=\phi((a,b))+\phi((a',b'))$

$\phi((a,b)(a',b'))=\phi((aa',bb'))=aa'=\phi((a,b))\phi((a',b'))$

ⓑ $\phi(a)=\phi(b)$이면 $(a, 0)=(b, 0), a=b$

따라서 ϕ는 준동형사상이다.

ⓒ $\phi((r, s))=(s, r)$, 환동형사상

24. $x^4=1$은 $\mathbb{R}$ 에서 2개의 근을 갖고, $\mathbb{C}$ 에서는 4개의 근을 갖는다. 따라서 $\mathbb{R} \not\simeq \mathbb{C}$ 이다.

25. $\mathbb{R} \xrightarrow{\phi} \mathbb{R}$, 환준동형사상

$\ker\phi \neq 0$이면 $\ker\phi=\mathbb{R}$ 이다. 따라서 ϕ는 영사상이다.

26. $a/b=a'/b', c/d=c'/d'$ 이면 $ab'=ba'$, $cd'=dc'$ 이다.

$acb'd'=(ab')(cd')=(ba')(dc')=bda'c'$ 이고 $ac/bd=a'c'/b'd'$

$\therefore (a/b)(c/d)=(a'/b')(c'/d')$

27. $\mathbb{Z}[i]$의 상체는 $\mathbb{Q}[i]$와 환동형인가?

$\mathbb{Z}$와 i를 포함하는 모든 체는 $\mathbb{Q}[i]$를 품는다.

그리고 $(a+bi)/(c+di) \in \mathbb{Q}[i]$이다.

28. D : 정역, $F=\Phi(D)$

$D \subset E$:체 $\Rightarrow$ E는 F와 환동형인 부분체를 품는다.

$(\because)$ $E=\{ab^{-1} | a, b \in D, b \neq 0\}$

$D \xrightarrow{\phi} F=\Phi(D)$, $a \in D, ab^{-1} \in E$, $\phi(a)=\dfrac{a}{1}$, $a/b \in F=\Phi(D), a/b \xrightarrow{\psi} ab^{-1}$

$\therefore \psi$는 동형사상이다.

29. $S=\{(a, b) | a, b \in D, b \neq 0\}$

$(a, b) \equiv (c, d) \Leftrightarrow ad=bc$ $\equiv$는 동치관계인가?

$(\because)$ ① $(a, b) \equiv (a, b)$ $(\because ab=ba)$

② $(a, b) \equiv (c, d) \Rightarrow (c, d) \equiv (a, b)$

$ad=bc$이면 $cb=da$이다.

③ $(a,b)\equiv(c,d),\ (c,d)\equiv(e,f)\Rightarrow(a,b)\equiv(e,f)$

$ad=bc,\ cf=de\Rightarrow af=be$?

$adf=(bc)f=bde\quad\therefore af=be$

30. $T\to\mathbb{Q},\ ab^{-1}\mapsto a/b$는 환동형사상이다.

31. $\phi:\ \mathbb{C}\to\mathbb{C},\ \alpha=a+bi\in\mathbb{C},\ \phi(\alpha)=\overline{\alpha}=a-bi$: 환동형사상

$f(x)\in\mathbb{R}[x],\ f(\alpha)=0,\ f(\overline{\alpha})=0$인가?

대수적 성질을 보존하기 때문에 성립한다.

32. $chF=p$이면 $\mathbb{Z}_p\subset F$

$chF=0$이면 $\{(m\cdot 1)(n\cdot 1)^{-1}\,|\,m,n\in\mathbb{Z},\ n\neq 0\}\subset F$

$(m\cdot 1)(n\cdot 1)^{-1}\in\mathbb{Q},\ \mathbb{Q}\subset F$

33. $\phi:\ \mathbb{Z}_{mn}\to\mathbb{Z}_m\oplus\mathbb{Z}_n$: 동형사상

$\forall\ (x\ \mathrm{mod}\,m,\ y\,\mathrm{mod}\,n)\in\mathbb{Z}_m\oplus\mathbb{Z}_n$

$\mathbb{Z}\xrightarrow{\phi}(\mathbb{Z}/m\mathbb{Z})\oplus(\mathbb{Z}/n\mathbb{Z})$

$x\ \mapsto(x+m\mathbb{Z},\ x+n\mathbb{Z})$

$$\begin{aligned}Ker\,\phi&=\{x\in\mathbb{Z}\,|\,x\in m\mathbb{Z},\ x\in n\mathbb{Z}\},\ (m,n)=1\\&=mn\mathbb{Z}\end{aligned}$$

$\mathbb{Z}/Ker\,\phi\simeq Im\,\phi\leq\mathbb{Z}_m\oplus\mathbb{Z}_n$ 원소개수 비교하면 전사이다.

$\mathbb{Z}/mn\mathbb{Z}\simeq(\mathbb{Z}/m\mathbb{Z})\oplus(\mathbb{Z}/n\mathbb{Z})\ \therefore\ \mathbb{Z}_{mn}\simeq\mathbb{Z}_m\oplus\mathbb{Z}_n$

16장 연습문제 풀이

1. $\mathbb{Z}_5[x] \ni f(x) = 4x^3 + 2x^2 + x + 3$
$g(x) = 3x^4 + 3x^3 + 3x^2 + x + 4$

$f(x) + g(x) = 3x^4 + 2x^3 + 2x + 2,\ f(x)g(x) = 2x^7 + 3x^6 + x^5 + 2x^4 + 3x^2 + 2x + 2$

2. $\mathbb{Z}_6 = \{0, 1, 2, 3, 4, 5\}$, $x^2 + 3x + 2 = (x+1)(x+2)\quad \therefore x = 1, 2, 4, 5$

3. $f(x) = (x-a)g(x) + r(x)$

$\deg(x-a) = 1$이므로 $\deg r(x) = 0$ 또는 $r(x) = 0$, $r(x)$는 상수이다. $\therefore r(a) = f(a)$

4. F: 체, $a \in F, f(x) \in F[x]$

a가 $f(x)$의 근이다. $\Leftrightarrow (x-a) | f(x)$

$\because f(a) = 0,\ f(x) = (x-a)q(x) + r$에서 $r = 0 \quad \therefore f(x) = (x-a)q(x)$

역으로, $f(x) = (x-a)q(x)\ \therefore f(a) = 0$

5. $\phi: R \to S$: 준동형사상

$\overline{\phi}: R[x] \to S[x]$가 $\overline{\phi}(a_n x^n + \cdots + a_1 x + a_0) = \phi(a_n)x^n + \cdots + \phi(a_1)x + \phi(a_0)$

$\overline{\phi}$는 준동형사상이다. 덧셈과 곱셈을 연산보존한다.

6. $\mathbb{Z}_5[x] \ni f(x) = x^3 + 2x + 4$
$g(x) = 3x + 2$

$x^3 + 2x + 4 = (3x+2)(2x^2 + 2x + 1) + 2,\ \therefore$ 몫: $2x^2 + 2x + 1$ 나머지: 2

7. $\mathbb{Z}_4[x] \ni 2x+1$의 역원?

$(2x+1)(ax+b) = 1 \Rightarrow 2ax^2 + (a+2b)x + b = 1$

$2a = 0,\ a + 2b = 0 \Rightarrow a = 2, b = 1 \quad \therefore 2x+1$

8. $\mathbb{Z}_p[x]$에서 $(a_0 + a_1 x + \cdots + a_n x^n)(b_0 + b_1 x + \cdots + b_m x^m) = 1$ 항등식이다.

$$\begin{cases} a_0b_0 = 1 \\ a_0b_1 + a_1b_0 = 0 \\ a_0b_2 + a_1b_1 + a_2b_0 = 0 \\ \vdots \\ a_nb_n = 0 \end{cases}$$ $\mathbb{Z}_p$에서 $a_n = 0$ 또는 $b_n = 0$이다. $a_n = 0$이면 $b_m = 0$

ex) $\mathbb{Z}_7[x] \ni a_0 = 4, b_0 = 2, a_0b_0 = 1$

$4b_1 + 2a_1 = 0 \Rightarrow 4b_1 = 5a_1 \therefore a_1 = 4, b_1 = 5$

$4b_2 + 20 + 2a_2 = 0,\ 2b_2 + 3 + a_2 = 0 \Rightarrow a_2 = 2, b_1 = 1$

$(4 + 4x + 2x^2)(2 + 5x + x^2) = 8 + (20 + 8)x + (4 + 20 + 4)x = 1$

$\mathbb{Z}_p^*$ 은 체이고 곱셈군이므로 가능함

9. $f(x), g(x) \in D[x]$

$\deg(f(x)g(x)) = \deg f(x) + \deg g(x)$

$f(x)g(x) = (a_nx^n + \cdots + a_0)(b_mx^m + \cdots + b_0) = (a_nb_mx^{n+m} + \cdots + a_0b_0)$

$a_n \neq 0, b_m \neq 0$이면 $a_mb_m \neq 0$

ex) 가환환 위에서는 영인자가 있으므로 $a_n \neq 0, b_m \neq 0$이나 $a_mb_m = 0$이면 차수가 낮아진다.

$\mathbb{Z}_6[x] \ni 2x + 3, 3x + 1,\quad (2x + 3)(3x + 1) = 6x^2 + 9x + 2x + 3 = 5x + 3$

10. F: 무한체, $f(x) \in F[x]$

F의 무한히 많은 a에 대하여 $f(a) = 0$이고 $\deg f(x) = n$이라 하면,

$f(x)$는 기껏해야 n개의 근을 갖는다. F의 n개 이상의 원소를 근으로 가질 수 없다.

따라서 $f(x) = 0$ 밖에 없다.

11. F: 체, $p(x) \in F[x], f(x), g(x) \in F[x]$

$\deg f(x) < \deg p(x), \deg g(x) < \deg p(x)$이면

$f(x) + \langle p(x) \rangle = g(x) + \langle p(x) \rangle,\quad F[x]/\langle p(x) \rangle$

$f(x) - g(x) \in \langle p(x) \rangle$, $f(x) - g(x) \neq$이면 $f(x) - g(x) = p(x)g(x)$, $g(x) \neq 0$

$\deg(f(x) - g(x)) = \deg p(x) + \deg g(x)$이고 $\deg(f(x) - g(x)) > \deg p(x)$, 모순

$\therefore f(x) - g(x) = 0$

12. $\left(x-\frac{1}{2}\right)\left(x+\frac{1}{3}\right)=0 \Rightarrow (2x-1)(3x+1)=6x^2-x-1=0$

13. F: 체, $I=\{a_nx^n+\cdots+a_0 \mid a_n, \ldots, a_0 \in F, a_n+\cdots+a_0=0\}$

$F[x]$의 이데알인가? 생성원?

최소다항식은 $x-1$이다. $1+(-1)=0$

$\therefore I=\langle x-1 \rangle$

14. $\phi: \mathbb{Z}[x] \to \mathbb{Z}_m[x]$, $\overline{a}=a\ (\text{mod}\, m)$

$\phi(a_nx^n+\cdots+a_1x+a_0)=\overline{a_n}x^n+\cdots+\overline{a_1}x+\overline{a_0}$: 환준동형사상이다.(연습문제 5번과 같음)

15. $\mathbb{Z}_p[x]$에서 $x^{p-1}-1=(x-1)(x-2)\cdots(x-(p-1))$

$U(p) \ni \forall a,\ a^{p-1}=1$이므로 인수정리에 의해서 성립

16. $(p-2)!=1\ (\text{mod}\, p)$

연습문제 15에서 $x=0$을 대입하면

$(-1)=(-1)(-2)\cdots(-(p-1))=(-1)^{p-1}(p-1)!\ \therefore (p-1)\neq 1\ (\text{mod}\, p)$

양변에 $(p-1)$를 곱하면 $(p-2)!=p-1\ (\text{mod}\, p)=-1\ (\text{mod}\, p)$

17. $(50!)^2=(50!)(-1)(-2)\cdots(-50)=(50!)(100)(99)\cdots(51)=100!$

18. $R \supset I$: 극대이데알, $R[x] \supset I[x]$ 극대이데알?

ex) $\mathbb{Z} \supset I=\langle 2 \rangle$

$\mathbb{Z}[x] \supset I[x]=2\mathbb{Z}[x]$, $\mathbb{Z}[x]/2\mathbb{Z}[x] \simeq \mathbb{Z}_2[x] \ni 1+x$: 체가 아니므로 $1+x$의 역원이 없다.

19. F: 체 $f(x), g(x) \in F[x]$

$f(x), g(x)$가 서로소이면 $\exists\, h(x), k(x) \in F[x]$, $f(x)h(x)+g(x)(x)=1$이 성립한다.

$\because F[x]$는 PID이므로 $\langle f(x), g(x)\rangle = \langle a(x)\rangle$, $a(x) \in F[x]$ 존재한다.

$a(x) | f(x), g(x)$, $a(x)$는 상수이다. $\therefore \langle f(x), g(x)\rangle = F[x] \ni 1$

20. $f(x) \in R[x]$, $f(a)=0$이고 $f'(a)=0$이면 $(x-a)^2 | f(x)$인가?

$\because$ 인수정리에서 $f(x)=(x-a)g(x)$, $f'(x)=g(x)+(x-a)g'(x)$

$f'(a)=g(a)=0 \Rightarrow g(x)=(x-a)h(x)$이다. $\therefore f(x)=(x-a)^2h(x)$

21. $\deg g(x)=m, \deg h(x)=n, lc(g(x))=a, lc(h(x))=1$

$k(x)=g(x)-ax^{m-n}h(x)$라 하자.

$\mathbb{Q}[x]$에서 $h(x) | q(x)$, $\deg k(x) < \deg g(x)$

수학적 귀납법에 의해서, $h(x) \mid k(x)+ax^{m-n}h(x)=g(x)$

22. $(x^{43}+ax+b) \div (x^2+x+1)=(x^{41}-x^{40}+ \cdots x^3+x^2+x+1)$

나머지 $R=(ax+b)-(x+1)=(a-1)x+(b-1)=0$

$\therefore a=b=1$

23. $f(x) \in \mathbb{Q}[x]$, $a \equiv b \pmod{m}$이면 $f(a) \equiv f(b) \pmod{m}$

만약 $f(0), f(1)$이 동시에 홀수이면, f는 $\mathbb{Z}$ 위에서 근을 갖지 않음을 증명하라.

$\because f(a)$의 각 항 c_ia^i에 대하여 $c_ia^i \equiv c_ib^i$이므로 $f(x) \equiv f(b) \pmod{m}$

만약 k: 짝수이면 $0=f(k)=f(0) \pmod{2}$ $\therefore f(0)$는 짝수, k는 짝수가 아니다.

만약 k: 홀수이면 $k \pmod{2}=1$, $f(k) \pmod{2}=1$ $f(x)$:홀수

24. $x^{25}-1=0$, $\mathbb{Z}_{37}[x]$의 해는 $U(37)$에 있다.

따라서 $|x| \mid 25$, 또한 $|x| \mid |U(37)|=36$ $\therefore |x|=1$

17장 연습문제 풀이

1. $\mathbb{Z}[x] \ni f(x) \neq c$, $\mathbb{Z}$ 위에서 기약이면 원시다항식이다.

2. F: 체, $a(\neq 0) \in F$

 a) $f(x)=g(x)h(x)$이면 $af(x)=ag(x)h(x)$, 기약이 아니다.

 b) $f(x)=g(x)h(x)$이면 $f(ax)=g(ax)h(ax)$, 기약이 아니다.

 c) $f(x)=g(x)h(x)$이면 $f(x+a)=g(x+a)h(x+a)$, 기약이 아니다.

 d) $f(x)=8x^3-6x+1$가 $\mathbb{Q}$ 위에서 기약인가?

 $\because f(x+1)=8(x+1)^3-6(x+1)+1=8x^3+24x^2+18x+3$

 $p=3$, 아이젠슈타인 정리에 의해 기약이다.

3. $\mathbb{Z}_5[x] \ni p(x)=x^2+x+1$: 기약다항식

 $\left| \mathbb{Z}_5[x] / \langle x^2+x+1 \rangle \right| = 25$

4, $x=-1$이다. 4는 소수가 아니다.

5. $f(x)=x^4+1$에서, $g(x)=f(x+1)=x^4+4x^3+6x^2+4x+2$

 $g(x)$는 $\mathbb{Q}$ 위에서 기약이다. 따라서 $f(x)$는 기약이다.

 x^4+1이 $\mathbb{R}$ 위에서 기약이 아닌가?

 $x^4+1=(x^2-\sqrt{2}x+1)(x^2+\sqrt{2}x+1)$

6. $x^3+6 \in \mathbb{Z}_7[x]$, $x^3+6=(x+3)(x+5)(x+6)$

7. (a) $\mathbb{Z}_p$에서 $x^2+ax+b=(x-c)(x-d)$ 꼴

 $p+{}_pC_2=\dfrac{p(p+1)}{2}$가지

 (b) $p^2-\dfrac{p(p+1)}{2}=\dfrac{p(2p-p-1)}{2}=\dfrac{p(p-1)}{2}$가지

예) $x^2+ax+b \in \mathbb{Z}_3[x]$, $\mathbb{Z}_3=\{0,1,2\}$

가약다항식: $x^2, (x+1)^2, (x+2)^2, x(x+1), x(x+2), (x+1)(x+2) \Rightarrow \dfrac{3(3+1)}{2}=6$

기약다항식: $x^2+1, x^2+x+2, x^2+2x+2 \Rightarrow \dfrac{3(3-1)}{2}=3$

8. $\mathbb{Z}_p[x] \ni x^2+1$: 기약다항식

$\left|\mathbb{Z}_p[x]/\langle x^2+1\rangle\right| = p^2$

9. $\mathbb{Z}_3[x] \xrightarrow{\phi} \mathbb{Z}_3[i]$: 환준동형사상

$Ker\phi = \{f(x) \in \mathbb{Z}_3[x] \mid f(i)=0\} = \langle x^2+1\rangle$

$\therefore \mathbb{Z}_3[x]/\langle x^2+1\rangle \simeq \mathbb{Z}_3[i]$

10. $\mathbb{Z}_3[x]$: 2차 모닉 기약다항식, $\{x^2+1, x^2+x+2, x^2+2x+2\}$

11. $\mathbb{Z}_5$에서 $f(x)=x^5+4x^4+4x^3-x^2-4x+1$

$f(1)=0$, $f(3)=0$, $f(x)=(x-1)(x-3)^4$

근 1은 중복도 1, 근 3은 중복도 4이다.

12. $f(x)=a_nx^n+a_{n-1}x^{n-1}+\cdots+a_1x+a_0 \in \mathbb{Z}[x]$, $a_n \neq 0$

$(r,s)=1$, $f\left(\dfrac{r}{s}\right)=0 \Rightarrow r|a_0$, $s|a_n$

$\because a_n\left(\dfrac{r}{s}\right)^n+a_{n-1}\left(\dfrac{r}{s}\right)^{n-1}+\cdots+a_0=0$, $a_nr^n+sa_{n-1}r^{n-1}+\cdots+s^na_0=0$

따라서 $s|a_nr^n$, $r|s^na_0$이다. $(s,r)=1$이므로 $r|a_0$, $s|a_n$

13. $p(x) \mid a_1(x)\cdots a_k(x) \Rightarrow \exists\, i$, $p(x)|a_i(x)$

$k=2$일 때 따름정리2에서 성립.

수학적귀납법에 의해, k보다 적은 경우 성립한다고 가정.

$p(x) \mid a_1(x) \cdots a_{k-1}(x) \Rightarrow \exists\, j,\ p(x) \mid a_j(x)$

따라서 $p(x) \mid (a_1(x) \cdots a_{k-1}(x)) \cdot a_k(x)$이면

$p(x) \mid a_1(x) \cdots a_{k-1}(x)$이거나 $p(x) \mid a_k(x)$

그러므로 성립한다.

14. $x^4+1 \in \mathbb{Z}_p[x]$에서 가약인가?

$\because$ 만약 $a \in \mathbb{Z}_p$에 대하여 $a^2 = -1$이면 $x^4+1=(x^2+a)(x^2-a)$

$a^2=2$이면 $x^4+1=(x^2+ax+1)(x^2-ax+1)$

$a^2=-2$이면 $x^4+1=(x^2+ax-1)(x^2-ax+1)$이다.

이제 $\phi: \mathbb{Z}_p^* \to \mathbb{Z}_p^* : \phi(x)=x^2$ 준동형사상이라 하자.

$Ker\phi=\{1, -1\},\ \mathbb{Z}_p^*/\{1, -1\} \simeq Im\phi = H \le \mathbb{Z}_p^*$

H는 지표가 2이다. $(p \neq 2)$

만약 $-1 \notin H, 2 \notin H$이면 지표가 2이므로 $(-1)H=2H$

$H=(-1H)(-1H)=(-1H)(2H)=-2H,\ \therefore -2 \in H$

15. F: 체, $p(x)$: F위에서 기약, $F \le E,\ a \in E,\ p(a)=0$

$\phi : F[x] \to E : \phi(f(x))=f(a)$ 준동형사상이고 $Ker\phi=\{f(x) \in F[x] \mid f(a)=0\}$

$F[x]$는 PID이므로 $p(x) \in Ker\phi$이고 $p(x)$는 최소차수이므로 $Ker\phi=\langle p(x)\rangle$이다.

16. F: 체, $p(x)$는 F위에서 기약.

$F \xrightarrow{i} F[x] \xrightarrow{p} F[x]/\langle p(x)\rangle$ 에서 $F \xrightarrow{\phi} F[x]/\langle p(x)\rangle$라고 하면 ϕ는 1-1이다.

$\therefore F \simeq \phi(F)=\{a+\langle p(x)\rangle \mid a \in F\}$

17. α는 $\mathbb{Q}$ 위에서 대수적이다.

$K=\mathbb{Q}(\alpha),\ F \le K$

$irr(a, F) = x^r + a_1 x^{r-1} + \cdots + a_r \ (a_i \in F)$

ⓐ $F = \mathbb{Q}(a_1, a_2, \ldots, a_r)$

ⓑ $\alpha = \sqrt{2} + i$이고 $F = \mathbb{Q}(\sqrt{2})$일 때 $irr(\alpha, F)$를 구하여라.

$\because irr(\alpha, F) \in \mathbb{Q}(a_1, \ldots, a_r)[x]$

$F = \mathbb{Q}(a_1, \ldots, a_r)$: $\mathbb{Q}$ 위에서 $a_1, \ldots, a_r$을 품는 최소체이다.

$$\begin{aligned}\sqrt{2} + i = x &\Rightarrow i = x - \sqrt{2} \\ &\Rightarrow -1 = (x - \sqrt{2})^2 = x^2 - 2\sqrt{2}x + 2 \\ &\Rightarrow x^2 - 2\sqrt{2}x + 3 = 0\end{aligned}$$

$\therefore irr(\alpha, F) = x^2 - 2\sqrt{2}x + 3$

18장 연습문제 풀이

1. $\mathbb{Z}[\sqrt{d}] = \{a + b\sqrt{d} \mid a, b \in \mathbb{Z}\}$, $d \neq 1$, d : 제곱으로 나누어지지 않는다.

$N(a + b\sqrt{d}) = |a^2 - db^2|$

① $|a^2 - db^2| = 0$

$\therefore a^2 = db^2$, $a = 0 = b$, 그렇지 않으면 $d = 1$ or d : 제곱수로 나뉜다.

② $N((a + b\sqrt{d})(a' + b'\sqrt{d})) = N(aa' + dbb' + (ab' + a'b)\sqrt{d})$

$= |(aa' + dbb')^2 - d(ab' + a'b)^2|$

$= |a^2a'^2 + d^2b^2b'^2 - da^2b'^2 - da'^2b^2|$

$= |a^2 - db^2||a'^2 - db'^2| = N(a + b\sqrt{d})N(a' + b'\sqrt{d})$

③ 만약 $xy = 1$이면, $1 = N(1) = N(xy) = N(x)N(y)$ and $N(x) = 1 = N(y)$.

만약 $N(a + b\sqrt{d}) = 1$이면, $\pm 1 = a^2 - db^2 = (a + b\sqrt{d})(a - b\sqrt{d})$.

$\therefore a + b\sqrt{d}$: 단원

④ ②, ③에서 당연히 성립한다.

2. $I = \bigcup I_i$ s.t. $a, b \in I$, $r \in R$.

$a \in I_i$, $\exists i$, $b \in I_j$, $\exists j$

$a, b \in I_k,\ k = \max\{i, j\}$

$\therefore\ a - b \in I_k \subseteq I,\ ar \in I_k \subset I$

3. $\langle a, b \rangle \subseteq \langle b \rangle$.

만약 $\langle ab \rangle = \langle b \rangle$이면 $b = rab$.

$\therefore\ 1 = ra,\ a$: 단원. 모순.

4. $x = a + bi,\ y = a + di$

$xy = (ac - bd) + (bc + ad)i$

$d(xy) = (ac - bd)^2 + (bc + ad)^2 = (ac)^2 + (bd)^2 + (bc)^2 + (cd)^2$

한편, $d(x)d(y) = (a^2 + b^2)(c^2 + d^2) = a^2c^2 + b^2d^2 + b^2c^2 + a^2d^2$.

5. a, b 동반원이면 $d(a) = d(b)$?

$a = bu,\ u$: 단원

$d(b) \leq d(au^{-1}) = d(b)$.

또한, $d(a) \leq d(au^{-1}) = d(b),\ \therefore\ d(a) = d(b)$

6. $3 - 4i = (2 + 5i)q + r,\ d(r) < d(2 + 5i),\ q,\ r$?

$q = -i,\ r = -2 - 2i$

$d(-2 - 2i) < d(2 + 5i)$

7. $\mathbb{Z}[\sqrt{-5}],\ 21 = 3 \cdot 7 = (1 + 2\sqrt{-5})(1 - 2\sqrt{-5})$

8. $\mathbb{Z}[\sqrt{-6}],\ 10 = 2 \cdot 5 = (2 - \sqrt{-6})(2 + \sqrt{-6})$

PID는 UFD이므로, 대우명제로 UFD가 아니므로 PID가 아니다.

9. $\mathbb{Z}[i] \ni 3$ 기약원이고, 2, 5는 기약원이 아니다.

$\because\ 3 = \alpha\beta,\ \alpha, \beta \in \mathbb{Z}[i]$ 단원이 아닌 원소라 하면,

$9 = d(3) = d(\alpha)d(\beta)$. $\therefore$ $d(\alpha) = 3$, $a^2 + b^2 = 3$인 정수 a, b가 없다.

$2 = -i(1+i)^2$, $5 = (1+2i)(1-2i)$

10. $\mathbb{Z}[i]$, $5 = N(1+2i)$, $13 = N(3+2i)$, $17 = N(4+i)$.

11. $\mathbb{Z}[\sqrt{-5}]$, $1+3\sqrt{-5} = xy$, x, y 단원이 아니다.

$N(xy) = N(1+3\sqrt{-5}) = 46$

$N(x) = 2$, $a^2 + 5b^2 = 2$ or 23인 a, b가 존재하지 않는다.

따라서 x, y는 단원 or $1+3\sqrt{-5}$는 기약원이다.

$(1+3\sqrt{-5})(1-3\sqrt{-5}) = 46 = 2 \cdot 23$

$1+3\sqrt{-5} \mid 2 \cdot 23$

$2 = (1+3\sqrt{-5})(a+b\sqrt{-5}) = (a-15b) + (3a+b)\sqrt{-5}$

$23 = (1+3\sqrt{-5})(c+d\sqrt{-5}) = (c-15d) + (3c+d)\sqrt{-5}$

$\begin{cases} a-15b=2 \\ 3a+b=0 \end{cases}$ $\begin{cases} c-15d=23 \\ 3c+d=0 \end{cases}$

만족하는 정수가 존재하지 않는다.

12. $\mathbb{Z}[\sqrt{5}]$. $4 = (-1+\sqrt{5})(1+\sqrt{5}) = 2 \cdot 2$.

13. x : 단원 $\Leftrightarrow N(x) = 1$, $\therefore$ $x = 1$ or -1.

14. $\mathbb{Z}$: PID이지만 $\mathbb{Z}[x]$는 PID가 아니다.

$I = \langle x, 2 \rangle$라면 불가능하다.

15. $p \mid a_1 \cdots a_n$이면 $p \mid a_1 \cdots a_{n-1}$ or $p \mid a_n$

수학적 귀납법에 의해서 $p \mid a_i$, $\exists i$, $i = 1 \cdots n-1$.

16. $p \in D$

기약원이면 $\langle p \rangle$은 극대이데알이다.

$D/\langle p \rangle$는 체이다.

17. 만약 R : acc이고, $I \subset R$ ideal 유한생성되지 않는다 하자.

$a_1 \in I,\ \langle a_1 \rangle \subsetneq I,\ \exists a_2 \in I \setminus \langle a_1 \rangle$

$\langle a_1, a_2 \rangle \subsetneq I,\ \exists a_3 \in I \setminus \langle a_1, a_2 \rangle$

계속하면, $\langle a_1 \rangle \subset \langle a_1, a_2 \rangle \subset \langle a_1, a_2, a_3 \rangle \subset \cdots$

역으로 I : 유한생성되고, $\exists I_1 \subset I_2 \subset I_3 \subset \cdots$

$I = \bigcup I_i$ 라 하면, $I = \langle a_1, a_2, \cdots, a_n \rangle$

$a_i \in I_i,\ k = \max\{i' \mid i = 1 \cdots n\}$

$\forall a_i \in I_k,\ \therefore\ I \subseteq I_k$ 오름사슬은 기껏해서 k개를 갖는다.

18. $\mathbb{Z}[i] \supsetneq I \neq 0 \Rightarrow \mathbb{Z}[i]/I$: 유한 ?

$\because\ I = \langle a + bi \rangle$라 하자.

$(a^2 + b^2) + I = (a + bi)(a - bi) + I = I$

$\therefore\ a^2 + b^2 \in I$

$\forall c, d \in \mathbb{Z},\ c = q_1(a^2 + b^2) + r_1,\ d = q_2(a^2 + b^2) + r_2,\ 0 \le r_1, r_2 < a^2 + b^2$

따라서 $(c + di) + I = (r_1 + r_2 i) + I$ 유한이다.

19. $Z[\sqrt{-5}\,]$, $N(6 + 2\sqrt{-7}) = N(1 + 3\sqrt{-7})$이지만

$6 + 2\sqrt{-7}$와 $1 + 3\sqrt{-7}$은 동반원이 아니다.

$\because\ N(6 + 2\sqrt{-7}) = 64 = N(1 + 3\sqrt{-7})$

$(6 + 2\sqrt{-7})(a + b\sqrt{-7}) = 1 + 3\sqrt{-7}$

$(6a - 14b) + (2a + 6b)\sqrt{-7} = 1 + 3\sqrt{-7}$

$$\begin{cases} 6a - 14b = 1 \\ 2a + 6b = 3 \end{cases}$$

$b = \dfrac{1}{4},\ a = \dfrac{3}{4}$

$N\left(\frac{3}{4}+\frac{1}{4}i\right)=\frac{9}{16}+\frac{1}{16}=\frac{10}{16}\neq 1$ 정수가 아님

20. 정리 18.1에서 소원은 기약원이다.

역으로 a가 UFD에서 기약원이라면 소원인가?

$\because\ a|bc \Rightarrow a|b$ or $a|c$?

$\exists d\in R,\ bc=ad$

$b,\ c,\ d$를 기약원의 곱으로 표현하면

UFD의 유일성에 의해서 $a|b$ or $a|c$이다.

21. F: 체, $F[x]$의 기약원은 무한히 많다.

UFD이므로 기약원과 소원은 같다.

$F[x]$에 소원이 유한개 있다면 $\{f_1 \cdots f_n\}$이라면

$f_1f_2\cdots f_n+1$은 또다른 소원이다. 모순

22. $\mathbb{Z}[i]$에서

(1) $\mathbb{Z}[i]$는 유클리드정역이므로 PID이다.

(2) $u(\mathbb{Z}[i])=\{1,-1,i,-i\}$

(3) $\langle 2\rangle=2\mathbb{Z}$, $\mathbb{Z}[i]/2\mathbb{Z}\simeq(\mathbb{Z}/2\mathbb{Z})[i]\simeq\mathbb{Z}_2[i]=\{0,1,i,1+i\}$

$i^2=-1=1$

$(1+i)^2=1+i^2=0$

체가 아니다.

$\therefore\ \langle 2\rangle$는 극대이데알이 아니다.

23. R: 가환환, $R[x]$: PID.

$R[x]/\langle x\rangle\simeq R$

$\langle x\rangle$는 $R[x]$의 극대이데알이므로 R은 체이다.

24. $I=\langle h(x)\rangle$, $h(x)\in\mathbb{Z}[x]$.

만약 $a\neq 0$이면 $a=h(x)k(x)$, $k(x)\in\mathbb{Z}[x]$.

항등식이므로 차수를 비교하면 $h(x)=c\neq 0$, $k(x)=d\neq 0$

$\therefore\ a=c\,d$

$h(x)=c$이므로 $\langle\ a,\ bx\ \rangle=\langle\ c\ \rangle$

$\therefore\ bx=cx$이다. $\therefore\ b=c$

$\therefore\ a=bd\ \ \therefore\ b|a.$

15~18장 종합 연습문제 풀이

1. F:체 $\varnothing : Z\to F$ 환준동형사상.
$n\to n1$

(1) $\ker\varnothing\neq 0$이면 $\ker\varnothing=<p>$이고 환 동형정리에 의해서 $Z/\ker\varnothing\simeq\varnothing(Z)\leq F$

$Z/pZ=Z_p\simeq\varnothing(Z)\leq F$ 이다.

(2) $\ker\varnothing=0$이면 $\mathbb{Q}\leq F$

2. $\varnothing\,\mathbb{Q}[\sqrt{2}]\to\mathbb{Q}[\sqrt{2}]$환자기동형사상은

$\varnothing_1 : \sqrt{2}\to\sqrt{2}, \varnothing_2 : \sqrt{2}\to-\sqrt{2}$ 의 두 가지 대응방법만 있다.

3. $A\subset R$ 부분환, $B\subset R$ 이데알 이면, $A\cap B$는 A의 이데알이고,

$A/(A\cap B)\simeq(A+B)/B$이다.

$A\to A+B\to(A+B)/B$를 $a\to a\to a+B$로 대응시키는 $\varnothing$는 전사인 중동형사상이다.

$\ker\varnothing=\{a\in A\,|\,a+B=0\}=A\cap B$이다.

4. $A, B : R$의 이데알, $B\subseteq A$

A/B가 R/B의 이데알이고, $(R/B)/(A/B)\simeq R/A$이다.

$\because\ R\to R/B\to(R/B)/(A/B)$, $\phi : R\to(R/B)/(A/B)$: 환준동형사상
$r\mapsto r+B\mapsto(r+B)+A/B$

여기서 $A/B\subset R/B$ 이데알이다.

($\because$ $(a+B)(r+B)=ar+B\in A/B$, A가 R의 이데알이므로 $ar\in A$)

$Ker\phi=\{r\in R|r+B\in A/B\}=A$

환동형정리에서 $R/A\simeq(R/B)/(A/B)$이다.

5. $f(x), g(x)$: 기약다항식, 동반원이 아님. $\langle f(x)\rangle\cap\langle g(x)\rangle=\langle f(x)g(x)\rangle$

$F[x]\xrightarrow{\phi}(F[x]/\langle f(x)\rangle)\oplus(F[x]/\langle g(x)\rangle)$: 준동형사상

$a(x)\mapsto(a(x)+\langle f(x)\rangle,\ a(x)+\langle g(x)\rangle)$

$Ker\phi=\{a(x)\in F[x]\,|\,a(x)\in\langle f(x)\rangle\cap\langle g(x)\rangle\}=\langle f(x)\rangle\cap\langle g(x)\rangle=\langle f(x)g(x)\rangle$

$\therefore F[x]/\langle f(x)g(x)\rangle\simeq\phi(F[x])\subseteq(F[x]/\langle f(x)\rangle)\oplus(F[x]/\langle g(x)\rangle)=F_1\oplus F_2$의 이데알은 자기 자신 뿐이다.

따라서 $\phi(F[x])=F_1\oplus F_2$이다.

6. $I, J\subsetneq R$, $I+J=R$

$R\xrightarrow{\phi}(R/I)\oplus(R/J)$, $\phi(r)=(r+I, r+J)$: 환준동형사상

$Ker\phi=\{r\in R|\,r\in I, r\in J\}=I\cap J$, ϕ는 전사함수

$\therefore R/(I\cap J)\simeq(R/I)\oplus(R/J)$

7. $\mathbb{Z}[x]\xrightarrow{\phi}\mathbb{Z}_2[x]$: 환준동형사상

$Ker\phi=\{f(x)\in\mathbb{Z}[x]|\phi(f(x))=0\}=2\mathbb{Z}[x]$, $f(x)\in 2\mathbb{Z}[x]$

$\mathbb{Z}[x]/2\mathbb{Z}[x]\simeq\mathbb{Z}_2[x]$: 정역

$\therefore 2\mathbb{Z}[x]$: 소이데알

8. $a\in R$ 단원

$R\xrightarrow{\phi}R$: 환준동형사상, 1-1, onto

$x\mapsto axa^{-1}$

$\because axa^{-1}=1, ax=a\ \therefore x=1$

$\forall r \in R,\ \exists a^{-1}xa \in R,\ \phi(a^{-1}ra) = a(a^{-1}ra)a^{-1} = r$

ϕ는 준동형사상이다.

$\phi(x+y) = a(x+y)a^{-1} = axa^{-1} + aya^{-1} = \phi(x) + \phi(y)$
$\phi(xy) = a(xy)a^{-1} = a(xa^{-1}ay)a^{-1} = (axa^{-1})(aya^{-1}) = \phi(x)\phi(y)$

9. $\mathbb{Z}[i]/\langle 2+i \rangle = \{0+\langle 2+i \rangle, 1+\langle 2+i \rangle, 2+\langle 2+i \rangle, 3+\langle 2+i \rangle, 4+\langle 2+i \rangle\} \simeq \mathbb{Z}_5$

$5+\langle 2+i \rangle = (2+i)(2-i)+\langle 2+i \rangle = 0+\langle 2+i \rangle$

(별해) $\mathbb{Z}_5$: 체, $2 \equiv -i,\ 4 \equiv -1\ \therefore 5 \equiv 0$

10. $\mathbb{Z}[\sqrt{2}] = \{a+b\sqrt{2} \mid a, b \in \mathbb{Z}\},\ n > 0,\ (3+2\sqrt{3})^n$은 단원인가?

$\because (3+2\sqrt{2})(3-2\sqrt{2}) = 1$이므로 $(3+2\sqrt{2})^n(3-2\sqrt{2})^n = 1$이다.

11. $a^2 = a, 1+k \in \mathbb{Z}_n$, 멱등원이면 $n-k$도 멱등원인가?

$\because (1+k)^2 = k+1 \Rightarrow 1+2k+k^2 = 1+k \Rightarrow k^2 = -k = n-k$
$\therefore (n-k)^2 = n^2 - 2nk + k^2 = k^2 = n-k$

12. $x^2 + y^2 = 2003$의 정수해?

$\forall\ ain\,\mathbb{Z},\ a^2 = 4, 1$

계수를 $\mathbb{Z}_4$에서 생각하면 $x^2 + y^2 \equiv 3\ (\mathrm{mod}4)$은 해가없다.

13. $x^4 + 15x^3 + 7$은 $\mathbb{Q}$ 위에서 기약인가?

mod2 기약성판별법에 따라 $\mathbb{Z}_2[x]$에서 $f(x) = x^4 + x^3 + 1$은 $\mathbb{Z}_2$위에서 기약이다.

$(\because f(0) = 1,\ f(1) = 1)$

따라서 $\mathbb{Q}$ 위에서 기약이다.

14. $\mathbb{Z}[\sqrt{2}]/\langle \sqrt{2} \rangle = \{\langle \sqrt{2} \rangle, 1+\langle \sqrt{2} \rangle\}$

$\sqrt{2} + \langle \sqrt{2} \rangle = \langle \sqrt{2} \rangle,\ 2+\langle \sqrt{2} \rangle = \langle \sqrt{2} \rangle$이므로 극대이데알

15. $Z[i]/\langle 3\rangle = Z_3[i]$ 이고, $Z_3[i]$는 체이다.

16. $R=\left\{\frac{a}{b}\,\middle|\, a,b\in\mathbb{Z}, 3\nmid b\right\}$

$\forall\ \frac{a}{b}, \frac{c}{d}\in R,\ \frac{ad-bc}{bd}, \frac{ac}{bd}\in R$, R의 상체는 $\mathbb{Q}$이다.

$\mathbb{Z}\subset R$이므로 $\mathbb{Z}$를 품는 체 중에서 최소체가 $\mathbb{Q}$이므로 R의 상체는 $\mathbb{Q}$이다.

17. $\mathbb{Z}[i]/\langle 3\rangle \simeq \mathbb{Z}_3[i]$: 체이고, $\mathbb{Z}_3\oplus\mathbb{Z}_3$은 체가 아니다. 따라서 동형이 아니다.

18. $R\to R/I$는 $R[x]\xrightarrow{\phi} R/I[x]$를 유도한다.

$f(x)=a_0+a_1x+\cdots+a_nx^n\in R[x]$, $\phi(f(x))=\overline{f(x)}=\overline{a_0}+\overline{a_1}x+\cdots+\overline{a_n}x^n$

$Ker\,\phi=\{f(x)\mid\overline{f(x)}=0\}=\{f(x)\mid a_0, \ldots, a_n\in I\}=I[x]$

환동형정리에 대해서 $(R[x]/I[x])\simeq(R/I)[x]$

19. $I=\langle 2\rangle[x]$라 하자. $(\mathbb{Z}_8[x]/\langle 2\rangle[x])\simeq\mathbb{Z}_2[x]$: 정역이고 체는 아님.

$\because\ \mathbb{Z}_8\xrightarrow{\phi}\mathbb{Z}_2,\ 0,2,4,6\mapsto 0$: 환준동형사상
$\qquad 1,3,5,7\mapsto 1$

$\mathbb{Z}_8[x]\xrightarrow{\overline{\phi}}\mathbb{Z}_2[x]$: 환준동형사상, $Ker\,\overline{\phi}=\langle 2\rangle[x]$

20. $\mathbb{Z}[x]/I\simeq\mathbb{Z}_3$

$I=\langle 3,x\rangle$라 하자. $\mathbb{Z}[x]/\langle 3,x\rangle=\{\overline{0},\overline{1},\overline{2}\}$

$\forall f(x)=a_0+a_1x+\cdots+a_nx^n\in\mathbb{Z}[x]$에 대하여 $\mathbb{Z}[x]/\langle 3,x\rangle$에서 ₩

$\overline{f(x)}=\overline{a_0}\in\mathbb{Z}[x]/\langle 3,x\rangle$

21. $\mathbb{Z}_{24}[x]$에서

a) $6x \times 4x = 0$

b) $g(x) \in \mathbb{Z}_{24}[x], g(x) = a_0 + a_1 x + \cdots + a_n x^n$이 단원이라 하자.

a_0가 단원이고 $a_i (i \geq 1)$ 영멱원이다. $a_0 = 1, 5, 7, 11, 13, 17, 19, 23$
$a_i = 0, 6, 12, 18$

c) $ch(\mathbb{Z}_{24}[x]) = 24$: 동형아님
$ch(\mathbb{Z}_4[x] \times \mathbb{Z}_6[x]) = 12$

d) $f(x) = x^3 - 6x^2 + 11x - 6 = (x-1)(x-2)(x-3) \in \mathbb{Z}_{24}[x]$

$a = 1, 2, 3,\ b = 1, 2, 3,\ x = a \times 3 \times 3 + b \times 8 \times (-1) \pmod{24}$

e) $\mathbb{Z}_{24}[x]/\langle x^2 + 12 \rangle$는 정역이 아니다. $\because 6 \times 4x = 0$

22. $\alpha = \dfrac{1+\sqrt{5}}{2}, \mathbb{Z}[\alpha] = \{a + b\alpha \mid a, b \in \mathbb{Z}\}$

$\phi : \mathbb{Z}[\alpha] \to M_2(\mathbb{Z}_3)$, $\quad \mathbb{Z} \to \mathbb{Z}_3$

$\phi(a + b\alpha) = \begin{pmatrix} \overline{a+b} & \overline{b} \\ \overline{b} & \overline{a} \end{pmatrix}$ $\quad a \mapsto \overline{a} = a \pmod 3$

$\ker \phi = \{a + b\alpha \mid 3|a, 3|b\} = \langle 3 \rangle \in \mathbb{Z}[\alpha]$

$\mathbb{Z}[\alpha]/\langle 3 \rangle \simeq Im(\phi)$
$= \mathbb{Z}_3[\alpha] = \{0, 1, 2, \alpha, 2\alpha, 1+\alpha, 2+\alpha, 1+2\alpha, 2+2\alpha\}$

23. $\mathbb{Z}_{2014}[x] \ni f(x) = x^2 - 14 = (ax+b)(cx+d) = (ac)x^2 + (bc+ad)x + (bd)$

$\therefore ac = 1, bc + ad = 0, bd = -14 = 2000 \in \mathbb{Z}_{2014}$

$ac = 1 = 2015 = 5 \times 403,\ a = 5, c = 403$

$bd = 2000 = 2 \times 1000 = 4 \times 5000 = 8 \times 240$

a, b, c, d의 해가 없다.

19장 연습문제 풀이

1. $\mathbb{Q}(\sqrt[3]{5})=\{a+b\sqrt[3]{5}+c\sqrt[3]{5^2}\,|\,a,\, b,\, c\in\mathbb{Q}\}$

2. $\mathbb{Q}(\sqrt{-3})$, $x^3-1=(x-1)(x^2+x+1)$

   $x^2+x+1=0,\ x=\dfrac{-1\pm\sqrt{-3}}{2}$

3. $x^4+x^2+1=(x^2+x+1)(x^2-x+1)=0$

   $x^2-x+1=0,\ x=\dfrac{1\pm\sqrt{-3}}{2}$

   $\mathbb{Q}(\sqrt{-3})$

4. $\mathbb{Q}(\sqrt{1+\sqrt{5}})\simeq\mathbb{Q}[x]/\langle\, p(x)\,\rangle$

   $\sqrt{1+\sqrt{5}}=x,\ x^2=1+\sqrt{5},\ x^2-1=\sqrt{5}$

   $x^4-2x^2+1=5\quad\therefore\ x^4-2x^2-4=0$

5. $x^3+x+1\in\mathbb{Z}_2[x]$

   a을 $\mathbb{Z}_2$ 확대체 위에서 $f(x)$의 한 근이라 하면,

   $F(a)$의 곱셈표, a^5, a^{-2}, a^{100}을 $c_2a^2+c_1a+c_0$꼴로 표현

   $\because\ x^3+x+1$은 $\mathbb{Z}_2$위에서 기약다항식

   $a^3+a+1=0,$

   $\mathbb{Z}_2(a)=\{c_0+c_1a+c_2a^2\,|\,c_0,\, c_1,\, c_2\in\mathbb{Z}_2\}$

   $=\{0,\, 1,\, a,\, a^2,\, 1+a,\, 1+a^2,\, a+a^2,\, 1+a+a^2\}$

   $a^3=a+1$

   $a^5=(a+1)a^2=a^3+a^2=a^2+a+1$

   $a^{-2}=a^2+a+1$

   $a^{100}=a^2$

$a^{10}=a^5\cdot a^5=a+1,\ a^{100}=\left(a^{10}\right)^{10}=(a+1)^{10}=a^2$

$a^2(a^2+a+1)=a^4+a^3+a^2=a^3+a(a^3+a)=a^3+a=1$

6. $\mathbb{Q}(\pi)=\left\{\left(a_n\pi^n+\cdots+a_0\right)/\left(b_m\pi^m+\cdots+b_0\right)\middle|\, b_m\neq 0\right\}$

7. $x^7-x=x(x^6-1)=x(x^3+1)(x^3-1)=x(x+1)^3(x-1)^3$

8. $chF=p,\ f(x)=x^p-a\in F[x]$

$\Rightarrow f(x)$: F 위에서 기약 or $f(x)$가 F 안에서 분해된다.

$\because$ 만약 $f(x)$가 F 위에서 기약이 아니면,

$x^p-a=x^p-b^p=(x-b)^p,\ a=b^p,\ b\in F$

$f(x)$는 F 에서 분해된다.

9. $(1+\sqrt[3]{4})(2-\sqrt[3]{2})=a+b\sqrt[3]{2}+c\sqrt[3]{4}=2+2\sqrt[3]{4}-\sqrt[3]{2}-2=-\sqrt[3]{2}+2\sqrt[3]{4}$

$a=0,\ b=-1,\ c=2$

10. $1+i=-(4-i)+5$이고 $4-i=5-(1+i)$

11. $f(x)\in F[x],\ a\in F$

$f(x)=0$의 근을 $a_1,\ a_2,\ \cdots\ a_n$이라 하면,

$f(x+a)=0$의 근은 $a_1-a,\ a_2-a,\ \cdots\ a_n-a$이다.

12. $\mathbb{Q},\ \mathbb{Q}[\sqrt{2}]$

13. $F=\mathbb{Z}_3[x]/\langle x^3+2x+1\rangle\ni x+\langle x^3+2x+1\rangle=\beta$ 라 하면

$2+\langle x^3+2x+1\rangle=2.$

$x^3+2x+1=(x-\beta)(x-\beta-1)(x+2\beta+1).$

14. ϕ : $\mathbb{Q}(\sqrt{-3}) \rightarrow \mathbb{Q}(\sqrt{3})$: 동형사상

$\phi(1)=1$, $\phi(-3)=-3$

$-3=\phi(-3)=\phi(\sqrt{-3}\sqrt{-3})=(\phi(\sqrt{-3}))^2$

$\phi(\sqrt{-3})$: 실수이므로 모순

15. β가 $\mathbb{Z}_5$ 위의 다항식 x^2+x+2의 한 근이다. 다른 근은?

x^2+x+2는 $\mathbb{Z}_5$ 위에서 기약이다.

$\beta^2+\beta+2=0$, $x^2+x+2=(x-\beta)(x^2(1+\beta))$

16. $\mathbb{Z}_3$ 의 확대체에서 $f(x)=x^{21}+2x^8+1 \in \mathbb{Z}_3[x]$는 중근이 없다.

$f'(x)=21x^{20}+16x^7=16x$?

$f(x)$와 $f'(x)$는 공통인수가 없다.

$\therefore$ 중근이 없다.

17. $chF=p \neq 0$

$f(x)=x^{p^n}-x \in F[x]$, $f'(x)=p^n x^{p^n-1}-1=-1$,

$f(x)$와 $f'(x)$는 공통인수가 없다.

$\therefore$ 중근이 없다.

18. F, K, L : 체, $F \subseteq K \subseteq L$.

L은 $f(x) \in F(x)$의 분리체이면 L은 K 위에서의 $f(x)$의 분해체로도 볼 수 있다.

$f(x)$의 모든 근을 $\{a_{1,} \cdots, a_n\}$이라 하면 $F \subseteq K \subseteq L$이므로

$\because$ $f(x) \in F[x] \subset K[x]$

$L=F(a_1 \cdots a_n)=K(a_1 \cdots a_n)$이다.

19. $f(x) \in \mathbb{Z}_2[x]$, $\deg f=5$

$(\mathbb{Z}_2[x]/\langle f(x) \rangle)^*=31$

$\because \ |\mathbb{Z}_2[x]/\langle f(x)\rangle| = 2^5$

20장 연습문제 풀이

1. 정리 20.2 의 증명

   만약 $p(x), q(x) \in F[x]$가 모닉기약다항식으로 $p(a)=q(a)=0$, $\deg p(x) = \deg q(x)$

   만약 $p(x) \neq q(x)$라면 $(p-q)(a) = p(a)-q(a) = 0$, $\deg(p(x)-q(x)) < \deg p(x)$,

   모순, 극소차수가 아님

   정리 20.3 의 증명

   $p(x) \in F[x]$: 극소다항식, $f(x) \in F[x], f(\alpha)=0$이면 나눗셈원리에 의해

   $f(x) = p(x)q(x) + r(x)$이고 $r(\alpha)=0$이거나 $\deg r(x) < \deg p(x) \Rightarrow p(x)$가 극소차수이므로 모순. $\therefore r(\alpha)=0$

2. $[\mathbb{Q}(\sqrt[n]{2}) : \mathbb{Q}] = n$이지만 $[\mathbb{Q}(\sqrt{2}, \sqrt[3]{2}, \sqrt[4]{2}, \ldots) : \mathbb{Q}] = \infty$이다.

3. F: 체, $F[x]$의 모든 기약다항식이 1차식이라 가정하면 그 근은 F 안에 있어서 F는 분해체이고 F는 대수식으로 닫혀 있다.

4. $a, b \in \mathbb{Q}, b \neq 0$

   $\mathbb{Q}(\sqrt{a}) = \mathbb{Q}(\sqrt{b}) \Leftrightarrow \exists c \in \mathbb{Q}, a = bc^2$

   $\because$ 만약 $\sqrt{b} \in \mathbb{Q}$이면 $\sqrt{a} \in \mathbb{Q}$이다. $c = \dfrac{\sqrt{a}}{\sqrt{b}}$. $\quad \therefore a = bc^2$

   만약 $\sqrt{b} \not\in \mathbb{Q}$이면 $\sqrt{a} \not\in \mathbb{Q}$이다. $\sqrt{a} = r + s\sqrt{b}$이라 하자. 그러면 $r=0$이고 $a = bs^2$.

   $\therefore \mathbb{Q}(\sqrt{a}) = \mathbb{Q}(\sqrt{b})$

   역은, $a = bc^2 \ \therefore \sqrt{a} = \sqrt{b}\, c, c \in \mathbb{Q}$

5. $[F(a) : F] \mid [E : F] = p \Rightarrow [F(a) : F] = 1, p$

   따라서 $F(a) = F$거나 $F(a) = E$.

6. $F(a,b)= F(a)(b)$

$$\begin{array}{cl} F(a)(b) & \\ | & n\text{차} \\ F(a) & \\ | & m\text{차} \\ F & \end{array}$$

$\therefore [F(a,b) : F] = mn$

ex) $[\mathbb{Q}(\sqrt{2}, \sqrt[3]{2}) : \mathbb{Q}] = 6$

7. a는 $x^3 - a^3 \in F(a^3)[x]$의 근이다. $a \in F(a)$이므로 a는 $F(a^3)$위에서 대수적이다.

따라서 $[F(a) : F(a^3)] \le 3$

a) $F=\mathbb{Q}, a=1$, 1차

b) $F=\mathbb{Q}, a=\dfrac{-1+\sqrt{3}}{2}$, 2차

c) $F=\mathbb{Q}, a=\sqrt[3]{2}$, 3차

8. $F \le K, F \le E_1, F \le E_2$

만약 $E_1 \cap E_2 \ne F$이면 $[E_1 : E_1 \cap E_2] \cdot [E_1 \cap E_2 : F] = [E_1 : F] = p$이다.

따라서 $[E_1 : E_1 \cap E_2] = 1$이다. $\therefore E_1 = E_1 \cap E_2$

유사한 방식으로, $E_2 = E_1 \cap E_2$ $\therefore E_1 = E_2$

9. E는 $\mathbb{R}$ 의 대수적 확대체이다. E는 대수적 폐체이므로 $E \le \mathbb{C}$.

그러나 $[\mathbb{C} : E][E : \mathbb{R}] = [\mathbb{C} : \mathbb{R}] = 2$

$[\mathbb{C} : E] = 1$이거나 $[E : \mathbb{R}] = 1$이다. $\therefore E = \mathbb{C}$ 이거나 $E = \mathbb{R}$ 이다.

10. $p(x) \in F[x]$, $[E : F] < \infty$

$p(x)$는 기약이고, $\deg p(x)$와 $[E : F]$는 서로소 $\Rightarrow p(x)$는 E 위에서 기약.

$\because a$가 F의 확대체 위에서 $p(x)$의 근이라 하자.

$[E(a) : E] \le [F(a) : F] = \deg p(x)$

$[E(a) : F(a)][F(a) : F] = [E(a) : E][E : F]$, $[F(a) : F] = \deg p(x)$

따라서 $\deg p(x) \mid [E(a) : E]$ 이므로 $\deg p(x) \mid = [E(a) : E]$

11. $\alpha, \beta \in \mathbb{R}$, $\mathbb{Q}$ 위에서 초월적이다. $\Rightarrow \alpha\beta, \alpha+\beta$ 둘 중 하나만 $\mathbb{Q}$ 위에서 초월적이다. $\because$ 만약 $\alpha\beta, \alpha+\beta$가 대수적이라면 $\sqrt{(\alpha+\beta)^2-4\alpha\beta} = |\alpha-\beta|$도 대수적이다. 즉, α, β가 대수적이다. (대우증명)

12. $ax^2+bx+c \in \mathbb{Q}[x]$, $\mathbb{Q}$ 위에서 분해체의 기약원은 $\sqrt{b^2-4ac}$

13. $f(x) \in F[x]$, $\deg f(x) = 2$

α가 F의 확대체에서 한 근이다. $f(\alpha)=0$.

$F(\alpha)$가F위에서$f(x)$의분해체이다.

$\because f(x) = ax^2+bx+c=0$, $x = \dfrac{-b \pm \sqrt{b^2-4ac}}{2} = \alpha, \beta,\ \beta \in F(\alpha)$: 분해체이다.

14. F: 체, F^*: 순환군이면 F는 유한인가?

$\because F^* = \langle a \rangle$

만약 $chF=0$이면 $\mathbb{Q} \le F$이다.

그런데 $\mathbb{Q}^*$는 순환군이 아니다. 따라서 모순.

$F = \mathbb{Z}_p(a)$, a가 $\mathbb{Z}_p$ 위에서 대수적인가?

만약 $a \in \mathbb{Z}_p$이면 성립한다. 아니라면, $1+a=a^k$, $k \neq 0$

만약 $k>0$이라면 성립한다. 그리고 $k<0$이면 $a^{-k}+a^{1-k}=1$이므로 성립한다.

15. $[K:F]=n$이면 $\exists \{v_1, v_2, \ldots, v_n\} \subset K$, F 위에서 한 기이다.

$\phi : K \to F^n$, $\phi(a_1v_1 + \cdots + a_nv_n) = (a_1, \ldots, a_n)$

역으로, $K \simeq F^n$이면 $\{(1,0,\ldots,0), (0,1,0,\ldots,0), \ldots, (0,0,\ldots,1)\} \subset F^n$: 한 기이면 대응되는 K의 원소들이 K의 기이다. $\therefore [K:F]=n$

16. $$\begin{aligned}[F(a,b):F(a)] = [F(a)(b):F(a)] &\le [F(b):F] \\ &\le [F(a)(b):F(b)][F(b):F] = [F(a)(b):F] = [F(a,b):F]\end{aligned}$$

17. 만약, $\sqrt{2}, \sqrt[3]{2}, \sqrt[4]{2} \in \mathbb{Q}(\beta)$라 하면

$f(x) = x^5 + 2x + 4$는 $\mathbb{Q}[x]$에서 기약이다.

따라서 $5 = [\mathbb{Q}(\beta) : \mathbb{Q}] = [\mathbb{Q}(\beta) : \mathbb{Q}(\sqrt[3]{2})][\mathbb{Q}(\sqrt[3]{2}) : \mathbb{Q}] = 3$

$3 \nmid 5$이므로 모순이다. 마찬가지로 $\sqrt{2}, \sqrt[4]{2}$도 설명된다.

18. a, b: 유리수, $\mathbb{Q}(\sqrt{a}, \sqrt{b}) = \mathbb{Q}(\sqrt{a} + \sqrt{b})$인가?

$\sqrt{a} + \sqrt{b} \in \mathbb{Q}(\sqrt{a}, \sqrt{b})$이므로 $\mathbb{Q}(\sqrt{a} + \sqrt{b}) \subset \mathbb{Q}(\sqrt{a}, \sqrt{b})$이다.

$[\mathbb{Q}(\sqrt{a}, \sqrt{b}) : \mathbb{Q}] = [\mathbb{Q}(\sqrt{a}, \sqrt{b}) : \mathbb{Q}(\sqrt{a} + \sqrt{b})][\mathbb{Q}(\sqrt{a} + \sqrt{b}) : \mathbb{Q}] = 4$이고

$4 = [\mathbb{Q}(\sqrt{a})(\sqrt{b}) : \mathbb{Q}] = [\mathbb{Q}(\sqrt{a})(\sqrt{b}) : \mathbb{Q}(\sqrt{a})][\mathbb{Q}(\sqrt{a}) : \mathbb{Q}] = 2 \times 2$

$x = \sqrt{a} + \sqrt{b}$라 하면,

$$\begin{aligned}(x - \sqrt{b})^2 = a &\Rightarrow x^2 - 2\sqrt{b}\,x + b = a^2 \\ &\Rightarrow 2\sqrt{b}\,x = x^2 + b - a^2 \\ &\Rightarrow 4bx^2 = (x^2 + (b - a^2))^2 = x^4 + 2(b - a^2)x^2 + (b - a^2)^2 \\ &\Rightarrow x^4 - 2(b + a^2)x^2 + (b - a^2)^2 = 0 \ : \text{기약다항식}\end{aligned}$$

$\therefore [\mathbb{Q}(\sqrt{a} + \sqrt{b}) : \mathbb{Q}] = 4$

19. $K = F(a_1, \ldots, a_n)$, $a_1, \ldots, a_n$은 다항식의 모든 근이다.

$[K : F] \le [K : F(a_1, \ldots, a_{n-1})][F(a_1, \ldots, a_{n-1}) : F(a_1, \ldots, a_{n-2})] \cdots [F(a_1) : F] \le n!$

20. $\mathbb{Q}(\pi) \ni (a_m\pi^m + \cdots + a_0)/(b_n\pi^n + \cdots + b_0)$, a_i, b_i는 유리수

만약 $\sqrt{2} \in \mathbb{Q}(\pi)$라면 $2(b_n\pi^n + \cdots + b_0)^2 + (a_m\pi^m + \cdots + a_0)^2$

최고차항을 비교하면 $2b_n^2\pi^{2n} = a_m^2\pi^{2m}$

따라서 $n = m$, $\sqrt{2} = \dfrac{a_m}{b_n}$, 모순

21. $F(a) = F(1 + a^{-1})$인가?

$F(1 + a^{-1}) \subseteq F(a)$

a가 F 위에서 대수적이므로 $\exists f(x) = a_0 + a_1 x + \cdots + a_n x^n \in F[x]$

$f(a) = 0, a_0 + a_1 a + \cdots a_n a^n = 0 \ (a_0 \neq 0)$

$1 + a^{-1} = y$라 하면 $a = \dfrac{1}{y-1}$이다. 따라서

$$a_0 + a_1\left(\frac{1}{y-1}\right) + \cdots + a_n\left(\frac{1}{y-1}\right)^n = 0 \Rightarrow a_n + a_{n-1}(y-1) + \cdots + a_0(y-1)^n = 0$$

y에 관하여 정리하면, $b_0 y^n + b_1 y^{n-1} + \cdots + b_n = 0, \ b_0 \neq 0$

$(1 + a^{-1})$는 F 위에서 대수적이고 차수가 n이다.

$\therefore F(1 + a^{-1}) = F(a)$

22. $\theta^3 - 2\theta + 2 = 0$

$(3+\theta)(a + b\theta + c\theta^2) = 1 \Rightarrow (3a-1) + (a+3b)\theta + (b+3c)\theta^2 + c\theta^3 = 1$

$\theta^2 = 2\theta + 2$ 대입하여 정리하면

$(b+3c)\theta^2 + (a+3b+2c)\theta + (3a+2c-1) = 0$

θ에 대한 항등식이므로 $\begin{cases} b+3c=0 \\ a+3b+2c=0 \\ 3a-2c-1=0 \end{cases}$

$\therefore a = \dfrac{7}{23}, \ b = \dfrac{-3}{23}, c = \dfrac{1}{23}$

$\therefore (3+\theta)^{-1} = \dfrac{1}{23}(7 - 3\theta + \theta^2)$

23. $K = \mathbb{Q}(\sqrt{2}, \sqrt{11})$

$[K : \mathbb{Q}] = 4$

(1) $\alpha \in K, [\mathbb{Q}(\alpha) : \mathbb{Q}] \leq 4 \quad \therefore \alpha$는 대수적이다.

(2) $|K|$의 약수는 1,2,4이다

(3) $\gamma = \sqrt{2} + \sqrt{11}$

24. $f(x) = x^6 + 12x^4 - 3x^3 - 108x^2 + 24x - 120$, 근의 존재성 증명

a. $f(x) \in \mathbb{Q}[x]$, $\mathbb{Q}$ 안에서의 근

$p=3$, 아이센슈타인 정리에서 $3 | 12, -3, -108, 24, -120$이고 $3^2 \nmid 120$

$f(x)$는 $\mathbb{Q}$ 안에서 기약이다. 따라서 근이 없다.

b. $f(x) \in \mathbb{Q}[x]$, $\mathbb{C}$는 대수적 폐체이므로 서로 다른 6개의 근을 갖는다.

$\because$ $\mathbb{Q}$는 분리체이므로 $ch\mathbb{Q}=0$

c. $\phi: \mathbb{Q} \to \mathbb{Q}[x]/\langle f(x) \rangle$, $\phi(r)=r+\langle f(x) \rangle$: 준동형사상, 1-1

$\mathbb{Q} \leq F$이고 $[F: \mathbb{Q}]=6$이다.

$x+\langle f(x) \rangle = \alpha$라 하면 $F=\mathbb{Q}(\alpha)$이고 $f(\alpha)=0$

따라서 F 안에 6개의 근이 있다.

d. $\phi: \mathbb{Z}[x] \to \mathbb{Z}_2[x]$, $\phi(f(x))=\overline{f(x)}=x^6+x^3=x^3(x+1)(x^2+x+1)$

$p(x)=x^2+x+1$이라 하면, $F=\mathbb{Z}_2[x]/\langle x^2+x+1 \rangle \ni x+\langle x^2+x+1 \rangle = \alpha$

$F=\mathbb{Z}_2(\alpha)=\{0, 1, \alpha, \alpha+1\}$

$\overline{f(x)}=0$은 근 $0, 1, \alpha, \alpha+1$을 갖는다.

25. $\alpha=\sqrt{2-\sqrt{2}}$ 에서 $\alpha^2=2-\sqrt{2}$이다. 즉, $\sqrt{2}=2-\alpha^2$, 양변을 제곱하면,

$2=4-4\alpha^2+\alpha^4$이다. 즉, α는 $p(x)=x^4-4x^2+2=0$의 근이 된다.

여기서, $p(\pm 1) \neq 0$, $p(\pm 2) \neq 0$이므로 $p(x)$는 $\mathbb{Q}$위에서 기약다항식이다.

$K=\langle p(x) \rangle$라 하면, $\mathbb{Q}[x]/K$는 체이다. $(x-2)+K$의 곱셈에 대한 역원을

$g(x)+K$라 하면, $((x-2)+K)(g(x)+K)=1+K$가 성립하는

$\deg g(x) < \deg p(x)$인 $g(x)$를 구하면 된다.

즉, $g(x)=ax^3+bx^2+cx+d$라 하면,

$(x-2)(ax^3+bx^2+cx+d)-1=(x^4-4x^2+2)q(x)$이다.

이 식은 항등식이므로, 양변을 전개하여 비교하면,

$ax^4+(b-2a)x^3+(c-2b)x^2+(d-2c)x-2d-1=ax^4-4ax^2+2a$

계수를 비교하면,

$b-2a=0,$
$c-2b=-4a,$
$d-2c=0,$
$-2d-1=2a$

즉, $a=-\frac{1}{2}, b=-1, c=d=0$이다.

따라서, $g(x)= -\frac{1}{2}x^3-x^2$이다.

검토해보면, $(x-2)(-\frac{1}{2}x^3-x^2)-1=-\frac{1}{2}(x^4-4x^2+4)+1$이다.

21장 연습문제 풀이

1. $[GF(729):GF(9)]=[GF(9^3):GF(9)]=3$

   $[GF(64):GF(8)]=[GF(8^2):GF(8)]=2$

2.

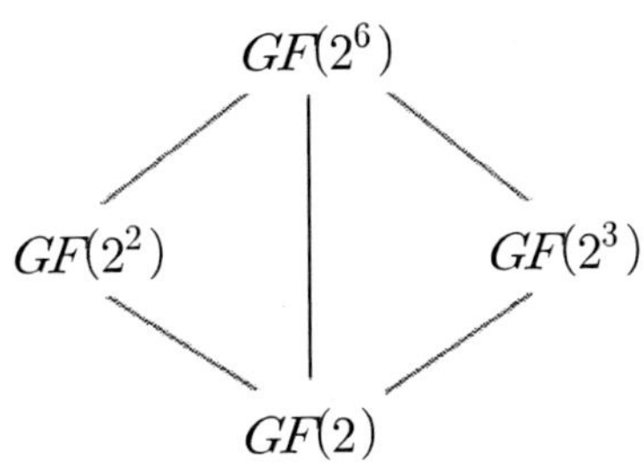

3. $\alpha^2+\alpha+1=0$, $\mathbb{Z}_2[\alpha]$에서

   $(x+\alpha)(x+(\alpha+1))=0$

   $\alpha^2+\alpha=1$

   $\therefore$ 다른근, $\alpha+1$

4. K^* : 순환군이다. $K^*=\langle a\rangle$이라 하면 $K=F(a)$이다.

5. x^3+x+1, $x^3+x+1\in\mathbb{Z}_2[x]$ 기약이다.

   $F=\mathbb{Z}_2[x]/\langle x^3+x+1\rangle$, $|F^*|=7$, $F^*=\langle a\rangle$

$|F|=8$

6. $\phi(a)=a^p$ 자기동형사상

$\phi^n(a)=a^{p^n}=a,\ \phi^n=1$

$\because\ a^{p^2}=(a^p)^p$

7. $x^8-x\in\mathbb{Z}_2[x]$

$g(x)$를 x^8-x의 기약인 수라 하자.

$\deg g(x)=m|3$

$|\mathbb{Z}_2[x]/\langle g(x)\rangle|=2^m$

$\therefore\ m=1,\ 3$이다.

8. $(\mathbb{Z}_3[x]/\langle x^3+2x+1\rangle)^*\ni x+\langle x^3+2x+1\rangle$: 생성원

$x^{13}\neq 1,\ x^{26}=1$

9. $(\mathbb{Z}_3[x]/\langle x^3+2x+2\rangle)^*\ni x+\langle x^3+2x+1\rangle,\ x^{13}=1$

$(2x)^{13}\neq 1,\ (2x)^{26}=1$

$2x+\langle x^3+2x+1\rangle$: 생성원

정리 21.3에서 $K=\{x\in GF(p^n)\,|\,x^{p^m}=x\}\leq GF(p^n)$

10. $\forall a,b\in K,\ (a-b)^{p^m}=a^{p^m}-b^{p^m}=a-b$

$(ab)^{p^m}=a^{p^m}b^{p^m}=ab$

11. F^*은 순환군의 부분군은 유일하다.

12. 2차 기약다항식 $p(x)\in\mathbb{Z}_3[x]$를 택하여, $|\mathbb{Z}_3[x]/\langle p(x)\rangle|=9$.

13. $x^{p^n-1}-1 \in \mathbb{Z}_p[x]$, $|F|=p^n$

$F \ni \forall \alpha \neq 0$, $\alpha^{p^n-1}=1$

14. $GF(2^{30})$과 $GF(3^{30})$의 부분체의 도표는 (30의 약수로 결정됨으로) 같다.

15. $a \in GF(p)$, a는 제곱수가 아니다.

n : 홀수이면 a는 $GF(p^n)$의 제곱수가 아니고,

n : 짝수이면 a는 $GF(p^n)$의 제곱수이다.

$\because$ $g(x)=x^2-a$, $|GF(p)/\langle g(x)\rangle|=p^2$

$g(x)$는 $GF(p^2)$에서 한 근을 갖는다.

n이 짝수이면 $GF(p^2) \leq GF(p^n)$임으로 a는 제곱수이다.

16. $GF(p^n) \ni \forall b = a^p$, $\exists a \in GF(p^n)$

$\phi : GF(p^n) \to GF(p^n)$: 자기동형사상이용

$\phi(a)=a^p$

17. $|F|=125=5^3$, $F^*=\langle a \rangle$, $|F^*|=124$, $\alpha^{124}=1$

$\therefore$ $\alpha^{62}=-1$

18. E는 $f(x)=x^{p^n}-x \in \mathbb{Z}_p[x]$의 분해체이다.

$\forall \alpha, \beta \in \{\alpha \in E \mid \alpha^{p^n}-\alpha=0\}$

$\alpha \pm \beta$, $\alpha\beta$, α/β에 대하여

$(\alpha \pm \beta)^{p^n}=\alpha^{p^n} \pm \beta^{p^n}=\alpha \pm \beta$

$(\alpha\beta)^{p^n}=\alpha^{p^n}\beta^{p^n}=\alpha\beta$

$$\left(\frac{1}{\alpha}\right)^{p^n}=\frac{1}{\alpha^{p^n}}=\frac{1}{\alpha}$$

19. $F=\Phi(\mathbb{Z}_p[x])$: $\mathbb{Z}_p[x]$의 상체

$f(x)=x$를 택하면

$\phi: F \to F$: 자기동형사상일까?

$\exists y \in F,\ \phi(y)=x,\ y^p=x$가 없다.

20. a. $\phi(v)=v^p$ 환동형사상

b. $|\phi|=n,\ \phi^n(v)=v$

c. $|K^*|=p^n-1$

$\gcd(p^n-1,\ p^i)=1,\ \ \forall i,\ 1 \le i \le n-1$

$a_i^{p^i}=a_i$

$f(x)=a_0+a_1x+\cdots+a_nx^n \in \mathbb{Z}_p[x]$

$f(u)=a_0+a_1u+\cdots+a_nu^n=0$

$0=(a_0+a_1u+\cdots+a_nn^n)^{p^i}$

$=a_0^{p^i}+a_1^{p^i}u^{p^i}+\cdots+a_n(u^{p^i})^n=f(u^{p^i})$

$\therefore\ u,\ u^p,\ u^{p^2},\cdots,u^{p^{n-1}}$은 $f(x)$의 근이다.

21. a. $[F:\mathbb{Z}_2]=6,\ |F|=2^6$

b. $\mathbb{Z}_2[x]$은 주이데알 정역이고, $\ker(\phi)$은 $\mathbb{Z}_2[x]$의 주이데알이다.

$\phi_a : \mathbb{Z}_2[x] \to F$ 준동형사상

$\alpha \in F,\ f(x) \mapsto f(\alpha)$

c. α를 포함한 F의 모든 원소는 $h(x)=x^{2^6}-x$의 근이고,

α의 기약다항식 $irr(\alpha,\ \mathbb{Z}_2)$은 $h(x)$를 나눈다.

d. α의 기약다항식 $irr(\alpha,\ \mathbb{Z}_2)$의 차수는 $[\mathbb{Z}_2(\alpha):\mathbb{Z}_2]$의 차수이고,

이 수는 $[F:\mathbb{Z}_2]=6$의 약수이다.

따라서 $[\mathbb{Z}_2(\alpha):\mathbb{Z}_2]=1,\ 2,\ 3$ 또는 6이다.

e. $im(\phi_\alpha) \approx \mathbb{Z}_2[x]/\langle irr(\alpha,\ \mathbb{Z}_2)\rangle$

$\langle irr(\alpha,\ \mathbb{Z}_2)(x)\rangle$는 $\mathbb{Z}_2[x]$의 극대이데알이므로 $im(\phi_\alpha)$는 체이다.

22장 연습문제 풀이

1. $a \ge b \ge 0$ 작도가능수

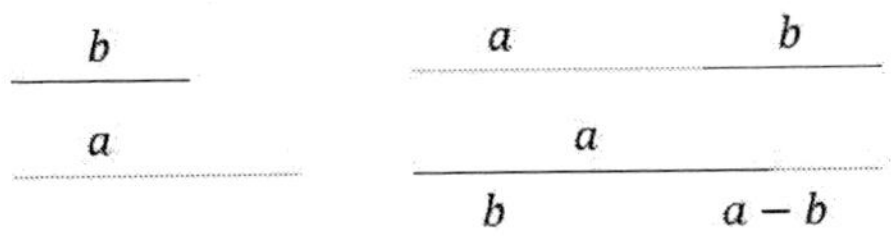

2.

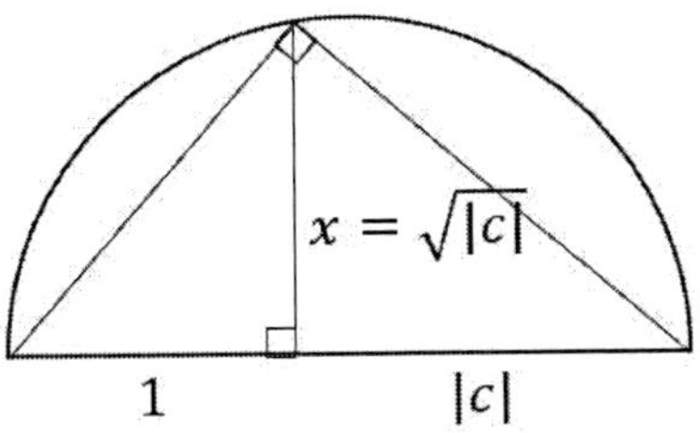

$1 \times |c| = x^2,\ x = \sqrt{|c|}$

3. 직각삼각형 $\triangle ABC$의 결정조건에 의해서 $\sin\theta$와 $\cos\theta$는 작도가능하다.

4. $\cos 2\theta = 2\cos^2\theta - 1$ 이용.

5. $\sin 15^\circ = \sin(45^\circ - 30^\circ) = \sin 45^\circ \cos 30^\circ - \sin 30^\circ \cos 45^\circ = \frac{1}{4}(\sqrt{6} - \sqrt{2})$

따라서 15° 작도가능.

6. F 평면에서 두 직선상의 교점은 F의 원소로 표현된다.

7. $f(x) = 8x^3 - 6x - 1 \in \mathbb{Q}[x]$

3차식의 기약성은 $\mathbb{Q}$ 안에서 한 근을 갖는가로 판별한다.

$\pm\frac{1}{8}$, $\pm\frac{1}{4}$, $\pm\frac{1}{2}$, ± 1을 대입해서 확인한다. $f(x)$는 $\mathbb{Q}$ 위에서 기약이다.

8. 원에 내접하는 정9각형의 중심각이 40° 이다.

$\sin 3\theta = 3\sin\theta - \sin^3\theta$

$-\frac{\sqrt{3}}{2} = \sin 120° = \sin 3\times 40° = 3\sin 40° - 4\sin^3 40°$

$\sin 40° = x$라 하면 $-\frac{\sqrt{3}}{2} = 3x - 4x^3$, $8x^3 - 6x - 1 = 0$은 기약다항식이므로 작도불가능.

9. $[\mathbb{Q}(\pi):\mathbb{Q}] = \infty$, π: 작도불가능

10. $[\mathbb{Q}(\sqrt[3]{2}):\mathbb{Q}] = 3 = 2^r$인 r이 없다.

11. $[\mathbb{Q}(\sqrt{a}):\mathbb{Q}] = \infty$, 작도불가능

23장 연습문제 풀이

1. $\phi(1) = 1, \phi(n) = n$

$1 = \phi(1) = \phi(n\cdot n^{-1}) = \phi(n)\phi(n^{-1}) = nphi(n^{-1})$

$\therefore \phi(n^{-1}) = \frac{1}{n} \quad \therefore \left(\frac{a}{b}\right) = \frac{a}{b},\ \phi|_{\mathbb{Q}} = 1$

2. $F \leq E,\ Aut_F(E) = \{\phi\in Aut(E) | \phi(a) = a,\ \forall a \in F\}$

$\forall\, \alpha, \beta \in Aut_F(E),\ \alpha\beta, \alpha^{-1} \in Aut_F(E)$

3. $F \leq E,\ F \leq Gal(E/F)$: 부분군

$E_H = \{x \in E \,|\, \phi(x) = x,\ \forall\, \phi \in H\}$: 체?

$\forall a, b \in E_H, \ \forall \phi \in H$

$$\phi(a \pm b) = \phi(a) \pm \phi(b) = a \pm b, \ \phi(ab) = \phi(a)\phi(b) = ab, \ \phi\left(\frac{a}{b}\right) = \frac{\phi(a)}{\phi(b)} = \frac{a}{b}$$

4. $f(x) \in F[x]$, $f(x) = 0$의 근의 집합을 $\{a_1, \ ..., a_n\}$이라 하면 $K = F(a_1, a_2, \ ..., a_n)$

$Gal(K/F)$는 a_i의 치환군과 동형인가?

$$\because \ \forall \alpha \in Gal(K/F), \ f(x) = c_n x^n + c_{n-1}x^{n-1} + \ \cdots \ + c_0$$
$$= c_n(x - a_1)(x - a_2) \cdots (x - a_n)$$

$f(x) = \alpha(f(x)) = c_0(x - \alpha(a_1)) \cdots (x - \alpha(a_n))$

$f(a_i) = 0$이면 $\exists j, \ a_j = \alpha(a_i)$, α는 a_i의 치환들이다.

5. 예6)에서 $\phi^6 = 1$, $(\because \ \phi(\omega) = \omega^5)$

$\phi(\omega + \omega^{-1}) = \omega^{27} + \omega^{-27} = \omega^{-1} + \omega$

$\phi^2(\omega^3 + \omega^5 + \omega^6) = \omega^{27} + \omega^{45} + \omega^{54} = \omega^6 + \omega^3 + \omega^5$

6. $chF = 0$, E를 F위의 한 다항식의 분해체

$Gal(E/F) \cong A_4 \Rightarrow [K:F] = 2$가 성립하는 E의 부분체 K가 존재하지 않는다.

$\because A_4$는 위수 6인 부분군을 갖지 않는다. 갈루아이론에서, $F \leq K \leq E$, $[K:F] = 2$가 존재하지 않는다.

7. $chF = 0$, K를 F위의 한 다항식의 분해체

$[K:F] = p^2q$, p, q는 서로 다른 소수

K는 $[K:L_1] = p$, $[K:L_2] = p^2$, $[K:L_3] = q$인 부분체 L_1, L_2, L_3가 존재한다.

$\because |Gal(K/F)| = p^2q$이므로 실로우정리에 의해서 위수 p, p^2, q인 부분군이 존재한다.

갈로아이론에 의해 부분체 L_1, L_2, L_3가 존재한다.

8. 갈루아이론에서 명확하다.

9. $|Gal(E/F)| = 10,\ Gal(E/F) \simeq \mathbb{Z}_{10}$

갈루아이론의 대응관계에서

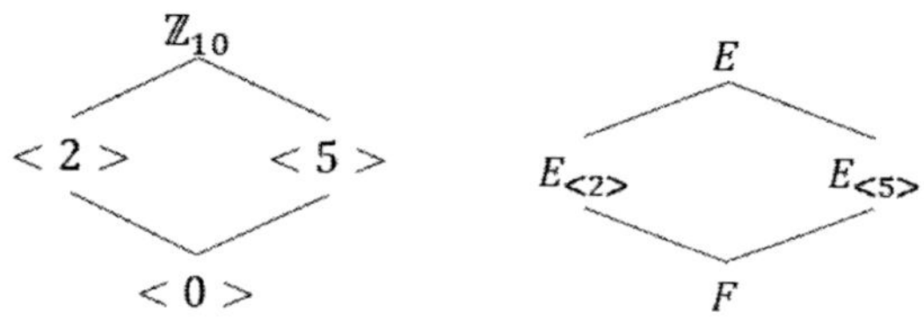

10. $Gal(GF(64)/GF(2)) \simeq \mathbb{Z}_6$

11. $S_5 \lhd A_4 \lhd \{0\}$, 정규부분군이 A_5만 있다.

A_5는 비가환환이므로 S_5는 가해군이 아니다.

12. $|G| = p^n$

G는 1과 n 사이의 모든 k에 대하여 위수 p^k인 정규부분군을 갖고 있다.

따라서 G는 가해군이다.

13. G의 부분군들의 열 $\{e\} = H_0 \subset H_1 \subset H_2 \subset \cdots \subset H_k = G$

$\forall N \lhd G$에 대하여 $\{e\} = (H_0N)/N \subset (H_1N)/N \subset \cdots \subset (H_kN)/N = G/N$은 조성열이고,

$((H_2N)/N) / ((H_1N)/N) \simeq H_2/H_1$

14. $N \lhd G,\ (K/N) \lhd (G/N) \Rightarrow K \lhd G$

$\because \forall x \in G,\ \forall k \in K,\ \exists k' \in K\ s.t.\ k'N = (xN)(kN)(xN)^{-1} = (xkx^{-1})N$

$\therefore xkx^{-1} = k'n \in K,\ n \in N,\ N \leq K \quad \therefore K \lhd G$

15. (a) $Aut_{\mathbb{Z}_2} F = \langle 9 \rangle,\ |\phi| = 60$

$K \leq F$이면 $\mathbb{Z}_2$는 F의 소체이므로 $\mathbb{Z}_2 \leq K$

(b) $[F : K_1] = 5,\ [F : K_2] = 10$

갈루아이론에서 K_1은 $\langle \phi^{12} \rangle$의 고정체이고 K_2는 $\langle \phi^{6} \rangle$의 고정체이다.

$\langle \phi^{12} \rangle \subseteq \langle \phi^{6} \rangle \quad \therefore K_1 \geq K_2$

(c) $[F : K_1] = 6$, $[F : K_2] = 10$, $[K_1 : \mathbb{Z}_2] = 10$, $[K_2 : \mathbb{Z}_2] = 6$이다.

따라서 $[K_1 \cap K_2 : \mathbb{Z}_2] = 2$이므로 $K_1 \cap K_2$는 $\langle \phi^{30} \rangle$의 고정체이고, 차수가 2이다.

16. (1) K는 $\mathbb{Z}_3$위에서 기약다항식 $p(x) = x^6 + x + 2$의 분해체이다.

또한 $|K^*| = 3^6 - 1$, K는 $\mathbb{Z}_3$위에서 $f(x) = x^{3^6} - x$의 분해체이다.

(2) K의 원소는 $\mathbb{Z}_3$위에서 $f(x) = x^{3^6} - x$의 근이다.

$f'(x) = -1$이므로, $(f(x), f'(x)) = 1$, $f(x) = 0$의 근의 중복도는 1이다.

$\therefore K$는 $\mathbb{Z}_3$위에서 분리확대체이다.

(3) $\phi : K \to K$, $\phi(v) = v^3$이고, $Aut_{\mathbb{Z}_3} K = \langle \phi \rangle \simeq \mathbb{Z}_6$

$\mathbb{Z}_6$의 위수가 2인 부분군과 위수가 3인 부분군이 각각 하나뿐이다.

$\therefore |\langle \phi^3 \rangle| = [\langle \phi^3 \rangle : \langle id \rangle] = 2$이므로 $L = \{ v \in K | \phi^3(v) = v^{3^3} = v \}$

갈루아이론에서 $|Aut_L K| = 2$이다.

또한 $|\langle \phi^3 \rangle| = [\langle \phi^2 \rangle : \langle id \rangle] = 3$이므로 $M = \{ v \in K | \phi^2(v) = v^{3^2} = v \}$

갈루아이론에서 $|Aut_M K| = 3$이다.

17. $f(x) = x^{p^4} - x \in \mathbb{Z}_p[x]$

K를 $\mathbb{Z}_p$위에서의 $f(x)$의 분해체라 하자.

(a) $\forall\, v \in K, v^{p^6} = v$, $[K : \mathbb{Z}_p] = 4. |K| = p^4$
$\forall\, v \in K^*$, $v^{p^4 - 1} = 1 \therefore v^{p^4} = v$

(b), (c) K는 $\mathbb{Z}_p$의 갈루아 확대체이다.

$\phi : K \to K$, $\phi(v) = v^p$, $Gal(K/\mathbb{Z}_p) = \langle \phi \rangle$, $|\phi| = 4$

$\langle \phi^2 \rangle \subseteq \langle \phi \rangle$, 단 하나의 부분군이다.

갈루아 정리에서 $\exists\, L$: 하나의 부분체가 있어서

$L = \{ v \in K | \phi^2(v) = (vp^2)^2 = v^{p^4} = v \}$, $\mathbb{Z}_p \leq L \leq K$

18. $f(x)=x^p-x-a\in\mathbb{Z}_p[x]\ (a\neq 0)$

(a) K를 $\mathbb{Z}_p$위에서의 $f(x)$의 분해체라 하자.

$f'(x)=-1$, $(f,f')=1$, 근의 중복도는 1이다.

K에서 $f(x)=a$의 한 근을 α라 하자. 그러면 $-\alpha^p=\alpha+a$이다.

p차 다항식 $h(x)=x^p-x\in\mathbb{Z}_p[x]$는 근이 많아야 p개이다.

$\forall a\in\mathbb{Z}_p$가 $h(a)=a^p-a=0$, 따라서 $\{v\in K\,|\,h(v)=v^p-v=0\}=\mathbb{Z}_p$

$\forall\sigma\in Gal(K/\mathbb{Z}_p)$에서 $\psi_\alpha(\sigma)=\sigma(\alpha)-\alpha$ 에서

$$\begin{aligned}h(\sigma(\alpha)-\alpha)&=(\sigma(\alpha)-\alpha)^p-(\sigma(\alpha)-\alpha)\\&=\sigma(\alpha)^p-\alpha^p-(\sigma(\alpha)-\alpha)\\&=(\sigma(\alpha^p)-\sigma(\alpha)-a)-(\alpha^p-\alpha-a)\\&=\sigma(\alpha^p-\alpha-a)-(\alpha^p-\alpha-a)=0\end{aligned}$$

$\sigma(\alpha)-\alpha\in\mathbb{Z}_p$이다. 따라서 $\psi_\alpha(\sigma)=\sigma(\alpha)-\alpha=k\in\mathbb{Z}_p$이다.

$\forall i\in\mathbb{Z}_p$에 대하여 $f(\alpha+i)=(\alpha+i)^p-(\alpha+i)-a=\alpha^p+i^p-(\alpha+i)-a$

$$\begin{aligned}&=\alpha^p+i-(\alpha+i)-a\\&=\alpha^p+\alpha-a=0\end{aligned}$$

p차다항식 $f(x)$는 p개의 근 $\alpha,\alpha+1,\cdots,\alpha+(p-1)$을 갖는다.

$\therefore K=\mathbb{Z}_p(\alpha)$

(b) $\sigma,\tau\in Gal(K/\mathbb{Z}_p)$, $\sigma(\alpha)=\alpha+k,\tau(\alpha)=\alpha+l$, $k,l\in\mathbb{Z}_p$

$(\sigma\circ\tau)(\alpha)=\sigma(\tau(\alpha))=\sigma(\alpha+l)=\alpha+k+l$

$\psi_\alpha(\sigma\tau)=(\sigma\tau)(\alpha)-\alpha=\alpha+k+l-\alpha=k+l=\psi_\alpha(\sigma)+\psi_\alpha(\tau)$ $\therefore\psi_\alpha$는 군준동형사상이다.

$\forall\sigma\in Ker(\psi_\alpha),\psi_\alpha(\sigma)=\sigma(\alpha)-\alpha=0$ $\therefore\sigma(\alpha)=\alpha$

$K=\mathbb{Z}_p(\alpha)$이므로 $\sigma=id$이다. $\therefore\psi_\alpha$는 단사함수이다.

$im(\psi_\alpha)$는 $\mathbb{Z}_p$의 부분군이므로 $im(\psi_\alpha)=(0)$ 또는 $im(\psi_\alpha)=\mathbb{Z}_p$이다.

만약 $im(\psi_\alpha)=(0)$이면 $p=|Gal(K/\mathbb{Z}_p)|=|im\psi_\alpha|=1$이므로 $im\psi_\alpha\neq(0)$

$\therefore\psi_\alpha$는 전사함수이다.

(c) $f(x)$의 두 근 α,β는 $\beta=\alpha+i$, $i\in\mathbb{Z}_p$이다.

$\forall\sigma\in Gal(K/\mathbb{Z}_p)$,

$\psi_\beta(\sigma) = \sigma(\alpha+i) - (\alpha+i) = \sigma(\alpha) + i - (\alpha+i) = \sigma(\alpha) - \alpha = \psi_\alpha(\sigma)$

$\therefore \psi_\alpha = \psi_\beta$

19. $K = \mathbb{Q}(\alpha)$, $[K : \mathbb{Q}] = 100$

$G(K/\mathbb{Q}) \ni \sigma, \sigma(\alpha) = \alpha^{-1}$로 정의된 것.

$K \geq F = \mathbb{Q}(\alpha + \alpha^{-1})$이면 $[F : \mathbb{Q}] = ?$

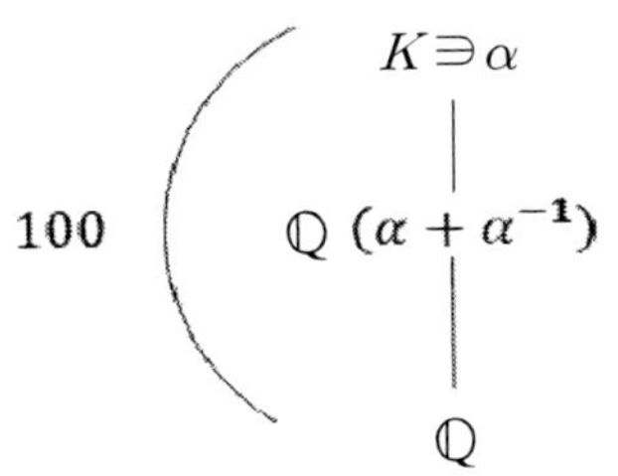

$\alpha^2 + 1 = b\alpha, x^2 - bx + 1 \in \mathbb{Q}(b)[x]$

$[K : F] = 2$이다.

$\therefore [F : \mathbb{Q}] = 50$

$\alpha + \alpha^{-1} = b$라 하자.

20. $f(x) = x^6 + 3 \in \mathbb{Q}[x]$, K는 $f(x)$의 $\mathbb{Q}$ 위에서의 분해체, 갈루아군 $G(K/\mathbb{Q})$

$x^6 + 3$은 $\mathbb{Q}$ 위에서 기약이다.

$\exists\, \alpha \in K, f(\alpha) = 0$, $K = \mathbb{Q}[x]/\langle x^6 + 3 \rangle = \mathbb{Q}(\alpha)$

| : 6차 확대

$\mathbb{Q}$

$\therefore |G(K/\mathbb{Q})| = 6$

21. $[K : \mathbb{Q}] = 270$, $G(K/\mathbb{Q})$: 순환군

$\sqrt{2} \in K$, $\sqrt{2}$를 포함하는 K의 부분체의 개수?

$G(K/\mathbb{Q})$: 순환군

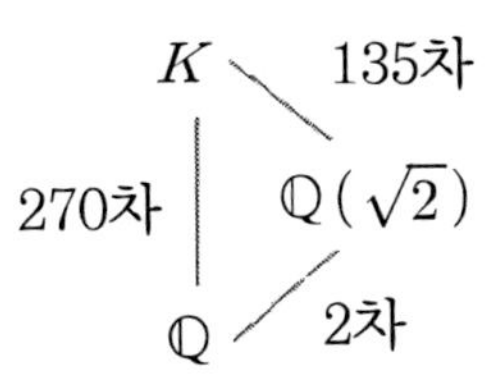

$[K : \mathbb{Q}(\sqrt{2})] = 135 = 5 \times 3^3$

$135 = 5 \times 3^3$의 약수의 개수는 8개

따라서 갈루아정리의 대응관계에서 $\sqrt{2}$를 품은 K의 부분체는 8개 있다.

22. $\sqrt[3]{2}-\sqrt[3]{3}$은 $f(x)=x^9+3x^6+165x^3+1$의 근이다.

mod13, $f_{13}(x)=x^p+3x^6+9x^3+1\in\mathbb{Z}_{13}[x]=(x^3+1)^3$

$f_{13}(x)$는 $\mathbb{Z}_{13}$위에서 기약이 아니다.

$K=\mathbb{Q}(\sqrt[3]{2},\sqrt[3]{3})$라 하면,

$[K:\mathbb{Q}]=[K:\mathbb{Q}(\sqrt[3]{2})][\mathbb{Q}(\sqrt[3]{2}):\mathbb{Q}]=3\times3=9$

다항식 $g(x)=(x^3-2)(x^3-3)\in\mathbb{Q}[x]$의 분해체를 E라 하자.

$G(E/\mathbb{Q})$의 위수를 구하라.

$\because E=\mathbb{Q}(\sqrt[3]{2},\sqrt[3]{3},\omega)$, ω는 $x^2+x+1=0$의 근, 즉 $\omega=\dfrac{-1+\sqrt{3}i}{2}$

$|G(E/\mathbb{Q})|=[E:\mathbb{Q}]=[E:\mathbb{Q}(\omega)][\mathbb{Q}(\omega):\mathbb{Q}]=9\times2=18$

23. K는 $\mathbb{Q}$ 위의 갈루아 확대체이므로

$|G(K/\mathbb{Q})|=[K:\mathbb{Q}]=[\mathbb{Q}(a+bi):\mathbb{Q}(a)][\mathbb{Q}(a):\mathbb{Q}]$

이 성립한다.

$p(x)=x^2-2ax+a^2+b^2$

라 하면 $a^2+b^2\in\mathbb{Q}(a)[x]$이다. 또한 $b\neq0$이므로 $p(x)$의 두 근 $a\pm bi$는 $\mathbb{Q}(a)$에 포함되지 않는다. 따라서

$p(x)=irr(a+bi,\mathbb{Q}(a))$

이다. 그러면

$[\mathbb{Q}(a+bi):\mathbb{Q}(a)]=\deg(p(x))=2$

이므로 $G(K/\mathbb{Q})$의 위수는 짝수이다.

$d|m$이면, d는 $2m$의 약수이다.

또한 $G(K/\mathbb{Q})$는 가환군이므로

$G(K/\mathbb{Q}(a))\subset H\subset G(K/\mathbb{Q}),|H|=2m/d$

인 $G(K/\mathbb{Q})$의 부분군 H가 존재한다. 그러면

$E_H\subset E_{G(K/\mathbb{Q}(a))}=\mathbb{Q}(a),[E_H:\mathbb{Q}]=d$, ($E_H$는 H의 고정체이다.)

이 성립한다. E_H는 $\mathbb{Q}$의 유한, 분리확대체이므로 단순 확대체이다. 즉, $E_H=\mathbb{Q}(a)$인

$a \in E_H$가 존재한다.

$q(x) = irr(a, \mathbb{Q})$라 하면

$d = [E_H : \mathbb{Q}] = [\mathbb{Q}(\alpha) : \mathbb{Q}] = \deg(q(x))$가 성립한다.

H는 $G(K/\mathbb{Q})$의 정규 부분군이므로 E_H는 $\mathbb{Q}$의 정규 확대체가 되어 $q(x)$의 모든 근은 $\mathbb{Q}(\alpha) \subset R$에 속한다.

24. $Z_2 \oplus Z_2 \oplus Z_2$은 위수 2인 분분군이 7개 있다.

25. 분해체는 $\mathbb{Q}(\sqrt{2}, i)$이다. $[\mathbb{Q}(\sqrt{2}, i) : \mathbb{Q}] = 4$, $|Gal(E/\mathbb{Q})| = 4$이다.

$Gal(E/\mathbb{Q}) = \{\epsilon, \alpha, \beta, \alpha\beta\}$이다. 여기서,

$\alpha(\sqrt{2}) = -\sqrt{2}, \alpha(i) = i$, $\beta(\sqrt{2}) = \sqrt{2}, \beta(i) = -i$이다.

E의 진부분체들은 $\mathbb{Q}$, $\mathbb{Q}(\sqrt{2})$, $\mathbb{Q}\sqrt{-2})$, $\mathbb{Q}(i)$이다.

β의 고정체는 $\mathbb{Q}(\sqrt{2})$, α의 고정체는 $\mathbb{Q}(i)$,$\alpha\beta$의 고정체는 $\mathbb{Q}(\sqrt{-2})$이다.

그리고, $\mathbb{Q}$를 고정체로 갖는 자기동형군은 없다.

26. $|Gal(E/\mathbb{Q})| = [E : \mathbb{Q}] = 4$, $|Gal(\mathbb{Q}(\sqrt{10})/\mathbb{Q}| = [\mathbb{Q}(\sqrt{10}) : \mathbb{Q}] = 2$

27. $\omega = (-1 + i\sqrt{3})/2$라 하자. $x^3 - 1$의 분해체는 $\mathbb{Q}(\omega)$이고, $[\mathbb{Q}(\omega) : \mathbb{Q}] = 2$이므로 갈로아군은 Z_2이다.

$x^3 - 2$의 분해체는 $\mathbb{Q}(\sqrt[3]{2}, \omega)$이다. $[\mathbb{Q}(\sqrt[3]{2}, \omega) : \mathbb{Q}] = 6$이다. 갈루아군은 α, β에 의해 유한생성 되는 위수 6인 군이다. 여기서 $\alpha(\sqrt[3]{2}) = \omega\sqrt[3]{2}, \alpha(\omega) = \omega$ 이고, $\beta(\sqrt[3]{2}) = \sqrt[3]{2}, \beta(\omega) = \omega^2$이다. $\alpha\beta \neq \beta\alpha$이므로 비가환군 S_3이다.

28. $K = \mathbb{Q}(\zeta)$이고, $|G(K/\mathbb{Q})| = \phi(24) = \phi(3)\phi(8) = 2 \times 4 = 8$이다.

$x^{24} - 1 = \Pi_{d|24}\phi_d(x)$, $\phi_{24}(x) = x^8 - 2x^4 + 11$ 따라서 $irr(\zeta, \mathbb{Q}) = x^8 - 2x^4 + 11$이다.

29. $\sqrt[5]{-5} = \sqrt[5]{5}\, e^{\frac{\pi i}{5}}$ 이므로, $K = \mathbb{Q}(\sqrt[5]{5}, e^{\frac{\pi i}{5}})$이다.

$(\sqrt[10]{5})^2 = \sqrt[5]{5} \in K$ 이므로 $\sqrt[10]{5} \in K$이다.

$$\alpha = e^{\frac{2\pi}{5}i} + e^{\frac{3\pi}{5}i} = \cos\frac{2\pi}{5} + isin\frac{2\pi}{5} + \cos\frac{3\pi}{5} + isin\frac{3\pi}{5}$$

$$= 2i\sin\frac{2\pi}{5} = i\frac{\sqrt{10+2\sqrt{5}}}{2},\ 2\alpha = i\sqrt{10+2\sqrt{5}} \text{ 이다.}$$

α에 관한 다항식으로 정리하면 $\alpha^4 + 5\alpha^2 + 5 = 0$이다.

따라서 $irr(\alpha, \mathbb{Q}) = x^4 + 5x^2 + 5$이다.

24장 연습문제 풀이

1. $\cos\frac{\pi}{3} + i\sin\frac{\pi}{3} = \frac{1}{2} + \frac{\sqrt{3}}{2}i = \frac{1+\sqrt{3}\,i}{2} = x$

   $\sqrt{3}\,i = 2x - 1,\ -3 = 4x^2 - 4x + 1$

   $\therefore x^2 - x + 1 = 0$

2. $\mathbb{Z}[x]$에서 $x^8 - 1 = (x-1)(x+1)(x^2+1)(x^4+1)$

   $\mathbb{Z}_2[x]$에서 $x^8 - 1 = (x+1)^8,\ x^2 + 1 = (x+1)^2,\ x^4 + 1 = (x+1)^4$

   $\mathbb{Z}_3[x]$에서 $x^8 - 1 = (x+1)(x+2)(x^2+1)(x^2+x+2)(x^2-x-1)$

   $\mathbb{Z}_5[x]$에서 $x^2 + 1 = (x-2)(x+2),\ x^4 + 1 = (x^2+2)(x^2-2),$

   $$x^8 - 1 = (x-1)(x+1)(x-2)(x+2)(x^2+2)(x^2-2)$$

3. ω : 1의 n차 원시근이라 하자. $\omega^n = 1$.

   $\omega^1\omega^2 \cdots \omega^n = (-1)^{n+1}$인가?

   $\omega^1\omega^2 \cdots \omega^n = \omega^{\frac{n(n+1)}{2}}$

   n이 홀수이면, $\omega^{\frac{n(n+1)}{2}} = (\omega^n)^{\frac{(n+1)}{2}} = 1$

   n이 짝수이면, $(\omega^{\frac{n}{2}})^{n+1} = (-1)^{n+1} = -1$

   $\therefore (-1)^{n+1}$

4. $[F: \mathbb{Q}] < \infty$. 단위원의 근들은 F안에 유한개 존재?

$[F: \mathbb{Q}] = n$라 하자.

만약 무한개의 단위원의 근을 F가 갖는다면, 곱셈에 대한 위수의 한계가 없게 된다.

ω : $m+h$ 단위원의 근으로 $\varphi(m) > n$라 하자

$[\mathbb{Q}(\omega) : \mathbb{Q}] = \varphi(m)$, $F \geq \mathbb{Q}(\omega) \geq \mathbb{Q}$.

$\therefore [\mathbb{Q}(\omega) : \mathbb{Q}] \leq n$.

$\therefore$ 모순이다.

5. $n \geq 1$, $2^n + 1$소수이면 n은 2의 멱?

$2^n + 1 = q$라 하자. $2 \in U(q)$, $2^n = q - 1 = -1$.

$\therefore |2| = 2n | |U(q)| = q - 1 = 2^n$.

$\therefore$ n은 2의 멱이다.

6. ω를 단위원의 원시 n제곱근이라 하면 단위원의 $2n$제곱근은 $\pm 1, \pm \omega, \pm \omega^{n-1}$이다.

$\therefore$ $-1 = (-\omega^i)^n$, $\therefore 1 = (\omega^i)^n$.

7. $\deg\phi_{2n}(x) = \phi(2n) = \phi(n)$.

$\deg\phi_n(-x) = \deg\phi_n(2) = \phi(n)$.

만약 ω가 $\Phi_n(-x)$의 근이면 $|-\omega| = n$.

$\therefore$ $|\omega| = 2n$.

ω는 $\Phi_{2n}(x)$의 근이다.

8. $G = Gal(\mathbb{Q}(\omega)/\mathbb{Q})$

$G \geq H_1$는 $\cos(\frac{2\pi}{n})$를 고정하는 위수 2인 부분군이라 하자.

G/H_1에 수학적 귀납법 가정에서

$H_1/H_1 \subset H_2/H_1 \subset \cdots \subset H_t/H_1 = G/H_1$이 존재하고,

$[H_{i+1}/H_1 : H_i/H_1] = 2$이다.

$[H_{i+1}/H_1 : H_i/H_1] = |H_{i+1}/H_i| = 2$

9. $\phi_n(x)\phi_{pn}(x) = \phi_n(x^p)$?

   양쪽식은 모두 모닉이고 같은 차수 $p\phi(n)$이다.

   ω가 $\phi_n(x)$의 근이라면, $|\omega| = n$이고 $|\omega^p| = n$이다.

   ω는 $\phi_n(x^p)$의 근이다. 만약 ω가 $\phi_{pn}(x)$의 근이라면, $|w| = pn$이다.

   $\therefore$ $|\omega^p| = n$이다.

10. E : $\mathbb{Q}$ 위에서 $x^5 - 1$의 분해체이다.

    $\mathbb{Q} \subset K \subset E$인 유일한 체 K가 존재하는가?

    ω : 원시 5th 제곱근이라 하자.

    $\omega = \cos\frac{2\pi}{5} + i\sin\frac{2\pi}{5}$

    $Gal(\mathbb{Q}(\omega)/\mathbb{Q}) = U(5) = \mathbb{Z}_4$

    $\mathbb{Z}_4 \geq \langle 2 \rangle \geq \langle 0 \rangle$이므로

    $\mathbb{Q}(\omega)|_{<2>} = K$가 유일하게 존재한다.

11. $\omega = \cos(\frac{2\pi}{15}) - i\sin(\frac{2\pi}{15})$

    $Gal(\mathbb{Q}(\omega)/\mathbb{Q}) \ni \sigma$, $\sigma(\omega) = \omega^4$, $\sigma(\omega) = \omega^{-1}$, $\sigma(\omega) = \omega^{-4}$.

    $Gal(\mathbb{Q}(\omega)/\mathbb{Q}) = U(15) = U(3) \oplus U(5) = \mathbb{Z}_2 \oplus \mathbb{Z}_4$

19~24장 종합 연습문제 풀이

1. $f(x) = x^{50} - 1 \in \mathbb{Z}_3[x]$, $(f(x), f'(x)) = 1$

   $f'(x) = 50x^{49}$, 중근이 없다.

2. $|F| = q$, $0 \neq a \in F$, $n | q-1$

$x^n = a$는 F안에서 근을 갖지 않거나, 또는 F안에서 n개의 서로 다른 근을 갖는다.

$\because$ 만약 b가 $x^n = a$의 한 근이라 하자. 즉, $b^n = a$이다.

F^*: 순환군, $|F^*| = q-1$

순환부분군 $\langle c \rangle$, $|\langle c \rangle| = n$

$\langle c \rangle$의 모든 원소는 $x^n = 1$의 근이다. $b\langle c \rangle$이 $x^n = a$의 모든 근이다.

3. $\dfrac{5a^2+2}{a} = 5a + 2a^{-1} = 5a + 2(-a-1) = -2+3a$

$a^2 + a + 1 = 0$, $a(-a-1) = 1$

$\therefore a^{-1} = -a-1$

4. $[F(a):F] = 5$이면 $[F(a^3):F]$는?

$5 = [F(a):F] = [F(a):F(a^3)][F(a^3):F]$이고

$[F(a):F(a^3)] \neq 5$이므로 $[F(a^3):F] = 5$

5. a는 F위의 차수가 n인 대수적인 수이다. $\Rightarrow a^{-1}$은 F위의 차수가 n인 대수적인 수이다.

$\because F(a) = F(a^{-1})$

$\deg(a) = [F(a):F] = [F(a^{-1}):F] = \deg(a^{-1})$

6. ab가 $c_n x^n + \cdots + c_1 x + c_0 \in F[x]$의 근이라 하자.

$c_n(ab)^n + \cdots + c_1(ab) + c_0 = 0$

$f(x) = c_n b^n x^n + \cdots + (c_1 b)x + c_0 \in F(b)[x]$ $\therefore f(a) = 0$

7. a가 F위에서 초월적이면, $^\forall b \in F(a) \setminus F$, b는 초월적인가?

$\because$ $F(a) = \left\{ \dfrac{f(a)}{g(a)} \mid f(x), g(x) \in F[x], g(a) \neq 0 \right\}$

$\dfrac{f(a)}{g(a)}$가 대수적이고 $\dfrac{f(a)}{g(a)} \notin F$라고 하면,

$^{\exists}h(x)\in F[x]\ \ s.t.\ \ h\left(\dfrac{f(a)}{g(a)}\right)=0$

분수식을 정리해서 a의 멱에 관해 정리하면, F위의 계수에 대한 a의 대항식이 0이 된다.

a는 F위에서 대수적이다. 모순.

8. F: 유한체, F의 유한확대체는 단순확대체인가?

$\because$ F의 유한확대체는 유한체이다. 유한체는 곱셈에 대하여 순환군이다.

$\therefore$ 단순확대체이다

9. K는 F의 확대체.

$L=\left\{a\in K \mid a^{p^n}\in F,\ n>0\right\}\Rightarrow F\leq L\leq K.$

$\because\ \ ^{\forall}a,b\in L,\ (a\pm b)^{p^n}=a^{p^n}\pm b^{p^n}=a\pm b$

$(ab)^{p^n}=a^{p^n}b^{p^n}=ab$

$\left(\dfrac{1}{b}\right)^{p^n}=\dfrac{1}{b^{p^n}}=\dfrac{1}{b}$

$^{\forall}a\in F,\ a^{p^n}\in F.\ \ \therefore a\in L$

10. $f(x)=x^5-6x+3\in\mathbb{Q}[x]$

$p=3$. 아이젠슈타인 판별법에 의해 $f(x)$는 $\mathbb{Q}$위에서 기약이다.

$f(x)$는 연속이고 $f(-2)=-27,\ f(0)=3,\ f(1)=-2,\ f(2)=23$으로

$(-2,\ 0),\ (0,\ 1),\ (1,\ 2)$구간에서 실수근을 갖는다.

$f'(x)=5x^4-6,\ f(x),\ f'(x)$는 서로소이므로 $f(x)=0$는 실수근의 중복도가 1이다.

따라서, $f(x)=0$는 3개의 실수근을 갖는다.

$f(x)=0$의 다른 두 군은 복소수 근으로 $a+bi,\ a-bi$라 하자.

$f(x)=0$의 다섯 개의 근을 a_1,a_2,a_3,a_4,a_5라 하면

$f(x)$의 $\mathbb{Q}$위에서의 분해체 $K=\mathbb{Q}(a_1,a_2,a_3,a_4,a_5)$이다.

따라서 $Gal(K/\mathbb{Q})\leq S_5$

a_1은 $\mathbb{Q}$ 위에서 $f(x)$의 한 근이므로 $[\mathbb{Q}(a_1):\mathbb{Q}]=5$, $5|[K:\mathbb{Q}]$,

갈루아 정리에 의해서

$\therefore\ 5||Gal(K/\mathbb{Q})|$

코시정리에서 $Gal(K/\mathbb{Q})$은 위수 5인 한 원소를 갖는다.

S_5에서 길이가 5인 순환치환 σ와 복소수 $\mathbb{C}$에서 자기 자신으로 가는 사상과 $a+bi$를 $a-bi$로 보내는 것 역시 $Gal(K/\mathbb{Q})$의 원소이다. 이 길이가 2인 순환치환을 τ라 하자.

그런데, $S_5=\langle\sigma,\tau\rangle$이므로 $Gal(K/\mathbb{Q})\simeq S_5$이다.

끝으로, S_5는 가해군이 아니므로 5차 방정식은 거듭제곱근에 의해 풀 수가 없다.

찾아보기(용어)

ㅈ

ㅊ

ㅋ

ㅌ

ㅍ

ㅎ